맞춤형화장품 조제관리사
핵심요약 및 예상문제 1000제

저·자·소·개

류은주
현, 한서대학교 피부미용화장품과학과 정교수
이학박사
헤어월드챔피언쉽(일본 · 미국 · 유럽) 국가대표선수 역임
교육부 교육과정심의위원
한국산업인력공단 미용전문가위원
NCS 능력단위 및 학습모듈 대표저자

윤미선
현, 국제예술대학교 뷰티아트과 학과장
공학박사
국제웨딩플래너 협회 회장
한국인체예술학회 이사
USA네일 대표

차소연
현, 한서대학교 일반대학원 미용과학과 박사과정
쎄아떼 이용 · 미용 전문학원 근무
이용 · 미용 기능장
국가직무능력표준(NCS) 이용직종 개발 및 학습모듈 개발
전국기능올림픽 대회 이 · 미용직종 2위 수상

김시원
현, 한서대학교 일반대학원 미용과학과 박사과정
대전과학기술대학교 뷰티디자인계열 겸임교수
라이프 뷰티 대표

신수현
현, 한서대학교 일반대학원 미용과학과 박사과정
한서대학교 피부미용화장품과학과 시강
로이드밤 연수점 대표
NCS 과정형평가 검토위원

임현민
현, 한국뷰티고등학교 교사
인정도서(교과용) 심사위원
교원 임용고시 심사(진행·채점)위원
국가기술자격검정 미용사 시험 감독(관리·채점)위원

유혜린
현, 한서대학교 피부미용향장화학과 4학년 재학

감·수·소·개

임종성 마끼라시저스 대표
유광석 ㈜다모생활건강 대표, 화장품 · 미용기기 · 건강보조식품

맞춤형화장품 조제관리사
핵심요약 및 예상문제 1000제

2020년 4월 13일 초판 발행
2021년 3월 20일 제2판 발행

지은이 류은주 · 윤미선 · 김시원 · 신수현 · 차소연 · 임현민 · 유혜린
감수 임종성 · 유광석 | **펴낸이** 이찬규
펴낸곳 북코리아 | **등록번호** 제03-01240호
전화 02-704-7840 | **팩스** 02-704-7848
이메일 sunhaksa@korea.com | **홈페이지** www.북코리아.kr
주소 13209 경기도 성남시 중원구 사기막골로 45번길 14 우림2차 A동 1007호
ISBN 978-89-6324-752-6 (13570)
값 30,000원

2021년 최신개정판

맞춤형화장품 조제관리사

핵심요약 및
예상문제
1000제

류은주 · 윤미선 · 김시원 · 신수현
차소연 · 임현민 · 유혜린 공저

임종성 · 유광석 감수

집중력 UP! 암기력 UP! 컬러인쇄로 한눈에 쏙

4개 Part, 20개 Chapter, 86개 Section

북코리아

맞춤형화장품 조제관리사의 원고를 탈고시킨 지금은 등에 진 무거운 짐을 내려놓은 기분이다. 내용의 무게보다 우리 삶 자체인 물질들을 이야기할 때가 되었다는 느낌이 마치 현시대를 살아가는 학자로서 또는 삶의 무늬를 그려가는 정년을 앞둔 미용사로서 후학들에게 무언가 밑알이 될 수 있다는 희망을 주게 되었다. 교육계에는 백워드 설계를 중심으로 이해중심교육과정의 혁명이 2015년 NCS를 기반으로 국가공인 자격 출제기준들에게 영향력을 가져다주기 시작하면서 4년 전 미용학과는 화학과와 통폐합되는 뷰카시대로 들어섰다.

보건복지부에서는 K-뷰티의 세계화를 정책화하기 위해 국내 화장품 산업의 육성에 따른 세계 4대 강국으로의 도약을 목표한 제도와 규제 개선을 수립하였다. 대체적으로 미용산업계는 제품 50%에 기술 50%로 이루어지는 기술공학(Technology)이다. 이에 식품의약품안전처에서는 화장품법 제도개선으로서 맞춤형화장품의 정의 및 맞춤형화장품 판매업 영역을 신설, 2018년 2월 20일 (일부)화장품법 개정 법률로 국회본회의를 통과하였다. 맞춤형화장품 제도는 산업구조 변화에 따른 다양한 소비욕구를 충족시킬 수 있는 제도이나 당시 화장품 법에서는 판매장에서 혼합·소분을 금지하고 있어 이를 허용하기 위한 별도의 제도 신설이 필요하였다. 이에 2019.12.10.(식약처 공고 제 2019-565호) 맞춤형화장품 조제관리사(제1회) 자격시험 시행이 공고되었다. 맞춤형화장품 조제관리사의 역할은 시대적 사명으로서 산업계와 교육계에 근원적인 물음을 던져주었다.

화장품법을 근간으로 시행령, 시행규칙, 식약처장의 고시 및 가이드라인 등으로서 명시적 내용 구조를 갖지만, 실제 기능적(방법적) 대상은 피부나 모발에서의 바르거나 문지르고 뿌리는 화장품이다. 부연하자면 피부나 모발의 생리와 구조를 유지하고 보호하는 데 도움을 주는 화장품의 안전성과 유효성은 시험 출제 내용 구성의 요소가 된다.

이는 화장품을 제조하기 위한 원료가 갖는 종류·특성·기능뿐 아니라 품질로서 설비·기기 관리, 완제품으로서 갖추어야 할 충진·포장, 안내·상담 그리고 조제관리사로서 혼합·소분 등의 위생과 관련된 제품관리는 암묵적 지식구조이다. 요약하면 암묵·명시적 지식 간 누가 우선이고 누가 주가 아닌 상호보완적 내용 구성을 갖고 있다는 말이다.

즉 일상으로 사용하는 샴푸나 선크림 하나에도 화장품법의 테두리인 유통화장품 안전관리 및 기능성화장품의 안전성과 유효성이 스며있음을 가볍게 살펴볼 수 있다. 이 책을 공부했다면 제품을 사용할 수 있는 사용자의 권리는 판매자를 우선하고 있음을 알 수 있을 것이다.

현 사회에서 자신이 자신임을 나타낼 수 있는 것은 옳고 옳지 않음(眞)에 관한 구분 또는 분별력, 좋거나 좋지 않음(善)과 같은 기호형, 아름답거나 아름답지 않음(美)과 같은 브랜드 선정 등의 진·선·미의 취합과정에서 나(我)다움을 드러낸다. 다시 말하면 맞춤형화장품에 대한 '앎'을 통해 미(Beauty)를 음미할 수 있음을 이 책은 자신 있게 서술하고 있다.

이 책은 4개 Part(교과목)를 중심으로 20개 Chapter(주요항목), 86개 Section(세부항목) 순으로 구성되어 있으며, 다음과 같은 특징을 가지고 있다.

첫째, 내용체계를 파악하기 쉽도록 Section 밑의 번호체계를 **1** → 1) → (1) → ①(또는 가) → · 등의 순으로 포괄성과 배타성의 원칙에 따라 내용을 순차 배열하였으며, 컬러 요소로 중요도를 체크해 중요사항이 한눈에 들어오도록 구성하였다.

둘째, 각 챕터마다 학습한 내용에 대한 실전예상문제를 제시함으로써 다른 시험서와는 비교할 수 없는 차별화를 두고자 하였다. 이와 더불어 '식약처의 맞춤형화장품 조제관리사 출제기준'을 빠뜨림 없이 반영함으로써 혼자서도 어렵지 않게 스스로 시험 준비를 할 수 있도록 구성하였다.

셋째, 더 나아가 학원, 전문학교, 고등학교, 대학과정에서 교재로 채택되어 교수·학습(수업)이 이루어질 수 있도록 체계화하였다.

넷째, 본서에 제시되는 화학명은 유기화학명명법에 의해 국립국어원 외래어 표기법에 준하여 보기 쉽고, 알기 쉽게 통일시켜 작업하였다. 예를 들면 di-(다이), tri-(트라이), hy-(하이), Thio-(티오), Carboxyl(카복실), ate 또는 -ic acid(산) 등으로 표기하였다.

끝으로 본서를 공부하는 모든 분들이 맞춤형화장품 조제관리사의 자격증을 취득하여 전문가로서 더 행복하고 더 아름다운 삶이 이루어지기를 기원한다.

2020년 2월 대표저자
류은주 識

함, 이하 이 조에서 같다)의 동의를 받을 때
주체가 이를 명확하게 인지할 수 있도록 알리

 **알아두기!**

☑ **정보주체로부터 별도의 동의를 받는 경우(시행령 제17.**
① 개인정보처리자는 동의를 받는 방법에 따라 개인정보
　로 정보주체의 동의를 받아야 한다(법 제22조).
• 동의 내용이 적힌 서면을 정보주체에게 직접 발급하거나 우□
　하거나 날인한 동의서를 받는 방법
• 전화를 통하여 동의 내□□ 정보주체에게 알리고, 동의의 의
• 전화를 통하여 □□□□ □□□□보주체에게 알리고, 정보주체□
　한 후, 다시 전□□□□□□□의 사항에 대한 동의의 의사□
• 인터넷 홈페이지□□□□□□□을 게재하고 정보주체가 동□

알아두기

연보라색 박스로, 본문의 내용을
더욱 상세히 풀어썼다.

식물성으로 분류할 수 있다. 또한 글리세롤이 결핍
션, 크림 등 안정적인 제형 유지와 녹는점이 높아
여한다. 고형유형성분으로서 고급지방산에 고급알코□

• **식물성 왁스**: 잎, 줄기에서 추출, 카나우바·칸데릴라
• **동물성 왁스**: 벌집에서 추출한 밀랍, 양 털에서 추출□
• **글리세롤**: 유지(油脂)가 가수 분해를 할 때 지방산과

① 동물성 왁스

구분	특징
라놀린 (Lanoline)	· 양털에서 정제된 지방 복합물질로서 반고체(□ 　으로서 □□□□ 왁스에 속함

용어풀이

노란색 박스로 구분했으며, 어려운 용어를
사전적으로 풀어씀으로써 이해를 도왔다.

 있는 화장품이 유통 중인 사실을 알게 된 경우에는 지
수하는 데에 필요한 조치를 해야 한다]에 따라 화장품을
치를 하려는 영업자(이하 "회수의무자"라 한다)는

□당 화장품에 대하여 즉시 판매중지 등의 필요한 조치를

□수대상화장품이라는 사실을 안 날부터 5일 이내에 회수
□ 각 호의 서류를 첨부하여 지방식약처장에게 제출해야 □
□출이 곤란하다고 판단되는 경우에는 지방식약청장에게
□청해야 한다).

호. 해당품목의 제조·수□□ □□□□[①] / 2호. 판매처별 판□
호. 회수사유를 적은 서□

핵심단어

빨간색 글씨로 표시했으며, 문단의 핵심이 되는
단어로서 앞뒤 문장의 터닝포인트가 된다.

 수행하게 할 수 있다.

에 따른 인증을 받은 자는 대통령으로 정하는 바에
□ 홍보할 수 있다.

에 따른 <u>인증을 위하여 필요한 심사</u>를 수행할 심사원□
하여는 전문성과 경력 및 그 밖에 필요사항을 고려하여

밖의 개인정보 관리체계, 정보주체 권리보장, 안정성 확
부 등 1항에 따른 인증의 기준·방법·절차 등 필요사항은

<u>유출통지 등(법 제34</u>

리자는>

중요내용

빨간색 밑줄로 표시했으며,
눈여겨보아야 할 내용이다.

(1) 일반화장품의 분류(제품류)

- 영유아용[1], 목욕용[2], 인체세정용[3], 눈화장용[4], 방손·발톱용[9], 면도용[10], 기초화장용[11], 체취방지용[12],

(2) 기능성화장품의 분류(제품류)

- 주름개선[1], 미백[2], 곱게 태워주는 기능, 자외선으로부품류(일시적 제품은 제외)[5], 탈모증상완화에 도움을 하는 제품은 제외)[6], 여드름완화 제품류(인체세정용을 주는 제품류[8], 틈[ ]으로 인한 붉은 선을 엷게 하는 로 제거하는 제[ ]으로 분류된다.

①②③

빨간색 위첨자로 암기 항목을 숫자로 구분해
표기함으로써 효과적인 암기를 도왔다.

---

12 맞춤형화장품 조제관리사는 화장품의 안정
성 확보 및 품질관리에 관한 교육을 매년 받
아야 한다. 교육시간으로 맞는 것은?

① 3시간 이상 7시간 이하
② 3시간 이상 8시간 이하
③ 4시간 이상 8시간 이하
④ 4시간 이상 9시간 이하
⑤ 5시간 이상 7시간 이하

✓ 교육시간은 4시간 이상 8시간 이하로 한다.

13 화장품 책임[ ] 경등록을 해야 하
는 경우로 틀[ ]

파란펜

1차 국시에 출제된 내용으로,
재출제 가능성이 있다.

- 완제품이 기존의 정의된 특성에 부합하는 자를 보증하
- 포장을 시작하기 전에 포장지시가 이용 가능하고

(2) 포장문서

- 포장작업은 ★문서화된 공정에 따라 수행되어야 한
- 문서화된 공정은 보통 **절차서**, **작업지시서** 또는

① 포장작업문서

제품명 또는 확인코드[1] / 검증되고 사용되는 설비[2] / 라인속도,
완제품 포장에 필요한 모든 포장재 및 벌크제품을 확인할 수 있
상자주입, 케이스 패킹, [ ]장 등의 작업들을 확인할 수
벌크 제품 및 완제품[ ]법 및 검체채취 지시서[6]
포장공정에 적용 가[ ]시사항 및 예방조치(즉, 건
완제품이 제조되는 각[ ]라인의 날짜 및 생산단위[9]

별

1차 국시에 많이 반영된 중요 항목으로,
향후 출제경향에서도 중요도가 높다.

(1호)

[ ]유기간[2] (2호)

[ ]에 관한 사항[3](단, 해당 경우만 정함) (3호)

[ ] 관한 사항[4](단, 해당 경우만 정함) (4호)

[ ]의 권리·의무 및 그 행사방법에 관한 사항[5] (5호)

[ ] 지정(제31조)에 따른 개인정보보호 책임자의 성명 또는
[ ]을 처리하는 부서의 명칭과 전화번호 등 연락처[6] (6호)

[ ]등 개인정보를 자동으로 수집하는 장치의 설치·운영 및 그
[ ]우만 정함) (7호)

[ ]리에 관하여 대통령령[ ][ ]항[8] (8호)

[ ]개인정보처리 방침을 [ ] 변경하는 경우에는

법령상
유의점

파란색 글씨로 표시했으며, "단,"으로 시작되는
괄호 속 내용으로 법에 적용되고 있다.

7

차례

PART 1
화장품법의 이해

PART 2
화장품 제조 및 포장관리

- 화장품법

- 화장품법 시행령

- 화장품법 시행규칙

- 화장품 안전기준 등에 관한 규정, 식품의약품안전처 고시. 제2019-29호

- 기능성화장품 기준 및 시험 방법, 식품의약품안전처 고시. 제2018-111호

- 기능성화장품 심사에 관한 규정, 식품의약품안전처 고시. 제2019-47호

- 화장품전성분표시지침

- 화장품 안전성 정보관리 규정, 식품의약품안전처 고시. 제2017-115호

- 화장품의 생산·수입실적 및 원료목록 보고에 관한 규정, 식품의약품안전처 고시. 제2019-18호

- 화장품 유해사례 등 안전성 정보보고 해설서(식품의약품안전청, 2012)

- 의약품 등의 타르색소 지정과 기준 및 시험 방법, 식품의약품안전처 고시 제2016-87호

- 대한약전, 식품의약품안전처 고시 제2018-68호

- 화장품의 색소 종류와 기준 및 시험 방법, 식품의약품안전처 고시 제2019-73호

- 화장품원료규격가이드라인 일반사항, 식품의약품안전청 2012.04

- 화장품원료기준 성분사전, 식품의약품안전청. 2007

- 인체적용 제품의 위해성평가 등에 관한 규정, 식품의약품안전처 고시, 제2019-29호

- 화장품위해 평가가이드라인, 식약의약품안전평가원 2017

- The chemistry and manufacture of cosmetic(vol.1), Mitchell L Schlossman, Allured. pp.98-104, 255-284

- NCS 학습모듈「두피·모발관리」기반. 두개피관리학개론. 류은주 외 1인, 2019

- 2019 화장품 정책설명회 ppt자료. 식품의약품안전처 화장품정책과, 2019

맞춤형화장품 조제관리사 국가공인시험 가이드

▷ 식품의약품안전처 공고 제2019-565호

1 시험과목 및 시험방법

가. 시험과목 및 세부항목

교과목	주요 항목	세부 항목
1. 화장품법의 이해	1-1. 화장품법	• 화장품법의 입법취지 • 화장품의 정의 및 유형 • 화장품의 유형별 특성 • 화장품법에 따른 영업의 종류 • 화장품의 품질요소(안전성, 안정성, 유효성) • 화장품의 사후관리 기준
	1-2. 개인정보보호법	• 고객 관리 프로그램 운용 • 개인정보보호법에 근거한 고객정보입력 • 개인정보보호법에 근거한 고객정보관리 • 개인정보보호법에 근거한 고객상담
2. 화장품 제조 및 품질관리	2-1. 화장품 원료의 종류와 특성	• 화장품 원료의 종류 • 화장품에 사용된 성분의 특성 • 원료 및 제품의 성분정보
	2-2. 화장품의 기능과 품질	• 화장품의 효과 • 판매 가능한 맞춤형화장품 구성 • 내용물 및 원료의 품질성적서 구비
	2-3. 화장품 사용제한 원료	• 화장품에 사용되는 사용제한 원료의 종류 및 사용한도 • 착향제(향료) 성분 중 알레르기 유발물질
	2-4. 화장품 관리	• 화장품의 취급방법 • 화장품의 보관방법 • 화장품의 사용방법 • 화장품의 사용상 주의사항
	2-5. 위해사례 판단 및 보고	• 위해여부판단 • 위해사례보고

교과목	주요 항목	세부 항목
3. 유통 화장품 안전관리	3-1. 작업장 위생관리	• 작업장의 위생기준 • 작업장의 위생상태 • 작업장의 위생 유지 · 관리활동 • 작업장 위생 유지를 위한 세제의 종류와 사용법 • 작업장 소독을 위한 소독제의 종류와 사용법
	3.2. 작업자 위생관리	• 작업장 내 직원의 위생기준설정 • 작업장 내 직원의 위생상태판정 • 혼합 · 소분 시 위생관리규정 • 작업자 위생 유지를 위한 세제의 종류와 사용법 • 작업자 소독을 위한 소독제의 종류와 사용법 • 작업자 위생관리를 위한 복장 · 청결상태판단
	3-3. 설비 및 기구 관리	• 설비 · 기구의 위생기준설정 • 설비 · 기구의 위생상태판정 • 오염물질 제거 및 소독방법 • 설비 · 기구의 구성 재질구분 • 설비 · 기구의 폐기기준
	3-4. 내용물 및 원료 관리	• 내용물 및 원료의 입고기준 • 유통화장품의 안전관리기준 • 입고된 원료 및 내용물관리기준 • 보관중인 원료 및 내용물출고기준 • 내용물 및 원료의 폐기기준 • 내용물 및 원료의 사용기한 확인 · 판정 • 내용물 및 원료의 개봉 후 사용기한 확인 · 판정 • 내용물 및 원료의 변질상태 확인(변색 · 변취 등) • 내용물 및 원료의 폐기절차
	3-5. 포장재의 관리	• 포장재의 입고기준 • 입고된 포장재 관리기준 • 보관중인 포장재 출고기준 • 포장재의 폐기기준 • 포장재의 사용기한확인 · 판정 • 포장재의 개봉 후 사용기한확인 · 판정 • 포장재의 변질상태확인 • 포장재의 폐기절차
4. 맞춤형화장품의 이해	4-1. 맞춤형화장품 개요	• 맞춤형화장품 정의 • 맞춤형화장품 주요규정 • 맞춤형화장품의 안전성 • 맞춤형화장품의 유효성 • 맞춤형화장품의 안정성
	4-2. 피부 및 모발 생리구조	• 피부의 생리구조 • 모발의 생리구조 • 피부 모발상태분석
	4-3. 관능평가 방법과 절차	• 관능평가 방법과 절차
	4-4. 제품 상담	• 맞춤형화장품의 효과 • 맞춤형화장품의 부작용의 종류와 현상 • 배합금지사항 확인 · 배합 • 내용물 및 원료의 사용제한사항

교과목	주요 항목	세부 항목
4. 맞춤형화장품의 이해	4-5. 제품 안내	• 맞춤형화장품 표시사항 • 맞춤형화장품 안전기준의 주요사항 • 맞춤형화장품의 특징 • 맞춤형화장품의 사용법
	4-6. 혼합 및 소분	• 원료 및 제형의 물리적특성 • 화장품 배합한도 및 금지원료 • 원료 및 내용물의 유효성 • 원료 및 내용물의 규격(pH, 점도, 색상, 냄새 등) • 혼합·소분에 필요한 도구·기기리스트 선택 • 혼합·소분에 필요한 기구사용 • 맞춤형화장품 판매업 준수사항에 맞는 혼합·소분활동
	4-7. 충진 및 포장	• 제품에 맞는 충진방법 • 제품에 적합한 포장방법 • 용기 기재사항
	4-8. 재고관리	• 원료 및 내용물의 재고파악 • 적정 재고를 유지하기 위한 발주

나. 시험방법 및 문항유형

과목명	문항유형	과목별 총점	시험방법
화장품법의 이해	선다형 7문항 단답형 3문항	100점	필기시험
화장품 제조 및 품질관리	선다형 20문항 단답형 5문항	250점	
유통화장품의 안전관리	선다형 25문항	250점	
맞춤형화장품의 이해	선다형 28문항 단답형 12문항	400점	

※ 문항별 배점은 난이도별로 상이하며, 구체적인 문항배점은 비공개입니다.

다. 시험시간

과목명	문항유형 과목별 총점	시험방법
화장품법의 이해 화장품 제조 및 품질관리 유통화장품의 안전관리 맞춤형화장품의 이해	09:00까지	9:30~11:30 (120분)

② 응시자격

제한 없음

③ 합격기준

전 과목 총점(1,000)의 60%(600점) 이상을 득점하고, 각 과목 만점의 40% 이상을 득점한 자

④ 응시원서 제출

가. 제출 기간

나. 시험 장소 : 인터넷으로 원서접수 시 공지예정

다. 제출 방법
- 인터넷 온라인 제출
  ※ 맞춤형화장품 조제관리사 자격시험 홈페이지(https://license.kpc.or.kr/qplus/cmm)
- 원서 제출 시 응시 수수료를 결제한 후 원서접수 확인에서 접수완료 여부를 확인
- 최근 6개월 이내에 촬영한 탈모 상반신 사진을 그림파일로 첨부 제출
  ※ 사진은 JPG, PNG 파일이어야 하며, 크기는 150픽셀×200픽셀 이상, 300dpi 권장, 500KB
  이하여야 업로드 가능합니다.
  ※ 원서 제출기간 내에 사진이 변경이 가능합니다.

라. 응시 수수료
- 100,000원
- 납부방법 : 전자결제(신용 카드, 계좌 이체, 가상 계좌) 중 택1
  ※ 가상계좌는 접수 신청일(가상 계좌 발급일) 다음 날까지 송금해야 제출이 완료됩니다.
  ※ 지정 시간까지 미송금 시 원서제출이 취소됩니다.

마. 응시 수수료 환불
- 시험시행일 20일 전까지 제출을 취소하는 경우 : 100% 환불
- 시험시행일 10일 전까지 제출을 취소하는 경우 : 50% 환불
  ※ 제출취소 및 환불신청은 인터넷으로만 가능합니다.

바. 수험표 교부 : 수험표는 응시 원서 제출완료 후부터 자격시험 홈페이지에서 출력할 수 있으며,
시험 당일까지 재출력 가능

사. 원서 제출 완료(결제 완료) 후 제출 내용 변경 방법 : 원서 제출기간 내에 취소 후 다시 제출해야
하며, 원서 제출기간이 지난 뒤에는 다시 제출하거나 내용변경 불가

아. 장애인 등 응시 변의 제공 : 시각·뇌병변·지체 등으로 응시에 현저한 지장이 있는 장애인 등은 원서접수 시 해당 장애와 희망하는 요구사항을 입력하는, 원서 제출마감 후 4일 이내에 해당 장애를 입증할 수 있는 증빙서류를 제출한 경우에 한하여 응시 편의를 제공합니다.

5 시험 이의 신청

가. 신청 기간

나. 신청 방법 : 맞춤형화장품 조제관리사 자격시험

　홈페이지(https://license.kpc.or.kr/qplus/cmm)'문항 이의 신청'게시판에서 신청

　※ 이의 신청에 개별 회신은 하지 않으며, 관리위원회에서 이상 유무를 확인하여 시험 결과에 반영합니다.

6 합격자 발표

가. 발표 일시

나. 확인 기간

다. 확인 방법 : 맞춤형화장품 조제관리사 자격홈페이지((https://license.kpc.or.kr/qplus/cmm)에 접속한 후 합격자 발표 조회 메뉴에서 개별확인

　※ 합격자 발표 확인 기간 이후에는 홈페이지(나의 시험정보 - 나의 응시 결과)에서 확인할 수 있습니다.

　※ 확인 기간 이후 자격증 원본은 홈페이지에 입력된 주소로 발송 예정입니다

7 수험자 유의사항

• 수험원서, 제출서류 등의 허위 작성·위조·기재 오기·누락 및 불능의 경우에 발생하는 불이익은 전적으로 수험자 책임입니다.

• 수험자는 시험 시행 전까지 시험장 위치 및 교통편을 확인하여야 하며(단, 시험실 출입은 할 수 없음), 시험 당일 교시별 입실시간까지 신분증, 수험표, 필기구를 지참하고 해당 시험실의 지정된 좌석에 착석하여야 합니다.

　※ 시험이 시작한 이후부터는 입실이 불가합니다.

　※ 신분증 인정 범위 : 주민등록증, 운전면허증, 공무원증, 유효기간 내 여권·복지카드(장애인등록증), 국가유공자증, 외국인등록증, 재외동포 국내거소증, 신분확인증빙서, 주민등록발급신청서, 국가자격증

　※ 신분증 미지참 시 시험응시가 불가합니다.

- 시험 도중 포기하거나 답안지를 제출하지 않은 수험자는 시험 무효처리됩니다.

- 지정된 실험실 좌석 이외의 좌석에서는 응시할 수 없습니다.

- 개인용 손목시계를 준비하여 시험시간을 관리하기 바라며, 휴대전화를 비롯하여 데이터를 저장할 수 있는 전자기기는 시계 대용으로 사용할 수 없습니다.
  ※ 시험시간은 종을 울리거나 전등 소등으로 알리게 되며, 교실에 있는 시계와 감독위원의 시간 안내는 단순 참고사항이며 시간관리의 책임은 수험자에게 있습니다.
  ※ 손목시계는 시각만 확인할 수 있는 단순한 것을 사용하여야 하며, 손목시계용 휴대전화를 비롯하여 부정행위에 활용될 수 있는 시계는 모두 사용을 금합니다.

- 시험시간 중에는 화장실에 갈 수 없고 종료 시까지 퇴실할 수 없으므로 과다한 수분 섭취를 자제하는 등 건강관리에 유의하시기 바랍니다.
  ※ '시험포기각서'제출 후 퇴실한 수험자는 재입실·응시 불가하며 시험은 무효 처리합니다.
  ※ 단, 설사·배탈 등 긴급사항 발생으로 시험 도중 퇴실 시 재입실이 불가하고, 시험시간 종료 전까지 시험본부에서 대기해야 합니다.

- 수험자는 감독위원의 지시에 따라야 하며, 부정한 행위를 한 수험자에게는 해당 시험을 무효로 하고, 그 처분일로부터 3년간 시험에 응시할 수 없습니다.

- 시험시간 중에는 통신기기 및 전자기기를 일체 휴대할 수 없으며, 시험도중 관련 장비를 가지고 있다가 적발될 경우 실제 관련 장비의 사용 여부와 관계없이 부정행위자로 처리될 수 있습니다.
  ※ 통신기기 및 전자기기 : 휴대용 전화기, 휴대용 개인정보단말기(PDA), 휴대용 멀티미디어 재생장치(PMP), 휴대용 컴퓨터, 휴대용 카세트, 디지털 카메라, 음성 파일 변환기(MP3), 휴대용 게임기, 전자사전, 카메라 펜, 시각 표시 외의 기능이 있는 시계, 스마트워치 등
  ※ 휴대전화는 배터리와 본체를 분리해야 하며, 분리되지 않는 기종은 전원을 꺼서 시험위원의 지시에 따라 보관하여야 합니다(비행기 탑승 모드 설정은 허용하지 않음).

- 수험자 인적사항·답안지 등 작성은 반드시 검정색 필기구(볼펜, 사인펜 등)만 사용하여야 합니다.
  ※ 그 외 연필류, 유색 필기구 등으로 작성한 답항은 채점하지 않으며 0점 처리됩니다.

- 답안 정정 시에는 반드시 정정 부분을 두 줄(=)로 긋고 다시 기재하여야 하며, 수정테이프(액) 등을 사용했을 경우 채점상의 불이익을 받을 수 있으므로 사용하지 마시기 바랍니다.

- 시험 종료 후 감독위원의 답안카드(답안지) 제출 지시에 불응한 채 계속 답안카드(답안지)를 작성하는 경우 해당 시험은 무효 처리되고 부정행위자로 처리될 수 있습니다.

- 시험 당일 시험장 내에는 주차 공간이 없거나 협소하므로 대중교통을 이용하여 주시고, 교통 혼잡이 예상되므로 미리 입실할 수 있도록 하시기 바랍니다.

- 문제에 대한 의견을 제출하고자 할 때에는 반드시 정해진 기간 내에 제출하여야 합니다.

- 시험장은 전체가 금연 구역이므로 흡연을 금지하며, 쓰레기를 함부로 버리거나 시설물이 훼손되지 않도록 주의하시기 바랍니다.

- 기타 시험일정·운영 등에 관한 사항은 맞춤형조제관리사 자격시험 홈페이지의 시행 공고를 확인하시기 바라며, 미확인으로 인한 불이익은 수험자의 책임입니다.

9 시험 시행 기관

- 한국생산성본부 자격컨설팅센터

- (문의) 전화번호 : 02) 724-1170

- 홈페이지 : http://license.kpc.or.kr/qplus/ccmm

[식약처] 맞춤형화장품 조제관리사 자격시험 예시문항

▷ 최초발표 2019. 12. 11.

□ 과목명: 화장품법의 이해[1-4번]

01 화장품법상 등록이 아닌 신고가 필요한 영업의 형태로 옳은 것은?

① 화장품 제조업
② 화장품 수입업
③ 화장품 책임판매업
④ 화장품 수입대행업
⑤ 맞춤형화장품 판매업

✓ 제조업자 또는 책임판매업자는 식약처에 등록하고 맞춤형화장품 판매업자는 식약처에 신고해야 한다.

➔ 본 교재 p.36: 등록 및 신고; p.380: (2) 맞춤형화장품 업종 신설

02 고객 상담 시 개인정보 중 민감정보에 해당되는 것으로 옳은 것은?

① 여권법에 따른 여권번호
② 주민등록법에 따른 주민등록번호
③ 출입국관리법에 따른 외국인등록번호
④ 도로교통법에 따른 운전면허의 면허번호
⑤ 유전자검사 등의 결과로 얻어진 유전 정보

✓
• 각 호 외의 부분 본문에서 "대통령령으로 정하는 정보"란 – 법 제23조 제1항
  – 유전자 검사 등의 결과로 얻어진 유전정보
  – 범죄경력 자료에 해당하는 정보 중 하나에 해당
• 규정에 따라 다음 각 호의 어느 하나에 해당하는 정보를 처리하는 경우에 해당 정보는 제외한다.
  – 개인정보를 목적 외의 용도로 이용하거나 이를 제3자에게 제공하지 아니하면 다른 법률에서 정하는 소관 업무를 수행할 수 없는 경우로서 보호위원회의 심리 · 의견을 거친 경우
  – 조약, 그 밖의 국제협정의 이행을 위하여 외국정부 또는 국제기구에 제공하기 위해 필요한 경우

  – 범죄의 수사와 공손의 제기 및 유지를 위하여 필요한 경우
  – 법원의 재판업무 수행을 위하여 필요한 경우
  – 형(形) 및 감호, 보호처분의 집행을 위하여 필요한 경우

➔ 본 교재 p.121: 알아두기 - 민감정보의 범위(시행령 제18조)

03 맞춤형화장품 판매업소에서 제조 · 수입된 화장품의 내용물에 다른 화장품의 내용물이나 식품의약품안전처장이 정하는 원료를 추가하여 혼합하거나 제조 또는 수입된 화장품의 내용물을 소분(小分)하는 업무에 종사하는 자를 (㉠)(이)라고 한다. ㉠에 들어갈 적합한 명칭을 작성하시오.

> 맞춤형화장품 판매업소에서 제조 · 수입된 화장품의 내용물에 다른 화장품의 내용물이나 식품의약품안전처장이 정하는 원료를 추가하여 혼합하거나 제조 또는 수입된 화장품의 내용물을 소분(小分)하는 업무에 종사하는 자를 (㉠)(이)라고 한다.

답) _____

✓ 맞춤형화장품 혼합 · 소분에 종사하는 자를 "맞춤형화장품 조제관리사"로 규정하고 식약처자장이 정하는 자격시험에 합격해야 한다.

➔ 본 교재 p.30: 맞춤형화장품 판매업; p.380: 맞춤형화장품의 정의 - (3) 맞춤형화장품 조제관리사 도입

정답 01. ⑤ 02. ⑤ 03. 맞춤형화장품 조제관리사

18 맞춤형화장품 조제관리사 핵심요약 및 예상문제 1000제

04 다음 <보기>는 화장품법 시행규칙 제18조 1항에 따른 안전용기·포장을 사용하여야 할 품목에 대한 설명이다. 괄호에 들어갈 알맞은 성분의 종류를 작성하시오.

- 아세톤을 함유하는 네일 에나멜 리무버 및 네일 폴리시 리무버
- 개별 포장당 메틸 살리실레이트를 5% 이상 함유하는 액체상태의 제품
- 어린이용 오일 등 개별포장당 ( )류를 10% 이상 함유하고 운동점도가 21 센티스톡스 (섭씨 40도 기준) 이하인 비에멀전 타입의 액체상태의 제품

답) _____

✓ 어린이용 오일 등 개별표장 당 탄화수소류를 10% 이상 함유

➔ 본 교재 p.241: 알아두기 - 2) 안전용기·포장 등

□ 과목명: 화장품제조 및 품질관리[5-10번]

05 화장품에 사용되는 원료의 특성을 설명 한 것으로 옳은 것은?

① 금속이온봉쇄제는 주로 점도증가, 피막형성 등의 목적으로 사용된다.
② 계면활성제는 계면에 흡착하여 계면의 성질을 현저히 변화시키는 물질이다.
③ 고분자화합물은 원료 중에 혼입되어 있는 이온을 제거할 목적으로 사용된다.
④ 산화방지제는 수분의 증발을 억제하고 사용감촉을 향상시키는 등의 목적으로 사용된다.
⑤ 유성원료는 산화되기 쉬운 성분을 함유한 물질에 첨가하여 산패를 막을 목적으로 사용된다.

✓
- 금속이온봉쇄제 – 수용액 중 금속이온(칼슘 또는 철 등)과 결합해서 가용성 착염을 형성하여 격리시킨다. 제품의 향과 색상이 변하지 않도록 막고 보존기능을 향상시키는데 사용
- 고분자화합물 – 하이알루로닉애씨드나 콜라겐 같이 보습제로 활용, 점성을 향상시켜주는 점증제, 피막제, 유화제품에서 안정성을 향상시켜주는 안정화제 및 고분자 계면활성제의 역할

- 산화방지제 – 화장품의 산패방지 및 피부노화 예방 등의 목적으로 사용
- 유성원료 – 피부 내 수분증발 억제, 사용감촉을 향상시켜 흡수력을 좋게 함

➔ 본 교재 pp.171~172: ⑩ 보존제 - 2) 금속이온봉쇄제, 3) 산화방지제; p.209: 알아두기 - 기초화장품의 10대 원료

06 맞춤형화장품의 내용물 및 원료에 대한 품질검사결과를 확인해 볼 수 있는 서류로 옳은 것은?

① 품질규격서　　② 품질성적서
③ 제조공정도　　④ 포장지시서
⑤ 칭량지시서

✓ 맞춤형화장품 판매업자는 맞춤형화장품의 내용물 및 원료 입고 시 품질관리 여부를 확인하고 책임한매업자가 제공하는 품질성적서를 구비해야 한다.

➔ 본 교재 p.212: Section 3. 내용물 및 원료의 품질성적서 구비

07 맞춤형화장품 매장에 근무하는 조제관리사에게 향료 알레르기가 있는 고객이 제품에 대해 문의를 해왔다. 조제관리사가 제품에 부착된 <보기>의 설명서를 참조하여 고객에게 안내해야 할 말로 가장 적절한 것은?

- 제품명: 유기농 모이스춰로션
- 제품의 유형: 액상 에멀전류
- 내용량: 50g
- 전성분: 정제수, 1,3부틸렌글리콜, 글리세린, 스쿠알란, 호호바유, 모노스테아린산글리세린, 피이지 소르비탄지방산에스터, 1,2헥산디올, 녹차추출물, 황금추출물, 참나무이끼추출물, 토코페롤, 잔탄검, 구연산나트륨, 수산화칼륨, 벤질알코올, 유제놀, 리모넨

① 이 제품은 유기농 화장품으로 알레르기 반응을 일으키지 않습니다.
② 이 제품은 알레르기는 면역성이 있어 반복해서 사용하면 완화될 수 있습니다.
③ 이 제품은 조제관리사가 조제한 제품이어서 알레르기 반응을 일으키지 않습니다.

---

④ 이 제품은 알레르기 완화 물질이 첨가되어 있어 알레르기 체질 개선에 효과가 있습니다.

⑤ 이 제품은 알레르기를 유발할 수 있는 성분이 포함되어 있어 사용 시 주의를 요합니다.

✓
< 해설 >
참나무이끼추출물(CAS No 122-40-7), 벤질알코올 (CAS No 90028-67-4)은 착향제(향료) 성분 중 알레르기 유발물질로서 사용 후 씻어내는 제품에는 0.01% 초과 사용 후 씻어내지 않는 제품에는 0.001!초과 함유하는 경우에 한한다.

➜ 본 교재 p.234: Section 2. 1) - (1) 착향제(향료) 성분 중 알레르기 유발물질

08 다음 <보기>에서 ㉠에 적합한 용어를 작성하시오.

(㉠)(이)란 화장품의 사용 중 발생한 바람직하지 않고 의도되지 아니한 징후, 증상 또는 질병을 말하며, 해당 화장품과 반드시 인과관계를 가져야 하는 것은 아니다.

답) _____

✓
유해사례(Adverse Event, AE): 화장품 사용과정에서 발생한 바람직하지 않고 의도되지 않은 징후, 증상 또는 질병 등을 야기한다(단, 해당 화장품과 인과 관계를 반드시 갖는 것은 아님).

➜ 본 교재 p.44: Section 5. 화장품의 품질요소 - ① 안전성

09 다음 <보기>에서 ㉠에 적합한 용어를 작성하시오.

계면활성제의 종류 중 모발에 흡착하여 유연효과나 대전 방지 효과, 모발의 정전기 방지, 린스, 살균제, 손 소독제 등에 사용되는 것은 (㉠)계면활성제이다.

답) _____

✓
양이온 계면활성제는 살균소독작용, 정전기 방지, 모발 컨디셔닝의 효과가 있으며 제품으로는 헤어컨디셔너(린스, 트리트먼트), 섬유유연제, 소독제 등이 있다.

➜ 본 교재 p.152: 3) 계면활성제의 종류 - (2) 수용성 계면활성제

10 다음 <보기> 중 맞춤형화장품 조제관리사가 올바르게 업무를 진행한 경우를 모두 고르시오.

㉠ 고객으로부터 선택된 맞춤형화장품을 조제관리사가 매장 조제실에서 직접 조제하여 전달하였다

㉡ 조제관리사는 선크림을 조제하기 위하여 에틸헥실메톡시신나메이트를 10%로 배합, 조제하여 판매하였다.

㉢ 책임판매업자가 기능성화장품으로 심사 또는 보고를 완료한 제품을 맞춤형화장품 조제관리사가 소분하여 판매하였다.

㉣ 맞춤형화장품 구매를 위하여 인터넷 주문을 진행한 고객에게 조제관리사는 전자상거래 담당자에게 직접 조제하여 제품을 배송까지 진행하도록 지시하였다.

답) _____

✓
• 맞춤형화장품이란 p.380
  – 제조 또는 수입된 화장품의 내용물에 다른 화장품의 내용물이나 식약처장이 정하는 원료를 추가 혼합한 화장품
  – 제조 또는 수입된 화장품의 내용물을 소분(小分)한 화장품
  – 사용금지 원료, 사용상의 제한이 필요한 원료, 식약처장이 고시한 기능성화장품의 효능·효과를 나타내는 원료(단, 화장품 책임판매업자가 기능성화장품의 심사 등에 따라 해당 원료를 포함하여 기능성화장품에 대한 심사를 받거나 보고서를 제출한 경우 제외)는 사용할 수 없다.
• 에틸헥실다이메틸파바는 자외선 차단 성분의 사용상의 제한이 필요한 원료로서 사용한도는 7.5%이다.

➜ 본 교재 p.380: (1) 맞춤형화장품의 정의; p.384: 6) 맞춤형화장품에 사용할 수 있는 원료; p.228: 2) 자외선 차단성분

☐ 과목명: 유통화장품 안전관리[11-13번]

11 다음 <보기>에서 맞춤형화장품 조제에 필요한 원료 및 내용물 관리로 적절한 것을 모두 고르면?

㉠ 내용물 및 원료의 제조번호를 확인한다.

㉡ 내용물 및 원료의 입고 시 품질관리 여부를 확인한다.

ⓒ 내용물 및 원료의 사용기한 또는 개봉 후 사용기한을 확인한다.

ⓔ 내용물 및 원료 정보는 기밀이므로 소비자에게 설명하지 않을 수 있다.

ⓜ 책임판매업자와 계약한 사항과 별도로 내용물 및 원료의 비율을 다르게 할 수 있다.

① ㉠, ㉡, ㉢ ② ㉠, ㉡, ㉣
③ ㉠, ㉢, ㉤ ④ ㉡, ㉣, ㉤
⑤ ㉢, ㉣, ㉤

• 맞춤형화장품의 내용물 및 원료의 입고 시 품질관리 여부를 확인하고 책임판매업자가 제공하는 품질성적서를 구비한다.
• 내용물 품질관리 여부를 확인 시 제조번호, 사용기한(또는 개봉 후 사용기간), 제조일자, 시험결과를 확인해야 한다.
• 맞춤형화장품 판매 시 해당 맞춤형화장품의 혼합 또는 소분에 사용되는 내용물 및 원료, 사용 시의 주의사항에 대하여 소비자에게 설명한다.
• 맞춤형화장품 혼합 · 소분 시에는 책임판매업자와 계약한 사항을 준수해야 한다.

➔ 본 교재 p.71: 3) 맞춤형화장품 판매업자 준수사항; p.213: 1) 품질성적서 구비

12 맞춤형화장품의 원료로 사용할 수 있는 경우로 적합한 것은?

① 보존제를 직접 첨가한 제품
② 자외선차단제를 직접 첨가한 제품
③ 화장품에 사용할 수 없는 원료를 첨가한 제품
④ 식품의약품안전처장이 고시하는 기능성화장품의 효능 · 효과를 나타내는 원료를 첨가한 제품
⑤ 해당 화장품책임판매업자가 식품의약품안전처장이 고시하는 기능성화장품의 효능 · 효과를 나타내는 원료를 포함하여 식약처로부터 심사를 받거나 보고서를 제출한 경우에 해당하는 제품

맞춤형화장품에 사용할 수 없는 원료
• 화장품에 사용할 수 없는 원료
• 화장품에 사용상의 제한이 필요한 원료
• 식약처장이 고시한 기능성화장품의 효능 · 효과를 나타내는 원료(단, 맞춤형화장품 판매업자에게 원료를 공급하는 화장품 책임판매업자가 기능성화장품의 심사 등(화장품법 제14조)에 따라 해당 원료를 포함하여 기능성화장품에 대한 심사를 받거나 보고서를 제출한 경우 제외함)

➔ 본 교재 p.384: 6) 맞춤형화장품에 사용할 수 있는 원료

13 다음 <보기>의 우수화장품 품질관리기준에서 기준일탈 제품의 폐기 처리 순서를 나열한 것으로 옳은 것은?

㉠ 격리 보관
㉡ 기준 일탈 조사
㉢ 기준일탈의 처리
㉣ 폐기처분 또는 재작업 또는 반품
㉤ 기준일탈 제품에 불합격라벨 첨부
㉥ 시험, 검사, 측정이 틀림없음 확인
㉦ 시험, 검사, 측정에서 기준 일탈 결과 나옴

① ㉢→㉡→㉥→㉦→㉣→㉠→㉤
② ㉤→㉡→㉥→㉢→㉦→㉠→㉣
③ ㉦→㉡→㉣→㉢→㉤→㉥→㉠
④ ㉦→㉡→㉥→㉢→㉤→㉠→㉣
⑤ ㉦→㉡→㉥→㉢→㉤→㉣→㉠

시험, 검사, 측정에서 기준 일탈 결과 나옴 → 기준 일탈 조사 → 시험, 검사, 측정이 틀림없음을 확인 → 기준일탈의 처리 → 기준일탈 제품에 불합격라벨 첨부 → 격리 보관 → 폐기처분 또는 재작업 또는 반품

➔ 본 교재 p.340: 2) 화장품 원료의 적합판정 여부 시 체크사항

☐ 과목명: 맞춤형화장품의 이해[14-19번]

14 맞춤형화장품에 혼합 가능한 화장품 원료로 옳은 것은?

① 아데노신   ② 라벤더오일
③ 징크피리치온   ④ 페녹시에탄올
⑤ 메칠이소치아졸리논

• 맞춤형화장품에 사용할 수 없는 원료
 – 화장품에 사용할 수 없는 원료
 – 화장품에 사용상의 제한이 필요한 원료
 – 식약처장이 고시한 기능성화장품의 효능 · 효과를 나타내는 원료
• 아데노신: 피부 주름 개선의 기능성화장품원료로서 함량은 0.04%이다.
• 징크피리치온: 기타제품에는 사용금지 원료이면서 사용한도를 갖는 원료이다. 비듬 및 가려움을 덜어주고 씻어내는 제품(샴푸 · 린스), 탈모 증상 완화에 도움을 주는 화장품에 총 징크피리치온으로서 1% 사용한도를 갖는다. ➔ p.232

- 페녹시에탄올: 보존제로서 기타제품에는 사용금지이면서 사용 후 씻어내는 제품에는 1%의 사용한도를 갖는다. ➔ p.228
- 메칠이소시아졸리논 : 보존제로서 사용 후 씻어내는 제품에 0.0015%(메틸클로로아이소티아졸리논: 메틸아이소티아졸리논 = 혼합물과 병행사용금지)의 사용한도를 갖는다. ➔ p.225

➔ 본 교재 p.384: 6) 맞춤형화장품에 사용할 수 있는 원료; p.255: 사용한도 원료 1) 보존제, 4) 기타원료 - (2)

15 피부의 표피를 구성하고 있는 층으로 옳은 것은?

① 기저층, 유극층, 과립층, 각질층
② 기저층, 유두층, 망상층, 각질층
③ 유두층, 망상층, 과립층, 각질층
④ 기저층, 유극층, 망상층, 각질층
⑤ 과립층, 유두층, 유극층, 각질층

✓
- 표피는 얇은 피부로서 4개(기저층, 유극층, 과립층, 각질층)의 층 구조를 갖는다.
- 두꺼운 피부(0.8~1.4mm)는 투명층을 포함하여 5개의 층 구조를 갖는다.

➔ 본 교재 p.397: (1) 표피조직의 특징

16 맞춤형화장품 조제관리사인 소영은 매장을 방문한 고객과 다음과 같은 <대화>를 나누었다. 소영이가 고객에게 혼합하여 추천할 제품으로 다음 <보기> 중 옳은 것을 모두 고르면?

고객: 최근에 야외활동을 많이 해서 그런지 얼굴 피부가 검어지고 칙칙해졌어요. 건조하기도 하구요.
소영: 아. 그러신가요? 그럼 고객님 피부 상태를 측정해 보도록 할까요?
고객: 그럴까요? 지난번 방문 시와 비교해 주시면 좋겠네요.
소영: 네. 이쪽에 앉으시면 저희 측정기로 측정을 해드리겠습니다.

피부측정 후,

소영: 고객님은 1달 전 측정 시보다 얼굴에 색소 침착도가 20% 가량 높아져있고, 피부 보습도도 25% 가량 많이 낮아져 있군요.
고객: 음. 걱정이네요. 그럼 어떤 제품을 쓰는 것이 좋을지 추천 부탁드려요.

㉠ 티타늄디옥사이드(Titanium Dioxide) 함유 제품
㉡ 나이아신아마이드(Niacinamide) 함유 제품
㉢ 카페인(Caffeine) 함유 제품
㉣ 소듐하이알루로네이트(Sodium-Hyaluronate) 함유 제품
㉤ 아데노신(Adenosine) 함유 제품

① ㉠, ㉢   ② ㉠, ㉤   ③ ㉡, ㉣
④ ㉡, ㉤   ⑤ ㉢, ㉣

✓
- 티타늄디옥사이드: 피부를 곱게 태워주거나 자외선으로부터 피부를 보호하는 데 도움을 주는 성분(자외선차단성분으로서 25%) ➔ p.186
- 나이아신아마이드: 피부 미백에 도움을 주는 성분 (2~5%) ➔ p.186
- 소듐하이알루로네이트: 고분자 보습제로서 보습효과가 우수하다. ➔ p.170
- 아데노신: 주름개선에 도움을 주는 제품의 성분

➔ 본 교재 p.168: ⑨ 보습제; pp.185-190: ⑭ 기능성화장품 주성분

17 다음의 <보기>는 맞춤형화장품의 전성분 항목이다. 소비자에게 사용된 성분에 대해 설명하기 위하여 다음 화장품 전성분 표기 중 사용상의 제한이 필요한 보존제에 해당하는 성분을 다음 <보기>에서 하나를 골라 작성하시오.

정제수, 글리세린, 다이프로필렌글라이콜, 토코페릴아세테이트, 다이메티콘/비닐다이메티콘크로스폴리머, C12-14파레스-3, 페녹시에탄올, 향료

답) _____

→ 본 교재 p.225~228: ② 사용한도 원료 1) 보존제

18 다음 <보기>는 맞춤형화장품에 관한 설명이다. <보기>에서 ㉠, ㉡에 해당하는 <u>적합한 단어</u>를 각각 작성하시오

- 맞춤형화장품 제조 또는 수입된 화장품의 (㉠)에 다른 화장품의 (㉠)(이)나 식품의약품안전처장이 정하는 (㉡)(을)를 추가하여 혼합한 화장품
- 제조 또는 수입된 화장품의 (㉠)(을)를 소분(小分)한 화장품

답) _____

→ 본 교재 p.380: (1) 맞춤형화장품의 정의

19 다음 <보기>는 유통화장품의 안전관리기준 중 pH에 대한 내용이다. <보기> 기준의 예외가 되는 두 가지 제품에 대해 <u>모두</u> 작성하시오.

영유아용 제품류(영유아용 샴푸, 영유아용 린스, 영유아 인체 세정용 제품, 영유아 목욕용 제품 제외), 눈 화장용 제품류, 색조 화장용 제품류, 두발용 제품류(샴푸, 린스 제외), 면도용 제품류(셰이빙 크림, 셰이빙 폼 제외), 기초화장용 제품류(클렌징 워터, 클렌징 오일, 클렌징 로션, 클렌징 크림 등 메이크업 리무버 제품 제외) 중 액, 로션, 크림 및 이와 유사한 제형의 액상제품은 pH기준이 3.0~9.0이어야 한다.

답) _____

→ 본 교재 p.327: ② 안전관리기준 - (6) pH기준

정답 **18.** ㉠ 내용물, ㉡ 원료 **19.** 물을 포함하지 않은 제품, 사용 후 곧바로 씻어 내는 제품

PART 1
화장품법의 이해

Chapter 1. 화장품법

Section 01 화장품법의 입법취지

■ 화장품법의 목적

- 화장품법(법률 제6025호)은 1999년 9월 7일 약사법에 분리되어 제정되었으며, 2018년 3월 13일 개정(법률 제15488호)되었다. 이에 화장품의 영업형태로서 맞춤형화장품 판매업은 2020년 3월 14일 시행되었다.

- 이 법은 화장품 제조·수입·판매 및 수출 등을 규정함으로써 국민보건향상과 화장품산업의 발전에 기여함을 목적(화장품법 제1조)으로 한다.

② 맞춤형화장품 제도

- 「화장품법」 제3조의4에 따라 「2020년도 제1회 맞춤화장품 조제관리사 자격시험 시행계획」이 2019년 12월 10일 공고됨으로써 실시되었다.

- 「화장품법 시행규칙」 총리령 제1603호, 2020.03.13. 일부개정, 2020.03.14. 시행

<개정이유- 일부개정>

- 화장품에 대한 소비자의 다양한 요구를 충족시키고 화장품 산업발전에 기여하기 위해 맞춤형화장품 판매업 및 맞춤형화장품 조제관리사 자격시험을 신설하는 등의 내용으로 「화장품법」이 개정(법률 제15488호, 2018.03.13. 공포, 2020.03.14. 시행)됨에 따라 맞춤형화장품 판매업의 신고 및 변경신고의 요건·절차·방법 등을 정한다.
- 맞춤형화장품 조제관리사 자격시험의 시기·절차·방법 등을 마련한다.
- 맞춤형화장품 판매업자의 영업상 준수사항을 구체적으로 정한다.
- 맞춤형화장품 판매업자의 위반행위에 대한 세부 행정처분 기준을 마련하는 등 법률에서 위임된 사항과 그 시행에 필요한 사항을 정하려는 것이다.

③ 화장품법의 구성과 체계

- 화장품 관련 체계는 **화장품법·시행령·시행규칙**의 순으로 규정하며 이는 식품의약품안전처 고시, 가이드라인 등으로 분류된다.

구분	내용 및 특징	비고
화장품법	법률	국가법령정보센터 http://www.law.go.kr
화장품 시행령	대통령령	
화장품 시행규칙	총리령	
고시	식품의약품안전처	식품의약품안전처 http://www.mfds.go.kr/index.do
해설서/지침서/ 가이드라인(민원인 안내서)	식품의약품안전처, 식품의약품안전평가원	

Section 02 화장품의 정의 및 유형

■1 화장품의 정의

- 화장품이란 인체를 청결·미화하여 매력을 더하고 용모를 밝게 변화시키거나 피부·모발의 건강을 유지 또는 증진하기 위하여 인체에 바르고 문지르거나 뿌리는 등 이와 유사한 방법으로 사용되는 물품으로서 인체에 대한 작용이 경미한 것을 말한다(단, 약사법 제2조 제4호의 의약품에 해당하는 물품은 제외함).

- 화장품의 정의는 이 법에서 사용하는 용어의 뜻으로서 화장품[1], 기능성화장품과 천연화장품[2], 유기농화장품[3], 안전용기·포장[4], 사용기한[5], 1차 포장[6], 2차 포장[7], 표시[8], 광고[9], 화장품 제조업[10], 화장품 책임판매업[11], 맞춤형화장품 판매업[12] 등에 해당한다.

1) 화장품의 구분 분류표

구분 \ 분류	의약품	의약외품	화장품★
사용대상	환자	정상인	정상인
사용목적	진단·치료·예방	위생 및 미화	세정 및 미용
사용범위	특정부위	특정부위	전신
사용기간	일정기간	장기간·단속적	장기간·지속적
효능	제한 없음	효능·효과 범위 일정	제한
부작용	있을 수 있음	없어야 함	없어야 함

2) 화장품의 분류 ✎

일반 또는 기능성화장품으로 대별된다. 즉 기능성화장품을 제외한 나머지 화장품은 모두 일반화장품으로 분류된다.

(1) 일반화장품의 분류(제품류)

- 영유아용[①], 목욕용[②], 인체세정용[③], 눈화장용[④], 방향용[⑤], 두발염색용[⑥], 색조화장용[⑦], 두발용[⑧], 손·발톱용[⑨], 면도용[⑩], 기초화장용[⑪], 체취방지용[⑫], 체모제거용[⑬] 제품류로 분류된다.

(2) 기능성화장품의 분류(제품류)

- 주름개선[①], 미백[②], 곱게 태워주는 기능, 자외선으로부터 보호 제품류[③], 염모 제품류[④], 탈염·탈색 제품류(일시적 제품은 제외)[⑤], 탈모증상완화에 도움을 주는 제품류(물리적으로 모발을 굵게 보이게 하는 제품은 제외)[⑥], 여드름완화 제품류(인체세정용 제품)[⑦], 아토피완화(건조함, 가려움 개선)에 도움을 주는 제품류[⑧], 튼살로 인한 붉은 선을 엷게 하는 데 도움을 주는 제품류[⑨], 제모 제품류(물리적으로 제거하는 제품은 제외)[⑩]로 분류된다.

> ☑ 화장품(화장품법 제2조)이란? ✎
> - 인체를 청결, 미화하여 매력을 더하고 용모를 밝게 변화시키는 것
> - 피부와 모발의 건강을 유지 또는 증진시키는 물품
> - 인체적용제품으로서 바르거나 뿌리는 방법으로 사용되는 물품
> - 인체에 대한 작용이 경미한 것

2 화장품의 유형

① 제품의 유형(의약외품은 제외한다)

구분	내용 및 특징	비고
천연 화장품	·동식물 및 그 유래 원료 등을 함유	·식품의약품안전처장(이하 식약처장이라 칭함)이 정하는 기준에 맞는 화장품 * 식약처 고시 ✎ - 천연화장품 : 중량기준으로 제품 전체 내 천연 함량이 95% 이상 구성
유기농 화장품	·동식물 및 그 유래 원료 등을 함유 ·유기농 원료 함유	- 유기농화장품 : 전체 제품 성분 내 유기농 함량이 10% 이상의 함량과 이를 포함 천연 함량 95% 이상 구성
★ 기능성 화장품	·화장품법 및 시행규칙에서 지정한 <u>효능·효과 등을 표방</u> ·품질의 안전성 및 유효성을 심사 또는 보고	·식약처에 심사 또는 보고된 화장품 - 피부의 미백, 주름개선 - 피부를 곱게 태워주거나 자외선으로부터 보호 - 모발색상 변화·개선 또는 영양공급 - 피부나 모발에서의 건조함, 각질화, 갈라짐, 빠짐 등을 방지 또는 개선에 도움을 주는 제품 ·총리령으로 정하는 화장품
★ 맞춤형 화장품	·<u>제조 또는 수입된 화장품의 내용물에 다른 화장품의 내용물이나 식약처장이 정하는 원료를 추가하여 혼합</u> ·제조 또는 수입된 화장품의 내용물을 소분(작게 나누어 담음)	·내용물(원료는 식약처장이 정한 것) - 완제품 : 일정 조건에 맞추어 제작공정을 완전히 마친 제품 - 벌크제품 : 일정 형태로 개별포장이 되어있지 않은 제품 ✎ - 반제품 : 완제품의 재료로 사용하기 위해 기초 원료를 가공한 중간제품
한방 화장품	·「대한약전」, 「대한약전 외 한약(생약) 규격집」 및 기존 한약서에 대한 잠정 규정에 따른 기존 한약서에 수재된 생약 또는 한약재(이하 "원재료"라고 한다)를 기준 이상 함유	·기준 : 내용량인 중량 100g(100mL) 중 함유된 모든 한방성분을 원재료로 환산하여 합산한 중량이 1mg 이상(식약처, 2011년 한방화장품 표시광고 가이드라인)

☑ 식품의약품안전처(MFDS, Ministry of Food and Drug Safety)

중앙행정기관의 하나로서 국무총리소속이다. 식품 및 의약품의 안전한 사무를 관장한다. 식품의약품안전처는 보건복지가족부 소속으로 식품, 의약품, 의약부외품, 마약 따위에 관한 사무를 맡아보던 중앙행정기관이다.

② 안전 용기 · 포장

용기

- 만 5세 미만의 어린이가 개봉하기 어렵게 설계 또는 고안되어야 한다.

  예 눌러서 돌려야 열리는 캡

포장 ✎

- 1차 포장: 화장품 제조 시 내용물과 직접 접촉하는 포장 용기를 말한다.

  예 병, 펌프 캡, 튜브, 립스틱 용기, 퍼프, 브러시, 디스크(패킹) 등

- 2차 포장: 1차 포장을 수용하는 1개 또는 그 이상의 포장과 보호재 및 표시의 목적으로 한(첨부문서 등) 포장을 말한다.

  예 단상자(Carton, 카톤), 중케이스(Middle case, 중간용기 상자), 외박스(Out case)

③ 사용기한 ✎

- 화장품들이 제조된 날부터 적절한 보관 상태에서 제품이 고유의 특성을 간직한 채 소비자가 안정적으로 사용할 수 있는 최소한의 기한을 말한다.

④ 표시

- 화장품의 용기, 포장에 기재하는 그림(소셜네트워크 서비스), 문자, 숫자, 도형 등을 일컫는다.

⑤ 광고

- TV, 라디오, 신문, 잡지, 인터넷, 음성 · 음향 · 영상, SNS, Youtube, 인쇄물, 간판, 그 밖의 방법에 의해 정보를 나타내거나 알리는 등의 행위를 말한다.

⑥ 화장품 제조업

- 화장품의 전부 또는 일부를 제조하는 영업을 말한다(단, 2차 포장 또는 표시만의 공정은 제외함).

- 카톤 : 내용물이 가벼운 잡화류의 포장에 사용되는 판지로 만든 상자

☑ 제조(製造): 원료에 인공을 가하여 정교한 제품(정교품)을 만듦

☑ 제조업(Manufacturing)
- 원료를 가공하여 새로운 제품을 생산하는 일
- 물질 또는 구성요소에 물리 · 화학적 작용을 가하여 새로운 제품으로 전환하는 산업활동을 말함

⑦ 화장품 책임판매업

- 취급하는 화장품의 품질 및 안전 등을 관리하면서 유통·판매한다.

- 수입대행형 거래를 목적으로 알선·수여하는 영업을 일컫는다(예 브랜드 회사).

⑧ 맞춤형화장품 판매업(시행, 2020.3.14)★

- 맞춤형화장품을 판매하는 영업을 일컫는다.

  예 맞춤형화장품 조제관리사가 있는 로드 숍(Rroad shop), 브랜드 숍(Brand shop), 화장품 공방(Hand made), 피부관리실, 드럭 스토어(Drug store)

Section 03 화장품의 유형별 특성

의약외품(약사법 제2조 7항)을 제외한 화장품의 제품유형(시행규칙 별표3 규정)인 제형은 13개로 분류할 수 있다.

① 일반화장품

구분	특징	제품류
기초 화장품	· 피부정돈, 피부보호 및 회복, 세안·세정, 청결	· 수렴·유연·영양 화장수, 에센스, 오일, 아이(눈 주위)크림, 팩·마스크, 로션, 크림, 마사지 크림 · 파우더, 바디제품, 손·발의 피부연화, 클렌징워터·크림·오일, 메이크업 리무버
색조 화장품	· 피부색(베이스메이크업)과 피부결점보완 (포인트 메이크업)	· 볼연지, 페이스파우더, 페이스케이크, 액상·크림·케이크 파운데이션 · 메이크업 베이스, 메이크업 픽서티브, 립스틱, 립라이너, 립글로스, 립밤 · 바디페인팅, 페이스페인팅, 분장용 제품, 그 밖의 색소 화장품
눈 화장용 (메이크업 화장품)	· 눈 주위에 매력을 더 하기 위해 사용	· 아이브로우 펜슬, 아이라이너, 아이섀도, 마스카라, 아이 메이크업 리무버 그 밖의 눈화장용
방향용 화장품	· 몸에 지니거나 뿌리는 향(향취부여)	· 향수, 분말향, 향낭, 코롱(연한 향수의 일종), 그 밖의 방향용 제품류
체취억제	· 몸 냄새를 줄이거나 제거하는 제품	· 데오드란트, 샤워코롱, 그 밖의 체취 방지용
체모 제거용	· 몸의 털(체모) 제거에 사용하는 제품	· 제모제, 제모왁스(2019년 12월 31일부터 일반화장품으로 전환), 그 밖의 체모 제거용 (왁스스트립)
면도용	· 면도 전·후에 피부보 호 및 진정에 사용	· 애프터셰이브 로션, 남성용 탤컴(Talcum), 프리셰이브 로션(Preshave lotion), 셰이빙 폼 크림, 그 밖의 면도용
두발용	· 모발세정 및 컨디셔닝, 정발, 웨이브, 릴렉서, 증모효과 제품	· 헤어컨디셔너, 헤어토닉, 헤어그루밍에이드, 헤어크림·로션·오일·포마드 · 헤어스프레이·무스·왁스·젤, 샴푸, 린스, 웨이브 펌제, 스트레이턴트 펌제, 그 밖의 두발용, 흑채(2019년 12월 31일부터 일반화장품으로 전환)

구분	특징	제품류
두발 염색용✏	· 모발의 색을 빼거나 입히는 제품	· 헤어틴트, 헤어컬러 스프레이, 염모제, 탈염 · 탈색용, 그 밖의 두발 염색용
손 · 발톱용 (조체용)	· 조체의 관리 (네일 제품)	· 베이스코트, 언더코트, 네일 폴리시(에나멜 · 락카), 탑코트, 네일크림 · 로션 · 에센 스, 폴리시 리무버, 그 밖의 손 · 발톱용
인체 세정용	· 손 · 얼굴에 사용 후 바로 씻어냄	· 폼 클렌저, 바디클렌저, 액체비누 및 화장비누(고형 세안용 비누★-2019년 12월 31일부터 일반화장품으로 전환) · 외음부세정제, 그 밖의 인체세정용, 물휴지* * 물휴지:「위생용품관리법」(법률 제14837호) 제2조 제1호 라목 2)에서 말하는 「식 품위생법」 제36조 제1항 제3호에 식품접객업의 영업소에서 손을 닦는 용도의 포 장된 「장사 등에 관한 법률」 제29조에 따른 장례식장 「의료법」 제3조에 따른 의 료기관 등에서 시체를 닦는 용도로 사용되는 물휴지는 제외함
목욕용	· 전신샤워 목욕 시 사 용 후 바로 씻어냄	· 목욕용 오일 · 정제 · 캡슐 · 목욕용 소금류, 버블배스(Bubble baths), 그 밖의 목욕용
영유아용	· 만 3세 이하의 어린 이가 사용	· 영유아용 샴푸, 린스, 로션, 크림, 오일, 인체세정 및 목욕용 제품

알아두기!

본 내용은 화장품 전환품목 관리방안(식약처 화장품정책과, 2019.12.10.) PPT를 참조하여 재인용함.

☑ **화장품 전환대상품목-고형비누, 흑채, 제모왁스(2019.12.31.시행)**

• **적용례**: 시행일 이후 제조 또는 수입되는 경우부터 적용한다.

- 2019.12.31. 이전에 제조 또는 수입된 제품은 화장품법 적용대상이 안 된다.

• **경과조치**: 종전 규정에 따라 표시된 부자재(용기, 포장, 첨부문서)는 시행일로부터 <u>1년 동안 사용이 허용</u>된다.

• **업등록**: 화장품 제조업, 책임판매업의 등록 절차는 미리 진행하며, 등록일은 2019.12.31로 간주한다.

(1) 화장품 안전관리 체계

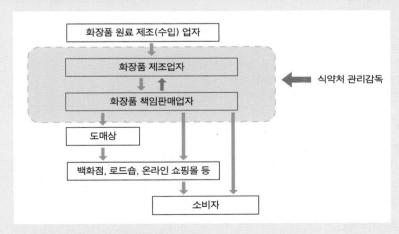

(2) 전환물품 안전관리 정책방향

① 안전기준, 품질관리, 표시기준 등은 원칙적으로 기존 화장품과 동일하게 적용한다.

② 전환물품 자체의 특성을 고려한 규정으로서 개정한다.

③ '비누공방'의 규제 순응도를 높일 수 있는 적정 안전관리 방안을 모색하였다.
* 비누공방: 상시근로자 2인 이하로 직접 제조한 화장비누만을 판매해야 한다. - No: 3인 이상
· 위탁제조 · 분리된 제조소와 판매장(제조업과 책임판매업 소재지 동일해야 함)
· 화장비누 외의 화장품 취급

(3) 화장비누만을 제조하는 화장품 제조업

작업소 구획 의무 완화	시설조사를 위한 현장점검 한시적 면제(2019년 말까지)	제조업 등록 시 제출 서류
· 한 개의 실 안에서 각 작업구역, 보관구역, 시험구역 등을 칸막이, 선 등으로 구분 · 구획도 가능함	· 등록민원처리 건수를 고려하여 현장점검을 함 · 현재, 면제기간 연장 검토 중	· 대표자 진단서, 시설명세서(건축물 관리대장, 제조시설 및 시험시설 내역서, 품질시험 위 · 수탁 계약서, 평면도), 시설을 확인할 수 있는 사진 등

(4) 전환물품 책임판매관리자 자격

· 의사 · 약사①/ · 이공계, 향장학, 화장품과학, 한의학, 한약학과학사(전문대학 제외)②/ · 관련분야 전문대학 졸업 + 화장품 제조 또는 품질관리 경력 1년 이상③/ · 화장품 제조 또는 품질관리 경력 2년 이상④ · 식약처장이 정하는 전문교육 이수자⑤(화장비누, 흑채, 제모왁스에 해당, 2019.7.1~2019.12.31. 책임판매업 등록 후 신청하는 경우)	<비교> · 위 자격 중 어느 하나 · 상시 근로자 10인 이하 시 책임판매업자가 책임판매관리사 겸임 가능 · 비누공방에 한해 ⑥번 지속인정을 위한 규정 개정 행정 예고(2019.12.14.~12.24)

(5) 화장비누에 사용되는 색소

• 화장품색소: 식약처 고시에 수재된 색소만 사용이 가능(Positive list)하다.
- 화장품의 색소 종류와 기준 및 시험방법

• 화장비누 제조 시 많이 사용하고 있는 색소를 색소고시에 수재 추진하였다.
- 피그먼트 적색 5호를 사용 가능(화장비누에 한함) → 색소목록에 우선 추가완료
- 추가 수재계획(CI 13065, CI 174260, CI 5319)

(6) 화장비누 표시기재

화장품 전환 후 화장비누	비고
· 전성분 표시 · 건조중량, 수분중량 · 제조번호, 사용기한	· 시행일(2019.12.31) 전에 제조, 수입된 화장비누→ 화장품법 적용대상 아님 · 기존부자재 시행일로부터 1년 동안 사용 허용 · 표시기재 요령- 종전 공산품에서 활용하던 방식 허용 · (전성분 중) 비누화 반응의 생성물 기재 가능 · 사용기한 설정- 제품 고유의 품질이 유지되는 기간 자체 설정

(7) 화장비누 품질관리 가이드라인(안)

• 화장품법에 따라 화장품 책임판매업자는 제조번호별 품질검사를 하여야 한다.
• 품질검사항목은 「화장품 안전기준 등에 관한 규정」의 제5조에 따른 유통화장품 안전관리 기준 중 제품의 특성을 고려하여 적절한 검사항목을 설정할 수 있다.
• 소규모 화장비누 공방의 경우에는 종전의 품질검사와 같이 제조번호별 관능검사(외관, 색, 향 등 자율적 설정)를 할 수 있다(단, 최초 제조되는 제품에는 수분 및 휘발성 물질, 순비누분, 유리알칼리, 석유에터가용성분에 대하여 품질검사를 실시하며, 이후 적절한 기간을 지정하여 분기 또는 반기 등 관리할 수 있도록 함).

(7-1) 화장비누 품질관리 가이드라인(안)

<참고> 화장비누 품질검사 기록서 양식 예시

· 동일한 처방을 가진 AA제품에 대해 최초 1회에 수분 및 휘발성 물질, 순비누분, 유리알칼리, 석유에터 가용 성분에 대해 외부기관에 시험을 하고, 제조번호별로 색상과 외관검사를 하는 경우이다.

화장비누 품질검사 기록서		범례	적합: O
			부적합: X

제품명	제조일자	제조번호	검사항목	검사결과	검사일자	작성자	승인자	비고
AA	20191101	191101AA001	외부시험기관 시험 결과서 별첨	외부시험기관 시험 결과서 별첨	20191101	갑	병	최초제조번호에 대해 외부시험기관의 시험결과서
AA	20191125	191101AA002	색상	O	20191125	갑	병	

(8) 화장비누 표시기재 가이드라인(안)

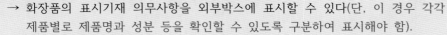

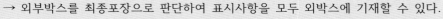
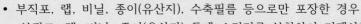

- 부직포, 랩, 비닐, 종이(유산지), 수축필름 등으로 감싸서 이를 단상자 등에 포장한 경우
  → 단상자에 화장비누의 기재사항을 표시할 수 있다.
- 서로 다른 종류의 화장비누 각각을 부직포, 랩, 비닐, 종이(유산지), 수축필름 등의 마감재로 감싸서 하나의 단상자 등에 포장한 경우
  → 화장품의 표시기재 의무사항을 외부박스에 표시할 수 있다(단, 이 경우 각각 제품별로 제품명과 성분 등을 확인할 수 있도록 구분하여 표시해야 함).
- 개별 마감재 없이 화장비누를 외부박스 등으로만 포장한 경우
  → 외부박스를 최종포장으로 판단하여 표시사항을 모두 외박스에 기재할 수 있다.
- 부직포, 랩, 비닐, 종이(유산지), 수축필름 등으로만 포장한 경우
  → 부직포, 랩, 비닐, 종이(유산지) 등에 스티커를 부착하여 기재사항을 표시할 수 있다.
- 여러 개를 부직포, 랩, 비닐, 종이(유산지), 수축필름 등으로 함께 감싼 후 하나의 외부박스 등에 포장할 경우
  → 여러 개 화장비누를 화장품의 표시기재 의무사항을 외부박스에 표시할 수 있다(단, 동일한 제품이 아닌 다른 종류의 화장비누 여러 개를 한 번에 포장한 경우 외부박스에 각각 제품명과 성분 등을 확인할 수 있도록 구분하여 표시해야 함).

(9) 기타 준수사항 의무 완화계획

- 반기별 안전성 정보 정기보고의무
- 상시 근로자 2인 이하로서 화장비누만을 직접 제조하여 유통·판매하려는 자는 중대한 유해사례만 보고토록 고시 개정추진

② 기능성화장품

- 다음 각 목의 어느 하나에 해당하는 화장품을 기능성화장품이라 함을 총리령으로 정한다(화장품법 제2조2호, 시행규칙 제2조).

적용범위	용도	기능
피부	· 미백에 도움을 주는 제품	· 피부에 멜라닌 색소가 침착하는 것을 방지하여 기미·주근깨 등의 생성을 억제함 · 침착된 멜라닌 색소의 색을 엷게 하여 미백에 도움기능
	· 주름개선에 도움을 주는 제품	· 피부에 탄력을 주어 주름완화 또는 개선하는 기능
	· 피부를 곱게 태워주거나 자외선으로부터 피부 보호 제품	· 강한 햇볕을 방지하여 피부를 곱게 태워주는 기능 · 자외선을 차단 또는 산란시켜 피부를 보호하는 기능
모발	· 모발색상의 변화와 제거 또는 영양공급에 도움을 주는 제품	· 모발의 색상변화(탈염·탈색을 포함)시키는 기능을 가진 화장품(단, 일시적으로 모발의 색상을 변화시키는 제품은 제외함)
피부·모발	· 건조함·갈라짐·빠짐·각질화 등을 방지 또는 개선하는 데 도움을 주는 제품	· 체모를 제거하는 기능을 가진 화장품(단, 물리적으로 체모를 제거하는 제품은 제외함) · 탈모증상의 완화에 도움을 주는 화장품(단, 코팅 등 물리적으로 모발을 굵게 보이게 하는 제품은 제외함) · 여드름성 피부를 완화하는 데 도움을 주는 화장품(단, 인체세정용 제품류로 한정함) · 아토피성 피부로 인한 건조함 등을 완화하는 데 도움을 주는 화장품 · 튼살로 인한 붉은 선을 엷게 하는 데 도움을 주는 화장품

Section 04 화장품에 따른 영업의 종류

화장품법의 영업자는 화장품 제조업자, 화장품 책임판매업자, 맞춤형화장품 판매업자 등을 의미한다(영업의 세부종류와 그 범위는 대통령령으로 정함).

☑ **화장품의 영업의 종류(화장품법 제2조의2)**
· 2020년 3월 13일까지 분류: 화장품 제조업자, 화장품 책임판매업자
· 2020년 3월 14일 이후부터 분류: 화장품 제조업자, 화장품 책임판매업자, 맞춤형화장품 판매업자 등

1 영업의 종류✎

- 이 법에 따른 영업의 종류는 다음과 같다. 이에 따른 영업의 세부종류와 그 범위는 대통령령으로 정한다.

① 화장품 제조업(이하 제조업자라 칭함)

- 화장품에 관련된 제품을 직접 제조하는 영업이다.
- 화장품의 제조를 위탁받아 제조하는 영업이다.
- 화장품의 포장(1차 포장만)을 하는 영업이다(단, 2차 포장, 표시만의 공정은 제외).

② 화장품 책임판매원(이하 책임판매원이라 칭함)

- 취급하는 화장품의 품질 및 안전 등을 관리하면서 이를 유통·판매하거나 수입대형형 거래를 목적으로 알선·수여하는 영업이다.
- 제조업자가 직접 제조하여 유통·판매하는 영업이다.
- 제조업자에게 위탁하여 제조된 화장품을 유통·판매하는 영업이다.
- 수입된 화장품을 유통·판매하는 영업이다.
- 수입대행형 거래를 목적으로 화장품을 알선·수여하는 영업이다.

③ 맞춤형화장품 판매원(2020.03.14. 시행)★

- 맞춤형화장품을 판매하는 영업이다.
- 제조 또는 수입된 화장품의 내용물에 다른 화장품의 내용물을 혼합하여 판매하는 영업이다.
- 제조 또는 수입된 화장품의 내용물에 식약처장이 고시한 원료를 추가 혼합한 화장품을 판매하는 영업이다.
- 제조 또는 수입된 화장품의 내용물을 소분하여 판매하는 영업이다.

- **영업(營業, Marketing)**: 완성된 제품을 상품화하는 과정, 영리를 목적으로 하는 사업 또는 행위
- **영업장(Business)**: 백화점이나 마켓 따위의 점포에서 직원들이 영업을 하도록 마련한 공간 흔히 칸막이로 객장(客場, 점포 내에서 고객이 업무를 볼 수 있도록 마련한 공간)과 구분
- **위탁(委託)**: 법률행위 또는 사실행위를 타인에게 의뢰하는 것
  📌 위임의 경우에는 위임자, 수임자이고 신탁(信託)의 경우 위탁자, 수익자라고 함
- **알선(斡旋, Conciliation)**: 분쟁의 해결 또는 계약의 성립을 위하여 제3자가 당사자를 매개하여 합의를 기도하는 것
- **수탁(受託)**: 고객의 업무의뢰를 받아 업무를 대행하는 일을 맡는 것
- **수여(隨輿, Presentation)**: 신제품에 대한 발표 또는 설명, 신제품을 제공·설명·보여주는 방식
- **소분(小分, Subdivision)**: 작게 나눔
- **고시(告示, Notice)**: 행정기관이 결정한 사항 또는 일정한 사항을 공식적으로 일반에게 널리 알리는 일로서 공시(公示)를 필요로 하는 경우에 내려짐

② 등록 및 신고

- 제조업자 또는 책임판매업자는 식약처에 등록하고 맞춤형화장품 판매업자는 식약처에 신고 해야 한다.

1) 영업의 등록(법 제3조)

① **1항** 제조업 또는 책임판매업을 하려는 자는 각각 총리령으로 정하는 바에 따라 식약처장에게 등록해야 한다.
 - 등록한 사항 중 총리령으로 정하는 중요한 사항을 변경할 때에도 또한 같다.

② **2항** 1항에 따라 제조업을 등록하려는 자는 총리령으로 정하는 시설기준을 갖추어야 한다(단, 화장품의 일부공정만을 제조하는 등 총리령으로 정하는 경우에 해당하는 때에는 시설의 일부를 갖추지 않을 수 있음).

③ **3항** 1항에 따라 책임판매업을 등록하려는 자는 총리령으로 정하는 화장품의 품질관리 및 책임 판매 후 안전관리에 관한 기준을 갖추어야 한다.
 - 이를 관리할 수 있는 관리자(이하 "책임관리자"라 한다)를 두어야 한다.

④ **4항** 1항~3항까지의 규정에 따른 등록절차 및 책임판매관리자의 자격기준과 직무 등에 관하여 필요한 사항은 총리령으로 정한다.

구분	제출서류	서류관련내용
화장품 제조업	등록신청서	· 화장품 제조업 등록신청서
	전문의 또는 의사 진단서	· 제조업 대표자의 정신질환자·마약류 중독자가 아님을 증빙
	사업자등록증, 법인등기부등본	· 대표자·상호명 증빙
	건축물관리대장, 부동산임대차계약서	· 제조업 등록을 위한 근린생활 시설 1종 이상 건물
	시설명세서	· 제조, 시험 시설명세서
	건물배치도	· 제조소 전체 평면도
	품질검사 위·수탁계약서(필요 시)	· 품질검사 위탁과 수탁계약서
화장품 책임판매업	등록신청서	· 화장품 책임판매업 등록신청서
	품질관리기준서	· 품질관리기준서
	안전관리기준서	· 제조판매 후 안전관리기준서
	졸업증명서, 경력증명서	· 책임판매관리자 자격확인
	품질검사 위·수탁계약서	· 품질검사 위탁과 수탁계약서
	제조 위·수탁계약서	· 제조위탁과 수탁계약서
	사업자등록증	· 상호명 증빙
	법인등기부등본	· 대표자 소재지 증빙

구분	제출서류	서류관련내용
맞춤형 화장품 판매업	신고서	· 맞춤형화장품 판매업자 신고서
	맞춤형화장품 조제관리사 자격증 사본	· 맞춤형화장품 조제관리사의 자격증(2명 이상의 맞춤형화장품 조제관리사를 두는 경우, 대표하는 1명의 자격증만 제출)
	계약서 사본	· 맞춤형화장품 판매업자의 혼합 또는 소분에 사용되는 내용물 또는 원료를 제공하는 책임판매업자와 체결한 계약서
	보험계약서 사본	· 소비자 피해보상을 위한 보험계약서 예 생산물배상책임보험

2) 영업의 신고(법 제3조의2)

(1) 맞춤형화장품 판매업의 신고(제8조의2, 신설)★

① 1항 맞춤형화장품 판매업의 신고를 하려는 자는 맞춤형화장품판매업 신고서(별지 제6호의2 서식)에 따른 맞춤형화장품 조제관리사의 자격증 사본을 첨부하여 맞춤형화장품 판매업소의 소재지를 관할하는 지방식약청장에게 제출해야 한다.

② 2항 지방식약청장은 1항에 따른 신고를 받은 경우

- 「전자정부법」 제36조 제1항에 따른 행정정보의 공동이용을 통해 법인 등기사항증명서(법인인 경우만 해당함)를 확인해야 한다.

③ 3항 지방식약청장은 1항에 따른 신고가 그 요건을 갖춘 경우에는 맞춤형화장품 판매업 신고대장에 각 호의 사항을 적고, 맞춤형화장품 판매업 신고필증(별지 제6호의3 서식)을 발급해야 한다.

1호. 신고번호 및 신고연월일
2호. 맞춤형화장품 판매업자의 성명 및 생년월일(법인인 경우에는 대표자의 성명 및 생년월일)
3호. 맞춤형화장품 판매업자의 상호 및 소재지
4호. 맞춤형화장품 판매업소의 상호 소재지
5호. 맞춤형화장품 조제관리사의 성명, 생년월일 및 자격증 번호

☑ 맞춤형화장품 판매업의 신고(제3조의2)

① 1항 맞춤형화장품 판매업을 하려는 자는 총리령으로 정하는 바에 따라 식약처장에게 신고해야 한다.
 - 신고한 사항 중 총리령으로 정하는 사항을 변경할 때에도 또한 같다.

② 2항 1항에 따라 맞춤형화장품 판매업을 신고한 자(이하 "맞춤형화장품 판매업자"라 한다)는 총리령으로 정하는 바에 따라 맞춤형화장품의 혼합·소분 업무에 종사하는 자(이하 "맞춤형화장품 조제관리사"라 한다)를 두어야 한다.

☑ 등록필증 등의 재교부(법 제31조)

영업자가 등록필증, 신고필증 또는 기능성화장품 심사결과 통지서 등을 잃어버리거나 못 쓰게 될 때는 총리령으로 정하는 바에 따라 이를 다시 교부받을 수 있다.

---

(2) 맞춤형화장품 판매업의 변경신고(제8조의3, 신설)★

① **1항** 맞춤형화장품 판매업자가 변경신고를 해야 하는 경우는 <u>다음 각 호</u>와 같다.

    1호. 맞춤형화장품 판매업자를 변경하는 경우

    2호. 맞춤형화장품 판매업소의 상호 또는 소재지를 변경하는 경우

    3호. 맞춤형화장품 조제관리사를 변경하는 경우

② **2항** 맞춤형화장품 판매업자가 1항에 따른 변경신고 시 변경신고서(전자문서로 된 신고서 포함)에 맞춤형화장품 판매업 신고필증과 그 변경을 증명하는 서류(전자문서를 포함)를 첨부하여 맞춤형화장품 판매업소의 소재지를 관할하는 지방식약청장에게 제출해야 한다.

→ 이 경우, 소재지를 변경하는 때에는 새로운 소재지를 관할하는 지방식약청장에게 제출해야 한다.

③ **3항** 지방식약청장은 2항에 따라 맞춤형화장품 판매업 변경신고를 받은 경우에는 「전자정부법」에 따른 행정정보의 공동이용을 통해 법인 등기사항증명서(법인인 경우만 해당함)를 확인해야 한다.

④ **4항** 지방식약청장은 2항에 따른 변경신고가 그 요건을 갖춘 때에는 맞춤형화장품 판매업 신고대장과 신고필증의 뒷면에 각각의 변경사항을 적어야 한다.

→ 이 경우, 신고필증은 신고인에게 다시 내주어야 한다.

(3) 맞춤형화장품 조제관리사 자격시험(제8조의4, 신설)★

① 식약처장은 매년 1회 이상 맞춤형화장품 조제관리사 자격시험을 실시하도록 하고, 자격시험을 실시하기 90일 전까지 시험일시, 시험장소, 시험과목, 응시방법 등이 포함된 자격시험 시행계획을 식약처 인터넷 홈페이지에 공고하도록 한다.

② 맞춤형화장품 조제관리사 자격시험은 필기시험으로 실시하되, 화장품에 관한 법령·제도, 화장품의 제조·품질관리, 화장품의 유통·안전관리, 맞춤형화장품의 특성·내용 등에 관한 4개의 시험과목으로 실시하도록 하며, 전 과목 총점의 60% 이상, 매 과목 만점의 40% 이상의 점수를 모두 득점한 사람을 합격자로 하도록 한다.

③ 자격시험의 실시 방법 및 절차 등에 필요한 세부사항은 식약처장이 정하여 고시한다.

(4) 맞춤형화장품 조제관리사 자격증의 발급 신청 등(제8조의5, 신설)★

① **1항** 자격시험에 합격하여 자격증을 발급받으려는 사람은 맞춤형화장품 조제관리사 자격증 발급 신청서(별지 제6호의5 서식의 맞춤형화장품 조제관리사 자격증 발급신청서(전자문서로 된 신청서를 포함함)를 식약처장에게 제출해야 한다.

② **2항** 식약처장은 1항에 따른 발급신청이 그 요건을 갖춘 경우에는 맞춤형화장품 조제관리사 자격증을 발급해야 한다.

③ **3항** 자격증을 잃어버리거나 못 쓰게 된 경우에는 맞춤형화장품 조제관리사 자격증 재발급 신

청서(별지 제6호의5)에 <u>다음 각 호</u>의 구분에 따른 서류(전자문서를 포함함)를 첨부하여 식약처장에게 제출해야 한다.

　1호. 자격증을 잃어버린 경우: 분실사유서

　2호. 자격증을 못 쓰게 된 경우: 자격증 원본

(5) 시험운영기관의 지정 등(제8조의6)[★]

식약처장은 법 제3조의4 제3항에 따라 시험운영기관을 지정하거나 시험운영기관에 자격시험 업무를 위탁한 경우에는 그 내용을 식약처 인터넷 홈페이지에 게재해야 한다.

 알아두기!

☑ **수수료(법 제32조)**

이 법에 따른 등록·신고·심사 또는 인증을 받거나 자격시험 응시와 자격증 발급을 신청하고자 하는 자는 총리령으로 정하는 바에 따라 수수료를 납부해야 한다. 등록·신고·심사 또는 인증받은 사항을 변경하고자 하는 경우에도 또한 같다.

③ 폐업

(1) 폐업 등의 신고(법 제6조, 신설)[★]

① **1항** 영업자는 <u>다음 각 호</u>의 어느 하나에 해당하는 경우에는 총리령으로 정하는 바에 따라 식약청장에게 신고해야 한다(단, 휴업기간이 1개월 미만이거나 그 기간 동안 휴업하였다가 그 업을 재개하는 경우에는 그렇지 않음).

　1호. 폐업 또는 휴업하려는 경우 / 2호. 휴업 후 그 업을 재개하려는 경우

② **2항** 식약처장은 제조업자 또는 책임판매업자가 「부가가치세법」 관할 세무서장에게 폐업신고(제8조)를 하거나 관할 세무서장이 사업자등록을 말소한 경우에는 등록을 취소할 수 있다.

③ **3항** 식약처장은 2항에 따라 등록을 취소하기 위하여 필요하면 관할 세무서장에게 제조업자 또는 책임판매업자의 폐업여부에 대한 정보제공을 요청할 수 있다.

→ 이 경우, 요청을 받은 관할 세무서장은 「전자정부법」 제39조에 따라 제조업자 또는 책임판매업자의 폐업여부에 대한 정보를 제공해야 한다.

④ **4항** 식약처장이 1항 1호에 따른 폐업신고 또는 휴업신고를 받은 날부터 7일 이내에 신고수리 여부를 신고인에게 통지해야 한다.

⑤ **5항** 식약처장이 4항에서 정한 기간 내에 신고 수리여부 또는 민원처리 관련 법령에 따른 처리기간의 연장을 신고인에게 통지하지 아니하면 그 기간(민원처리 관련 법령에 따라 처리기간이 연장 또는 재연장된 경우에는 해당 처리기간을 말함)이 끝난 날의 다음 날에 신고를 수리한 것으로 본다.

(2) 폐업 등의 신고(시행규칙 제15조)★

① 1항 영업자가 폐업 또는 휴업하거나 휴업 후 그 업을 재개하려는 경우에는 폐업·휴업 또는 재개신고서(별지 제11호 서식)에 제조업 등록필증, 책임판매업 등록필증 또는 맞춤형화장품 판매업 신고필증(폐업 또는 휴업만 해당)을 첨부하여 지방식약청장에게 제출해야 한다.

② 2항 1항에 따라 폐업 또는 휴업신고를 하려는 자가 「부가가치세법」 제8조 제7항에 따른 폐업 또는 휴업신고를 같이 하려는 경우에는 1항에 따른 폐업·휴업신고서와 「부가가치세법 시행규칙」 별지 제9호 서식의 신고서를 함께 제출해야 한다.

→ 이 경우, 지방식약청장은 함께 제출받은 신고서를 지체 없이 관할 세무서장에게 송부(정부통신망을 이용한 송부를 포함, 이하 이 조에서 같다)해야 한다.

③ 3항 관할 세무서장은 「부가가치세법 시행령」 제13조 제5항에 따라 제1항에 다른 폐업·휴업신고서를 함께 제출받은 경우 이를 지체 없이 지방식약청장에게 송부해야 한다.

 알아두기!

☑ **등록 및 신고 결격사유**
① 제조업 등록을 할 수 없는 자
- 정신질환자(단, 제조업자로서 적합하다고 전문의가 인정한 자는 제외함)
- 피성년후견인 / - 파산선고를 받고 복권되지 아니한 자 / - 마약류 중독자 / - 등록이 취소된 자
- 영업소가 폐쇄된 날로부터 1년이 경과되지 아니한 자
- 「화장품법」 또는 「보건범죄단속에 관한 특별조치법」을 위반하였을 때
: 금고 이상의 형을 선고받고 그 집행이 끝나지 아니한 자 또는 선고 집행 날짜가 확정되지 아니한 자

② 책임판매업 등록 또는 맞춤형화장품 판매업 신고를 할 수 없는 자
- 피성년후견인 / - 파산선고를 받고 복권되지 아니한 자 / - 등록에 취소된 자
- 영업소가 폐쇄된 날로부터 1년이 경과되지 아니한 자
- 「화장품법」 또는 「보건범죄단속에 관한 특별조치법」을 위반하였을 때
: 금고 이상의 형을 선고받고 그 집행이 끝나지 아니한 자 또는 선고 집행 날짜가 확정되지 아니한 자

☑ **등록필증 등의 재발급 등(제31조)**
① 1항 제조업 등록필증, 책임판매업 등록필증, 맞춤형화장품 판매업 신고필증 또는 기능성화장품 심사결과 통지서(이하 "등록필증 등"이라 한다)를 재발급 받으려는 자는 재발급(별지 제18호·19호 서식, 전자문서로 된 신청서를 포함) 신청서에 다음 각 호의 서류를 첨부하여 각각 지방 식약청장 또는 식품의약품 안전평가원장에게 제출해야 한다 (개정 2020.3.13).
- 1호, 등록필증 등이 오염, 훼손 등으로 못 쓰게 된 경우 그 등록필증 등
- 2호, 등록필증 등을 잃어버린 경우에는 그 사유서
② 2항 등록필증 등을 재발급 받은 후 잃어버린 등록필증 등을 찾았을 때에는 지체 없이 이를 해당 발급기관의 장에게 반납해야 한다.
③ 3항 영업자의 등록 또는 신고 등의 확인 또는 증명을 받으려는 자는 확인신청서 또는 증명신청서(각각 전자문서로 된 신청서를 포함하며, 외국어의 경우에는 번역문을 포함)를 식약처장 또는 지방 식약청장에게 제출해야 한다 (2020.3.14. 시행).

- **피성년후견인(민법 제9조)** : 질병·장애·노령 그 밖의 사유로 인한 정신적 제약으로 사무를 처리할 능력이 지속적으로 결여된 사람으로서 일정한 자의 청구에 의하여 가정법원으로부터 성년후견개시의 심판을 받은 자
- **파산선고** : 파산신청에 의해 법원이 채무자의 파산원인을 인증하고 파산결정을 내리는 행위
- **금고(禁錮) 이상의 형** : 형법상 형은 사형[①], 징역[②], 금고[③], 자격상실[④], 자격정지[⑤], 벌금[⑥], 구류[⑦], 과료[⑧], 몰수[⑨] 등 9가지 종류이다. 이에 금고 이상의 형은 사형, 징역, 금고를 말함

◢4 등록의 취소 등(법 제24조)★

① **1항** 영업자가 <u>다음 각 호</u>의 어느 하나에 해당하는 경우에는 식약처장은 등록을 취소하거나 영업소 폐쇄[①]를 명하거나 품목의 제조·수입 및 판매[②]의 금지를 명하거나 <u>1년의 범위</u>에서 기간을 정하여 그 업무의 전부 또는 일부에 대한 정지를 명할 수 있다[단, 제3호 또는 제14호(광고업무에 한정하여 정지를 명하는 경우는 제외함)에 해당하는 경우에는 등록을 취소하거나 영업소를 폐쇄해야 한다].

- 맞춤형화장품 판매업을 하려는 자는 총리령으로 정하는 바에 따라 식약처장에게 신고(변경할 때 또한 같다)해야 한다.[①]
- 수입대행형 거래를 목적으로 하는 알선·수여를 포함한다.[②]
1. 제조업 또는 책임판매업의 변경사항 등록(제3조 제1항 후단)을 하지 아니한 경우
2. 제조업을 등록하려는 자는 총리령으로 정하는 시설기준(일부 공정만을 제조 시 시설의 일부, 제3조 제2항)을 갖추지 아니한 경우
2의2. 맞춤형화장품 판매업의 변경신고(제3조의2 제1항 후단)를 하지 아니한 경우
3. 결격사유(제3조의3[*①]) 각 호의 어느 하나에 해당하는 경우
4. 국민보건에 위해를 끼쳤거나 끼칠 우려가 있는 화장품을 제조·수입한 경우
5. 기능성화장품의 심사 등(제4조 제1항[**②])을 위반하여 심사를 받지 아니하거나 보고서를 제출하지 아니한 기능성화장품을 판매한 경우
- 기능성화장품으로 인정받아 판매 등을 하려는 제조업자, 책임판매업자 또는 총리령으로 정하는 대학·연구소 등은 품목별로 안전성 및 유효성에 관하여 식약처장의 심사를 받거나 식약처장에게 보고서를 제출해야 한다. 제출한 보고서나 심사받은 사항을 변경할 때에도 또한 같다.[**②]

5의2. 제품별 안전성 자료(제4조의2 제1항[***③])를 작성 또는 보관하지 아니한 경우
- 책임판매자는 영유아 또는 어린이가 사용할 수 있는 화장품임을 표시·광고하려는 경우에는 제품별로 안전과 품질을 입증할 수 있는 <u>다음 각 호의 자료를 작성 및 보관</u>해야 한다(p.81 참조).

6. 영업자의 준수사항(제5조[****④])을 이행하지 아니한 경우
6의2. 회수대상 화장품(제5조의2 제1항)을 회수하지 아니하거나 회수하는 데에 필요한 조치를 하지 아니한 경우
6의3. 회수계획(제5조의2 제2항)을 보고하지 아니하거나 거짓으로 보고한 경우
8. 화장품의 안전용기·포장(제9조)에 관한 기준을 위반한 경우
9. 화장품의 기재사항(제10조), 화장품의 가격표시(제11조), 기재·표시상의 주의(제12조)까지의 규정을 위반하여 화장품의 용기 또는 포장 및 첨부문서에 기재·표시한 경우
10. 부당한 표시·광고행위 등의 금지(제13조)를 위반하여 화장품을 표시·광고하거나 실증자료를 제출하지 않

은 채 계속하여 표시 · 광고에 따른 중지명령을 위반(제14조 제4항)하여 화장품을 표시 · 광고 행위를 한 경우

11. 영업의 금지(제15조)를 위반하여 판매하거나 판매의 목적으로 제조 · 수입 · 보관 또는 진열한 경우

12. 보고와 검사 등(제18조 제1 · 2항[*****⑤])에 따른 검사 · 질문 · 수거 등을 거부하거나 방해한 경우

13. 시정명령(제19조), 검사명령(제20조), 개수명령(제22조), 회수 · 폐기명령 등(제23조 제1 · 2항), 위해화장품의 공표(제23조의2) 등을 이행하지 아니한 경우

13의2. 회수계획을 보고(제23조 제3항)하지 아니하거나 거짓으로 보고한 경우

14. 영업정지기간 중에 업무를 한 경우

② 2항 1항에 따른 행정처분의 기준은 총리령으로 정한다.

☑ 법 제4조(기능성화장품의 심사 등)[**②]

① 1항 기능성화장품으로 인정받아 판매 등을 하려는 제조업자, 책임판매업자는 영업의 등록(법 제3조 제1항에 따라 책임판매업을 등록한 자) 또는 총리령으로 정하는 대학 · 연구소 등은 품목별로 안전성 및 유효성에 관하여 식약처장의 심사를 받거나 식약처장에게 보고서를 제출해야 한다(제출한 보고서나 심사받은 사항을 변경할 때에도 또한 같다).

② 2항 1항에 따른 유효성에 관한 심사는 용어정의- 기능성화장품(제2조 제2호)이란 각 목에 규정된 효능 · 효과에 한하여 실시한다.

③ 3항 1항에 따른 심사를 받으려는 자는 총리령으로 정하는 바에 따라 그 심사에 필요한 자료를 식약처장에게 제출해야 한다.

④ 4항 1 · 2항에 따른 심사 또는 보고서 제출의 대상과 절차 등에 관해 필요사항은 총리령으로 정한다.

☑ 법 제5조(영업자의 의무 등)[****④]

① 1항 제조업자는 화장품의 제조와 관련된 기록 · 시설 · 기구 등 관리방법, 원료 · 자재 · 완제품 등에 대한 시험 · 검사 · 검정실시 방법 및 의무 등에 관하여 총리령으로 정하는 사항을 준수해야 한다.

② 2항 책임판매업자는 화장품의 품질관리기준, 책임판매 후 안전관리기준, 품질검사 방법 및 실시의무, 안전성 · 유효성 관련 정보사항 등의 보고 및 안전대책마련 의무 등에 관하여 총리령으로 정하는 사항을 준수해야 한다.

③ 3항 맞춤형화장품판매업자는 맞춤형화장품 판매장 시설 · 기구의 관리방법, 혼합 · 소분 안전관리 기준의 준수의무, 혼합 · 소분되는 내용물 및 원료에 대한 설명의무 등에 관하여 총리령으로 정하는 사항을 준수해야 한다.

④ 4항 책임판매업자는 총리령으로 정하는 바에 따라 화장품의 생산실적 또는 수입실적, 화장품의 제조과정에 사용된 원료의 목록 등을 식약처장에게 보고해야 한다.

→ 이 경우, 원료의 목록에 관한 보고는 화장품의 유통 · 판매 전에 해야 한다.

⑤ 5항 책임판매관리자 및 맞춤형화장품 조제관리사는 화장품의 안전성 확보 및 품질관리에 관한 교육을 매년 받아야 한다.

⑥ 6항 식약처장은 국민 건강상 위해를 방지하기 위하여 필요하다고 인정하면 제조업자, 책임판매업자 및 맞춤형화장품 판매업자에게 화장품 관련 법령 및 제도(화장품의 안전성 확보 및 품질관리에 관한 내용을 포함함)에 관한 교육을 받을 것을 명할 수 있다.

⑦ 7항 6항에 따라 교육을 받아야 하는 자가 둘 이상의 장소에서 제조업, 책임판매업 또는 맞춤형화장품판매업을 하는 경우에는 종업원 중에서 총리령으로 정하는 자를 책임자로 지정하여 교육을 받게 할 수 있다.

⑧ 8항 5~7항까지의 규정에 따른 교육의 실기기관, 내용, 대상 및 교육비 등에 관하여 필요사항은 총리령으로 정한다.

☑ 법 제19조(시정명령)

식약처장은 이 법을 지키지 아니하는 자에 대해 필요하다고 인정하면 그 시정을 명할 수 있다.

☑ 법 제20조(검사명령)

식약처장은 영업자에 대하여 필요하다고 인정하면 취급한 화장품에 대하여 「식품·의약품 분야 시험·검사 등에 관한 법률 제6조 제2항 제5호에 따른 화장품 시험·검사기관의 검사를 받을 것을 명할 수 있다.

☑ 법 제14조의5(인증기관 지점의 취소 등)

① **1항** 식약처장이 필요하다고 인정하는 경우
 - 관계 공무원으로 하여금 지정받은 인증기관(제14조의2 제4항)이 업무를 적절하게 수행하는지를 조사하게 할 수 있다.

② **2항** 식약처장은 인증기관이 다음 각 호의 어느 하나에 해당하면 그 지정을 취소하거나 1년 이내의 기간을 정하여 해당 업무의 전부 또는 일부의 정지를 명할 수 있다(단, 제1호에 해당하는 경우에는 그 지정을 취소해야 함).
 1. 거짓이나 그 밖의 부정한 방법으로 인증기관의 지정을 받은 경우/ 2. 지정기준(제14조의2 제5항)에 적합하지 아니하게 된 경우

③ **3항** 2항에 따른 지정 취소 및 업무정지 등에 필요한 사항은 총리령으로 정한다.

5 시설기준

• 제조업자의 시설기준과 맞춤형화장품 판매업자에게 권장되는 시설기준은 다음과 같다.

• 책임판매업자, 맞춤형화장품 판매업자에 대한 시설기준은 없지만 맞춤형화장품 판매업자는 권장되는 시설기준으로서 다음과 같이 갖추어야 한다.

① 화장품 제조업 등록 시 시설기준

제조업자는 화장품의 제조시설을 이용하여 화장품 외의 물품을 제조할 수 있다(단, 제품 상호간에 오염의 우려가 있는 경우에는 그러하지 아니하다).

구분	갖추어야 할 시설	시설 및 기구
작업소	· 제조작업에 요구되는 시설 - 가루가 날리는 작업실은 가루(분진)제거에 필요한 시설 - 제조에 필요한 작업대 등 시설 및 기구 - 쥐, 해충 등을 막을 수 있는 시설	품질검사에 필요한 설비 및 기구
보관장소	· 원료·자재 및 제품을 보관	
시험실	· 원료·자재 및 제품의 품질검사를 위한	

☑ 제조(製造)

• 자원이나 원료에 인위적인 가공을 하여 제품을 만들거나 공장에서 물건을 만드는 것
⇒ 제조업자는 화장품의 제조시설을 이용하여 화장품 이외의 물품을 제조할 수 있다.
  예 세탁비누, 향초생산(단, 제품 상호 간 오염우려가 있는 경우는 제조할 수 없음 등)

☑ 조제(調劑): 주문하여 만듦 또는 조절하여 만듦

☑ **시설의 일부를 갖추지 않아도 되는 경우**★
- 제조업자가 화장품의 일부 공정만을 제조하는 경우
  - 해당 공정에 필요한 시설 및 기구 외의 시설 및 기구
- 원료, 자재 및 제품에 대한 품질검사를 위탁하는 경우
  - 필요한 시험실 및 품질검사에 필요한 시설 및 기구
→ 보건환경연구원, 시험실을 갖춘 제조업자, 화장품 시험·검사기관, (사)한국 의약품 수출입 협회

② 맞춤형화장품 판매업자의 권장 시설기준

구분	권장 시설	시설 및 설비
조제실①	판매장소와 구획·구분	맞춤화장품과 혼입이나 미생물 오염 방지할 수 있는 시설 및 설비
보관장소②	원료 및 내용물	
환기시설③	적절한 환기	
세척시설④	작업자의 손 및 조제 설비·기구	

Section 05 화장품의 품질요소

화장품이 갖추어야 할 품질요소는 안전성(Safety), 안정성(Stability), 사용성(Usability), 유효성(Efficacy)으로 구분된다.

☑ **화장품의 품질요소**✎
- **안전성**: 모든 사람들을 대상으로 장기간 지속적으로 사용하는 물품으로 피부에 독성, 자극, 알레르기 등 인체에 대한 부작용이 없어야 한다.
- **안정성**: 사용기간 중 또는 제품보관 시 제품 자체의 변색·변질·변취·분리되는 일과 미생물 오염 등이 없어야 한다.
- **사용성**: 사용감이 우수하고 편리해야 하며 피부 도포 시 퍼짐성이 좋고, 흡수력이 좋아야 한다.
- **유효성**: 목적에 적합한 기능을 충분히 나타낼 수 있는 원료 및 제형을 사용하여 효과를 나타내어야 한다.
- 피부에 대한 보습·세정·색채효과(일반화장품) 및 미백·주름개선·자외선 차단(기능성화장품)

1 안전성(安全性, Safety)

- 유해성 평가라고도 한다. 화학물질 사용 시, 사람 및 환경 등에 미치는 영향을 평가하기 위하여 여러 가지 안전성시험을 행한다. 즉 화학물질의 안전성, 유해성을 평가하는 것을 말한다. 화학물질의 유해성 H(함수)는 일반적으로 그것이 가지는 독성(Tox)과 농도 C의 함수 $H = \int (tox \cdot c)$ 로서 표시된다.

☑ **화장품 안전성 정보관리 규정**
- 화장품을 취급하거나 사용 시, 나타나는 안전성은 식약처 화장품 안정성 정보관리규정(식약처 고시 제2017-115호)에 정하여 고시하고 있다.
- 이는 화장품법 제5조 및 같은 법 시행규칙 제11조 제10호에 따라 화장품의 취급·사용 시 인지되는 안전성 관련 정보를 체계적이고 효율적으로 수집·검토·평가하여 적절한 안전대책을 강구함으로써 국민보건의 위해를 방지함을 목적으로 한다.

1) 안전성 용어정의

화장품과 관련하여 국민보건에 직접 영향을 미칠 수 있는 안전성, 유효성에 관한 새로운 자료, 유해사례 정보 등을 일컫는다.

(1) 유해사례(Adverse Event, AE)

화장품 사용과정에서 발생한 바람직하지 않고 의도되지 않은 징후, 증상 또는 질병 등을 야기한다. 단 해당 화장품과 <u>인과관계</u>를 반드시 갖는 것은 아니다.

(2) 중대한 유해사례(Serious Adverse Experience, SAE)

아래 제시된 내용 중 하나라도 해당사항이 있을 경우이다.

• 사망을 초래하거나 생명을 위협했을 경우[①]	• 지속적 또는 중대한 불구나 기능저하를 초래하는 경우[③]
• 입원 또는 입원기간의 연장이 필요한 경우[②]	• 선천적 기형 또는 이상을 초래하는 경우[④]
	• 기타 의학적으로 중요한 상황의 경우[⑤]

(3) 실마리 정보(Signal)✎

유해사례와 화장품 간에 인과관계의 가능성이 있다고 보고된 정보이다. 그러나 보고된 정보가 알려지지 않았거나 입증자료가 불충분한 상태의 경우를 말한다.

(4) 안전성 정보

화장품과 관련하여 국민보건에 직접 영향을 미칠 수 있는 안전성·유효성에 관한 새로운 자료, 유해사례 정보 등을 일컫는다.

☑ **유해성과 위해성의 의미**
- 유해성: 물질 자체의 고유 성질이 인체의 건강 또는 환경 등에 위해를 끼치는 화학물질
- 위해성: 유해성을 가진 제품에 사람 또는 환경이 실제 노출되었을 때의 피해

☑ **유해성과 위해성의 상관관계 물질**
- 자체가 갖는 독성인 유해성과 독성물질의 적정 사용에 따른 인체 영향인 위해성과의 상관성에서
- 유해성이 큰 물질이지만 노출되지 않으면 위해성이 낮다.
- 유해성이 작은 물질이지만 노출양이 많으면 위해성이 크다.

① 안전성 정보의 보고

- 책임판매업자는 매 상·하반기 종료 후 1개월 이내에 식약처장에게 보고해야 한다.

- 상반기(1월~6월) 안전성 정보: 7월 말까지 보고해야 함

- 하반기(7월~12월) 안전성 정보: 다음 해년 1월 말까지 보고해야 함

• 신속보고의 경우에는 15일 이내에 해야 한다.

화장품 유해사례 관련하여 안전성 정보의 보고해설서에 기준한다. 이는 아래 내용과 관련하여
신속하게 보고해야 한다.

· 중대 유해사례일 경우① · 중대 유해사례와 관련하여 식약처장이 보고를 지시한 경우②	· 판매 중지 또는 회수에 준하는 외국정부의 조치가 있을 경우③ · 외국정부 조치와 관련하여 식약처장이 보고를 지시한 경우④

• 영유아/어린이 사용 화장품 표시·광고(제10조의 2)에서는 만 3세 이하의 영유아용, 만 4세 이
상부터 만 13세 이하의 어린이를 대상으로 생산된 제품류는 화장품 안전성 자료를 작성하여
보고해야 한다.

☑ 안전성 정보보고사항
• 화장품 사용 중 발생하였거나 알게된 유해사례 등에 관하여 보고해야 함

☑ 안전성에 대해 보고사항이 없는 경우
• 안전성 정보의 보고사항 없음으로 하여 보고해야 함

☑ 제품별 안전성 자료는 보관
① 최종 제조 또는 최종 수입된 제품의 사용기한이 만료되는 날부터 1년간 보관해야 한다.
② 제품 개봉 후 사용기간을 기재하는 경우 제조 연월일로부터 3년간 보관하여야 한다.

☑ 화장품 안전성 자료의 작성범위
• 제품 및 제조방법에 대한 관련 자료
- 제품명①
- 제품업체 및 책임판매업체 정보②
- 제조관리기준서③
- 제품표준서④

☑ 화장품 안전성의 평가자료
• 정보의 수집, 평가 및 조치관련 자료
- 제조 시 사용된 원료의 독성정보①
- 제품의 보존력 테스트 결과②
- 사용 후 부작용 등 이상사례③
- 제품의 효능 및 효과에 대한 증빙자료④

☑ 영유아 또는 어린이 사용 화장품의 관리(제4조의2)
① 1항 책임판매업자는 영유아 또는 어린이가 사용할 수 있는 화장품임을 표시·광고하려는 경우에는
• 제품별로 안전과 품질을 입증할 수 있는 다음 각 호의 자료(이하 "제품별 안전성 자료"라 한다)를 작성
및 보관해야 한다.
   1호. 제품 및 제조방법에 대한 설명자료 / 2호. 화장품의 안전성 평가자료 / 3호. 제품의 효능·효과에 대한 증명자료
② 2항 식약처장은 1항에 따른 화장품에 대하여 제품별 안전성 자료, 소비자 사용실태, 사용 후 이상사례
   등에 대하여 주기적으로 실태조사를 실시하고, 위해요소의 저감화를 위한 계획을 수립해야 한다.
③ 3항 식약처장은 1항에 따른 화장품을 안전하게 사용할 수 있도록 교육 및 홍보를 할 수 있다.
④ 4항 1항에 따른 영유아 또는 어린이의 연령 및 표시·광고의 범위, 제품별 안전성 자료의 작성 범위
   및 보관기간 등과 2항에 따른 실태조사 및 계획 수립의 범위, 시기, 절차 등에 필요한 사항은 총리령
   으로 정한다.

☑ 영유아 또는 어린이 사용 화장품의 표시·광고(제10조의2)
① 1항 영유아 또는 어린이의 연령 기준은 1. 영유아(만 3세 이하) 2. 어린이(만 4세 이상부터 만 13세 이하까지)
② 2항 책임판매업자가 "제품별 안전성 자료"를 작성·보고해야 하는 표시·광고의 범위

1. 표시의 경우: 화장품의 1차 포장 또는 2차 포장에 영유아 또는 어린이가 사용할 수 있는 화장품임을 특정하여 표시하는 경우(화장품의 명칭에 영유아 또는 어린이에 관한 표현이 표시되는 경우를 포함)
2. 광고의 경우: 어린이 사용 화장품의 경우에는 바목을 제외함(별표5, 제1호 가목~바목까지)의 규정에 따른 매체·수단 또는 해당 매체·수단과 유사하다고 식약처장이 정하여 고시하는 매체·수단에 영유아 또는 어린이가 사용할 수 있는 화장품임을 특정하여 광고하는 경우

☑ 제품별 안전성 자료의 작성·보관(제10조의3)★

① **1항** 화장품의 표시·광고를 하려는 책임판매업자는 제품별 안전성 자료 모두를 미리 작성해야 한다.

② **2항** 제품별 안전성 자료의 보관기간은 다음 각 호의 구분에 따른다.

　1. 화장품의 1차 포장에 사용기한을 표시하는 경우
　• 영유아 또는 어린이가 사용할 수 있는 화장품임을 표시·광고한 날부터 마지막으로 제조·수입된 제품의 사용기한 만료일 이후 1년까지의 기간, 이 경우

　　- 제조는 화장품의 제조번호에 따른 제조일자를 기준으로 함
　　- 수입은 통관일자를 기준으로 함

　2. 화장품의 1차 포장에 개봉 후 사용기간을 표시하는 경우
　• 영유아 또는 어린이가 사용할 수 있는 화장품임을 표시·광고한 날부터 마지막 제조·수입된 제품의 제조 연월일 이후 3년까지의 기간, 이 경우

　　- 제조는 화장품의 제조번호에 따른 제조일자를 기준으로 함
　　- 수입은 통관일자를 기준으로 함

③ **3항** 1항~2항에서 규정한 사항 외에 제품별 안전성 자료의 작성·보관의 방법 및 절차 등에 필요한 세부사항은 식약처장이 정하여 고시한다.

☑ 실태조사의 실시(제10조의4)★

① **1항** 식약처장은 실태조사를 5년마다 실시한다.

② **2항** 실태조사에는 다음 각 호의 사항이 포함되어야 한다.
　1호. 제품별 안전성 자료의 작성 및 보관현황 / 2호. 소비자의 사용실태
　3호. 사용 후 이상 사례의 현황 및 조치 실태
　4호. 영유아 또는 어린이 사용 화장품에 대한 표시·광고의 현황 및 추세
　5호. 영유아 또는 어린이 사용 화장품의 유통 현황 및 추세
　6호. 그 밖에 1호~5호까지의 사항과 유사한 것으로서 식약처장이 필요하다고 인정하는 사항

③ **3항** 식약처장은 실태조사를 위해 필요하다고 인정하는 경우에는 관계 행정기관, 공공기관, 법인·단체 또는 전문가 등에게 필요한 의견 또는 자료의 제출 등을 요청할 수 있다.

④ **4항** 식약처장은 실태조사의 효율적 실시를 위해 필요하다고 인정하는 경우에는 화장품 관련 연구기관 또는 법인·단체 등에 실태조사를 의뢰하여 실시할 수 있다.

⑤ **5항** 1항~4항까지 규정 사항 외에 실태조사의 대상, 방법 및 절차 등에 필요한 세부 사항은 식약처장이 정한다.
　[총리령 제1592호(2020.1.22. 시행), 화장품법 시행규칙(제10조의2~제10조의4, 제19조 제4항 제8호 가·나목)]

☑ 위해요소 저감화계획의 수립(제10조의5)★

① **1항** 영유아 또는 어린이 사용 화장품의 관리(법 제4조의2)로서 식약처장은 제품별 안전성 자료에 따른 화장품에 대하여 제품별 안전성 자료, 소비자 사용실태, 사용 후 이상사례 등에 대하여 주기적으로 실태조사를 실시하고, 위해요소의 저감화를 위한 계획을 수립해야 한다. 이는 다음 각 호의 사항이 포함되어야 한다.
　1호. 위해요소 저감화를 위한 기본 방향과 목표
　2호. 위해요소 저감화를 위한 단기별 및 중장기별 추진정책
　3호. 위해요소 저감화 추진을 위한 환경여건 및 관련 정책의 평가
　4호. 위해요소 저감화 추진을 위한 조직 및 재원 등에 관한 사항
　5호. 그 밖에 1~4호까지의 사항과 유사한 것으로서 위해요소 저감화를 위해 식약처장이 필요하다고 인정하는 사항

② **2항** 식약처장은 위해요소 저감화 계획을 수립하는 경우에는 <u>실태조사에 대한 분석 및 평가 결과</u>를 반영해야 한다.

③ **3항** 식약처장은 위해요소 저감화 계획의 수립을 위해 필요하다고 인정하는 경우에는 관계 행정기관, 공공기관, 법인·단체 또는 전문가 등에게 필요한 의견 또는 자료의 제출 등을 요청할 수 있다.

④ **4항** 식약처장은 위해요소 저감화 계획을 수립한 경우에는 그 내용을 식약처 인터넷 홈페이지에 공개해야 한다.

⑤ **5항** 1항~4항까지에서 규정한 사항 외에 위해요소 저감화 계획의 수립대상, 방법 및 절차 등에 필요한 세부사항은 식약처장이 정한다.

2) 화장품 안전의 일반사항

화장품 안전에 관한 확인은 <u>전주기 원료 선정에서 사용기한까지</u>의 전반적인 접근이 요구된다. 따라서 제조업자는 사용성분에 대한 <u>안전성 자료를 확보한 후</u> 활용되도록 최대한 노력해야 한다.

(1) 화장품 안전 가이드라인의 일반적 사항

① 인체에 안전하여야 한다.

- <u>제품사용설명서, 표시사항, 첨부문서</u> 등 정상적으로 적용하였을 때[①]
- 위 사항에서 예측 가능한 조건으로 사용하였을 때[②]
- 전문 미용사(일반·피부) 또는 일반 소비자 등이 사용하였을 때[③]

② 피부에 적용되는 화장품은 피부자극 또는 감작이 우선적으로 고려되어야 한다.

• 빛에 의한 광자극 또는 광감작에 대해[①] • 두피 및 안면 적용 화장품은 눈에 들어 갈 가능성(안점막 자극)에 대해[②]	• 사용방법에 따라 피부흡수 또는 예측 가능한 전신독성에 대해[③] - 립스틱, 립밤 등의 경구섭취독성 - 스프레이, 네일제품 등의 흡입독성

☑ **식품의약품 안전 평가원**
• 화장품 위해 평가 종류를 가이드라인으로 설정하고 있다.
- 화장품의 안전을 확보하기 위한 일반적인 사항/ - 화장품 위해 평가 시 고려해야 할 사항, 방법, 절차 등의 제시

☑ **립스틱(Lipstick)**: 루즈 또는 입술연지로서 화장용어로 볼연지의 뜻이 강하나 요즘은 입술연지의 뜻으로 사용
- 립스틱은 손가락 모양의 입술연지를 일컬으나 근래 여러 가지 형태나 색상을 갖춤
- 성분: 카민, 에오신, 유동파라핀, 에스테르류, 피마자유, 스쿠알렌 등

☑ **립밤(Lipbalm)**: 입술보호제로서 자극물질로부터 입술을 보호하며 보습·영양효과를 갖는다.
- 성분: 바셀린, 밀납, 시어버터, 글리세린, Vt E, 덱스판테놀, 알로에 베라젤, 호호바씨 오일, 아보카도 오일, 아몬드오일, 코코넛 오일 등

☑ **덱스판테놀(Dexpanthenol)**: Vt B_5 유도체로서 체내에서 분해되어 판토텍산(Vt B_5)으로 전환된다. 덱스판테놀 외용제의 경우 피부재생 및 보호·습윤·항염 목적으로 사용된다.

(2) 화장품 안전기준에 관한 규정 ✏️

① 단회투여독성시험

실험동물	동물 수	투여경로	용량 단계	투여 횟수	관찰
쥐	· 1군당 5마리 이상	· 경구 또는 비경구 투여	· 독성파악 - 적절한 용량단계 설정	1회	· 독성증상의 종류, 정도, 발현, 추이 및 가역성 관찰 기록 · 관찰기간은 일반적으로 14일 기준 · 관찰기간 중 사망 예 및 관찰기관 종료 시 생존의 예는 전부 부검함 · 필요에 따라 병리조직학적 검사함

② 1차 피부자극시험

드레이즈 테스트(Draize test)를 원칙으로 한다. 이는 외부 안전성을 판단하는 화장품의 피부자극시험(화장품이 발라진 첩포를 지속적으로 사람 피부에 붙여서 지속적으로 접촉된 피부반응의 관찰을 통해 자극 또는 알레르기성 반응의 발생여부를 밝히는 방법)이다.

실험동물	동물수	투여경로	용량 단계	시험결과의 평가
백색토끼 또는 기니피그	· 3마리 이상	· 제모된 건강한 피부	· 피부 1차 자극성을 적절히 평가 시 얻을 수 있는 면적 및 용량	· 피부 1차 자극성을 적절하게 평가 시 얻어지는 채점법으로 결정함

투여농도 및 용량	투여방법	투여 후 처치	관찰
· 피부 1차 자극성을 평가하기에 적정한 농도와 용량을 설정 · 단일농도 투여 시 0.5mL(액체) 또는 0.5g(고체)를 투여량으로 함	· 24시간 개방 또는 폐쇄 첩포	· 무처치(하지만 필요에 따라 세정 등의 조작을 함)	· 투여 후 24·48·72시간의 투여부위의 육안관찰을 행함

③ 안점막자극 또는 기타 점막자극시험

드레이즈 테스트를 원칙으로 한다.

실험동물	동물 수	투여경로	투여방법
백색토끼	· 세척군 및 비세척군 당 3마리 이상	· 안점막자극성을 평가하기에 적정한 농도를 설정 · 투여 용량은 0.1mL 또는 0.1g	· 한쪽 눈의 하안검을 안구로 당겨 결막낭 내에 투여 상하안검을 약 1초간 서로 맞춤 · 다른 쪽 눈은 미처치, 그대로 두어 무처치 대조안으로 함

관찰	기타 시험방법
· 약물 투여 후 1·24·48·72시간 후에 눈을 관찰	· LVET 법 · Oral Mucosal Irritation Test 법

④ 피부감작성시험

일반적으로 감작성시험(Maximization test)은 적절한 시험동물 모델을 이용하여 의료용구 및 의료용 재료 또는 용출액에 대한 접촉 감작성의 잠재성을 측정하기 위해 사용되는 시험이지만 적절하다고 판단되는 다른 시험법을 사용할 수 있다.

실험 동물	동물 수	시험군	시험실시요령
기니피그 (Guinea pig)	· 원칙적으로 1군당 5마 리 이상	· 시험물질감작군, 양성대조감작군의 대조군을 둠	· 아쥬반트(Adjuvant) 사용 시험법 -1단계 사용 · 아쥬반트 미사용 시험법-양성소견이 얻어진 경우 추가 사용

시험결과의 평가	대표적인 시험방법
· 동물의 피부반응을 시험법에 의거한 판정기준 에 따라 평가	· 아쥬반트를 사용하는 시험법 - Adjuvant and Patchtest/ - Maximzation test/ - Optimization test · 아쥬반트를 사용하지 않는 시험법 - Buehler test/ - Draise test/ - Open Epicutaneous test

* 감작성시험(Maxmization sensitization test) :접촉 감작성의 잠재성을 측정하기 위해 시험, 시험물질의 알려지 유발 가능성을 평가

⑤ 광독성시험

일반적으로 기니피그을 사용하는 시험법을 사용한다.

실험 동물	동물 수	시험군	광원	시험실시요령	시험결과의 평가
각 시험법에 따라 다름	· 원칙적으로 1군당 5마 리 이상	· 원칙적으로 시험물 질 투여군 및 적절 한 대조군을 둠	· UVA 영역의 램프 단 독 혹은 UVA와 UVB 영역의 각 램프를 겸용 해서 사용함	· 적절하다고 판단되는 시 험방법 사용	· 동물의 피부반응을 각각의 시험법에 의 거해 판정기준에 따 라 평가함

대표적인 시험방법
Ison 법, Sams 법, Stott 법, Morikawa 법, Ljunggren 법

(3) 인체사용시험✏️

① 인체첩포시험

피부과 전문의 또는 연구소 및 병원, 기타 관련 기관에서 5년 이상 해당시험 경력을 가진 자의 지도하에 수행되어야 한다.

대상	투여농도 및 용량	첩포부위	관찰	시험결과 및 평가
30명 이상	· 원료에 따라 사용 시 농도를 고려, 여러 단계의 농도와 용 량을 설정하여 실시 · 완제품의 경우 제품자체 를 사용하여도 됨	· 사람의 상등부(정중선 부분 제외) · 전완부 등 인체사용시험을 평가하기에 적정한 부위를 폐쇄 첩포함	· 첩포 24시간 후 패 치를 제거 - 제거에 의한 일과성의 홍반의 소실을 기다려 관찰 판정함	· 홍반·부종 등의 정도 를 피부과전문의 또는 이와 동등한 자가 판 정하고 평가함

② 인체누적첩포시험

대표적인 방법으로는 다음과 같은 방법이 있다.

- 독성시험법(Shelanski and Shelanski) / 피부자극시험법(Jordan Modification)
- 킹맨의 감작성시험법(Kilgman of Maximization)

3) 화장품 성분의 안전

화장품 성분은 천연 또는 화학물질로서 경우에 따라 단독 혹은 혼합물로 구성될 수 있다.

① 식약처장 지정 고시한 원료를 사용해야 한다.

- 화장품 제조에 사용 가능한 성분으로서 사용한도에 적합해야 한다.

② 비의도적 오염물질은 각각의 물질에 따라 검토되어야 한다.

- 제조공정 또는 보관 과정에서 생성되는 미량의 중금속, 불순물 등을 줄이거나 조치를 취한다.
- 오염물질이 갖는 노출량을 고려하여 개별 조치를 취해야 한다.
- 식물·동물 유래 불순물(농약, 살충제, 금속물질 및 전염성 해면상 뇌병증 유발물질) 간의 상호작용 및 생물학적 유해인자가 함유되어 있을 가능성에 주의해야 한다.

③ 원료성분의 화학구조에 따라 물리·화학·생물학적 반응이 안전성 및 안정성에 영향을 준다.

- 화학적 순도, 조성 등과 관련하여 다른 성분들과 상호작용 및 피부투과 등의 효능에 영향
- 피부에 투과된 제품성분 또는 첨가성분 등은 국소 및 전신 작용에 영향을 주며 감작성 평가 시 매질 등에도 영향을 준다.

④ 화장품 성분의 안전성은 노출조건에 따라 달라지므로 고려되어야 한다.

- 화장품의 형태, 농도, 피부접촉 빈도 및 기간, 체표면적, 햇빛 등에 따라 달라진다.

- 공정(工程, Process)
- 포괄적이고 추상적인 개념으로써 작업이 진행되는 순서와 과정을 차례대로 진행하기 위한 기준
- 안전상 모든 문제는 공정에서 발생함
- 순도(純度, Purity): 물질이 화학적으로 얼마만큼 순수한가를 나타내는 정도
- 조성(組成, Composition): 2가지 이상의 작용인 동시에 가해질 때의 효과
- 투과(透過, Transmission): 물질이 격막을 통하여 한쪽에서 다른 쪽으로 이동하는 것
- 성분(成分, Component): 화합물, 혼합물 등을 구성하고 있는 순물질

4) 최종제품의 안전

최종제품은 원료의 안정성이 확보되어야 한다.

① 제품의 안정성을 참고하여 전반적으로 검토한다.

- 각 성분의 독성학적 특징과 유사 조성의 제품을 사용한 경험, 신물질의 함유 여부 등에 있다.

② 최종제품은 적절한 조건에서 보관 시 안전해야 한다.

- 사용기한 또는 유통기간 동안 안전하여야 한다.

③ 최종제품의 안전성 평가는 성분 또는 미생물의 오염에 대해 안전해야 한다.

- 안전성 평가의 원칙은 성분평가이다.

- 제품의 제조, 유통 및 사용 시 발생되는 오염 등의 평가이다.

② 안정성(安定性, Stability)

사용 또는 보관 중에 화장품이 산화, 변색, 변취, 변질되거나 제형의 분리, 미생물 등에 오염되는 경우가 없어야 한다.

1) 화장품 안정성시험 가이드라인

화장품 안정성시험은 화장품의 저장방법 및 사용기한을 설정하기 위하여 경시변화에 따른 품질의 안정성을 평가하는 시험이다.

(1) 제조일자

- 제조 연월일(예 2020.01.03.)로 표기되는 제조일자는 화장품의 1차 용기에 표시된다.
- 제조 연월일은 원료칭량일[①], 벌크제품 제조시작일[②], 벌크제품 용기충진일[③]로 한다.

(2) 사용기한

안정성시험 결과를 통해 얻은 결과를 근거로 사용기한은 설정된다.

① 화장품의 장기보존시험 조건

- 온도($25°\pm2℃$), 상대습도($60\pm5\%$)에서 제품을 보관한다.
- 제품보관 시 일정 시점 마다 시험항목에 대한 시험을 실시한다.
  - 시험항목은 성상[①], pH[②], 점토[③], 유·수상 분리[④], 입자크기 및 분포[⑤] 등
- 시험 실시결과에서 36개월 동안 적합하면 '제조일로부터 36개월'을 사용기한으로 설정된다.
- 가속시험조건으로 단기간동안 안정성시험을 실시한다.
  - 장기간(36개월) 안정성시험 실시 여유가 없을 때 실시

② 화장품의 개봉 후 사용기간의 시험조건 및 시험방법은 화장품 안정성시험 가이드라인(식약처 고시)에 따른다.

> • 칭량(稱量, Weighting, Capacity) : 무게를 닮, 물질의 무게를 측정하는
> ☑ 개봉 후 사용기간(Period After Opening, PAO)
> • 개봉 후 안정성시험을 통해 얻은 결과를 근거로 사용기간을 설정한다.
> - 제품 개봉 후 사용할 수 있는 최대기간을 설정함

2) 안정성시험 종류 및 특징

화장품의 안정성은 화장품의 제형(액, 로션, 크림, 립스틱, 파우더 등)의 특성①, 성분의 특성(경시변화가 쉬운 성분의 함유 여부 등)②, 보관 용기 및 보관 조건③ 등 다양한 변수에 대한 예측과 이미 평가된 자료 및 경험을 바탕으로 하여 과학적이고 합리적인 시험조건에서 평가되어야 한다.

(1) 시험조건

일반적으로 안정성시험은 장기보존, 가속·가혹·개봉 후 안정성시험 등으로 구분하고, 각각의 시험 종류에 따라 조건 및 측정주기는 아래와 같다.

시험 구분	내용	로트의 선정	보존조건	시험기간 (측정주기)
장기 보존 시험	· 화장품의 저장조건에서 사용기한을 설정하기 위하여 - 장기간에 걸쳐 물리·화학·미생물학적 안정성 및 용기적합성을 확인하는 시험	· 3로트 이상 선정 - 시중에서 유통할 제품과 동일 처방 - 제형 및 포장용기를 사용	· 실온보관제품 - 온도(25°±2℃) - 상대습도 및 온도 (60±5%, 25°±2℃ 또는 60±5%,30°±2℃) · 냉장보관제품 - 온도(5°±3℃)	· 6개월 이상을 원칙으로 하며 화장품 특성에 따라 정함 - 첫 1년/3개월마다 - 2년까지/6개월마다 - 2년 이후부터 1년에 1회 실시
가속 시험	· 단기간 가속조건이 물리·화학·미생물학적 안정성 및 용기적합성에 미치는 영향을 평가하기 위한 시험	· 장기보존시험 기준에 따름 - 유통경로나 제형특성에 따라 적절한 시험조건을 설정 - 일반적으로 장기보존 시험의 저장온도보다 15℃ 이상 높은 온도에서 시험	· 실온보관제품 - 온도(40°±2℃) - 상대습도(75±5%) · 냉장보관제품 - 온도(25°±2℃) - 상대습도(60±5%)	· 6개월 이상 시험하는 것을 원칙(필요 시 조정) · 시험개시 때 포함 최소 3회 측정
가혹 시험	· 가혹한 조건에서 화장품의 분해과정 및 분해산물 등을 확인하기 위한 시험 - 개별 화장품의 취약성, 예상되는 운반, 보관, 진열 등 · 사용과정에서 일어날 수 있는 가능성 또는 가혹한 조건에서 품질변화를 검토하기 위해 수행하는 시험 - 온도 편차 및 극한 조건, 기계·물리적 조건, 빛에 노출되는 조건	· 3로트 검체의 특성 및 시험조건에 따라 적절히 정함	· 온도 사이클링 (-15℃⇔25℃⇔45℃) · 동결(Freeze)/해동(Thaw) 또는 저온 - 고온의 가혹 조건을 고려하여 결정	· 장기보존시험조건에 따름 · 품질관리상 중요한 항목 및 분해산물의 생성 유·무를 확인

시험 구분	내용	로트의 선정	보존조건	시험기간 (측정주기)
개봉 후 안 정 성 시험	· 화장품 사용 과정 중에 발생될 수 있는 오염 등을 고려하거나 사용기 한을 설정하기 위한 시험 - 장기간에 걸쳐 물리·화학·미생물학 적 안정성을 확인 - 용기 적합성을 확인	· 장기보존시험조건에 따름	· 제품의 사용조건을 고 려 적절한 온도, 시험 기간 및 측정시기를 설정하여 시험함 - 계절별 연평균 온도, 습도	· 6개월 이상을 원칙으로 하며 화장품 특성에 따라 정함 - 첫1년/3개월마다 - 2년까지/6개월마다 - 2년 이후 1년에 1회 실시

- **로트(Lot)**
- 일반적으로 한 덩어리라는 의미
- 1회에 생산(같은 조건하에서 만들어지는)되는 제품의 한 그룹
- 제품의 품질을 관리하기 위해 동일원료·동일공정에서 생산되는 그룹을 나타내는 1군의 상품
- 같은 종류의 상품을 몇 개의 묶음으로 하여 1로트로 할 경우에는 하나하나에 번호를 붙여서 몇 로트 중
  몇 번인지를 표시함
- 약품, 백신, 음료의 원액에 사용함
- **검체(檢體, Linical specimen)**: 검사에 필요한 재료(검사재료)라고 함

(2) 안정성시험별 시험항목

① 장기보존 · 가속시험

- **일반시험**: 균등성, 향취 및 색상, 사용감, 액상, 유화형, 내온성시험 등을 수행한다.

- **물리·화학적 시험**: 성상, 향, 점도, 사용감, 분리도, 질량변화, 유화상태, 경도 및 pH 등 제
  제의 물리·화학적성질을 평가한다.

- **미생물학적 시험** : 정상적으로 제품 사용 시, 미생물 증식을 억제하는 능력이 있음을 증명하
  는 미생물학적 시험 및 필요 시, 기타 특이적 시험을 통해 미생물에 대한 안정성을 평가한다.

- **용기적합성 시험** : 제품과 용기 사이의 상호작용(용기의 제품 흡수, 부식, 화학적 반응 등)에
  대한 적합성을 평가한다.

② 가혹시험

본 시험의 시험항목은 보존기간 중 제품의 안전성이나 기능성에 영향을 확인할 수 있는 품질
관리상 중요한 항목 및 분해산물의 생성 유·무를 확인한다.

③ 개봉 후 안정성시험

- 개봉 전 시험항목과 미생물한도 시험, 살균보존제, 유효성 성분시험을 수행한다(단, 개봉할 수
  없는 용기로 되어있는 제품, 스프레이 등은 제외).

- 일회용 제품 등은 개봉 후 안정성시험을 수행할 필요가 없다.

구분	일반화장품	기능성화장품
장기보존 · 가속시험	· 제품 유형 및 제품에 따라 적절한 안정성시험 항목을 설정함 **물리적시험** - 성상, 유·수상 분리, 유화상태, 융점, 균등성, 점도, pH, 향취변화, 경도 비중 등 **화학적시험** - 시험물 가용성 성분, 에테르(에터, Ether) 불용 및 에탄올 가용성 성분, 에테르 및 에탄올 가용성 불검화물, 에테르 및 에탄올 가용성 검화물, 에테르 가용 및 에탄올 불용성 불검화물, 에테르 가용 및 에탄올 불용성 검화물, 증발잔류물, 에탄올 등 · 미생물한도 시험/ · 용기 적합성 시험	· 기준 및 시험방법에 설정한 전 항목을 원칙으로 한다. · 전 항목을 실시하지 않을 경우 이에 대한 <u>과학적 근거를 제시</u>해야 함 - 성상, 유·수상 분리, 점도, pH, 향취 변화, 경도, 비중, 생성물 - 기능성화장품 주성분 함유량
가혹시험	· 현탁 발생 여부/ · 유제와 크림제의 안정성 결여 · 표시·기재사항 분실/ · 용기 구겨짐·파손·찌그러짐 · 알루미늄 튜브 내부 래커(에폭시페놀수지)의 부식여부 및 분해산물의 생성유무	
개봉 후 안정성 시험	· 장기보존·가혹시험에서 하는 물리적 시험, 화학적 시험, 미생물한도시험 · 살균보존제시험/ · 유효성 성분시험	

- **래커(Lacguer)**: 셀룰로스 도료라고도 함
  - 셀룰로스 유도체를 기재로 하고 여기에 수지, 가소제, 안료, 용제 등을 첨가한 도료임
- **폐쇄용기제품**: 개봉이 되지 않는 용기는 안정성시험을 하지 않는다(**예** 스프레이, 일회용 마스크 팩 등).

3 유효성(有效性, Efficacy)

화장품은 유효성보다는 안전성이 우선인 제품으로 일반화장품과 기능성화장품으로 대별된다. 일반화장품은 식약처에 화장품제조업 등록만으로 생산할 수 있다. 하지만 <u>기능성화장품</u>은 식약처의 허가를 득해야 생산할 수 있다.

1) 기능성화장품 심사에 관한 규정

미백, 주름개선, 자외선 차단 등 기능성화장품은 사용목적에 적합한 효과·효능을 나타내어야 한다(화장품법 제4조, 시행규칙 제9조).

- 기능성화장품은 심사받기 위한 제출자료의 범위, 요건, 작성요령, 제출이 면제되는 범위 및 심사기준 등에 관한 세부사항을 정함으로써 심사업무에 적정을 기함을 목적으로 한다.

- 이 규정에서 사용되는 기능성화장품(화장품법 제2조 2호, 시행규칙 제2조에 따른)은 화장품을 말하며, 별도로 정하지 아니한 용어의 정의는 「의약품 등의 독성시험기준(식약처 고시)」에 따른다.

- 이 규정에 따라 심사대상은 기능성화장품으로 또한 이미 심사 완료된 결과에 대한 변경심사를 받고자 하는 경우에도 또한 같다.

알아두기!

☑ **의약품 등의 독성시험기준(식약처고시 제2015-82호, 2015.11.11. 개정)**

• 이 고시는 「의약품 등의 안전에 관한 규칙」 제9조 제4호의 규정에 따라 제출되는 의약품 등 화학물질의 독성시험에 관한 표준적인 시험방법을 정함을 목적으로 한다.
• 이 고시에서 사용되는 용어의 정의는 다음과 같다.

용어	정의
시험동물	· 건강동물로서 시험목적으로 사용되는 품종이 확실한 동물을 말함 - 설치류는 특정병원체 부재(SPF) 동물을 사용함을 원칙으로 함
단회투여 독성시험	· 시험물질을 시험동물에 단회투여(24시간 이내의 분할 투여하는 경우도 포함)하였을 때 단기간 내에 나타나는 독성을 질적·양적으로 검사하는 시험
반복투여 독성시험	· 시험물질을 시험동물에 반복투여하여 중·장기간 내에 나타나는 독성을 질적·양적으로 검사하는 시험
생식·발생 독성시험	· 시험물질이 포유류의 생식·발생에 미치는 영향을 규명하는 시험 - 수태능 및 초기배 발생시험, 출생전·후, 발생 및 모체기능시험, 배·태자 발생시험 등이 있음
유전독성시험	· 시험물질이 유전자 또는 유전자의 담체인 염색체에 미치는 상해작용을 검사하는 시험
항원성시험	· 시험물질이 생체의 항원으로 작용하여 나타나는 면역원성 유발여부를 검사하는 시험
면역독성시험	· 반복투여 독성시험의 결과 면역계에 이상이 있는 경우 시험물질의 이상면역반응을 검사하는 시험
발암성시험	· 시험물질을 시험동물에 장기간 투여하여 암(종양)의 유발여부를 질적·양적으로 검사하는 시험
국소독성시험	· 시험물질이 피부 또는 점막에 국소적으로 나타내는 자극을 검사하는 시험으로서 <u>피부자극 및 안 점막자극시험</u>으로 구분함
국소내성시험	· 시험물질이 시험동물의 주사부위에서 나타내는 임상·병리학적 반응을 검사하는 시험
흡입독성시험	· 기체·휘발성 물질, 증기 및 에어로졸 물질을 함유하고 있는 공기를 시험동물에 흡입 투여하여 나타나는 독성을 검사하는 시험
개략의 치사량	· 서로 다른 용량에서 관찰된 동물의 생사 및 독성증상으로부터 판단되는 <u>최소 치사량</u>을 의미함
최대내성용량	· 시험물질을 시험동물에 투여하였을 때 대조군에 비하여 10% 이내의 체중증가 억제 또는 상승을 나타내면서 사망에 영향을 미치지 않는 독성증상이 나타날 것으로 기대되는 최대 용량을 말함
무해용량	· 시험물질을 시험동물에 투여하였을 때 시험동물에 어떠한 독성증상도 나타나지 않을 것으로 기대되는 최대용량을 말함
확실중독량	· 시험물질을 시험동물에 투여하였을 때 독성이 명확하게 나타나는 <u>최소 용량</u>을 말함
무독성량	· 시험물질을 시험동물에 투여하였을 때 독성이 나타나지 않는 <u>최대 용량</u>을 말함
독성동태시험 (Toxicokinetics)	· 독성시험 수행 시 시험물질의 전신노출도를 평가하기 위하여 약물동태학적 자료(주1)를 산출하는 시험으로서, 시험물질의 노출도와 독성시험에서의 용량단계 및 시간경과와의 상관성을 연구하는 것을 목적(주2)으로 함

☑ **화장품법 제2조 제2호**

• "기능성화장품"이란 화장품 중에서 다음 각 목의 어느 하나에 해당되는 것으로서 총리령으로 정하는 화장품을 말한다.

가목. 피부의 미백에 도움을 주는 제품 / 나목. 피부의 주름개선에 도움을 주는 제품
다목. 피부를 곱게 태워주거나 자외선으로부터 피부를 보호하는 데에 도움을 주는 제품
라목. 모발의 색상 변화·제거 또는 영양공급에 도움을 주는 제품
마목. 피부나 모발의 기능 약화로 인한 건조함, 갈라짐, 빠짐, 각질화 등을 방지하거나 개선하는 데에 도움을 주는 제품

☑ 기능성화장품의 심사(제9조)★

① 1항 기능성화장품(보고서를 제출해야 하는 기능성화장품은 제외한다. 이하 이 조에서 같다)으로 인정받아 판매 등을 하려는 제조업자, 책임판매업자 또는 「기초연구진흥 및 기술개발지원에 관한 법률」에 따른 대학·연구기관·연구소(이하 "연구기관 등"이라 함)는 품목별로 기능성화장품 심사의뢰서(별지 제7호 서식)에 다음 각 호의 서류(전자문서를 포함함)를 첨부하여 식품의약품안전평가원장의 심사를 받아야 한다(단, 식약처장이 제품의 효능·효과를 나타내는 성분·함량을 고시한 품목의 경우에는 제1호~제4호까지의 자료제출을, 기준 및 시험방법을 고시한 품목의 경우 제5호의 자료제출을 각각 생략할 수 있다).

1호. 기원 및 개발 경위에 관한 자료
2호. 안전성에 관한 자료
　　가. 단회투여독성시험자료 / 나. 1차 피부자극시험자료 / 다. 안점막자극 또는 그 밖의 점막자극시험 자료 /
　　라. 피부감작성시험 자료 / 마. 광독성 및 광감작성시험 자료 / 바. 인체첩포시험 자료
3호. 유효성 또는 기능에 관한 자료
　　가. 효력시험자료 / 나. 인체적용시험자료
4호. 자외선 차단지수 및 자외선A 차단등급 설정의 근거자료(자외선을 차단 또는 산란시켜 자외선으로부터 피부를 보호하는 기능을 가진 화장품의 경우만 해당함)
5호. 기준 및 시험방법에 관한 자료(검체를 포함함)

② 2항 1항에도 불구하고 기능성화장품 심사를 받은 자 간에 제품별 안전성 자료(영유아 또는 어린이 사용 화장품의 관리- 법 제4조 제1항)에 따라 심사를 받은 기능성화장품에 대한 권리를 양도·양수하여 1항에 따른 심사를 받으려는 경우에는 1항 각 호의 첨부서류를 갈음하여 양도·양수계약서를 제출할 수 있다.

③ 3항 1항에 따라 심사를 받은 사항을 변경하려는 자는 기능성화장품 변경심사 의뢰서(별지 제8호 서식)에 다음 각 호의 서류(전자문서를 포함함)를 첨부하여 식품의약품안전평가원장에게 제출하여야 한다.

1호. 먼저 발급받은 기능성화장품 심사결과 통지서
2호. 변경사유를 증명할 수 있는 서류

④ 4항 식품의약품안전평가원장은 1항 또는 3항에 따라 심사의뢰서나 변경심사 의뢰서를 받은 경우에는 다음 각 호의 심사기준에 따라 심사하여야 한다.

1호. 기능성화장품의 원료와 그 분량은 효능·효과 등에 관한 자료에 따라 합리적이고 타당하여야 하며, 각 성분의 배합의의가 인정되어야 할 것
2호. 기능성화장품의 효능·효과는 피부의 미백·주름개선·곱게 태워주거나 자외선으로부터 피부를 보호하는데 도움을 주는, 모발의 색상변화·제거 또는 영양공급에 도움을 주는, 피부나 모발의 기능 약화로 인한 건조함, 갈라짐, 빠짐, 각질화 등을 방지하거나 개선하는 데 도움이 되는 제품(법 제2조 제2호 각목)에 적합할 것
3호. 기능성화장품의 용법·용량은 오용될 여지가 없는 명확한 표현으로 적을 것

⑤ 5항 식품의약품안전평가원장은 1항~4항까지의 규정에 따라 심사를 한 후 심사대장에 다음 각 호의 사항을 적고 기능성화장품 심사·변경심사 결과통지서(별지 제9호 서식)를 발급하여야 한다.

1호. 심사번호 및 심사연월일 또는 변경심사연월일
2호. 기능성화장품 심사를 받은 제조업자, 책임판매업자 또는 연구기관 등의 상호(법인인 경우, 법인의 명칭 및 소재지)
3호. 제품명
4호. 효능·효과

⑥ 6항 1항~4항까지의 규정에 따른 첨부자료의 범위·요건·작성요령과 제출이 면제되는 범위 및 심사기준 등에 관한 세부사항은 식약처장이 정하여 고시한다.

(1) 심사자료

제출자료의 범위(제4조)

기능성화장품의 심사를 위해 제출해야 하는 자료는 다음과 같다.

① 안전성, 유효성 또는 기능을 입증하는 자료

- 기원 및 개발 경위에 관한 자료
- 안전성에 관한 자료(단, 과학적인 타당성이 인정되는 경우 구체적인 근거자료를 첨부하여 일부자료를 생략할 수 있음)

> ☑ 안전성에 관한 자료
> - 단회투여독성 시험자료[①]/1차 피부자극 시험자료[②]/안점막자극 또는 기타점막자극 시험자료[③]/피부감작성 시험자료[④]/ 광독성 및 광감작성 시험자료[⑤]★/인체첩포 시험자료[⑥]/ 인체누적첩포 시험자료[⑦]★
> ★[⑤]는 자외선 흡수가 없음을 입증하는 흡광도 시험자료를 제출하는 경우에는 면제함
> ★[⑦]은 인체적용시험 자료에서 수포형성, 화상발생 등 안전성 문제가 우려된다고 판단될 경우에 한함

- 유효성 또는 기능에 관한 자료

- 효력시험자료/ 인체적용시험자료
- 자외선차단지수(SPF), 내수성자외선차단지수(SPF) 및 자외선 A차단등급(PA) 설정의 근거자료(단, 자외선을 차단 또는 산란시켜 자외선으로부터 피부를 보호하는 기능을 가진 화장품의 경우에 한함)

② 기준 및 시험방법에 관한 자료(검체 포함)

알아두기!

> ☑ 시험방법
> - <별표1> 독성시험법에 따르는 것을 원칙으로 함
> - 기타 독성시험법에 대해서는 「의약품 등의 독성시험기준, 식약처 고시」를 따를 것(단, 시험방법 및 평가기준 등이 과학적, 합리적으로 타당성이 인정되거나 경제협력개발기구 또는 식약처가 인정하는 동물대체 시험법인 경우, 규정된 시험법을 적용 안할 수 있음)
>
> ☑ 유효성 또는 기능에 관한 자료
> - 효력에 관한 자료 ✏
>   심사대상 효능을 포함한 효력을 뒷받침하는 비임상시험 자료로서 효과 발현의 작용기전이 포함되어야 하며 다음 각 목 중에 해당한다.
> ★ 국내·외 대학 또는 전문 연구기관에서 시험한 것으로 당해 기관의 장이 발급한 자료 시험시설개요, 주요설비, 연구인력의 구성, 시험자의 연구경력에 관한 사항이 포함된 것
> ★ 당해 기능성화장품이 개발국 정부에 제출되어 평가된 모든 효력시험자료로서 개발국 정부(허가 또는 등록기관)가 제출받아 승인하였음을 확인한 것 또는 이를 증명한 자료
> - 과학논문 인용색인에 등재된 전문학회지에 게재된 자료
>
> - 인체적용시험자료
>   사람에게 적용 시 효능·효과 등 기능을 입증할 자료로서 관련분야 전문의사, 연구소 또는 병원 기타 관련 기관에서 5년 이상 해당 시험경력을 가진 자의 지도 및 감독하에 수행, 평가되고 위의 내용 표식(★, ★)에 해당된다.

제출자료의 요건(제5조)

• 제4조에 따른 기능성화장품의 심사기준의 요건은 다음 각 호와 같다.

① 안전성, 유효성 또는 기능을 입증하는 자료

기원 및 개발 경위에 관한 자료

- 당해 기능성화장품에 대한 판단에 도움을 줄 수 있도록 명료하게 기재된 자료

일반사항

- 비임상시험 관리기준(식약처 고시)에 따라 시험한 자료(단, 인체첩포시험 및 인체누적첩포시험은 국내·외 대학 또는 전문 연구기관에서 실시하여야 하며, 관련분야 전문의사, 연구소 또는 병원 기타 관련 기관에서 5년 이상 해당 시험 경력을 가진 자의 지도 및 감독하에 수행·평가되어야 함)

(2) 심사기준

제출명(제9조)

이미 심사를 받은 기능성화장품의 명칭과 동일하면 안 된다.

원료 및 그 분량(제10조)

• 기능성화장품의 원료 및 그 분량은 효능·효과 등에 관한 자료에 따라 합리적이며 타당해야 한다. 제제의 특성을 고려하여 각 성분마다 배합목적①, 성분명②, 규격③, 분량(중량·용량)④을 기재한다 [단, 착색제, 착향제, 현탁화제, 유화제, 용해보조제, 안정제, 분산제, pH 조절제, 점도조절제, 용제 등의 경우 적량으로 기재할 수 있다. 또한 착색제 중 식약처장이 지정하는 색소(황색 4호 제외)를 배합하는 경우 성분명을 '식약처장지정색소'라고 기재할 수 있다].

• 원료 및 그 분량
- "100밀리리터중" 또는 "100그람중(캅셀제의 경우 1캅셀)"으로 그 분량을 기재함을 원칙으로 한다.
- 분사제는 "100그람중"(원액과 분사제의 양 구분표기)의 함량으로 기재한다.

• 각 원료의 성분명과 규격
- 원료집에서 정하는 명칭을, 별첨규격의 경우 일반명 또는 그 성분의 본질을 대표하는 표준화된 일반명 명칭을 각각 한글로 기재한다.

효능·효과(제13조) ✎

• 기능성화장품의 효능·효과는 화장품법 제2조 제2호에 적합하여야 한다.

• 자외선으로부터 피부를 보호하는 데 도움을 주는 제품에 자외선차단지수(SPF) 또는 자외선A 차단, 등급(PA)을 표시하는 때에는 다음 기준에 따라 표시한다.

- SPF는 측정결과에 따라 근거 평균값(소수점 이하 절사)으로부터 –20% 이하 범위 내 점수

(예 SPF 평균값이 '23'일 경우 19~23 범위점수로 표시하되, SPF 50 이상은 "SPF 50+"로 표시함)

☑ **보고서 제출 대상 등(제10조)★**

① 1항 기능성화장품의 심사를 받지 아니하고 식품의약품안전평가원장에게 보고서를 제출(법 제4조 제1항)하여야 하는 대상은 다음 각 호와 같다.

1. 효능·효과가 나타나게 하는 성분의 종류·함양, 효능·효과, 용법·용량, 기준 및 시험방법이 식약처장이 고시한 품목과 같은 기능성화장품

2. 이미 심사를 받은 기능성화장품과 다음 각 목 사항이 모두 같은 품목[(단, 기능성화장품은 이미 심사를 받은 품목이 대조군(효능·효과가 나타나게 하는 성분을 제외한 것을 말함)]과의 비교 실험을 통하여 효능이 입증된 경우만 해당한다.

• 제조업자(제품의 설계·계발·생산하는 방식으로 제조한 경우만 해당함)가 같거나 책임판매업자가 같은 경우 기능성화장품으로 심사받은 연구기관 등이 같은 기능성화장품만 해당한다.

  가목. 효능·효과가 나타나게 하는 원료의·종류·규격 및 함양
  - 액체상태인 경우에는 농도를 말함
  나목. 효능·효과(제23조 제4호·제5호)
  - 4호: 강한 햇볕을 방지하여 피부를 곱게 태워주는 기능을 가진 화장품
  - 5호: 자외선을 차단 또는 산란시켜 자외선으로부터 피부를 보호하는 기능을 가진 화장품
  - 기능성화장품의 경우, 자외선 차단지수의 측정값이 −20% 이하의 범위에 있는 경우에는 같은 효능·효과로 봄
  다목. 기준 및 시험방법
  - 기준에서 산성(pH)에 관한 기준은 제외함
  라목. 용법·용량
  마목. 제형(薺形): 기능성화장품의 경우에는 액제(Solution)·로션제(Lotion) 및 크림제(Cream)를 같은 제형으로 본다(제2조1호~3호, 6호~11호까지).
  - 멜라닌색소 침착방지에 따른 기미·주근깨 등 생성억제 → 미백도움(제2조 제1호)
  - 멜라닌색소의 색을 엷게 하여 → 피부 미백도움(제2조 제2호)
  - 탄력을 주어 → 피부 주름완화 또는 개선(제2조 제3호)
  - 모발의 색상변화 → 탈염·탈색(제2조 제4호)
  - 체모제거(제2조 제7호) / - 탈모 증상완화(제2조 제8호) / - 여드름 완화(제2조 제9호) / - 아토피성 피부로 인한 건조함 완화(제2조 제10호)
  - 튼살로 인한 붉은 선을 엷게 해줌(제2조 제11호)

② 2항 기능성화장품으로 인정받아 판매 등을 하려는 제조업자, 책임판매업자 또는 연구기관 등은 1항에 따라 품목별로 기능성화장품 심사 제외 품목 보고서(별지 제10호 서식)를 식품의약품안전평가원장에게 제출해야 한다.

③ 3항 2항에 따라 보고서를 받은 식품의약품안전평가원장은 1항에 따른 요건을 확인한 후 다음 각 호의 사항을 기능성화장품의 보고대장에 적어야 한다.

  1호. 보고번호 및 보고연월일 / 2호. 제조업자·책임판매업자 또는 연구기관 등의 상호(법인의 경우, 법인의 명칭) 및 소재지
  3호. 제품명 / 4호. 효능·효과

2) 기능성화장품

기능성화장품은 화장품과 의약품의 중간적인 개념으로서 일반화장품과는 달리 안정성 외에 약리적 효능·효과를 강조하고 있다. 11종의 범위(2017.5.30.개정)로서 효능·효과를 다음과 같이 정하고 있다(화장품 시행규칙).

구분	효능·효과★	기능 및 용제
미백	· 피부에 멜라닌색소가 침착하는 것을 방지하여 기미, 주근깨 등의 생성을 억제함 · 피부에 침착된 멜라닌 색소의 색을 엷게 함	피부 미백에 도움을 주는 기능 (Skin Whitening)

구분	효능 · 효과 ★	기능 및 용제
주름개선	· 피부에 탄력을 주어 피부주름을 완화 또는 개선함	주름완화 및 개선기능 (Anti wrinkle)
선탠	· 강한 햇볕을 방지하여 피부를 곱게 태워줌	선탠기능(Suntan)
자외선흡수	· 자외선을 차단시켜 피부를 보호	선크림(Sun screen)
자외선차단	· 자외선을 산란시켜 피부를 보호	선블록(Sun block)
염 · 탈색제	· 모발의 색상을 변화[탈염(脫染) · 탈색(脫色)을 포함함]시키는 - 단, 일시적 모발의 색상을 변화시키는 왁싱, 반영구 염모제(산성칼라, 매니큐어) 제외함	탈염, 탈색 (Hair dye, bleach)
제모제	· 체모를 제거 - 단, 물리적으로 체모를 제거하는 제모왁스와 왁스 스트립(일반화장품)은 제외함	몸의 털 제거 (Depilatory)
탈모완화	· 탈모증상의 완화에 도움 - 단, 코팅 등 물리적으로 모발을 굵게 보이게 하는 흑채는 제외함	두발 빠짐을 완화 (Anti hair loss)
세정용제	· 여드름성 피부를 완화하는 데 도움 - 단, 인체세정용 제품류로 한정함	지성피부를 완화 (Anti acne skin)
보습크림	· 아토피성 피부로 인한 건조함(아토피성 피부염-2020년부터 사용 안 함) 등을 완화하는 데 도움 - 손상된 피부장벽회복, 가려움 개선함	건조성피부를 완화 (Anti dry Skin)
임신튼살크림	· 튼살로 인한 붉은 선을 엷게 하는 데 도움	피부 튼살을 완화 (Anti stretchmark)

- **등록(登錄)**
- 행정법상 일정한 법률 사실 또는 법률 관계를 행정청 등 특정한 등록기간에 비치된 장부에 기재하는 일
- 등록은 어떤 사실이나 법률 관계의 존재를 공적으로 공시 또는 증명하는 공증행위에 속함
- **허가(許可)**: 질서유지를 위하여 일반적으로 금지한 영업행위를 특정한 경우 해체하여 적법하게 행할 수 있도록 한 행정처분
- **신고(申告)**: 행정관청에서 법률의 규정에 의하여 국가 또는 기타 공공단체에 법률사실이나 어떤 사실에 대해 서면으로 작성된 서류를 제출하는 행위

4 위해성(危害性, Risk)

각 원료성분의 독성자료에 기초하는 화장품에 대한 위해는 개별제품에 따라 다르다. 식약처 고시(제 2019-29호)에 인체적용제품인 화장품, 식품, 의약품, 건강기능식품 등의 위해성 평가를 규정하고 있다.

☑ **위해성**
- 인체적용제품에 존재하는 위해요소에 노출되는 경우 인체의 건강을 해칠 수 있는 정도의 위해요소
- 인체의 건강을 해치거나 해칠 우려가 있는 물리 · 화학적 · 생리학적 요인

1) 위해성 평가의 목적

오염기준 및 처리기준을 설정하기 위해 또는 오염물질 처리의 우선순위를 정하기 위함이다.

- 처리공법 및 처리강도를 결정하기 위해
- 오염물질의 처리를 위해 얼마를 투자할 것인지 경제적으로 결정하기 위해

2) 위해평가

어떤 독성물질에 노출되었을 때 건강에 미칠 수 있는 피해를 과학적으로 추정하는 것을 의미한다. 이는 발생될 수 있는 유해영향과 발생확률을 과학적으로 예측하는 일련의 과정이다.

① 위해평가 4단계

- 위험성 확인[①] → 용량-반응평가[②] → 노출평가[③] → 위해도 결정[④] 등을 거쳐 결정된다.

② 화장품 위해의 일반사항

- 과학적 관점에서 모든 원료에 대한 성분의 독성자료가 필요한 것은 아니다. 따라서 현재 활용 가능한 자료를 우선으로 검토한다.
- 개인별 화장품 사용에 관한 편차를 고려하여 일반적으로 일어날 수 있는 최대 사용환경에서 화장품 성분은 위해평가된다.
- 다양한 종류의 제품을 동시 사용 시 최종 위해성에 미치는 결과를 고려하여 위해평가를 실시한다.
- 필요 시 화장품 노출이 잦은 연예인, 미용사 등 특수직 종사자뿐 아니라 어린이나 영유아에 영향이 있을 경우 따로 고려할 수 있다.
- 독성자료는 OECD 가이드라인 등 국제적으로 인정된 프로토콜에 따른 시험을 우선으로 고려한다.
- 과학적으로 타당한 방법으로 수행된 자료이면 활용 가능하다.
- 국제적으로 입증된 동물대체시험법으로 시험한 자료로도 활용 가능하다.
- 위해평가 시 본 가이드라인을 체크리스트로는 간주할 수 없다.
- 화장품의 성분 특성에 따라 사례별로 평가한다.
- 예측 가능한 다양한 노출조건과 고농도, 고용량의 최악 노출조건까지 고려된다.

☑ **프로토콜(Protocol)**
- 서로 이렇게 하자라고 규정한 규정집, 국제협력개발기구(OECD)로서 협정(협의)등의 의미로 사용
- 회원국 간 상호 정책조정 및 협력을 통해 세계경제의 공동발전 및 성장과 인류의 복지증진을 도모하는 정부 간 정책연구 협력기구임

Section 06 화장품의 사후관리 기준

사후관리는 판매가 이루어진 이후에도 특정기준이 지속적으로 유지되도록 체계적으로 관리하는 일로서 화장품의 사후관리 기준[화장품법 시행규칙 11조(책임판매업자의 준수사항)], 법 제5조 2항(영업자의 의무 등)에 따라 책임판매업자가 준수해야 할 사항은 다음 각 호(영 제2조 제2호 라목의 책임판매업을 등록한 자는 제1·2·4호 가·다·사·차목 및 제10호만 해당)와 같다.

알아두기!

☑ **제5조(영업자의 의무 등)**
- 제5조2항: 책임판매업자는 화장품의 품질관리기준, 책임판매 후 안전관리기준, 품질검사방법 및 실시의무, 안전성·유효성 관련 정보사항 등의 보고 및 안전대책 마련 의무 등에 관하여 총리령으로 정하는 사항을 준수하여야 한다.

☑ **화장품법 시행령 제2조 제2호 라목**
- 수입대행형 거래(전자상거래 등에서의 소비자보호에 관한 법률 제2조 제1호에 따른 전자상거래만 해당한다)를 목적으로 화장품을 알선·수여하는 영업

☑ **화장품법 시행규칙 제11조(책임판매업자의 준수사항)**
- **제11조 제1호**: 별표1의 품질관리기준을 준수할 것
- **제11조 제2호**: 별표2의 책임판매 후 안전관리기준을 준수할 것
- **제11조 제4호**: 수입한 화장품에 대하여 다음 각 목의 사항을 적거나 또는 첨부한 수입관리기록서를 작성·보관할 것
    가목. 제품명 또는 국내에서 판매하려는 명칭[1]
    다목. 제조국, 제조회사명 및 제조회사의 소재지[2]
    차목. 판매처, 판매연월일 및 판매량[3]
    사목. 최초 수입연월일[4](통관 연월일을 말한다. 이하 이 호에서 같다)
- **제11조 제10호**: 제품과 관련하여 국민보건에 직접 영향을 미칠 수 있는 안전성·유효성에 관한 새로운 자료, 정보사항(화장품 사용에 의한 부작용 발생사례를 포함함) 등을 알게 되었을 때에는 식약처장이 정하여 고시하는 바에 따라 보고하고, 필요한 안전대책을 마련할 것

1 감시

화장품 영업자를 대상으로 하는 정기·수시·기획·품질감사 등은 식약처에서 실시한다.

① 감시의 종류

종류	내용
정기 감시	· 각 지방식약청장 자체계획에 따라 수행한다. · 제조업자, 책임판매업자에 대해서는 정기적으로 지도 또는 점검한다. · 조직, 시설, 제조품질관리, 표시기재 등의 화장품법령 전반에 걸쳐 연 1회 실시한다.

종류	내용
수시 감시	· 준수사항, 품질, 표시광고, 안전기준 등 모든 영역에 <u>불시 점검을 원칙</u>으로 하며 제기된 문제사항을 연중 중점 관리한다. · 고발, 진정, 제보 등에 의해 제기된 위법사항을 점검하기 위해 <u>수시로 감시</u>한다. · 정보수집, 민원, 사회적 현안 등에 따라 즉시 점검이 필요하다고 판단되는 사항은 수시 감시한다.
기획 감시	· 사전 예방적 안전관리를 위한 <u>선제적 대응 감시</u>로서 제조업자, 제조판매업자, 판매자 등 연중 점검한다. · 위해 우려 또는 취약 분야, 시의성, 예방적 감시 분야, 중앙과 지방의 <u>상호협력 필요 분야</u> 등을 기획 감시한다.
품질 감시	· 수거품에 대한 유통화장품의 안전관리 기준 등의 적합여부를 확인하기 위해 실시한다. · 시중 유통품을 연간 계획에 따라 <u>지속적인 수거검사</u>를 한다. · 기획, 청원검사 등은 <u>특별한 이슈나 문제제기</u>가 있을 경우 실시한다.

 알아두기!

☑ **소비자화장품 안전관리 감시원(법 제18조의2)- 2020.03.14. 시행**★

① **1항** 식약처장 또는 지방식약청장은 화장품 안전관리를 위하여 단체설립(제17조[*①])에 따라 설립된 단체 또는 「소비자 기본 법(제29조)」에 따라 등록한 소비자 단체의 임직원 중 해당 단체의 장이 추천한 사람이나 화장품 안전관리에 관한 지식이 있는 사람을 소비자화장품 안전관리 감시원으로 위촉할 수 있다.

② **2항** 1항에 따라 위촉된 소비자화장품 안전관리 감시원(이하 "소비자화장품 감시원"이라 한다)의 직무는 다음 각 호와 같다.

　1호. 유통 중인 화장품이 화장품의 기재사항(법 제10조 제1항·2항)에 따른 표시기준에 맞지 않거나 부당한 표시·광고 행위 등의 금지(법 제13조 제1항[**②]) 각 호의 어느 하나에 해당하는 표시 또는 광고를 한 화장품인 경우 관할 행정관청에 신고하거나 그에 관한 자료 제공

　2호. 보고와 검사 등(법 제18조 제1·2항[***③])에 따라 관계 공무원이 하는 출입·검사·질문·수거의 지원

　3호. 그 밖에 화장품 안전관리에 관한 사항으로서 총리령으로 정하는 사항

③ **3항** 식약처장 또는 지방식약청장은 소비자화장품 감시원에게 직무 수행에 필요한 교육을 실시할 수 있다.

④ **4항** 식약처장 또는 지방식약청장은 소비자화장품 감시원이 <u>다음 각 호</u>의 어느 하나에 해당하는 경우에

• 해당 소비자 화장품 감시원을 해촉(위촉했던 직책이나 자리에서 물러남)해야 한다.

　1호. 해당 소비자화장품 감시원을 추천한 단체에서 퇴직하거나 해임된 경우

　2호. 2항 각 호의 직무와 관련하여 부정한 행위를 하거나 권한을 남용한 경우

　3호. 질병이나 부상 등의 사유로 직무 수행이 어렵게 된 경우

⑤ **5항** 소비자화장품 감시원의 자격, 교육, 그 밖에 필요한 사항은 총리령으로 정한다.

☑ **법 제17조(단체설립)**

　영업자는 자주적인 활동과 공동이익을 보장하고 국민보건향상에 기여하기 위하여 단체를 설립할 수 있다.

☑ **법 제13조(부당한 표시·광고행위 등의 금지[**②])**

① **1항** 영업자 또는 판매자는 <u>다음 각 호</u>의 어느 하나에 해당하는 표시 또는 광고를 해서는 안 된다.

　1. 의약품으로 잘못 인식할 우려가 있는 표시 또는 광고

　2. 기능성화장품이 아닌 화장품을 기능성화장품으로 잘못 인식할 우려가 있거나 기능성화장품의 안전성·유효성에 관한 심사결과와 다른 내용의 표시 또는 광고

　3. 천연화장품 또는 유기농화장품이 아닌 화장품을 천연화장품 또는 유기농화장품으로 잘못 인식할 우려가 있는 표시 또는 광고

　4. 그 밖에 사실과 다르게 소비자를 속이거나 잘못 인식하도록 할 우려가 있는 표시 또는 광고

② **2항** 1항에 따른 표시·광고의 범위와 그 밖에 필요한 사항은 총리령으로 정한다.

☑ **법 제18조(보고와 검사 등[***③])**

① **1항** 식약처장은 필요하다고 인정하면 영업자·판매자 또는 그 밖에 화장품을 업무상 취급하는 자에게 대하여

필요한 보고를 명하거나, 관계 공무원으로 하여금 화장품 제조장소·영업소·창고·판매장소, 그 밖에 화장품을 취급하는 장소에 출입하여 그 시설 또는 관계 장부나 서류, 그 밖의 물건의 검사 또는 관계인에 대한 질문을 할 수 있다.

② **2항** 식약처장은 화장품의 품질 또는 안전기준, 포장사항 등이 적합한지 여부를 검사하기 위하여 필요한 최소 분량을 수거하여 검사할 수 있다.

③ **3항** 식약처장은 총리령으로 정하는 바에 따라 제품의 판매에 대한 모니터링 제도를 운영할 수 있다.

④ **4항** 1항의 경우에 관계 공무원은 그 권한을 표시하는 증표를 관계인에게 내보여야 한다.

⑤ **5항** 1항 및 2항의 관계 공무원의 자격과 그 밖에 필요한 사항은 총리령으로 정한다.

② 준수사항

(1) 제조업자 준수사항

- 책임판매업자의 지도·감독 및 요청에 따른다.

- 제조관리기준서[①], 제품표준서[②], 제조관리기록서 및 품질관리기록서(전자문서형식포함)[③]를 작성·보관한다.

- 보건위생상 위해가 없도록 제조소·시설 및 기구를 위생적으로 관리·오염되지 않도록 한다.

- 화장품 제조에 필요한 시설 및 기구에 대하여 정기적으로 점검하여 작업에 지장 없도록 관리·유지한다.

- 작업소에는 위해가 발생할 염려가 있는 물건을 두어서는 안 된다.

- 작업소에서 국민보건 및 환경에 유해한 물질이 유출·방지되지 않도록 한다.

- 원료 및 자재의 입고부터 완제품의 출고에 이르기까지 필요한 시험·검사 또는 감정을 한다.

- 품질관리를 위하여 필요한 사항을 책임판매업자에게 제출한다.

☑ **단, 품질관리의 필요한 사항을 책임판매업자에게 제출하지 않아도 되는 경우**
- 제조업자와 책임판매업자가 동일한 경우
- 제조업자가 제품을 설계·개발·생산하는 방식으로 제조하는 경우
- 품질, 안전관리에 영향이 없는 범위에서 제조업자나 책임판매업자 간 상호계약에 따라 영업비밀에 해당하는 경우
- 제조 또는 품질검사를 위탁하는 경우
- 제조 또는 품질검사가 적절하게 이루어지고 있는지 수탁자에 대한 관리·감독을 철저히 하고, 제조 및 품질관리에 관한 기록을 받아 유지·관리할 것

☑ **화장품제조업자의 준수사항 등(제11조)**★

① **1항** 제조업자 또는 책임판매업자가 변경등록을 해야 하는 경우에 따라 제조업자가 준수해야 할 사항은 <u>다음 각 호</u>와 같다.

　1호. 품질관리기준(별표1)에 따른 책임판매업자의 지도·감독 및 요청에 따를 것

　2호. 제조관리기준서·제품표준서·제조관리기록서 및 품질관리기록서(전자문서 형식을 포함함)를 작성·보관할 것

　3호. 보건위생상 위해가 없도록 제조소, 시설 및 기구를 위생적으로 관리하고 오염되지 않도록 할 것

　4호. 화장품의 제조에 필요한 시설 및 기구에 대하여 정기적으로 점검하여 작업에 지장이 없도록 관리·유지할 것

　5호. 작업소에는 위해가 발생할 염려가 있는 물건을 두어서는 안되며, 작업소에서 국민보건 및 환경에 유해할 물질이 유출되거나

방출되지 않도록 할 것

6호. 2호의 사항 중 품질관리를 위하여 필요한 사항을 책임판매업자에게 제출할 것(단, 다음 각 목의 어느 하나에 해당하는 경우 제출하지 않을 수 있다)

가목. 제조업자와 책임판매업자가 동일한 경우

나목. 제조업자가 제품을 설계 · 개발 · 생산하는 방식으로 제조하는 경우로서 품질 · 안전관리에 영향이 없는 범위에는 제조업자와 책임판매업자 상호계약에 따라 영업비밀에 해당하는 경우

7호. 원료 및 자재의 입고부터 완제품의 출고에 이르기까지 필요한 시험 · 검사 또는 검정을 할 것

8호. 제조 또는 품질검사를 위탁하는 경우 제조 또는 품질검사가 적절하게 이루어지고 있는지 수탁자에 대한 관리 · 감독을 철저히 하고, 제조 및 품질관리에 관한 기록을 받아 유지 · 관리할 것

② 2항 식약처장은 1항에 따른 준수사항 외에 식약처장이 정하여 고시하는 우수화장품 제조관리기준을 준수하도록 제조업자에게 권장할 수 있다.

③ 3항 식약처장은 2항에 따라 우수화장품 제조관리기준을 준수하는 제조업자에게 다음 각 호의 사항을 지원할 수 있다.

1호. 우수화장품 제조관리기준 적용에 관한 전문적 기술과 교육 / 2호. 우수화장품 제조관리기준 적용을 위한 자문
3호. 우수화장품 제조관리기준 적용을 위한 시설 · 설비 등 개수 · 보수

(2) 책임판매업자 준수사항

식약처장에게 보고해야 한다.

① 화장품의 생산실적 또는 수입실적 / ② 화장품의 제조과정에 사용된 원료의 목록(단, 원료의 목록에 관한 보고는 화장품의 유통 · 판매 전에 함) / ③ 화장품의 사용 중 발생하였거나 알게 된 유해사례 등 안전성 정보에 대하여 매 반기(6개월) 종료 후 1개월 이내

☑ 화장품의 생산실적 등 보고(제13조)
① 1항 책임판매업자는 지난해의 생산실적 또는 수입실적을 매년 2월 말까지 식약처장이 정하여 고시하는 바에 따라 대한화장품협회 등 설립된 화장품업 단체(법 제17조)를 통하여 식약처장에게 보고해야 한다.
② 2항 책임판매업자는 화장품의 제조과정에 사용된 원료의 목록을 화장품의 유통·판매 전까지 보고해야 한다. 보고한 목록이 변경된 경우에도 또한 같다.
③ 3항 1항 및 2항에도 불구하고 「전자무역 촉진에 관한 법률」에 따라 전자무역문서로 표준통관예정보고를 하고 수입하는 책임판매업자는 1항 및 2항에 따라 수입실적 및 원료의 목록을 보고하지 안할 수 있다.

④ 책임판매관리자는 화장품의 안정성 확보 및 품질관리에 관한 교육을 매년 받아야 한다.

☑ 화장품 책임판매업자 등의 교육(제14조)
① 1항 교육명령의 대상(제5조 제16항)
• 식약처장은 국민 건강상 위해를 방지하기 위해 필요하다고 인정하면
  - 제조업자, 책임판매업자 및 맞춤형화장품 판매업자(이하 "영업자"라 함)에게 화장품관련 법령 및 제도(화장품의 안전성 확보 및 품질관리에 관한 내용을 포함)에 관한 교육을 받을 것을 명할 수 있다.
• 다음 각 호의 어느 하나에 해당하는 영업자로 한다.
  1호. 영업의 금지(제15조)를 위반한 영업자 / 2호. 시정명령(제19조)을 받은 영업자 / 3호. 준수사항(제11조 제1항)을 위반한 제조업자
  4호. 준수사항(제12조)을 위반한 책임판매업자 / 5호. 준수사항(제12조의2)을 위반한 맞춤형화장품 판매업자

② 2항 식약처장은 1항에 따른 교육명령 대상자가 천재지변, 질병, 임신, 출산, 사고 및 출장 등의 사유로 교육을 받을 수 없는 경우, 해당 교육을 유예할 수 있다.

③ 3항 2항에 따라 교육의 유예를 받으려는 사람은 식약처장이 정하는 교육 유예신청서에 이를 입증한 서류를 첨부하여 지방식약청장에게 제출해야 한다.

④ 4항 지방식약청장은 3항에 따라 제출된 교육 유예신청서를 검토하여 식약처장이 정하는 교육 유예확인서를 발급해야 한다.

⑤ 5항 교육을 받아야 하는 자가 둘 이상의 장소에서 영업자로서 업을 하는 경우에는 종업원 중에서 총리령으로 정하는 자(제5조 제7항)는 다음 각 호의 어느 하나에 해당하는 자 1호. 책임판매관리자 / 1의2호. 맞춤형화장품 조제관리사 / 2호. 별표1의 품질관리기준에 따라 품질관리 업무에 종사하는 종업원 등을 책임자로 지정하여 교육을 받게 할 수 있다.

⑥ 6항 교육실시기관(제5조 제8항- 교육의 실시기관, 내용, 대상 및 교육비 등에 관하여 필요사항은 총리령으로 정함)은 화장품과 관련한 기관·단체 및 설립된 단체(제17조) 중에서 식약처장이 지정하여 고시한다.

⑦ 7항 교육실시기관은 매년 교육의 대상, 내용 및 시간을 포함한 교육계획을 수립하여 교육을 시행할 해의 전년도 11월 30일까지 식약처장에게 제출해야 한다.

⑧ 8항 7항에 따른 교육시간은 4시간 이상 ~ 8시간 이하로 한다.

⑨ 9항 7항에 따른 교육내용은 화장품 관련 법령 및 제도에 관한 사항, 화장품의 안전성 확보 및 품질관리에 관한 사항 등으로 하며, 교육내용에 관한 세부사항은 식약처장의 승인을 받아야 한다.

⑩ 10항 교육실시기관은 교육을 수료한 사람에게 수료증을 발급하고 매년 1월 31일까지 전년도 교육실적을 식약처장에게 보고하며, 교육실시기관, 교육대상자 명부, 교육내용 등 교육에 관한 기록을 작성하여 이를 증명할 수 있는 자료와 함께 2년간 보관해야 한다.

⑪ 11항 교육실시기관은 교재비·실습비 및 강사수당 등 교육에 필요한 실비를 교육대상자로부터 징수할 수 있다.

⑫ 12항 1항~11항까지에서 규정한 사항 외에 교육에 필요한 세부사항은 식약처장이 정하여 고시한다.

⑤ 화장품법 시행규칙 별표1(품질관리기준)과 별표2(책임판매 후 안전관리기준)를 준수해야 한다.

 알아두기!

☑ 품질관리기준(화장품법 시행규칙 제7조 관련) -별표1

화장품법에 따라 책임판매업을 등록하려는 자는 총리령으로 정하는 화장품의 품질관리 및 책임판매 후 안전관리에 관한 기준을 갖추어야 하며, 이를 관리할 수 있는 관리자(이하 "책임관리자"라고 한다)를 두어야 한다.

(1) 품질관리 용어의 정의

종류	내용
품질관리	· 화장품의 책임판매 시 필요한 제품의 품질을 확보하기 위해서 실시 - 제조업자 및 제조에 관계된 업무(시험·검사 등의 업무 포함)에 대한 관리·감독 및 화장품의 시장 출하에 관한 관리 - 그 밖에 제품의 품질의 관리에 필요한 업무
시장출하	· 책임판매업자가 그 제조 등을 하거나 수입한 화장품의 판매를 위해 출하하는 것 - 타인에게 위탁제조 또는 검사하는 경우를 포함 - 타인으로부터 수탁제조 또는 검사하는 경우는 포함하지 않음

(2) 품질관리 업무에 관련된 조직 및 인원

• 책임판매업자는 책임판매관리자를 두어야 하며, 품질관리 업무를 적정하고 원활하게 수행할 능력이 있는

인력을 충분히 갖추어야 한다.

(3) 품질관리 업무의 절차에 관한 문서 및 기록 등

① 책임판매업자는 품질관리 업무를 적정하고 원활하게 수행하기 위하여 다음의 사항이 포함된 품질관리 업무절차서를 작성·보관해야 한다.
- 적정한 제조관리 및 품질관리 확보에 관한 절차 / 품질 등에 관한 정보 및 품질불량 등의 처리 절차
- 회수처리 절차 / - 교육·훈련에 관한 절차
- 문서 및 기록의 관리 절차 / - 시장출하에 관한 기록 절차 / - 그 밖에 품질관리 업무에 필요한 절차

② 책임판매업자는 품질관리 업무절차서에 따라 다음의 업무를 수행해야 한다.
- 제조업자가 화장품을 적정하고 원활하게 제조한 것임을 확인하고 기록할 것
- 제품의 품질 등에 관한 정보를 얻었을 때 → 해당 정보가 인체에 영향을 미치는 경우에는 그 원인을 밝히고 → 개선이 필요한 경우에는 적정한 조치를 하고 기록할 것
- 책임판매한 제품의 품질이 불량하거나 품질이 불량할 우려가 있는 경우 → 회수 등 신속한 조치 및 기록하고 기록품질관리 업무절차서를 작성·보관해야 한다. / - 시장출하에 관하여 기록할 것
- 제조번호별 품질검사를 철저히 한 후 그 결과를 기록할 것(단, 제조업자와 책임판매업자가 같은 경우 제조업자 또는 식약처장이 지정한 화장품 시험·검사기관에 품질검사를 위탁하여 제조번호별 품질검사·결과가 있는 경우에는 품질검사를 하지 않을 수 있음)

③ 책임판매업자는 책임판매관리자가 업무를 수행하는 장소에 품질관리 업무절차서 원본을 보관하고, 그 외의 장소에는 원본과 대조를 마친 사본을 보관해야 한다.

(4) 책임판매관리자의 업무

- 책임판매업자는 품질관리 업무절차서에 따라 다음 각 목의 업무를 책임판매관리자에게 수행하도록 해야 한다.
- 품질관리 업무를 총괄할 것 / - 품질관리 업무가 적정하고 원활하게 수행되는 것을 확인할 것
- 품질관리 업무의 수행을 위하여 필요하다고 인정할 때에는 책임판매업자에게 문서로 보고할 것
- 품질관리 업무 시 필요에 따라 제조업자, 맞춤형화장품 판매업자 등 그 밖의 관계자에게 문서로 연락하거나 지시할 것
- 품질관리에 관한 기록 및 제조업자의 관리에 관한 기록을 작성하고, 이를 해당 제품의 제조일(수입의 경우 수입일을 말한다)로부터 3년간 보관할 것

(5) 회수처리

- 책임판매업자는 품질관리 업무절차서에 따라 책임판매관리자에게 다음과 같이 회수업무를 수행하도록 해야 한다.
- 회수한 화장품은 구분하여 일정 기간 보관한 후 폐기 등 적정한 방법으로 처리할 것
- 회수내용을 적은 기록을 작성하고 책임판매업자에게 문서로 보낼 것

(6) 교육·훈련

- 책임판매업자는 책임판매관리자에게 교육·훈련계획서를 작성하게 하고, 품질관리 업무절차서 및 교육·훈련 계획서에 따라 다음의 업무를 수행하도록 해야 한다.
- 품질관리 업무에 종사하는 사람들에게 품질관리 업무에 관한 교육·훈련을 정기적으로 실시하고 그 기록을 작성, 보관할 것
- 책임판매관리자 외의 사람이 교육·훈련 업무를 실시하는 경우 교육·훈련 실시 상황을 책임판매업자에게 문서로 보고할 것

(7) 문서 및 기록의 정리

- 책임판매업자는 문서·기록에 관하여 다음과 같이 관리해야 한다.
- 문서를 작성하거나 개정했을 때에는 품질관리 업무절차서에 따라 해당 문서의 승인·배포·보관 등을 할 것
- 품질관리 업무절차서를 작성하거나 개정했을 때에는 해당 품질관리 업무절차서에 그 날짜를 적고 개정내용을 보관할 것

☑ **책임판매 후 안전관리기준(화장품법 시행규칙 제7조 관련)-별표2**

(1) 안전관리 용어의 정의

종류	내용
안전 관리 정보	· 화장품의 품질, 안전성·유효성 그 밖에 적정 사용을 위한 정보
안전 확보 업무	· 화장품 책임판매 후 안전관리업무 중 정보수집, 검토 및 그 결과에 따른 필요한 조치(이하 "안전확보조치"라 함)에 관한 업무

(2) 안전확보업무에 관련된 조직 및 인원
- 책임판매업자는 책임판매관리자를 두어야 한다.
- 안전확보업무를 적정하고 원활하게 수행할 능력을 갖는 인원을 충분히 갖추어야 한다.

(3) 안전관리 정보수집
- 책임판매업자는 책임판매관리에게 학회, 문헌, 그 밖의 연구보고 등에서 안전관리정보를 수집·기록하도록 해야 한다.

(4) 안전관리정보의 검토 및 그 결과에 따른 안전확보조치
- 책임판매업자는 다음의 업무를 책임판매관리자에게 수행하도록 해야 한다.
- 수집한 안전관리정보를 신속히 검토·기록할 것 / - 수집한 안전관리정보의 검토결과 조치가 필요하다고 판단될 경우
→ 회수, 폐기, 판매정지 또는 첨부문서의 개정, 식약처장에게 보고 등 안전확보조치를 할 것
- 안전확보조치 계획을 책임판매업자에게 문서로 보고한 후 그 사본을 보관할 것

(5) 안전확보조치의 실시
- 책임판매업자는 다음의 업무를 책임판매관리자에게 수행하도록 해야 한다.
- 안전확보조치 계획을 적정하게 평가하여 안전확보조치를 결정하고 이를 기록·보관할 것
- 안전확보조치를 수행할 경우 문서를 지시하고 이를 보관할 것
- 안전확보조치를 실시하고 그 결과를 책임판매업자에게 문서로 보고한 후 보관할 것

(6) 책임판매관리자의 업무
- 책임판매업자는 다음의 업무를 책임판매관리자에게 수행하도록 해야 한다.
- 안전확보업무를 총괄할 것
- 안전확보업무가 적정하고 원활하게 수행되는 것을 확인하여 기록·보관할 것
- 안전확보업무의 수행을 위하여 필요하다고 인정할 때에는 책임판매업자에게 문서를 보고한 후 보관할 것

⑥ 제조업자로부터 받은 제품표준서 및 품질관리기록서(전자문서 형식을 포함)를 보관한다.

⑦ 제조번호별로 품질검사를 철저히 한 후 유통시킨다(단, 아래 해당하는 경우 품질검사를 안 함).

  - 제조업자와 책임판매업자가 같은 경우

  - 품질검사를 위탁하여 제조번호별 품질검사 결과가 있는 경우

⑧ 화장품의 제조를 위탁하거나 제조업자에게 품질검사를 위탁하는 경우 품질검사가 적절하게 이루어지고 있는지 수탁자에 대한 관리·감독을 철저히 한다.

  - 제조 및 품질관리에 관한 기록을 받아 유지·관리하고 그 최종 제품의 품질관리를 철저히 할 것

⑨ 수입한 화장품에 대하여 다음 각 목의 사항이 포함된 수입관리기록서를 작성·보관한다.

☑ **수입관리기록서 작성**

· 제품명 또는 국내에서 판매하려는 명칭	· 한글로 작성된 제품설명서 견본
· 원료성분의 규격 및 함량	· 최초수입연월일(통관연월일)
· 제조국, 제조회사명 및 제조회사의 소재지	· 제조번호별 수입연월일 및 수입량
· 기능성화장품 심사결과통지서 사본	· 제조번호별 품질검사 연월일 및 결과
· 제조 및 판매증명서	· 판매처, 판매연월일 및 판매량

---

⑩ 수입된 화장품을 유통·판매하는 영업으로 책임판매업을 등록한 자는 국내에서의 품질검사를 하지 않을 수 있다.

- 제조국 제조회사의 품질관리 기준이 국가 간 상호인증된 경우
- 식약처장이 고시하는 우수화장품제조관리 기준과 같은 수준 이상이라고 인정되는 경우
  - 제조국 제조회사의 품질검사 시험성적서는 품질관리기록서를 갈음한다.

☑ **수입화장품에 대한 품질검사를 하지 않아도 되는 경우**
- 식약처장이 정하는 바에 따라 식약처장에게 수입화장품의 제조업자에 대한 현지 실사를 신청함
- 수입화장품 품질검사 면제에 관한 규정에서 현지 실사에 필요한 신청절차, 제출서류 및 평가방법 등을 식약처장이 정하여 고시함

⑪ 수입된 화장품을 유통·판매하는 영업으로 책임판매업을 등록한 자의 경우

- 「대외무역법」에 따른 수출·수입 요령을 준수하여야 하며
- 「전자무역촉진에 관한 법률」에 따른 전자무역문서로 표준통관예정 보고를 해야 한다.

⑫ 제품과 관련하여 식약처장이 정하여 고시하는 바에 따라 보고하고, 필요한 안전대책을 마련해야 한다.

  - 국민보건에 직접 영향을 미칠 수 있는 안전성·유효성에 관한 새로운 자료, 정보사항 등을 알게 된 경우
  - 정보사항에는 화장품 사용에 의한 부작용 발생사례를 포함

⑬★0.5% 이상 함유하는 제품의 경우, 안정성시험 자료를 최종 제조된 제품의 사용기한이 만료되는 날부터 1년간 보존해야 한다.

☑ **0.5% 이상 함유 제품**
- 레티놀(Vt A) 및 그 유도체
- 아스코빅산(Vt C)
- 과산화화합물
- 효소
- 토코페놀(Vt E)

☑ **화장품 책임판매업자의 준수사항(제12조)**
화장품 책임판매업자가 준수해야 할 사항(법 제5조 제2항)
- 화장품의 품질관리기준, 책임판매 후 안전관리기준, 품질검사방법 및 실시의무, 안전성·유효성 관련 정보사항 등의 보고 및 안전대책 마련의무 등에 관하여 총리령으로 정하는 사항을 준수해야 한다.
- 이러할 때 준수해야 할 사항은 다음 각 호(영 제2조 제2호 라목의 책임판매업을 등록한 자는 제1호, 제2호, 제4호 가·다·사·차목 및 제10호만 해당함)와 같다.
  1. 별표1의 품질관리기준을 준수할 것 / 2. 별표2의 책임판매 후 안전관리기준을 준수할 것
  3. 제조업자로부터 받은 제품표준서 및 품질관리기록서(전자문서형식을 포함함)를 보관할 것
  4. 수입한 화장품에 대하여 다음 각 목의 사항을 적거나 또는 첨부한 수입관리기록서를 작성·보관할 것
     가. 제품명 또는 국내에서 판매하려는 명칭
     나. 원료성분의 규격 및 함량
     다. 제조국, 제조회사명 및 제조회사의 소재지
     라. 기능성화장품 심사결과 통지서 사본
     마. 제조 및 판매증명서(단, 「대외무역법」 제12조 제2항에 따른 통합 공고상의 수출입요건, 확인기관에서 제조 및 판매증명서를 갖춘 책임판매업자가 수입한 화장품과 같다는 것을 확인받고, 제6조 제2항 제2호 가목, 다목 또는 라목의 기관으로부터 책임판매업자가 정한 품질관리기준에 따른 검사를 받아 그 시험성적서를 갖추어 둔 경우에는 이를 생략할 수 있다)
     바. 한글로 작성된 제품설명서 견본
     사. 최초 수입연월일(통관연월일을 말한다. 이하 이 호에서 같다)

아. 제조번호별 수입연월일 및 수입량

자. 제조번호별 품질검사 연월일 및 결과

차. 판매처, 판매연월일 및 판매량

5. 제조번호로 품질검사를 철저히 한 후 유통시킬 것(단, 제조업자와 책임판매업자가 같은 경우 또는 기관(제6조 제2항 제2호 각목- 보건환경연구원, 시험실을 갖춘 제조업자, 화장품 시험·검사기관) 등에 품질검사를 위탁하여 제조번호별 품질검사결과가 있는 경우에는 품질검사를 하지 아니할 수 있음)

6. 화장품의 제조를 위탁하거나 보건환경연구원(제6조 제2항 제2호 나목)에 따른 제조업자에게 품질검사를 위탁하는 경우 제조 또는 품질검사가 적절하게 이루어지고 있는지 수탁자에 대한 관리·감독을 철저히 하여야 하며, 제조 및 품질관리에 관한 기록을 받아 유지·관리하고, 그 최종 제품의 품질관리를 철저히 할 것

7. 책임판매업을 등록하는 자는 제조국 제조회사의 품질관리기준이 국가간 상호인증되었거나, 식약처장이 고시하는 우수화장품 제조관리기준과 같은 수준 이상이라고 인정되는 경우에는 국내에서의 품질검사를 하지 아니할 수 있다.

→ 이 경우, 제조국 제조회사의 품질검사 시험성적서는 품질관리 기록서를 갈음한다.

8. 책임판매업을 등록한 자(제7호에 따라 영 제2조제2호 다목)가 수입화장품에 대한 품질검사를 하지 아니하려는 경우에는 식약처장이 정하는 바에 따라 식약처장에게 수입화장품의 제조업자에 대한 현지실사를 신청해야 한다.

- 현지 실사에 필요한 신청절차 제출서류 및 평가방법 등에 대하여는 식약처장이 정하여 고시한다.

9. 책임판매업을 등록한 자(영 제2조제2호 다목)의 경우

- 「대외무역법」에 따른 수출·수입요령을 준수해야 하며

- 「전자무역 촉진에 관한 법률」에 따른 전자무역문서로 표준통관 예정보고를 할 것

10. 제품과 관련하여 국민보건에 직접 영향을 미칠 수 있는 안전성·유효성에 관한 새로운 자료, 정보사항(화장품 사용에 의한 부작용 발생사례를 포함함) 등을 알게 되었을 때에는 식약처장이 정하여 고시하는 바에 따라 보고하고, 필요한 안전대책을 마련할 것

11. 다음 각 목의 어느 하나에 해당하는 성분을 0.5% 이상 함유하는 제품의 경우에는 해당 품목의 안정성시험 자료를 최종 제조된 제품의 사용기한이 만료되는 날부터 1년간 보존할 것

(3) 맞춤형화장품 판매업자 준수사항

- 맞춤형화장품 판매업소마다 맞춤형화장품 조제관리사(이하 조제관리사라 칭함)를 두어야 한다.

- 둘 이상의 책임판매업자와 계약하는 경우

- 사전에 각각의 책임판매업자에게 고지한 후 계약을 체결해야 한다.

- 맞춤형화장품 혼합·소분 시 책임판매업자와 계약한 사항을 준수해야 한다.

- 보건위생상 위해가 없도록 맞춤형화장품 혼합·소분에 필요한 장소, 시설 및 기구를 정기적으로 점검하여 작업에 지장 없도록 위생적으로 관리·유지한다.

- 판매 중인 맞춤형화장품이 제14조2(회수대상 화장품의 기준) 각 호의 어느 하나에 해당함을 알게 된 경우

- 신속히 책임판매자에게 보고해야 한다.

- 회수대상 맞춤형화장품을 구입한 소비자에게 적극적으로 회수조치를 취해야 한다.

- 맞춤형화장품과 관련하여 안전성 정보에 대하여 신속히 책임판매업자에게 보고한다(단, 안전성 정보는 부작용 발생사례를 포함함).

- 맞춤형화장품의 내용물 및 원료의 입고 시 품질관리 여부를 확인하고 책임판매업자가 제공하는 품질성적서를 구비한다(단, 책임판매업자가 맞춤형화장품 판매업자와 동일한 경우에는 제외함).

- 맞춤형화장품 판매 시 해당 맞춤형화장품의 혼합 또는 소분에 사용되는 내용물 및 원료, 사

용 시의 주의사항에 대하여 소비자에게 설명한다.

☑ **맞춤형화장품 혼합·소분 시 오염방지를 위하여 안전관리기준을 준수한다.**
- 혼합·소분 전에는 손 소독 또는 세정하거나 일회용 장갑 착용
- 혼합·소분 전에 사용되는 장비 또는 기기 등은 사용 전·후에 세척
- 혼합·소분된 제품을 담은 용기의 오염여부를 사전에 확인

☑ **맞춤형화장품 판매내역(전자문서형식 포함)을 작성·보관할 것**
- 맞춤형화장품 식별번호
- 식별번호는 맞춤형화장품의 혼합 또는 소분에 사용되는 내용물 및 원료의 제조번호와 혼합·소분 기록을 포함하여 맞춤형화장품 판매업자가 부여한 번호를 말함
- 판매일자·판매량
- 사용기한 또는 개봉 후 사용기간
- 맞춤형화장품의 사용기한 또는 개봉 후 사용기간은 맞춤형화장품의 혼합 또는 소분에 사용되는 내용물의 사용기한 또는 개봉 후 사용기간을 초과할 수 없다.

☑ **맞춤형화장품 판매업자의 준수사항(제12조의2)- 화장품 시행규칙 총리령 제1603호, 2020.03.14. 시행**
- 준수해야 할 사항은 다음 각 호와 같다.
1. 맞춤형화장품 판매장 시설·기구를 정기적으로 점검하여 보건위생상 위해가 없도록 관리할 것
2. 다음 각 목의 혼합·소분 안전관리기준을 준수할 것
   - 가목. 혼합·소분 전에 혼합·소분에 사용되는 내용물 또는 원료에 대한 품질성적서를 확인할 것
   - 나목. 혼합·소분 전에 손을 소독하거나 세정할 것(단, 혼합·소분 시 일회용 장갑을 착용하는 경우에는 그렇지 않다.)
   - 다목. 혼합·소분 전에 혼합·소분된 제품을 담을 포장용기의 오염여부를 확인할 것
   - 라목. 혼합·소분에 사용되는 장비 또는 기구 등은 사용 전에 그 위생 상태를 점검하고, 사용 후에는 오염이 없도록 세척할 것
   - 마목. 그 밖에 가목~라목까지의 사항과 유사한 것으로서 혼합·소분의 안전을 위해 식약처장이 정하여 고시하는 사항을 준수할 것
3. 다음 각 목의 사항이 포함된 맞춤형화장품 판매내역서(전자문서로 된 판매내역서를 포함함)를 작성 보관할 것
   - 가목. 제조번호① / 나목. 사용기한 또는 개봉 후 사용기간② / 다목. 판매일자 및 판매량③
4. 맞춤형화장품 판매 시 다음 각 목의 사항을 소비자에게 설명할 것
   - 가목. 혼합·소분에 사용된 내용물·원료의 내용 및 특성① / 나목. 맞춤형화장품 사용 시의 주의사항②
5. 맞춤형화장품 사용과 관련된 부작용 발생사례에 대해서는 지체 없이 식약처장에게 보고할 것
- 맞춤형화장품 판매업자의 준수사항 및 위반 시 행정처분 기준 마련(안 제12조의2 신설 및 안 별표7)★
1. 맞춤형화장품 판매업자는 판매장의 시설·기구를 정기적으로 점검하여 보건위생상 위해가 없도록 하고, 화장품 내용물을 혼합·소분하기 전에 손을 소독하거나 세정하도록 하는 등의 혼합·소분 안전관리 기준을 준수하도록 하며, 맞춤형화장품 판매에 따른 판매내역서를 작성·보관하도록 하는 등 5가지 유형의 준수사항을 정함
2. 맞춤형화장품의 혼합·소분 안전관리기준의 ·1차 위반 시- 15일 / ·2차 위반 시- 1개월 / ·3차 위반 시- 3개월 / ·4차 이상 위반 시- 6개월의 판매업무 정지 또는 품목판매업무 정지처분을 하도록 하는 등 맞춤형화장품 판매업자 준수사항 위반에 대한 세부 행정처분 기준을 마련함

☑ **영업자(제조업자·책임판매업자·맞춤형화장품판매업자) 또는 판매자가 실증자료를 제출할 때(법 제14조 제3항)에는 다음 각 호의 사항을 적고, 이를 증명할 수 있는 자료를 첨부해 식약처장에게 제출해야 한다.**

1호. 실증방법 / 2호. 시험·조사기관의 명칭 및 대표자의 성명·주소·전화번호 / 3호. 실증내용 및 실증결과
4호. 실증자료 중 영업상 비밀에 해당되어 공개를 원하지 않는 경우에는 그 내용 및 사유

☑ **별표4 제3호 사목 중 "화장품 제조업자 또는 화장품 책임판매업자"를 각각 영업자라 하고, 같은 표 제5호 중 "제조연월일"을 "제조연월일(맞춤형화장품의 경우에는 혼합·소분일)"로 한다.**

③ 책임자

- 제조업자는 별도로 지정된 책임자가 없다.

- 책임판매업자는 자격기준에 맞는 자를 책임판매관리자로 지정해야 한다.

- 맞춤형화장품 판매업자는 조제관리사(맞춤형화장품의 혼합·소분 업무에 종사하는 자)를 지정해야 한다.

책임판매관리자의 자격기준

- 의사 또는 약사

- 학사이상의 학위를 취득한 사람으로서 이공계학과, 향장학, 화장품과학, 한의학, 한약학과 등을 전공한 사람

- 대학 등에서 학사이상의 학위를 취득한 사람으로서 간호학과, 간호과학과, 건강간호학과를 전공하고 화학·생물학·유전학·유전공학·향장학·화장품과학·의학·약학 등 관련 과목을 20학점 이상 이수한 사람

- 전문대학 졸업자로서 화학, 생물학, 화학공학, 생물공학, 미생물학, 생화학, 생명과학, 생명공학, 유전공학, 향장학, 화장품과학, 한의학과, 한약학과 등 화장품 관련 분야를 전공한 후 화장품 제조 또는 품질관리 업무에 1년 이상 종사한 경력이 있는 사람

- 전문대학 졸업한 사람으로서 간호학과, 간호과학과, 건강간호학과를 전공하고 화학, 생물학, 생명과학, 유전학, 유전공학, 향장학, 화장품과학, 의학, 약학 등 관련 과목을 20학점 이상 이수한 후 화장품 제조나 품질관리 업무에 1년 이상 종사한 경력이 있는 사람

- 식약처장이 정하여 고시하여 전문교육과정을 이수한 사람[단, 식약처장이 정하여 고시하는 품목(화장비누, 흑채, 제모왁스)만 해당]

- 화장품 제조 또는 품질관리 업무에 2년 이상 종사한 경력이 있는 사람

> ☑ 화장품법 시행규칙 제8조
> 상시 근로자 수가 10명 이하인 책임판매업을 경영하는 책임판매업자는 본인이 책임판매관리자의 직무를 수행할 수 있다.

알아두기!

> ☑ 보수교육
> ① 화장품 책임판매업자: 매년 교육 이수
> ② 맞춤형화장품 판매업자
> - 맞춤형화장품 조제관리사: 매년 교육 이수(맞춤형화장품 판매장에 종사하는 맞춤형화장품 조제관리사만 교육을 받음)
>   → 보수교육에서 ①,② 지정교육기관과 교육내용은 동일함
> ☑ 식약처지정 교육기관
> • (사)대한 화장품협회, (사)한국의약품수출입협회, (재)대한화장품산업연구원, 한국보건산업진흥원
> ☑ 교육내용
> • 화장품의 안정성 확보 및 품질관리에 관한 교육 → 품질·안전관리기준-별표1·2 참조

4 영업자의 의무(화장품법 제5조) ✎

- 제조업자, 책임판매업자, 맞춤형화장품 판매업자(이하 "영업자"라 한다)의 의무를 총리령으로 정하는 사항을 준수하여야 한다고 규정하고 있다.

구분	제조업자	책임판매업자	맞춤형화장품 판매업자
영업자의 의무	· 화장품 제조에 관하여 - 제조와 관련된 기록, 시설, 기구 등 - 관리방법 원료·자재·완제품 등 - 시험, 검사, 검정실시방법 및 의무 등	· 화장품 등에 관하여 - 화장품의 품질관리 기준 - 책임판매 후 안전관리 기준 - 품질검사 방법 및 실시 의무, 안전성, 유효성 관련 정보사항 등 - 보고 및 안전대책 마련 의무 등	· 맞춤형화장품에 관하여 - 맞춤형화장품 판매장 시설·기구의 관리 방법[1] - 혼합·소분 안전관리기준의 준수 의무[2] - 혼합·소분되는 내용물 및 원료에 대한 설명 의무 등[3]

- 책임판매업자는 총리령으로 정하는 바에 따라 식약처장에게 보고하여야 한다.
- 화장품의 생산실적 또는 수입실적
- 화장품의 제조과정에 사용된 원료의 목록 등
- 이 경우 원료의 목록에 관한 보고는 화장품의 유통·판매 전에 하여야 한다.
- 책임판매관리자 및 맞춤형화장품 조제관리사는 매년 화장품의 안정성 확보 및 품질관리에 대한 교육(4시간 이상, 8시간 이하) ✎을 받아야 한다.
- 식약처장은 제조업자, 책임판매업자, 맞춤형화장품 판매업자에게 국민건강상위해를 방지하기 위하여 필요하다고 인정될 때 교육 받는 것을 명할 수 있다.
- 화장품관련 법령 및 제도(안전성 확보 및 품질관리에 관한 내용을 포함함)
- 교육을 받아야 하는 자가 둘 이상의 장소에서 제조업, 책입판매업, 맞춤형화장품 판매업을 하는 경우 종업원 중에서 총리령으로 정하는 자를 책임자로 지정하여 교육을 받게 할 수 있다.

5 변경등록

① 변경등록 시 ✎

구분	변경내용	법인인 경우 변경내용
제조업자	· 제조업자 변경	대표자의 변경
	· 상호명 변경	법인의 명칭 변경
	· 제조소의 소재지 변경	
	· 제조유형 변경	
책임판매업자	· 책임판매업자의 변경	대표자의 변경
	· 상호변경	법인의 명칭 변경
	· 책임판매업소의 소재지 변경	
	· 책임판매관리자의 변경	
	· 책임판매유형 변경	

- 제조업자 또는 책임판매업자는 변경사유가 발생한 날부터 30일 이내(단, 행정구역 개편에 따른 소재지 변경의 경우 90일 이내)에 지방식약청장에게 제출해야 한다.
  - 제조업 변경 등록신청서(전자문서로 된 신청서 포함) + 제조업 등록필증과 해당 서류첨부
  - 책임판매업 변경 사유신청서(전자문서로 된 신청서 포함) + 책임판매업 등록필증과 해당 서류첨부

② 등록관청을 달리하는 화장품 제조소 또는 책임판매업소의 소재지 변경의 경우
  - 새로운 소재지를 관할하는 지방식약청장에게 제출한다.

변경등록 시 제출서류

- 제조업자 또는 책임판매업자의 변경(법인의 경우 대표자의 변경)의 경우
  - 제조업자만 제출하는 의사진단서[1,2](정신질환자가 아님을 증명[1], 마약류의 중독자가 아님을 증명[2])
  - 양도·양수의 경우: 이를 증명하는 서류제출[3]
  - 상속의 경우: 가족관계증명서[4]

③ 제조소 소재지 변경의 경우(행정구역 개편에 따른 사항은 제외), 시설명세서

④ 책임판매관리자 변경의 경우, 책임판매관리자의 자격을 확인할 수 있는 서류

⑤ 제조유형 또는 책임판매유형 변경의 경우

- 화장품의 포장(1차 포장만 해당)을 하는 영업의 화장품 제조유형으로 등록한 자가 같은 호[1] 또는 [2]의 화장품 제조유형으로 변경하거나 [1]또는 [2]의 제조유형을 추가하는 경우, 시설 명세서
- **수입대행형 거래를 목적으로** 화장품을 알선·수여하는 영업의 화장품 책임판매 유형으로 등록한 자가 같은 호[1~4] 책임판매 유형으로 변경하거나 추가하는 경우
  - 품질관리 및 책임판매 후 안전관리에 적합한 기준에 관한 규정 및 책임판매관리자의 자격을 확인할 수 있는 서류

⑥ 제조업 변경등록신청서 또는 책임판매업 변경등록신청서를 받은 지방식약청장은 행정정보의 공동이용을 통하여 법인등기사항증명서(법인인 경우만 해당)를 확인하여야 한다.

알아두기!

☑ 영업자의 지위 승계(법 제26조)
- 영업자가 사망하거나 그 영업을 양도한 경우 또는 법인인 영업자가 합병한 경우에는 그 상속인, 영업을 양수한 자 또는 합병 후 존속하는 법인이나 합병에 따라 설립되는 법인이 그 영업자의 의무 및 지위를 승계한다.

☑ 행정제재처분 효과의 승계(법 제26조의2)
- 영업자의 지위를 승계(제26조)한 경우에 종전의 영업자에 대한 행정제재처분(제24조)의 효과는 그 처분 기간이 끝난 날부터 1년간 해당 영업자의 지위를 승계한 자에게 승계되며, 행정제재처분의 절차가 진행 중일 때에는 해당 영업자의 지위를 승계한 자에 대하여 그 절차를 계속 진행할 수 있다(단, 영업자의 지위를 승계한 자가 지위를 승계할 때에 그 처분 또는 위반사실을 알지 못하였음을 증명하는 경우에는 그러하지 아니하다).

- **양도양수(讓渡讓受)**: 권리나 재산, 법률상의 지위 따위 남에게 넘겨주고 넘겨받는 일
- **상속(相續)**: 일정한 친족관계가 있는 사람사이에서 한 사람이 사망한 후에 다른 사람에서 재산에 관한 권리와 의무의 일체를 이어주거나 다른 사람이 사망한 사람으로부터 그 권리와 의무의 일체를 이어받는 일

6 폐업 등의 신고

① 폐업 및 휴업

- 영업자(제조업자, 책임판매업자, 맞춤형화장품 판매업자)는 다음 각 호의 어느 하나에 해당하는 경우에는 식약처장에게 신고하여야 한다.

- 폐업 또는 휴업하려는 경우
- 휴업 또는 그 업을 재개하려는 경우(단, 휴업기간이 1개월 미만이거나 그 기간 동안 휴업하였다가 그 업을 재개하려는 경우에는 예외)

② 폐업 및 휴업신고

- 영업자가 폐업 또는 휴업하거나 그 업을 재개하려는 경우 아래 서류를 첨부하여 식약처장에게 제출해야 한다.

- 제조업 등록필증[1], 책임판매원 등록필증[2], 맞춤형화장품 판매원 신고필증[3]을 첨부하여 별지 제11호 서식의 신고서[4](전자문서로 된 신고서를 포함) 작성 후 제출

7 처벌의 종류

일반적으로 행정법에 의해 행정처분과 벌칙이 가해진다.

① 가벼운(輕) 위반

- 의무이행의 태만이 있을 때는 행정처분(업무정지, 과태료) 등이 가해진다.
- 업무정지는 제조업무정지, 판매업무정지, 광고업무정지 등이 있다.

② 무거운(重) 위반

- 규칙위반이나 잘못을 저질렀을 때는 벌칙(징역형, 벌금형)이 가해진다.

8 과징금

① 식약처장은 영업자에게 업무정지 처분을 해야 할 경우에는

- 그 업무정지 처분을 갈음하여 10억 원 이하의 과징금(화장품법 제28조-과징금 처분)을 부과할 수 있다.
- 세부사항은 식약처 과징금부과 처분기준 등에 관한 규정에 따른다.

② 과징금의 산정은

- 화장품법 시행령 별표1의 일반기준과 업무정지 1일에 해당하는 과징금 산정기준에 따라 산정하여 과징금의 총액은 10억 원을 초과해서는 안 된다(2019.12.12. 시행).

☑ 과징금의 대상

• 업무정지를 금전적으로 대신 처벌하는 것을 과징금이라 한다.
  - 업무정지 처분으로 인해 이용자(소비자)에게 심한 불편을 초래하는 경우 / - 그 밖에 특별한 사유가 인정되는 경우

일반기준

업무정지 1개월은 30일을 기준으로 한다.

• 영업자가 신규로 품목을 제조 또는 수입하거나 휴업 등으로 1년간의 총생산금액 및 총수입금액을 기준으로 과징금을 산정하는 것이 불합리하다고 인정되는 경우에는

- 분기별 또는 월별 생산금액 및 수입금액을 기준으로 산정한다.

• 해당 품목 판매업무 또는 광고업무의 정지처분을 갈음하여 과징금 처분을 하는 경우에는

- 처분일이 속한 연도의 전년도 해당 품목의 1년간 총 생산금액 및 총 수입금액을 기준으로 한다.

- 업무정지 1일에 해당하는 과징금의 ½의 금액에 처분기간을 곱하여 산정한다.

화장품의 영업자에 대한 과징금 산정기준은 다음과 같다.

• 판매업무 또는 제조업무의 정지처분을 갈음하여 과징금 처분을 하는 경우(전 품목)

- 처분일이 속한 연도의 전년도 모든 품목의 1년간 총생산금액 및 총수입금액을 기준으로 한다.

• 품목에 대한 판매업무 또는 제조업무의 정지처분을 갈음하여 과징금 처분을 하는 경우(해당 품목)

- 처분 일에 속한 연도의 전년도 해당 품목의 1년간 총생산금액 및 총수입금액을 기준으로 하고 업무정지 1일에 해당하는 과징금 ½의 금액에 처분기간을 곱하여 산정한다.

③ 과징금 부과대상의 세부기준(과징금 부과처분 기준 등에 관한 규정-식약처 훈령)

• 제조업자 또는 제조판매업자가 변경등록(단, 제조업자의 소재지 변경은 제외)을 하지 아니한 경우

• 기재·표시를 위반할 경우

• 기능성화장품에서 기능성을 나타나게 하는 주원료의 함량이 심사 또는 보고한 기준치에 대해 5% 미만(p.70 ⑬ 참조)으로 부족한 경우

• 내용량 시험이 부적합하지만 인체에 유해성이 없다고 인정된 경우

• 식약처장이 고시한 사용기준 및 유통화장품 안전관리기준을 위반한 화장품 중 부적합 정도 등이 경미한 경우

- 제조업자 또는 제조판매업자가 자진 회수계획을 통보하고 그에 따라 회수결과 국민보건에 나쁜 영향을 끼치지 않은 것으로 확인한 경우
- 제조업자 또는 제조판매업자가 이물질이 혼입 또는 부착된 화장품을 판매하거나 판매의 목적으로 제조·수입·보관 또는 진열하였으나 인체에 유해성이 없다고 인정되는 경우
- 제조판매업자가 안정성 및 유효(사용)성에 관한 심사를 받지 않거나 그에 관한 보고서를 식약처장에게 제출하지 않고 제조 또는 수입하였으나 유통·판매에는 이르지 않은 경우
- 포장 또는 표시만의 공정을 하는 제조업자가 해당 품목의 제조 또는 품질검사에 필요한 시설 및 기구 중 일부가 없거나 화장품을 제조하기 위한 작업소의 기준을 위반한 경우

☑ **과징금 부과처분 기준 등에 관한 규정- 식약처 훈령 제106호**
- 갈음: 다른 것으로 바꾸어 대신함
- 벌칙: 행정법에 대한 징역형과 벌금형의 형사처벌
- 과징금: 행정청은 일정한 행정법상의 의무를 위반한 자에게 부과하는 금전적 제재조치
- 과태료: 일종의 행정처분으로서 국가 또는 공공단체가 국민에게 과하는 금전적인 벌칙
- 행정처분: 행정청이 행하는 공권력의 행사로서 구체적 사실에 관한 법 집행
- 제조업무정지, 판매업무정지, 광고업무정지 등의 처분

☑ **과징금 산정(화장품법 시행령 별표1)**
- 일반기준과 과징금 산정기준(업무정지 1일에 해당)에 따라 산정된다.
- 과징금의 총액은 10억 원을 초과할 수 없다(2019.12.12. 시행).

☑ **과징금 처분(제28조)**★
① **1항** 식약처장은 등록의 취소 등(제24조)에 따라 영업자에게 업무정지처분을 하여야 할 경우에는 그 업무정지처분을 갈음하여 10억 원 이하의 과징금을 부과할 수 있다.
② **2항** 1항에 따른 과징금을 부과하는 위반행위의 종류와 위반정도 등에 따른 과징금의 금액과 그 밖에 필요한 사항은 대통령령으로 정한다.
③ **3항** 식약처장은 과징금을 부과하기 위하여 필요한 경우에는 다음 각 호의 사항을 적은 문서로 관할 세무관서의 장에게 과세 정보 제공을 요청할 수 있다.
   1호. 납세자의 인적사항 / 2호. 과세 정보의 사용목적 / 3호. 과징금 부과기준이 되는 매출금액
④ **4항** 식약처장은 1항에 따른 과징금을 내야 할 자가 납부기한까지 과징금을 내지 아니하면 대통령령으로 정하는 바에 따라 1항에 따른 과징금 부과처분을 취소하고 등록의 취소(법 제24조 1항)에 따른 업무정지처분을 하거나 국세 체납처분의 예에 따라 이를 징수한다[단, 폐업 등의 신고(법 제6조)에 따른 폐업 등으로 업무정지 처분을 할 수 없을 때에는 국세 체납처분의 예에 따라 이를 징수함].
⑤ **5항** 식약처장은 4항에 따라 체납된 과징금의 징수를 위하여 다음 각 호의 어느 하나에 해당하는 자료 또는 정보를 해당 각 호의 자에게 요청할 수 있다.
→ 이 경우, 요청을 받은 자는 정당한 사유가 없으면 요청에 따라야 한다.
   1호. 「건축법 제38조」에 따른 건축물대장 등본: 국토교통부장관
   2호. 「공간정보의 구축 및 관리 등에 관한 법률」 제71조」에 따른 토지대장 등본: 국토교통부장관
   3호. 「자동차관리법 제7조」에 따른 자동차등록원부 등본: 특별시장·광역시장·특별자치시장·도지사 또는 특별자치도지사

☑ **위반사실의 공표(법 제28조의2)**
① **1항** 식약처장은 개수명령(법 제22조*①), 회수·폐기명령 등(법 제23조), 위해화장품의 공표(법 제23의2), 등록의 취소 등(법 제24조) 또는 과징금처분(법 제28조)에 따라 행정처분이 확정된 자에 대한 처분 사유, 처분 내

용, 처분 대상자의 명칭·주소 및 대표자 성명, 해당품목의 명칭 등 처분과 관련한 사항으로서 대통령령으로 정하는 사항을 공표할 수 있다.

② 2항 1항에 따른 공표방법 등 공표에 필요한 사항은 대통령령으로 정한다.

☑ **법 제22조(개수명령)***①

식약처장은 제조업자가 갖추고 있는 시설이 영업의 등록(법 제3조 제2항)에 따른 시설기준에 적합하지 아니하거나 노후 또는 오손되어 있어 그 시설로 화장품을 제조하면 화장품의 안전과 품질에 문제의 우려가 있다고 인정되는 경우

→ 제조업자에게 그 시설의 개수를 명하거나 그 개수가 끝날 때까지 해당 시설의 전부 또는 일부의 사용금지를 명할 수 있다.

9 벌칙

벌칙은 행정법에 대한 징역형과 벌금형의 형사처벌이다.

(1) 3년 이하의 징역 또는 3천만 원 이하의 벌금★

① 1항 다음 각 호의 어느 하나에 해당하는 자는 3년 이하의 징역 또는 3천만 원 이하의 벌금에 처한다.

1호. 영업의 등록 제조업 또는 책임판매업의 등록 및 변경등록을 하려는 자는 각각 총리령으로 정하는 바에 따라 식약처장에게 등록하지 아니한 자(법 제3조 제1항)

맞춤형화장품 판매업의 신고

1의2호. 맞춤형화장품 판매업을 하려는 자는 총리령으로 정하는 바에 따라 식약처장에게 신고 및 변경신고를 하지 아니한 자(제3조의2 제1항·2항)

1의3호. 맞춤형화장품 판매업을 신고한 자(이하 맞춤형화장품 판매업자라 한다)로서 총리령으로 정하는 바에 따라 맞춤형화장품의 혼합·소분업무에 종사하는 자(이하 맞춤형화장품 조제관리사라 한다)를 두지 아니한 경우(제3조의2 제2항)

2호. 기능성화장품의 심사 등 기능성화장품으로 인정받아 판매 등을 하려는 제조업자, 책임판매업자 또는 총리령으로 정하는 대학·연구소 등은 품목별로 안전성 및 유효성에 관하여 식약처장의 심사를 받거나 보고서를 제출하지 아니한 경우(제14조 제1항)

   - 제출한 보고서나 심사받은 사항을 변경할 때 또한 같음

2의2호. 천연화장품 및 유기농화장품에 대한 인증 거짓이나 그 밖의 부정한 방법으로 인증을 받은 경우(제14조의2 제3항 제1호)

2의3호. 천연화장품 및 유기농화장품에 대한 인증의 표시 누구든지 인증을 받지 아니한 화장품에 대하여 총리령으로 정하는 인증표시나 이와 유사한 표시를 한 경우(제4조의4 제2항)

3호. 영업의 금지 누구든지 다음 각 호①~⑨의 어느 하나에 해당하는 화장품을 판매(수입대행형 거래를 목적으로 하는 알선·수여를 포함)하거나 판매할 목적으로 제조·수입·보관 또는

진열을 하였을 경우(화장품법 제15조)

- 심사를 받지 아니하거나 보고서를 제출하지 아니한 기능성화장품[①]
- 전부 또는 일부가 변패(變敗)된 화장품[②]
- 병원미생물에 오염된 화장품[③]
- 이물이 혼입되었거나 부착된 화장품[④]
- 화장품에 사용할 수 없는 원료를 사용하였거나 같은 조에 따른 유통화장품 안전관리 기준에 적합하지 아니한 화장품[⑤]
- 코뿔소 뿔 또는 호랑이 뼈와 그 추출물을 사용한 화장품[⑥]
- 보건위생상 위해가 발생할 우려가 있는 비위생적인 조건에서 제조된 화장품 시설기준에 적합하지 않은 시설에서 제조된 것[⑦]
- 용기나 포장이 불량하여 해당 화장품이 보건위생상 위해를 발생할 우려가 있는 것[⑧]
- 화장품의 기재사항, 사용기한 또는 개봉 후 사용기간에 따른 사용기한 또는 개봉 후 사용기간(병행 표기된 제조 연월일을 포함)을 위조·변조한 화장품[⑨]

4호. 판매 등의 금지

- 등록을 하지 아니한 자가 제조한 화장품 또는 제조·수입하여 유통·판매한 화장품이 있을 경우(제16조 제1항 제1호)
- 화장품의 포장 및 기재·표시 사항을 훼손(단, 맞춤형화장품 판매를 위하여 필요한 경우는 제외) 또는 위조·변조한 사항이 있을 경우(제16조 제1항 제4호)

 알아두기!

- 영업의 등록 전단을 위반한 자(제3조, 제3조의2 제1항, 제3조의2 제2항)
- 기능성화장품의 심사 등 전단을 위반한 자(제14조 제1항)
- 영업의 금지를 위반한 자(제15조)
- 판매 등의 금지를 위반한 자(제16조 제1항 제1호 또는 제4호)
- (천연화장품 및 유기농화장품에 대한 인증) 거짓이나 그 밖의 부정한 방법으로 인증받은 자(제14조의2 제3항 제1호)
- 천연화장품 및 유기농화장품 인증의 표시를 위반하여 인증표시를 한 자(제14조 제2항)

(2) 1년 이하의 징역 또는 1천만 원 이하의 벌금

① 1항 제4조의2 제1항, 제9조, 제13조, 제16조 제1항 제2·3호 또는 같은 조 제2항을 위반하거나 제14조 제4항에 따른 중지명령에 따르지 아니한 자는 1년 이하의 징역 또는 1천만 원 이하의 벌금에 처한다.

- 기능성화장품의 심사 등, 부당한 표시·광고 행위 등의 금지, 판매 등의 금지 또는 같은 조 제2항을 위반한 자(제4조의2 제1항, 제9조, 제13조, 제16조 제1항 제2호·제3호 또는 같은 조 제2항)
- 표시·광고 내용의 실질 등에 따른 중지명령에 따르지 아니한 자(제14조 제4항)

1호. **영유아 또는 어린이 사용 화장품의 관리** 책임판매업자는 영유아 또는 어린이가 사용할 수 있는 화장품임을 표시·광고하려는 경우에는 제품별로 안전과 품질을 입증할 수 있는 다음 각 호의 자료(이하 "제품별 안전성 자료"라 한다)를 작성 및 보관하지 아니한 경우(법 제4조의2 제1항)

- 제품 및 제조방법에 대한 설명자료[1] / - 화장품의 안전성 평가자료[2] / - 제품의 효능·효과에 대한 증명자료[3]

2호. **안전용기·포장 등** 책임판매업자 및 맞춤형화장품 판매업자는 화장품을 판매할 때에는 어린이가 화장품을 잘못 사용하여 인체에 위해를 끼치는 사고가 발생하지 않도록 해야 하나 안전용기·포장을 사용하지 않은 경우(법 제9조)

3호. **부당한 표시·광고 행위 등의 금지** 영업자 또는 판매자는 다음 각 호의 어느 하나에 해당하는 표시 또는 광고를 해서는 안 된다. 그러나 다음 각 호[1]~[4]의 경우(법 제13조)

- 의약품으로 잘못 인식할 우려가 있는 표시 또는 광고를 하였을 경우[1]

- 기능성화장품이 아닌 화장품을 기능성화장품으로 잘못 인식할 우려가 있거나 기능성화장품의 안전성·유효성에 관한 심사결과와 다른 내용의 표시 또는 광고를 하였을 경우[2]

- 천연화장품 또는 유기농화장품이 아닌 화장품을 천연화장품 또는 유기농화장품으로 잘못 인식할 우려가 있는 표시 또는 광고를 하였을 경우[3]

- 그 밖에 사실과 다르게 소비자를 속이거나 소비자가 잘못 인식하도록 할 우려가 있는 표시 또는 광고를 하였을 경우[4]

4호. **판매 등의 금지** 화장품 또는 의약품으로 잘못 인식할 우려가 있게 기재·표시된 화장품(법 제16조 제1항 2호)

- 판매의 목적이 아닌 제품의 홍보·판매촉진 등을 위하여 미리 소비자가 시험, 사용하도록 제조 또는 수입된 화장품(법 제16조 제1항 제3호)

- 누구든지(조제관리사를 통하여 판매하는 맞춤형화장품 판매업자는 제외) 화장품의 용기에 담은 내용물을 나누어 판매한 경우(법 제16조 제2항)

5호. **표시·광고 내용의 실증 등** 식약처장은 영업자 또는 판매자가 2항에 따라 실증자료의 제출을 요청받고도 3항에 따른 제출기간 내에 이를 제출하지 아니한 채 계속하여 표시·광고를 하는 때에는 실증자료를 제출할 때까지 그 표시·광고 행위의 중지를 명하여야 한다. 이 명을 어겼을 경우(법 제14조 제4항)

(3) 200만 원 이하의 벌금★

다음 각 호의 어느 하나에 해당하는 자는 200만 원 이하의 벌금에 처한다.

1호. 영업자의 의무 등에 따른 준수사항을 위반한 자(법 제5조 제1항~3항)

총리령으로 정하는 사항을 준수하지 않은 자

① **제조업자**는 화장품의 제조와 관련된 기록·시설·기구 등 관리방법, 원료·자재·완제품 등에 대한 시험·검사·검정 실시방법 및 의무 등

② **책임판매업자**는 화장품의 품질관리기준, 책임판매 후 안전관리기준, 품질검사 방법 및 실시 의무, 안전성·유효성 관련 정보사항 등의 보고 및 안전대책 마련 의무 등

③ **맞춤형화장품 판매업자**는 맞춤형화장품 판매장 시설·기구의 관리방법, 혼합·소분 등 안전관 리 기준의 준수의무, 혼합·소분되는 내용물 및 원료에 대한 설명 의무 등

1의2호. 위해화장품의 회수를 위반한 자(법 제5조의2 제1항)

조치 또는 보고를 위반한 자

① 1항 영업자는 안전용기·포장 등(법 제9조), 영업의 금지(법 제15조) 또는 판매 등의 금지 (법 제16조 제1항)에 위반되어 국민보건에 위해를 끼치거나 끼칠 우려가 있는 화장품이 유통 중인 사실을 알게 된 경우

- 지체 없이 해당 화장품을 회수하거나 회수하는 데에 필요한 조치를 위반한 경우

② 2항 화장품을 회수하거나 회수하는 데에 필요한 조치를 하려는 영업자는 회수계획을 식약 처장에게 미리 보고해야 함을 위반한 경우

2호. 화장품의 기재사항 법 제10조 제1항[같은 항 제7호(가격)는 제외함]·2항을 위반한 자

표시사항을 위반한 자

① 1항 화장품의 1차 포장 또는 2차 포장에는 총리령으로 정하는 바에 따라 다음 각 호의 사항을 기재·표시해야 한다[단, 내용량이 소량인 화장품의 포장 등 총리령으로 정하는 포장에는 화장품의 명칭, 책임판매업자 및 맞춤형화장품 판매업자의 상호, 가격, 제조번 호와 사용기한 또는 개봉 후 사용기간(개봉 후 사용기간을 기재할 경우에는 제조연월일 을 병행 표기해야 한다)].

★
- 표시의무 항목: 화장품의 명칭① / - 영업자의 상호 및 주소②

- 해당 화장품 제조에 사용된 모든 성분(인체에 무해한 소량 함유성분 등 총리령으로 정하는 성분은 제외함)③

- 내용물의 용량 또는 중량④ / - 제조번호⑤ / - 사용기한 또는 개봉 후 사용기간⑥

2의2호. 표시·광고내용의 실증 등에 따른 인증의 유효기간이 경과한 화장품에 대하여 인증표 시를 한 자(법 제14조의3, 법 제14조 제1항)

3호. 보고와 검사 등 시정명령, 검사명령, 개수명령, 회수·폐기에 따른 명령을 위반하거나 관 계 공무원의 검사·수거 또는 처분을 거부·방해하거나 기피한 자(법 제18조, 법 제19조,

법 제20조, 법 제22조, 법 제23조)

(4) 징역형과 벌금형은 이를 함께 부과할 수 있다.

 알아두기!

☑ **법 제14조의2 제1항(천연화장품 및 유기농화장품에 대한 인증)**
- 식약처장은 천연화장품 및 유기농화장품의 품질제조를 유도하고 소비자에게 보다 정확한 제품 정보가 제공될 수 있도록 식약처장이 정하는 기준에 적합한 천연화장품 및 유기농화장품에 대하여 인증할 수 있다.
① 인증의 유효기간은 인증을 받은 날로부터 <u>3년으로</u> 한다.
② 인증의 유효기간을 연장 받으려는 자는 유효기간 <u>만료 90일 전에</u> 총리령으로 정하는 바에 따라 연장신청을 하여야 한다.

☑ **법 제39조(양벌규정)**
법인의 대표자나 법인 또는 개인의 대리인, 사용인, 그 밖의 종업원이 그 법인 또는 개인의 업무에 관하여 3년 이하의 징역 또는 3천만 원 이하의 벌금(법 제36조), 1년 이하의 징역 또는 1천만 원 이하의 벌금(법 제37조), 200만 원 이하의 벌금(법 제38조)까지의 어느 하나에 해당하는 위반행위를 하면 그 행위자를 벌하는 외에 그 법인 또는 개인에게도 해당 조문의 벌금형을 과(科)한다(단, 법인 또는 개인이 그 위반행위를 방지하기 위하여 해당 업무에 관하여 상당한 주의와 감독을 게을리하지 아니한 경우에는 그러하지 아니하다).

10 과태료(법 제40조)

과태료의 부과기준(화장품법 시행령 별표2)은 **일반기준**과 **개별기준**으로 정하고 있다(화장품법 시행령-별표2).

(1) 일반기준

- 하나의 위반행위가 둘 이상의 과태료 부과기준에 해당하는 경우
  - 그중 금액이 큰 위반행위에 과태료 부과기준을 적용한다.
- 식약처장은 해당 위반행위와 정도, 위반횟수, 위반행위의 동기나 그 결과 등을 고려하여
  - 과태료 금액의 ½의 범위에서 그 금액을 늘리거나 줄일 수 있다[(단, 늘리는 경우에도 <u>100만 원 이하의 과태료 금액의 상한을 초과할 수 없음</u>), (법 제40조 제1항)].

100만 원 이하의 과태료-법 제40조 제1항

① 1항 다음 각 호의 어느 하나에 해당하는 자에게는 100만 원 이하의 과태료를 부과한다.

　1호. 기능성화장품의 심사 등 품목별로 안전성 및 유효성에 관하여 식약처장의 심사를 받거나 식약처장에게 보고서를 제출해야 한다. 제출한 보고서나 심사받은 사항을 변경할 때에도 또한 같다. 이를 위반하여 변경심사를 받지 아니한 자(법 제4조 제1항)[1]

　2호. 화장품의 생산실적 또는 수입실적 또는 화장품 원료의 목록 등을 보고하지 아니한 자

(법 제5조 제4항)[2]

3호. 책임판매관리자 및 조제관리사는 화장품의 안전성 확보 및 품질관리에 관한 교육을 매년 받아야 하는 명령을 위반한 자(법 제5조 제5항)[3]

4호. 폐업 등의 신고를 위반하여 폐업 등의 신고를 하지 아니한 자(법 제6조)[4] ★★★

5호. 화장품의 판매 가격을 표시하지 아니한 자(법 제10조 제1항 제7호 및 제11조)[5]

6호. 보고와 검사 등에 따른 명령을 위반하여 보고를 하지 아니한 자(법 제18조)[6]

7호. 동물실험을 실시한 화장품 등의 유통판매 금지를 위반하여 동물실험을 실시한 화장품 또는 동물실험을 실시한 화장품 원료를 사용하여 제조(위탁제조를 포함) 또는 수입한 화장품을 유통·판매한 자(법 제15조의2 제1항)[7] ★★

② 2항 1항에 따른 과태료는 대통령령으로 정하는 바에 따라 식약처장이 부과·징수한다.

(2) 개별기준 (2019.12.12.시행/맞춤형화장품 관련 사항은 2020.3.14. 시행)

① 위반행위 - 과태료 100만원(법 제40조 제1항)	근거법조문
가. 기능성화장품의 심사 등[1]★을 위반하여 변경심사를 받지 않은 경우(법 제4조)	제2호
바. 동물실험을 실시한 화장품 등의 유통판매금지 제1항을 위반하여[7] 수입한 화장품을 유통·판매한 경우(법 제15조의2) ★★	제7호
사. 보고와 검사 등에 따른 명령을 위반하여 보고를 하지 않은 경우(법 제18조)[6] ★★★	제16호
② 위반행위 - 과태료 50만원(법 제40조 제1항)✎	근거법조문
나. 생산실적 또는 수입실적, 원료목록보고를 위반하여 화장품의 생산실적 또는 수입실적 또는 화장품 원료의 목록 등을 보고하지 않은 경우[2](법 제5조 제4항)	제3호
다. 책임판매관리자, 조제관리사의 교육이수의무에 따른 명령을 위반한 경우[3](법 제5조 제5항)	제4호
라. 폐업 등의 신고를 위반하여 폐업 등의 신고를 하지 않은 경우[4](법 제6조)	제5호
마. 화장품의 기재사항인 가격 화장품의 가격표시를 위반하여 화장품의 판매가격을 표시하지 아니한 자[5](법 제10조 제1항 제7호 및 11조)	제5의2

⑪ 행정처분

1) 식약처장은 등록을 취소하거나 영업소 폐쇄를 명하거나 품목의 제조·수입 및 판매의 금지를 명하거나 1년 범위에서 기간을 정하여 그 업무 전부 또는 일부에 대한 정지를 명할 수 있다.

(1) 그 경우는 아래와 같다.

① 제조업 또는 책임판매업의 변경사항 등록을 하지 않은 경우[1]

② 영업의 등록에 따른 시설을 갖추지 않은 경우(법 제3조 제2항)[2]

③ 맞춤형화장품 판매업의 변경신고를 하지 않은 경우[3]

④ 결격사유 각 호의 어느 하나에 해당하는 경우(법 제3조의3)[4] ★

⑤ 국민보건에 위해를 끼쳤거나 끼칠 우려가 있는 화장품을 제조·수입한 경우[5]

⑥ 기능성화장품의 심사를 받지 아니하거나 보고서를 제출하지 아니한 기능성화장품을 판매한 경우[6]★

⑦ 영업자의 준수사항을 이행하지 아니한 경우(법 제5호)[7]

⑧ 회수대상화장품을 회수하지 않거나 회수하는 데에 필요한 조치를 하지 않는 경우[8]

⑨ 위해화장품의 회수계획을 보고하지 않거나 거짓 보고한 경우[9]

⑩ 화장품의 안전용기·포장에 관한 기준을 위반한 경우[10]

⑪ 화장품의 기재사항, 화장품의 가격표시, 기재·표시상의 주의의 규정을 위반하여 화장품의 용기 또는 포장 및 첨부문서에 기재·표시한 경우(법 제10조, 제11조, 제12조)[11]

⑫ 부당한 표시·광고 행위 등의 금지를 위반하여 화장품을 표시·광고하거나 중지명령을 위반하여 화장품을 표시·광고 행위를 한 경우(법 제13조)[12]

⑬ 영업의 금지를 위반하여 판매하거나 판매의 목적으로 제조·수입·보관 또는 진열한 경우(법 제15조)[13]

⑭ 보고와 검사 등에 따른 검사·질문·수거 등을 거부하거나 방해한 경우(법 제18조 제1항·2항)[14]

⑮ 시정명령·검사명령·개수명령·회수명령·폐기명령 또는 공표명령 등을 이행하지 아니한 경우[15]

⑯ 회수·폐기명령 등에 따른 회수계획을 보고하지 않거나 거짓으로 보고한 경우(법 제23조 제3항)[16]

⑰ 업무정지 기간 중에 업무를 한 경우[17]

2) 영업의 등록 또는 표시·광고 내용의 실증 등에 해당하는 경우에는 등록을 취소하거나 영업소를 폐쇄하여야 한다[단, 광고 업무에 한정하며 정지를 명한 경우는 제외한다(법 제3호, 제14호)].

3) 행정처분의 상세한 기준은 화장품법 시행규칙 별표7에 일반기준과 개별기준으로 규정하고 있다.

(1) 일반기준

① 위반행위가 둘 이상인 경우 그에 해당하는 각각의 처분기준이 다른 경우에는

- 그중 무거운 처분기준에 따른다(단, 둘이상의 처분기준이 업무정지인 경우에는 무거운 처분의 업무정지 기간이 가벼운 처분의 업무정지 기간의 1/2까지 더하여 처분할 수 있다. 이 경

우 최대기간은 <u>12개월</u>).

② 처분기준이 업무정지와 품목업무정지에 해당하는 경우에는

• 그 업무정지 기간이 품목정지 기간보다 길거나 같을 때에는 업무정지 처분을 하고 업무정지 기간이 품목정지 기간보다 짧을 때에는 업무정지 처분과 품목업무정지 처분을 병과(동시에 둘 이상의 형벌을 처함)한다.

• 업무정지 ≥ 품목정지 → 업무정지 처분
• 업무정지 ≤ 품목정지 → 업무정지 처분 + 품목업무정지 처분(병과)

• 위반행위의 횟수에 따른 행정처분의 기준은 최근 1년간 같은 위반행위로 행정처분을 받은 경우에 적용한다.

③ 최근에 실제 행정처분의 효력이 발생한 날과 다시 같은 위반행위를 적발한 날을 기준으로 한다.

• 업무정지 처분을 갈음하여 과징금을 부과하는 경우에는 최근에 과징금 처분을 통보한 날과 다시 같은 위반행위를 적발한 날을 기준으로 한다(단, 품목업무정지의 경우 품목이 다른 때에는 이 기준을 적용하지 않음).

④ 행정처분을 하기 위한 절차가 진행되는 기간 중에 반복하여 같은 위반행위를 한 경우

• 행정처분을 하기 위하여 진행 중인 사항의 행정처분 기준의 1/2씩을 더하여 처분한다(이 경우 최대기간은 12개월).

⑤ 같은 위반행위의 횟수가 <u>3차 이상</u>인 경우 과징금 부과대상에서 제외한다.

⑥ 업무정지 처분의 기간 중 정지된 업무를 한 경우 제조업자 또는 책임판매업자의 등록을 취소한다(단, 광고와 관련된 업무정지는 제외함).

⑦ 제조업자가 등록한 소재지에 그 시설이 전혀 없을 경우 등록을 <u>취소</u>한다.

⑧ 책임판매업을 등록한 자에 대하여 제2호의 개별기준을 적용하는 경우

• 판매금지[1] → 수입대행금지, 판매업무정지[2] → 수입대행 업무금지[3]로 본다.

⑨ 다음 각 목의 어느 하나에 해당하는 경우에는 처분을 1/2까지 감경하거나 면제할 수 있다.

처분을 1/2까지 감경하거나 면제할 수 있는 경우	처분을 1/2까지 감경할 수 있는 경우
· 국민보건, 수요공급 그 밖에 공익상 필요하다고 인정된 경우[1] · 광고주의 의사와 관계없이 광고회사 또는 광고매체에서 무단 광고한 경우[2] · 해당 위반사항에 관하여 검사로부터 기소유예처분을 받거나 법원으로부터 선고유예의 판결을 받은 경우[3]	· 기능성화장품으로써 그 효능·효과를 나타내는 원료의 함량 미달의 원인이 유통 중 보관상태 불량 등으로 인한 성분의 변화 때문이라고 인정된 경우[1] · 비병원성 일반세균에 오염된 경우로서 인체에 직접적인 위해가 없으며, 유통 중 보관상태 불량에 의한 오염으로 인정된 경우

(2) 개별기준

구분	위반내용	처벌기준			
		1차 위반	2차 위반	3차 위반	4차 이상 위반
1	법 제3조 제1항 후단에 따른 제조업 또는 책임판매업의 다음의 변경사항 등록을 하지 않은 경우 [법 제24조 제1항 제1호-관련법조문]				
	· 제조업자·책임판매업자의 변경 또는 그 상호의 변경 · 법인인 경우 대표자의 변경 또는 법인의 명칭 변경	시정명령	제조 또는 판매업무 정지 5일	15일	1개월
	· 제조소의 소재지 변경	제조 업무정지 1개월	3개월	6개월	등록취소
	· 책임판매업소 소재지 변경	판매 업무정지 1개월	3개월	6개월	등록취소
	· 책임판매관리자 변경	시정명령	판매 업무정지 7일	15일	1개월
	· 제조유형변경	제조 업무정지 1개월	2개월	3개월	6개월
	· 책임판매업을 등록한 자의 책임판매 유형변경	경고	판매 업무정지 15일	1개월	3개월
	· 영업의 세부종류와 범위/ 책임판매업/ 수입대행형 거래)의 책임판매업을 등록한 자의 책임판매유형 변경	수입대행 업무정지 1개월	2개월	3개월	6개월
2 ★	법 제3조의2 제1항 후단에 따른 맞춤형화장품 판매업의 변경신고를 하지 않는 경우 [법 제24조 제1항 제2호의2]				
	· 맞춤형화장품 판매업자의 변경신고를 하지 않은 경우	시정명령	판매업무 정지 5일	15일	1개월
	· 맞춤형화장품 판매업소 상호의 변경신고를 하지 않은 경우				
	· 맞춤형화장품 조제관리사의 변경신고를 하지 않은 경우				
	· 맞춤형화장품 판매업소 소재지의 변경을 하지 않은 경우	판매 업무정지 1개월	2개월	3개월	4개월
3	법 제3조 제2항에 따른 시설을 갖추지 않은 경우[법 제24조 제1항 제2호-관련법조문]				
	<제6조 제1항에 따른> · 제조 또는 품질 검사에 필요한 시설 및 기구의 전부가 없는 경우	제조 업무정지 3개월	6개월	등록취소	
	· 작업소, 보관소, 또는 실험실 중 어느 하나가 없는 경우	개수명령	제조 업무정지 1개월	2개월	4개월
	· 해당 품목의 제조 또는 품질검사에 필요한 시설 및 기구 중 일부가 없는 경우	개수명령	해당품목 제조 업무정지 1개월	2개월	4개월
	<제6조 제1항 제1호에 따른> · 화장품을 제조하기 위한 작업소의 기준을 위반한 경우	시정명령	제조 업무정지 1개월	2개월	4개월
	- 쥐·해충 및 먼지 등을 막을 수 있는 시설을 위반한 경우				

구분	위반내용	처벌기준			
		1차 위반	2차 위반	3차 위반	4차 이상 위반
	- 작업대 등 제조에 필요한 시설 및 기구(가루가 날리는 작업실은 가루를 제거하는 시설)을 위반한 경우	개수명령	해당품목 제조 업무정지 1개월	2개월	4개월
4	법 제3조의2 제1항 후단에 따른 맞춤형화장품 판매업의 변경신고를 하지 아니한 경우 [법 제24조 제1항 제2호의2-관련법조문]				
	· 맞춤형화장품 판매업자의 변경 또는 그 상호의 변경 · 법인인 경우 대표자의 변경 또는 법인의 명칭 변경	시정명령	판매 업무정지 5일	15일	1개월
	· 맞춤형화장품 판매업소의 소재지 변경	판매 업무정지 1개월	3개월	6개월	영업소 폐쇄
	· 맞춤형화장품 사용계약을 체결한 책임판매업자의 변경	경고	판매 업무정지 15일	1개월	3개월
	· 맞춤형화장품 조제관리사의 변경	시정명령	판매 업무정지 7일	15일	1개월
5	법 제3조의3 결격사유 각 호의 어느 하나에 해당하는 경우[법 제24조 제1항 제3호-관련법조문]				
	· 정신질환자 · 피성년후견인 또는 파산선고를 받고 복원되지 아니한 자 · 마약류의 중독자 · 이 법 또는 「보건범죄 단속에 관한 특별조치법」을 위반하여 금고이상의 형을 선고받고 그 집행이 끝나지 아니하거나 그 집행을 받지 아니하기로 확정되지 아니한 자 · 등록이 취소되거나 영업소가 폐쇄된 날부터 1년이 지나지 아니한 자	등록취소 또는 영업소 폐쇄			
6	국민보건에 위해를 끼쳤거나 끼칠 우려가 있는 화장품을 제조·수입한 경우[법 제24조 제1항 제4호-관련법조문]	제조 또는 판매업무 정지 1개월	3개월	6개월	등록취소
7	심사를 받지 않거나 보고서를 제출하지 않은 기능성화장품을 판매한 경우[법 제24조 제1항 제5호-관련법조문]				
	· 심사를 받지 않거나 거짓으로 보고하고 기능성화장품을 판매한 경우	판매 업무정지 6개월	12개월	등록취소	
	· 보고하지 않은 기능성화장품을 판매한 경우	판매 업무정지 3개월	6개월	9개월	12개월
8	법 제4조의2 제1항에 따른 제품별 안전성 자료를 작성 또는 보관하지 않은 경우 [법 제24조 제1항 제5호의2-관련법조문]	판매 또는 해당품목 업무정지 1개월	3개월	6개월	12개월
9	영업자의 준수사항을 이행하지 않은 경우[법 제24조 제1항 제6호-관련법조문]				
①★	<제12조 제1호의 준수사항을 이행하지 않은 경우> · 별표1에 따라 책임판매 관리자를 두지 않은 경우	판매 또는 해당품목 판매 업무정지 1개월	3개월	6개월	12개월
	· 품질관리업무 절차서를 작성하지 않거나 거짓으로 작성한 경우	판매 업무정지 3개월	6개월	12개월	등록취소

구분	위반내용	처벌기준			
		1차 위반	2차 위반	3차 위반	4차 이상 위반
	· 작성된 품질관리 업무절차서의 내용을 준수하지 않은 경우	판매 또는 해당 품목판매 업무정지 1개월	3개월	6개월	12개월
	· 품질관리기준을 준수하지 않은 경우	**시정명령**	판매 또는 해당 품목판매 업무정지 7일	15일	1개월
②★	<제12조 제2호의 준수사항을 이행하지 않은 경우>				
	· 별표2에 따라 책임판매관리자를 두지 않은 경우	판매 또는 해당 품목판매 업무정지 1개월	3개월	6개월	12개월
	· 별표2에 따른 안전관리정보를 검토하지 않거나 안전확보조치를 하지 않은 경우	판매 또는 해당품목 판매 업무정지 1개월	3개월	6개월	12개월
	· 그 밖에 별표2에 따른 책임판매 후 안전관리기준을 준수하지 않은 경우	경고	판매 또는 해당품목 판매 업무정지 1개월	3개월	6개월
	· 그 밖에 제12조 제3호부터 제11호까지의 규정에 따른 준수사항을 이행하지 않은 경우	**시정명령**	판매 또는 해당품목 판매 업무정지 1개월	3개월	6개월
	· 품질관리기준에 따른 화장품 책임자의 지도·감독 및 요청에 따른 준수사항을 이행하지 않은 경우	**시정명령**	해당품목 판매 업무정지 15일	1개월	3개월
③	<제11조 제1항 제2호의 준수사항을 이행하지 않은 경우>				
	· 제조관리기준서, 제품표준서, 제조관리기록서 및 품질관리 기록서를 갖추어 두지 않거나 이를 거짓으로 작성한 경우	제조 또는 해당품목 제조 업무정지 1개월	3개월	6개월	9개월
	· 작성된 제조관리 기준서의 내용을 준수하지 않은 경우	제조 또는 해당품목 제조 업무정지 15일	1개월	3개월	6개월
④★	제11조 제1항 제3호부터 제5호까지의 준수사항을 이행하지 않은 경우	제조 또는 해당품목 제조 업무정지 15일	1개월	3개월	6개월
⑤★	제11조 제1항 제6호부터 제8호까지의 준수사항을 이행하지 않은 경우	제조 또는 해당품목 제조 업무정지 15일	1개월	3개월	6개월

구분	위반내용	처벌기준			
		1차 위반	2차 위반	3차 위반	4차 이상 위반
⑥	제12조의2 제1호 및 제2호의 준수사항을 이행하지 않은 경우	판매 또는 해당 품목판매 업무정지 15일	1개월	3개월	6개월
⑦	제12조의2 제3호의 준수사항을 이행하지 않은 경우	시정명령	판매 또는 해당 품목판매 업무정지 1개월	3개월	6개월
	· 맞춤형화장품 판매업소마다 조제관리사를 두어야 하는 준수사항을 이행하지 않은 경우	해당품목 판매 업무정지 1개월	3개월	6개월	9개월
	· 둘 이상의 책임판매업자와 계약하는 경우 사전에 각각의 책임판매업자에게 고지한 후 계약을 체결하여야 하며, 맞춤형화장품 혼합·소분 시 책임판매업자와 계약한 준수사항을 이행하지 않은 경우	해당품목 판매 업무정지 1개월	3개월	6개월	9개월
	· 맞춤형화장품 판매내역(식별번호, 판매일자·판매량, 사용기한 또는 개봉 후 사용기간)을 작성·보관할 것에 따른 준수사항을 이행하지 않은 경우	시정명령	해당품목 판매 업무정지 1개월	3개월	6개월
⑧ ★	제12조의2 제4호의 규정에 따른 준수사항을 이행하지 않은 경우	시정명령	판매 또는 해당품목 판매 업무정지 7일	15일	1개월
⑨ ★	제12조의2 제5호의 규정에 따른 준수사항을 이행하지 않은 경우	시정명령	판매 또는 해당품목 판매 업무정지 1개월	3개월	6개월
⑩	제12조의2 제9호의 준수사항을 이행하지 않은 경우★	시정명령	판매 또는 해당품목 판매 업무정지 7일	15일	1개월
⑪	제12조의2 제6호부터 제8호까지의 준수사항을 이행하지 않은 경우	시정명령	판매 업무정지 1개월	3개월	6개월
	· 맞춤형화장품 판매 시 해당 맞춤형화장품의 혼합 또는 소분에 사용되는 내용물 및 원료 사용 시 주의사항에 대하여 소비자에게 설명해야 하는 준수사항을 이행하지 않은 경우	시정명령	판매 업무정지 7일	15일	1개월
10	법 제5조의2 제1항을 위반하여 회수대상 화장품을 회수하지 않거나 회수하는 데 필요한 조치를 하지 않은 경우 [법 제24조 제1항 제6호의2-관련법조문]★	판매 또는 제조 업무정지 1개월	3개월	6개월	등록취소 또는 영업소 폐쇄
11	회수계획을 식약처장에게 미리 보고하지 않거나 거짓으로 보고한 경우[법 제24조 제1항 제6호의3-관련법조문]	판매 또는 제조 업무정지 1개월	3개월	6개월	등록취소
12	책임판매업자 또는 맞춤형화장품 판매업자가 화장품의 안전용기·포장에 관한 기준을 위반한 경우 [법 제24조 제1항 제8호-관련법조문]	해당품목 판매업무 정지 3개월	6개월	12개월	-

구분	위반내용	처벌기준			
		1차 위반	2차 위반	3차 위반	4차 이상 위반
13	책임판매업자 또는 맞춤형화장품 판매업자가 화장품의 1차 포장 또는 2차 포장의 기재·표시사항을 위반한 경우[법 제24조 제1항 제9호-관련법조문]				
	· 기재사항(가격은 제외한다)의 전부를 기재하지 않은 경우	해당품목 판매 업무정지 3개월	6개월	12개월	-
	· 기재사항(가격은 제외한다)을 거짓으로 기재한 경우	해당품목 판매 업무정지 1개월	3개월	6개월	12개월
	· 기재사항(가격은 제외한다)의 일부를 기재하지 않은 경우	해당품목 판매 업무정지 15일	1개월	3개월	6개월
14	책임판매업자 또는 맞춤형화장품 판매업자가 화장품 포장의 표시기준 및 표시방법을 위반한 경우 [법 제24조 제1항 제9호-관련법조문]	해당품목 판매업무 정지15일	1개월	3개월	6개월
15	책임판매업자 또는 맞춤형화장품 판매업자가 화장품 포장의 기재·표시상의 주의사항을 위반한 경우 [법 제24조 제1항 제9호-관련법조문]	해당품목 판매업무 정지15일	1개월	3개월	6개월
16	영업자 또는 판매자가 법 제13조(부당한 표시·광고 행위 등의 금지)를 위반하여 화장품을 표시·광고한 경우[법 제24조 제1항 제10호-관련법조문]				
	· 화장품의 표시·광고 시 준수사항을 위반한 경우 - 의약품 오인, 기능성·유기농 화장품 오인, 타제품 비방	해당품목판매업무정지 3개월(표시위반) 또는 광고위반 광고업무 정지 3개월 (광고위반)	6개월 (표시위반) 6개월 (광고위반)	9개월 (표시위반) 9개월 (광고위반)	-
	· 화장품의 표시·광고 시 준수사항을 위반한 경우 - 의사, 약사, 의료기관, 그 밖의 자 등 지정, 추천, 공인, 개발사용 등 - 외국제품으로 오인 우려 표시·광고 - 외국과 기술제휴하지 않고 기술제휴 표현 - 배타성을 띤 최고, 최상 등 절대적 표현 - 잘못 인식할 우려가 있거나 사실과 다른 표현 - 품질·효능 등에 관하여 객관적으로 확인될 수 없거나 확인되지 않았는데 불구하고 이를 광고하거나 화장품의 범위를 벗어난 표시·광고 - 저속하거나 혐오감을 주는 표시·광고 - 국제적 멸종위기종의 가공품이 함유된 화장품임을 표시·광고	해당품목판매업무정지 2개월(표시위반) 또는 정지 2개월 해당품목) 광고업무 정지 2개월 (광고위반)	4개월 (표시위반) 4개월 (광고위반)	6개월 (표시위반) 6개월 (광고위반)	12개월 (표시위반) 12개월 (광고위반)
17	중지명령을 위반하여 화장품을 표시·광고를 한 경우 벌칙: 1년 이하의 징역 또는 1천만 원 이하의 벌금★ [법 제24조 제1항 제10호-관련법조문]	해당품목 판매업무 정지 3개월	6개월	12개월	-

구분	위반내용	처벌기준			
		1차 위반	2차 위반	3차 위반	4차 이상 위반
18	영업자가 법 제15조(폐업 등의 신고)를 위반하여 다음의 화장품을 판매하거나 판매의 목적으로 제조·수입 보관 또는 진열한 경우[법 제24조 제1항 제11호-관련법조문]				
	· 전부 또는 일부가 변패되거나 이물질이 혼입 또는 부착된 화장품	해당품목 제조 또는 판매 업무정지 1개월	3개월	6개월	12개월
	· 병원미생물에 오염된 화장품	해당품목 제조 또는 판매업무 정지 3개월	6개월	9개월	12개월
	· 법 제8조 제1항에 따라 식약처장이 고시한 화장품의 제조 등에 사용할 수 없는 원료를 사용한 화장품★	제조 또는 판매 업무정지 3개월	6개월	12개월	등록취소 또는 영업소 폐쇄
	· 법 제8조 제2항에 따라 사용상의 제한이 필요한 원료에 대하여 식약처장이 고시한 사용기준을 위반한 화장품	해당품목 제조 또는 판매 업무정지 3개월	6개월	9개월	12개월
	<제8조 제5항에 따라 식약처장이 고시한 유통화장품 안전관리기준에 적합하지 않은 화장품> ① 실제 내용량이 표시된 내용량의 97% 미만인 화장품인 경우				
	· 실제 내용량이 표시된 내용량의 90% 이상 97% 미만 화장품	시정명령	해당품목 제조 또는 판매 업무정지 15일	1개월	2개월
	· 실제 내용량이 표시된 내용량의 80% 이상 90% 미만 화장품	해당품목 제조 또는 판매 업무정지 1개월	2개월	3개월	4개월
	· 실제 내용량이 표시된 내용량의 80% 미만 화장품	해당품목 제조 또는 판매 업무정지 2개월	3개월	4개월	6개월
	② 기능성화장품에서 기능성을 나타나게 하는 주원료의 함량이 기준치보다 부족한 경우				
	· 주원료 함량이 기준치보다 10% 미만 부족한 경우	해당품목 제조 또는 업무정지 15일	1개월	3개월	6개월
	· 주원료 함량이 기준치보다 10% 이상 부족한 경우	해당품목 제조 또는 판매 업무정지 1개월	3개월	6개월	12개월
	③ 그 밖의 기준에 적합하지 않은 화장품	해당품목 제조 또는 판매 업무정지 1개월	3개월	6개월	12개월

구분	위반내용	처벌기준			
		1차 위반	2차 위반	3차 위반	4차 이상 위반
	· 사용기한 또는 개봉 후 사용기간(병행표기된 제조 연월일을 포함)을 위조·변조한 화장품	해당품목 제조 또는 판매 업무정지 3개월	6개월	12개월	-
	· 그 밖에 법 제15조 각 호에 해당하는 화장품 ★	해당품목 제조 또는 판매 업무정지 1개월	3개월	6개월	12개월
19	검사·질문·수거 등을 거부하거나 방해한 경우 [법 제24조 제1항 제12호-관련법조문]	판매 또는 제조업무 정지 1개월	3개월	6개월	등록취소 또는 영업소 폐쇄
20	시정명령·검사명령·개수명령·회수명령·폐기명령 또는 공표 명령 등을 이행하지 않을 경우 [법 제24조 제1항 제13호-관련법조문]	판매 또는 제조업무 정지 1개월	3개월	6개월	등록취소 또는 영업소 폐쇄
21	회수계획을 보고하지 않거나 거짓으로 보고한 경우 [법 제24조 제1항 제13호의2-관련법조문]	판매 또는 제조업무 정지 1개월	3개월	6개월	등록취소
22	업무정지 기간 중에 업무를 한 경우[법 제2조 제1항 제14호-관련법조문]				
	· 업무정지 기간 중에 해당업무를 한 경우 (단, 광고 업무에 한정하여 정지를 명한 경우 제외)	등록취소	-	-	-
	· 광고의 업무정지 기간 중에 광고 업무를 한 경우	**시정명령**	판매업무 정지 3개월	-	-

 알아두기!

☑ 제11조 제1항 제3호부터 5호**②
• **3호:** 보건위생상 위해가 없도록 제조소, 시설 및 기구를 위생적으로 관리하고 오염되지 아니하도록 할 것
• **4호:** 화장품의 제조에 필요한 시설 및 기구에 대하여 정기적으로 점검하여 작업에 지장이 없도록 관리 유지할 것
• **5호:** 작업소에는 위해가 발생할 염려가 있는 물건을 두어서는 안 되며, 작업소에서 국민보건 및 환경에 유해한 물질이 유출되거나 방출되지 않도록 할 것

☑ 제11조 제1항 제6호부터 8호***③
• **6호:** 10-②의 해당 중 6호 품질관리를 위하여 필요한 사항을 책임판매업자에게 제출할 것(단, 다음 각 목의 어느 하나에 해당하는 경우 제출하지 않을 수 있음)
  가. 제조업자와 책임판매업자가 동일한 경우
  나. 제조업자가 제품을 설계, 개발·생산하는 방식으로 제조하는 경우로서 품질, 안전관리에 영향이 없는 범위에서 제조업자와 책임판매업자 상호계약에 따라 영업비밀에 해당하는 경우
• **7호:** 원료 및 자재의 입고부터 완제품의 출고에 이르기까지 필요한 시험·검사 또는 검정을 할 것
• **8호:** 제조 또는 품질검사를 위탁하는 경우 제조 또는 품질검사가 적절하게 이루어지고 있는지 수탁자에 대한 관리·감독을 철저히 하고, 제조 및 품질관리에 관한 기록을 받아 유지·관리할 것

☑ 화장품 책임판매업자의 준수사항(제12조)****④

- **3호**: 제조업자로부터 받은 제품표준서 및 품질관리기록서(전자문서형식을 포함함)를 보관할 것
- **4호**: 수입한 화장품에 대하여 다음 각 목의 사항을 적거나 또는 첨부한 수입관리기록서를 작성·보관할 것

  가. 제품명 또는 국내에서 판매하려는 명칭
  나. 원료성분의 규격 및 함량
  다. 제조국, 제조회사명 및 제조회사의 소재지
  라. 기능성화장품 심사결과 통지서 사본
  마. 제조 및 판매증명서(단,「대외무역법」제12조 제2항에 따른 통합 공고상의 수출입요건, 확인기관에서 제조 및 판매증명서를 갖춘 책임판매업자가 수입한 화장품과 같다는 것을 확인받고, 제6조 제2항 제2호 가목, 다목 또는 라목의 기관으로부터 책임판매업자가 정한 품질관리기준에 따른 검사를 받아 그 시험성적서를 갖추어 둔 경우에는 이를 생략할 수 있다.)
  바. 한글로 작성된 제품설명서 견본
  사. 최초 수입연월일(통관연월일을 말한다. 이하 이 호에서 같다.)
  아. 제조번호별 수입연월일 및 수입량
  자. 제조번호별 품질검사 연월일 및 결과
  차. 판매처, 판매연월일 및 판매량

- **5호**: 제조번호별로 품질검사를 철저히 한 후 유통시킬 것(단, 제조업자와 책임판매업자가 같은 경우 또는 기관(제6조 제2항 제2호 각목- 보건환경연구원, 시험실을 갖춘 제조업자, 화장품 시험·검사기관) 등에 품질검사를 위탁하여 제조번호별 품질검사결과가 있는 경우에는 품질검사를 하지 아니할 수 있음)
- **6호**: 화장품의 제조를 위탁하거나 보건환경연구원(제6조 제2항 제2호 나목)에 따른 제조업자에게 품질검사를 위탁하는 경우 제조 또는 품질검사가 적절하게 이루어지고 있는지 수탁자에 대한 관리·감독을 철저히 하여야 하며, 제조 및 품질관리에 관한 기록을 받아 유지·관리하고, 그 최종 제품의 품질관리를 철저히 할 것
- **7호**: 책임판매업을 등록하는 자는 제조국 제조회사의 품질관리기준이 국가 간 상호인증되었거나, 식약처장이 고시하는 우수화장품 제조관리 기준과 같은 수준 이상이라고 인정되는 경우에는 국내에서의 품질검사를 하지 아니할 수 있다.

  → 이 경우, 제조국 제조회사의 품질검사 시험성적서는 품질관리 기록서를 갈음한다.
- **8호**: 책임판매업을 등록한 자(제7호에 따라 영 제2조제2호 다목)가 수입화장품에 대한 품질검사를 하지 아니하려는 경우에는 식약처장이 정하는 바에 따라 식약처장에게 수입화장품의 제조업자에 대한 현지실사를 신청해야 한다.

  - 현지 실사에 필요한 신청절차 제출서류 및 평가방법 등에 대하여는 식약처장이 정하여 고시한다.
- **9호**: 책임판매업을 등록한 자(영 제2조제2호 다목)의 경우

  - 「대외무역법」에 따른 수출·수입요령을 준수해야 하며
  - 「전자무역 촉진에 관한 법률」에 따른 전자무역문서로 표준통관 예정보고를 할 것
- **10호**: 제품과 관련하여 국민보건에 직접 영향을 미칠 수 있는 안전성·유효성에 관한 새로운 자료, 정보사항(화장품 사용에 의한 부작용 발생사례를 포함함) 등을 알게 되었을 때에는 식약처장이 정하여 고시하는 바에 따라 보고하고, 필요한 안전대책을 마련할 것
- **11호**: 다음 각 목의 어느 하나에 해당하는 성분을 0.5% 이상 함유하는 제품의 경우에는 해당 품목의 안정성시험 자료를 최종 제조된 제품의 사용기한이 만료되는 날부터 1년간 보존할 것

☑ 제12조 제1항 제3호부터 8호

- **3호**: 맞춤형화장품 판매내역(전자문서 형식을 포함한다)을 작성·보관할 것

  - 맞춤형화장품 식별번호①/ - 판매일자·판매량②/ - 사용기한 또는 개봉 후 사용기간③

- **4호**

  ① 보건위생상 위해가 없도록 제조소, 시설 및 기구를 위생적으로 관리하고 오염되지 않도록 관리할 것
  ② 화장품의 제조에 필요한 시설 및 기구에 대하여 정기적으로 점검하여 작업에 지장이 없도록 관리·유지 할 것

- **5호**: 혼합·소분 시 오염방지를 위하여 혼합·소분 전에 손을 소독·세정하거나 일회용 장갑 착용, 사용되는 장비 또는 기기 등은 사용 전·후 세척할 것
- **6호**: 판매중인 맞춤형화장품이 제14조의2(회수대상 화장품의 기준 및 위해성 등급 등) 각 호의 어느 하나에 해당함을 알게 된 경우 신속히 책임판매업자에게 보고하고, 회수대상 맞춤형화장품을 구입한 소비자에

게 적극적으로 회수조치를 취할 것
- 7호: 맞춤형화장품과 관련하여 <u>안정성 정보(부작용 발생사례를 포함한다)</u>에 대하여 신속히 책임판매업자에 게 보고할 것
- 8호: 맞춤형화장품의 내용물 및 원료의 입고 시 품질관리 여부를 확인하고 책임판매자가 제공하는 품질성 적서를 구비할 것(단, 책임판매업자와 맞춤형화장품판매업자가 동일한 경우 제외)

☑ 제12조의2 제1호 및 제2호 준수사항 불이행 시……⑤
- 1호: 맞춤형화장품 판매장 시설·기구를 정기적으로 점검하여 보건위생상 위해가 없도록 관리할 것
- 2호: <u>다음 각 목의 혼합·소분 안전관리 기준을 준수할 것</u>

  가. 혼합·소분 전에 사용되는 내용물 또는 원료에 대한 품질성적서를 확인할 것
  나. 혼합·소분 전에 손을 소독하거나 세정할 것(단, 혼합·소분 시 일회용 장갑을 착용하는 경우에는 그렇지 않음)
  다. 혼합·소분 전에 혼합·소분된 제품을 담을 포장용기의 오염여부를 확인할 것
  라. 혼합·소분에 사용되는 장비 또는 기구 등은 사용 전에 그 위생 상태를 점검하고, 사용 후에는 오염이 없도록 세척할 것
  마. 그 밖에 가목~라목까지의 사항과 유사한 것으로서 혼합·소분의 안전을 위해 식약처장이 정하여 고시하는 사항을 준수할 것

☑ 제12조의2 제3호 준수사항 불이행 시……⑥
- 다음 각목의 사항이 포함된 맞춤형화장품 판매내역서(전자문서로 된 판매내역서를 포함함)를 작성·보관할 것

  가. 제조번호 / 나. 사용기한 또는 개봉 후 사용기간/ 다. 판매일자 및 판매량

☑ 제12조의2 제5호………⑦
- 맞춤형화장품 사용과 관련된 부작용 발생사례에 대해서는 지체 없이 식약처장에게 보고할 것

☑ 제12조의2 제4호………⑧
- 맞춤형화장품 판매 시 <u>다음 각 목의 사항을 소비자에게 설명할 것</u>

  가. 혼합·소분에 사용된 내용물·원료의 내용 및 특성
  나. 맞춤형화장품 사용 시의 주의사항

☑ 제24조 제1항 제6호의2
- 제5조의2(위해화장품의 회수): 제2항을 위반하여 회수계획을 보고하지 아니하거나 거짓으로 보고한 경우 국민보건에 위해를 끼치거나 끼칠 우려가 있는 화장품이 유통 중인 사실을 알게된 경우에는 <u>지체 없이</u> 해 당 화장품을 <u>회수하거나 회수하는 데에 필요한 조치</u>를 하여야 한다.

☑ 제8조 제1항
- 식약처장은 보조제, 색소, 자외선차단제 등과 같이 특별히 사용상의 제한이 필요한 원료에 대하여는 그 사 용기준을 지정하여 고시하여야 하며 사용기준이 지정·고시된 원료 외에 보존제, 색소, 자외선 차단제 등 은 사용할 수 없다.

☑ 제15조
- 누구든지 다음 각 호①~⑤의 어느 사항에 해당하는 화장품을 판매(수입대행형 거래를 목적으로 하는 알선· 수여를 포함하거나 판매할 목적으로 제조·수입·보관 또는 진열하여서는 안 된다.

- 제4조(기능성화장품의 심사 등)에 따른 심사를 받지 않거나 보고서를 제출하지 않은 기능성화장품①

- 전부 또는 일부가 변패된 화장품② / - 이물질이 혼입되었거나 부착된 것③

- 화장품에 사용할 수 없는 원료를 사용하였거나 유통화장품 안전관리기준에 적합하지 않은 화장품④

- 코뿔소 뿔 또는 호랑이 뼈와 그 추출물을 사용한 화장품⑤

4) 실제 행정처분 사례

구분	위반사항	행정처분	행정처분기간
해당품목 판매	제조번호, 제조일자 미기재	해당품목/판매 업무정지	15일
	전성분 미표시		1개월
	품목별 제조번호별 품질검사 미실시		
	품질검사를 제대로 하지 않아 이물질이 혼합된 상태로 유통		
	책임판매업자 상호 및 주소를 사실과 다르게 1·2차 포장에 기재		
	해외 제조사에서 정한 사용기한과 다르게 새로운 사용기한을 정하고 제품에 기재·표시		
	사용한도가 정해진 원료를 배합한도 초과하여 사용함		3개월
판매(제조)	원료, 완제품 품질검사 미실시(유통화장품 안전관리기준 위반)	해당품목/판매 (제조)업무정지	2개월
	수은, pH, 미생물한도시험 미실시(유통화장품 안전관리기준 위반)		
전품목 판매	화장품에서 케토코나졸(화장품에 사용할 수 없는 원료) 검출	전품목/판매 업무정지	3개월(1차 위반)
	화장품에 사용할 수 없는 원료 글루코코티코이드(17,21-다이프로피온산 베타메타손)검출		6개월(2차 위반)
	기능성화장품 심사를 받거나 식약처장에게 보고서를 제출하지 아니한 제품을 판매함		3개월
광고	사실과 다르거나 부분적으로 사실이라고 하더라고 전체적으로 보아 소비자가 잘못 인식할 우려가 있는 광고를 함	해당품목/ 광고업무 정지	2개월
	실증자료가 없는 광고		3개월
	손상된 피부 집중 재생을 위한 수면케어 마스크		
	피부세포를 촘촘하고 탄력있는 피부로 변하게 하는 고밀착 마스크		
	24시간 수분 등으로 광고했으나 이를 입증하는 실증자료를 확보하지 않음		
	콜라겐 생성·촉진으로 광고했으나 이를 충분히 입증할 수 있는 실증자료를 확보하지 않음		
	잔주름까지 완화시켜 주는 필링겔		6개월
	독소와 노폐물을 배출하고 피부를 정화하는 진정토너		
	광고업무정지 기간 중에 인터넷 판매사이트에 같은 내용의 광고를 또 다시 게재		
	의약품, 기능성화장품으로 오인할 수 있는 광고		3개월/4개월
제조	제조관리기준서 미준수	해당품목/ 제조업무정지	1개월
	화장품 제조업자가 등록된 소재지에 제조시설이 없음	제조업 등록취소	

🄬 양벌규정

• 법인의 대표자나 개인의 대리인, 사용인 그 밖의 종업원이 그 법인 또는 개인의 업무에 관하여 벌칙 제36조(3년 이하의 징역 또는 3천만 원 이하 벌금), 제37조(1년 이하의 징역 또는 1천만

원 이하의 벌금), 제38조(200만 원 이하의 벌금)의 어느 하나에 해당하는 위반행위를 하면, 그 행위자를 벌하는 외에 그 법인 또는 개인에게도 해당 조문의 벌금형을 과(課)한다.

- 법인 또는 개인이 그 위반행위를 방지하기 위하여 해당업무에 관하여 상당한 주의와 감독을 게을리하지 않았을 경우는 그렇지 않다(시행, 2020.3.14).

13 청문

① 청문은 행정청이 어떠한 처분을 하기 전에 당사자 등의 의견을 직접 듣고 증거를 조사하는 절차이다.

- 행정절차법에 따라 지방식약청장이 처분 사전통지서와 의견제출서를 행정처분대상(화장품 영업자)에게 보냄

- 화장품 영업자는 기한 내에 받은 의견제출서를 작성하여 제출해야 함

② 식약처장이 청문을 하는 경우, 다음과 같다.

- 천연화장품 및 유기농화장품에 대한 인증의 취소하는 경우[1]

- 천연화장품 및 유기농화장품에 대한 인증기관 지정의 취소[2] 또는 업무의 전부에 대한 정지를 명하는 경우[3]

- 화장품법 제24조에 따른 등록의 취소[4], 영업소 폐쇄[5], 품목의 제조·수입 및 판매(수입대행형 거래를 목적으로 하는 알선·수여를 포함)의 금지[6]하는 경우

③ 등록의 취소 등에 따른 업무의 전부에 대한 정지를 명하고자 하는 경우 다음과 같다(제24조).

- 제조업 또는 책임판매업의 변경사항 등록을 하지 아니한 경우[1]

- 국민보건에 위해를 끼쳤거나 끼칠 우려가 있는 화장품을 제조·수입한 경우[2]

- 영업의 등록에 따른 시설기준을 갖추지 아니한 경우[3](법 제3조 제2항)

- 제3조의2 제1항 후단에 따른 등록한 사항 중 총리령으로 정하는 중요한 사항을 변경할 때 또한 같다.

- 결격사유 각 호의 어느 하나에 해당하는 경우 등록을 취소하거나 영업소를 폐쇄(법 제3조의3)

- 정신질환자[1](단, 전문의가 화장품제조업자로서 적합하다고 인정하는 사람은 제외함)/ - 마약류 중독자[2]/

- 금고 이상의 형을 선고받고 그 집행이 끝나지 아니하거나 그 집행을 받지 아니하기로 확정되지 아니한 자[3]/ - 피성년후견인 또는 파산선고를 받고 복권되지 아니한 자[4]/ - 등록이 취소되거나 영업소가 폐쇄된 날부터 1년이 지나지 아니한 자[5]

- 기능성화장품의 심사 기준을 위반하여 심사를 받지 아니하거나 보고서를 제출하지 아니한 기능성화장품을 판매한 경우(법 제4조 제1항)

- 영업자의 의무를 위반하여 영업자의 준수사항을 이행하지 아니한 경우(법 제5조)

- 회수대상 화장품을 회수하지 아니하거나 회수하는 데에 필요한 조치를 하지 아니한 경우[1]

- 회수계획을 보고하지 않거나 거짓으로 보고한 경우[2]

- 화장품의 안전용기·포장에 관한 기준을 위반한 경우(법 제9조)

- 화장품의 용기 또는 포장 및 첨부 문서에 기재·표시한 경우

- 부당한 표시·광고 행위 등의 금지를 위반하여 화장품을 표시·광고하거나 중지명령을 위반하여 화장품을 표시·광고행위를 한 경우(법 제13조)

- 영업의 금지를 위반하여 판매하거나 판매의 목적으로 제조·수입·보관 또는 진열해서는 안 된다(법 제15조).

- 검사·질문·수거 등을 거부하거나 방해한 경우

- 시정·검사·개수·회수·폐기명령 또는 공표명령 등을 이행하지 아니한 경우

- 회수계획을 보고하지 않거나 거짓으로 보고한 경우

- 업무정지 기간 중에 업무를 한 경우 등록을 취소하거나 영업소를 폐쇄(단, 광고업무는 제외함)

☑ 청문(법 제27조)
　　식약처장은 인증의 취소(법 제14조의2 제3항[*①]), 인증기관 지정의 취소 또는 업무의 전부에 대한 정지(법 제14조의5 제2항[**②]), 등록의 취소(법 제24조), 영업소 폐쇄, 품목의 제조·수입 및 판매(수입대행형 거래를 목적으로 하는 알선·수여를 포함함)의 금지 또는 업무의 전부에 대한 정지를 명하고자 하는 경우에는 청문을 해야 한다.

☑ 표시·광고 내용의 실증 등(법 제14조)[*①]
① 1항 영업자 및 판매자는 자기가 행한 표시·광고 중 사실과 관련한 사항에 대하여는 이를 실증할 수 있어야 한다.
② 2항 식약처장은 영업자 또는 판매자가 행한 표시·광고가 그 밖에 사실과 다르게 소비자를 속이거나 소비자가 잘못 인식하도록 할 우려가 있는 표시 또는 광고(법 제13조 제1항 제4호)에 해당하는지를 판단하기 위하여 1항에 따른 실증이 필요하다고 인정하는 경우
　- 내용을 구체적으로 명시하여 해당 영업자 또는 판매자에게 관련 자료의 제출을 요청할 수 있다.
③ 3항 2항에 따라 실증자료의 제출을 요청받은 영업자 또는 판매자는 요청받은 날부터 15일 이내에 그 실증자료를 식약처장에게 제출해야 한다(단, 식약처장은 정당한 사유가 있다고 인정하는 경우에는 그 제출기간을 연장할 수 있다).
④ 4항 식약처장은 영업자 또는 판매자가 2항에 따라 실증자료의 제출을 요청받고도 3항에 따른 제출기간 내에 이를 제출하지 아니한 채 계속하여 표시·광고를 하는 때에는 실증자료를 제출할 때까지 그 표시·광고 행위의 중지를 명해야 한다.
⑤ 5항 2·3항에 따라 식약처장으로부터 실증자료의 제출을 요청받아 제출한 경우
　- 「표시·광고의 공정화에 관한 법률」 등 다른 법률에 따라 다른 기관이 요구하는 자료제출을 거부할 수 있다.
⑥ 6항 식약처장은 제출받은 실증자료에 대하여 「표시·광고의 공정화에 관한 법률」 등 다른 법률에 따른 다른 기관의 자료요청이 있는 경우
　- 특별한 사유가 없는 한 이에 응해야 한다.
⑦ 7항 1~4항까지의 규정에 따른 실증의 대상, 실증자료의 범위 및 요건, 제출방법 등에 관하여 필요한 사항은 총리령으로 정한다.

☑ 법 제14조의2(천연화장품 및 유기농화장품에 대한 인증)
① 1항 식약처장은 천연화장품 및 유기농화장품의 품질제고를 유도하고 소비자에게 보다 정확한 제품정보가 제공될 수 있도록 식약처장이 정하는 기준에 적합한 천연·유기농화장품에 대하여 인증할 수 있다.
② 2항 1항에 따라 인증을 받으려는 제조업자, 책임판매업자 또는 총리령으로 정하는 대학·연구소 등은 식약처장에

게 인증을 신청해야 한다.

③ **3항** 식약처장은 1항에 따라 인증을 받은 화장품이 <u>다음 각 호</u>의 어느 하나에 해당하는 경우에는 그 인증을 취소해야 한다.

   1호. 거짓이나 그 밖의 부정한 방법으로 인증을 받은 경우 / 2호. 1항에 따른 인증기준에 적합하지 아니하게 된 경우

④ **4항** 식약처장은 인증업무를 효과적으로 수행하기 위해 필요한 전문인력과 시설을 갖춘 또는 단체를 인증기관으로 지정하여 인증업무를 위탁할 수 있다.

⑤ **5항** 1~4항까지에 따른 인증절차, 인증기관의 지정기준, 그 밖에 인증제도 운영에 필요사항은 총리령으로 정한다.

☑ **법 제14조의3(인증의 유효기간)**

① 인증의 유효기간(법 제14조의2 제1항)은 인증을 받은 날부터 3년으로 한다.

② 인증의 유효기간을 연장받으려는 자는 유효기간 만료 90일 전에 총리령으로 정하는 바에 따라 연장신청을 해야 한다.

☑ **법 제14조의4(인증의 표시)**

① 인증을 받은 화장품(법 제14조의2 제1항)에 대해서는 총리령으로 정하는 인증표시를 할 수 있다.

② 누구든지 인증을 받지 아니한 화장품에 대하여 1항에 따른 인증표시나 이와 유사한 표시를 해서는 안 된다.

☑ **법 제14조의5(인증기관 지정의 취소 등)****②

① **1항** 식약처장은 필요하다고 인정하는 경우에는 관계 공무원으로 하여금 제14조의2 제4항에 따라 지정받은 인증기관(이하 "인증기관"이라 한다)이 업무를 적절하게 수행하는지를 조사하게 할 수 있다.

② **2항** 식약처장은 인증기관이 다음 각 호의 어느 하나에 해당하는 경우 그 지정을 취소하거나 1년 이내의 기간을 정하여 해당 업무의 전부 또는 일부의 정지를 명할 수 있다(단, 제1호에 해당하는 경우 그 지정을 취소해야 한다).

   1호. 거짓이나 그 밖의 부정한 방법으로 인증을 받은 경우
   2호. 지정기준(법 제14조의2 제5항- 천연·유기농화장품에 대한 인증)에 적합하지 아니하게 된 경우
   3호. 2항에 따른 지정 취소 및 업무 정지 등에 필요한 사항은 총리령으로 정한다.

실전예상문제

【 선다형 】

01 화장품법에서 규정한 화장품의 유형으로 적당하지 <u>않은</u> 것은?

① 방향용　　② 어린이용　　③ 눈화장용
④ 인체세정용　　⑤ 색조화장용

> ✓ 화장품 유형(13가지)은 영유아용, 목욕용, 인체세정용, 눈화장용, 방향용, 두발염색용, 색조화장용, 두발용, 손·발톱용, 면도용, 기초화장용, 체취방지용, 체모제거용 등을 포함한다.

02 화장품법에서 규정한 화장품 영업의 종류를 설명한 것으로 <u>틀린</u> 것은?

① 화장품제조업 - 화장품을 직접 제조하거나 위탁받아 제조하는 영업
② 화장품제조업 - 화장품의 포장(1차 포장만 해당)을 하는 영업
③ 화장품책임판매업 - 화장품 제조업자가 화장품을 직접 제조하여 유통·판매하는 영업
④ 맞춤형화장품판매업 - 수입된 화장품의 내용물에 식품의약품안전처장이 정하여 고시하는 원료를 추가하여 혼합한 화장품을 판매하는 영업
⑤ 맞춤형화장품판매업 - 수입된 화장품을 유통·판매하는 영업 수입대행형 거래를 목적으로 화장품을 알선·수여하는 영업

> ✓ ⑤는 화장품 책임판매업에 해당된다.

03 화장품법에서 규정한 화장품 제조업등록을 할 수 없는 자가 <u>아닌</u> 것은?

① 정신질환자
② 마약류의 중독자
③ 피성년 후견인 또는 파산 선고를 받고 복권되지 아니한 자

④ 등록이 취소되거나 영업소가 폐쇄된 날로부터 1년이 지난 자
⑤ 화장품법 또는 보건범죄 단속에 관한 특별조치법을 위반하여 금고 이상의 형을 선고받고 그 집행이 끝나지 아니하거나 그 집행을 받지 아니하기로 확정되지 아니한 자

> ✓ 등록이 취소되거나 영업소가 폐쇄된 날로부터 1년이 지나지 아니한 자는 제조업등록을 할 수 없다.

04 맞춤형화장품 판매업자의 신고를 위해 필요한 서류에 해당되지 <u>않는</u> 것은?

① 맞춤형화장품 판매업자신고서
② 맞춤형화장품 조제관리사의 자격증
③ 맞춤형화장품 조제관리사의 졸업증명서
④ 소비자 피해보상을 위한 보험계약서 사본
⑤ 맞춤형화장품의 혼합 또는 소분에 사용되는 내용물 및 원료를 제공하는 책임판매업자와 체결한 계약서 사본

> ✓ ③은 화장품 책임판매원 신고에 필요한 서류에 해당된다.

05 맞춤형화장품에 관한 설명으로 <u>틀린</u> 것은?

① 수입된 화장품의 내용물을 소분한 화장품을 판매하는 영업
② 제조된 화장품의 내용물에 다른 화장품의 내용물을 추가하여 화장품을 판매하는 영업
③ 수입된 화장품의 내용물에 천수국 꽃 추출물을 추가 혼합하여 화장품을 판매하는 영업
④ 제조된 화장품의 내용물에 식품의약품안전처장이 정하여 고시하는 원료를 추가하여 혼합한 화장품을 판매하는 영업
⑤ 수입된 화장품의 내용물에 식품의약품안전처장이 정하여 고시하는 원료를 추가하여 혼합한 화장품을 판매하는 영업

정답　01. ② 02. ⑤ 03. ④ 04. ③ 05. ③

✓ ③은 사용할 수 없는 원료에 속한다.

06 화장품 제조업 등록 시 맞춤형화장품 판매업자에게 권장되는 시설기준에 관한 설명으로 틀린 것은?

① 적절한 환기시설
② 원료 및 내용물 보관 장소
③ 판매장소와 구분·구획된 조제실
④ 작업자의 휴게 공간시설 확보
⑤ 작업자의 손 및 조제설비·기구 세척시설

✓ 작업자의 휴게 공간시설 확보는 포함되지 않는다.

07 화장품의 품질요소 중 유해사례에 해당되지 <u>않는</u> 것은?

① 입원 기간의 연장이 필요한 경우
② 통원치료 기간의 연장이 필요한 경우
③ 중대한 불구나 기능저하를 초래하는 경우
④ 선천적 기형 또는 이상을 초래하는 경우
⑤ 사망을 초래하거나 생명을 위협하는 경우

✓ ①③④⑤와 기타 의학적으로 중요한 상황은 유해사례에 해당된다.

08 다음 각 목의 어느 하나에 해당하는 성분을 0.5% 이상 함유하는 제품의 경우에는 해당 품목의 안전성시험 자료를 최종 제조된 제품의 사용기한이 만료되는 날부터 1년간 보존해야 된다. 이에 해당되지 <u>않는</u> 것은?

① 효소
② 징크옥사이드
③ 과산화화합물
④ 토코페롤(비타민 E)
⑤ 레티놀(비타민 A) 및 그 유도체

✓ • ②는 자외선차단제의 백색안료에 속한다.
 • ①③④⑤ 외 아스코빅애시드(비타민 C) 및 그 유도체는 1년간 보존해야 된다.

09 화장품 책임판매업자는 화장품 유해사례 등 안전성 정보에 대해 정기적으로 7월과 다음 해 1월에 보고하도록 되어있다. 중대한 유해사례, 판매중지나 회수에 준하는 외국정부의 조치와 관련하여 식품의약품 안전처장이 보고를 지시한 경우에는 며칠 이내에 보고하여야 하는가?

① 5일   ② 10일   ③ 15일
④ 20일   ⑤ 30일

✓ 신속보고(15일 이내)해야 하는 경우(화장품 유해사례 등 안전성 정보보고 해설서)

10 화장품 안정성시험에 대한 설명 중 올바르지 <u>않는</u> 것은?

① 시험에는 가속시험, 가혹시험, 장기보존시험이 있다.
② 가속시험은 3로트 이상 되어야 한다.
③ 장기보존가혹시험에는 성상, 향, 점도, 사용감, 분리도, 유화상태 등 화학적 성질을 평가한다.
④ 가혹시험은 화장품 분해과정 등을 확인하기 위한 시험으로 온도, 습도 빛(광선)에서 품질 변화를 검토하기 위해 수행한다.
⑤ 일회용제품 등은 개봉 후 안정성시험을 수행해야 한다.

✓ • 개봉 전 시험항목과 미생물한도시험, 살균보존제, 유효성 성분시험을 수행한다(단, 개봉할 수 없는 용기로 되어있는 제품, 스프레이 등).
 • 일회용제품 등은 개봉 후 안정성시험을 수행할 필요가 없다.

11 맞춤형화장품 조제관리사가 매년 교육을 받아야 하는 내용은?

① 화장품 원료성분
② 화장품 평가방법
③ 화장품 관련 화학
④ 화장품 위해요소 평가
⑤ 화장품 안정성확보 및 품질관리

✓ 맞춤형화장품 조제관리사는 화장품의 안정성확보 및 품질관리에 관한 교육을 매년 받아야 한다.

정답 06. ④ 07. ② 08. ② 09. ③ 10. ⑤ 11. ⑤

12 맞춤형화장품 조제관리사는 화장품의 안정성 확보 및 품질관리에 관한 교육을 매년 받아야 한다. 교육시간으로 맞는 것은?

① 3시간 이상 7시간 이하
② 3시간 이상 8시간 이하
③ 4시간 이상 8시간 이하
④ 4시간 이상 9시간 이하
⑤ 5시간 이상 7시간 이하

✓ 교육시간은 4시간 이상 8시간 이하로 한다.

13 화장품 책임판매업자의 변경등록을 해야 하는 경우로 틀린 것은?

① 제조유형 변경
② 책임판매유형 변경
③ 책임판매관리자의 변경
④ 화장품 책임판매업자의 변경
⑤ 화장품 책임판매업자의 상호변경

✓ • ①은 화장품 제조업자에 해당된다. 화장품 제조업자의 변경, 화장품 제조업자의 상호변경, 제조소의 소재지 변경은 화장품 제조업자 변경등록에 해당된다.
• ②③④⑤와 화장품 책임판매업소의 소재지 변경은 화장품 책임판매업자의 변경 등록에 해당된다.

14 화장품 책임판매업자의 변경등록 시 제출서류가 아닌 것은?

① 의사진단서(정신질환자가 아님을 증명)
② 상속의 경우에는 가족관계 증명서
③ 양도 · 양수의 경우에는 이를 증명하는 서류
④ 제조소의 소재지 변경의 경우 시설의 명세서
⑤ 책임판매관리자 변경의 경우 책임판매관리자의 자격을 확인할 수 있는 서류

✓ 의사진단서(마약류의 중독자, 정신질환자가 아님을 증명)는 화장품 제조업자에 해당된다.

15 다음 중 화장품법상 용어의 정의에 대한 내용으로 틀린 것은?

① 천연화장품– 동식물 및 그 유래 원료 등을 함유한 화장품으로서 식품의약품안전처장(이하 식약처장이라 칭함)이 정하는 기준에 맞는 화장품을 말한다.
② 사용기한이란 화장품들이 제조된 날부터 적절한 보관상태에서 제품이 고유의 특성을 간직한 채 소비자가 안정적으로 사용할 수 있는 최대한의 기한을 말한다.
③ 기능성화장품– 화장품법 및 시행규칙에서 지정한 효능 · 효과 등을 표방한 화장품으로서 품질의 안전성 및 유효성을 식약처에 심사 또는 보고한 화장품을 말한다.
④ 1차 포장이란 화장품 제조 시 내용물과 직접 접촉하는 포장 용기를 말한다.
⑤ 2차 포장이란 1차 포장을 수용하는 1개 또는 그 이상의 포장과 보호재 및 표시의 목적으로 한(첨부문서 등) 포장을 말한다.

✓ 사용기한이란 화장품들이 제조된 날부터 적절한 보관 상태에서 제품이 고유의 특성을 간직한 채 소비자가 안정적으로 사용할 수 있는 최소한의 기한을 말한다.

16 다음 중 화장품법상 기능성화장품 정의에 대한 내용으로 틀린 것은?

① 튼살로 인한 붉은 선을 없애는 데 도움을 주는 화장품이다.
② 강한 햇볕을 방지하여 피부를 곱게 태워주는 선탠 화장품이다.
③ 체모를 제거하는 데 도움을 주는 화장품으로 물리적으로 체모를 제거하는 제품은 제외한다.
④ 탈모증상완화에 도움을 주는 제품으로(물리적으로 모발을 굵게 보이게 하는 제품은 제외)한다.
⑤ 자연모발의 색을 변화시키는 탈색, 염색, 탈염시키는 기능을 가진 화장품으로 일시적으로 모발의 색상을 변화시키는 염모제(산성칼라, 매니큐어)는 제외한다.

정답 12. ③ 13. ① 14. ① 15. ② 16. ①

✓ 기능성화장품이란 ① 튼살로 인한 붉은 선을 엷게 하는데 도움을 주는 화장품 ② 강한 햇볕을 방지하여 피부를 곱게 태워주는 선탠 화장품 ③ 체모를 제거하는데 도움을 주는 화장품으로 물리적으로 체모를 제거하는 제품은 제외한다. ④ 탈모증상완화에 도움을 주는 제품으로(물리적으로 모발을 굵게 보이게 하는 제품은 제외)한다. ⑤ 자연모발의 색을 변화시키는 탈색, 염색, 탈염 등의 기능을 가진 화장품으로 일시적 모발의 색상을 변화시키는 염모제(산성칼라, 매니큐어)는 제외한다.

17 다음 중 화장품의 품질요소에 대한 내용으로 틀린 것은?

① 안전성이란 장기간 지속적으로 사용하는 물품으로 피부에 독성, 자극, 알레르기 등 인체에 대한 부작용이 없어야 한다.
② 안정성이란 사용기간 중 제품 자체의 변색·변질·변취·분리되는 일과 미생물 오염 등이 없어야 한다.
③ 사용성이란 사용감이 우수하고 편리해야 하며 피부 도포 시 퍼짐성이 좋고, 흡수력이 좋아야 한다.
④ 유효성이란 목적에 적합한 기능을 충분히 나타낼 수 있는 원료 및 제형을 사용하여 효과를 나타내어야 한다.
⑤ 효과성이란 여드름 피부에 여드름을 치료하여 깨끗한 피부로 만들어 주어야 한다.

✓ 효과성이란 피부에 적합한 기능을 줄 수 있는 보습, 미백, 주름개선, 자외선 차단기능 등의 효과를 주어야 한다.

18 다음 중 맞춤형화장품 판매업자의 준수사항에 대한 내용으로 틀린 것은?

① 혼합·소분 전에는 손 소독 또는 세정하거나 일회용 장갑을 착용한다.
② 혼합·소분 전에 사용되는 장비 또는 기기 등은 사용 전·후에 세척한다.
③ 혼합·소분 된 제품을 담은 용기의 오염여부를 사전에 확인한다.
④ 맞춤형화장품의 내용물 및 원료의 입고 시 품질관리 여부를 확인하고 책임판매업자가 제공하는 품질성적서는 구비하지 않아도 된다.

⑤ 맞춤형화장품 판매 시 해당 맞춤형화장품의 혼합·소분에 사용되는 내용물 및 원료, 사용 시 주의사항에 대하여 소비자에게 설명한다.

✓ 맞춤형화장품의 내용물 및 원료의 입고 시 품질관리 여부를 확인하고 책임판매업자가 제공하는 품질성적서를 구비한다(단, 책임판매업자가 맞춤형화장품 판매업자와 동일한 경우에는 제외한다).

19 화장품 법 제40조에 따라 50만 원의 과태료가 부과되는 자에 해당되지 않는 것은?

① 폐업 등의 신고를 하지 않은 경우
② 화장품의 판매 가격을 표시하지 아니한 자
③ 맞춤형화장품의 조제관리사의 의무교육을 이수하지 않은 경우
④ 화장품의 생산실적, 수입실적, 원료의 목록 등을 보고하지 않은 경우
⑤ 동물실험을 실시한 화장품 또는 동물실험을 실시한 화장품 원료를 사용하여 제조 또는 수입한 화장품을 유통·판매한 경우

✓ ⑤와 기능성화장품의 변경심사 등을 받지 않은 경우, 보고와 검사 등에 따른 명령을 위반하여 보고를 하지 않은 경우는 100만원의 과태료가 부과된다.

20 청문을 실시해야 하는 경우가 아닌 것은?

① 영업소 폐쇄
② 천연화장품 인증취소
③ 유기농화장품 인증기관 지정취소
④ 품목의 제조·수입 및 판매 금지
⑤ 해당 품목 판매업무정지

✓ ⑤는 청문 없이 처벌 가능하다.

21 맞춤형화장품 판매업자의 변경 또는 상호변경을 하지 아니한 경우 행정처분기준으로 옳은 것은?

① 1차 위반 - 판매업무 정지 1개월
② 2차 위반 - 판매업무 정지 5일
③ 2차 위반 - 판매업무 정지 3개월

정답 17. ⑤ 18. ④ 19. ⑤ 20. ⑤ 21. ②

④ 3차 위반 – 판매업무 정지 6개월
⑤ 4차 위반 – 영업소 폐쇄

- 1차 위반–시정명령, 3차 위반–판매업무 정지 15일, 4차 위반–판매업무 정지 1개월
- ①③④⑤는 맞춤형화장품 판매업소의 소재지 변경을 하지 아니한 행정처분기준이다.

22 맞춤형화장품 조제관리사의 변경을 하지 않은 경우 행정처분기준으로 옳은 것은?

① 1차 위반 – 시정명령
② 1차 위반 – 경고
③ 2차 위반 – 판매업무 정지 15일
④ 3차 위반 – 판매업무 정지 1개월
⑤ 4차 위반 – 판매업무 정지 3개월

- 2차 위반–판매업무 정지 7일, 3차 위반–판매업무 정지 15일, 4차 위반–판매업무 정지 1개월
- ②③④⑤는 맞춤형화장품 사용계약을 체결한 책임판매업자의 변경을 하지 아니한 행정처분기준이다.

23 화장품 책임판매업자 또는 맞춤형화장품 판매업자가 화장품의 안전용기 · 포장에 관한 기준을 위반한 경우 행정처분기준으로 옳은 것은?

① 1차 위반 – 해당품목 판매업무 정지 1개월
② 1차 위반 – 해당품목 판매업무 정지 3개월
③ 2차 위반 – 해당품목 판매업무 정지 3개월
④ 3차 위반 – 해당품목 판매업무 정지 6개월
⑤ 4차 위반 – 해당품목 판매업무 정지 12개월

2차 위반–해당품목 판매업무 정지 6개월, 3차 위반–해당품목 판매업무 정지 12개월 ①③④⑤는 기재사항을 거짓으로 기재한 경우 행정처분기준이다.

24 화장품 책임판매업자 또는 맞춤형화장품 판매업자가 화장품의 기재사항의 전부를 기재하지 않은 경우 행정처분기준으로 옳은 것은?

① 1차 위반 – 해당품목 판매업무 정지 15일
② 1차 위반 – 해당품목 판매업무 정지 3개월

③ 2차 위반 – 해당품목 판매업무 정지 1개월
④ 3차 위반 – 해당품목 판매업무 정지 3개
⑤ 4차 위반 – 해당품목 판매업무 정지 6개월

- 2차 위반–해당품목 판매업무 정지 6개월, 3차 위반–해당품목 판매업무 정지 12개월
- ①③④⑤는 기재사항의 일부를 기재하지 않은 경우 행정처분기준이다.

25 업무정지 기간 중에 해당업무를 한 경우 행정처분기준은?

① 1차 위반 – 등록취소
② 1차 위반 – 제조 또는 판매업무 정지 3개월
③ 2차 위반 – 제조 또는 판매업무 정지 6개월
④ 3차 위반 – 제조 또는 판매업무 정지 12개월
⑤ 4차 위반 – 영업소 폐쇄

②③④⑤는 식품의약품안전처장이 고시한 화장품의 제조 등에 사용할 수 없는 원료를 사용한 화장품의 행정처분기준에 해당된다.

26 실제 내용량이 표시된 내용량의 90% 이상 97% 미만인 화장품의 행정처분기준은?

① 1차 위반 시정명령
② 1차 위반 해당품목 제조 또는 판매업무 정지 1개월
③ 2차 위반 해당품목 제조 또는 판매업무 정지 2개월
④ 3차 위반 해당품목 제조 또는 판매업무 정지 3개월
⑤ 4차 위반 해당품목 제조 또는 판매업무 정지 4개월

②③④⑤는 실제 내용량이 표시된 내용량의 80% 이상 90% 미만인 화장품의 행정처분 기준에 해당된다.

27 광고의 업무정지기간 중에 광고업무를 한 경우 행정처분기준은?

① 1차 위반 시정명령
② 1차 위반 해당품목 제조 또는 판매업무 정지 2개월

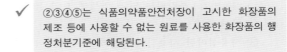
정답 22. ① 23. ② 24. ② 25. ① 26. ① 27. ①

③ 2차 위반 해당품목 제조 또는 판매업무 정지
3개월
④ 3차 위반 해당품목 제조 또는 판매업무 정지
4개월
⑤ 4차 위반 해당품목 제조 또는 판매업무 정지
6개월

✓ • ①과, 2차 위반–판매업무 정지 3개월이 행정처분기
준에 해당된다.
• ②③④⑤는 실제 내용량이 표시된 내용량의 80%미
만인 화장품의 행정처분 기준에 해당된다.

28 화장품의 표시·광고 시 준수사항을 위반한
경우 행정처분기준은?

① 1차 위반 – 판매업무 정지 2개월
② 1차 위반 – 광고업무 정지 3개월
③ 2차 위반 – 광고업무 정지 4개월
④ 3차 위반 – 광고업무 정지 9개월
⑤ 4차 위반 – 판매업무 정지 10개월

✓ 2차 위반 광고업무정지 4개월, 3차 위반 판매업무정지
6개월, 4차 위반–판매업무 정지 12개월에 해당된다.
②③④ 화장품의 표시·광고 시 의약품 오인, 기능성·
유기농 화장품 오인, 타제품 비방 준수사항을 위반한
경우에 해당된다.

29 화장품에 대한 설명이 <u>아닌</u> 것은?

① 인체를 청결·미화한다.
② 용모를 밝게 변화시킨다.
③ 인체에 대한 작용이 경미하다.
④ 처치 또는 예방의 목적으로 사용한다.
⑤ 피부·모발의 건강을 유지 또는 증진하기 위하
여 사용한다.

✓ 처치 또는 예방의 목적으로 사용되는 것은 "의약품"이
다(약사법 제2조의4).

30 다음 설명 중 기능성화장품에 해당하지 <u>않</u>
는 것은?

① 여드름 완화에 도움을 제품
② 미백에 도움을 주는 제품
③ 탈모증상완화에 도움을 주는 제품
④ 피부주름개선에 도움을 주는 제품
⑤ 물리적으로 모발을 굵게 보이게 도움을 주는
제품

✓ 탈모증상완화에 도움을 주는 제품은 기능성화장품에
해당되지만 물리적으로 모발을 굵게 보이게 도움을 주
는 제품은 해당되지 않는다.

31 다음 설명 중 일반화장품에 해당하지 <u>않는</u>
것은?

① 목욕용   ② 방향용   ③ 손·발톱용
④ 주름개선용   ⑤ 두발염색용

✓ 주름개선용 제품은 기능성화장품에 해당된다.

32 동식물 및 그 유래 원료 등을 함유한 화장품
으로써 식품의약품안전처장이 정하는 기준
에 맞는 화장품을 무엇인가?

① 천연화장품   ② 한방화장품
③ 기능성화장품   ④ 맞춤형화장품
⑤ 유기농화장품

✓ "천연화장품"이란 동식물 및 그 유래 원료 등을 함유
한 화장품으로서 식품의약품안전처장이 정하는 기준
에 맞는 화장품을 말한다(화장품법 제2조 2항2).

33 유기농화장품이란 전체 제품성분 내 유기농
함량이 몇 % 이상이어야 하는가?

① 5%   ② 10%   ③ 15%
④ 20%   ⑤ 30%

✓ 유기농 화장품이란 10% 이상의 유기농 함량과 이를
포함 천연 함량 95% 이상 구성으로 식약처에 고시되
어 있다.

34 제조 또는 수입된 화장품의 내용물에 다른 화장품의 내용물이나 식약처장이 정하는 원료를 추가하여 혼합 제조하는 화장품은 무엇인가?

① 천연화장품　　② 한방화장품
③ 기능성화장품　④ 맞춤형화장품
⑤ 유기농화장품

✓ "맞춤형화장품"이란 제조 또는 수입된 화장품의 내용물이나 식약안전처장이 정하는 원료를 추가하여 혼합한 제품, 제조 또는 수입된 화장품의 내용물을 소분한 화장품을 말한다(화장품법 제2조 3항2).

35 맞춤형화장품에 대해 <u>바르게</u> 설명한 것은 무엇인가?

① 한약재를 사용한 제품이다.
② 유기농 원료를 함유한 제품이다.
③ 피부의 미백, 주름개선을 위한 제품이다.
④ 동식물 및 그 유래 원료 등을 함유한 제품이다.
⑤ 제조 또는 수입된 화장품의 내용물을 소분한 제품이다.

✓ ① 한방화장품에 대한 설명이다. ② 유기농화장품에 대한 설명이다. ③ 기능성화장품에 대한 설명이다. ④ 천연화장품에 대한 설명이다.

36 안전용기는 몇 세 미만의 어린이가 개봉하기 어렵게 설계되어야 하는가?

① 만 1세　　② 만 2세　　③ 만 3세
④ 만 4세　　⑤ 만 5세

✓ "안전용기·포장"이란 만 5세 미만 어린이가 개봉하기 어렵게 설계·고안된 용기나 포장을 말한다(화장품법 제2조4).

37 화장품 제조 시 내용물과 직접 접촉하는 포장용기는 무엇인가?

① 1차 포장　　② 2차 포장　　③ 3차 포장
④ 4차 포장　　⑤ 5차 포장

✓ "1차 포장"이란 화장품 제조 시 내용물과 직접 접촉하는 포장용기를 말한다(화장품법 제2조6).

38 화장품 제조업에 대해 <u>바르게</u> 설명한 것은 무엇인가?

① 화장품을 유통·판매한다.
② 2차 포장을 하는 영업이다.
③ 화장품을 알선·수여하는 영업이다.
④ 제조를 위탁 받아 제조하는 영업이다.
⑤ 제조된 화장품을 소분하여 판매하는 영업이다.

✓ • ①,③ 화장품책임판매원에 대한 설명이다.
　• ② 1차 포장만을 하는 영업이다.
　• ⑤ 맞춤형화장품 판매원에 대한 설명이다.

39 제조소의 소재지 변경사항을 등록하지 않은 경우 4차 이상 위반 행정처분에 <u>해당</u>하는 것은 무엇인가?

① 등록취소　　　　② 시정명령
③ 4개월 영업정지　④ 3개월 영업정지
⑤ 6개월 영업정지

✓ 제조소, 책임판매업소 소재지 변경 시 4차 이상 위반일 시에는 등록취소의 행정처분을 받는다.

40 화장품법 시행규칙 제11조 제4호에 의거 수입관리기록서에 기재해야 할 내용으로 바르지 <u>않은</u> 것은?

① 제품명 또는 국내에서 판매하려는 명칭
② 제조국, 제조회사명 및 제조회사의 소재지
③ 판매처, 판매연월일 및 판매량
④ 최초수입연월일
⑤ 원료명, 원료 소재지

✓ • 제11조 제4호: 수입한 화장품에 대하여 다음 각 목의 사항을 적거나 또는 첨부한 수입관리기록서를 작성·보관할 것
　가. 제품명 또는 국내에서 판매하려는 명칭①
　다. 제조국, 제조회사명 및 제조회사의 소재지②
　차. 판매처, 판매연월일 및 판매량③
　사. 최초 수입연월일④(통관연월일을 말하며, 이하 이 호에서 같다)

정답　34. ④　35. ⑤　36. ⑤　37. ①　38. ④　39. ①　40. ⑤

41 화장품 영업자를 대상으로 하는 정기 · 수시 · 기획 · 품질감사 등 감시의 종류에 해당하지 않는 것은?

① 사전감시 - 사전예방감시를 위해 연 1회 실시한다.

② 정기감시 - 조직, 시설, 제조품질관리, 표시기재 등의 화장품법령 전반에 걸쳐 연 1회 실시한다.

③ 수시감시 - 정보수집, 민원, 사회적 현안 등에 따라 즉시 점검이 필요하다고 판단되는 사항은 수시감시한다.

④ 기획감시 - 사전 예방적 안전관리를 위한 선제적 대응감시로서 제조업자, 제조판매업자, 판매자 등 연중 점검한다.

⑤ 품질감시 - 수거품에 대한 유통화장품의 안전관리기준 등의 적합여부를 확인하기 위해 실시한다.

✓
- 화장품 영업자를 대상으로 하는 정기 · 수시 · 기획 · 품질감사 등은 식약처에서 실시한다.
- 정기감시: 각 지방 식품의약품안전청의 자체계획에 따라 수행한다.
  - 제조업자, 책임판매업자에 대해서는 정기적으로 지도 또는 점검한다.
  - 조직, 시설, 제조품질관리, 표시기재 등의 화장품법령 전반에 걸쳐 연 1회 실시한다.
- 수시감시: 준수사항, 품질, 표시광고, 안전기준 등 모든 영역에 불시점검을 원칙으로 하며 제기된 문제사항을 연중 중점 관리한다.
  - 고발, 진정, 제보 등에 의해 제기된 위법사항을 점검하기 위해 수시로 감시한다.
  - 정보수집, 민원, 사회적 현안 등에 따라 즉시 점검이 필요하다고 판단되는 사항은 수시 감시한다.

42 제조업자의 준수사항으로 적절하지 않은 것은?

① 책임판매업자의 지도 · 감독 및 요청에 따른다.

② 작업소에는 위해가 발생할 염려가 있는 물건을 두어서는 안 된다.

③ 보건위생상 위해가 없도록 제조소 · 시설 및 기구를 위생적으로 관리 · 오염되지 않도록 한다.

④ 제조관리기준서, 제품표준서, 제조관리기록서 및 품질관리기록서(전자문서형식포함)를 작성, 보관한다.

⑤ 화장품 제조에 필요한 시설 및 기구에 대하여 연 1회 점검하여 작업에 지장 없도록 관리, 유지한다.

✓
화장품 제조에 필요한 시설 및 기구에 대하여 정기적으로 점검하여 작업에 지장 없도록 관리, 유지한다.

43 책임판매업자는 품질관리 업무절차서에 책임판매관리자에게 수행하도록 지시해야하는 내용으로 적절하지 않은 것은?

① 품질관리 업무를 총괄할 것

② 품질관리 업무가 적정하고 원활하게 수행되는 것을 확인할 것

③ 품질관리 업무의 수행을 위하여 필요하다고 인정할 때에는 책임판매업자에게 문서로 보고할 것

④ 품질관리 업무 시 필요에 따라 제조업자, 맞춤형화장품 판매업자 등 그 밖의 관계자에게 문서로 연락하거나 지시할 것

⑤ 품질관리에 관한 기록 및 제조업자의 관리에 관한 기록을 작성하고 이를 해당 제품의 제조일로부터 1년간 보관할 것

✓
품질관리에 관한 기록 및 제조업자의 관리에 관한 기록을 작성하고 이를 해당 제품의 제조일(수입의 경우 수입일을 말한다)로부터 3년간 보관할 것

44 책임판매업자의 수입관리기록서 작성해야 할 사항으로 적절하지 않은 것은?

① 원료성분의 규격 및 함량

② 영문으로 작성된 제품설명서 견본

③ 기능성화장품 심사결과통지서 사본

④ 제조번호별 품질검사 연월일 및 결과

⑤ 제조국, 제조회사명 및 제조회사의 소재지

✓
한글로 작성된 제품설명서 견본을 기록서를 작성 · 보관해야 한다.

45 책임판매업자는 0.5% 이상 함유하는 제품의 경우 안정성시험 자료를 제품의 사용기한이 만료되는 날부터 1년간 보관해야 한다. 함유 제품에 속하지 않는 것은?

① 효소
② 암모니아
③ 토코페놀(Vt E)
④ 아스코빅산(Vt C)
⑤ 레티놀(Vt A) 및 그 유도체

✓ 레티놀(Vt A) 및 그 유도체, 과산화화합물, 토코페놀(Vt E), 아스코빅산(Vt C), 효소

46 맞춤형화장품 판매업자의 준수사항으로 바르지 않은 것은?

① 맞춤형화장품 판매업소마다 맞춤형화장품 조제관리사를 두어야 한다.
② 둘 이상의 책임판매업자와 계약하는 경우 사전에 각각의 책임판매업자에게 고지한 후 계약을 체결해야 한다.
③ 맞춤형화장품의 내용물 및 원료의 입고 시 품질관리 여부를 확인하고 책임판매업자가 제공하는 품질성적서를 구비한다.
④ 판매 중인 맞춤형화장품이 제14조2(회수대상 화장품의 기준) 각 호의 어느 하나에 해당함을 알게 된 경우 신속히 제조업자에게 보고해야 한다.
⑤ 보건위생상 위해가 없도록 맞춤형화장품 혼합·소분에 필요한 장소, 시설 및 기구를 정기적으로 점검하여 작업에 지장없도록 위생적으로 관리·유지한다.

✓ 판매 중인 맞춤형화장품이 제14조2(회수대상 화장품의 기준) 각 호의 어느 하나에 해당함을 알게 된 경우 신속히 책임판매자에게 보고할 것

47 맞춤형화장품 판매업자의 판매내역에 작성되는 내용으로 적절하지 않은 것은?

① 원료명
② 판매량
③ 판매일자
④ 맞춤형화장품 식별번호
⑤ 사용기한 또는 개봉 후 사용기간

✓ 맞춤형화장품 판매내역(전자문서형식 포함)을 작성·보관할 것
  * 맞춤형화장품 식별번호
  – 식별번호는 맞춤형화장품의 혼합 또는 소분에 사용되는 내용물 및 원료의 제조번호와 혼합·소분 기록을 포함하여 맞춤형화장품(판매업자가 부여한 번호를 말함)
  * 판매일자·판매량
  * 사용기한 또는 개봉 후 사용기간
  – 맞춤형화장품의 사용기한 또는 개봉 후 사용기한은 맞춤형화장품의 혼합 또는 소분에 사용되는 내용물의 사용기한 또는 개봉 후 사용기간을 초과할 수 없다.

48 책임판매관리자의 자격기준으로 적절하지 않은 것은?

① 화장품 제조 또는 품질관리 업무에 2년 이상 종사한 경력이 있는 사람
② 의사 또는 약사–학사이상의 학위를 취득한 사람으로서 이공계학과, 향장학, 화장품과학, 한의학, 한약학과 등을 전공한 사람
③ 식약처장이 정하여 고시하여 전문교육과정을 이수한 사람
④ 전문대학 졸업자로서 화학, 생물학, 화학공학, 생물공학, 미생물학, 생화학, 생명과학, 생명공학, 유전공학, 향장학, 화장품과학, 한의학과, 한약학과 등 화장품 관련 분야를 전공한 사람
⑤ 대학 등에서 학사이상의 학위를 취득한 사람으로서 간호학과, 간호과학과, 건강간호학과를 전공하고, 화학·생물학·유전학·유전공학·향장학·화장품과학·의학·약학 등 관련 과목을 20학점 이상 이수한 사람

✓ 전문대학 졸업자로서 화학, 생물학, 화학공학, 생물공학, 미생물학, 생화학, 생명과학, 생명공학, 유전공학, 향장학, 화장품과학, 한의학과, 한약학과 등 화장품 관련 분야를 전공한 후 화장품 제조 또는 품질관리 업무에 1년 이상 종사한 경력이 있는 사람

49 영업자의 의무사항으로 적절하지 않은 것은?

① 책임판매업자는 화장품 등에 관하여 품질관리기준의 사항을 준수해야 한다.
② 제조업자는 제조와 관련된 기록, 시설, 기구, 관리방법 등의 사항을 준수해야 한다.
③ 맞춤형화장품 판매업자는 판매장 시설·기구의 관리 방법을 준수해야 한다.

정답 45. ② 46. ④ 47. ① 48. ④ 49. ⑤

④ 맞춤형화장품 판매업자는 혼합·소분 안전관리 기준의 준수 의무사항을 준수해야 한다.
⑤ 책임판매업자는 혼합·소분되는 내용물 및 원료에 대한 설명 의무 등의 사항을 준수해야 한다.

✓ 맞춤형화장품 판매업자는
- 맞춤형화장품 판매장 시설·기구의 관리 방법
- 혼합·소분 안전관리기준의 준수 의무
- 혼합·소분되는 내용물 및 원료에 대한 설명 의무 등을 준수해야 한다.

50 **책임판매관리자 및 맞춤형화장품 조제관리사는 매년 화장품의 안정성 확보 및 품질관리에 대한 교육시간은 몇 시간인가?**

① 4시간   ② 5시간
③ 6시간 이하   ④ 7시간 이하
⑤ 4시간 이상, 8시간 이하

✓ 책임판매관리자 및 맞춤형화장품 조제관리사는 매년 화장품의 안정성 확보 및 품질관리에 대한 교육(4시간 이상, 8시간 이하)을 받아야 한다.

51 **변경등록을 해야 하는 경우로 바르지 않은 것은?**

① 제조소의 소재지 변경의 경우 시설의 명세서를 제출해야 한다.
② 책임판매관리자의 변경의 경우 책임판매관리자의 자격을 확인할 수 있는 서류를 제출해야 한다.
③ 등록관청을 달리하는 화장품제조소 또는 책임판매업소의 소재지 변경의 경우 새로운 소재지를 관할하는 지방식약청장에게 제출한다.
④ 제조유형 또는 책임판매 유형 변경의 경우 품질관리 및 책임판매 후 안전관리에 적합한 기준에 관한 규정 및 책임판매관리자의 자격을 확인할 수 있는 서류를 제출해야 한다.
⑤ 제조업 변경등록 신청서 또는 책임판매업 변경등록 신청서를 받은 행정처분은 행정정보의 공동이용을 통하여 법인등기사항증명서(법인인 경우만 해당)를 확인하여야 한다.

✓ 제조업 변경등록 신청서 또는 책임판매업 변경등록 신청서를 받은 지방식약청장은 행정정보의 공동이용을 통하여 법인등기사항증명서(법인인 경우만 해당)를 확인하여야 한다.

52 **과징금 부과 처분대상에 대한 내용으로 적절하지 않은 것은?**

① 기재·표시를 위반할 경우
② 제조업자 또는 제조판매업자가 변경등록(단, 제조업자의 소재지 변경은 제외)을 하지 아니한 경우
③ 제조업자 또는 제조판매업자가 자진회수계획을 통보하고 그에 따라 회수결과 국민보건에 나쁜 영향을 끼치지 않은 것으로 확인한 경우
④ 영업자가 신규로 품목을 제조 또는 수입하거나 휴업 등으로 1년간의 총생산금액 및 총수입금액을 기준으로 과징금을 산정하는 것이 불합리하다고 인정되는 경우
⑤ 제조업자 또는 제조판매업자가 이물질이 혼입 또는 부착된 화장품을 판매하거나 판매의 목적으로 제조·수입·보관 또는 진열하였으나 인체에 유해성이 없다고 인정되는 경우

✓ 영업자가 신규로 품목을 제조 또는 수입하거나 휴업 등으로 1년간의 총생산금액 및 총 수입금액을 기준으로 과징금을 산정하는 것이 불합리하다고 인정되는 경우에는 분기별 또는 월별 생산금액 및 수입금액을 기준으로 산정한다(업무정지 1개월은 30일을 기준으로 한다).

53 **3년 이하의 징역 또는 3천만 원 이하의 벌금에 처하는 자에 해당하지 않는 것은?**

① 거짓이나 그 밖의 부정한 방법으로 인증을 받은 경우
② 제조업 또는 책임판매업을 하려는 자는 각각 총리령으로 정하는 바에 따라 식약처장에게 등록을 한 자
③ 맞춤형화장품 판매업을 하려는 자는 총리령으로 정하는 바에 따라 식약처장에게 신고하지 아니한 자
④ 누구든지 인증을 받지 아니한 화장품에 대하여 인증을 받은 화장품에 대해서는 총리령으로 정하는 인증표시를 할 수 있다 에 따른 인증표시나 이와 유사한 표시를 한 경우
⑤ 기능성화장품의 심사 등 기능성화장품으로 인정받아 판매 등을 하려는 제조업자, 책임판매업자 또는 총리령으로 정하는 대학·연구소 등은 품목별로 안전성 및 유효성에 관하여 식약처장의 심사를 받거나 보고서를 제출하지 아니

정답 50. ⑤ 51. ⑤ 52. ④ 53. ②

한 경우

54 1년 이하의 징역 또는 1천만 원 이하의 벌금에 처하는 자에 해당하지 않는 것은?

① 제품별 안전성 자료를 작성 및 보관하지 아니한 경우
② 의약품으로 잘못 인식할 우려가 있는 표시 또는 광고를 하였을 경우
③ 기능성화장품이 아닌 화장품을 기능성화장품으로 잘못 인식할 우려가 있거나 기능성화장품의 안전성·유효성에 관한 심사결과와 다른 내용의 표시 또는 광고를 하였을 경우
④ 누구든지 다음 각 호의 어느 하나에 해당하는 화장품을 판매(수입대행형 거래를 목적으로 하는 알선·수여를 포함)하거나 판매할 목적으로 제조·수입·보관 또는 진열을 하였을 경우
⑤ 화장품 책임판매업자 및 맞춤형화장품 판매업자는 화장품을 판매할 때에는 어린이가 화장품을 잘못 사용하여 인체에 위해를 끼치는 사고가 발생하지 않도록 해야 하나 안전용기·포장을 사용하지 않은 경우

55 200만 원 이하의 벌금에 처하는 자로 적합하지 않은 것은?

① 표시사항을 위반한 자
② 총리령으로 정하는 사항을 준수하지 않은 자
③ 조치 또는 보고를 하여야 하는데 이를 위반한 자
④ 화장품의 1차 포장 또는 2차 포장에는 총리령으로 정하는 바에 따른 기재·표시사항을 위반한 경우
⑤ 화장품 책임판매업자 및 맞춤형화장품 판매업자는 화장품을 판매할 때에는 어린이가 화장품

을 잘못 사용하여 인체에 위해를 끼치는 사고가 발생하지 않도록 해야 하나 안전용기·포장을 사용하지 않은 경우

56 100만 원 이하의 과태료로서 일반기준으로 정하고 있지 않은 것은?

① 휴업 등의 신고를 위반하여 신고를 하지 아니한 자
② 보고와 검사 등에 따른 명령을 위반하여 보고를 하지 아니한 자
③ 화장품의 생산실적 또는 수입실적 또는 화장품 원료의 목록 등을 보고하지 아니한 자
④ 책임판매관리자 및 조제관리사는 중 화장품의 안전성 확보 및 품질관리에 관한 교육을 매년 받아야 하는 명령을 위반한 자
⑤ 동물실험을 실시한 화장품 등의 유통판매금지를 위반하여 동물실험을 실시한 화장품 또는 동물실험을 실시한 화장품 원료를 사용하여 제1조(위탁제조를 포함) 또는 수입한 화장품을 유통·판매한 자

57 식품의약처장의 행정처분 기준으로 적절하지 않은 것은?

① 영업자의 준수사항을 이행하지 아니한 경우
② 맞춤형화장품 판매업의 변경신고를 하지 않은 경우
③ 제조업 또는 책임판매업의 변경사항 등록을 하지 않은 경우
④ 국민보건에 위해를 끼쳤거나 끼칠 우려가 있는 화장품을 제조·수입한 경우
⑤ 화장품의 생산실적 또는 수입실적 또는 화장품 원료의 목록 등을 보고하지 아니한 자

정답 54. ④ 55. ⑤ 56. ① 57. ⑤

58 법 제5조의2 제1항을 위반하여 회수대상 화장품을 회수하지 않거나 회수하는 데 필요한 조치를 하지 않은 경우 제1차 행정처분 기준으로 옳은 것은?

① 시정명령
② 3개월
③ 6개월
④ 등록취소 또는 영업소 폐쇄
⑤ 판매 또는 제조업무정지 1개월

✓ 법 제5조의2 제1항을 위반하여 회수대상 화장품을 회수하지 않거나 회수하는데 필요한 조치를 하지 않은 경우-1차 위반(판매 또는 제조업무정지 1개월)

59 중지명령을 위반하여 화장품을 표시·광고를 한 경우 2차 행정처분 기준으로 옳은 것은?

① 시정명령
② 등록취소 또는 영업소 폐쇄
③ 해당품목 판매업무정지 3개월
④ 해당품목 판매업무정지 6개월
⑤ 해당품목 판매업무정지 12개월

✓ 중지명령을 위반하여 화장품을 표시·광고를 한 경우 벌칙: 1년 이하의 징역 또는 1천만 원 이하의 벌[법 제24조 제1항 제10호-관련법조문]-2차 위반(해당품목 판매업무정지 6개월)

【 단답형 】

01 다음 <보기>에서 ㉠㉡에 적합한 용어를 작성하시오.

> 화장품 법에 따라 화장품은 인체를 청결·미화하여 매력을 더하고 용모를 밝게 변화시키거나 (㉠)의 건강을 유지 또는 증진하기 위하여 인체에 바르고 문지르거나 뿌리는 등 이와 유사한 방법으로 사용되는 물품으로서 인체에 대한 작용이 (㉡) 것을 말한다.

답) _____

02 다음 <보기>에서 ㉠에 적합한 용어를 작성하시오.

> 만 5세 미만의 어린이가 개봉하기 어렵게 설계 고안된 (㉠)나 포장 등을 말한다.

답) _____

03 다음 <보기>에서 ㉠에 적합한 용어를 작성하시오.

> 맞춤형화장품 판매업소에서 제조 또는 수입된 화장품의 내용물에 다른 화장품의 내용물이나 식약처장이 정하는 원료를 추가하여 혼합하거나 제조 또는 수입된 화장품의 내용물을 소분하는 업무에 종사하는 자를 (㉠)라고 한다.

답) _____

04 다음 <보기>에서 ㉠㉡에 적합한 용어를 작성하시오.

> 유기농화장품이란 전체 제품성분 내 유기농 함량이 (㉠)% 이상의 함량과 이를 포함하는 천연물질 함량이 (㉡)% 이상이다.

답) _____

05 다음 <보기>에서 ㉠에 적합한 용어를 작성하시오.

> (㉠)는 맞춤형화장품의 혼합 또는 소분에 사용되는 내용물 및 원료의 제조번호와 혼합·소분 기록을 포함하여 맞춤형화장품 판매업자가 부여한 번호를 말한다.

답) _____

06 다음 <보기>에서 ㉠에 적합한 용어를 작성하시오.

> (㉠)이란 화장품의 전부 또는 일부를 제조(2차 포장 또는 표시만의 공정은 제외한다)하는 영업을 말한다.

답) _____

07 다음 <보기>에서 ㉠에 적합한 용어를 작성하시오.

> 제5조(영업자의 의무 등)
> 제5조 2항: 화장품책임판매업자는 화장품의 품질관리기준, 책임판매 후 안전관리기준, 품질검사 방법 및 실시의무, 안전성·유효성 관련 정보사항 등의 보고 및 안전대책 마련 의무 등에 관하여 (㉠)으로 정하는 사항을 준수하여야 한다.

답) _____

08 다음 <보기>에서 ㉠에 적합한 용어를 작성하시오.

> 제11조 제10호: 제품과 관련하여 국민보건에 직접 영향을 미칠 수 있는 안전성·유효성에 관한 새로운 자료, 정보사항(화장품 사용에 의한 부작용 발생사례를 포함한다) 등을 알게 되었을 때에는 (㉠)이 정하여 고시하는 바에 따라 보고하고, 필요한 안전대책을 마련해야 한다.

답) _____

09 다음 <보기>에서 ㉠에 적합한 용어를 작성하시오.

> • 수입화장품에 대한 품질검사를 하지 않아도 되는 경우
> - (㉠)이 정하는 바에 따라 (㉠)에게 수입화장품의 제조업자에 대한 현지실사를 신청
> • 수입화장품 품질검사 면제에 관한 규정
> - 현지 실사에 필요한 신청절차, 제출 서류 및 평가방법 등에 대하여는 (㉠)이 정하여 고시

답) _____

10 다음 <보기>에서 ㉠에 적합한 용어를 작성하시오.

> ① 폐업 및 휴업
> 영업자(제조업자, 책임판매업자, 맞춤형화장품 판매업자)는 다음 각 호의 어느 하나에 해당하는 경우에는 (㉠)에게 신고하여야 한다. 폐업 또는 휴업하려는 경우
> 휴업 또는 그 업을 재개하려는 경우(단, 휴업 기간이 1개월 미만이거나 그 기간 동안 휴업하였다가 그 업을 재개하려는 경우에는 예외이다)
> ② 폐업 및 휴업신고
> 영업자가 폐업 또는 휴업하거나 그 업을 재개하려는 경우 아래 서류를 첨부하여 (㉠)에게 제출해야 한다. 제조업 등록필증, 책임판매원 등록필증, 맞춤형화장품 판매원 신고필증을 첨부하여 별지 제11호 서식의 신고서(전자문서로 된 신고서를 포함) 작성 후 제출

답) _____

11 다음 <보기>에서 ㉠에 적합한 용어를 작성하시오.

> * 200만 원 이하의 벌금에 처하는 자
> 가. (㉠)으로 정하는 사항을 준수하지 않은 자
> ① 제조업자는 화장품의 제조와 관련된 기록·시설·기구 등 관리방법, 원료·자재·완제품 등에 대한 시험·검사·검정 실시 방법 및 의무 등

정답 05. 식별번호 06. 화장품 제조업 07. 총리령 08. 식약처장 09. 식약처장 10. 식약처장 11. 총리령

② 책임판매업자는 화장품의 품질관리기준, 책임판매 후 안전관리기준, 품질검사 방법 및 실시 의무, 안전성·유효성 관련 정보사항 등의 보고 및 안전대책 마련 의무 등

③ 맞춤형화장품 판매업자는 맞춤형화장품 판매장 시설·기구의 관리방법, 혼합·소분 등 안전관리기준의 준수의무, 혼합·소분되는 내용물 및 원료에 대한 설명 의무 등

나. 조치 또는 보고를 하여야 하는데 이를 위반한 자

④ 영업자는 국민보건에 위해를 끼치거나 끼칠 우려가 있는 화장품이 유통 중인 사실을 알게 된 경우 - 지체 없이 해당 화장품을 회수하거나 회수하는 데에 필요한 조치를 위반한 경우

⑤ 화장품을 회수하거나 회수하는 데에 필요한 조치를 하려는 영업자는 회수계획을 식약처장에게 미리 보고해야 함을 위반한 경우

답) _____

12 다음 <보기>에서 ㉠에 적합한 용어를 작성하시오.

(㉠)은 행정청이 어떠한 처분을 하기 전에 당사자 등의 의견을 직접 듣고 증거를 조사하는 절차이다.

- 행정절차법에 따라 지방식약청장이 처분 사전통지서와 의견제출서를 행정처분대상(화장품 영업자)에게 보내야 한다.
- 화장품 영업자는 기한 내에 받은 의견제출서를 작성하여 제출해야 한다.

답) _____

Chapter 2. 개인정보보호법

이 법은 개인정보의 처리 및 보호에 관한 사항을 정함으로써 개인의 자유와 권리를 보호하고 나아가 개인의 존엄과 가치를 구현함을 목적으로 한다(개인정보법 제1조).

Section 01 고객 관리 프로그램 운용

개인정보보호법에서 사용되는 개인정보, 처리, 정보주체, 개인정보파일, 개인정보처리자, 공공기관, 영상정보처리기기 등 관련된 용어의 정의는 다음과 같다.

1) 고객관리 및 프로그램 운용

고객과의 관계 강화를 통해 효율적으로 고객을 관리하는 데 필수적인 정보를 모두 정리하는 질 높은 서비스를 제공하는 경영방법이다.

용어의 정의

구분	용어 정의
개인정보	· 살아 있는 개인에 관한 정보로서 성명, 주민등록번호 및 영상 등을 통하여 개인을 알아볼 수 있는 정보 - 해당 정보만으로는 특정 개인을 알아볼 수 없더라도 다른 정보와 쉽게 결합하여 알아볼 수 있는 것을 포함함 → 성명, 주민등록번호, 지문, 영상, 이름+전화번호, 이름+주소, 이름+주소+전화번호 등
처리	· 개인정보의 수집, 생성, 연계, 연동, 기록, 저장, 보유, 가공, 편집, 검색, 출력, 정정(訂正), 복구, 이용, 제공, 공개, 파기(破棄), 그 밖에 이와 유사한 행위를 말함
정보주체	· 처리되는 정보에 의하여 알아볼 수 있는 사람으로서 그 정보의 주체가 되는 사람을 말함
개인정보처리자	· 업무를 목적으로 개인정보파일을 운용하기 위하여 스스로 또는 다른 사람을 통하여 개인정보를 처리하는 공공기관, 법인, 단체 및 개인 등을 말함
개인정보파일	· 개인정보를 쉽게 검색할 수 있도록 일정한 규칙에 따라 체계적으로 배열하거나 구성한 개인정보의 집합물(集合物)을 말함
공공기관	· 다음 각 목의 기관을 일컬음 - 국회, 법원, 헌법재판소, 중앙선거관리위원회의 행정사무를 처리하는 기관, 중앙행정기관(대통령 소속기관과 국무총리 소속기관을 포함) 및 그 소속기관, 지방자치단체 - 그 밖의 국가기관 및 공공단체 중 대통령령으로 정하는 장치를 말함
영상정보처리기기	· 일정한 공간에 지속적으로 설치되어 사람 또는 사물의 영상 등을 촬영하거나 이를 유·무선망을 통하여 전송하는 장치로서 대통령령으로 정하는 장치를 말한다.
그 외	· 개인정보보호 책임자 - 개인정보의 처리 업무를 총괄하는 책임자 · 개인정보취급자 - 개인정보처리자의 지위, 감독으로 처리하는 임직원, 파견근로자, 시간제근로자 등 · 민감정보 - 정보주체의 사생활을 침해할 우려가 있는 개인정보→ 사상, 신념, 정치적 견해, 건강, 유전정보 등 · 고유식별정보 - 개인을 고유하게 구별하기 위해 부여된 식별 정보→ 주민등록번호, 운전면허번호, 여권번호, 외국인등록번호 등

① 영상정보처리기기의 범위(시행령 제3조)

법 제2조(정의)7호 "대통령령으로 정하는 장치"는 다음 장치를 말한다.

폐쇄회로 텔레비전	네트워크 카메라
· 일정한 공간에 지속적으로 설치된 카메라를 통하여 영상 등을 촬영하거나 촬영한 영상정보를 유·무선 폐쇄회로 등의 전송로를 통하여 특정 장소에 전송하는 장치 · 위 내용에 따라 촬영하거나 전송된 영상정보를 녹화·기록할 수 있도록 하는 장치	· 일정 공간에 지속적으로 설치된 기기로 촬영한 영상정보를 그 기기를 설치·관리하는 자가 유·무선 인터넷을 통하여 어느 곳에서나 수집·저장 등을 처리할 수 있도록 하는 장치 · 별다른 장비없이 카메라에 공유기만 연결하여 사용하는 감시카메라 또는 IP카메라라고도 함

② 고객관리(Customer relations)

소비자들을 자신의 고객으로 만들고 이를 장기간 유지하고자 하는 경영방식으로 4가지 측면에서 살펴볼 수 있다.

지속적인 관계

• 습관적으로 자사의 제품이나 서비스를 구매하도록 하는 마케팅 행위이다.

개별 특성에 따른 고객관리

• 개별적인 고객에 대한 1:1 마케팅과 서비스행위이다.

정보기술에 의한 고객관리

• 데이터 베이스를 이용하여 고객의 정보를 관리하는 기술이다.

기대효과

· 휴면고객 활성화 · 고객관계 강화를 통한 수익성 증대 · 타켓 마케팅 가능 · 고객수의 기여도에 따른 전략 수집	· 교차판매, 상향판매, 재판매 등을 통한 고객 가치 증대 · 잠재고객의 프로파일 정보를 이용한 전략적 영업정보화 · 우량고객의 이탈방지

전사적 차원에서의 고객관리

• 전사적 관점에서 통합된 고객관련 정보를 집중관리하고 이를 세분화함으로써 장기적인 관계를 형성하기 위한 제반 전략과 이를 지원하는 시스템이다.

☑ **DBM(Database marketing):** 마케팅 분석과 전략을 수립하기 위하여 데이터베이스를 이용하는 것

☑ **개인정보:** 데이터 웨어하우스[①], 데이터 마이닝[②] 등 분석작업을 수행함

① 데이터 웨어하우스: 정보(Data)와 창고(Ware house)의 합성어이다. 데이터베이스란 여기저기 흩어져 있는 데이터 테이블을 연결하여 관리하는 방법론임에 반해 데이터 웨어하우스는 방대한 조직 내에서 분산 운영되는 각각의 데이터베이스 관리시스템을 효율적으로 통합하여 조정·관리한다.

② 데이터 마이닝: 데이터 베이스 내에서 어떠한 방법(순차 패턴, 유사성 등)에 의해 관심 있는 지식을 찾아내는 과정이다.

2) 개인정보보호 원칙 및 정보주체의 권리(개인정보보호법 제3조·4조)

개인정보처리자는 개인정보의 처리목적을 명확하게 하여야 하고 그 목적에 필요한 범위에서 최소한의 개인정보만을 적법하고 정당하게 수집해야 한다. 또한 정보주체는 자신의 개인정보처리와 관련하여 다음과 같은 권리를 갖는다.

개인정보처리자(제3조)	정보주체의 권리(제4조)
<개인정보처리자는> · 개인정보의 **처리목적**을 명확하게 해야 한다. - 그 목적에 필요한 범위에서 최소한의 고객정보만을 적법하고 정당하게 수집해야 한다. · 개인정보의 **처리목적에 필요한 범위**에서 적합하게 개인정보를 처리해야 한다. - 그 목적 외의 용도로 활용해서는 안 된다. · 개인정보의 처리목적에 필요한 범위에서 - 개인정보의 **정확성, 완전성 및 최신성**이 보장되도록 해야 한다. · 개인정보의 처리방법 및 종류 등에 따라 정보주체의 권리가 침해받을 가능성과 그 위험정도를 고려하여 - 개인정보를 안전하게 관리하여야 한다. · 개인정보처리 방침 등 고객정보의 처리에 관한 사항을 공개해야 하며 열람청구권 등 정보주체의 권리를 보장해야 한다. · 정보주체의 **사생활 침해를 최소화하는 방법**으로 개인정보를 처리해야 한다. · **개인정보의 익명처리**가 가능한 경우에는 익명에 의해 처리해야 한다. · 이 법 및 관계 법령에서 규정하고 있는 책임과 의무를 준수하고 실천함으로써 - 정보주체의 신뢰를 얻기 위하여 노력해야 한다.	<개인정보의 처리에 대한> · 정보의 주체는 자신의 개인정보처리와 관련하여 다음 각 호의 권리를 가진다. · 정보를 제공받을 권리[①] · 동의여부, 동의 범위 등을 선택하고 결정할 권리[②] · 여부를 확인하고 개인정보에 대하여 열람[③](사본의 발급을 포함한다. 이하 같다)을 요구할 권리 · 정지, 정정·삭제 및 파기를 요구할 권리[④] · 발생한 피해를 신속하고 공정한 절차에 따라 구제받을 권리[⑤]

☑ **개인정보보호 원칙** ✏️

· 처리목적의 명확화, 목적 내에서 적법하게 정당하게 최소수집 · 처리목적 내에서 처리목적 외 활용금지 · 처리목적 내에서 정확성, 완전성, 최신성 보장 · 정보주체의 권리침해 위험성 등을 고려하여 안전하게 관리	· 개인정보처리사항 공개, 정보주체의 권리보장 · 사생활 침해 최소화 방법으로 처리 · 가능한 경우 익명처리 · 개인정보처리자의 책임준수, 정보주체의 신뢰성 확보

① 국가 등의 책무(법 제5조)

<국가와 지방자치단체는>⭐

- 개인정보의 목적 외 수집, 오용·남용 및 무분별한 감시·추적 등에 따른 폐해를 방지하여 인간의 존엄과 개인의 사생활 보호를 도모하기 위한 시책을 강구해야 한다.

- 정보주체의 권리를 보호(제4조)하기 위하여 법령의 개선 등 필요한 시책을 마련하여야 한다.

- 개인정보처리에 관한 불합리한 사회적 관행을 개선하기 위하여 개인정보처리자의 자율적인 개인정보보호 활동을 존중하고 촉진·지원해야 한다.

- 개인정보처리에 관한 법령 또는 조례를 제정하거나 개정하는 경우에는 이 법의 목적에 부합되도록 하여야 한다.

3) 개인정보 내부관리 계획수립

고객관리프로그램 운용 시 「개인정보보호법」 및 같은 법 시행령에 따라 개인정보처리자가 개인정보를 처리함에 있어서 개인정보가 분실, 도난, 유출, 변조, 훼손되지 아니하도록 안전성을 확보하기 위한 기술적, 관리적, 물리적 계획을 수립·조치해야 한다.

Section 02 개인정보보호법에 근거한 고객정보입력

1) 개인정보의 수집·이용·제공 등

(1) 개인정보의 수집·이용(법 제15조)

① **1항** 개인정보처리자는 다음 각 호의 하나에 해당하는 경우에 개인정보를 수집할 수 있으며, 그 수집 목적의 범위에서 이용할 수 있다.

정보주체의 동의를 받은 경우 ✏

불가피한 경우	필요하다고 인정되는 경우
· 법률에 특별한 규정이 있거나 법령상 의무를 준수하기 위하여 · 공공기관이 법령 등에서 정하는 소관 업무의 수행을 위하여 · 정보주체와의 계약 체결 및 이행을 위하여	· 개인정보 또는 그 법정 대리인이 의사표시를 할 수 없는 상태에 있는 경우 · 주소 불명 등으로 사전 동의를 받을 수 없는 경우로서 → 명백히 정보주체 또는 제3자의 급박한 생명, 신체, 재산의 이익을 위하여 필요하다고 인정되는 경우 · 개인정보는 개인정보처리자의 정당한 이익을 달성하기 위하여 필요한 경우로서 - 명백하게 정보주체의 권리보다 우선하는 경우 - 개인정보처리자의 정당한 이익과 상당한 관련이 있고 합리적인 범위를 초과하지 않은 경우를 제한

5천만 원 이하의 과태료(개인정보의 수집·이용이 가능한 경우를 위반 시)

• 정보주체의 동의를 받은 경우

- 동의를 받을 때 고지 의무사항인 수집·이용목적[1] 수집항목[2], 보유·이용기간[3], 동의 거부권리 및 동의거부 시 불이익 내용[4]

• 법률에 특별한 규정이 있거나 법령상 의무를 준수하기 위하여 불가피한 경우

• 공공기간이 법령 등에서 정하는 소관 업무의 수행을 위하여 불가피한 경우

• 정보주체와의 계약의 체결 및 이행을 위하여 불가피하게 필요한 경우

• 정보주체 또는 제 3자의 급박한 생명, 신체, 재산의 이익을 위하여 필요하다고 인정되는 경우

• 개인정보처리자의 정당한 이익을 달성하기 위하여 필요한 경우로서 명백하게 정보주체의 권리보다 우선하는 경우

② **2항** 개인정보처리자는 정보주체의 동의를 받았을 때는 다음 각 호의 사항을 정보주체에게 알려야 한다. 다음 내용 중 어느 하나의 <u>사항을 변경하는 경우</u>에도 이를 알

리고 동의를 받아야 한다.

- 다음 사항^{①~⑤}중 어느 하나를 변경하는 경우에도 이를 알리고 동의를 받아야 한다.

· 개인정보의 수집·이용 목적^① · 수집하려는 개인정보에 관한 항목^② · 개인정보에 관한 보유 및 이용기간^③	· 동의를 거부할 권리가 있다는 사실^④ · 동의 거부에 따른 불이익이 있는 경우에 그 불이익의 내용^⑤

(2) 개인정보의 수집 제한(법 제16조)

개인정보처리자는

- 제15조 1항에 해당하는 개인정보를 수집하는 경우, 그 목적에 필요한 최소한의 개인정보를 수집해야 한다.
- 정보주체의 동의를 받아 개인정보를 수집하는 경우로서
- 필요한 최소한의 정보 외에 개인정보 수집에는 동의하지 않을 수 있다는 사실을 구체적으로 알리고 개인정보를 수집해야 한다.
- 정보주체가 필요한 최소한의 정보 외의 개인정보 수집에 동의하지 않는다는 이유로서
- 정보주체에게 재화 또는 서비스의 제공을 거부해서는 안 된다.

(3) 개인정보의 제공(법 제17조)

개인정보처리자는

① **1항** 정보주체의 개인정보를 제 3자에게 다음 사항을 제공(공유를 포함, 이하 같다)할 수 있다.

- 정보주체의 동의를 받았을 경우
- 개인정보를 수집한 목적 범위에서 개인정보를 제공하는 경우(제15조 제1항 제2·3호 및 5호)

② **2항** 정보주체의 동의를 받는 경우 다음 사항을 정보주체에게 알려야 한다(다음 사항을 변경하는 경우에도 이를 알리고 동의를 받아야 한다).

· 개인정보를 제공받음^① · 개인정보를 제공받는 자의 개인정보 이용목적^② · 제공하는 개인정보의 항목^③	· 개인정보를 제공받는 자의 개인정보 보유 및 이용기간^④ · 동의를 거부할 권리가 있다는 사실 및 동의 거부에 따른 불이익이 있는 경우에는 그 불이익의 내용^⑤

③ **3항** 개인정보를 국외의 제 3자에 제공할 때에는 2항 각 호^{①~⑤}에 따른 사항을

- 정보주체에게 알리고 동의를 받아야 한다.
- 이 법을 위반하는 내용으로 개인정보의 국외 이전에 관한 계약을 체결해서는 안 된다.
- 개인정보를 제공받은 자의 이용·제공 제한(법 제19조)에서 다음 경우를 제외하고 개인정보를 목적 외에 이용하거나 이를 제 3자에게 제공하여서는 안 된다.

- 정보주체인 고객으로부터 별도의 동의를 받은 경우
- 다른 법률에 특별한 규정이 있는 경우

(4) 개인정보의 목적 외 이용·제공 제한(법 제18조)

① **1항** 개인정보처리자는 개인정보를 개인정보의 수집·이용에 따른 다음 사항범위를 초과하여 이용하거나 개인정보의 제공에 따른 정보주체의 개인정보 범위를 초과하여 제 3자에게 제공하여서는 안 된다.

· 정보주체로부터 별도의 동의를 받는 경우[1]	· 개인정보를 목적 외의 용도로 이용되거나 이를 제3자에게 제공하지 않으면 다른 법률에서 정하는 소관업무를 수행할 수 없는 경우로서
· 다른 법률에 특별한 규정이 있는 경우[2]	- 보호위원회의 심의·의결을 거친 경우[5]
· 정보주체 또는 그 법정 대리인이 의사표시를 할 수 없는 상태에 있거나 주소불명으로 사전동의를 받을 수 없는 경우로서	· 조약 그 밖의 국제협정의 이행을 위하여 외국정부 또는 국제기구에 제공하기 위하여 필요한 경우[6]
- 명백히 정보주체 또는 제3자의 급박한 생명, 신체, 재산의 이익을 위하여 필요하다고 인정되는 경우[3]	· 범죄의 수사와 공소의 제기 및 유지를 위하여 필요한 경우[7]
· 통계 작성 및 학술연구 등의 목적을 위해 필요한 경우로서	· 법원의 재판업무 수행을 위해 필요한 경우[8]
- 특정 개인을 알아볼 수 없는 형태로 개인정보를 제공하는 경우[4]	· 형(刑) 및 감호·보호처분의 집행을 위해 필요한 경우[9]

② **2항** 개인정보처리자는 1항에도 불구하고 다음 <u>각 호</u>[1~9]의 어느 하나에 해당하는 경우에는 정보주체 또는 제 3자의 이익을 부당하게 침해할 우려가 있을 때를 제외하고는 개인정보를 목적 외의 용도로 이용하거나 이를 제 3자에게 제공할 수 있다(단, [5]~[9]까지의 경우는 공공기관의 경우로 한정함).

③ **3항** 개인정보처리자는 정보주체로부터 별도의 동의를 받을 때에는 다음 <u>각 호</u>[1~5]의 사항을 정보주체에 알려야 한다(단, 다음 사항을 변경하는 경우에도 이를 알리고 동의를 받아야 함).

· 개인정보를 제공받는자[1]	· 개인정보의 이용목적(제공 시 제공받는 자의 보유 및 이용기간을 말함)[4]
· 개인정보의 이용목적(제공 시에는 제공받는 자의 이용목적을 말한다)[2]	· 동의를 거부할 권리가 있다는 사실 및 동의 거부에 따른 불이익이 있는 경우에는
· 이용 또는 제공하는 개인정보의 항목[3]	- 그 불이익의 내용[5]

④ **4항** 공공기관은 2항[2~5]까지 [8~9]에 따라 개인정보를 목적 외의 용도로 이용하거나 이를 제 3자에게 제공하는 경우에는

- 그 이용 또는 제공의 법적근거, 목적 및 범위 등에 관해 필요한 사항을 행정안전부령(이하 행안부라 칭함)으로 정하는 바에 따라 관보 또는 인터넷 홈페이지 등에 게재해야 함

⑤ **5항** 개인정보처리자는 2항 <u>각 호</u>[1~9]의 어느 하나의 경우에 해당하여 개인정보를 목

적 외의 용도로 제 3자에게 제공하는 경우에는

- 개인정보를 제공받는 자에게 이용목적, 이용방법, 그 밖의 필요한 사항에 대하여 제한하고
- 개인정보의 안전성 확보를 위하여 필요한 조치를 해야 함

(5) 개인정보를 제공받는 자의 이용·제공 제한(법 제19조)

① **1항** 개인정보처리자로부터 개인정보를 제공받은 자는 정보주체로부터 별도의 동의를 받는 경우[①], 다른 법률에 특별한 규정이 있는 경우[②]를 제외하고는 개인정보를 제공받은 <u>목적 외의 용도를 이용하거나 이를 제 3자에게 제공해서는 안 된다.</u>

② **2항** 다음 사항을 위반하였을 시 3천만 원 이하의 과태료 처분(개인정보수집 제한)

· 필요한 최소한의 개인정보수집[①] · 최소한의 개인정보 수집이라는 입증책임은 개인정보처리자가 부담[②]	· 필요한 최소한의 정보 외의 개인정보 수집에는 동의 거부가능[③] · 최소한의 정보 외의 개인정보 수집에 동의하지 않는다는 이유로 정보주체에게 재화 또는 서비스의 제공을 거부금지[④]

(6) 정보주체 이외로부터 수집한 개인정보의 수집출처 등 고지(법 제20조)

① **1항** 개인정보처리자가 정보주체 이외로부터 수집한 개인정보를 처리하는 때에는 정보주체의 요구가 있으면 즉시 개인정보의 수집출처[①], 개인정보의 처리목적[②], 개인정보 처리의 정지[③](법 제37조) 등을 요구할 권리가 있다는 사실과 관련된 <u>모든 사항을 정보주체</u>에게 알려야 한다.

② **2항** 1항에도 불구하고 처리하는 개인정보의 종류, 규모, 종업원 수 및 매출액 규모 등을 고려하여 대통령령으로 정하는 기준에 해당하는 개인정보처리자가 개인정보의 제공(법 제17조)에 따라 정보주체 이외로부터 개인정보를 수집하여 처리하는 때에는 1항[①], [②,③]의 모든 사항을 정보주체에게 알려야 한다(단, 개인정보처리자가 수집한 정보에 연락처 등 정보주체에게 알릴 수 있는 개인정보가 포함되지 않은 경우에는 그렇지 않다).

③ **3항** 2항 본문에 따라 알리는 경우 정보주체에게 알리는 시기·방법 및 절차 등은 필요사항은 대통령령으로 정한다.

④ **4항** 1항과 2항의 본문은 고지를 요구하는 대상이 되는 개인정보가 개인정보보호인증(법 제32조 제2항) <u>각 호</u>의 어느 하나에 해당하는 개인정보파일에 포함되어 있는 경우에는 다음 사항을 적용하지 않는다(단, 이법에 따른 정보주체의 권리보다 명백히 우선하는 경우에 한함).

- 고지로 인하여 다른 사람의 생명·신체를 해할 우려가 있는 경우[1], 다른 사람의 재산과 그 밖의 이익을 부당하게 침해할 우려가 있는 경우[2]

☑ 민감정보의 범위(시행령 제18조)

- 각 호 외의 부분 본문에서 "대통령으로 정하는 정보"란(법 제23조 제1항)
- 유전자검사 등의 결과로 얻어진 유전정보[1] (1호) / - 범죄경력 자료에 해당하는 정보 중 하나에 해당[2] (2호)
- 규정에 따라 다음 각 호의 어느 하나에 해당하는 정보를 처리하는 경우에 해당 정보는 제외한다.
- 개인정보를 목적 외의 용도로 이용하거나 이를 제 3자에게 제공하지 아니하면 다른 법률에서 정하는 소관업무를 수행할 수 없는 경우로서 보호위원회의 심의·의결을 거친 경우[3] (3호)
- 조약, 그 밖의 국제협정의 이행을 위하여 외국정부 또는 국제기구에 제공하기 위해 필요한 경우[4] (4호)
- 범죄의 수사와 공소의 제기 및 유지를 위하여 필요한 경우[5] (5호) / - 법원의 재판업무 수행을 위하여 필요한 경우[6] (6호)
- 형(形) 및 감호, 보호처분의 집행을 위하여 필요한 경우[7] (7호)

☑ 고유식별정보의 범위(시행령 제19조)

- 각 호 외의 부분 본문에서 "대통령으로 정하는 정보"란 다음 각 호에의 어느 하나에 해당하는 정보를 말한다[단, 공공기관이 법 제18조 제2항 5호~9호까지의 규정에 따라 다음 각 호의 어느 하나에 해당하는 정보를 처리하는 경우에 해당 정보는 제외함(법 제24조 제1항)].
1호. 주민등록번호[1] / 2호. 여권번호[2] / 3호. 운전면허의 면허번호[3] / 4호. 외국인등록번호[4]
- 개인정보처리자는 다음 각 호의 경우를 제외하고는 법령에 따라 고객을 고유하게 구별하기 위하여 부여된 식별정보로서 대통령령으로 정하는 정보(이하 "고유식별정보"라 한다)를 처리할 수 없다(법 제24조 제1항).
- 정보주체에게 제15조 제2항(이용기관 또는 제공받은 기관의 명칭) 각 호 또는 제17조 제2항 각 호의 사항을 알리고 다른 개인정보의 처리에 대한 동의와 별도로 동의를 받은 경우[1] (1호)
- 법령에서 구체적으로 고유식별정보의 처리를 요구하거나 허용하는 경우[2] (2호)
- 개인정보"대통령령으로 정하는 중요한 내용"이란 다음 사항을 포함한다.
- 개인정보의 수집·이용 목적 중 재화나 서비스의 홍보 또는 판매 권유 등을 위하여 해당 개인정보를 이용하여 정보주체에게 연락할 수 있다는 사실[1]
- 처리하려는 개인정보의 항목 중 다음 각 목의 사항
가목. 제18조에 따른 민감정보[1]
나목. 제19조 2호~4호까지의 규정에 따른 여권번호, 운전면허의 면허번호 및 외국인등록번호[2]
다목. 개인정보의 보유 및 이용기간(제공 시 제공받는 자의 보유 및 이용기간을 말함)[3]
라목. 개인정보를 제공받는 자 및 이의 개인정보 이용목적[4]

(7) 개인정보의 파기(법 제21조)

개인정보처리자

① **1항** 개인정보 보유기간의 경과, 개인정보의 처리목적 달성 등 그 개인정보가 불필요하게 되었을 때에는 지체 없이 그 개인정보를 파기해야 한다(단, 다른 법령에 따라 보존규정이 있을 시 보존 가능함).

② **2항** 1항에 따라 개인정보를 파기할 때에는 복구 또는 재생되지 않도록 조치해야 한다.

③ **3항** 1항 단서에 따라 개인정보를 파기하지 않고 보존해야 할 경우에는 해당 개인정보 또는 개인정보파일을 다른 개인정보와 분리해서 저장·관리해야 한다.

④ **4항** 개인정보의 파기방법 및 절차 등에 필요한 사항은 대통령령으로 정한다.

파기방법	파기절차
·기록물·인쇄물·서면·기록매체 등 - 파쇄 또는 소각, 전자적 파일형태는 복원이 불가능한 방법으로 영구삭제함	·개인정보처리자가 개인정보의 파기에 관한 사항을 기록 및 관리하고 개인정보처리자가 개인정보파기 시행 후 파기결과를 확인해야 함

(8) 동의를 받는 경우(법 제22조)

개인정보처리자

① **1항** 이 법에 따른 개인정보의 처리에 대하여 정보주체(6항에 따른 법정 대리인을 포함, 이하 이 조에서 같다)의 동의를 받을 때에는 각각의 동의 사항을 구분하여 정보주체가 이를 명확하게 인지할 수 있도록 알리고 각각 동의를 받아야 한다.

알아두기!

☑ **정보주체로부터 별도의 동의를 받는 경우(시행령 제17조)**

① 개인정보처리자는 동의를 받는 방법에 따라 개인정보 처리에 대하여 다음 각 호에 해당하는 방법으로 정보주체의 동의를 받아야 한다(법 제22조).
- 동의 내용이 적힌 서면을 정보주체에게 직접 발급하거나 우편 또는 팩스 등의 방법으로 전달하고 정보주체가 서명하거나 날인한 동의서를 받는 방법
- 전화를 통하여 동의 내용을 정보주체에게 알리고, 동의의 의사표시를 확인하는 방법
- 전화를 통하여 동의 내용을 정보주체에게 알리고, 정보주체에게 인터넷 주소 등을 통하여 동의 사항을 확인하도록 한 후, 다시 전화를 통하여 그 동의 사항에 대한 동의의 의사표시를 확인하는 방법
- 인터넷 홈페이지 등에 동의 내용을 게재하고 정보주체가 동의 여부를 표시하도록 하는 방법
- 동의 내용이 적힌 전자우편을 발송하여 정보주체로부터 동의의 의사표시가 적힌 전자우편을 받는 방법
- 그 밖에 위 내용의 규정에 따른 방법에 준하는 동의 내용을 알리고 동의의 의사표시를 확인하는 방법

② "대통령령으로 정하는 중요한 내용"이란 다음 각 호의 사항을 말한다(법 제22조 제2항).
- 개인정보의 수집·이용 목적 중 재화나 서비스의 홍보 또는 판매 권유 등을 위하여 해당 개인정보를 이용하여 정보주체에게 연락할 수 있다는 사실
- 처리하려는 개인정보의 항목 중 다음 각 목의 사항
  - 제18조에 따른 민감정보
  - 제19조에 2호~4호까지의 규정에 따른 여권번호, 운전면허의 면허번호 및 외국인등록번호

③ 개인정보처리자는 만 14세 미만 아동의 법정 대리인의 동의를 받기 위하여 해당 아동으로부터 직접 법정 대리인의 성명·연락처에 관한 정보를 수집할 수 있다(법 제22조 제6항).

② **2항** 1항의 동의를 서면(전자문서 포함)으로 받을 때에는 개인정보의 수집·이용·목

적·수집 이용하려는 개인정보의 항목을 대통령령으로 정하는 중요한 내용을 행안부령으로 정하는 방법에 따라 명확히 표시하여 알아보기 쉽게 해야 한다.

③ 3항 정보주체의 동의를 받은 경우(제15조 제1항 제1호, 제17조 제1항 제1호, 제23조 제1항 제2호 및 제24조 제1항 제1호)에 따라 개인정보의 처리에 대하여 정보주체의 동의를 받을 때에는 정보주체와의 계약체결 등을 위해 구분해야 한다.

- 정보주체의 동의 없이 처리할 수 있는 개인정보
- 정보주체의 동의가 필요한 개인정보(이 경우, 동의 없이 처리할 수 있는 개인정보라는 입증책임은 개인정보처리자가 부담한다).

④ 4항 정보주체에게 재화나 서비스를 홍보하거나 판매를 권유하기 위해 개인정보의 처리에 대한 동의를 받으려는 때에는 정보주체가 이를 명확하게 인지할 수 있도록 알리고 동의를 받아야 한다.

⑤ 5항 정보주체가 3항에 따라 선택적으로 동의할 수 있는 사항을 동의하지 아니하거나 동의를 하지 않는다는(4항 및 제18조 제2항 제1호) 이유로 정보주체에게 재화 또는 서비스의 제공을 거부해서는 안 된다.

⑥ 6항 만 14세 미만 아동의 개인정보를 처리하기 위해 이 법에 따른 동의를 받아야 할 때에는, 그 법정 대리인의 동의 없이 해당 아동으로부터 직접 수집할 수 있다.

⑦ 7항 위 1항~6항까지에서 규정한 사항 외에 정보주체의 동의를 받는 세부적인 방법 및 6항에 따른 최소한의 정보 내용에 관하여 필요한 사항은 개인정보의 수집매체 등을 고려하여 대통령령으로 정한다.

☑ 개인정보 동의서 명확한 표시사항(서면동의 시 중요 내용)
• 개인정보 수집·이용 목적 중 재화와 서비스의 홍보 및 판매권유. 기타 이와 관련된 목적으로 개인정보를 이용하여 정보주체에게 연락할 수 있다는 사실을 인지할 수 있도록 알리고 동의를 받음
• 개인정보 및 민감정보·고유식별정보
• 개인정보를 제공받는 자의 개인정보 이용목적
• 개인정보의 보유 및 이용기간
• 만 14세 미만 아동의 개인정보를 처리하기 위해 이 법에 따른 동의를 받아야 할 때
- 그 법정 대리인의 동의 필요

2) 개인정보의 처리

(1) 개인정보의 목적 외 이용 또는 제3자 제공의 관리(시행령 제15조)

공공기관은 법 제18조 제2항 각 호에 따라 개인정보를 목적 외의 용도로 이용하거나 이를 제3자에게 제공하는 경우에는 다음 각 호의 사항을 행안부령으로 정하는 개인정보의 목적 외 이용 및 제3자 제공 대장에 기록하고 관리하여야 한다.

- 이용하거나 제공하는 개인정보 또는 개인정보 파일의 명칭[1] (1호)

- 이용기관 또는 제공받는 기관의 명칭[2] (2호) / 이용목적 또는 제공받는 목적[3] (3호)

- 이용 또는 제공의 법적 근거[4] (4호) / 이용하거나 제공하는 개인정보의 항목[5] (5호)

- 이용 또는 제공의 날짜 주기 또는 기간[6] (6호) / 이용하거나 제공하는 형태[7] (7호)

- 법 제18조 제5항에 따라 제한을 하거나 필요한 조치를 마련할 것을 요청한 경우에는 그 내용[8] (8호)

(2) 5년 이하의 징역 또는 5천만 원 이하의 벌금형

개인정보 수집 목적 범위 내에서 제 3자에게 제공이 가능한 경우는 정보주체의 동의를 받은 경우, 불가피한 경우이며 위반 시 벌칙규정은 다음과 같다.

정보주체 동의 시 (동의 받을 시 고지의무사항)	불가피한 경우(수집목적 범위 내에서 제공)
· 개인정보를 제공받는 자 · 제공받는 자의 개인정보 이용목적 · 제공하는 개인정보의 항목 · 제공받는 자의 개인정보 보유·이용기간 · 동의 거부 권리 및 동의 거부 시 불이익 내용	· 법률의 특별한 규정, 법령상 의무준수를 위해 불가피한 경우 **예** 보험업법 등 · 공공기관이 법령 등에서 정한 소관 업무를 위해 불가피한 경우 **예** 소득세법, 학원의 설립·운영 및 과외교습에 관한 법률 등 · 정보주체 등의 급박한 생명·신체·재산의 이익을 위해 필요한 경우 **예** 정부조직법·주민등록법·의료법·국민건강보험법 등

- 법 제18조 5항 개인정보처리자는 2항 각 호의 어느 하나의 경우에 해당하여 개인정보를 목적 외의 용도로 제 3자에게 제공하는 경우에는 개인정보를 제공받는 자에게 이용목적, 이용방법, 그 밖에 필요한 사항에 대하여 제한을 하거나[1], 개인정보의 안전성 확보를 위하여 필요한 조치를 마련하도록 요청[2]하여야 한다(단, 요청을 받은 자는 개인정보의 안전성 확보를 위하여 필요한 조치를 해야 함).

(3) 개인정보의 수집 출처 등 고지 대상·방법·절차

- 대통령령으로 정하는 기준에 해당하는 개인정보처리자란

- 5만 명 이상의 정보주체에 관하여 민감정보 또는 고유식별정보를 처리하는 자

- 100만 명 이상의 정보주체에 관하여 개인정보를 처리하는 자

- 위 내용에 해당하는 개인정보처리자는 개인정보의 수집 출처·처리 목적, 개인정보처리의 정지를 요구할 권리가 있다는 사실 등의 사항을 서면·전화·문자전송·전자우편 등 정보주체가 쉽게 알 수 있는 방법으로 개인정보를 제공받을 날부터 3개월 이내에 알려야 한다.

 알아두기!

☑ 서면 동의 시 중요한 내용의 표시 방법(시행규칙 제4조)
- 행안부령으로 정하는 방법이란
- 글씨의 크기는 최소 **9포인트 이상**으로서 다른 내용보다 **20% 이상 크게** 하여 알아보기 쉽게 할 것
- 글씨의 **색깔, 굵기 또는 밑줄** 등을 통하여 그 내용이 명확히 표시되도록 할 것
- 동의 사항이 많아 중요한 내용이 명확히 구분되기 어려운 경우, 중요 내용이 쉽게 확인될 수 있도록 그 밖의 내용과 **별도로 구분**하여 표시할 것

1) 개인정보의 안전한 관리

(1) 안전조치의무(법 제29조)

- 개인정보처리자는 대통령령이 정하는 바에 따라 안전성 확보에 필요한 기술적·관리적 및 물리적 조치를 해야 한다.

- 개인정보처리자는 개인정보가 분실·도난·유출·위조·변조 또는 훼손되지 않도록 내부 관리계획 수립, 접속기록 보관 등을 해야 한다.

(2) 개인정보처리 방침의 수립 및 공개(법 제30조)

① 개인정보처리자는 다음 각 호의 사항에 따라 개인정보처리 방침을 정해야 한다. 이 경우 공공기간은 개인정보파일의 등록 및 공개(제32조)에 따라 등록 대상이 되는 개인정보파일에 대하여 개인정보처리 방침을 정한다.

< 다음 각 호의 사항 >

- 개인정보의 처리목적[①] (1호)
- 개인정보의 처리 및 보유기간[②] (2호)
- 개인정보의 제3자 제공에 관한 사항[③](단, 해당 경우만 정함) (3호)
- 개인정보처리의 위탁에 관한 사항[④](단, 해당 경우만 정함) (4호)
- 정보주체와 법정 대리인의 권리·의무 및 그 행사방법에 관한 사항[⑤] (5호)
- 개인정보보호 책임자의 지정(제31조)에 따른 개인정보보호 책임자의 성명 또는 개인정보보호 업무 및 관련 고충사항을 처리하는 부서의 명칭과 전화번호 등 연락처[⑥] (6호)
- 인터넷접속 정보파일 등 개인정보를 자동으로 수집하는 장치의 설치·운영 및 그 거부에 관한 사항[⑦](단, 해당되는 경우만 정함) (7호)
- 그 밖에 개인정보의 처리에 관하여 대통령령으로 정한 사항[⑧] (8호)

② 개인정보처리자가 개인정보처리 방침을 수립하거나 변경하는 경우에는 정보주체가 쉽게 확인할 수 있도록 대통령령으로 정하는 방법에 따라 공개해야 한다.

③ 개인정보처리 방침의 내용과 개인정보처리자와 정보주체 간에 체결한 계약의 내용이 다른 경우 정보주체에게 유리한 것을 적용한다.

④ 행안부장관은 개인정보처리 방침의 작성지침을 정하여 개인정보처리자에게 그 준수를 권장할 수 있다.

(3) 개인정보보호 책임자의 지정(법 제31조)

① 1항 개인정보처리자는 개인정보의 처리에 관한 업무를 총괄해서 책임질 개인정보보호 책임자를 지정하여야 한다.

② 2항 개인정보보호 책임자는 다음 각 호의 업무를 수행한다.

<개인정보>	
· 1호. 보호계획의 수립 및 시행[1]	· 4호. 유출 및 오용·남용 방지를 위한 내부 통제시스템의 구축[4]
· 2호. 처리실태 및 관행의 정기적인 조사 및 개선[2]	· 5호. 보호·교육계획의 수립 및 시행[5]
· 3호. 처리와 관련한 불만의 처리 및 피해구제[3]	· 6호. 파일의 보호 및 관리·감독[6]
	· 7호. 그 밖의 개인정보의 적절한 처리를 위하여 대통령으로 정한 업무[7]

<개인정보책임자는>

③ 3항 2항의 각 호 업무를 수행할 시 개인정보의 처리 현황, 처리 체계 등에 대해 수시로 조사하거나 관계 당사자로부터 보고를 받을 수 있다.

④ 4항 개인정보보호와 관련, 이 법 및 다른 관계법령의 위반 사실을 알게 된 경우에는 즉시 개선조치를 해야 한다. 또한 필요 시 소속기관 또는 단체의 장에게 개선조치를 보고해야 한다.

⑤ 5항 개인정보처리자는 개인정보보호 책임자가 2항 각 호의 수행에 정당한 이유 없이 불이익을 주거나 받게 해서는 안 된다.

⑥ 6항 개인정보보호 책임자의 지정요건, 업무, 자격요건 그 밖에 필요사항은 대통령령으로 정한다.

(4) 개인정보파일의 등록 및 공개(법 제32조)

① 공공기관의 장이 개인정보파일을 운용하는 경우, 다음 각 호의 사항을 행안부장관에게 등록해야 한다(등록한 사항이 변경된 경우에도 또한 같다).

<개인정보>	
· 1호. 파일의 명칭[1]	· 4호. 파일에 기록되는 개인정보의 항목[4]
· 2호. 파일의 운영 근거 및 목적[2]	· 5호. 통상적 또는 반복적으로 제공하는 경우에는 그 제공받는 자[5]
· 3호. 처리방법 및 보유기간[3]	· 6호. 그 밖에 대통령령으로 정하는 사항[6]

(5) 개인정보보호 인증(법 제32조의2)

① 1항 행안부장관은 개인정보처리자의 개인정보처리 및 보호와 관련한 일련의 조치가 이 법에 부합하는지 등에 관하여 인증할 수 있다.

② 2항 1항에 따른 인증의 유효기간은 3년으로 한다.

③ 3항 행안부장관은 다음 각 호에 해당하는 경우 대통령령으로 정한 바에 따라 1항에 따른 인증을 취소할 수 있다(단, 각 호①에 해당 시 취소해야 함).

· 1호. 거짓이나 그 밖의 부정한 방법으로 개인정보보호 인증을 받은 경우①	· 3호. 8항에 따른 인증기준에 미달하게 된 경우③
· 2호. 4항에 따른 사후관리를 거부 또는 방해한 경우②	· 4호. 개인정보보호관련 법령을 위반하고 그 위반사유가 중대한 경우④

④ 4항 행안부장관은 개인정보보호 인증의 실효성 유지를 위하여 연 1회 이상 사후관리를 실시해야 한다.

⑤ 5항 행안부장관은 대통령령으로 정하는 전문기관으로 하여금 다음 내용을 수행하게 할 수 있다.

- 1항에 따른 인증, 3항에 따른 인증취소, 4항에 따른 사후관리 및 7항에 따른 인증심사원 관리업무를 수행하게 할 수 있다.

⑥ 6항 1항에 따른 인증을 받은 자는 대통령령으로 정하는 바에 따라 인증의 내용을 표시하거나 홍보할 수 있다.

⑦ 7항 1항에 따른 인증을 위하여 필요한 심사를 수행할 심사원의 자격 및 자격취소 요건 등에 관하여는 전문성과 경력 및 그 밖에 필요사항을 고려하여 대통령령으로 정한다.

⑧ 8항 그 밖의 개인정보 관리체계, 정보주체 권리보장, 안정성 확보조치가 이 법에 부합하는지 여부 등 1항에 따른 인증의 기준·방법·절차 등 필요사항은 대통령령으로 정한다.

(6) 개인정보 유출통지 등(법 제34조)

<개인정보처리자는>

① 1항 개인정보가 유출되었음을 알게 되었을 때에는 지체 없이 해당 정보주체에게 다음 각 호의 사실을 알려야 한다.

· 1호. 유출된 개인정보의 안목① / · 2호. 유출된 시점과 그 경위②	· 4호. 개인정보처리자의 대응조치 및 피해규제 절차④
· 3호. 유출에 의한 발생피해를 최소화하기 위해 정보주체가 할 수 있는 방법 등에 관한 정보③	· 5호. 정보주체에게 피해가 발생한 경우 신고 등을 접수할 수 있는 담당부서 및 연락처⑤

② 2항 개인정보가 유출된 경우 그 피해를 최소화하기 위한 대책을 마련하고 필요한 조치를 해야 한다.

③ 3항 대통령령으로 정한 규모 이상의 개인정보가 유출된 경우 1항(통지), 2항(조치결과)을 지체 없이 행안부장관 또는 대통령령으로 정하는 전문기관에 신고해야 한다.

- 이 경우 행안부장관 또는 대통령령으로 정하는 전문기관은 피해확산방지, 피해복구 등을 위한 기술을 지원할 수 있다.

④ 4항 1항 통지의 시기, 방법 및 절차 등에 관하여 필요한 사항은 대통령령으로 정한다.

과징금의 부과 등(법 제34의2)

가. 1항 행안부장관은 개인정보처리자가 처리하는 주민등록번호가 분실·도난·유출·위조·변조 또는 훼손된 경우에는 5억원 이하의 과징금을 부과·징수할 수 있다(단, 주민등록번호가 분실·도난·유출·위조 또는 훼손되지 않도록 개인정보처리자가 제24조(고유식별정보의 처리 제한) 제3항(고유식별정보의 안전성 조치·영향평가의 평가기준 등)에 따른 안전성 확보에 필요한 조치를 다한 경우에는 그렇지 않다.

나. 2항 행안부장관은 1항에 따른 과징금을 부과하는 경우에는 <u>다음 각 호</u>의 사항을 고려해야 한다.

· 1호. 제24조 3항에 따른 안전성 확보에 필요한 조치 이행 노력 정도[1]
· 2호. 분실·도난·유출·위조·변조 또는 훼손된 주민등록번호의 정도[2] / · 3호. 피해확산 방지를 위한 후속조치 이행여부[3]

다. 3항 행안부장관은 1항에 따른 과징금을 내야 할 자가 납부기한까지 내지 않으면

- 납부기한의 다음 날부터 과징금을 낸 날의 전날까지의 기간에 대하여 내지 아니한 과징금의 연 6/100의 범위에서 대통령령으로 정하는 가산금을 징수한다.

- 이 경우 가산금을 징수하는 기간은 <u>60개월</u>을 초과하지 못한다.

라. 4항 행안부장관은 1항에 따른 과징금을 내야 할 자가 납부기한까지 납부하지 않으면 기간을 정하여 독촉을 하고 그 지정한 기간 내에 과징금 및 2항에 따른 가산금을 납부하지 않으면 국세체납처분의 예에 따라 징수한다.

마. 5항 과징금의 부과·징수에 관해 그 밖에 필요한 사항은 대통령령으로 정한다.

2) 정보주체의 권리보장

(1) 개인정보 열람(법 제35조)

① 1항 정보주체는 개인정보처리자가 처리하는 자신의 개인정보에 대한 열람을 해당 개인정보처리자에게 요구할 수 있다.

② 2항 1항에도 불구하고 정보주체가 자신의 개인정보에 대한 열람을 공공기관에 요구하고자 할 때에는 공공기관에 직접 열람을 요구하거나 대통령령으로 정하는 바에 따라 행안부장관을 통하여 열람을 요구할 수 있다.

③ 3항 개인정보처리자는 1·2항에 따른 열람을 요구받았을 때에는 대통령령으로 정하는 기간 내에 정보주체가 해당 개인정보를 열람할 수 있도록 한다.

- 이 경우 해당 기간 내에 열람할 수 없는 정당한 사유가 있을 때에는 정보주체에게 그 사유를 알리고 열람을 연기할 수 있으며

- 그 사유가 소멸하면 지체 없이 열람하게 해야 한다.

④ 4항 개인정보처리자는 다음 각 호의 사항 중 어느 하나에 해당하는 경우에는 정보주체에게 그 사유를 알리고 열람을 제한하거나 거절할 수 있다.

• 법률에 따라 열람이 금지되거나 제한되는 경우[1] (1호)

• 다른 사람의 생명·신체를 해할 우려가 있거나 다른 사람의 재산과 그 밖의 이익을 부당하게 침해할 우려가 있는 경우[2] (2호)

• 공공기관이 다음 각 목의 어느 하나에 해당하는 업무를 수행할 때 중대한 지장을 초래하는 경우[3] (3호)
 - 조세의 부과·징수 또는 환급에 관한 업무
 - 「초·중등 교육법」 및 「고등교육법」에 따른 각 학교 ·「평생교육법」에 따른 평생교육시설, 그 밖의 다른 법률에 따라 설치된 고등교육기관에서의 성적평가 또는 입학자 선발에 관한 업무
 - 학력·기능 및 채용에 관한 시험, 자격 심사에 관한 업무
 - 보상금·급부금 산정 등에 대하여 진행 중인 평가 또는 판단에 관한 업무
 - 다른 법률에 따라 진행 중인 감사 및 조사에 관한 업무

⑤ 5항 1항~4항까지 규정에 따른 열람요구, 열람제한, 통지 등의 방법 및 절차에 관하여 필요한 사항은 대통령령으로 정한다.

(2) 개인정보의 정정· 삭제(법 제36조)

① 1항 제35조에 따라 자신이 개인정보를 열람한 정보주체는 개인정보처리자에게 그 개인정보의 정정 또는 삭제를 요구할 수 있다(단, 다른 법령에서 그 개인정보가 수집대상으로 명시되어 있는 경우에는 그 삭제를 요구할 수 없음).

② 2항 1항에 따른 정보주체의 요구를 받았을 때에는 개인정보의 정정 또는 삭제에 관하여
 - 다른 법령에 특별한 절차가 규정되어 있는 경우를 제외하고는 지체 없이 그 개인정보를 조사하여 정보주체의 요구에 따라 정정·삭제 등 필요 조치를 한 후 그 결과를 알려야 한다.

③ 3항 2항에 따라 개인정보를 삭제할 때에는 복구 또는 재생되지 아니하도록 조치하여야 한다.

④ 4항 정보주체의 요구가 1항 단서에 해당될 때에는 지체 없이 그 내용을 정보주체에게 알려야 한다.

⑤ 5항 2항에 따른 조사를 할 때 필요하면 해당 정보주체에게 정정·삭제 요구사항의 확인에 필요한 증거자료를 제출하게 할 수 있다.

⑥ 6항 1·2항 및 4항에 따른 정정 또는 삭제요구, 통지방법 및 절차 등에 필요한 사항은 대통령령으로 정한다.

(3) 개인정보의 처리정지 등(제37조)

① 1항 정보주체는 개인정보처리자에 대하여 자신의 개인정보처리의 정지를 요구할 수 있다.

 - 이 경우 공공기관에 대하여는 제32조(개인정보파일의 등록 및 공개)에 따라 등록대상이 되는 개인정보파일 중 자신의 개인정보에 대한 처리의 정지를 요구할 수 있다.

② 2항 개인정보처리자는 1항에 따른 요구를 받았을 때

 - 지체 없이 정보주체의 요구에 따라 개인정보처리의 전부를 정지하거나 일부를 정지하여야 한다(단, 다음 각 호의 어느 하나에 해당하는 경우에는 정보주체의 처리정지 요구를 거절할 수 있음).

· 1호. 법률에 특별한 규정이 있거나 법령상 의무를 준수하기 위하여 불가피한 경우[①] · 3호. 공공기관이 개인정보를 처리하지 않으면 다른 법률에서 정하는 소관업무를 수행할 수 없는 경우[③]
· 2호. 다른 사람의 생명·신체를 해할 우려가 있거나 다른 사람의 재산과 그 밖의 이익을 부당하게 침해할 우려가 있는 경우[②] · 4호. 개인정보를 처리하지 않으면 정보주체와 약정한 서비스를 제공하지 못하는 등 계약의 이행이 곤란한 경우로서 정보주체가 그 계약의 해지의사를 명확하게 밝히지 아니한 경우[④]

< 개인정보처리자는 >

③ 3항 1항 단서에 따라 처리정지요구를 거절하였을 때에는 정보주체에게 지체 없이 그 사유를 알려야 한다.

④ 4항 정보주체의 요구에 따라 처리가 정지된 개인정보에 대하여 지체 없이 해당 개인정보의 파기 등 필요한 조치를 한다.

⑤ 4항 1항에서 3항까지 규정에 따른 처리정지의 요구·거절, 통지 등의 방법 및 절차에 필요사항은 대통령령으로 정한다.

(4) 권리행사의 방법 및 절차(법 제38조)

① 5항 정보주체는 열람, 정정삭제, 처리정지 등의 요구(이하 "열람 등 요구"라 한다)를 문서 등 대통령령으로 정하는 방법 절차에 따라 대리인에게 하게 할 수 있다.

② 6항 만 14세 미만 아동의 법정 대리인은 개인정보처리자에게 그 아동이 개인정보 열람 등 요구를 할 수 있다.

< 개인정보처리자는 >

③ 3항 열람 등 요구를 하는 자에게 대통령령으로 정하는 바에 따라 수수료와 우송료(사본의 우송을 청구하는 경우에 한함)를 청구할 수 있다.

④ 4항 정보주체가 열람 등 요구를 할 수 있는 구체적인 방법과 절차를 마련하고 이를 정보주체가 알 수 있도록 공개해야 한다.

⑤ 5항 정보주체가 열람 등 요구에 대한 거절 등 조치에 대하여 불복이 있는 경우, 이의 제기를 할 수 있도록 필요절차를 마련하고 안내해야 한다.

(5) 손해배상책임(법 제39조)

① 1항 정보주체는 개인정보처리자가 이 법을 위반한 행위로 손해를 입으면

- 개인정보처리자에게 손해배상을 청구할 수 있다.

→ **이 경우 그 개인정보처리자는 고의 또는 과실이 없음을 입증하지 않으면 책임을 면할 수 없다.**

② 2항 개인정보처리자의 <u>고의 또는 중대한 과실</u>로 인하여 개인정보가 분실·도난·유출·위조·변조 또는 훼손된 경우로서 <u>정보주체에게 손해가 발생한 때</u>에는

- 법원은 그 손해액의 3배를 넘지 아니하는 범위에서 손해배상을 정할 수 있다(단, 개인정보처리자가 도의 또는 중대한 과실이 없음을 증명할 경우에는 그렇지 않다).

③ 3항 법원은 위 3항의 배상액을 정할 때에는 다음 각 호의 사항을 고려해야 한다.

· 1호. 고의 또는 손해 발생의 우려를 인식한 정도[1]
· 2호. 위반행위로 인하여 입은 피해 규모[2]
· 3호. 위법행위로 인하여 개인정보처리자가 취득한 경제적 이익[3]
· 4호. 위반행위에 따른 벌금 및 과징금[4]
· 5호. 위반행위의 기간·횟수 등[5]
· 6호. 개인정보처리자 재산상태[6]
· 7호. 개인정보처리자 정보주체의 개인정보 분실·도난 유출 후 해당 개인정보를 회수하기 위해 노력한 정도[7]
· 8호. 정보주체의 피해구제를 위하여 노력한 정도[8]

(6) 법정손해배상의 청구(법 제39조의2)

① 1항 <제39조 제1항에도 불구하고> 정보주체는 개인정보처리자의 고의 또는 과실로 인하여 개인정보가 분실·도난·유출·위조·변조 또는 훼손된 경우에는 300만 원 이하의 범위에서 상당한 금액을 손해액으로 하여 배상을 청구할 수 있다.

- 이 경우 해당 개인정보처리자는 고의 또는 과실이 없음을 입증하지 못하면 책임을 면할 수 없다.

② 2항 법원은 1항에 따른 청구가 있는 경우에 변론 전체의 취지와 증거조사의 결과를 고려하여 1항의 범위에서 상당한 손해액을 인정할 수 있다.

③ 3항 제39조에 따라 손해배상을 청구한 정보주체는 사실심의 변론이 종결되기 전까지 그 청구를 1항에 따른 청구로 변경할 수 있다.

- **사실심(事實審):** 법원이 사건을 심판함에 있어서 사실문제와 법률문제 양자 모두를 심판할 수 있는 경우
  - 단순히 법률문제에 대해서만 심판할 수 있는 경우를 법률심(法律審)이라 한다.
- **변론(辯論, Pleading):** 소송 당사자가 법정에서 하는 진술

Section 04 개인정보보호법에 근거한 고객상담

1) 개인정보의 처리 제한

(1) 민감정보의 처리 제한(법 제23조)

① **1항** 개인정보처리자는 대통령령으로 정하는 민감정보를 처리해서는 안 된다(단, 다음 ①, ②에 해당하는 경우에는 그렇지 않다).

- 사상·신념, 노동조합·정당의 가입·탈퇴, 정치적 견해, 건강, 성생활 등에 관한 정보 그 밖에 정보주체의 사생활을 현저히 침해할 우려가 있는 개인정보로서 대통령령으로 정하는 정보(이하 "민감정보"라 함)를 처리해서는 안 된다(단, 다음 각 호의 어느 하나에 해당하는 경우에는 그러하지 않다).

  1호. 정보주체에게 개인정보의 수집·이용 또는 개인정보의 제공, 각 호의 사항을 알리고 다른 개인정보의 처리에 대한 동의와 별도로 동의를 받은 경우[1](제15조 제2항, 제7조 제2항)

  2호. 법령에서 민감정보의 처리를 요구하거나 허용하는 경우[2]

② **2항** 개인정보처리자가 1항에 따라 민감정보를 처리하는 경우에는 그 민감정보가 분실·도난·유출·위조·변조 또는 훼손되지 않도록 안전조치의무(법 제29조)에 따른 안전성 확보에 필요한 조치를 해야 한다.

(2) 고유식별정보의 처리 제한(법 제24조)

① **1항** 개인정보처리자는 다음 각 호[1], [2]의 경우를 제외하고 대통령령으로 정하는 고유식별정보를 처리할 수 없다.

  1호. 정보주체에게 개인정보의 수집·이용 또는 개인정보의 제공, 각 호의 사항을 알리고 다른 개인정보의 처리에 대한 동의와 별도로 동의를 받는 경우[1](제15조 제2항, 제17조 제2항)

  2호. 법령에서 구체적으로 고유식별정보의 처리를 요구하거나 허용하는 경우[2]

② **2항** 개인정보처리자가 1항 각 호에 따라 고유식별정보를 처리하는 경우에는 그 고유식별정보가 분실·도난·유출·위조·변조 또는 훼손되지 않도록 대통령령으로 정하는 바에 따라 암호화 등 안전성 확보에 필요한 조치를 해야 한다.

③ **3항** 행안부장관은 처리하는 개인정보의 종류·규모, 종업원 수 및 매출액 규모 등을 고려하여 대통령령으로 정하는 기준에 해당하는 개인정보처리자가 2항에 따라 안전성 확보에 필요한 조치를 하였는지 대통령령으로 정하는 바에 따라 정기적으로 조사해야 한다.

④ **4항** 행안부장관은 대통령령으로 정하는 전문기관으로 하여금 3항에 따른 조사를 수

행하게 할 수 있다.

(3) 주민등록번호 처리의 제한(법 제24조의2)

① 1항 고유식별정보의 처리 제한(법 제24조 1항)에도 불구하고 개인정보처리자는 다음 각 호[1], [2]에 경우를 제외하고는 주민등록번호를 처리할 수 있다.

  1호. 법률·대통령령·국회규칙·대법원규칙·헌법재판소규칙·중앙선거관리위원회규칙 및 감사원규칙에서 구체적으로 주민등록번호의 처리를 요구하거나 허용한 경우[1]

  2호. 정보주체 또는 제3자의 급박한 생명, 신체, 재산의 이익을 위하여 명백히 필요하다고 인정되는 경우[2]

  - [1], [2]에 준하여 주민등록번호 처리가 불가피한 경우로서 행안부령으로 정하는 경우[3]

② 2항 개인정보처리자는 고유식별정보의 처리 제한(제24조 3항)에도 불구하고 주민등록번호가 분실·도난·유출·위조·변조 또는 훼손되지 않도록 암호화 조치를 통해 안전하게 보관해야 한다.

  - 이 경우 암호화 적용대상 및 대상별 적용시기 등에 관하여 필요한 사항은 개인정보의 처리규모와 유출 시 영향 등을 고려하여 대통령령으로 정한다.

③ 3항 개인정보처리자는 1항 각 호에 따라 주민등록번호를 처리하는 경우에도

  - 정보주체가 인터넷 홈페이지를 통하여 회원으로 가입하는 단계에서는 주민등록번호를 사용하지 않고 회원으로 가입할 수 있는 방법을 제공해야 한다.

④ 4항 행안부장관은 개인정보처리자가 3항에 따른 방법을 제공할 수 있도록 관계 법령의 정비·계획의 수립, 필요한 시설 및 시스템의 구축 등 제반 조치를 마련·지원할 수 있다.

(4) 영상정보처리기기의 설치·운영제한(제25조)

① 1항 누구든지 다음 각 호의 경우를 제외하고는 공개된 장소에 영상정보처리기기를 설치, 운영해서는 안 된다.

· 1호. 법령에서 구체적으로 허용하고 있는 경우[1]	· 4호. 시설안전 및 화재 예방을 위하여 필요한 경우[4]
· 2호. 범죄의 예방 및 수사를 위하여 필요한 경우[2]	· 5호. 교통정보의 수집·분석 및 제공을 위하여 필요한 경우[5]
· 3호. 교통단속을 위하여 필요한 경우[3]	

② 2항 누구든지 불특정 다수가 이용하는 목욕실·화장실·발한실·탈의실 등 개인의 사생활을 현저히 침해할 우려가 있는 장소의 내부를 볼 수 있도록 영상정보처리기기를 설치·운영해서는 안 된다(단, 교도소, 정신보건시설 등 법령에 근거하여 사람을 구금하거나 보호하는 시설로서 대통령령으로 정하는 시설은 그렇지 않다).

③ 3항 1항 각 호[1]~[5]에 따라 영상정보처리 기기를 설치 운영하려는 공공기관의 장과 2항

단서에 따라 영상정보처리기기를 설치, 운영하려는 자는 공청회, 설명회의 개최 등 대통령으로 정하는 절차를 거쳐 관계 전문가 및 이해관계인의 의견을 수렴해야 한다.

④ 4항 1항 각 호에 따라 영상정보처리 기기를 설치·운영하는 자(이하 "영상정보처리 기기운영자"라 한다)는 정보주체가 쉽게 인식할 수 있도록 다음 각 호의 사항이 포함된 안내판을 설치하는 등 필요한 조치를 해야 한다[(단, 군사기지 및 군사시설 보호법(제2조 제2호)에 따른 군사시설, 통합방위법(제2조 제13호)에 따른 국가중요시설, 그 밖에 대통령으로 정하는 시설에 대해서는 그렇지 않다)].

• 1호. 설치목적 및 장소[①]· 2호. 촬영범위 및 시간[②]· 3호. 관리책임자 성명 및 연락처[③]· 4호. 그 밖에 대통령령으로 정하는 사항[④]

⑤ 5항 영상정보처리기기 운영자는 영상정보처리기기의 설치 목적과 다른 목적으로 영상정보처리기기를 임의로 조작하거나 다른 곳을 비춰서는 안 되며, 녹음기능은 사용할 수 없다.

⑥ 6항 영상정보처리기기 운영자는 개인정보가 분실·도난·유출·위조·변조 또는 훼손되지 않도록 안전조치의무(제29조)에 따라 안전성 확보에 필요한 조치를 해야 한다.

⑦ 7항 영상정보처리 기기운영자는 대통령령으로 정하는 바에 따라 영상정보처리 기기운영·관리방침을 마련하여야 한다.

 - 이 경우 개인정보처리 방침의 수립 및 공개(제30조)에 따른 개인정보처리 방침을 정하지 않을 수 있다.

⑧ 8항 영상정보처리 기기운영자는 영상정보처리 기기의 설치·운영에 관한 사무를 위탁할 수 있다(단, 공공기관이 영상정보처리 기기설치·운영에 관한 사무를 위탁하는 경우에는 대통령령으로 정하는 절차 및 요건에 따라야 함).

(5) 업무위탁에 따른 개인정보의 처리 제한(제26조)

① 1항 개인정보처리자가 제 2자에게 개인정보의 처리업무를 위탁하는 사항에는 다음 각 호[①~③]의 내용이 포함된 문서에 의해야 한다.

• 위탁업무수행 목적외 개인정보의 처리금지에 관한 사항[①] (1호)

• 개인정보의 기술적·관리적 보호조치에 관한 사항[②] (2호)

• 그 밖에 개인정보의 안전한 관리를 위하여 대통령령으로 정한 사항[③] (3호)

② 2항 1항에 따라 개인정보의 처리업무를 위탁하는 개인정보처리자(이하 "위탁자"라 한다)는 위탁하는 업무의 내용과 개인정보처리 업무를 위탁받아 처리하는 자(이하 "수탁자"라 한다)를 정보주체가 언제든지 쉽게 확인할 수 있도록 대통령령으로 정하는 방법에 따라 공개해야 한다.

③ 3항 위탁자가 재화 또는 서비스를 홍보하거나 판매를 권유하는 업무를 위탁하는 경우에는 대통령령 방법에 따라 위탁하는 업무의 내용과 수탁자를 정보주체에게 알려야 한다.

④ 4항 위탁자는 업무위탁으로 인하여 정보주체의 개인정보가 분실, 도난, 유출, 위조, 변조 또는 훼손되지 않도록 수탁자를 교육하고, 처리 현황점검 등 대통령령으로 정한 바에 따라 수탁자가 개인정보를 안전하게 처리하는지를 감독해야 한다.

⑤ 5항 수탁자는 개인정보처리자로부터 위탁받는 해당 업무범위를 초과하여 개인정보를 이용하거나 제3자에게 제공해서는 안 된다.

⑥ 6항 수탁자가 위탁받는 업무와 관련하여 개인정보를 처리하는 과정에서 이 법을 위반하여 발생한 손해배상책임에 대하여는 수탁자를 개인정보처리자의 소속직원으로 본다.

⑦ 7항 수탁자에 관하여는 개인정보의 수집·이용, 개인정보의 수집 제한, 개인정보의 제공, 개인정보의 목적 외 이용·제공 제한, 개인정보를 제공받은 자의 이용·제공 제한·정보주체 이외로부터 수집한 개인정보의 수집출처 등 고지, 개인정보의 파기, 동의를 받는 방법, 민감정보의 처리 제한, 고유식별정보의 처리 제한, 주민등록번호 처리의 제한, 영상정보처리 기기의 설치·운영 제한(제15조~25조까지)

• 영업양도 등에 따른 개인정보의 이전 제한, 개인정보취급자에 대한 감독, 안전조치의무, 개인정보처리 방침의 수립 및 공개, 개인정보보호 책임자의 지정(제27조~31조까지)

• 개인정보 영향평가, 개인정보 유출통지 등, 과징금의 부과, 개인정보의 열람, 개인정보의 정정·삭제, 개인정보의 처리 정지, 권리행사의 방법 및 절차(제33조~제38조까지), 금지행위(제59조)를 준용한다.

알아두기!

☑ (금지행위)
• 개인정보를 처리하거나 처리하였던 자는 다음 각 호[1~3]의 어느 하나에 해당하는 행위를 해서는 안 된다.
– 거짓이나 그 밖의 부정한 수단이나 방법으로 개인정보를 취득하거나 처리에 관한 동의를 받는 행위[1]
– 업무상 알게 된 개인정보를 누설하거나 권한없이 다른 사람이 이용하도록 제공하는 행위[2]
– 정당한 권한없이 또는 허용된 권한을 초과하여 다른 사람이 개인정보를 훼손, 멸실, 변경, 위조 또는 유출하는 행위[3]

(6) 영업양도 등에 따른 개인정보의 이전 제한(법 제27조)

① 1항 개인정보처리자는 영업의 전부 또는 일부의 양도·합병 등으로 개인정보를 다른 사람에게 이전하는 경우 미리 <u>다음 각 호</u>의 사항을 대통령령으로 정하는 방법에 따라 해당 정보주체에게 알려야 한다.

• 개인정보를 이전하려는 사실[1]

• 개인정보를 이전받는 자(이하 "영업양수자 등"이라 한다)의 성명(법인의 경우, 법인의 명칭),

주소, 전화번호 및 그 밖의 연락처[②]

- 정보주체가 개인정보의 이전을 원하지 아니하는 경우, 조치할 수 있는 방법 및 절차[③]

② **2항** 영업양수자 등은 개인정보를 이전받았을 때에는 지체 없이 그 사실을 대통령령으로 정하는 방법에 따라 <u>정보주체에게 알려야</u> 한다(단, 개인정보처리자가 [①]항에 따라 그 이전 사실을 이미 알린 경우에는 그러하지 않다).

③ **3항** 영업양수자 등은 영업의 양도·합병 등으로 개인정보를 이전받은 경우 이전 당시의 본래 목적으로만 개인정보를 이용하거나 제 3자에게 제공할 수 있다.

  - 이 경우 영업양수자 등은 개인정보처리자로 본다.

(7) 개인정보취급자에 대한 감독(법 제28조)

① **1항** 개인정보처리자는 개인정보가 안전하게 관리될 수 있도록 "개인정보취급자"에 대해 적절한 관리·감독을 해야 한다.

 - 개인정보취급자는 임직원, 파견근로자, 시간제근로자 등 지휘·감독한다.

② **2항** 개인정보처리자는 개인정보의 적정한 취급을 보장하기 위하여 개인정보취급자에게 정기적으로 필요한 교육을 실시해야 한다.

실전예상문제

【 선다형 】

01 개인정보보호법의 개인정보보호의 원칙에 해당되지 않는 것은?

① 처리목적의 명확화
② 반드시 익명으로 처리
③ 목적 내에서 적법하게 정당하게 최소 수집
④ 처리목적 내에서 처리목적 외 활용금지
⑤ 개인정보처리사항 공개, 정보주체의 권리 보장

✓ 개인정보보호의 원칙은 ①③④⑤와 가능한 경우 익명처리, 처리목적 내에서 정확성, 완전성, 최신성 보장, 정보주체의 권리침해, 위험성 등을 고려하여 안전하게 관리, 사생활 침해 최소화 방법으로 처리, 개인정보처리자의 책임준수 정보주체의 신뢰성 확보

02 개인정보보호법에서 정의하는 고유식별정보에 포함되지 않는 것은?

① 주민번호   ② 전화번호   ③ 여권번호
④ 운전면허번호   ⑤ 외국인등록번호

✓ 고유식별정보는 개인을 고유하게 구별하기 위하여 부여된 식별정보로 ①③④⑤가 해당된다.

03 개인정보보호법의 개인정보에 대한 설명으로 바르지 않은 것은?

① 1건이라도 개인정보 유출시 정보주체에게 유출관련 사실을 5일 이내에 개별통지 한다.
② 1천명 이상의 정보주체에 관한 개인 정보가 유출된 경우에는 전문기관(행정안전부, 한국 인터넷진흥원)에 5일 이내에 신고조치하고 인터넷홈페이지에 7일 이상 게재한다.
③ 파기방법은 기록물, 인쇄물, 서면, 기록매체 → 파쇄 또는 소각, 전자적 파일 형태 → 복원이 불가능한 방법으로 영구삭제 한다.
④ 파기절차는 개인정보처리자가 개인정보의 파기

에 관한 사항을 기록 및 관리하고 개인정보보호 책임자가 개인정보 파기 시행 후 파기결과를 확인한다.
⑤ 개인정보를 파기할 때에는 필요에 의해 복구나 재생이 가능하도록 조치한다.

✓ 개인정보를 파기할 때에는 복구·재생되지 않도록 조치한다.

04 고객관리 프로그램에 대한 설명으로 적합하지 않은 것은?

① 데이터는 쉽게 검색되어야 한다.
② 데이터 파악이 용이하여 접근성이 좋아야 한다.
③ 개인정보보호를 위해 데이터는 보관기간동안 백업할 수 없어야 한다.
④ 데이터 유출방지를 위해 해킹 방어 시스템과 백신프로그램이 있어야 한다.
⑤ 데이터를 폐기 시 개인정보보호법에 따라 복구, 재생되지 않아야 한다.

✓ 데이터는 보관기간 동안 쉽게 접근할 수 있어야 하며 주기적으로 백업되어야 한다.

05 개인정보보호법의 개인정보에 대한 설명으로 바르지 않은 것은?

① 개인정보처리자는 보유기간 경과, 개인정보의 처리목적 달성 등 개인정보가 불필요하게 되었을 때에는 지체 없이 개인정보를 파기한다.
② 개인정보를 파기할 때에는 복구되지 않도록 한다.
③ 개인정보처리자가 개인정보를 파기하지 않고 보존해야 할 경우, 개인정보파일을 다른 정보와 분리하여 관리하도록 한다.
④ 개인정보의 파기방법 및 절차 등에 필요사항은 식품의약품안전처장령으로 정한다.
⑤ 개인정보보호 인증의 실효성 유지를 위하여 연 1회 이상 사후관리를 실시해야 한다.

정답 01. ② 02. ② 03. ⑤ 04. ③ 05. ④

06 자신의 개인정보 처리와 정보주체의 권리로 적합하지 <u>않은</u> 것은?

① 정보를 제공받을 수 있다.
② 개인정보에 대하여 열람을 요구할 수 있다.
③ 삭제는 요구할 수 있으나 정정은 할 수 없다.
④ 동의 여부 및 범위를 선택하고 결정할 수 있다.
⑤ 발생한 피해에 대해 신속하고 공정한 절차에 따라 구제받을 수 있다.

07 다음 <보기>에서 개인정보보호법에서 정의하는 고유식별정보를 <u>모두</u> 고른 것은?

> ㉠ 여권번호 ㉡ 우편번호
> ㉢ 주민등록번호 ㉣ 전화번호
> ㉤ 운전면허 번호

① ㉠, ㉡, ㉢   ② ㉠, ㉡, ㉣   ③ ㉠, ㉢, ㉣
④ ㉠, ㉢, ㉤   ⑤ ㉡, ㉣, ㉤

08 개인정보 이용 및 수집에 대한 내용으로 적합한 것은?

① 필요한 만큼 최대한 정보를 수집해야 한다.
② 개인정보 이용·수집은 서비스 홍보 목적으로 사용될 수 없다.
③ 정보주체로부터 동의는 서면으로 했을 시에만 효력이 있다.
④ 정보주체로부터 별도의 동의를 받은 경우에도 목적 외에는 개인정보를 이용할 수 없다.
⑤ 만 14세 미만 아동의 법정 대리인의 동의를 받기 위해 해당 아동으로부터 법정 대리인의 성명, 연락처의 정보를 수집할 수 있다.

09 다음 <보기>에서 개인정보처리자가 정보주체자에게 변경된 사항을 알리고 동의를 받아야 하는 경우를 <u>모두</u> 고른 것은?

> ㉠ 수집·이용 목적
> ㉡ 고객정보 이용기간
> ㉢ 고객정보에 관한 항목
> ㉣ 정보주체자에게 이익이 되는 내용

① ㉠, ㉡   ② ㉠, ㉢   ③ ㉠, ㉣
④ ㉠, ㉡, ㉢   ⑤ ㉡, ㉢, ㉣

10 개인정보처리자가 정보주체의 동의를 받은 경우 정보주체자에게 다음 <보기> 내용을 알려야 한다. 이와 관련된 설명으로 옳은 것은?

> ㉠ 개인정보의 수집 · 이용목적
> ㉡ 수집하려는 개인정보의 항목
> ㉢ 개인정보의 보유 및 이용기간
> ㉣ 민감정보의 범위
> ㉤ 고유식별정보의 범위

① ㉠, ㉡, ㉢   ② ㉡, ㉢, ㉣   ③ ㉢, ㉣, ㉤
④ ㉣, ㉤, ㉥   ⑤ ㉤, ㉠, ㉡

11 개인정보수집 제한을 위반하였을 시 3천만원 이하의 과태료 처벌로 옳은 것은?

① 필요한 최소한의 개인정보 수집
② 동의를 받을 때 고지 의무사항 위반
③ 동의 거부 권리 및 동의 거부 시 불이익 내용
④ 법률에 특별한 규정이 있거나 법령상 의무를 준수하기 위하여 불가피한 경우
⑤ 공공기간이 법령 등에서 정하는 소관업무의 수행을 위하여 불가피한 경우

정답 06. ③ 07. ④ 08. ⑤ 09. ④ 10. ① 11. ①

12 시행령 19조 고유식별정보의 범위로서 적절하지 않은 것은?

① 여권번호 ② 주민등록번호
③ 외국인 등록번호 ④ 운전면허의 면허번호
⑤ 국가자격증 번호

13 다음 <보기> 내용은 개인정보의 파기(방법 및 절차)와 관련된 내용으로서 적절하지 않는 것은?

① 개인정보 보유기간 경과 시 다른 법령에 따라 보존 규정이 없어도 보존 가능하다.
② 개인정보처리목적 달성 등 그 개인정보가 불필요할 시 지체 없이 파기한다.
③ 개인정보 파기 시 복구 또는 재생되지 않도록 조치해야 한다.
④ 기록물·인쇄물·서면·기록매체 등 파기방법 및 절차에 필요한 사항은 대통령령으로 정한다.
⑤ 전체 파일형태는 불가능한 방법으로 영구삭제한다.

14 개인정보보호 책임자의 업무 수행과 관련된 내용이 아닌 것은?

① 보호계획의 수립 및 시행
② 파일의 보호 및 관리·감독
③ 보호교육계획의 수립 및 시행
④ 개인정보에 관한 보유 및 이용
⑤ 처리와 관련한 불만의 처리 및 피해구제

15 개인정보처리자는 개인정보가 유출되었음을 알게 되었을 때 지체 없이 해당 정보주체에게 사실을 알려야 한다. 개인정보 유출 통지(법 제34조)의 내용으로 관련 없는 것은?

① 유출에 의한 발생피해를 최소화하기 위해 정보주체가 할 수 있는 방법 등에 관한 정보를 알려야 한다.
② 정보주체에게 피해가 발생한 경우 신고 등을 접수할 수 있는 담당부서 및 연락처를 알려야 한다.
③ 개인정보처리자의 대응조치 및 피해 규제절차를 알려야 한다.
④ 유출된 개인정보의 안목과 유출된 시점과 그 경위를 알려야 한다.
⑤ 개인정보보호관련 법령을 위반하고 그 위반사유가 중대함을 알려야 한다.

16 법 제25조 영상정보처리 기기의 설치·운영 제한과 관련하여 다음의 경우를 제외하는 경우가 아닌 것은?

① 교통단속을 위하여 필요한 경우
② 범죄의 예방 및 수사를 위하여 필요한 경우
③ 불특정 다수가 이용하는 화장실일 경우
④ 법령에서 구체적으로 허용하고 있는 경우
⑤ 시설안전 및 화재예방을 위하여 필요한 경우

정답 12. ⑤ 13. ① 14. ④ 15. ⑤ 16. ③

01 다음 <보기>에서 ㉠에 적합한 용어를 작성하시오.

> (㉠)란 업무를 목적으로 개인정보파일을 운용하기 위하여 스스로 또는 다른 사람을 통하여 개인정보를 처리하는 공공기관, 법인, 단체 및 개인 등을 말한다.

답) _____

02 다음 <보기>에서 ㉠에 적합한 용어를 작성하시오.

> (㉠)란 개인을 고유하게 구별하기 위해 부여된 식별정보로 주민번호, 운전면허번호, 여권번호, 외국인 등록번호 등을 말한다.

답) _____

03 다음 <보기>에서 ㉠에 적합한 용어를 작성하시오.

> (㉠)란 처리되는 정보에 의하여 알아볼 수 있는 사람으로서 그 정보의 주체가 되는 사람을 말한다.

답) _____

04 개인정보의 수집·이용(법 제15조)에서 개인정보처리자는 그 수집목적 범위에서 정부 주체의 동의를 받을 수 있다. 개인정보의 수집·이용이 가능한 경우 위반 시 (㉠) 이하의 과태료 처벌을 받는다. ㉠에 들어갈 적합한 금액을 작성하시오.

답) _____

05 개인정보처리자로부터 개인정보를 제공받은 자는 정보주체로부터 별도의 동의를 받는 경우 다른 법률에 특별한 규정이 있는 경우를 제외하고는 개인정보를 제공받는 목적 외의 용도를 이용하거나 이를 (㉠)에게 제공해서는 안 된다. ㉠에 적합한 용어를 작성하시오.

답) _____

06 다음 <보기>에서 ㉠에 적합한 용어를 작성하시오.

> 개인정보처리자가 정보주체 이외로부터 수집한 개인정보를 처리하는 때에는 정보주체의 요구가 있으면 즉시 개인정보의 (㉠), 개인정보의 처리목적, 개인정보처리의 정지를 요구할 수 있다. 권리가 있다는 사실과 관련된 모든 사항을 정보주체에게 알려야 한다.

답) _____

07 개인정보처리자는 개인정보처리방침의 수립 및 공개(개인정보법 제30조)에 준하였을 때 다만, 해당되는 경우에만 정할 수 있는 처리 방법을 모두 고르시오.

> ㉠ 개인정보의 처리목적·처리 및 보유기간
> ㉡ 개인정보의 제3자 제공에 관한 사항
> ㉢ 개인정보처리의 위탁에 관한 사항
> ㉣ 정보주체와 법정 대리인의 권리·의무 및 그 행사방법에 관한 사항
> ㉤ 인터넷 접속정보파일 등 개인정보를 자동으로 수집하는 장치의 설치·운영 및 그 거부에 관한 사항

답) _____

정답 01. 개인정보처리자 02. 고유식별정보 03. 정보주체 04. 5천만 원 05. 제3자 06. 수집출처 07. ㉡, ㉢, ㉤

08 행안부장관은 개인정보처리자의 개인정보 및 보호와 관련한 일련의 조치가 이 법에 부합하는지 등에 관하여 인증할 수 있다. 이에 따른 인증의 유효기간은 (㉠)으로 한다.

답) _____

09 행안부장관은 개인정보처리자가 처리하는 (㉠)가 분실·도난·유출·위조·변조 또는 훼손된 경우에는 이에 따른 과징금으로 5억원 이하로 부과·징수할 수 있다.

답) _____

10 행안부장관은 주민등록번호 관련 과징금을 내야 할 자가 납부기한까지 내지 않으면 납부기한의 다음 날부터 과징금을 낸 날의 전날까지 기간에 대하여 내지 않은 과징금의 연 (㉠)의 범위에서 대통령령으로 정하는 가산금을 징수한다. 이 경우 가산금을 징수하는 기간은 60개월을 초과하지 못한다.

답) _____

11 행안부장관은 개인정보보호 인증의 실효성 유지를 위하여 연 1회 이상 (㉠)을 실시해야 한다.

답) _____

12 공공기간의 장이 개인정보파일을 운용하는 경우 다음 <보기> 사항을 행안부장관에게 등록(또는 변경된 경우도 같다)해야 한다. 등록 시 개인정보사항이 아닌 것은?

> ㉠ 파일의 명칭
> ㉡ 파일의 운영 근거 및 목적
> ㉢ 처리방법 및 보유기간
> ㉣ 파일에 기록되는 개인정보의 항목
> ㉤ 통상적 또는 반복적으로 제공받는 경우에는 제공하는 자
> ㉥ 민감정보 또는 고유식별정도

답) _____

13 5년 이하의 징역 또는 5천만 원 이하의 벌금형은 개인정보 수집 목적 범위 내에서 제3자에게 제공이 가능한 경우에는 정보주체의 (㉠)를 받은 경우, 불가피한 경우이며 위반시 벌칙규정이다.

답) _____

정답 08. 3년 09. 주민등록번호 10. 6/100 11. 사후관리 12. ㉥ 13. 동의

PART 2
화장품 제조 및 포장관리

Chapter 1. 화장품 원료의 종류와 특성

화장품은 피부나 모발에 사용되는 것으로 화장품 원료 기준은 품질 기준에 근거하여 개발을 고려하여야 한다. 화장품 산업은 기술집약적이며 고부가가치 산업으로서 모든 학문적 요소를 아우르는 산업구조로 구성된다. 또한 기술·원료를 제공하는 제조업 중심의 후방산업과 전문유통서비스를 제공하는 전방 산업이 융합되는 고객관리운용을 포함한다.

Section 01 화장품 원료의 종류

1 유성원료(Oil Ingredients)

피부로부터 유분막을 형성 수분의 증발을 억제하는 보습효과와 함께 피부를 윤기 있고 탄력 있게 해준다. 이는 식물성·동물성·광물성·합성 오일과 동물성·식물성 왁스로 나눌 수 있다.

1) 유지(油脂, Fats and Fatty Oils)

천연의 동식물계에 널리 존재, 단백질 및 탄수화물과 함께 생물체의 주요성분이다. 이는 지방산과 글리세롤, 트라이글리세릴에스테르(Triglycerylester, 트라이글리세라이드)를 주성분으로 한다. 천연유지는 식물·동물 유지로 분류된다. 온도에 따라 명료한 구별은 없으나 상온에서 액체인 것을 지방유(또는 지유), 고체인 것을 지방(또는 고체지방, 고체지, 지)이라고 한다.

 알아두기!

☑ 유지(Fats and Fatty Oils)
- 오일과 지방을 합쳐 유지라 하며 고급지방산으로서 피부유연제와 보습제의 효과가 있다.

① 성분
- 천연유지 중에 존재하는 지방산은 부티르산 C_4 ~ 리그노세르산 C_{24}에 이르는 포화지방산(대부분 팔미트산 및 스테아르산)과 불포화지방산(올레산, 리놀레산, 리놀렌산) 및 해양동물유에는 고도불포화지방산이 존재한다.

② 성질
- 일반적으로 천연유지의 색과 특유 냄새는 원료에서 오는 글리세라이드 이외의 성분에 기인하거나 유지성분의 변화에서도 기인한다.
- 탈색과 탈취는 유지의 이용상 중요한 문제가 된다.
- 유지는 피마자유, 포도종자유 등의 특수한 것을 제외하고는 알코올보다 물에 잘 녹는다.
- 에테르, 석유에테르, 벤젠, 클로로포름, 사염화탄소, 이황화탄소 등

③ **용도**: 식용, 비누의 원료, 도료용, 의약용, 화장품 제조용 등

(1) 오일종류

- 실온에서 액체 상태를 유지하는 식물의 기름을 식물성 오일이라 하고 실온에서 고체 상태인 식물성 유지는 때때로 식물성 지방(Vegetable fat)이라 불리기도 한다. 식물성 왁스는 <u>구조상 글리세롤이 결핍되어</u> 있다.

① 식물성 오일

- 식물의 꽃, 잎, 줄기, 뿌리, 껍질, 열매 등에서 추출한 트라이글리세라이드(Triglyceride)이다. 동물성 오일과 비교 시 흡수력은 느리지만 피부자극은 약하다.

- 피부 적용 시 촉촉한 사용감이 있으며, 무겁거나 가벼움의 느낌은 트라이글리세라이드의 합성과 관련된다.

- **건성유**: 공기 중 방치 시 서서히 굳어지면서 피부·표면에 막을 형성
- **불건성유**: 공기 중에 방치 시 건조되지 않음

구분	성분 및 특징	추출	효과
월견초 (달맞이꽃 오일)	· 불포화지방산(리놀렌산) 다량 함유 · 수렴제(보습효과) · 공기 중에 산화	씨앗(종자)	· 습진(아토피성 피부염), 건성피부 · 보습, 노화억제 · 세포재생
동백유	· 불건성유(겨울에도 액상) · 무색무취 · 피부친화성이 우수 · 보습제, 점도를 장기간 일정하게 보존 · 올레인산, 팔미틴산, 리놀산	동백의 종자	· 바디클렌져·로션(크림, 유액) · 크림, 유액(헤어용)
로즈힙 오일 (Rosehip oil)	· 오렌지의 약 60배 정도 Vt C 함유 · 피지분비조절	장미꽃	· 피부노화방지 · 색소침착개선 · 화상, 여드름 등
마카다미아 넛	· 피부친화성 · 감촉이 우수, 사용감 향상	마카다미아 넛 열매	· 에몰리언트 크림(유연제) · 밀크로션/ · 립스틱
아보카도유	· 단일 불포화지방산(올레인산) · 피부친화성이 높아 퍼짐성이 좋음 · 자외선 흡수작용	아보카도 열매 냉동압착	· Vt A·B 함유-건성피부에 효과 · 에몰리언트 크림/ · 선탠오일 · 헤어샴푸·린스
피마자유 (캐스터 오일)	· 리놀산트라이글리세라이드 · 친수성이며 점성이 높아 무거운 느낌 · 에탄올에 잘 녹고, 색소와 잘 혼합 · 무색~담록색의 투명점조 액체유 · 특이취가 있음 · 안료의 용해성이 높음 · 아주까리, 호롱불이라고도 함	피마자 종자	· 육모작용(탈모예방) · 속눈썹 영양공급 · 립스틱 안료분 사용 · 네일 에나멜(락커·폴리시) · 포마드 · 염모침투제
올리브유	· 올레인산, 팔미틴산, 리놀산 등 · 에탄올에 잘 용해 · 담황색~담록황색의 투명 액체유 · 피부표면으로부터 수분증발억제와 흡수력이 좋아 사용감 향상	올리브열매 압착법	· 노화방지 · 에몰리언트 크림 · 선탠오일

② 동물성 오일

동물의 피하조직이나 장기에서 추출하여 정제, 피부친화성과 흡수력이 강하다.

구분	성분 및 특징	추출	효과
난황오일 (Egg oil)	· 피부탄력부여 · 민감성 피부용 유화제 · 레시틴, 스테롤, Vt A 함유	· 계란노른자(난황)를 유기용매로 추출하여 얻은 지방유로 인지질을 함유	· 헤어·피부 컨디셔닝제
밍크오일 (Mink oil)	· 70~80% 불포화지방산(올레인산, 팔미틴산) · 포화자방산(미리스틴산) · 피부와 친화성이 좋아 피부를 부드럽게 함 · 유분감이 없음, 산뜻한 사용감	· 밍크 등의 피하지방에서 정제한 것으로 라놀린과 같이 사람의 피지에 가까운 성분	· 유아용오일 · 선탠오일(자외선, 적외선) · 상처치유 효과(피부손상 및 피부 수분증발 억제) · 피부친화도와 침투력 우수, 산뜻한 사용감 · 헤어·피부 컨디셔닝제
스쿠알란 (Squalan)	· 무미, 무색, 투명한 유액 · 응고점이 낮아 내한성 윤활류의 원료 · Vt A·D 함유 · 피부에 대한 안정성이 높음 · 유성감과 사용감이 떨어짐	· 심해산 상어류의 간유로부터 얻어진 스쿠알렌에 수소첨가로 얻어짐	· 기초화장품(크림) · 그 외 화장품(유성원료) · 피부를 매끄럽게 지속시켜 주는 화장품류에서 유상료료로 사용 · 유동파라핀에 비해 유성감이 좋고 침투성에 의해 피부와의 친숙함이 높다. · 침투성이 우수하고 자극성이 없고 안정하며 쉽게 사용할 수 있는 오일 · 화장품의 저자극성, 피부 노화방지의 특성

③ 광물성 오일

석탄·석유 같은 광물질에서 추출, 쉽게 변질되지 않고 흡수력이 좋다. 유성감이 좋아 식물성 또는 합성오일에 섞어서 사용한다.

구분	성분 및 특징	추출	효과
바세린	· 피부에 오일막을 형성 수분증발 억제 · 유성성분으로 사용	· 석유에서 추출한 페트롤리움 젤리를 주성분으로 함	· 기초 화장품 · 모발 화장품 · 메이크업 화장품
고형 파라핀	· 진공증류 또는 용제분별에 얻은 무색 또는 투명한 고체	· 원유 증유	· 각종크림 · 립스틱 · 양초
유동 파라핀	· 미네랄 오일이라 함 · 피부표면의 수분증발억제 · 사용감 향상 · 정제순도에 따라 여드름을 유발 · 노폐물제거, 메이크업의 부착성을 높임	· 석유의 유분을 재증류하여 세정·탈색 후에 납분을 여과·분리하여 추출	· 클렌징 마시지 제품
미네랄 오일 (리퀴드 파라핀)	· 피부 표면에서의 수분증발 억제와 함께 사용감 향상 등의 목적으로 사용	· 석유에서 얻은 액체상태의 탄화수소류의 혼합물	· 착향제, 피부보호제 · 헤어·피부 컨디셔닝제로서 수분 차단, 유연제

④ 합성오일

화학적으로 합성한 오일로서 쉽게 변질되지 않으며 사용감이 좋다.

구분	주요효능	특징	용도
실리콘 오일	· 발수성이 커 화장의 지속성을 높임 · 분자 내 아미노기가 모발표면의 단백질과 친화해 내구성과 퍼짐성이 좋아 피막형성능이 우수하여 빗질 통과성을 향상시킴 · 끈적임이 적어 가벼운 사용감 · 윤활성과 광택성이 좋음 · 화장품 설명 뒤 - 메티콘(Methicon), 실록산(Siloxane) 등으로 끝남 · 합성오일에 대한 부정적인 인식에 의해 무실리콘 제품에 대한 요구 - 특히 모발 샴푸에 무실리콘 출시 요구 · 젖은 모발 건조 촉진, 정전기 방지, 모발표면 코팅막	· 다이메티콘(Dimethicone) - 피부 유연성, 가벼운 감촉감 부여 - 수분증발차단, 피부보호제 - 끈적임 줄임제 - 선 스크린 제품 · 사이클로펜타실록산(Cyclopentasiloxane) · 모발 컨디셔닝, 피부 유연화제로 사용 · 워터프루프 화장품에 사용, - 샴푸 등	· 기포방지제 · 피부보호제 · 피부컨디셔닝제 · 수분차단제 · 용제
합성 에스테르	· 고급지방산과 저급알코올이 결합된 합성 에스테르는 천연에스테르가 가진 장점을 유지하고 단점을 보완하여 합성 · 피부에 유연성과 산뜻한 촉감으로 사용감이 좋음	· 카복실산(RCOOH)과 알코올(ROH)의 탈수반응을 통한 에스테르화 반응에 의해 얻어지는 에스테르(RCOOR') 화장품으로 고급지방산과 저급알코올이 결합된 것 $$RCOOH + ROH \xrightarrow{-H_2O} RCOOR'$$	· 화장품의 유성원료로 사용 · 화장품 원료의 용해제로 탁월함 · 피부 유연성과 산뜻한 촉감, 사용감이 좋아 유성원료의 화장품으로 많이 사용

② 왁스류(Wax)

왁스는 에스테르(RCOOR')가 주성분으로서 실온에서 주로 고체로 존재하며, 공기 중에 노출되어도 다른 오일에 비해 변질이 적고 안정적이다. 고급지방산과 1가 알코올로 구성되어 있으며 동물성과 식물성으로 분류할 수 있다. 또한 글리세롤이 결핍된 고체인 왁스는 고형의 립스틱이나 파운데이션, 크림 등 안정적인 제형 유지와 녹는점이 높아 화장품의 고형화(굳기)를 조절하거나 광택을 부여한다. 고형유형성분으로서 고급지방산에 고급알코올이 결합된 구조이다.

- **식물성 왁스**: 잎, 줄기에서 추출, 카나우바·칸데릴라 왁스, 호호바유 등
- **동물성 왁스**: 벌집에서 추출한 밀랍, 양 털에서 추출한 라놀린 등
- **글리세롤**: 유지(油脂)가 가수 분해를 할 때 지방산과 함께 생성되는 액체

① 동물성 왁스

구분	특징	용도
라놀린 (Lanoline)	· 양털에서 정제된 지방 복합물질로서 반고체(페이스트상)으로서 화학적으로 왁스에 속함	· 복잡한 지방산과 1가 고급알코올의 에스테르로서 화학적으로 왁스에 속함

구분	특징	용도
	· 피부친화성과 흡수능력이 좋아 보습제, 피부유연제, 유화제의 기능을 함 · 주로 보습, 노화방지, 피부재생 및 보호기능이 우수하여 크림, 립스틱 등에 사용 · 라놀릭산이 함유되어 있어 여드름을 유발할 수 있음	
밀납 (Bees wax)	· 동물성 왁스로서 꿀벌의 벌집에서 채취한 후 벌집을 열탕에 넣어 분리한 왁스 · 피부가 민감해지거나 피부 알러지를 유발할 수 있음	· 유화를 위한 유화제, 크림, 립스틱, 블러셔 등 스틱상에 주로 사용 · 동물성 왁스

② 식물성 왁스

구분	특징	용도
호호바 오일	· 액상왁스형태(상온에서)로서 낮은 온도에서는 응고됨 · 피부친화성이 우수, 확산성 및 흡수력이 좋으며, 쉽게 산화되지 않으며 끈적임이 적음 · 항균작용에 의해 염증을 완화하고 피지를 조절	· 피부염치료제, 유연제, 크림, 밀크로션, 립스틱, 각종 화장품의 유성 기제 등에 사용 · 건선, 습진, 여드름, 비듬성 두피, 지루성 두피 등의 염증, 피지 조절
카나우바 왁스 (Carnauba Wax)	· 카나우바 잎에서 채취 · 화장품 고형화 물질로서 피부 표면에 보호막을 형성함 · 자연에서 얻은 왁스 중 강한 왁스로서 내수성과 내열성, 광택성이 우수함	· 립스틱과 스틱화장품에 광택부여 · 내열성 증가
칸데릴라 왁스 (Candelilla Wax)	· 식물성 왁스인 칸데릴라는 줄기 표면에 분비된 왁스를 정제하여 얻음 · 지방산 에스테르, 헨트리아콘탄과 같은 탄화수소, 자유 알코올, 수지 등의 성분으로 구성됨 · 피막을 형성, 윤기와 유연성 부여, 비수용성 점증제로 화장품의 점도를 조절시키는 역할을 함	· 립스틱과 스틱, 화장품에 사용 · 광택부여

 알아두기!

☑ 고급지방산과 고급알코올에 대해 알아두기

구분	특징	용도
고급 알코올 (세틸알코올 Cetyl alcohol/ 스테아릴알코올 Stearyl alcohol)	· 세틸알코올(세탄올, 탄소원자수 6 이상)은 코코넛 팜유에서 추출한 원료로 지방알코올이라고 함 · 자극이 적고 보습력이 높아 피부결을 매끄럽고 윤기 있게 개선시킴 · 자연에 존재하는 지방산인 스테아릴산의 화합물로 야자유·팜유를 가수분해 후 정제해 얻어진 성분	· 피부의 건조를 막아 피부를 부드럽게 하며 유화안정제로 사용 · 스테아릴알코올은 백색 왁스상 고체로서 크림, 유액 등 유화제품의 유화안정 보조제 또는 스틱상 제품으로 사용 · 피부자극이 적은 성분
고급지방산 (스테아린산, 팔미트산)	· 고급지방산으로 천연에 널리 분포됨 · 유지를 가수분해한 후 얻는 것으로 스테아르산 (Stearic acid)과 팔미트산 등 · 크림 및 로션 등 제품의 사용감이나 경도·점도 조정용으로 사용	· 스테아르산 - 크림, 유액, 립스틱에 사용 · 팔미트산 - 팜유에서 얻으며 크림, 유액 등에 사용

구분	특징	용도
	· 순한 천연성분으로서 안심하고 사용할 수 있는 천연계면활성제	

☑ 지방산(Fatty acid)

• 지방산을 기본으로 하는 고체(또는 반고체)인 지방과 액체인 오일을 합쳐서 유지라 하며 탄소수가 증가할수록 지방에 가까워진다. 즉 포화지방산이 많이 포함될수록 딱딱한 지방이 되며, 불포화지방산이 많이 포함될수록 유동적인 오일이 된다. 유지는 탄소수가 많은 고급지방산이며, 이는 글리세린에스터(Triglyceride)로서 피부를 부드럽게 하는 유연제(Emollient)로 사용되며 수분증발억제에 따른 보습효과를 나타낸다.

① 글리세라이드는 지방산과 글리세롤의 에스터(Ester)결합 화합물이다.

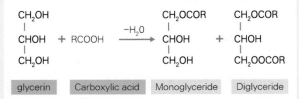

· 지방산은 긴 지방족(Aliphatic) 사슬을 가지고 있는 카복실산이다.
· 사슬의 포화(또는 탄소-탄소 이중결합) 여부에 따라 포화 또는 불포화 지방산으로 나눈다.
· 포화지방산은 4~28개의 짝수 개 탄소를 가지며, 트라이글리세라이드나 인지질로부터 생성된다.
· 글리세라이드는 3개의 하이드록시 작용기(OH-)와 결합된 구조를 갖고 있다.
- 공기 중의 수분을 흡수하는 성질이 있으며 피부건조제로도 사용된다.
- 일반적으로 사용되는 기름 또는 지방의 대부분은 트라이글리세라이드이다.

② 세 개의 지방산과 글리세린이 반응한 Triglyceride, 액체는 Oil, 왁스는 Glycerol이 결핍된 고체이다. 즉 지방산의 구조적 차이로서 유동성의 차이를 갖는다.

피부사용감	탄소원자수	원료	사용
무거운 지방산 (큰 분자량)	· $C_{16\sim18}$+Triglyceride · 분자량이 크고 무거운 지방산	· C_{12} 이상(탄소수 12 이상의 지방산)~ · 고급지방산 · 동·식물 유지 또는 석유제품에서 합성 · 식용유지로서 긴 사슬지방산으로 이루어지는 글리세라이드임	· 비누, 각종 계면활성제, 첨가제 등 유지공업제품의 원료로 사용
가벼운 지방산 (작은 분자량)	· $C_8\sim C_{10}$+Triglyceride	· 카프릴릭(Carprylic) · 카프릭트라이글리세라이드	· 기초화장품 · 메이크업화장품 · 착향제, 피부컨디셔닝제(수분차단제)

☑ 지방산의 분류

• 고급지방산의 종류는 포화지방산(Saturated fatty acid), 불포화지방산(Unsaturated fatty acid) 등으로서 지방산의 탄소 수에 따라 오일 또는 지방으로 나뉜다.

구분	지방산명 및 종류	화학식	내용	주요구성성분
포화 지방산	· 라우르산 (Lauric acid)	$C_{12}H_{24}O_2$	· 12탄소축이 있는 포화중쇄 지방산 · 식물·동물성 지방과 오일에서 발견 · 고온이나 자외선으로부터 산화와 부패방지 기능	· 코코넛유 및 팜커넬 오일
	· 미리스트산(미리스틱산 또는	$C_{14}H_{28}O_2$, $CH_3(CH_2)_{12}COOH$	· 14직쇄 포화지방산 · 동·식물유지에 소량 분포	· 코코넛 오일, 및 기타지방, 야자유, 팜핵유 유지

구분	지방산명 및 종류	화학식	내용	주요구성성분
	테트라데카노익 애씨드)		· 흰색~엷은 노란색의 결정덩어리 또는 가루로 된 천연소포제임	방에서 얻어지는 고형지방산
	· 팔미트산 (Palmitic acid)	$C_{16}H_{32}O_2$, $CH_3(CH_2)_{14}COOH$	· 냄새가 없는 흰색의 밀랍모양의 고체지방산 · 동 · 식물계 널리 분포, 대부분 유지에도 함유 · 도료나 화장품, 비누, 합성세제, 그리스, 플라스틱 등에 널리 사용	· 올리브유, 팜유, 체지방 등 지방과 왁스에서 볼 수 있음 · 특히 목랍이나 팜 핵유에 다량 함유
	· 스테아릭애씨드, · 옥타데칸산	$C_{18}H_{36}O_2$, $CH_3(CH_2)_{16}COOH$	· 18탄소 백본이 있는 포화긴사슬 지방산 · 글리세린에스테르 형태로서 각종 유지 중에 널리 분포 · 비누는 유지를 NaOH으로 비누화 → 주성분(스테아르산의 나트륨 염) · 스테아르산과 팔미트산의 혼합물은 양초의 제조, 연고 등의 약품, 화장품용 크림 등 대량 사용 · 소나 양 등의 상온에서 고체인 지방에서 특히 함유량이 많고 액체 상태인 식물유에 비교적 많다.	· 코코아 버터와 시어버터
불포화 지방산	· 리놀산 (Linolic acid) · 리놀레산 (Linoleic acid)	$C_{18}H_{32}O_2$ $CH=CH(CH_7)_7COOH$	· 글리세라이드로서 대부분 식물류 중에 많이 포함 · 오메가-6 지방산 · 특히 반건성유 안에 존재 · 생체 내에서는 합성되지 않음 · 생체활성대사물질의 주요 전구체인 아라키돈산을 생성	· 옥수수유, 대두유(콩기름), 면실유, 참기름, 해바라기 기름, 땅콩기름, 홍화씨유, 포도씨유, 달맞이 꽃 기름, 식물성 · 육류기름에 많이 포함
	· 올레산 (Oleic acid)	$CH_3(CH_2)$	· 18개의 탄소원자로 고급불포화지방산 · 거의 모든 동식물유에 함유 - 식용유지에 함유된 대표적 지방산 · 주로 비누를 만드는 데 사용	· 올리브유, 동백유는 올레산이 주성분임
	· 리놀렌산 (Linolenic acid)=α-linolenic acid(ALA)	$C_{18}H_{30}O_2$	· 오메가-3 지방산의 일종이며 보통 리놀렌산이라 하면 α-리놀렌산을 말함	· 아마씨, 호두 치아, 삼 및 많은 식물성 기름을 포함한 많은 씨앗과 기름에서 발견 · 견과류(아마인, 호두, 밀배아), 들기름, 해산물과 생선(고등어, 연어, 꽁치, 청어, 참치 등) 푸른 잎 채소류에 많이 포함

☑ **팜핵유(Palm kernel oil)**
- 팜(기름야자)열매의 핵(함유분 40~50%)을 원료로 하여 채유되는 식물지, 올레산, 라우르산, 미리스트산, 카프르산, 카프릴산 등을 주성분으로 하는 고형지방의 혼합 트라이글리세라이드로 구성되어 있다.
- 종려나무열매의 핵에서 짜낸 기름이다.
- 야자유와 비슷하며, 제과 등 식품 · 가공용 및 비누원료로 이용된다.

☑ 에스터(Ester)
- 합성에스터는 점성이 낮고 잘 섞이지 않는 유성원료들을 혼합시키거나 유지나 납, 광물성유 등의 유상을 수상에 혼합시킬 때 사용된다.
- 산과 알코올을 탈수하여 얻는데 팔미트산, 아이소프로필, 스테아르산, 부틸미리스트산 등이 있다.

☑ 트라이글리세라이드(Triglyceride)
- 글리세롤에 3분자의 지방산이 에스테르화한 것이 자연계에서 넓게 분포되어 찾아낼 수 있는 지방산 유도체이다.
- 단순지질 또는 중성지질이라고 일컬으며 가수분해 시 지방산이 탈락되면서 다이글리세라이드, 모노글리세라이드를 거쳐 글리세롤[$C_3H_8O_3$,$(CH_2OH)_2CHOH$]이 된다.
- 동·식물에서 얻는 지방산 글리세라이드의 가수분해(비누화 반응)에 의해 글리세롤을 생산할 수 있으며, 부산물로 사슬이 긴 지방산이 얻어진다.
① 형태
- 글리세롤의 지방산 에스터, 동·식물의 지방에 존재하며 이로부터 글리세롤을 얻을 수 있다.
- 인체 간과 지방조직에서는 글리세롤이 트라이글리세라이드와 인지질 합성의 중요한 전구체로 사용된다.

☑ 백본(Backbone)
: 사슬의 구조를 연결시키는 C의 중추적 역할을 일컫는다.

③ 계면활성제(Surfactant, Surface active agent)

- 두 물질 간 활성을 갖게 하는 계면활성제는 **양친매성**으로서 소수기와 소유기의 분자구조를 통해 여러 가지 성질을 갖는다. 이는 친수-친유의 화학구조가 갖는 조합의 균형으로서 이 균형이 달라지면 침투제와 유화제, 유화파괴제 등 종류에 따른 사용목적과 용도를 달리한다. 계면활성제는 미셀, 에멀션과 서스펜션, 가용화, 용해성, 기포성의 성질과 함께 습윤, 침투, 유화, 분산, 재부착 방지, 가용화, 기포, 표면저하, 헹굼 등의 작용을 나타내거나 계면장력을 현저히 저하시키는 물질이다.

1) 기본이론

서로 다른 성질의 물질인 물과 기름, 피부와 노폐물 사이에서 활성을 갖게 하여 이들의 **경계를 제거시키는 역할**을 한다. 이는 고체·액체·기체라는 3가지 상(相)에 따라 표면 또는 계면을 뜻하는 Surface와 활성을 나타내는 물질이라는 뜻(Active agent)을 조합하여, 계면활성제(Surfactant)라고 한다.

2) 계면활성제의 분자구조

- 비교적 커다란 소수성(친유기)과 강력한 소유기(친수기)로 이루어진 계면활성제는 분자의 한쪽에 물과 친화력이 큰 양친매성을 가진 친수기가 있고 다른 한쪽에는 기름과 친화성이 큰 친유기를 가지고 있다.
- 이때 매질이 물이라면 친수성(Hydrophilic)과 소수성(Hydrophobic)이라는 용어를 사용하며, 간단하게 꼬리(Tail)와 머리(Head)로 나타낸다.
- 꼬리부분(Lipophilic group)은 비극성을 띠며, 머리부분(Hydrophilic group)은 극성을 띠는 양친매성 물질이다.

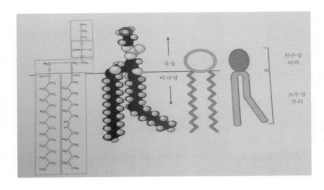

- 소수성기: 친유성기라고도 하며 기름성질에 잘 용해된다.
  - 장쇄의 탄화수소계열, 실리콘계열, 불소계열
- 소유성기: 친수기라고도 하며 이온을 띠거나 강한 극성력을 가진 물에 대한 용해성을 증가시킨다.

☑ **계면화학(Interface Chemistry)**
- 고체, 액체, 기체 등 자연계가 가진 모든 물질은 3개의 상(相,Phase)으로 각각의 상태에 따라 계면 또는 표면의 경계면을 갖는다. 이를 계면에서 일어나는 현상으로서 고체-기체, 고체-액체, 고체-고체, 액체-기체, 액체-액체 등 5가지 기본적인 상의 형태로 유지됨
  ① 표면(表面, Surface): 기체가 갖는 증기상의 경계로서 고체-기체, 액체-기체를 들 수 있음
  ② 계면(界面, Interface): 모든 형태의 상 사이에 존재하는 경계로서 고체-액체, 액체-액체, 고체-고체를 들 수 있음

3) 계면활성제의 종류

계면활성제는 용매계에 따라 유용성, 수용성으로 대별된다.

(1) 유용성 계면활성제

- 유기용매에 용해되며 유기구조를 띠는 부분에 의해 결정된다.

(2) 수용성 계면활성제

- 물(H_2O)을 사용함으로써 용해성은 극성이 큰 원자단이나 이온을 띠는 부분에 의해 결정되며, 이온성 계면활성제와 보조계면활성제로 분류된다. 이온성 계면활성제는 **음이온·양이온·양쪽성·비이온성** 등이 있다.

구분	작용(효과)	제제	제품
음이온 계면활성제 (Anionic surfactant)	· 세정작용우수 · 기포형성작용(거품풍부) · 강한 탈취력으로 피부거 칠음 원인	· 알킬(라우릴)황산나트륨(S.L.S, Sodium Lauryl Sulfate) · 소듐라우레스설페이트(S.L.E.S, Sodium Laureth Sulfate) · 나트륨크실렌설포네이트(Sodiumxylene sulfonate. SO₃H) · 암모늄라우릴설페이트(ALS, Ammonium Laury sulfate) · 암모늄라우레스설페이트(ALES, Ammoniun Laureth sulfate) · 트라이에탄올아민라우릴설페이트(Triethanolaminelauryl sulfate, TEA- lauryl sulfate) · 트라이에탄올아민라우레스설페이트(TLAES-Triethano lamine laureth sulfate, TEA-laureth sulfate)	· 비누, 샴푸 · 손세정제 · 바디워시, 폼클렌징
양이온 계면활성제 (Cationic surfactant)	· 살균소독작용 · 정전기 방지 · 모발 컨디셔닝	· 세테아르다이모늄클로라이드(Ceteardimonium chloride, C₁₆) · 다이스테아릴다이모늄클로라이드(Distearydimonium chloride, C₁₈) · 베헨트라이모늄클로라이드(Behentrimonium chloride, C₂₂)	· 헤어컨디셔너(린스, 트린트먼트) · 섬유유연제, 소독제

구분	작용(효과)	제제	제품
양쪽성 계면활성제 (Amphoteric surfactant)	· 피부와 눈에 대한 자극과 독성이 거의 없음 · 정전기 방지 · 세포·기포·살균작용적당 · 피부안정성	· 코카마이도프로필 베타인(Cocamido propyl betaine) · 코코암포글리시네이트(Cocoamphoglycinate)=이미다졸리움 컴파운드	· 저자극성 샴푸 · 베이비 샴푸
비이온 계면활성제 (Non-ionic surfactant)	· 피부자극이 가장 적음	· 글리세릴모노스테아레이트(GMS, Glyceryl monostearate) · 솔비탄(Sorbitan) 계열 ★ · 알카놀아마이드(Alkanolamide), 코코넛 다이에탄올아민 · Cocamide MEA, DEA · Lauramide MEA, DEA/ - Oleamide DEA · 피오이·피이지(POE·PEG) 계열 · 폴리글리세릴(Polyglyceryl) 계열 · 폴리솔베이트(Polysorbate) 계열	· 기초화장품(크림·로션) - 가용화제 - 유화제
실리콘계*	· 세정효과를 줄 수 있음 - 가는 거품 - 점성 고무질 개선 · 다이메틸콘 물질	· 피이지-10 다이메티콘(PEG-10 dimethicone) · 다이메티콘코폴리올(Dimethicone copolyol) · 세틸다이메틸콘코폴리올(Cetyldimethicone copolyol)	· 샴푸컨디셔닝제 · 파운데이션 · 비비크림 등 · W/S 제형
천연 계면활성제*	· 피부자극이 적음	· 레시틴-아세틸콜린의 원료, 신경전달물질 · 리소레시틴(Lysolecithin)	· 기초화장품

☑ **솔비탄(Sorbitan) 계열**
· 다가알코올과 고급지방산과의 에스터(Ester)로 된 계면활성제
· 비교적 친유성이 크고 독성이 없어 의약품에 쓰이는 비이온성 계면활성제

☑ **천연계면활성제**
· 글루코사이드계열·아미노계열로서 대두·난황(레시틴), 라놀린, 콜레스테롤, 사포닌, 타우린, 코코넛류는 비누성분의 유지나 지방산을 코코넛, 야자 등 식물의 오일에서 얻는 것을 말함
· 피부자극이 적으나 자연에서 얻는 천연계면활성제는 2차 대전 후 천연유지가 부족해지면서 석유에서 추출 원료가격이 5~10배 낮아졌음

☑ **리소레시틴**
· 인지질의 일종으로 O/W유제(수중유형 유화액)의 안정화에 사용되는 유화제이다. 식물성 오일에서 유도되어 변형된 레시틴으로 피부 자체 오일을 복원시킴

4) 계면활성제의 성질

계면활성제는 종류에 따라 성질이 다소 다르나 계면에 흡착(Adsorption)하여 계면에너지를 현저히 감소시킨다. 이는 미셀(가용화), 분산(서스펜션), 유화(에멀전), 습윤(젖음), 세정, 거품형성, 대전방지 등의 작용과 함께 계면장력을 현저히 저하시키는 성질을 갖고 있다.

(1) 미셀(Micell)

계면활성제의 양친매성 물질은 물에 녹으면 어느 농도 이상에서는 친수기를 밖으로 친유기를 안으로 향해 회합함으로써 미셀(계면활성제 분자의 집합체)을 형성한다.

① 가용화(Solubilization)

- 물에 **불용성인 물질**을 계면활성제 **미셀의 존재** 하에 **투명하게 용해**하게 되는 현상이다.

- 가용화 현상은 계면활성제의 **한계미셀농도 이상**에서만 일어난다.

- **용해도**: 계면활성제는 온도 상승과 함께 용해도가 서서히 증가하다가 어느 온도에 이르면 용해도가 급격히 증가된다. 이 온도를 <u>크래프트 포인트(Kraft Point)</u>라 하며 크래프트 포인트 이하에서는 계면활성제 분자가 대체로 분자 또는 이온 상태로 분산되나 그 이상에서는 미셀을 형성한다.

☑ **임계미셀농도(Critical micelle concentration, CMC)**
· 미셀은 회합체를 생성하기 시작할 때의 계면활성제의 농도이다.
- 어느 이상 농도에서 돌연 나타나는 현상을 임계미셀농도라고 한다.
- 미셀은 가역적으로서 한계미셀농도 이하가 되면 미셀은 사라지고 다시 분자상태로 분산된다.

② 친수-친유성의 균형(Hydrophilic-lipophilic balance, HLB)

- 계면활성제는 분자 내에 친수기와 친유기를 함께 가지고 있으므로 그 상대적인 크기 즉, <u>HLB에 따라 물에 잘 녹기도 하고 유기용매에 잘 녹기도 한다.</u> 일반적으로 HLB가 커질수록 물에 대한 용해도는 증가한다.

- HLB는 비이온 계면활성제의 친수-친유의 구조적 성질을 정량적으로 일정 범위(1-20) 내에서 표현한 값으로서 **20에 가까울수록 친수성이 크다.**

- **HLB에 따라** 그 용도가 **유화제, 가용화제, 습윤제, 세정제 등으로 분류**되며 화장품에서는 계면활성제의 종류 및 그 사용량을 결정하는 데도 사용된다.

HLB값	적용	활동범위	제품
0~3	소포제	분산 안 됨	-
4~6	W/O형(기름 가운데 물 분자) 유화제	약간분산	W/O형(Water proof, Sunscreen, B · B cream, Foundation)
7~9	분산제 · 습윤제	현탁하게 분산	-
8~18	O/W형(물 가운데 기름분자) 유화제, 세정제	분산	O/W형 유화제, 보습로션, 클렌징크림, 선탠크림
15~18	가용화제	투명하게 용해	가용화제형, 스킨로션, 토너, 토닉, 향수

☑ **화장품에 이용되는 계면활성제의 역할** : 세제제, 화장품 제형
☑ **화장품에서의 계면활성제 조건**: 담색(흰색에 가까운 엷은 색)을 띠어야 하고 무취, 안정성(변질이 없어야) 이 있으며, 피부 자극이나 독성이 없어야 한다.

☑ **계면활성제 종류**에 따른
- 피부자극정도 양이온 > 음이온 > 양쪽 > 비이온 등의 순서를 갖는다.
- 세정력정도 음이온 > 양쪽 > 양이온 > 비이온 등의 순서를 나타낸다.

(2) 유화(Emulsion)

- 계면활성제 수용액에 기름을 넣었을 때 우유와 같은 균일한 유백색 혼합액체가 형성되는 것 또는 수중에 기름이 미세한 입자로 존재할 때는 에멀션 또는 유탁색(백탁화된 상태)이라 한다.

- **에멀션 현상을 이루는 물질** 즉, 계면활성제 또는 유화제라고 한다.

- 유화제가 유용성이냐, 수용성이냐에 따라 유화의 형태는 W/O, O/W, W/O/W(O/W/O)형으로 분류된다.

구분	종류	미셀 형태 및 특징	적용 제품
유중수형	W/O형(Water in Oil type)	· 오일을 외부상으로 하고 그 가운데 물이 분산 · 수분증발을 억제(내수성이 있음), 유분율에 의해 끈적임	선스크린
수중유형	O/W형(Oil in Water type)	· 물을 외부상으로 하고 그 안에 오일이 분산 · 물에 쉽게 희석	보습로션, 클렌징크림, 선탠로션
다중유화	W/O/W형	· W/O형을 다시 물에 유화시킨 형태 · 보습효과 우수	보습·영양크림
	O/W/O형	· O/W형을 다시 기름에 유화시킨 형태	왁스

(3) 서스펜션(Suspension)

고체입자가 액체 속에 분산되어 있는 것(고체입자의 부유상태)을 **서스펜션** 또는 **현탁**이라고 한다.

(4) 분산(Dispersion)

계면활성제가 고체형의 오염입자에 흡착됨으로써 액체 속에 미세입자로 **균일하게 세분화**되어 혼합된 상태이다. 세분화된 입자는 표면에 흡착되어 있는 계면활성제에 의해서 집합이 방해되어 수용액 중에 안정화된다.

☑ **재부착 방지(Rebonding prevention)**: 오염물질이 재부착되지 않도록 분산된 오염입자를 안정되게 한다.

(5) 기포성(Foamability)

- 기포작용으로 **거품형성**에 따른 고체 입자 간 접촉을 막아 마찰을 없애고 면적을 확대하여 고체 입자와 액체 용액의 접촉 기회를 높여 오염을 제거하는 데 효과가 있다.

- 계면활성제의 수용액은 대체적으로 거품(Lathering)이 잘 생긴다. 기포원리로서는 계면활성제가 물과 공기의 계면에 흡착되어 배열되기 때문이다.

- 거품은 액체 또는 고체의 얇은 막 가운데 기포가 다수 들어가 있는 상태를 말한다.

④ 탄화수소(Hydrocarbons)

화장품 원료로 사용되는 탄화수소 C_{15} 이상의 사슬모양은 포화탄화수소(단일결합-알케인C_nH_{2n+2})이다.

구분	역할 및 효과	적용(사용범위)	
미네랄 오일 (Mineral Oil)	· 원류의 정제 과정에서 생성되는 부산물로서 액체 상태의 탄화수소류임 · 알케인(Alkane)과 파라핀(Paraffin)이 주성분 /· 폐쇄막을 형성	· 용제, 착향제 /· 피부보호제 · 피부 컨디셔닝제(수분차단제, 유연제), 헤어 컨디셔닝제	화장품에서오일로사용됨
스쿠알란 (Squalan)	· 분자식 $C_{30}H_{62}$, 성상은 무색투명한 유액으로서 무미·무취 · 주로 심해산 상어류의 간유로부터 얻어진 스쿠알렌에 수소첨가로 얻어짐 · 천연유래의 포화액상유로서 극도로 안정하고 자극성이 없음 · 화장품 유제 중에서도 다른 유성물질과의 혼화성이 좋고 유화 및 배합이 쉬워 제형 응용에 사용 · 유성감, 침투성, 퍼짐성, 가벼운 촉감, 안정성 있음	· 크림, 유액 등의 기초화장품 · 화장품류의 유상원료	
페트롤라툼 (Petrolatum)	· 탄화수소의 반고형물 성분으로서 바세린이라고 불림 · 석유에서 추출한 페트롤리움젤리를 추출 · 원류를 진공 증류 후 정제한 연고상의 물질로서 주성분은 C_{24}-C_{34}의 비정질임 - 고형파라핀을 외상으로 액상유동파라핀이 내상으로 콜로이드 상태로 존재 · 바세린 전성분 100%, 립밤의 90% 이상 · 폐쇄막을 형성하여 수분증발차단과 피부를 보호	· 멘소래담 또는 바세린이라함 - 멘소래담은 멘솔(Menthol)과 페트롤라튬의 합성어임 · 피부상처치료 및 피부 보습제 · 모발 컨디셔닝제 · 수분증발차단제 · 크림류 외에 입술연지 등	
폴리부텐 (Polybutene) [구조식]	· 무색~엷은 노란색의 점조성 액체인 올리고머(분자량 1,000이하의 소중합체)로서 폴리부틸렌이라고도 불리움 · 무미·무취이나 약간의 특이한 냄새가 있는 껌용 첨가물 · 내수·내습성이 우수하며 점도증가제와의 결합제로 사용됨 · 합성에 의해 만들어지는 폴리부텐은 끈적이는 사용감이 있음	· 메이크업 제품 - 립글로스 제형에서 부착력과 광택을 부여	
하이드로제네이티드폴리부텐 (Hydrogenated polybutene) [구조식]	· 화장품에서 피부의 수분손실을 방지하고 보습력을 더해 퍼짐성을 개선하고 끈적임을 감소시켜 유분을 공급 · 피부 유·수분, 피부결 관리 · 비수용성 점증제로 화장품 점도를 높여주는 역할	· 피부 유연화제 · 점증제 · 보습제 · 기초·색조화장품에 배합	

☑ **스쿠알렌(Squalane)**
- 1916년 상어의 간유에서 처음 분리, 스쿠알렌은 식물의 씨앗(종려나무의 열매, 올리브유 등)과 기름, 담수어에도 존재함
- $C_{30}H_{50}$으로 불포화탄화수소이다. 이는 물의 수소이온과 반응하여 $C_{30}H_{62}$가 됨으로써 3개의 산소(O_2)를 발생함($C_{30}H_{50}$ + $_6H_2O$ ⇒ $C_{30}H_{62}$ + $3O_2$)
- 유리기(Free radicals)와 활성산소로부터 세포를 보호하는 자연적인 산화방지제로서 기능을 하며 혈액 내 콜레스테롤의 수치를 낮추는 역할과 암 유발물질을 저해하는 효과가 있음

☑ **혼화성(Miscibility)**
- 2종 이상의 액체를 임의의 비율로 섞어 혼합할 때, 서로 균일하게 용해하여 합쳐지는 성질
  > 예 물과 알코올은 혼화성이 완전하지만 물과 벤젠 또는 에테르는 불안정하여 두 층으로 나뉜다.

☑ **점조성**: 찰기가 있고 밀도가 높은 성질을 말함

- 바셀린(Vaseline)이라는 브랜드명으로 더 많이 알려짐, 이는 자체 수분이 없어 수분증발자체가 일어나지 않아 자연스럽게 피부 속 수분까지 지켜주는 장벽역할을 함
- 석유 찌꺼기인 로드왁스(Road wax) 성분에서 추출한 페트롤리움 젤리로 바세린을 만듦

5 에스테르 오일(Ester Oil)

① 에스테르는 직접 산과 알코올의 반응으로 합성된다.

- 지방산과 **탄소수가 많은** 1가 알코올과의 에스테르는 **왁스**[①]로서 지방산과 글리세롤의 에스테르(글리세라이드)는 **유지**[②]로서 동·식물계에 존재한다.

- **탄소수가 적은** 유기산과 저급 1가 알코올과 에스테르는 좋은 향기가 나는 액체의 인공과실 **정유**로서 식품의 향료로 쓰이고 천연식물 정유도 이에 포함된다.

② 산성에스테르는 비휘발성이며 물에 녹으면 산성을, 염기와는 염(Salt)을 만든다.

☑ 에스테르(Ester)
- 산과 알코올에서 물을 제거할 때 화합물 및 이론상 이에 해당하는 구조를 가진 화합물이다.
- 즉 산의 수소원자를 탄화수소기 R과 치환한 것 [RCOOH + ROH → RCOOR'(에스테르화 반응)]
- 글리세롤에 지방산이 결합된 에스터를 글리세라이드(Glyceride)라고 부른다.
- 글리세라이드는 지질의 대표적인 예이고 동물지방과 식물오일의 대부분을 차지한다.

(1) 에스테르 오일의 정의

- **지방산과 고급알코올의 중화반응인 에스테르반응(결합, RCOOR')을 가진 액상의 화장품 원료이다.**
  - 분자량이 적어 사용감이 가볍고 유화력이 좋아 화장품 오일로서 사용한다.

- 화학명명법(IUPAC)에 에스테르 오일의 원료명 접미어(~에이트, ate)로 적시된다.

(2) 에스테르 오일의 종류

구분	역할 및 효과	적용(사용범위)
다이아이소프로필아디페이트 (Diisopropyladipate)	· 화학식 $C_{12}H_{22}O_4$ · 점성을 띤 무색~담황색의 맑은 액체 · 피부표면에 윤활제로 작용 · 화장품 및 퍼스널케어 제품에 물질을 용해, 분해와 취성을 줄임으로써 합성화합물을 약화시킴	· 향수 및 코롱 · 족욕제품 · 애프터 쉐이브 로션 · 수렴 화장수 · 스킨클렌저 · 메이크업 파운데이션 및 립스틱
다이아이소스테아릴말레이트 (Diisostearymelate)	· 무색~담황색의 점조액체 · 무취 또는 약간의 특이취 · 피부결을 부드럽게 유연화시키고, 피부에 컨디셔닝 부여 · 고점도액체, 저자극성 크림, 유액	· 피부유연화제, 용제 · 립글로스의 베이스 · 두발용 화장품(샴푸, 린스)

구분	역할 및 효과	적용(사용범위)
세틸에틸헥사노에이트 (Cetylethyl hexanate)	· 화학식 $C_{24}H_{28}O_2$, 세틸알코올과 2-에틸헥사노이산의 축합화합물임 · 모발컨디셔너와 화장품의 재료로 사용 · 모발·피부의 손상된 부분을 부드럽게 함	· 피부 컨디셔닝제(유연제)
세틸팔미테이트 (Cetyl palmitate)	· 세틸알코올과 팔미틴산의 에스텔($C_{32}H_{64}O_2$)로 구성 · 피부표면으로부터 수분의 증발을 지연시키는 성분	· 착향제 · 피부 컨디셔닝제(수분차단제)
스테아릴카프릴레이트 (Stearyl caprylate)	· 스테아릴 알코올과 카프릴릭산의 축합화합물 · 피부를 부드럽고 매끄럽게 하는 유분기를 공급	· 피부 컨디셔닝제(수분차단제, 유연제, 보습제)
아이소프로필미리스테이트 (Isopropylmyristate, 1PM)	· 화학식 $C_{17}H_{34}O_2$ · 아이소프로필 알코올과 미리스틱산의 에스텔로 구성 · 피부를 통한 흡수성이 좋아 향수의 용제, 화장품과 국부 사용 피부연고 등의 외양 의약품에 사용	· 결합제 · 착향제 · 피부 컨디셔닝제(유연제)
아이소프로필팔미테이터 (Isopropyl palmitate, 1PP)	· 화학식 $C_{19}H_{38}O_2$, 아이소프로필알코올과 팔미틱산의 에스텔로 구성 · 식물성 팜오일로 만든 연화제, 보습제·강화제 및 정전기 방지제 · 불용성 무색 무취의 투명액상	· 결합제 · 착향제 · 피부 컨디셔닝제(유연제)
코코카프릴레이트/카프레이트 (Coco-caprylate/Carprate)	· 용도는 향 또는 수분증발차단제로 등재됨 · 식물성 코코넛 알코올과 액체지방산(글리세린) 또는 카프릴릭애씨드, 카프릭애씨드 에스터의 혼합지방산으로부터 합성된 트라이글리세라이드 성분임 - 화장품의 사용감을 높여주기 위해 사용되는 유성성분임 - 가벼운 사용감과 피부에 끈적임이나 번들거림이 적고 침투성이 뛰어나며 발림성이 우수함	· 피부 유연화제/ · 용제 · 모발·피부 컨디셔닝제/ · 보습제
$C_{12\sim15}$ 알킬벤조네이트 ($C_{12\sim15}$ Alkyl benzonate)	· 안식향산과 $C_{12\sim15}$의 알킬기를 가진 알코올 에스텔	· 피부 컨디셔닝제(유연제)

- **향수**: 향기로운 냄새 특히 꽃에서 증류된 휘발성 액체 또는 합성으로 만들어진 향기를 전달하고 발산하는 제품
- **코롱(Eau ole cologne)**: 오드코롱, 전형적으로 알코올과 다양한 향을 내는 오일로 만들어진 향기로운 액체 제품

6 고급알코올(Higher Alcohol)

- 한 분자에 함유되어 있는 **탄소 수가 6개 이상인 지방족 알코올**이다. 탄소 수가 증가하고 포화도가 높아질수록 유상(油狀)에서 고체로 되며 물에는 거의 녹지 않는 중성이다. 탄소 수가 6개 이상~ 11개 이하(용제 및 가소제), 12개 이상~15개 이하(세제 및 계면활성제), 16개 이상(화장품, 의약품) 등에 주로 사용된다.

- **천연유지를 원료[①]로** 하는 알코올과 **석유화학 제품을 원료[②]로** 하는 합성 알코올로 나뉜다.

- 천연에는 지방산과 에스테르 결합을 하여 왁스로 동식물유 중에 존재하며, 황산에스테르는 세제로 사용됨

- 알코올은 탄화수소의 수소원자가 수산기(-OH, 하이드록실기)로 **치환된 화합물 R-OH로서 고급 알코올은 긴 탄소사슬이 있는 알코올을 총칭**한다. 이는 지방족알코올로 천연으로는 고급지방산의 에스터(Ester)로서 존재한다.

- 사슬알코올은 탄소원자의 수에 따라 **저급알코올(탄소수 5 이하)과 고급알코올(탄소수 6 이상)**으로 구분된다.

구분	알코올명	특징	적용(사용범위)
저급 알코올	에틸 알코올 (Ethanol, Ethyl alcohol) OH	· $C_2H_6O(C_2H_5OH)$ · 투명한 무색의 액체, 특유의 냄새와 자극적인 맛 · 지방족 탄화수소의 유도체 · 단백질을 응고시키므로 소독, 살균 작용(70% 알코올)	· 합성 또는 발효에 의해 생산 - 용제(Solvent) - 소독제(70%의 에탄올 아이소프로필알코올) - 가용화제(50% 에탄올)
	아이소프로필알코올 (Isopropanol, Isopropyl acohol) OH	· $C_3H_7OH((CH_3)_2CHOH)$, 지방족 1급 알코올 · 강한 살균력을 가진 무색의 액체- 에탄올의 2배 효과 · 여러 가지 용매, 알칼로이드의 추출이나 화장수 성분으로 사용	· 화장수 성분 · 의약용-방부제, 살균제(희석 10%) · 화장품의 용제
	부틸알코올 (Butanol,Butylalcohol) H_3C OH	· $C_4H_9OH[(CH_3)_3COH]$, 지방족포화알코올의 일종, 무색의 액체로서 특유한 냄새가 남	· 가소제 · 세제
고급 알코올	옥틸알코올 (Octylalcohol, Octanol) HO	· $C_8H_{17}OH(CH_3CH_2)_6CH_2OH)$, 곧은사슬포화알코올, 향기로운 냄새(장미향)가 나며 투명한 무색의 액체 · 고래기름이나 양모 중에 에스테르로서 존재하며 이를 가수분해하며 추출 · 화장품에 첨가되는 외에 가소제(플라스틱에 유연성과 탄력성을 주어 성형)의 원료로 사용 · 야자유 지방산을 수소첨가해서 라우릴알코올을 만들 때 부차 생성함	· 화장수 · 가소제 · 판타지 향수 · 화장용 크림
	라우릴알코올 (Laurylalcohol, Dodecanol) HO CH_3	· $C_{12}H_{25}OH$, 고급지방족알코올의 혼합물, 도데실 알코올이라고도 함 · 코코넛오일 지방산에서 얻은 포화된 12-탄소지방산알코올, 꽃향기가 남 · 향유고래기름 중에 지방산 에스테르의 형태로 존재하며 이를 가수분해하여 추출 · 계면활성제의 중요한 원료로, 황산에스터염은 미생물에 의해 분해되는 <u>연성세제, 샴푸</u>, 유연화제로 널리 사용 · <u>음이온 계면활성제</u> 외에도 양이온·비이온 계면활성제의 원료로 사용	· 계면활성제(거품촉진제) · 유화안정제 · 점도증가제(비수성) · 점도증가제(수성) · 착향제 · 피부 컨디셔닝제(유연제)
		· $C_{16}H_{33}OH(CH_3(CH_2)_{14}(H_2OH)$, 천연적으로 존재하는 <u>대표적인 고급알코올</u> · 유제계통의 안정제로서 사용되며 염색제와 크림,	· 계면활성제(거품촉진제, 유화제) · 불투명화제 · 유화안정제

구분	알코올명	특징	적용(사용범위)
	세틸알코올 (Cetyl acohol) 	산화제에는 활성제로 사용 · 향유고래유 속에 지방산 에스테르로서 존재 · 밀납모양의 흰색고체 · 연고의 기제로 사용, 흡수성이 있으며 기름에 첨가 시 흡수성을 늘리기 때문에 특히 세정성 연고에 적합함 · 화장크림, 로션 등의 제조에 사용	· 점도증가제(비수성, 수성) · 착향제
	스테아릴알코올, 옥타데실알코올 (Searyl alcohol, Octadecyl alcohol) HO~~~CH₃	· $C_{18}H_{37}OH$ [$CH_3(CH_2)_{16}CH_2OH$] · 지방족 고급 1가 알코올, 흰색의 고체 알갱이 또는 얇은 조각으로서 난용성 · 야자나무에서 추출한 알코올로서 피부가 마르고 갈라지는 것을 막고 부드럽게 함 · 황산에스테르로 만들어 표면활성제로 사용 · 향유고래 속에 지방산 에스테르로 존재 · 스테아르산을 수소화 과정을 거쳐 얻음	· 계면활성제(거품촉진제) · 불투명화제 · 유화안정제 · 점도증가제(비수성, 수성)

알아두기!

☑ **알코올이란?**

- 알코올은 탄화수소의 수소(H)원자가 수산(OH)기로 치환된 화합물
- 수산화기(Hydroxy, -OH)를 담고 있는 탄화수소물의 총칭
- 일반식은 수산화기가 하나 붙으면 1가 알코올($ROH-CH_2OH$), 두 개 붙으면 2가 알코올, 세 개 붙으면 3가 알코올, 4가 알코올 등 다가 알코올이 존재

구분	alkane(ol) C_nH_{2n+1} + OH									
1가 알코올	메탄올	에탄올	프로판올	부탄올	펜탄올	헥산올	헵탄올	옥탄올	노난올	데칸올
	CH_3OH	C_2H_5OH	C_3H_7OH	C_4H_9OH	$C_5H_{11}OH$	$C_6H_{11}OH$	$C_7H_{13}OH$	C_8H_7OH	$C_9H_{19}OH$	$C_{10}H_{21}OH$
2가 알코올	메탄디올	에탄디올	프로판디올	부탄디올	펜탄디올	헥산디올	헵탄디올	옥탄디올	노난디올	데칸디올
		$C_2H_4(OH)$	$C_3H_6(OH)_2$ $C_3H_5(OH)_3$	$C_4H_6(OH)_4$	$C_5H_7(OH)_5$	$C_6H_8(OH)_6$	$C_7H_9(OH)_7$			
당 알코올	글리세롤, 에스트리톨, 트레이톨, 자일리톨, 아라비톨, 리비톨, 만니톨, 솔비톨									
기타	레티놀, 콜레스테롤, 벤질알코올, 멘톨									

☑ **알코올의 명명법**

1. 1UPAC 명명법에서 단순 알코올을 명명하는 경우에는 알케인(Alkane)의 끝에 있는 'e'를 없애고 'ol'을 붙인다. 예 Methanol과 Ethanol을 들 수 있다.
2. 'e'를 생략하는 알케인 이름과 'ol' 사이에 숫자를 표시하되 하이픈(-)을 숫자 앞 및 숫자 뒤에 붙여 사용한다. 예 CH3CH2CH2OH을 Propan-1-ol로 CH3CH(OH)CH3을 Propan-2-ol로 명명한다.
3. -OH 기의 수에 따라 알코올의 화학식, 체계적인 명명 및 통상적인 명명을 나타내었다.

화학식	IUPAC 명명	통상적 명명	
<OH가 한 개인 알코올>			· 가장 널리 사용되는 알코올은? 에탄올(C_2H_5OH)로 에테인에 OH가 결합한 형태
CH_3OH	methanol	wood alcohol	· 가장 단순한 형태의 알코올은? 메탄올 (CH_3OH)
C_2H_5OH	ethanol	alcohol	· OH기 때문에 알코올은 물과 마찬가지로 산으로도 염기로도 작용할 수 있는 양쪽성 물질
C_3H_7OH	propan-2-ol	isopropyl alcohol, rubbing alcohol	· 알콜의 pka는 16~19이므로 물보다 약한 산으로서 Sodium hydride (NaOH)와 같음
C_4H_9OH	butan-1-ol	butanol, butyl alcohol	· 알코올은 자연계에 에스테르로서 많이 존재
$C_5H_{11}OH$	pentan-1-ol	pentanol, amyl alcohol	· 탄소수가 적은 것 알코(1가 알코올)은 식물의 정유 속에 탄소수가 많은 것은 왁스 속에 있음
$C_{16}H_{33}OH$	hexadecan-1-ol	cetyl alcohol	· 3가 알코올은 글리세롤 동식물의 유지 속에 있음
<OH가 두 개 이상인 알코올>			· 다가 알코올 액체 또는 고체로서 단맛이 남
$C_2H_4(OH)_2$	ethane-1,2-diol	ethylene glycol	
$C_3H_6(OH)_2$	propane-1,2-diol	propylene glycol	
$C_3H_5(OH)_3$	propane-1,2,3-triol	glycerol	
$C_4H_6(OH)_4$	butane-1,2,3,4-tetraol	erythritol, threitol	
$C_5H_7(OH)_5$	pentane-1,2,3,4,5-pentol	xylitol	
$C_6H_8(OH)_6$	hexane-1,2,3,4,5,6-hexol	mannitol, sorbitol	
$C_7H_9(OH)_7$	heptane-1,2,3,4,5,6,7-heptol	volemitol	

☑ 하이드록시산(OH-)란?

• 카복실기와 상관없이 수산화기가 또 따로 붙어있는 산

• 카복실기(COOH)를 이루는 탄소(C)와 수산화기(OH)가 붙어있는 탄소와의 거리에 따라

- α-Hydroxylate(Alpha hydroxy acid, AHA): 시트르산(구연산), 글루콘산, 타타르산, 젖산, 아이소시트르산(수용성, 피부표면에서 작용, 피부표면의 각질을 제거하는 데에 효과적, 자연적인 보습인자를 향상할 수 있어 건조피부·자외선에 손상된 피부에 도움을 줌)

- β-Hydroxylate(Beta hydroxy acid, *Butylated hydroxyanisole, BHA): 살리실산, 세린, 트레오닌

*Butylated hydroxyanisole: 산화방지제(지용성, 피부표면과 모공 속에서도 작용, 피부표면 각질과 모공 속 피지제거에 효과적)

• 화장품 성분표에서 흔히 보이는 AHA, BHA로 갈수록 산성이 더 강해진다(그래도 약산성).

• 하이드록시(OH)기가 붙어 있지 않은 산과 비교해 산성이 더 크다고 하며 수소이온이 해리되면 'ic acid' 대신 '-ate'가 붙는다.

• 명명법 알코올류의 명명법에는 탄화수소기(-CH)의 명칭에 알코올을 붙이는 방법과 골격인 탄화수소명의 어미의 'e'를 빼고 'ol'을 붙이는 방법이 있다.

예 메탄올(CH_3OH)은 메탄(Methane, CH_3)에 하이드록실기(-OH)를 붙이면 화학식은 CH_3OH이고 명명은 Methane에서 접미사 'e' 대신 'ol'을 붙여 Mthanol이라 부른다.

☑ 용제의 기능

• 피부보호제(Skin protectants): 피부보호를 목적으로 사용되는 성분

① 피부컨디셔닝제(Skin conditioning agents): 피부의 특성에 변화를 주는 성분으로 그 기능에 따라 피부 컨디셔닝(유연제·습윤제, 수분차단제·기타)로 나눌 수 있다. *식약처 화장품성분 참고함

- 습윤제(Humectant): 피부 외층의 수분 보유를 증대시키기 위한 성분
- 수분차단제(Occlusive): 피부표면으로부터 수분의 증발을 지연시키는 성분
- 유연제(Emollient): 피부를 부드럽고 유연하게 유지하는 데 도움을 주는 성분
- 기타(Miscellaneous): 피부에 특별한 효과를 주기 위한 성분으로 건조하거나 손상된 피부를 개선, 피부탈락 감소,

유연성 회복을 위하여 사용

- **착향제(Fragrance ingredients)**: 향료의 구성물질로서 방향성 화학물질정유, 천연추출물, 증류물, 단리성분, 아로마, 수지성레진 등이 있음
- **수렴제(Cosmetic astringents)**: 피부에 자극적이고 조이는 느낌을 주기 위해 사용되는 성분으로 애프터세이브로션 및 스킨토너에 일반적으로 사용

② **점도조절제(Viscosity controlling agent)**: 최종제품의 점도를 증가 또는 감소시키는 성분을 제품의 안정성, 질감 및 사용성에 중요한 영양을 미침

- **점증제**: 농축된 샴푸일수록 점착성이 높지만 점도가 지나치면 반대로 저하된다. 따라서 샴푸에 적정한 점착성을 주기 위해 점증제를 첨가하는 데 사용에도 편리함
- **점도감소제**: 제품의 농도를 감소시켜 유동성을 개선시키기 위해 사용되는 성분
- **점도증가제(수성, Viscosity increasing agent-agueous)**: 화장품의 수성부분을 농화시키는 데 사용되는 성분
- **점도증가제(비수성, Viscosity increasing agent-nonagueous)**: 화장품의 유성부분을 농화시키는 데 사용되는 성분

③ **계면활성제(유화제)**: 표면장력을 낮추어 서로 섞이지 않는 액의 유화를 위해 사용되는 경계면을 활성화시키는 제품이다.

- **계면활성제(거품촉진제)**: 다른 계면활성제들의 거품형성 능력을 증대시킴
- **계면활성제(세정제, Surfacts-cleaning agent)**: 피부나 모발의 세정은 위하여 사용되는 계면활성제
- **계면활성제(용해보존제, Surfacts-solubilizing agent)**: 비가용성 물질의 용해를 도와주기 위하여 사용되는 계면활성제
- **거품형성방지제(Antifoaming agent)**: 화장품을 제조하거나 완제품을 사용할 때 거품발생을 억제하기 위하여 사용되는 성분으로 계면활성제를 함유하는 제품에 사용

④ **완충화제(Buffering agent)**: 작은 양의 산이나 염기가 추가되어도 액의 pH가 크게 변하지 않도록 완충시켜 주는 역할을 한다.

⑤ **살균보존제**: 미생물 증식을 방지하거나 지연시켜 제품의 변패를 방지하기 위하여 사용하는 성분이다.

- **다이메티콘(Dimethicone)**: 거품형성방지제, 피부보호제, 피부 컨디셔닝제(수분차단제) 등

⑥ **벌킹제(Bulking agent)**: 고체성분을 희석(예 색소의 희석)하기 위하여 사용되는 비활성 고형물질로서 화장품 자체의 양을 늘리는 데 사용된다.

⑦ **불투명화제(Opucifying agent)**: 제품의 투명도를 감소시키기 위하여 첨가하는 물질로서 펄감을 주거나 결점을 감추기 위하여 메이크업용 제품류에 사용된다.

7 고급지방산(Higher fatty acid)

- 공식명칭으로 **에스터**라고 하며 이는 고급지방산(탄소수 11 이상에 대한 그러나 명확한 규정이 아님)과 알코올의 $RCOOH + ROH \rightarrow RCOOR'$ 탈수축합물이다.

- 긴 탄소사슬로 이루어진 지방족 카복실산(R-COOH, $R:C_nH_{2n+1}$)으로서 포화지방산과 불포화지방산으로 분류된다.

- 이는 무색의 액체(불포화지방산) 또는 고체(포화지방산)이지만 저급포화지방산의 액체이다.

- 글리세롤과 에스테르 결합으로 형성된 유지(Fats and Oils)는 고급지방산에 속한다.

 알아두기!

☑ 고급지방산
- 향취의 유·무, 유기용매에 대한 용해도로서 유지와 관련하여 고급지방산인지를 판단한다.
  - 탄소원자가 많은 고급지방산은 글리세린($C_3H_8O_3$)
  - 분자 중에 카복실기(-COOH)를 가지고 있으며, 탄소수가 많은 친유기(R, 알킬기)를 가지고 있는 지방산
- 지방산의 일반식 RCOOH으로서 천연의 지방산은 $C_{4\sim30}$개 정도이다.
  - 탄소 수에 따라 저급·중간·고급 지방산으로 나눔
  - 친유기 R기의 이중결합 유무에 따라 포화지방산·불포화지방산으로 나눔

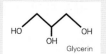

☑ 지방산의 종류
- 고급지방산(High chain fatty acid): C수가 11개 이상으로 구성된 지방산
- 저급지방산(Short chain fatty acid): C수가 10개 이하로 구성된 지방산

1) 지방산(Fatty acid)

- 포화(단일결합), 불포화(단일·이중·삼중결합)된 긴 지방족 사슬을 가지고 있는 카복실산(COOH)이다.

- 대부분의 지방산들은 $C_4 \sim C_{28}$개까지의 짝수 개 C원자들로 구성된 가지가 없는 사슬(Chain)을 가지고 있다.

- 생물에서 단독 존재보다 트라이글리세라이드, 인지질, 콜레스테릴에스터인 3가지 에스터의 형태로 존재한다. 이는 동물에서는 에너지원, 세포에서는 구조적 구성성분이다.

 알아두기!

☑ 지방산의 길이
- C_5개 이하로 구성된 지방족 꼬리를 가지고 있는 짧은사슬지방산 예 부티르산
- $C_{6\sim12}$개로 구성된 중간사슬지방산을 중간사슬 트라이글리세라이드를 형성
- $C_{13\sim21}$까지의 지방족 꼬리를 가지고 있는 긴사슬지방산
- C_{22}개 이상의 구성된 지방족 꼬리를 가지고 있는 매우 긴사슬지방산

(1) 포화지방산

- 포화지방산은 C=C 이중결합을 갖지 않는 지방산으로서 "n"이 다른 화학식을 가지고 있다.

예 스테아르산($CH_3(CH_2)nCOOH$) ⇒ 중요한 포화지방산

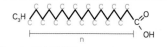

스테아르산(n=16)은 잿물(KOH or NaOH)로
중화하면 가장 일반적인 형태의 비누가 된다.

- 포화지방산에게 저급지방산인 낙산(버터)이 유지방에 포함, 중급지방산인 야자유, 팜유(팔미트산 C_{16}, 스테아르산 C_{18}) 등은 거의 모든 동·식물유에 분포한다.

- 포화지방산은 식물성 오일에 들어있으며, 팜유나 코코넛유가 이에 속하고 쉽게 산화·산패되지

않는다. 녹는점이 높아 상온에서 고체상태로 존재해 과다섭취 시 중성지방과 콜레스테롤을 생성시키며 몸속에 고체상태로 존재해 혈관을 막는다.

- 불포화지방산에 수소(H) 첨가를 해서 일부러 경화 포화지방산으로 바꾸는 경우도 많다.

< 포화지방산의 예 >

구분	일반명	화학구조	기타
1	카프릴산	$CH_3(CH_2)_6COOH$	· 탄소수 8개 무색의 액체로 버터나 야자유에 글리세라이드로 함유
2	카프르산	$CH_3(CH_2)_8COOH$	· 탄소수 10개, 무색의 고체로서 유지 속에 글리세라이드로 함유
3	라우르산	$CH_3(CH_2)_{10}COOH$	· 탄소수 12개, 야자유, 팜핵유에 다량 포함 · 코코넛 오일 지방산으로서 항바이러스력이 뛰어남(항생제로 쓰임)
4	미리스트산	$CH_3(CH_2)_{12}COOH$	· 탄소수 14개, 백색결정체이며, 야자유에 많이 함유
5	팔미트산	$CH_3(CH_2)_{14}COOH$	· 냄새가 없는 밀랍모양의 고체지방산, 대부분의 유지에 들어 있으며, 비누, 그리스(Grease), 화장품 제조 시 사용
6	스테아르산	$CH_3(CH_2)_{16}COOH$	· Vt C 강화제 및 산화방지제 · 친유성 물질 · 무색의 고체로 유지류의 주요성분 화장비누 제조에 사용
7	아라키드산	$CH_3(CH_2)_{18}COOH$	· 탄소수 20개, 동·식물유에 미량 함유 · 아라키돈산, 에이코사펜타엔산에서 수소를 첨가함으로 추출
8	베헨산	$CH_3(CH_2)_{20}COOH$	· 탄소수 22개, 평지와 식물의 종자유, 어유 등에 소량 함유 · 글리세라이드의 형태로 천연유지 중에 존재
9	리그노세르산	$CH_3(CH_2)_{22}COOH$	· 탄소수 24개, 글리세라이드(글리세롤의 지방산 에스터의 총칭)로서 낙화생유 속에 존재
10	세로트산	$CH_3(CH_2)_{24}COOH$	· 헥사코산이라 하며 탄소수 26개, 밀랍과 카르나우바 왁스에서 가장 흔하게 발견되며 흰색의 결정성 고체임

(2) 불포화지방산

- 한 개 이상의 C=C 이중결합을 가지고 있는 지방산으로서 시스(Cis) 또는 트랜스(Trans) 이성질체(트랜스지방산, 가공생산)를 형성한다.

- 필수지방산(인체에서 만들지 못해 섭취를 통해 보충)은 불포화지방산의 일종이다.

- 혈전응고를 방지하고 중성지방 수치를 낮추는 기능을 하는 불포화지방산 중에 오메가-3 지방산(ALA, EPA, DHA 등)은 대부분 식물성 유지에 포함된다.

- 대표적인 불포화지방산으로는 EPA, DPA이다.

- 다양한 종류의 포화·불포화 지방산 사이의 기하학적인 차이는 생물학적 과정과 구조(CI 세포막)의 구축에 중요한 역할을 한다.

- 불포화지방산으로는 올레산 $C_{18:1}$, 리놀렌산 $C_{18:2}$은 거의 모든 **동·식물유**에 분포한다.

- 리놀렌산 $C_{18:3}$은 대두유나 차조기유에 포함되어 있으며, 아라키돈산 $C_{20:4}$은 동물의 인지방질 성분으로 널리 분포한다.

- 이중결합수 5~6(에이코사펜엔산 $C_{20:5}$, 도코사헥사엔산 $C_{22:6}$) 고도불포화지방산은 어유에 많다.

- 트랜스 이성질체(지방산)는 액체 상태의 식물성 기름에 수소를 넣어 인위적으로 고체(경화처리)를 만드는 가공과정에서 생기는 경우가 많다. **예** 마가린과 쇼트닝(중성지방으로 구성된 지방)

① 시스입체 배치

- 이중결합에 인접한 두 개의 수소원자가 사슬의 같은 측면에 위치하고 있다. 이는 사슬을 구부러지게 하고 지방산의 입체구조에 대한 유연성을 갖게 한다.

- 이러한 유연성의 효과는 지방산이 인지질 이중층에서 인지질의 일부분이거나 지질 방울에서 트라이글리세라이드의 일부분인 것과 같은 제한된 환경에서 시스결합을 지방산들끼리 서로 가까이 접근하는 것을 제한함으로써 막이나 지방의 녹는점에 대한 영향을 줄 수 있다.

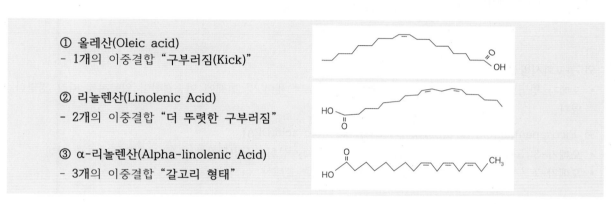

① 올레산(Oleic acid)
- 1개의 이중결합 "구부러짐(Kick)"

② 리놀렌산(Linolenic Acid)
- 2개의 이중결합 "더 뚜렷한 구부러짐"

③ α-리놀렌산(Alpha-linolenic Acid)
- 3개의 이중결합 "갈고리 형태"

② 트렌스입체 배치

- 이중결합에 인접한 두 개의 수소(H)원자가 사슬의 서로 반대 측면에 위치하고 있어 결과적으로 곧은 사슬의 포화지방산과 비슷한 형태이다.

- 트랜스입체 배치(트랜스 지방)의 대부분 트랜스 지방산들은 인위적 처리(**예** 수소화)과정을 통해 생산된다.

< 불포화지방산의 예 >

구분	일반명	화학구조
1	미리스톨레산	$CH_3(CH_2)_3CH=CH(CH_2)_7COOH$
2	팔미톨레산	$CH_3(CH_2)_5CH=CH(CH_2)_7COOH$
3	사피엔산	$CH_3(CH_2)_8CH=CH(CH_2)_4COOH$
4	올레산	$CH_3(CH2)_7CH=CH(CH_2)_7COOH$
5	엘라이드산	$CH_3(CH_2)_7CH=CH(CH_2)_7COOH$
6	박센산	$CH_3(CH_2)_5CH=CH(CH_2)_9COOH$
7	★리놀렌산	$CH_3(CH_2)_4CH=CHCH_2CH=CH(CH_2)_7COOH$ / $C_{18:2}$ 오메가 6
		· 대부분의 식물성 유지에 조금씩 함유되어 있음

구분	일반명	화학구조
8	리노엘라이드산	$CH_3(CH_2)_4CH=CHCH_2CH=CH(CH_2)_7COOH$
9	★α-리놀렌산	$CH_3(CH_2)CH=CHCH_2CH=CHCH_2CH=CH(CH_2)_7COOH$ / $C_{18:3}$ 오메가 6
		· 아마씨유, 들깨, 대두(콩)
10	아라키돈산	$CH_3(CH_2)_4CH=CHCH_2CH=CHCH_2CH=CHCH_2CH=CH(CH_2)_3COOH$ / $C_{20:4}$
11	에이코사펜엔산(EPA)	$CH_3(CH_2)CH=CHCH_2CH=CHCH_2CH=CHCH_2CH=CHCH_2(CH_2)_3COOH$ $C_{20:5n-3}$ 오메가 3
12	에루크산	$CH_3(CH_2)_7CH=CH(CH_2)_{11}COOH$
13	도코사헥사엔산(DHA)	$CH_3(CH_2)CH=CHCH_2CH=CHCH_2CH=CHCH_2CH=CHCH_2CH=CHCH_2CH=CH(CH_2)_2COOH$ $C_{22:6n-3}$ 오메가 3

☑ **불포화지방산**
- 오메가 명명법에 의해 카복실기의 반대쪽 끝에서부터 세어 몇 번째에 이중결합이 있는지에 따라 명명하였다.

☑ **Eicosapentaenoic acid(EPA), Docosahexaenoic acid(DPA)**
- **오메가-3**: α-리놀렌산, DHA, EPA → 1000mg/1day 섭취, 음식(들기름 또는 등푸른생선)으로 섭취
- **오메가-7 / · 오메가-9**: 올레산 / · **기타**: 미리스트 올레산

8 고분자화합물(Polymer)

화장품에 고분자화합물(Polymer)을 첨가함은 기능성 원료에 추가 기능을 부여하기 위해서이다. 이는 제품의 성상을 높여 사용감을 개선하고 제품 사용 이후 피부에 막을 형성해 준다.

(1) 점증제(Thickening agent)

① 천연고분자

- 최종제품의 점도를 증가 또는 감소시키는 성분으로 제품의 안정성, 질감 및 사용성에 중요한 영향을 미치며 이는 점도 증가제와 점도 감소제로 구분된다.

- 주로 수용성 고분자가 사용되며 크게 유기물과 무기물로 나뉜다. 이 중 유기물은 천연에서 추출한 천연고분자와 반합성고분자(천연물질 유도체), 합성고분자로 대별된다.

- 추출한 재료에 따라 유기계(Organic)는 식물(구아검, 아라비아검, 로거스트빈검, 카라기난 전분), 동물(젤라틴, 콜라겐), 미생물(잔탄검, 덱스트린) 추출 등 3가지로 나뉜다.

- 생체 적합성이 좋고 다양한 사용감을 부여할 수 있다. 반면 채취시기와 지역에 따라 성질이 변하고 안정성이 떨어지며 미생물 오염에 취약하다.

② 반합성고분자

- **셀룰로오즈 유도체가 사용**되며 일반적으로 메틸셀룰로오즈, 에틸셀룰로오즈, 카복시셀룰로오즈 등이 가장 많이 사용되며, 안정성이 높다는 것이 장점이다.

③ 합성고분자

- 카복시비닐폴리머가 적은 양으로 높은 점성을 얻을 수 있으며 가성비가 좋아 가장 많이 사용된다.
- 폴리머, 니트로셀룰로오스, 디메티콘·비닐디메티콘크로스폴리머, 브이피·에이코센코폴리머, 카보머, 폴리메틸메타크릴산 등

☑ **점증제의 분류**

구분		추출재료	원료	기타
천연	유기물 (Organic)	<식물성> 나무추출물, 나무레진	· 가티(Ghatti)·아라빅(Arabic)·카라야(Karaya) · 트래거캔스(Tragacanth)검	수계 점증제 (Agueous solution)
		종자추출물(Seed extracts)	· 구아(Guar)·로거스트(Locust)·실리엄시드(Psyllium) · 퀸스시드(Quince)·타마린드씨(Tamarindus indica seed)검	
		해초추출물(Seaweed extracts)	· 아가검(한천, Agar gum), 알진(Algin), 알리제이트(Alginate), 카라기난(Carrageenan)	
		과일추출물(Fruit extracts)	· 펙틴(Pectin)	
		곡물과 뿌리(Grains and roots)	· 스타치(전분, Starch)	
		펄프와 면(Wood Pulp and cotton)	· 셀룰로오스 유도체(Cellulose derivative)	
		<동물성> 우유단백질(Milk protein)	· 카제인(Casein)	
		피부와 뼈(Skin and bone)	· 젤라틴(Gelatin)	
		곤충분비물(Insect secretion)	· 쉘락(Sheelac)	
		<미생물> 다당류(Polysaccharide)	· 잔탄검(Xanthan gum), 덱스트린(Dextrin), 덱스트란(Dextran)	
	무기물 (Inorganic)	<광물성> 점토(Clay)	· 벤토나이트(Bentonite), 스멕타이트(Smectite), 헥토라이트(Hectorite)	비수계 점증제
		실리카(Silica)	· 실리카(Hydrated sllica), 퓸실리카(Fumed silica)	
		마그네슘 알루미늄 실리케이트(Magnesium aluminum silicate)		
합성	석유화학		· 소듐폴리아크릴레이트(Sodium polyacrylate) · 아크릴레이트(Acrylate) · C_{10-30}알킬아크릴레이트크로스폴리머(C_{10-30} Alkyl accrylate cross polymer)	수계 점증제
			· 폴리아크릴아마이드(Polyacrylamide)	

☑ **수계 점증제(Agueous solution)**
- 물이 포함된 액체
- 식물추출물은 고형분으로 이것을 수용액(Aqu soln)시켜 액상으로 만드는 것을 수용액 추출물이라고 함
- 점성이 있는 젤 형태가 되는 것은 소금(Sodium)으로 밀도를 높이고 전기적 반발력으로 점도를 높임

(2) 피막형성체(Film former)

• 화장품에서 고분자 필름막을 만드는 데 사용되며, 피부·모발 또는 손톱 위에 피막을 형성시키는 성분으로 팩·마스크 모발 고정제(정발제) 등에 사용된다.

• 피막 형성제는 극소량으로도 모공과 주름을 채워 매끈한 피부를 유지시킨다.

- 이는 사용감을 향상시켜 화장품 지워짐을 방지하고 피부·모발 피막을 형성 광택을 주며, 피부 갈라짐을 방지하는 데 사용된다.

용해성에 따라

• **수용성**인 팩(폴리비닐 알코올), 헤어용품(폴리비닐피롤리돈, 메톡시에틸렌)과 세정제로서 샴푸, 컨디셔닝제로서 린스(양이온화 셀룰로오스) 등으로 분류된다.

• 비수용성으로서 아이라이너·마스카라(폴리아크릴산 에스테르), 네일에나멜(니트로셀룰로오즈), 썬오일·리퀴드 파운데이션[실리콘 레진(수지) 등이 있다.

☑ **폴리비닐피롤리돈(PVP, Polyvinylpyrrolidone):** 피부 피막형성 능력과 모발 비늘층(Cuticle)에 막을 형성하는 모발세트 제품에 사용되며 기포를 안정화시키고 모발에 광택을 부여함
☑ **폴리비닐알코올(Poly vinyl alcohol):** 피막형성 작용을 이용하여 피부에 사용하고 유화안정제로 사용됨
☑ **고분자 실리콘:** 머리카락 가닥마다 얇은 피막을 형성해 모발에 코팅역할을 함

⑨ 보습제(Moisturizer, Hydrating substances)

피부에 수분을 공급하고 외부로의 수분손실(Transepidermal water loss, TEWL) 방지와 피부장벽을 복구하고 수분확산과 세포의 원상회복을 돕는다.

(1) 피부타입, 계절, 나이 등에 따라 피부에 수분을 공급하는 방법이 달라진다.

구분	역할	성분
밀폐제 (Occlusire agents)	· 수분증발차단제(밀봉기능) - 피부표면에 불투과성 막을 형성 수분손실 방지 - 자연적으로 생산되는 피부지질(피지막 형성)의 효과를 모방 * 단점 - 피부호흡을 억제시킴으로써 여드름 유발 가능성이 높음 - 체온에 의해 유막의 지속력이 떨어져 사용감이 낮음 - 피부가 끈적임을 느낌	· 라놀린(Lanolin) / · 바셀린(Petrolatum) · 파라핀(Parafin) / · 광물성 오일(Mineral oil) · 올리브오일(Olive oil) · 실리콘 성분(Silicone derivatives) · 호호바오일(Jojoba oil) · 코코아버터(Cocoa butter)
습윤제 (Humectant)	· 수분보완제 - 원료자체에 흡수성이 있어 피부수분을 유지 - 공기의 수분을 끌어당김 반드시 밀폐제와 함께 사용해야 효과를 증대시킴 · 내부 수분증발을 차단시키기 위해 밀폐제를 먼저 사용한 다음 습윤제를 도포	· 폴리올(Polyol)류 - 글리세린(Glycerin, 글리세롤) - 프로필렌글리콜(Propyleneglycol, PPG) - 부틸렌글리콜(Butyleneglycol, BG) - 폴리에틸렌글리콜(Polyethyleneglycol, PEG) - 솔비톨(Sorbitol, 글리세린 대체물질)

구분	역할	성분
	* 단점 - 습도 80% 이상일 때 주변의 수분을 흡수하나 건조할 경우 표피 　와 진피의 수분까지 흡수하므로 피부가 건조해짐	
유연제 (Emollient)	· 성분흡수는 안되지만 수분이 손실되는 것을 방지 - 작용기전은 밀폐제와 유사하나 투과성 막 형성됨이 다름 * 단점: 피부에 자극을 주거나 알레르기를 유발할 수 있음	· 글리콜스테아레이트(Glycolstearate) · 글리세릴스테아레이트(Glycerylstarate)
세라마이드 (Ceramide)	· 피부 수분함유량 증가, 피부장벽 보고, 인설 감소 - 표피에 있는 지질층의 주성분인 세라마이드는 친수·친유성기를 함 　께 가지고 있는 피부 수분증발을 막음 * 단점: 세라마이드+콜레스테롤+지방산(3:1:1)의 비율로 　구성되어야 효과가 있음 	· 모든 스핑고지질에서 공통적인 기본구조 골격 · 파이토스핑고신(Pytosphingosine)

☑ **수분크림과 보습크림**
- 수분크림은 수분보완제로서 습윤제 역할을 한다. 이는 하절기에 효과적이며, 성분은 히아루론산과 글리세린으로 주로 구성된다.
- 보습크림은 밀폐제, 유연제, 세라마이드 역할을 한다. 즉 투과성막을 형성하는 수분증발 차단제로서 식물성 오일, 시어버터, 세라마이드 등을 주성분으로 하고 있다.

(2) 주요 보습제의 구조와 특징

물질명	구조	특징
글리세린 (Glycerin) -습윤제(Humectant)		· 가장 널리 사용되는 보습제로서 유지성분임 - 10% 이하 농도 사용 · 고습도 환경에서 공기 중의 수분을 흡수 · 약간 끈적임
부틸렌 글리콜 (Butylene glycol)		· 적당한 습윤성, 양호한 용해성 및 향균성이 있음 · 피부에 대한 자극성, 독성이 적어 사용감이 뛰어남
프로폴리렌 글리콜 (Propylene glycol)		· 글리세린보다 보습력 부족 · 용해력 우수 · 안전성으로 사용량 감소
쇼듐 락테이트 (Sodium lactate)		· 젖산나트륨($C_3H_5O_3Na$) · 보습효과우수(NMF) - 완충화제, 피부 컨디셔닝제(습윤제) · 이온성분으로 <u>이온성 고분자 점도</u> 하락

물질명	구조	특징
솔비톨✎ (Solbitol)		· 수분을 강하게 흡수하는 성질, 보습효과 우수 · 약간 끈적임 · 자연계에 광범위하게 존재(과실류, 해조류)
소듐 하이알루론산 (Sodium hyaluronate)	–	· 하이알루론산 나트륨은 글리코사미노글리칸임 · 고분자 보습제로 보습효과 우수 · 피부 친화성 우수

🔟 보존제(Preservative)

화장품, 의약품 등의 품질을 관리하기 위해 첨가하는 화학물질이다. 제품이 세균이나 곰팡이에 의한 부패 또는 화학성분의 분해에 의한 품질이 떨어지거나 변질되는 것을 예방한다.

1) 보존제

• 미생물 증식을 방지하거나 지연시켜 **제품의 변패를 방지하기 위하여 사용하는 성분**으로서 화장품 안전기준 등에 관한 규정(별표2 – 식약처 고시)에 있는 원료만을 화장품에서 배합한도 내에서 사용할 수 있다.

화장품 부패, 변패를 주관하는 주요한 미생물 오염원

균류		종류
세균(Bacteria)		· 대장균(Escherichia coli, 그람음성균) · 황색포도상구균(Staphylo coccus aureus, 그람양성균) · 녹농균(Pseudomonas aeruginosa)
곰팡이균	진균(Fungi)	· 아스페르길루스니제르(Aspergillusniger, 검정곰팡이)
	효모(Yeast)	· 칸디다 알비칸스(Candida albicans)

☑ 보존제는 강한 인체 독성을 가진 살균제(Disinfectant or germicide), 소독약(Disinfectants), 방부제(Antiseptic agents)와는 사용 범위에서 분명하게 구분된다.
· 살균제 · 소독약 · 방부제는 경구섭취를 절대 금지해야 한다.
· 방부제는 피부접촉도 위해하다. 따라서 환기가 잘 되는 곳에서 충분한 보호장구를 갖춘 사람이 사용한다.
· 보존제와 방부제는 구분하여 사용된다.
· **화장품에 사용되는 방부제의 요건**
· 방부효과가 지속되고 휘발성이 없어야 함/ · 다른 원료 · 포장 재료와 반응하지 않아야 함
· 화장품의 향, 색, 성분 등에 영향을 주지 않아야 함/ · 피부 또는 점막에 부작용이 없어야 함
· 낮은 농도에서 쉽게 활성화 되어야 함/ · 넓은 온도 및 pH 범위에서 방부력을 발휘해야 함
· 여러 종류의 미생물에 효과적이어야 함/ · 독성 및 부작용이 없어야 함

(1) 방부제(Benzoic acid)

① 파라벤 계열(합성방부제)

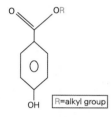

R=alkyl group

• 알코올과 파라하이드록시 벤조산을 반응시킴으로서 파라벤이 생성된다.

• 안식향산(벤조산)은 pH 5.1 이하에서 해리됨으로써 보존제의 역할을 상실하는 단점을 보완하기 위해 파라벤(Paraben, Parahydroxybenzoate)이 개발되었다. 이는 미생물의 세포벽에 있는 효소의 활성을 봉쇄시킨다.

• 파라벤은 벤조산에 결합되는 알킬기(-R)의 종류에 따라 메틸파라벤(MP), 에틸파라벤(EP), 프로필파라벤(PP), 부틸파라벤(BP) 등 4가지 형태가 가장 많이 사용되며 국내 화장품에 사용한도에서 단일성분일 경우 0.4%, 혼합사용일 경우 1%를 초과할 수 없다.

- 독성이 강한 순서로는 부틸파라벤 > 프로필파라벤 > 에틸파라벤 > 메틸파라벤 등

- 대부분 항균활성이 우수하고 가격 경쟁력이 있으나 접촉성피부염, 피부자극, 탈수 등의 위험성 있으며, 특히 내분비계 교란물질로서 작용됨

구분	성분	장점	단점
파라벤류	· Methyl-/ · Ethyl- · Propyl-/ · Butyl-	· 넓은 pH 범위에서 활성 · 다양한 미생물에 효과적임	· 체내 축적되어 내분비계 교란 · 파라벤의 유해성에 의해 일부 화장품 업체에서는 Paraben free라고 표기 후 다른 종류의 화학방부제를 첨가함
알코올류	· 페녹시에탄올 · 벤질알코올 · 클로르페네신	· 값이 싸고 다양한 미생물에 효과적임 · 에탄올이 가장 많이 사용됨 · 화장품에 20% 이상 함유될 경우 제품 자체적으로 살균력이 있음	· 알레르기 유발 · 유아에 적용 시 탈수유발 가능
유기산 및 염류 (Organic acid and salts)	· 안식향산과 나트륨염 · 솔빈산과 칼륨염 · 다이하이드로초산과 나트륨염	-	· pH 5 이하에서만 효과적임
아이소티아졸 화합물 (Isothiazole compounde)	· 메틸클로로아이소티아졸 · 메틸아이소티아졸리논	· 낮은 농도에서도 다양한 미생물의 효과적임	· 피부에 자극적임 · 세척하는 샴푸와 같은 제품에 사용됨
우레아(Urea)	· 이미다졸리다이닐우레아 · 다이아졸리다이닐우레아	· 세균에 대한 활성이 양호함	· 효모, 곰팡이에 대한 활성이 좋지 않음 - 분해 시 포름알데하이드 방출함

구분	성분	장점	단점
트라이크로산 (Triclosan)	-	· 세균과 진균에 모두 항균효과	· 유아에게는 알레르기 유발
2-브로모-2-나 이트로판-1,3- 다이올	-	· 세균·곰팡이에 대해 낮은 농 도에서 효과적임	· 특이취 · 철이나 알루미늄에 노출 시 불안정

② 포름알데하이드 계열

계열	종류
포름알데하이드	· 디엠디엠 하이단토인(DMDM hydantion) · 엠디엠 하이단토인(MDM hydantion) · 이미다졸리다이논 우레아(Imdazolidiny urea) · 다이아졸리다이닐 우레아(Diazolidinyl urea) · 쿼터늄-15(Quaternium-15)
그 외 보존제	· 페녹시에탄올, 벤질알코올, 쇼듐벤조산, 솔빈산, 포타슘솔베이트, 다이하이드로 아세트산, 쇼듐 다이하이드로 아세테이트, 클로르페네신 등

③ 최근 화장품 안전 기준 규정-별표2에 등록되지 않은 항균작용이 있는 보존제

보존제	종류
다가알코올(Polyol)	· 1,2헥산다이올, 에틸헥산글리세린, 1,2펜타다이올, 1,2옥탄다이올, 글리세릴 카프릴산

④ 천연방부제

약욕 및 식용식물(금송·엉거시·삼백초·물금 등)은 신체와 피부에 손상을 주지 않으면서 피부의 기능을 서서히 회복시켜주는 역할을 한다. 에센셜오일(Essential oil)은 오래된 방부제로서 고대 이집트(시신 방부처리용), 히포크라테스(전염성 질병의 확산 예방)에 의해 향을 피워 소독에 사용함으로써 박테리아, 바이러스, 곰팡이 등의 광범위한 미생물에 대한 억제작용을 갖게 했다.

- 에센셜오일: 자몽·타임·레몬그라스·티트리·카모마일로만·마누카·유칼립투스·스테비아·로즈마리·라벤더·페퍼민트, 비타민나무·라임·레몬 등이 천연방부 성분이 있다.

- 그 외: 프로폴리스(벌집에서 채취, 지용성 복합체로 천연 왁스상의 추출물), 키토산(키틴을 탈아세틸화 시켜 생성, 저분자 키토산은 분자량이 낮을수록 세균에 대한 억제작용이 크다) 등

2) 금속이온 봉쇄제(Chelating agent)

- 수용액 중에서 금속이온(칼슘 또는 철 등)과 결합해서 가용성 착염(킬레이트 화합물)을 형성하여 격리시킨다. 제품의 향과 색상이 변하지 않도록 막고 보존기능을 향상시키는 데 사용되는 물질로서 제형 중에 0.03~0.1% 사용된다. 소듐(Na)이 결합된 EDTA는 가용성으로서 다이소듐 EDTA 화장품에 많이 사용된다.

- 금속이온 봉쇄제가 첨부된 제품은 사용 시 피부와 점막에 자극을 줄 수 있으며 알러지를 유발할 수도 있다.

- 화장품의 안정성 또는 성상에 악영향을 끼치는 금속성 이온과 결합하여 불활성화 시키는 성분이다.
 - 화장품 원료와 친화력이 없는 칼슘 또는 마그네슘 이온을 제거하는 데 사용함
 - 완제품의 산패에 영향을 미치는 철 또는 구리 이온을 제거하는 데 사용함

> ☑ 금속이온에 의한 화장품의 변질을 막고 제품의 안정도를 높여주며, 특히 세정제에서 기포형성을 돕는 대표적인 예는 EDTA 나트륨염, 인산, 구연산, 아스코빈산, 폴리인산나트륨, 메타인산나트륨 등이다.

	종류
금속봉쇄제	· 에틸렌다이아민테트라아세테트산(Ethylendiaminetetraacetic acid, EDTA)-금속이온과 결합하여 킬레이트화합물을 생성하는 배위자로서 킬레이트 시약이라고 함 · Di-Na EDTA, Tri-Na EDTA, Tetra-Na EDTA

3) 산화방지제(Antioxidant)

- 화장품의 산패방지 및 피부노화 예방 등의 목적으로 사용되며, 산화를 방지하는 물질의 총칭으로 분자 내에 −OH를 가지고 있다. Vt C, Vt E 등이 사용된다.

- 천연산화방지제
 - Vt E(사용농도 0.03~1%), 자몽씨 추출물(2% 이내 사용 가능)

- 합성산화방지제
 - BHT·BHA, 에르소빅애씨드, 프로필갈레이트, 아스코빌글루코사이드)

	종류
산화방지제 (항산화제)★	· 부틸하이드록시아니졸(Butylated hydroxyanisole, BHA) · 부틸하이드록시톨루엔(Butylated hydroxytoluene, BAT) · 토코페놀(Tocopherol, Vt E), 토코페릴아세테이트(Tocopheryl actate, Vt E acetate) · 프로필 갈산(Propyl gallate), 테티러리 부틸하이드로퀴논(Tertiary butylhydroguinone, TBHQ) · 하이드록시데실유비퀴논(Hydroxydecylupiquinone) · 이데베론(Idebenone), 코엔자임 Q10(Ubquinone), 에고티오네인(Ergothioneine)

비 타 민	지용성 비타민	Vt A(레티놀)	· 상피 보호 비타민 - 피부세포를 형성하여 건강한 피부를 유지하고 주름과 각질 예방
		Vt E(토코페놀)	· 항산화 비타민, 호르몬 생성, 임신 등 생식기에 관여 - 노년기 갈색 반점 억제, 피부 혈색을 좋게 함
		Vt D(칼시페롤)	· 항구루병 비타민 - 자외선을 통해 피부에 합성, 혈중칼슘농도의 조절, 구루병, 충치, 골절 예방
		Vt K	· 응혈성 비타민 - 혈액 응고에 관여, 모세혈관 벽을 튼튼하게 함 - 피부염과 습진에 효과적
	수용성 비타민	Vt B₁(티아민)	· 민감성 피부, 상처 치유, 지루, 여드름, 알레르기성 증상에 작용
		Vt B₂(리보플라빈)	- 피지분비 조절, 보습력 및 피부 탄력 증진, 일광에 과민한 피부, 비듬, 구순염 · 구각염에 효과적
		Vt B₅(판토텐산)	- 감염 · 스트레스에 대한 저항력 증진
		Vt B₆(피리독신)	- 세포 재생에 관여, 여드름, 모세혈관 확장, 피부에 효과적
		Vt B₇(비오틴 또는 코엔자임R)	- 탈모와 습진 예방, 지방분해 촉진, 혈중 콜레스테롤 저하
		Vt B₈(아데민산)	· 단백질, 엽산, 판토텐산의 이용 촉진 - 건강한 모발 유지
		Vt B₉(엽산)	· 세포 증식과 재생에 관여, 아미노산 대사 촉진 - DNA · RNA 합성 및 적혈구 생성에 필수적
		Vt B₁₂(시아노코발라민)	· 세포조직 형성, 세표재생 촉진, 엽산 대사와 밀접 - 항빈혈
		Vt C(아스코르빈산)	· 항산화 비타민 - 멜라닌 색소형성 억제, 항산화제로 작용, 유해산소의 생성 봉쇄
		Vt H(비오틴)	· 탈모 방지, 염증 치유(피부염 · 피부 창백)
		Vt P(바이오플라보노이드)	· 모세혈관 강화, 피부병 치료에 도움

11 색조류(Colors)

• 화장품이나 피부에 **색을 표현하는 것을 주요목적으로 하는** 성분이나 화장품에 사용되는 색소는 화장품에 배합되어 채색(메이크업 · 네일 · 모발염색 등)하기도 하고 **피복력을 갖게 하거나 자외선을 방어(기미 · 주근깨)**하기도 한다.

• 화장품의 색소종류와 기준 및 시험방법에는 사용하는 색소의 종류, 사용부위 및 사용한도가 기술되어 있다.

제조방법에 따라

- 전성분 표시할 때, 색소의 명칭은 "화장품의 색소 종류와 기준 및 시험방법(식약처 고시-별표1) 에 기재된 색소명을 사용하며, CI(Color Index)명을 함께 사용하고 있다. 컬러인덱서명은 영국염색자학회와 미국섬유화학 염색자협회가 명명한 색소분류이다(예 징크옥사이드; CI 77947, 적색 2호; CI 16185).

1) 화장품 안전기준 등(법 제18조 2항)

식약처장은 보존제, 색소, 자외선차단제 등과 같이 특별히 사용상의 제한이 필요한 원료에 대해서는 그 사용기준을 지정(별표1)하여 고시하여야 한다. 사용기준에서 지정·고시된 원료 외의 보존제, 색소, 자외선차단제 등은 사용할 수 없다.

2) 용어의 정의✏️

화장품에 사용할 수 있는 화장품의 색소종류와 색소의 기준 및 시험방법을 정함을 목적으로 하는 이 고시에서 사용하는 용어의 뜻은 다음과 같다.

구분	의미
색소	· 화장품이나 피부에 색을 띠게 하는 것을 주요목적으로 하는 성분을 말함
타르색소	· 제1호의 색소 중 콜타르, 그 중간생성물에서 유래되었거나 유기합성하여 얻은 색소 및 그 레이크, 염, 희석제와의 혼합물을 말함
순색소	· 중간체, 희석제, 기질 등을 포함하지 아니한 순수한 색소를 말함
레이크	· 타르색소를 기질에 흡착, 공침 또는 단순한 혼합이 아닌 화학적 결합에 의하여 확산시킨 색소를 말함
기질	· 레이크 제조 시 순색소를 확산시키는 목적으로 사용되는 물질을 말하며 알루미나, 브랭크휙스, 크레이, 이산화티탄, 산화아연, 탈크, 로진(천연 수지), 벤조산알루미늄, 탄산칼슘 등의 단일 또는 혼합물을 사용함
희석제	· 색소를 용이하게 사용하기 위하여 혼합되는 성분을 말함 · 「화장품 안전기준 등에 관한 규정(식약처 고시- 별표1)」의 원료는 사용할 수 없음
눈 주위라 함은	· 눈썹, 눈썹 아래쪽 피부, 눈꺼풀, 속눈썹 및 눈(안구, 결막낭 등 조직을 포함)을 둘러싼 뼈의 능선 주위를 말함

 알아두기!

☑ 안료·염료
- 유기합성색소인 염료(Dye)는 수용성과 유용성으로 구분
  레이크(Lake)는 - 염료레이크 : 물에 녹기 쉬운 염료
              레이크안료 : 물에 녹기 어려운 염료
- 유기안료 - 물이나 기름 용제에 용해되지 않는 유색분말 C, H, O, N 등 유기물로 구성
- 무기안료 - Mg, Ag, Fe, Cr 등 무기물로 구성

분류	종류
천연색소	· 카민(Carmine), 카라멜, 커큐민(Curcumin)-노랑색 향신료, 진주가루, 파프리카 추출물, 라이코펜(Lycopene), 베타카로틴, 캡사틴/캡소루빈 · 안티시아닌류
합성색소	· 타르색소, 안료(티타늄다이옥사이드, 징크옥사이드), 합성펄(티타네이티드마이카)

☑ **함수알루미늄포타슘실리케이트**
· 착색마이카 안료라고 하며 저명도 영역부터 중명도 영역까지 투명감이 높은 색채의 도료를 만듦
· 광휘감이 적지만 빛의 일부를 투과시키므로 투명함

☑ **미끄럼조정제(Slip modifiers)**
· 활택제로서 다른 물질의 흐름성을 증대시키기 위하여 사용되는 성분

3) 안료(Pigment)

물과 오일 등에 녹지 않는 **미세한 분말의 고체**로서 무기·유기로 분류된다. 무기안료는 열이나 햇볕에 안정적이며 변색되지 않으나 유기안료는 염료를 물에 녹지 않는 형태로 만든 것으로 색도 선명하고 종류도 다양하다.

(1) 안료의 분류

합성	안료명	원료 및 사용감	용도
유기 합성	천연 안료	· 옥수수전분(Corn starch), 감자전분(Potato starch) · 타피오카전분(Tapioca starch) - 고체입자의 응집을 방지하여 덩어리나 결합성의 케이크화(응고) 방지	· 수계점증제 · 흡수제 · 안티케이킹제(조해제)
고분자 합성	유기 안료	· 나일론6·12(Nylon6·12) · 폴리메틸메타크릴레이트(Polymethyl methacrylate, PMMA) - 구상 분체, 피부잔주름, 흉터보정, 부드러운 사용감	· 울트라파인 폴리아마이드(Ultrafine polyamide)
광물성 합성	무기 안료	· 카올린(Kaolin, 고령토) - 백색~미백색의 분말(소성색) · 친수성으로 피부 부착력, 땀이나 피지의 흡수력이 좋음	· 차이나 클레이(관용적으로 카올린의 별명)
		· 마이카(Mica, 운모) - 천연에서 나는 함수알루미늄포타슘실리케이트	· 착색제(착색료)
		· 탈크(Talc, 활석) - 자연산 광물 중 경도가 가장 낮아 칼에 쉽게 긁히는 성질 - 순수한 성분일 때 백색을 띠나 불순물의 함류량에 따라 녹색을 띤다. - 분말상태일 때 흡수성, 고착성이 강하며, 내화성도 우수	· 베이비파우더의 주원료 · 투명성향상, 진주광택
		· 마그네슘 카보네이트(Magnesium carbonate) - 제품의 투명도를 감소시키기 위해 첨가하는 물질로서 제품에 펄감을 주거나 결점을 감추기 위함, 백색분말	· 향흡수제, 벌킹제, 불투명화제, 연마제, 완충화제
		· 칼슘 카보네이트(Calcium carbonate) - 진주광택, 화사함을 나타냄, 백색의 무정형 미분말	· 벌킹제, 불투명화제, 연마제, 완충화제

합성	안료명	원료 및 사용감	용도
합성 안료		· 실리카(Silica, SiO₂, 이산화규소) - 석영에서 얻어지는 흡수성이 강한 구상 분체	· 비수계 점증제
		· 징크옥사이드(Zinc oxide, ZnO) - 무정형 백색의 분말, 피부보호, 진정작용	· 벌킹제, 자외선차단제, 착색제 · 피부보호제
		· 티타늄옥사이드(Titanium oxide, TiO₂) - 백색~미백색의 분말, 백색안료	· 착색제, 불투명화제, 자외선 차단제, 변색방지제
		· 징크스테아레이트(Zinc stearate) - 진정작용, 안료 간 결합체, 발수성 우수 · 마그네슘·칼슘스테아레이트(Magnesium·calcium stearate)	★·미끄럼조정제(활택제), 안티케이징제 · 점도증가제(비수성), 착색제

(2) 체질·착색안료

색조화장품에 사용되는 안료는 파우더의 사용감과 제형을 구성하는 기능과 무채색 안료를 총칭하는 체질안료와 색을 표현(착색을 위해 사용)하는 백색안료, 착색안료, 펄안료 등으로 구분할 수 있다.

 알아두기!

☑ **체질안료(Extender pigment)**
- 산성염료와 염기성염료 혹은 아조염료로 착색한 안료를 제조하는 경우에 심을 가리켜 체질 혹은 보디(Body)라고 한다.
- 침강성 황산바륨, 수산화알루미늄, 탄산칼슘 등이 사용된다. 백색안료 중에서 호분(흰색안료: 조개껍질을 빻아 만든 합분), 백악(유리, 옥석, 조개를 빻아 만듦), 클레이(벤토나이트 점토), 석고(황산염 광물) 등은 체질안료라 한다.

☑ **무기안료(Inorganic pigment)**
- 유기안료에 비해 내광성·내열성이 양호하며, 유기용제에 녹지 않는다.
- 화학적인 무기질 안료를 가리키며 천연광물 그대로(광물성안료) 또는 가공·분쇄하여 만드는 것과 아연·타이타늄·납·철·구리·크로뮴 등의 금속화합물을 원료로 만드는 것이 있다.

☑ **무기안료의 종류**

종류	무기안료 원료
백색안료	· 산화아연, 산화타이타늄, 실버화이트 등
적색안료	· 벵갈라, 버밀리온, 카드뮴레드 등
황색안료	· 크롬옐로, 황토, 카드뮴옐로 등
녹색안료	· 에메랄드녹, 산화크로뮴녹 등

종류	무기안료 원료
청색안료	· 프러시안블루, 코발트청 등
자색안료	· 망가니즈紫, mars紫
흑색안료	· 카본블랙, 척흑 등
투명성 백색안료(체질안료)	· 실리카백, 알루미나백, 백토, 탄산칼슘 등

☑ 화장품용 안료의 분류

분류	원료		용도 및 사용감
체질 안료	· 탈크, 카올린		· 벌킹제
	· 나일론6, 실리카, 보론나이트라이드, 폴리메틸메타크릴레이트		· 부드러운사용감(Silky feeling)
	· 마이카, 세리사이트, 칼슘카보네이드, 마그네슘카보네이트		· 펄효과(Pearling),화사함(Blooming)
	· 하이드록시아파타이트		· 피지흡수
착색 안료	<무기계>	<유기계>	· 색상
	· 산화철(Iron oxide Black/Red/Yellow) · 울트라마린블루(Ultramarine Blue) · 크롬옥사이드그린(Chromium oxide Green) · 망가네즈바이올렛(Manganese Violet)	· 합성안료 : 레이크 · 천연안료 : 카민, 커규민, 카라멜, 베타카로틴	
백색 안료	· 티타늄다이옥사이드, 징크옥사이드		· 백색, 불투명화제, 자외선차단제
펄 안료	· 구아닌, 진주파우더, 하이포산던, 비스머스옥시클로라이드, 티타네이티드마이카		

(3) 화장품의 색소 종류와 기준 및 시험방법(식약처 고시) - 별표1

① 타르색소로서 눈 주위 및 입술에 사용할 수 없는(사용제한) 색소

연번	색소(*표시는 해당색소의 바륨, 스트론튬, 지르코늄레이크는 사용할 수 없다)	사용한도 비고(%)
1	녹색 204호(Pyranine Conc, 피라닌콘크)* CI 59040	0.01
2	녹색 401호(Naphthol Green B, 나프톨그린)* CI 10020	
3	등색 206호(Diiodofluorescein, 다이요오드플루오레세인)* CI 45425:1	-
4	등색 207호(Erythrosine Yellowish NA, 에리트로신 옐로위수)* CI 45425	
5	자색 401호(Alizurol Purple, 알리주롤퍼플)* CI 60730	
6	적색 205호(Lithol Red, 리톨레드)* CI 15630	3
7	적색 206호(Lithol Red CA, 리톨레드 CA)*CI 15630:2	
8	적색 207호(Lithol Red BA, 리톨레드 BA) CI 15630:1	

연번	색소(*표시는 해당색소의 바륨, 스트론튬, 지르코늄레이크는 사용할 수 없다)	사용한도 비고(%)
9	적색 208호(Lithol Red SR, 리톨레드 SR) CI 15630:3	
10	적색 219호(Brilliant Lakd Red R, 브릴리안트레이크 레드 R)* CI 15800	
11	적색 225호(Sudan 111, 수단 111)* CI 26110	-
12	적색 405호(Permanent Red F5R, 퍼머넌트레드 F5R) CI 15865:2	
13	적색 504호(Ponceau SX, 폰소SX)* CI 14700	
14	청색 404호(Phthalocyanine Blue, 프탈로시아닌블루)* CI 74160	6
15	황색 202호의(2) (Uranine K, 우라닌K)	
16	황색 204호(Quinoline Yellow SS, 퀴놀린옐로우SS)* CI 47000	
17	황색 401호(Hanza Yellow, 한자옐로우)* CI 11680	
18	황색 403호의(1) (Naphthol Yellow S, 나프톨옐로우S)* CI 11680	
19	등색 205호(Orange 11, 오렌지11) CI 15510	
20	황색 203호(Quinoline Yellow WS, 퀴놀린옐로우WS) CI 47005	-
28	등색 201호(Dibromofluorescein, 다이브로모플루오레세인) CI 45370:1 ✦	
29	적색 103호의(1) (Eosine YS, 에오신YS) CI 45380	
30	적색 104호의(1) (Phloxine B, 플록신B) CI 45410	
31	적색 104호의(2) (Phloxine BK) CI 45410	
34	적색 218호(Tetrachlorotetrabromofluorescein, 테트라클로로테트라브로모플루오레세인) CI 45410:1 ✦	
36	적색 223호(Tetrabrmofluorescein, 테트라브로모플루오레세인) CI 45380:2	

② 타르색소로서 영유아용 제품 또는 만 13세 이하 어린이가 사용할 수 있음을 특정하여 표시하는 제품에 사용할 수 없는 색소

연번	색소
26	적색 2호(Amaranth, 아마란트) CI 16185
28	적색 102호(New coccine, 뉴콕신) CI 16255

③ 타르색소로서 적용 후 바로 씻어내는 제품 및 염모용 화장품에만 사용하는 색소

연번	색소(*표시는 해당색소의 바륨, 스트론튬, 지르코늄레이크는 사용할 수 없다)
50	등색 204호(Benzidine Orange G, 벤지딘오렌지콘G)* CI 21110
51	적색 106호(Acid Red, 애시드 레드)* CI 45110
52	적색 221호(Toluidine Red, 톨루이딘 레드)* CI 12120
53	적색 401호(Violamine R, 비올라민R) CI 45190
54	적색 506호(Fast Red S, 패스트레드 S)* CI 15620

연번	색소(*표시는 해당색소의 바륨, 스트론튬, 지르코늄레이크는 사용할 수 없다)
55	황색 407호(Fast Light Yellow 3G, 패스트라이트옐로우)* CI 18820
56	흑색 401호(Naphthol Blue Black, 나프톨 블루블랙)*CI 20470

④ 타르색소로서 점막에 사용할 수 없는 사용제한 색소

연번	색소(*표시는 해당색소의 바륨, 스트론튬, 지르코늄레이크는 사용할 수 없다)
57	등색 401호(Orange no.401, 오렌지 401)* CI 11725

⑤ 타르색소로서 염모용 화장품에만 사용되는 색소

연번	색소	사용한도 비고(%)
103	염기성 갈색 16호(Basic Brown16) CI 12250	-
104	염기성 청색 99호(Basic Blue 99) CI 56059	
105	염기성 적색 76호(Basic Red 76) CI 12245	2
106	염기성 갈색 17호(Basic Brown 17) CI 12251	
107	염기성 황색 87호(Basic Yellow 87)	1
108	염기성 황색 57호(Basic Yellow 57) CI 12719	2
109	염기성 적색 51호(Basic Red 51)	1
110	염기성 등색 31호(Basic Orange 31)	
111	적색 219호(Brilliant Lakd Red R, 브릴리안트레이크 레드 R)* CI 15800	-
111	에이치시 청색 15호(HC Blue NO.15)	0.2
112	에이치시 청색 16호 (HC Blue NO.16)	3
114	에이치시 적색 1호(HC Red NO.1)	1
119	에이치시 황색 7호(HC Yellow NO.7)	0.25
122	에이치시 청색 17호(HC Blue NO.17)	2
123	에이치시 등색 1호(HC Orange NO.1)	1
125	에이치시 청색 12호(HC Blue NO.12)	1.5
126	에이치시 황색 17호(HC Yellow NO.17)	0.5
113	분산 자색 1호(Disperse Violet 1) CI 61100	
118	분산 흑색 9호(Disperse Black 9)	0.3
124	분산 청색 17호(Disperse Blue 17)	2
120	산성적색 52호(Acid Red 52) CI45100	0.6
121	산성적색 92호(Acid Red 92)	0.4
115	2-아미노060 클로로-4-니트로페놀	2
116	4-하이드록시프로필 아미노3-니트로페놀	2.6

⑥ 타르색소로서 화장비누에만 사용되는 색소

연번	색소(ˢ표시는 해당색소의 바륨, 스트론튬, 지르코늄레이크는 사용할 수 없다)
127	피그먼트 적색 5호(Pigment Red 5)ˢ CI 12490

⑦ 타르색소이나 사용에 제한이 없는 색소 ★

연번	색소(ˢ표시는 해당색소의 바륨, 스트론튬, 지르코늄레이크는 사용할 수 없다)			사용한도 비고(%)
21	녹색 3호(Fast Green FCF, 패스트그린 FCF) CI 42053			-
22	녹색 201호(Alizarine Cyanine Green F, 알리자린시아닌그린F)			
23	녹색 202호(Quiniarine Green SS)ˢ CI 61565			
25	자색 201호(Alizurine Purple SS, 알라주린퍼플SS)ˢ CI 60725			
32	적색 201호(Lithol Rubine B, 리톨루빈B)			-
33	적색 202호(Lithol Rubine BCA, 리톨루빈BCA)ˢ CI 15850:1			
35	적색 220호(Deep Maroon, 디프마룬)ˢ CI 15880:1			
37	적색 226호(Helindone Pink CN, 헬린돈핑크 CN)ˢ CI 73360			
38	적색 227호(Fst Acid Magenta, 패스트 애시드 마젠타)ˢ CI 17200			· 입술에 적용할 목적으로 하는 화장품의 경우만 사용한도 3%
39	적색 228호(Permaton Red,퍼마톤레드) CI 12085			3
40	적색 203호의2(2) (Eosine YSK, 에오신 YSK) CI 45380			-
41	청색 1호(Brilliant Blue FCF, 브릴리안트블루FCF) CI 42090			
42	청색 1호(Indigo Carmine, 인디고 카르민) CI 73015			
43	청색 201호(Indigo, 인디고)ˢ CI 73000			
44	청색 204호(Carbanthrene Blue, 카르반트렌블루)ˢ CI 69825			
45	청색 205호(Alphazurine FG, 알파주린FG)ˢ CI 42090			
46	황색 4호(Tartrazine, 타르트라진) CI 19140			6
47	황색 5호(Sunset Yellow FCF, 선셋옐로우FCF) CI 15985			
48	황색201호(Fluorescein, 플루오레세인)ˢ CI 45350:1			
49	황색 202호의(1) (Uranine, 우라닌)ˢ CI 42090			
58	안나트(Annatto) CI 75120	80	페러스옥사이드(Ferrous oxide, Iron oxide) CI 77489	
59	라이코펜(Lycopene) CI 75125	81	적색산화철(Iron oxide Red, 아이론 옥사이드 레드 CI77491	
60	베타카로틴(Beta-Carotene) CI 75130	82	황색산화철(Iron Oxide yellow) CI77492	
61	구아닌(Guanine) CI75170	83	흑색산화철(Iron Oxide black) CI 77499	
62	커큐민(Curcumin) CI 75300	84	페릭암모늄페로시아나이드(Ferric Ammonium ferroc yanmide) CI 77510	
63	카민류(Carmines) CI 75470 - 연지벌레(Cochineal)에서 추출한 적색계염료	85	페릭페로시아나이드(Ferric ferrocyanide) CI77510	
64	클로로필류(Chlorophylls) CI 75810	86	마그네슘카보네이트(Magnesium carbonate) CI 77713	

65	알루미늄(Aluminum) CI 77000	87	망가니즈바이올렛(Manganese violet) CI 77742
66	벤토나이트(Bentonite) CI 77004	88	실버(Silver) CI 77820
67	울트라마린(Ultramarines) CI77007	89	티타늄다이옥사이드(Titanium dioxide) CI 77891
68	바륨설페이트(Baium Sulfate) CI77120	90	징크옥사이드(Zinc oxide) CI 77947
69	비스머스옥시클로라이드(Bismuth Oxychloride) CI 77613	91	리보플라빈(Riboflavin), 락토플라빈(Lactoflavin)
70	칼슘카보네이트(Calcium Carbonate) CI77220	92	카라멜(Caramel)
71	칼슘설페이트(Calcium Sulfate) CI 77231	93	파프리카추출물, 캡산틴/캡소루빈(Paprika Extract Capsantnin/Capsorubin)
72	카본블랙(Carbon Black) CI 77266	94	비트루트레드(Beetroot Red)
73	본블랙, 본챠콜(Bone Black, Bone Charcola) CI 77268:1	95	안토시아닌류(Anthocyanins, 시아니딘, 페오니딘, 말비딘, 델피니딘, 페투니딘, 페라고니딘)
74	베지터블 카본(Vegetable Carbon, Coke Black, 코크블랙), CI 77268:1	96	알루미늄스테아레이트/ 징크스테아레이트/ 마그네슘스테아레이트/칼슘스테아레이트(Aluminum stearate/ Zinc stearate/ Magnesium stearate/ Calcium stearate)
75	크로뮴 옥사이드 그린(Chromium Oxide Green, 크롬(Ⅲ) 옥사이드, CI 77288	97	다이소듐 이디티에이 카퍼(Disodium EDTA-Copper)
76	크로뮴 하이드로사이드그린(Chromium Hydroxide Green, 크롬(Ⅲ) 하이드록사이드), CI 77289	99	구아이아줄렌(Guaiazulene)
77	코발트알루미늄옥사이드(Cobalt Aluminum Oxide), CI 77346	100	피로필라이트(Pyrophyllite)
78	구리(Copper) CI 77400	101	마이카(Mica) CI 77079
79	금(Gold) CI 77480	102	청동(Bronze)

12 향료(Fragrance)

- 향내를 내는 물질을 통칭하며 출처에 따라 천연향료(식물·동물성)·인조합성향료(합성)로 분류할 수 있다. 향료는 화장품에서 제품 이미지 관리에 따른 향기를 부여하거나 좋지 않은 냄새를 없애기 위한 원료(베이스취)를 특이취 억제(마스킹)를 위해 제형에 따라 0.1~1%까지 사용되고 있다.

 알아두기!

☑ 착향제(Fragrance Ingredients): 향료의 구성물질로 방향성 화학물질, 정유, 천연추출물, 증류물, 단리성분, 아로마, 수지성 레진 등이 있다.

☑ 착향제의 성분
 - 메틸에틸케톤(Methyl ethyl ketone)
 - 메틸아이소부틸케톤(Methyl isobutyl ketone)
 - n-부틸알코올(n-Butyl alcohol)
 - DL-멘톨(DL-menthol)
 - 부틸레이티드 하이드록시 톨루엔(Butylated hydroxy toluene)
 - 부틸렌글라이콜(Butylene glycol)

 - 크레졸(Cresol)
 - 리날린아세테이트(Linalyl acetate)
 - DL-캠퍼(DL-Camphor)
 - 티몰(Thymol)
 - 시트로넬알(Citronellal)
 - 오렌지 비터스(Orange bittes)
 - Ÿ-운데카락톤(Ÿ-Undecalactone)

① 추출출처에 따른 향료

구분	부위	
식물성 향료	꽃(화정유)	· 장미, 종퀼(Jonquil, 노란수선화), 수선, 귤꽃, 재스민, 바이올렛, 헬리오트로프
	꽃과 잎	· 박하, 라벤더, 제충국, 로즈메리
	잎과 줄기	· 시나몬(Cinnamon), 제라늄, 파출리, 흑문자, 레몬클리스, 세트로넬라, 유칼립투스
	나무껍질	· 단향, 장뇌, 시더, 카시아, 삼나무와 전나무
	뿌리와 땅속 줄기	· 생강(Ginger), 모리스, 베치파
	과피	· 레몬, 오렌지, 베르가모트
	종자	· 후추, 바닐라, 육두구(Nutmeg)
	꽃봉오리	· 정자(정향, Clove)
	수지	· 몰약, 유향, 용뇌, 안식향, 소합향, 페루발삼
동물성 향료	생식선 분비물	· 사향(사향노루의 생식선 분비물 무스크), 해리향(비버의 항문 카스토레움을 분비), 시벳(영묘향: 사향 고양이 분비물)
	병적 결석	· 용연향(향유고래의 배설물 앰버그리스-향수의 향기를 휘발하는 것을 막는 데 사용)
합성 향료	벤젠계(Benzen)	· 바닐린(Vanilin-바닐라 콩에서 추출, 바닐라향), 쿠마린(Coumarin), 장미향(Phenyl ethyl alchol)
	타르펜계(Terpene)	· 레몬향(Citral), 비누향(Borneol), 박하향(Menthol)

② 식물 등에서 향 추출 방법

방법	추출	추출방법의 종류
흡착법 (침윤법)	· 열에 약한 꽃의 향을 추출 시 사용하는 방법	· 온침법: 꽃과 잎을 누른 후 따뜻한 식물유에 넣어 식물에 정유가 흡수되게 한 후 추출 · 냉침법: 라드(동물성 기름)를 바른 종이 사이사이에 꽃잎을 넣어 추출 · 담금법: 알코올에 정유를 함유하고 있는 식물 부위를 담가 추출
용매 추출법	· 휘발성 유기용매(벤젠, 에테르, 알코올 등)를 이용하여 식물에 함유된 적은 양의 정유를 추출함 - 수증기에 녹지 않은(열에 불안정) 에센셜 오일(정유) - 수지에 포함된 정유 · 열에 불안정한 정유 추출 시 사용함	· 앱솔루트(Absolute): 유기용매를 이용하여 추출한 정유 - 로즈, 네롤리, 재스민 등
냉각 압착법 (압착법)	· 기계를 압착(열매의 껍질이나 내피)하여 추출 - 정유 성분이 파괴되는 것을 막기 위해 실온의 저온 상태에서 압착 (Colol compression)	· 시트러스(감귤계) 계열 - 레몬, 오렌지, 라임, 만다린, 베르가못, 그레이프후르트 등
수증기 증류법 (증류법)	· 증기와 열·농축의 과정을 거쳐 수증기와 정유가 함께 추출된 후 물과 오일을 분류시킴 - 단시간에 대량의 정유를 추출(경제적) - 추출된 수증기는 약간의 유분을 함유(화장품에 이용) - 고온에서 추출하므로 열에 불안정한 성분을 파괴(단점)	· 가장 오래된 방법으로서 대부분의 정유 생산에 이용함 - 파인, 라벤더, 페퍼민트 오일 등

☑ **라드(Lard)**: 우지, 돈지에 꽃을 흡착시켜 추출(꽃 → 포마드 → 앱솔루트)

③ 천연향료는 제법에 따라 여러 가지로 분류할 수 있다.

- 천연물로부터 추출, 분리한 향료는 식물성과 동물성으로서 구분되나 천연향료는 여러 가지 분자가 혼합된 것으로서 고가이며 향 유지가 불안정함과 동시에 공급 또한 불안정한 결점이 있다.

구분	특징	제법	종류
발삼 (Balsam)	· 향유(香油), 수지(樹脂)와 정유(精油)의 혼합물 - 침엽수에서 분비되는 송진 등과 같이 끈끈한 액체로서 물에 녹지 않고 알코올, 에테르(유기용매)에 잘 녹음	· 벤조익 및 신나믹 유도체를 함유하고 있는 천연 올레오레진	· 벤조인 · 스타이랙스(때죽나무) · 토루발삼 · 페루발삼
팅크처 (Tincture)	· 동식물에서 얻은 화학물질을 에탄올 또는 에탄올과 정제수의 혼합액으로 흘러나오게 하여 만든 액제(液劑)	· 천연원료를 다양한 농도의 에탄올에 침지시켜 얻은 용액	· 벤조인 · 팅크처
콘크리트 (Concret)	· 식물성 원료를 무기 액체용매(액체 암모니아, 이산화황, 황화수소, 플루오르화수소, 시안화수소) 등에서 추출하여 얻는 특징적인 냄새를 지닌 추출물	· 비수용매(Non agueous solvent)로 추출	· 로즈 콘크리트 · 오리스 콘크리트 (Orisconcrete)
앱솔루트 (Absolute)	· 실온에서 콘크리트, 포마드 또는 레지노이드를 에탄올에서 추출, 향기를 지닌 추출물	· 무수(無水)추출	· 로즈 앱솔루트 · 바닐라 앱솔루트
레지노이드 (Resinoed)	· 건조된 식물성 원료를 무기액체 용매로 추출하여 얻는 특징적인 냄새를 지닌 추출물	· 비수용매로 추출	· 벤조인 레지노이드 · 올리바넘 레지노이드
올레오레진 (Oleoresin)	· 식물에 상처(자연적·인위적)를 낸 후 삼출(수지성분)되는 추출물, 휘발성이 있음	· 천연식물에 상처 낸 자리의 삼출물	· 소나무올레오레진 (Pine oleoresin)
에센셜 오일 (Essential oil)	· 식물성 원료로부터 얻은 생성물로서 정유라고도 함	· 건식·수증기 증류법 · 냉각 압착법	· 로즈 · 라벤더 · 페퍼민트오일

☑ **아로마, 테라피, 정유, 에센셜오일**
- 아로마(Aroma) - 약용식물에서 발산되는 향 / • 테라피(Therapy) - 치료
- 정유 - 향기식물의 꽃, 열매, 잎, 줄기, 뿌리 등에서 추출 / • 에센셜오일 - 향유의 고농축 휘발성 혼합물

☑ **올레오레진**
- 각종 식물에서 뽑아낸 방향성(芳香性)의 끈끈한 액체로 공기 중에 방치하여 두거나 증류하면 고형수지가 됨
- 소나무의 올레오레진에서 테레빈유를 제거한 후 남는 잔여물인 천연수지

☑ **벤조인 팅크처**
- 안식향 나무에서 추출한 성분으로 독성이 강하며, 부패방지 작용을 하여 알코올에 녹여(용매추출법) 벤조인 팅크처(Benzoin tincture)로 만들어 사용
- 화장품 성분으로서 방부제, 항균제, 항산화제 등

☑ **합성향료의 종류**
- 제라니올, 리날룰, 리날릴아세테이트, 티몰, 4-터피네올, 하이드록시시트로넬알 등

☑ **천연향료의 종류**
- 멘톨, 캠퍼, 라벤더오일, 자스민오일, 티트리오일, 일랑일랑오일, 유칼립투스오일 등

13 활성성분✏️

• 화장품 성분 중에서 기능성(미백, 주름, 탈모완화) 항진균, 항산화 등에 도움을 준다.

구분	성분	기능
기능성	<주름개선> · 레티놀(Retinol, Vt A) · 레티닐팔미테이트(Retinyl palmitate) - 레티놀+팔미산의 합성물 · 아데노신(Adenosine)	· 섬유아세포(콜라겐, 엘라스틴을 생성)의 증식유도-주름개선 · 피부로 흡수되면 레티놀로 변환되며 섬유아세포의 활성화를 도와줌-주름개선
	· 비오틴(Biotin) / 유용성감초추출물 · L-멘톨(L-Mentol)-박하를 수증기 증류하여 얻은 정유를 냉각시켜 만든 고형물	· 피부와 두발에 좋은 영향을 미치므로 Vt H로 지칭, 혈구의 생성과 남성호르몬 분비에 관계 - 탈모증상의 완화
	<미백> · 닥나무추출물, 알부틴/유용성감초추출물	· 미백(타이로시나제 활성억제)
	<Vt C 유도체> · 에틸아스코르빌에텔 · 아스코르빌글루코사이드 · 마그네슘아스코르빌포스페이트 · 아스코르빌테트라아이소팔미테이트	· 타이로시나제 효소에 자극 받은 타이로신이 산화되는 것을 막아준다. · 도파(Dihydroxyphenylalanine, DOPA) - 미백(산화억제)
	· 나이아신아마이드(니코틴산아마이드) * 화장품에 가장 강력한 미백물질임	· 미백(색소형성세포 내 멜라노좀에서 색소형성 후 각질형성세포로의 이행방해)
항진균 항균	· 콜림바졸 · 피록톤올 아민	· 비듬억제
	· 살리살리산 · 징크피리치온	· 비듬억제, 탈모완화
기타	· Vt C(Ascorbic acid)-수용성	· 항산화, 콜라겐 합성촉진
	· Vt E(Tocopherol)-지용성	· 항산화
	· 알로에(Aloes)	· 염증완화, 진정작용, 상처치유
	· 알라토인(Allantoin)	· 자극완화
	· 글리시리진산(Glycyrrhizinate)	· 감초에서 추출-염증완화, 항알레르기 작용
	· 세라마이드(Ceramide)	· 피부수분유지(피부표면에 라멜라 상태로 존재)

14 기능성화장품 주성분

대체적으로 기능성화장품 심사에 관한 규정(식약처 고시)은 별표4(원료고시)에서 정하고 있다.

① 피부를 곱게 태워주거나 자외선으로부터 피부를 보호하는 데 도움을 주는 제품의 성분 및 함량

• 화장품법 시행규칙 별표3-화장품의 유형(의약외품은 제외함) 중 영유아용 제품류 중 로션, 크림 및 오일, 기초화장품 제품류, 색조화장품 제품류에 한한다.

연번	성분	최대함량(%)	연번	성분	최대함량(%)
1	드로메트리졸	0.5~1	11	옥토크릴렌	
7	벤조페논-8	0.5~3	16	호모살레이트	0.5~10
3	4-메틸벤질리덴캠퍼	0.5~4	19	아이소아밀 p-메톡시신나메이트	
15	페닐벤즈이미다졸설포닉애씨드		20	비스-에틸헥실옥시페놀메톡시페닐트라이아진	
4	메틸안트라닐레이트		21	다이소듐페닐다이벤즈이미나졸테트라설포네이트	산으로10
5	벤조페논-3		23	다이에틸헥실부타미도트리아존	10
6	벤조페논-4		24	폴리실리콘-15(다이메틸코다이에틸벤잘말로네이트)	
2	디갈로일트라이올리에이트	0.5~5	25	메틸렌비스-벤조트라이아졸릴테트라메틸부틸페놀	
8	부틸메톡시다이벤조일메탄		26	테레프탈릴리덴다캠퍼설포닉애씨드 및 그 염류	산으로10
9	시녹세이트		27	다이에틸아미노하이드록시벤조일헥실벤조에이트	10
10	에틸헥실트리아존		22	드로메트리졸트리실록산	15
14	에틸헥실살리실레이트		17	징크옥사이드	25(자외선 차단성분으로서 최대함양)
13	에틸헥실메톡시신나메이트	0.5~7.5	18	티타늄다이옥사이드	
12	에틸헥실다이메틸파바	0.5~8		-	

② 피부 미백에 도움을 주는 제품(액제, 로션제, 크림제, 침적마스크제에 한함)의 성분 및 함량✎

- 제형은 로션제, 액제, 크림제 및 침적마스크에 한한다.
- 제품의 효능·효과는 피부의 미백에 도움을 준다고 한다.
- 용량·용법은 본 품 적당량을 취해 피부에 골고루 펴 바른다. 또는 본 품을 피부에 붙이고 10~20분 후 지지체를 제거한 다음 남은 제품을 골고루 펴 바른다(침적 마스크에 한함으로 제한함).

연번	성분	함량(%)	연번	성분	함량(%)
4	유용성감초추출물	0.05 이상	5	아스코빌글루코사이드	2 이상
7	알파비사보롤	0.5 이상	8	아스코빌테트라아이소팔미테이트	
3	에틸아스코빌에텔	1~2	2	알부틴	2-5
1	닥나무추출	2 이상	6	나이아신아마이드	
9	마그네슘아스코빌포스페이트	2 이상		-	

☑ 미백에 도움이 되는 성분

종류	성분
자외선차단	· 에틸헥실메톡시신나메이트, 옥시벤존, 티타늄옥사이드, 징크옥사이드
티로시나아제의 활성억제 및 저해	· 알부틴, 감나무 추출물, 닥나무 추출물, 상백피 추출물 등
멜라닌색 환원	· Vt C 및 유도체, 글루타티온 등
피부각질(박리) 촉진	· α-히아루론산(AHA), 살리실산, 각질분해효소 등

③ 피부 주름개선에 도움을 주는 제품(액제, 로션제, 크림제, 침적마스크제에 한함)의 성분 및 함량

*피부미백도움제품 참조바람

연번	성분	함량(%)
3	아데노신	0.04
4	폴리에톡실레이티드레틴아마이드	0.05~0.2
1	레티놀	2,500IU/g
2	레티닐팔미테인트	10,000IU/g

④ 모발의 색상을 변화(탈염·탈색포함)시키는 기능을 가진 제품의 성분 및 함량-사용할 때 농도

- 제형은 분말제, 액제, 크림제, 로션제, 에어로졸제, 겔제에 한하며, 제품의 효능·효과는 다음 중 어느 하나에 제한한다.

- 염모제[모발의 염모(색상)] → 예 모발의 염모(노랑색)[1]/ - 탈색·탈염제(모발의 탈색)[2]/ - 염모제의 산화제[3]/ - 염모제의 산화제 또는 탈색제·탈염제의 산화제[4]/ - 염모제의 산화보존제[5]/ - 염모제의 산화(보존제 또는 탈색제·탈염제의 산화보존제)[6]

연번	성분	농도상한(%)	연번	성분	농도상한(%)
I	2.6-다이아민노피리린	0.15	I	황산N,N-비스(2-하이드록시에틸)-p-페닐렌다이아민	2.9
	염산 하이드록시프로필비스 (N-하이드록시-p-페닐렌다이아민)	0.4		니트로-p-페닐렌다이아민	3.0
	2-메틸-5-하이드록시에틸아미노페놀	0.5		o-아미노페놀	
	염산2.4-다이아미노페녹시에탄올			황산-o-아미노페놀	
	염산m-페닐렌다이아민			황산-m-아미노페놀	
	염산2.4-다이아미노페놀			황산1-하이드록시에틸-4,5-다이아미노피라졸	
	1.5-다이하이드록시나프탈렌				
	6-하이드록시 인돌				
	피크라민산	0.6		염산 톨루엔-2.5-다이아민	3.2

연번	성분	농도상한(%)	연번	성분	농도상한(%)
	피크라민산 나트륨			염산 p-페닐렌다이아민	3.3
	황산 p-메틸아미노페놀	0.68		황산톨루엔-2.5-다이아민	3.6
	p-아미노페놀	0.9		황산p-페닐렌다이아민	3.8
	2-아미노3-하이드록시피리딘			황산5-아미노-o-크레솔	4.5
	5-아미노-o-크레졸	1.0	II	2-메틸레조시놀	0.5
	m-페닐렌다이아민			카테콜	1.5
	하이드록시벤조모르포린			α-나프톨	2.0
	황산p-아미노페놀	1.3		레조시놀	
	p-니트로-o-페닐렌다이아민	1.5		피로갈롤	
	2-아미노-5-니트로페놀			몰식자산	4.0
	황산-2-아미노-5-니트로페놀		III	(A) 과붕산나트륨, 과붕산나트륨일수화물, 과산화수소수, 과탄산나트륨	과산화수소는 과산화수소로서 제품 중 농도가 12.0% 이하여야 함
	황산o-클로로-p-페닐렌다이아민				
	m-아미노페놀	2.0		(B) 강암모니아수, 모노에탄올아민, 수산화나트륨	
	톨루엔-2.5-다이아민				–
	p-페닐렌다이아민		IV	과황산암모늄, 황산칼륨, 과황산나트륨	
	N-페닐-p-페닐렌다이아민		V	<A>황산철	
	황산p-니트로-o-페닐렌다이아민			<B>피로갈롤	
	황산m-아미노페놀				
	2-아미노-4-니트로페놀	2.5			

⑤ 체모를 제거하는 기능을 가진 제품의 성분 및 함량

• 제형은 액제, 크림제, 로션제, 에어로졸에 한한다.

• 제품의 효능·효과는 제모(체모의 제거)로 용법·용량은 사용 전 제모할 부위를 씻고 건조시킨 후 이 제품은 제모할 부위의 털이 완전히 덮이도록 충분히 바른다.

- 문지르지 말고 5~10분간 그대로 두었다가 일부분을 손가락으로 문질러 보아 털이 쉽게 제거되면 젖은 수건 또는 동봉된 부직포 등으로 닦아내거나 물로 씻어낸다.

• 면도할 부위의 짧고 거친 털을 완전히 제거하기 위해서는 한 번 이상(수일 간격) 사용하는 것이 좋다.

연번	성분	pH 범위	함량(%)
1	· 티오글리콜산 80%	· 7 이상~12.7 미만	· 티오글리콜산으로서 3.0~4.5%
2	· 티오글리콜산 80% 크림제		

⑥ 여드름성 피부를 완화하는 데 도움을 주는 제품의 성분 및 함량

- 제형은 액제, 로션제·크림제에 한한다(부직포 등에 침전된 상태는 제외함).
- 제품의 효능·효과는 여드름성 피부를 완화하는 데 도움을 준다로서 용법·용량은 본 품 적당량을 취해 피부에 사용한 후 물로 바로 깨끗이 씻어낸다로 제한한다.

연번	성분	함량(%)
1	살리실릭애씨드 및 그 염류	0.5
2	인체세정용제품에 한하여	2

* 영유아 및 만 13세 이하 어린이용 제품(샴푸 제외)에 배합금지

⑦ 탈모증상의 완화에 도움을 주는 성분(기능성화장품 기준 및 시험방법, KFCC) ✎

연번	성분	함량(%)
1	덱스판테놀, 비오틴, L-멘톨, 징크피리티온(1% 배합한도), 징크피리티온액(50%)	고시되어있지 않음

* 기타 제품에 배합금지, 비듬샴푸에는 징크피리티온 사용 가능

⑧ 피부염으로 인한 가려움 개선제

연번	성분	함량(%)
1	세라마이드	기능성 주성분으로서는 미지정

⑨ 튼살에 의한 붉은선을 엷게 해주는 제품(기능성 주성분 미지정)

☑ 원료코드 기재방법
- 일반적으로 화장품의 원료를 관리하기 위해서 코드를 부여하여 관리한다.
  - 예 ABC - 12345678의 형식일 경우
    ABC – 회사 이름
    1은 – 맨 앞자리로서 화장품 원료의 종류로서 미용성분
    2는 – 색소분체 파우더
    3은 – 액제 또는 오일 성분
    4는 – 향
    5는 – 보존제(방부제, 금속이온봉쇄제, 산화방지제)
    6은 – 점증제(폴리머)
    7은 – 기능성화장품 원료
    8은 – 계면활성제
- BS 베이스 원료로서 회사 자체적으로 혼합하여 만든 원료들
  BS 99999는 물(정제수)이며, 다음 자리 2345는 원료가 들어온 순서로 계속하여 순번을 짓는다.

☑ 화장품 원료
- 식약처에서 규정한 별표3의 「사용할 수 없는 원료」를 제외한 원료를 화장품의 원료로 인정하고 있다.
- 식약처에서 규정한 별표4의 「사용이 제한되어 있는 원료」를 규정하여 화장품의 안전관리를 규정하고 있다.
  - 별표1의 화장품 원료 기준에 수재되어 있는 원료
  - 대한민국 화장품 원료집(KCID)에 수재되어 있는 원료
  - 국제화장품 원료집(ICID)에 수재되어 있는 원료

- EU 화장품 원료 중에 수재되어 있는 원료
- 식품공전 및 식품첨가물 공전(천연첨가물에 한함)에 수재되어 있는 원료
- 별표2의 화장품 제조(수입)에 사용 가능한 원료
- 「화장품법」 규정에 의한 안전성 등의 심사를 받은 원료

15 화장품의 성분정보

화장품의 모든 성분을 제품의 용기나 포장에 표시하도록 하는 전성분 표시제가 2008년 10월 18일부터 시행되었다.

1) 전성분

- 전성분 표시에 사용되는 화장품 원료 명칭은 대한화장품협회(www.kcia.or.kr) 성분사전에서 확인할 수 있다.
- 신규화장품 원료에 대한 전성분명(원료명칭)은 대한화장품협회 성분명 표준화위원회에서 심의를 통해 정하고 있다.

2) 보존제 함량표시(2020.01.01. 시행)

- **영유아용 제품류**(만 3세 이하의 어린이용)이거나 **어린이용 제품**(만 13세 이하 어린이)임을 화장품에 표시·광고하려는 경우에는 전성분에 보존제의 함량을 표시·기재해야 한다.

 알아두기!

☑ **화장품 전성분 표시 지침에 대한 가이드라인(2008.10.18. 시행)**
- **제1조(목적):** 화장품은 모든 성분 명칭을 용기 또는 포장에 표시하는 '화장품 전성분 표시'의 대상 및 방법을 세부적으로 정함을 목적으로 한다.
- **제2조(정의):** "전성분"이라 함은 제품표준서 등 처방계획에 의해 투입·사용된 원료의 명칭으로서 혼합원료의 경우에는 그것을 구성하는 개별 성분의 명칭을 말한다.
- **제3조(대상):** 전성분 표시는 모든 화장품을 대상으로 한다(단, 아래 ①.②화장품★으로서 전성분 정보는 즉시 제공할 수 있는 전화번호 또는 홈페이지 주소를 대신 표시하거나 전성분 정보를 기재한 책자 등을 매장에 비치한 경우에는 전성분 표시 대상에서 제외할 수 있다).
  - ★① 화장품: 내용량이 50g(또는 50mL) 이하인 제품
  - ★② 화장품: 판매를 목적으로 하지 않으며, 제품선택 등을 위해 사전에 소비자가 시험·사용하도록
    제조(또는 수입)된 제품 =견본품이나 증정용
- **제4조(성분의 명칭):** 대한화장품협의장이 발간하는 「화장품성분사전」에 따른다.
- **제5조(글자크기):** 전성분을 표시하는 글자 크기는 5point 이상으로 한다.
- **제6조(표시의 순서):** 전성분을 표시하는 화장품에 사용된 함량순으로 많은 것부터 기재한다(단, 혼합원료는 고객 성분으로서 표시하고 1% 이하로 사용된 성분, 착향제 및 착색제에 대해서는 순서에 상관없이 기재할 수 있음).
- **제7조(표시생략 성분 등)**
  1. 메이크업·눈화장용·염모용 제품 및 매니큐어용 제품에서 홋수별로 착색제가 다르게 사용된 경우 「± 또는 +/- 」의 표시 뒤에 사용된 모든 착색제 성분을 공동으로 기재할 수 있다.
  2. 원료 자체에 이미 포함되어 있는 안정화제, 보존제 등으로 제품 중에서 그 효과가 발휘되는 것보다 적은 양으로 포함되어 있는 부수성분과 불순물은 표시하지 않을 수 있다.

3. 제조 과정 중 제거되어 최종 제품에 남아 있지 않는 성분은 표시하지 않을 수 있다.

4. 착향제는 「향료」로 표시할 수 있다.

5. 착향제는 「향료」로 표시할 수 있다는 규정에도 불구하고 식약처장은 <u>착향제의 구성성분 중 알레르기 유발물질</u>로 알려져 있는 별표 성분이 함유되어 있는 경우 그 성분을 표시하도록 권장할 수 있다.

6. pH 조절 목적으로 사용되는 성분은 그 성분을 표시하는 대신 중화반응의 생성물로 표시할 수 있다.

7. 표시할 경우 기업의 정당한 이익을 현저히 해할 우려가 있는 성분(영업비밀 성분)의 경우에는 그 사유의 타당성에 대하여 식약처장의 사전 심사를 받은 경우에 한하여「기타성분」으로 기재할 수 있다.

- **제8조(화장품 성분사전 발간기관 등)**
  1. 「화장품 성분사전」의 발간기관은 '대한화장품협회'로 한다.
  2. 발간기관장은 <u>성분, 명명법, 성분추가 여부 및 발간방법</u> 등에 대하여 제조업자 및 수입업자 등의 의견을 수렴하고 식약처장의 사전 검토를 받아 「화장품 성분사전」을 발간 또는 개정한다.

☑ **착향제의 구성성분 중 알레르기 유발성분-제3조 관련**

- 화장품 향료 중 알레르기 유발물질 표시지침은 2020년 1월 1일부터 표시의무화가 시행, 이에 따른 표시대상, 표시방법 등에 대한 지침이다.
- 관련법령 및 규정
  - 「화장품법 시행규칙-별표4」화장품 포장의 표시기준 및 표시방법
  - 「화장품 사용 시 주의사항 및 알레르기 유발 성분 표시에 관한 규정-별표2」착향제의 구성성분 중 알레르기 유발 성분
- 대상: 2020년 1월 1일부터 제조 · 수입되는 화장품
- 표시: 구성 성분 중 식약처장이 고시한 <u>알레르기 유발성분이 있는 경우에는 "향료"로만 표시할 수 없고, 추가로 해당성분의 명칭을 기재</u>해야 한다(단, 사용 후 씻어내는 제품에는 0.01% 초과, 사용 후 씻어내지 않는 제품에는 0.001% 초과 함유하는 경우에 한함).
- 경과조치: **2020.1.1. 전의 규정**에 따라 기재 · 표시된 화장품의 포장은 시행일로부터 1년 동안 사용 가능
  - 화장품 포장의 기재사항에 관한 경과조치(총리령, 시행규칙 제19조 제6항 관련)

☑ **표시 · 기재 관련 세부 지침**

- 알레르기 유발성분의 표시 기준인 0.01%(씻어내는 제품), 0.001%(씻어내지 않는 제품)의 산출방법
  ⇒ 제품의 내용량에서 해당 알레르기 유발 성분이 차지하는 함량의 비율로 계산

  > **예** 사용 후 씻어내지 않는 바디로션(250g) 제품에 리모넨이 0.05g 포함 시
  > 0.05g ÷ 250g × 100 = 0.02% ⇒ <u>0.001% 초과하므로 표시대상</u>

- 알레르기 유발성분의 함량에 따른 표시방법이나 순서를 별도로 정하고 있지는 않으나 전성분 표시 방법을 적용하길 권장함

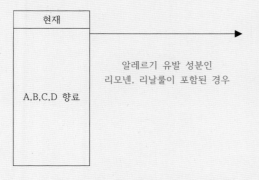

현재		구분	개선
A,B,C,D 향료	알레르기 유발 성분인 리모넨, 리날룰이 포함된 경우	1안	A, B, C, D, 향료, 리모넨, 리날룰
		2안	A, B, C, D, 리모넨, 향료, 리날룰
		3안	A,B, 리모넨, C, D, 향료, 리날룰(함량순으로 기재)
		4안	A, B, C, D, 향료(리모넨, 리날룰)
		5안	A, B, C, D, 향료, 리모넨, 리날룰 (알레르기 유발성분)

(1~3안은 가능하며, 4~5안은 소비자 오해 · 오인 우려로 불가함)

- **향료에 포함된 알레르기 성분을 표시하도록 하는 규정 시행의 취지**: 전성분에 표시된 성분 외에도 향료 성분에 대한 정보를 제공해 알레르기가 있는 소비자의 안전을 확보할 수 있음

⇒★알레르기 유발성분의 표시는 <u>전성분 표시제의 표시대상 범위를 확대한 조치</u>로 해당 25종에 대해 알레르기 유발성분임을 별도로 표시하면 해당 성분만 알레르기를 유발하는 것으로 소비자가 오인할 우려가 있어 부적절함.

- **내용량 10mL(g) 초과 50mL(g)인 소용량 화장품의 경우**, 착향제 구성 성분 중 알레르기 유발성분 표시 여부
- 기존 규정과 동일하게 표시·기재를 위한 면적이 부족한 사유로 생략이 가능하나 해당정보는 **홈페이지 등에서 확인할 수 있도록 해야 함**
- 소용량 화장품일지라도 **표시 면적이 확보되는 경우**, 해당 알레르기 유발성분을 표시하는 걸로 권장함
- **천연오일 또는 식물 추출물에 함유된 알레르기 유발성분의 표시여부**
- 식물의 꽃·잎·줄기 등에서 추출한 에센셜 오일이나 추출물이 **착향의 목적으로 사용**되었거나 또는 해당 **성분이 착향제의 특성이 있는 경우**→ 알레르기 유발 성분을 표시·기재하여야 함
- 시행 전(2019년) 제조된 부자재로 부자재 유예기간(2020년) 제조한 화장품을 부자재 사용 경과조치 기간 종료 후(2021년) 그 화장품의 사용기한까지 유통할 수 있다(단, 소비자 건강보호라는 동 제도의 취지를 고려할 때 오버레이블링 등을 통해 알레르기 유발성분을 표시하여 유통하는 것을 권장).
- 책임판매업자 홈페이지, 온라인 판매처 사이트에서도 전성분 표시 사항에 향료 중 알레르기 유발성분을 **표시하여야 한다**(단, 기존 부자재 사용으로 **실제 유통 중인 제품**과 온라인상의 '향료 중 알레르기 유발성분'의 **표시 사항에 차이가 나는 경우**, 소비자 오해나 혼란이 없도록 유통화장품의 표시 사항과 온라인상의 표시 사항에 차이가 날 수 있음을 안내하는 문구를 기재하는 것을 권장).

☑ **원료목록보고 관련 세부지침**
- 해당 알레르기 유발성분을 제품에 표시하는 경우 원료목록보고에도 포함하여야 함
- 제조·수입되어 유통 중인 제품의 경우에도 원료목록에 알레르기 유발성분을 포함하여 기존 유통품의 표시·기재사항을 변경하고자 한다면 원료목록보고 시에도 해당 성분을 포함하는 것이 적절함
- 알레르기 유발성분에 대한 증빙자료 보관
 - 책임판매업자는 알레르기 유발성분이 기재된 '제조증명서'나 '제품표준서'를 구비해야 함
 - 알레르기 유발성분이 제품에 포함되어 있음을 입증하는 제조사에서 제공한 신뢰성이 있는 자료(CI) 시험성적서, 원료규격서 등)를 보관해야 함

실전예상문제

【 선다형 】

01 화장품 원료 중 유성 오일에 대한 설명이 아닌 것은?

① 합성오일은 쉽게 변질되지 않으며 사용감이 좋다.
② 동물성 오일은 난황오일, 밍크오일, 스쿠알란으로 구분된다.
③ 유성 원료는 식물성, 동물성, 광물성, 합성오일로 나눌 수 있다.
④ 식물성 오일은 식물의 꽃, 잎, 줄기, 뿌리 등에서 추출한 트라이글리세라이드이다.
⑤ 광물성 오일은 석탄·석유 같은 광물질에서 추출하며 쉽게 변질되며 흡수력이 좋지 않다.

> • 광물성 오일은 석탄·석유 같은 광물질에서 추출하며, 쉽게 변질되지 않고 흡수력이 좋다. 유성감이 좋아서 식물성 또는 합성오일에 섞어서 사용한다.

02 다음 설명 중 식물성 오일에 대한 설명으로 옳은 것은?

① 건성유는 공기 중에 방치 시 건조되지 않는다.
② 식물성 오일은 실온에서 액체 상태를 유지한다.
③ 불건성유는 공기 중 방치 시 서서히 굳어지면서 피부표면에 막을 형성한다.
④ 식물성 오일은 난황오일, 밍크오일, 스쿠알란으로 구분된다.
⑤ 식물성 오일은 동물성 오일과 비교 시 흡수력이 빠르며 피부자극이 강하다.

> ① 건성유는 공기 중에 방치 시 서서히 굳어지면서 피부표면에 막을 형성한다.
> ③ 불건성유는 공기 중에 방치 시 건조되지 않는다.
> ④ 식물성 오일은 월건초, 동백유, 로즈힙오일, 바미다마이아 넛, 아보카도유, 파자마유, 올리브유 등으로 구분된다.
> ⑤ 식물성 오일은 동물성 오일과 비교 시 흡수력은 느리지만 피부자극은 약하다.

03 다음 중 식물성 오일에 해당하지 않는 것은?

① 동백유　　② 월건초　　③ 올리브유
④ 스쿠알란　　⑤ 파자마유

> • 스쿠알란은 동물성 오일에 해당된다.

04 다음 중 광물성 오일에 해당하는 것은?

① 난황오일　　② 밍크오일　　③ 미네랄오일
④ 실리콘오일　　⑤ 호호바오일

> • 난황오일과 밍크오일은 동물성 오일이다.
> • 실리콘오일은 합성오일이다.
> • 호호바오일은 식물성 왁스이다.

05 계면활성제에 대한 설명으로 아닌 것은?

① 양친매성이다.
② 소수성과 친유기의 분자구조를 갖는다.
③ 친수–친유의 화학구조가 갖는 조합의 균형이다.
④ 미셀, 에멀션, 서스펜션, 가용화, 용해성, 기포성의 성질을 띤다.
⑤ 습윤, 침투, 유화, 분산, 재부착 방지, 가용화, 기포 등의 작용을 나타낸다.

> • 계면활성제는 소수성(친유기)와 강력한 소유기(친수기)의 분자구조를 갖는다.

06 화장품 원료 중 왁스류(Wax)에 대한 설명으로 아닌 것은?

① 변질이 적고 안정적이다.
② 실온에서 주로 액체로 존재한다.
③ 식물성, 동물성, 글리세롤로 구분된다.
④ 고급지방산과 1가 알코올로 구성되어있다.
⑤ 녹는점이 높아 화장품의 고형화를 조절하거나 광택을 부여한다.

정답　01. ⑤　02. ②　03. ④　04. ③　05. ②　06. ②

07 지방산 중 불포화지방산에 대해 바르게 설명한 것은?

① 올레산으로 올리브유, 동백유가 주성분이다.
② 펄미트산으로 목랍이나 땀핵류에 다량 함유되어있다.
③ 라우르산으로 코코넛유 및 팜커널오일이 주성분이다.
④ 스테아르산으로 코코아버터와 시어버터가 주성분이다.
⑤ 미리스트신으로 코코넛오일, 아자유, 팜핵유유지방이 주성분이다.

✓ ②③④⑤는 포화지방산의 종류 및 주요구성성분이다.

08 계면활성제에 대한 설명이 아닌 것은?

① 용매계에 따라 유용성, 수용성으로 대별된다.
② 계면에 흡착하여 계면에너지를 강하게 만든다.
③ 양이온 계면활성제는 살균소독 작용과 정전기방지 효과가 있다.
④ 이온성 계면활성제는 음이온·양이온·양쪽성·비이온성 등이 있다.
⑤ HLB에 따라 물에 잘 녹기도 하고 유기용매에 잘 녹기도 한다.

✓ 계면활성제는 종류에 따라 성질이 다소 다르나 계면에 흡착(Adsorption)해 계면에너지를 현저히 감소시킨다.

09 계면활성제의 성질이 아닌 것은 무엇인가?

① 헹굼   ② 미셀   ③ 용해성
④ 에멀션   ⑤ 서스펜션

✓ • 계면활성제의 성질은 미셀, 에멀션, 서스펜션, 가용화, 용해성, 기포성이 있다.
• 계면활성제의 작용은 습윤, 침투, 유화, 분산, 재부착방지, 가용화, 기포, 표면저하, 헹굼 등이 있다.

10 계면활성제 성질에 대한 설명이 아닌 것은?

① 가용화는 미셀의 존재하에 투명하게 용해한다.
② 서스펜션은 고체입자가 액체 속에 분산되어 있는 것이다.
③ 분산은 미세입자로 균일하게 세분화되어 혼합된 상태이다.
④ 기포성은 입자간 접촉을 통해 마찰을 없애고 면적을 확대시킨다.
⑤ 유화는 에멀션 현상을 이루는 물질로 계면활성제 또는 유화제라고 한다.

✓ • 기포성은 입자 간 접촉을 막아 마찰을 없애고 면적을 확대시킨다.

11 다음 중 주요 보습제의 구성성분에 해당하는 것은?

① 솔비톨   ② 코엔자임   ③ 다이소듐
④ 페녹시에탄올 ⑤ 포름알데하이드

✓ • ②, ③, ④, ⑤는 보존제의 구성성분이다.
• 보습제의 구성성분으로는 글리세린, 부틸렌글리콜, 포로폴리랜글리콜, 소듐락테이트, 솔비톨, 소듐하이알루로산이 있다.

12 화장품 용재에 대한 설명으로 맞는 것은?

① 피부 컨디셔닝제는 피부의 특성에 변화를 주는 성분이다.
② 점증제는 다른 계면활성제의 거품형성능력을 증대시킨다.
③ 점증제는 비가용성물질의 용해를 도와주기 위하여 사용된다.
④ 계면활성제는 화장품의 수성부분을 농화시키는 데 사용된다.
⑤ 계면활성제는 피부외층의 수분보유를 증대시키기 위한 성분이다.

✓ • 점증제는 농축된 샴푸일수록 점착성이 높지만 점도가 지나치면 반대로 저하된다. 따라서 샴푸에 적정한 점착성을 주기 위해 점증제를 첨가하는 데 사용에도 편리하다.
• 계면활성제는 표면장력을 낮추어 서로 섞이지 않는 액의 유화를 위해 사용된다.

13 화장품 용재에 대한 설명이 <u>아닌</u> 것은?

① 거품형성방지제는 거품발생을 억제하기 위해 사용된다.
② 벌킹제는 제품의 투명도를 감소시키기 위하여 사용된다.
③ 수렴제는 피부에 자극적이고 조이는 느낌을 주기위해 사용된다.
④ 살균보존제는 미생물 증식을 방지하거나 지연시켜 제품의 변패를 방지한다.
⑤ 완충화제는 작은 산이나 염기로 액의 pH가 크게 변하지 않도록 완충시키기 위해 사용된다.

✓ • 불투명화제는 제품의 투명도를 감소시키기 위하여 첨가하는 물질로서 펄감을 주거나 결점을 감추기 위하여 메이크업용 제품류에 사용된다.
• 벌킹제는 고체성분을 희석하기 위하여 사용되는 비활성 고형물질로서 화장품 자체의 양을 늘리는 데 사용된다.

14 화장품 용어의 정의로서 화장품의 색소종류와 색소의 기준 및 시험방법을 정함을 목적으로 하는 이 고시에서 사용하는 용어의 뜻이 옳지 <u>않은</u> 것은?

① 희석제는 색소를 용이하게 사용하기 위해 혼합되는 성분을 말한다.
② 타르색소는 중간체, 희석제, 기질 등을 포함하지 않은 색소를 말한다.
③ 색소는 화장품이나 피부에 색을 띄게 하는 것을 주요목적으로 하는 성분을 말한다.
④ 눈 주위라 함은 눈썹, 눈썹 아래쪽 피부, 눈꺼풀, 속눈썹 및 눈을 둘러싼 뼈의 능선 주위를 말한다.
⑤ 레이크는 타르색소를 기질에 흡착, 공침 또는 단순한 혼합이 아닌 화학적 결합에 의하여 확산시킨 색소를 말한다.

✓ • 타르색소는 제1호의 색소 중 콜타르, 그 중간생성물에서 유래되었거나 유기합성하여 얻은 색소 및 레이크, 염, 희석제와의 혼합물을 말한다.
• 순색소는 중간체, 희석제, 기질 등을 포함하지 아니한 순수한 색소를 말한다.

15 다음 중 색조류 안료의 분류에 해당하지 <u>않</u>는 것은?

① 무기안료   ② 유기안료   ③ 천연안료
④ 합성안료   ⑤ 광물성안료

 • 색조류의 안료의 분류는 천연안료, 유기안료, 무기안료, 합성안료로 구분되어 있다.
• 안료의 합성으로는 유기합성, 고분자합성, 광물성합성이 있다.

16 다음 중 색조류의 안료의 합성에 대한 안료가 <u>바르게</u> 연결된 것은?

① 유기합성 – 유기안료
② 유기합성 – 무기안료
③ 고분자합성 – 천연안료
④ 광물성합성 – 무기안료
⑤ 광물성합성 – 유기안료

✓ 유기합성 – 천연안료, 고분자합성, 유기안료, 광물성합성 – 무기안료 합성안료이다.

17 하이드록시기(-OH, Hydroxyl group)에 대한 설명이 <u>아닌</u> 것은?

① 카복실기와 상관없이 산화기가 또 따로 붙어있는 산이다.
② β-Hydroxyl산은 살리실산, 세린, 트레오닌이 있다.
③ α-Hydroxyl산은 시트르산, 글루콘산, 타타르산, 젖산, 아이소시스트로산이 있다.
④ 화장품 성분표에 흔이 보이는 AHA, BHA로 갈수록 산성이 더 약해진다.
⑤ 하이드록시(-OH)기가 붙어있지 않은 것과 비교해 산성이 더 크다고 하며 수소이온이 해리되면 'ic acid' 대신 '-ate'가 붙는다.

✓ 화장품 성분표에 흔히 보이는 AHA, BHA로 갈수록 산성이 더 세진다(그래도 약산성).

정답 13. ② 14. ② 15. ⑤ 16. ④ 17. ④

18 포화지방산에 대한 설명인 것은?

① 혈전응고를 방지한다.
② 중성지방 수치를 낮춰준다.
③ 필수지방산은 포화지방산의 일종이다.
④ 대표적인 포화지방산으로는 EPA, DPA가 있다.
⑤ 쉽게 산화되지 않고 녹는점이 높아 상온에서 고체상태로 존재한다.

✓ ①②③④는 불포화지방산에 대한 설명이다.

19 불포화지방산에 대해 <u>바르게</u> 설명한 것은?

① 쉽게 산화되지 않는다.
② C＝C 이중결합을 갖지 않는 지방산이다.
③ 녹는점이 높아 상온에서 고체상태로 존재한다.
④ 한 개 이상의 C＝C 이중결합을 가지고 있는 지방산이다.
⑤ 불포화지방산에 수소(H)를 첨가해서 일부로 경화 불포화지방산으로 바꾸는 경우도 많다.

✓ ①②③⑤는 포화지방에 대한 설명이다.

20 다음 중 계면활성제의 자극이 큰 순서로 옳은 것은?

① 양이온 〉음이온 〉양쪽성 〉비이온성
② 양이온 〉음이온 〉비이온성 〉양쪽성
③ 양쪽성 〉양이온 〉음이온 〉비이온성
④ 양이온 〉양쪽성 〉음이온 〉비이온성
⑤ 비이온성 〉양쪽성 〉음이온 〉양이온

✓ 계면활성제의 자극이 큰 순서는 양이온 〉음이온 〉양쪽성 〉비이온성계면활성제 순서이다. 양이온(헤어컨디셔너, 린스), 음이온(샴푸, 바디워시), 양쪽성(베이비 저자극 샴푸), 비이온성(기초화장품)에 해당된다.

21 다음 화장품에서 가용화제로 사용되는 계면활성제의 HLB(Hydrophilic-Lipophilic Balance)의 값으로 옳은 것은?

① 0~3   ② 4~6   ③ 7~9
④ 8~18   ⑤ 15~18

✓ ⑤ 스킨로션, 토너, 토닉, 향수가 가용화제 제품에 포함된다.
② 친유형으로 선크림, 비비크림, 파운데이션 제품을 포함한다.
④ 친수형으로 크림, 로션 등을 포함한다.

22 다음 화장품 원료 중에서 동물성 오일에 포함되지 <u>않는</u> 것은?

① 밍크오일   ② 터틀오일   ③ 난황오일
④ 미네랄오일   ⑤ 에뮤오일

✓ ④는 광물성 오일에 포함된다.

23 다음 화장품 원료 중에서 광물성 오일에 <u>포함되는</u> 것은?

① 페트롤라툼   ② 오조케라이트
③ 세레신   ④ 실리콘 오일
⑤ 파라핀왁스

✓ • ①과 미네랄 오일은 광물성 오일에 포함된다.
• ②③과 몬탄왁스는 광물에서 유래, ④는 합성오일로 에스테르를 포함한다. ⑤는 석유화학 유래로 마이크로크리스탈린왁스가 포함된다.

24 다음 화장품 원료 중에서 식물성 왁스에 <u>포함되는</u> 것은?

① 카르나우바 왁스   ② 밀납
③ 라놀린   ④ 파라핀왁스
⑤ 페트롤라툼

✓ ①과 칸데리나 왁스, 호호바오일 왁스가 식물성 왁스에 포함된다. ②③은 동물성 왁스, ④는 석유화학, ⑤는 광물성

25 다음 중 탄화수소 물질에 포함되지 <u>않는</u> 것은?

① 미네랄 오일   ② 스쿠알란
③ 페트롤라툼   ④ 폴리부텐
⑤ 아이소프로필미리스테이트

정답 18. ⑤ 19. ④ 20. ① 21. ⑤ 22. ④ 23. ① 24. ① 25. ⑤

26 다음 중 에스테르 오일에 포함되지 않는 것은?

① 세틸에틸헥사노에이트
② 하이드로제네이티드폴리부텐
③ 아이소프로필팔미테이트
④ 스테아릴카프릴레이트
⑤ 아이소프로필미리스테이트

27 다음 중 계면에 포함되지 않는 것은?

① 기상과 고상의 경계
② 액상과 액상의 경계
③ 고상과 고상의 경계
④ 고상과 액상의 경계
⑤ 액상과 기상의 경계

28 다음 중 알코올 중에서 탄소수가 가장 많은 것은?

① 옥틸알코올(Octyl alcohol)
② 라우릴알코올(Lauryl alcohol)
③ 세틸알코올(Cetyl alcohol)
④ 스테아릴알코올(Searyl alcohol)
⑤ 부틸알코올(Butanol, Bbutyl alcohol)

29 다음 중 고급지방산에 대한 설명으로 올바르지 않은 것은?

① 고급지방산은 유화제형에서 가용화 안정화로 사용된다.
② 포화지방산은 단일결합(C-C)으로 되어 있다.
③ 불포화지방산은 이중결합(C=C)을 형성한다.
④ R-COOH, R:알킬기, C_nH_{2n+1}의 화학식을 갖는다.
⑤ 글리세롤과 에스테르 결합으로 형성된 유지(Fats and Fatty Oils)는 고급지방산에 포함된다.

30 다음 중 에멀젼의 안전성을 높이거나 점도를 증가시키기 위해 점증제를 사용한다. 식물성 해초추출물에서 추출한 원료로 올바른 것은?

① 아가검　② 젤라틴　③ 잔탄검
④ 아크릴레이트　⑤ 실리카

31 다음 중 점도를 증가시키기 위해 광물성에서 추출한 점증제의 원료가 아닌 것은?

① 벤토나이트　② 아크릴레이트
③ 헥토라이트　④ 스멕타이트　⑤ 실리카

32 다음 중 실리콘 오일에 해당되지 않는 것은?

① 다이메티콘　② 사이클로메티콘
③ 페닐트리메티콘　④ 아모다이메티콘
⑤ 소듐락테이트

정답 26. ② 27. ⑤ 28. ④ 29. ① 30. ① 31. ② 32. ⑤

33 다음 중 화장품 제조 시 산패방지를 목적으로 산화방지제에 포함되지 않는 것은?

① 부틸하이드록시톨루엔
② 토코페릴아세테이트
③ 프로필 갈산
④ 테티러리 부틸하이드로퀴논(TBHQ)
⑤ 테트라소듐 EDTA

✓ ⑤는 금속이온 봉쇄제에 해당된다. 산화방지제는 부틸
하이드록시아니졸(Butylated Hydroxyanisole, BHA),
부틸하이드록시톨루엔(Butylated Hydroxytoluene,
BHT) 토코페놀(Tocopherol, Vt E), 토코페릴아세테이
트(Tocopheryl Actate, Vt E acetate), 프로필 갈산
(Propyl Gallate), 테티러리부틸하이드로퀴논(Tertiary
Butylhtdroguinone, TBHQ), 하이드록시데실유비퀴논
(Hydroxydecylupiquinone), 이데베론(Idebenone), 코
엔자임 Q10(Ubquinone), 에고티오네인(Ergothioneine)
이다.

34 다음 중 화장품의 색소에 대한 설명으로 포함되지 않는 것은?

① 색소란 화장품과 피부에 색을 띄게 하는 것을 목적으로 하는 성분을 말한다.
② 순색소란 중간체와 희석제 기질 등을 포함하지 않은 순수한 색소를 말한다.
③ 기질이란 색소를 용이하게 사용하기 위하여 혼합되는 성분을 말함
④ 레이크란 타르색소를 기질에 흡착, 공침 또는 단순한 혼합이 아닌 화학적 결합에 의하여 확산시킨 색소를 말한다.
⑤ 타르색소란 색소 중 콜타르의 중간생성물에서 유래되었거나 유기합성으로 얻은 색소와 레이크 또는 염과 희석제와의 혼합물을 말한다.

✓ ③은 희석제에 대한 설명이다. 기질이란 레이크 제조
시 순색소를 확산시키는 목적으로 사용되는 물질을 말
하며 알루미나, 브랭크휙스, 크레이, 이산화티탄, 산화
아연, 탤크, 로진, 벤조산알루미늄, 탄산칼슘 등의 단
일 또는 혼합물을 사용함

35 화장품의 4대 요건에 대한 설명으로 틀린 것은?

① 안전성 - 피부에 대한 자극 알려지 독성이 없어야 한다.
② 안정성 - 장기 보관 시 미생물 오염만 없으면 색은 변해도 상관없다.
③ 사용성 - 피부에 사용 시 손놀림이 쉽고 잘 스며들어야 한다.
④ 유효성 - 피부에 보습, 노화억제, 자외선 차단, 미백, 세정, 색채효과 등이 있어야 한다.
⑤ 효과성 - 피부에 자외선 차단효과와 미백효과가 있어야 한다.

✓ 안정성- 장기 보관 시 미생물 및 변질이 없어야 한다.
변질, 변패, 변질, 미생물 오염 등

36 화장품의 수성원료로 사용하지 않는 것은?

① 정제수   ② 고급알코올   ③ 에탄올
④ 메탄올   ⑤ 저급알코올

✓ 메탄올은 복통, 구토, 근육이완 등의 중독증상이 있을
수 있고 심하면 호흡곤란을 유발한다.

37 화장품에 사용되는 유성원료와 그 설명으로 틀린 것은?

① 동백오일 - 동백의 종자에서 추출하며 응고점이 -5℃로 한겨울에도 액상이고 보습효과가 매우 뛰어나 건성피부에 좋다.
② 로즈힙오일 - 비타민C가 풍부하고 노화지연, 화상상처치유, 여드름치유에 효과가 있다.
③ 아보카도오일 - 불포화지방산으로 피부친화성이 좋아 건성피부에 효과적이다.
④ 달맞이꽃오일 - 불포화지방산인 리놀렌산이 함유되어 있어 습진과 건성피부에 효과적이다.
⑤ 피마자오일 - 피부표면으로부터 수분증발억제와 흡수력이 좋아 사용감이 좋고, 에탄올에 잘 용해되어 선탠오일에 효과적이다.

✓ ⑤는 올리브유오일에 대한 설명이다.

38 다음 중 여드름 피부의 염증을 진정시키고 치유효과가 있는 것은?

① 동백오일　　　　② 아보카도오일
③ 로즈힙오일　　　④ 달맞이꽃오일
⑤ 호호바오일

✓ 로즈힙오일 - 비타민C가 풍부하고 노화지연, 화상상
처치유, 여드름치유에 효과가 있다.

39 양의 털에서 정제한 것으로 사람의 피지와 유사하고 보습력이 뛰어나 립스틱이나 크림 등에 <u>사용되는</u> 것은?

① 밀랍　　　② 스쿠알란　　　③ 라놀린
④ 미네랄오일　　　⑤ 난황오일

✓ ① 동물성 왁스로서 꿀벌의 벌집에서 채취, 피부가 민
감해지거나 피부 알러지를 유발할 수 있고, 유화제,
크림, 립스틱, 블러셔 등 스틱상에 주로 사용된다.
② Vt A, D 함유, 피부에 대한 안정성이 높음, 유성감
과 사용감이 떨어지고, 화장품의 저자극성, 피부의
노화방지의 특성이 있다.
④ 석유에서도 얻은 액체상태의 탄화수소류의 혼합물
로 착향제 · 피부 보호제 헤어 · 피부 컨디셔닝제로
사용된다.
⑤ 계란노른자(난황)에서 추출, 헤어, 피부 컨디셔닝제
로 사용된다.

40 계면활성제와 사용제품의 연결이 틀린 것은?

① 양이온성 - 헤어컨디셔너, 린스, 헤어트리트먼트
② 음이온성 - 샴푸, 세안용비누, 바디워시, 폼클
렌징
③ 양쪽성 - 유아용품, 저자극성샴푸
④ 비이온성 - 면도용제품
⑤ 비이온성 - 기초화장품류

✓ 비이온성 - 기초화장품(크림, 로션) 가용화제, 유화제
가 포함된다.

41 다음 화장품의 제형 중 유화형을 설명한 것 중 옳은 것은?

① O/W형 - W/O형에 비해 산뜻하고 촉촉하다.
② W/O형 - O/W형에 비해 수분 증발이 상대적

으로 빠르다.
③ 다중유화형 - 생리활성물질을 안정적으로 보존
하기가 힘들다.
④ O/W형 - 대부분의 크림형태가 이 유형을 하
고 있다.
⑤ W/O형 - 물을 외부상으로 하고 그 안에 오일
이 분산 되어 물에 쉽게 희석된다.

✓ • W/O형 - 오일을 외부상으로 하고 그 가운데 물이 분
산 수분증발을 억제(내수성이 있음), 유분율에 의해
끈적임(선스크린).
• O/W형- 물을 외부상으로 하고 그 안에 오일이 분산
되어 물에 쉽게 희석된다(보습로션, 클렌징크림, 선
탠로션).
• 다중유화형 - 보습 · 영양크림, 왁스

42 반합성고분자물질로 피막형성이 좋아 네일 에나멜의 피막제로 <u>사용하는</u> 것은?

① 니트로셀룰로오즈　　② 실리콘레진
③ 폴리비닐알코올　　④ 폴리비닐피롤리돈
⑤ 폴리아크릴산에스테르

✓ ② 썬오일 · 리퀴드 파운데이션, ③ 수용성인 팩, ④ 헤
어용품, ⑤ 아이라이너 · 마스카라

43 물에 소량의 오일이 계면활성제에 의해 투명 하게 <u>되는</u> 것은?

① 유화　　② 분산　　③ 가용화
④ 서스펜션　　⑤ 미셀

✓ ① 계면활성제 수용액에 기름을 넣었을 때 우유와 같
은 균일한 유백색 혼합액체가 형성되는 것 또는 수
중에 기름이 미세한 입자로 존재할 때는 에멀션 또
는 유탁색(백탁화된 상태)이라 한다.
② 계면활성제가 고체형의 오염입자에 흡착됨으로써
액체 속에 미세입자로 균일하게 세분화되어 혼합된
상태이다. 세분화된 입자는 표면에 흡착되어 있는
계면활성제에 의해서 집합이 방해되어 수용액 중에
안정화된다.
④ 고체입자가 액체 속에 분산되어 있는 것(고체입자
의 부유상태)을 서스펜션 또는 현탁이라고 한다.
⑤ 계면활성제의 양친매성 물질은 물에 녹으면 어느
농도 이상에서는 친수기를 밖으로 친유기를 안으로
향해 회합함으로써 미셀(계면활성제 분자의 집합
체)을 형성한다.

정답 38. ③ 39. ③ 40. ④ 41. ① 42. ① 43. ③

44 미셀에 대한 설명으로 **옳은** 것은?

① 친수성기와 친유성기의 비율을 수치화한 것이다.
② 유화제, 가용화제, 습윤제, 세정제 등으로 분류된다.
③ 계면활성제의 농도의 단위이다.
④ 세제의 세정효과가 나타나는 점을 말한다.
⑤ 양친매성 물질이 용액 속에서 친수성기는 밖으로, 친유성기는 안으로 모여 이룬 회합체이다.

✓ ⑤는 계면활성제의 양친매성 물질은 물에 녹으면 어느 농도 이상에서는 친수기를 밖으로 친유기를 안으로 향해 회합함으로써 미셀(계면활성제 분자의 집합체)을 형성한다. ①②③ 친수-친유성의 균형(HLB, Hydrophilic-Lipophilic Balance)에 대한 설명이다.

45 화장품에 사용하는 첨가물에 대한 설명으로 **틀린** 것은?

① 수렴제 – 피부보호를 목적으로 사용된다.
② 보습제 – 피부에 수분을 공급하고 외부로의 수분손실 방지한다.
③ 착향제 – 화장품에 좋은 향취를 부여한다.
④ 점증제 – 화장품의 점성을 증가시킨다.
⑤ 보존제 – 제품의 변패를 방지하기 위하여 사용한다.

✓ • 수렴제 – 피부에 자극적이고 조이는 느낌을 주기 위해 사용되는 성분으로 애프터 세이브로션 및 스킨토너에 일반적으로 사용
• 피부보호제 – 피부보호를 목적으로 사용된다.

46 다음 화장품의 활성성분에 대한 설명으로 **틀린** 것은?

① 징크피리치온 – 비듬, 탈모예방
② 알란토인 – 자극완화
③ 비타민 C – 항산화, 수용성
④ 비타민 E – 항산화 지용성
⑤ 유용성 감초추출물 – 보습, 미백

✓ 감초추출물 – 미백, 티로시나아제 활성억제

47 영유아용 제품 또는 만 13세 이하 어린이가 사용할 수 있음을 특정하여 표시하는 제품에 사용할 수 없는 색소로 **옳은** 것은?

① 적색 102호   ② 적색 103호
③ 적색 104호   ④ 적색 221호
⑤ 적색 401호

✓ 적색 2호, 적색102호는 영유아용 제품 또는 만 13세 이하 어린이가 사용할 수 있음을 특정하여 표시하는 제품에 사용할 수 없다.

48 화장품 원료의 종류가 **아닌** 것은?

① 유성원료   ② 왁스류   ③ 나트륨
④ 계면활성제   ⑤ 에스테르 오일

✓ 나트륨은 화장품의 원료가 아니다.

49 화장품 오일의 종류가 **아닌** 것은?

① 합성오일   ② 화학오일
③ 광물성 오일   ④ 동물성 오일
⑤ 식물성 오일

✓ 화장품 오일의 종류는 합성오일, 광물성 오일, 동물성 오일, 식물성 오일이 있다.

50 다음 올리브유의 성분과 특징이 **아닌** 것은?

① 올레인산, 팔미틴산, 리놀산 등
② 에탄올에 잘 용해
③ 리놀산트라이글리세라이드
④ 담황색, 담록황색의 투명 액체유
⑤ 피부표면으로부터 수분증발억제와 흡수력이 좋아 사용감 향상

✓ ③은 파자마유의 성분과 특징이다.

51 동물성 오일 중 밍크오일의 효과가 <u>아닌</u> 것은?

① 유아용오일
② 착향제, 피부보호제
③ 선탠오일(자외선, 적외선)
④ 상처치유 효과(피부손상 및 피부 수분증발 억제)
⑤ 피부친화도와 침투력 우수, 산뜻한 사용감

✓ ②는 광물성 오일 중 미네랄오일(리퀴드 파라핀)의 효과이다.

52 피부 컨디셔닝제(Skin Conditioning Agents)는 피부의 특성에 변화를 주는 성분으로 그 기능에 따라 몇 가지로 분류할 수 있는데 포함되지 <u>않는</u> 것은?

① 습윤제
② 유연제
③ 착향제
④ 수분차단제
⑤ 합성 알코올

✓ 피부 특성에 변화를 주는 성분으로 그 기능에 따라 피부 컨디셔닝제는 습윤제, 수분차단제, 유연제, 착향제, 기타로 분류할 수 있다.

53 계면화학(Interface Chemistry)은 고체, 액체, 기체 등 자연계가 가진 모든 물질은 3개의 상(相, Phase)으로 각각의 상태에 따라 계면 또는 표면의 경계면을 갖는다. 이를 계면에서 일어나는 현상으로서 5가지 기본적인 상의 형태로 유지된다. 다음 이에 해당되지 <u>않는</u> 내용은?

① 고체-기체
② 고체-액체
③ 기체-기체
④ 고체-고체
⑤ 액체-액체

✓ • 표면(Surface): 고체-기체, 액체-기체
• 계면(Interface): 고체-액체, 액체-액체, 고체-고체

54 수용성 계면활성제는 물(H_2O)을 사용함으로써 용해성은 극성이 큰 원자단이나 이온을 띠는 부분에 의해 결정되며, 이온성 계면활성제와 보조계면활성제로 분류된다. 다음 이온성 계면활성제가 <u>아닌</u> 것은 무엇인가?

① 음이온
② 양이온
③ 양쪽성
④ 한쪽성
⑤ 비이온성

✓ 이온성 계면활성제는 음이온, 양이온, 양쪽성, 비이온 등이 있다.

55 포화지방산은 쉽게 산화되지 않고 녹는점이 높아 상온에서 고체상태로 존재해 과다섭취 시 중성지방과 콜레스테롤을 생성시키며 몸속에 고체상태로 존재해 혈관을 막는다. 다음 포화지방산에 속하지 <u>않은</u> 것은?

① 리놀렌산
② 카프릴산
③ 라우르산
④ 팔미트산
⑤ 세로트산

✓ α-리놀렌산(Ω3), 감마리놀렌산(Ω6), $C_{18}H_{30}O_2$ 다가 불포화지방산으로서 필수지방산이다.

56 불포화지방산은 한 개 이상의 C=C 이중결합을 가지고 있는 지방산으로서 시스(Cis) 또는 트랜스(Trans) 이성질체(트랜스지방산, 가공생산)를 형성한다. 다음 불포화지방산에 속하지 <u>않는</u> 것은?

① 사피엔산
② 올레산
③ 박센산
④ 아라키드산
⑤ 엘라이드산

✓ • ④ 아라키드산(Arachidic acid) 곧은사슬 포화지방산이다.
• 아라키돈산(Arachidonic acid)은 고도의 불포화지방산이다.

57 주요 보습제의 물질이 <u>아닌</u> 것은?

① 실리카
② 솔비톨
③ 글리세린
④ 쇼듐 락테이트
⑤ 부틸렌 글리콜

정답 51. ② 52. ⑤ 53. ③ 54. ④ 55. ① 56. ④ 57. ①

58 산화방지제(Antioxidant)는 화장품의 산패 방지 및 피부 노화 예방 등의 목적으로 사용되며, 산화를 방지하는 물질의 총칭으로 분자 내에 -OH를 가지고 있다. Vt C, Vt E 등이 사용된다. 다음 이에 속하지 않는 것은?

① 토코페놀 ② 이데베논
③ 프로필 갈산 ④ 에고티오네인
⑤ 칸디다 알바칸스

✓ ⑤ 칸디다 알바칸스는 곰팡이균이다.

59 화장품 안전기준 등(법 제18조 2항)에서 식약처장은 보존제, 색소, 자외선차단제 등과 같이 특별히 사용상의 제한이 필요한 원료에 대해서는 그 사용기준을 지정(별표1)하여 고시하여야 하며, 사용기준에서 지정·고시된 원료 외의 보존제, 색소, 자외선차단제 등은 사용할 수 없다. 다음 화장품 색소의 종류가 아닌 것은?

① 기질 ② 레이크 ③ 희석제
④ 타르색소 ⑤ 코엔자임 Q10

✓ ⑤는 산화방제제(항산화제) 종류이다.

60 유기안료는 물이나 기름 용제에 용해되지 않는 유색 분말로 C, H, O, N 등 유기물로 구성된다. 다음 무기안료의 구성이 아닌 것은?

① Ag ② Br ③ Cr
④ Fe ⑤ Mg

✓ 유기안료는 에틸헥실메톡시신나메이트가 대표적으로서 다양하고 선크림이나 비비크림에 적색산화철 배합 (무리자차성분은 티타늄다이옥사이드(TiO₂)와 징크옥사이드(Zno) 흑색 산화철 등이 있다.

61 다음 합성안료에 속하지 않는 것은?

① 징크옥사이드(Zinc Oxide ZnO)
② 폴리메틸메타크릴레이트(Polymethyl Methacrylate, PMMA)
③ 티타늄옥사이드(Titanium Oxide, TiO₂)
④ 징크스테아레이트(Zinc Stearate)
⑤ 마그네슘·칼슘스테아레이트(Magnesium·Calcium Stearate)

✓ ② PMMA는 많은 고분자들 중에서도 결정성과 투명성이 높아 피막형성제로 사용
– 피부에 얇은 피막을 형성하여 피부를 매끈하게 보호
– 화장품의 사용성 개선에 관여
– 진주빛 광택을 내기 위해 활용

62 화장품용 안료는 다음과 같이 분류할 수 있다. 여기에 속하지 않는 것은?

① 펄안료 ② 백색안료 ③ 착색안료
④ 체질안료 ⑤ 분홍색 안료

✓ 화장품용 안료는 체질안료, 착색안료, 백색안료, 펄안료로 분류한다.

63 다음 타르색소로서 화장비누에만 사용되는 색소를 고르시오.

① 피그먼트 적색 5호 ② 피그먼트 적색 4호
③ 피그먼트 적색 3호 ④ 피그먼트 적색 2호
⑤ 피그먼트 적색 1호

✓ ① 피그먼트 적색 5호(Pigment Red 5)* CI 12490

64 타르색소로서 점막에 사용할 수 없는 사용제한 색소는 무엇인가?

① 자색 401호 ② 자색 402호
③ 등색 401호 ④ 등색 402호
⑤ 흰색 403호

✓ 등색 401호(Orange no.401, 오렌지 401)* CI 11725

65 다음 식물 등에서 향을 추출하는 방법이 아닌 것은?

① 밀착법　　　　　② 용매추출법
③ 냉각압착법　　　④ 수증기증류법
⑤ 흡착법(습윤법)

✓　①은 원자핵 유제를 이용하여 방사선을 측정하는 방법이다.

66 다음 내용 중 거리가 가장 먼 것은?

① 아로마 – 약용식물에서 발산되는 향
② 테라피 – 치료
③ 정유 – 향기식물의 꽃, 열매, 잎, 줄기, 뿌리 등에서 추출
④ 에센셜오일 – 향유의 고농축 휘발성
⑤ 활성성분 – 향수, 수지(樹脂)와 정유(精油)의 혼합물

✓　①②③④는 단어에 대한 용어를 정의한 내용임.

67 다음 화장품 성분에 있어 비듬 억제와 탈모 완화에 효능 있는 항진균 항진이 아닌 것은?

① 레티놀　　　　　② 콜림바졸
③ 피록톤올 아민　④ 징크피리치온
⑤ 살리살릭산

✓　①은 주름개선제이다.

68 이는 기능성화장품 심사에 관한 규정(식약처 고시)-별표4(원료고시)에서 정하고 있다. 피부 미백에 도움을 주는 제품의 성분이 아닌 것은?

① 닥나무추출　　　② 시녹세이트
③ 알파비사모롤　　④ 에틸아스코빌에텔
⑤ 유용성감초추출물

✓　② 시녹세이트(Cinoxate)는 UBA·B를 동시에 차단, 첨가시 변색방지제, 자외선차단제 0.5~5% 배합하여 사용 드물게 피부 알러지를 유발하는 성분임.

69 다음 피부 주름개선에 도움을 주는 제품의 성분이 아닌 것은?

① 아데노신
② 폴리에톡실레이티드레틴아마이드
③ 드로메트리졸
④ 레티놀
⑤ 레티닐팔미테인트

✓　③ 드로메트리졸(Drometrizole)은 변색방지제로서 점막장애를 일으킬 수 있으며 알레르기 유발 인자이다.

70 다음 중 화장품 보존제 첨가의 필요성에 대한 설명이 바르지 않은 것은?

① 손가락 등으로 오염되기 쉽다.
② 화장품의 사용기한을 길게 늘려준다.
③ 화장품의 원료는 미생물에 오염되기 쉽다.
④ 화장품 제조 시 오염되지 쉽기 때문에 필요하다.
⑤ 소비자 사용 시 피부 상제균을 사멸 혹은 감소시켜 오염도를 감소시키기 위해 필요하다.

✓　• 보존제 첨가의 필요성
　　– 화장품 원료는 미생물에 오염되기 쉽다.
　　– 사용기간이 길다.
　　– 손가락 등으로 오염되기 쉽다.
　• 1차 오염: 공장제조 시, 2차 오염: 소비자 사용 시
　• 피부의 상제균을 사멸 혹은 감소시키는 역할을 하는 것은 항균제이다.

71 다음 중 HLB의 값을 작은 것부터 차례대로 바르게 나열한 것은?

① 소포제 〈 드라이클리닝첨가제 〈 유화제 〈 세정제
② 소포제 〈 유화제 〈 세정제 〈 드라이클리닝첨가제
③ 세정제 〈 드라이클리닝첨가제 〈 유화제 〈 소포제
④ 세정제 〈 유화제 〈 드라이클리닝첨가제 〈 소포제
⑤ 소포제 〈 유화제 〈 세정제 〈 드라이클리닝첨가제

✓　• HLB의 범위
　　– 소포제: 3~15.5
　　– 드라이클리닝첨가제: 4~6
　　– 유화제: 8~18
　　– 세정제: 13~15
　• HLB의 값이 클수록 친수성에 가깝다.

정답　65. ①　66. ⑤　67. ①　68. ②　69. ③　70. ⑤　71. ①

【 단답형 】

01 다음 <보기>에서 ㉠에 적합한 용어를 작성하시오.

> (㉠)은/는 서로 다른 성질의 물질인 물과 기름, 피부와 노폐물 사이에서 활성을 갖게 하여 이들의 경계를 제거시키는 역할을 한다.

답) _____

✓ 계면활성제는 서로 다른 성질의 물질인 물과 기름, 피부와 노폐물 사이에서 활성을 갖게 하여 이들의 경계를 제거시키는 역할을 한다.

02 다음 <보기>에서 ㉠에 적합한 용어를 작성하시오.

> (㉠)은/는 화장품 원료의 종류로서 피부에 수분을 공급하고 외부로의 수분손실(TEWL) 방지와 피부장벽을 복구하고 수분확산과 세포의 원상회복을 돕는다.

답) _____

✓ 보습제는 화장품 원료의 종류로서 피부에 수분을 공급하고 외부로의 수분손실(Trans Epidermal Water Loss, TEWL) 방지와 피부장벽을 복구하고 수분확산과 세포의 원상회복을 돕는다.

03 다음 <보기>에서 ㉠에 적합한 용어를 작성하시오.

> 계면활성제의 양친매성 물질은 물에 녹으면 어느 농도 이상에서는 친수기를 밖으로 친유기를 안으로 향해 회합함으로써 (㉠)을 형성한다.

답) _____

04 다음 <보기>에서 ㉠에 적합한 용어를 작성하시오.

> (㉠)는 오일과 지방을 합쳐서 부르는 말로 단백질 및 탄수화물과 함께 생물체의 주요성분이다. 이는 지방산과 글리세롤, 트라이글리세릴에스테르(트라이글리세라이드)를 주성분으로 한다.

답) _____

05 다음 <보기>에서 ㉠에 적합한 용어를 작성하시오.

> 미네랄 오일, 스쿠알란, 페트롤라튬, 폴리부텐, 하이드로제네이티드폴리부텐 등이 (㉠)로 분류된다.

답) _____

06 다음 <보기>에서 ㉠에 적합한 용어를 작성하시오.

> (㉠)은 발림성이 좋으며 실키한 사용감과 컨디셔닝, 발수성, 광택, 무자극, 무독성으로 기초화장품과 색조화장품에 많이 사용되고 있다.

답) _____

07 다음 <보기>에서 ㉠에 적합한 용어를 작성하시오.

> (㉠)는 금속이온(칼슘 또는 철 등)과 결합해서 가용성 착염(킬레이트 화합물)을 형성하여 격리시킨다. 제품의 향과 색상이 변하지 않도록 막고 보존기능을 향상시키는 데 사용되는 물질로서 제형 중에 0.03~0.1% 사용된다.

답) _____

정답 01. 계면활성제 02. 보습제 03. 미셀 04. 유지 05. 탄화수소 06. 실리콘 07. 금속이온봉쇄제

08 다음 <보기>에서 ㉠에 적합한 용어를 작성하시오.

> (㉠)란 화장품에서 고분자필름 막을 만드는데 사용되며, 피부·모발 또는 손톱 위에 피막을 형성시키는 성분으로 팩·마스크 모발 고정제(정발제) 등에 사용된다.

답) _____

09 다음 화장품 성분 중에서 아래 설명하는 활성성분을 쓰시오.

> 피부표면에 라멜라 상태로 존재하며 피부에 수분을 유지시켜 주는 역할을 한다.

답) _____

10 다음 착향제의 구성 성분이다. 이 물질이 유발하는 위해를 쓰시오.

> 유제놀, 신남알, 리날룰, 리모넨, 참나무이끼추출물, 나무이끼추출물, 시트랄, 쿠마린

답) _____

11 다음 <보기>에서 ㉠에 적합한 용어를 작성하시오.

> 일반적으로 천연유지의 색과 특유 냄새는 원료에서 오는 글리세라이드 이외의 성분에 기인하거나 유지 성분의 변화에서도 기인한다. 유지는 피마자유, 포도종자유 등의 특수한 것을 제외하고는 (㉠) 보다 물에 잘 녹는다.

답) _____

12 다음 <보기>에서 ㉠에 적합한 용어를 작성하시오.

> 지방산(Fatty Acid)을 기본으로 하는 고체(또는 반고체)인 지방과 액체인 오일을 합쳐서 (㉠)라 하며 탄소수가 증가할수록 지방에 가까워진다. 즉 포화지방산이 많이 포함될수록 딱딱한 지방이 되며, 불포화지방산이 많이 포함될수록 유동적인 오일이 된다.

답) _____

13 다음 <보기>에서 ㉠에 적합한 용어를 작성하시오.

> (㉠)은 유리기(Free Radicals)와 활성산소로부터 세포를 보호하는 자연적인 산화방지제로 기능을 하며 혈액 내 콜레스테롤의 수치를 낮추는 역할과 암 유발 물질을 저해하는 효과가 있음.

답) _____

14 다음 <보기>에서 ㉠에 적합한 용어를 작성하시오.

> 왁스는 (㉠)가 주성분으로서 실온에서 주로 고체로 존재하며 공기 중에 노출되어도 다른 오일에 비해 변질이 적고 안정적이다.

답) _____

✓ 왁스는 고급지방산과 1가 알코올로 구성되어 있으며 동물성과 식물성으로 분류할 수 있다. 또한 글리세롤이 결핍된 왁스는 고형의 립스틱이나 파운데이션, 크림 등 안정적인 제형유지와 녹는점이 높아 화장품의 고형화를 조절하거나 광택을 부여한다.

정답 08. 피막형성제 09. 세라마이드 10. 알레르기유발성분 11. 알코올 12. 유지 13. 스쿠알렌 14. 에스테르(RCOOR')

15 다음 <보기>에서 ㉠에 적합한 용어를 작성하시오.

> 금속이온 봉쇄제(Chelating Agent)는 수용액 중에서 금속이온(칼슘 또는 철 등)과 결합해서 가용성용성 착염(킬레이트 화합물)을 형성하여 격리시킨다. 제품의 향과 색상이 변하지 않도록 막고 보존기능을 향상시키는 데 사용되는 물질로서 제형 중에 0.03~0.1% 사용된다. 금속이온에 의한 화장품의 변질을 막기 위해 사용되며 (㉠)가 대표적이다.

답) _____

16 다음 <보기>에서 ㉠에 적합한 용어를 작성하시오.

> (㉠) 고체성분을 희석(예, 색소의 희석)하기 위하여 사용되는 비활성 고형물질로서 화장품 자체의 양을 늘리는 데도 사용된다.

답) _____

17 다음 <보기>에서 ㉠에 적합한 용어를 작성하시오.

> 전성분이라 함은 제품표준서 등 처방계획에 의해 투입·사용된 원료의 명칭으로서 혼합원료의 경우에는 그것을 구성하는 개별 성분의 명칭을 말한다. 성분의 명칭은 대한화장품협의장이 발간하는 화장품 성분 사전에 따른다. 이에 대한 가이드라인은 2008년 10월 18일 시행되었다. 착향제는 향료로 표시할 수 있다는 규정에도 불구하고 (㉠)은 착향제의 구성성분 중 알레르기 유발물질로 알려져 있는 별표 성분이 함유되어 있는 경우 그 성분을 표시하도록 권장할 수 있다.

답) _____

18 다음 <보기>에서 ㉠에 적합한 용어를 작성하시오.

> (㉠)는 향료의 구성물질로 방향성 화학물질, 정유, 천연추출물, 증류물, 단리성분, 아로마, 수진성레진 등이 있다. 동물성 향료는 생식선 분비물로 사향, 해리향, 시벳 등이 있다.

답) _____

19 다음 <보기>에서 ㉠에 적합한 용어를 작성하시오.

> 계면활성제의 종류 중 모발에 흡착하여 유연효과나 대전 방지효과, 모발의 정전기 방지, 린스, 살균제, 손소독제 등에 사용되는 것은 (㉠) 계면활성제이다.

답) _____

20 다음은 유상 성분에 관한 내용이다. <보기>에서 ㉠에 적합한 용어를 작성하시오.

> 크림 제조 시 사용되는 유상 성분은 유성성분, 지방산, 비이온계면활성제, (㉠)이다.

답) _____

✓ 수상성분: 정제수, 보습제, 알카리제, 금속이온봉쇄제 등

21 다음 <보기>에서 ㉠에 적합한 용어를 작성하시오.

> 실리콘유상에 수상이 분산된 형태의 유화법을(㉠)라 한다.

답) _____

정답 **15.** EDTA **16.** 벌킹제(Bulking agents) **17.** 식약처장 **18.** 착향제 **19.** 양이온 **20.** 방부제 **21.** W/S

Chapter 2. 화장품의 기능과 품질

오염물질을 씻어내는 **세정화장품**과 피부청결, 피부보호, 피부영양에 관여하는 **기초화장품**과 피부색을 균일하게 정돈하거나 아름답게 표현하는 **색조화장품** 등으로 구분된다.

1 기초화장품(Skin care)

쾌적한 피부손질에서 요구되는 **청결과 유·수분 공급을 하기 위한 화장품**을 통틀어 이르는 말로써 화장수, 영양액, 크림, 유액 등이 있다.

① 세정용화장품

구분	종류	기능 및 특징
세안용	클렌징 로션	· O/W형 - 세정력은 클렌징크림보다 떨어져 옅은 화장을 지울 때 적합 · 식물성 오일이 함유됨, 수분함유량이 높아 사용감이 산뜻하고 부드러운 느낌
	클렌징 크림	· W/O형 - 피지분비량이 많거나 짙은 화장을 지울 때 적합 · 유동파라핀(광물성 오일) 40~50% 정도 함유
	클렌징 워터	· 가벼운 화장을 지우거나 화장 전 피부를 닦아낼 때 사용
	클렌징 오일	· 짙은화장을 지우거나 건성, 노화, 민감피부에 사용 · 피부 침투성이 좋은 미네랄·에스테르 오일 등이 함유된 성분으로서 포인트 메이크업을 닦아낼 때 사용
	클렌징 젤	· 유성·수성타입으로서 사용 후 피부가 촉촉하고 매끄러워 옅은 화장을 지울 때 적합
	클렌징 폼	· 유성성분과 보습제를 함유, 사용 후 피부 당김이 없음 · 비누의 우수한 세정력과 클렌징 크림의 보호기능 두 가지로 작용 · 피부자극이 없어 민감하고 약한 피부에 적용
	클렌징 티슈	· 부직포에 클렌징제(계면활성제 등)를 첨부, 포인트 메이크업 제거
각질제거용	페이셜 스크럽제	· 스크럽(미세한 알갱이)을 이용해 모공 속 노폐물과 노화각질 제거
세발용	샴푸	· 두발·두피(頭蓋皮, Scalp)에 존재하는 피지, 땀, 비듬, 각질, 먼지, 화장품, 이물질 등을 세정하는 기능
세발 후 모발보호 및 트리트먼트용	트리트먼트제	· 농도의 차이로서 린스, 컨디셔너, 트리트먼트제 등으로 분류되는 제품 - 모발에 유분공급(윤기)에 따른 빗질을 양호하게 함 - 정전기 발생률 방지, 불용성 알칼리 성분을 중화시켜줌
전신관리 세정용	손세정·바디워시	· 얼굴을 제외한 전신의 피부를 청결, 유·수분균형 조절 등에 사용

② 피부조절용 화장품(화장수, 스킨로션)

종류	기능 및 특징	주요성분
수렴 화장수	· 아스트리젠트(Astringent), 토닝로션(Toning lotion)이라고도 함 · 세균으로부터 피부보호 및 소독력이 있음 · 각질층에 수분공급, 모공수축, 피부결 정리, 피지분지 억제, 피부 pH(5~6) 회복	· 정제수, 알코올, 보습 제, 유연제, 가용화제, 완충제, 점증제, 향료, 보존제 등
유연 화장수	· 스킨로션, 스킨토너, 스킨소프너라고도 함 · 보습제와 유연제를 함유하고 있으며, 다음 단계에 사용할 화장품의 흡수를 용이하게 함	

③ 피부보호용 화장품(유액, 밀크로션)

종류	기능 및 특징	주요성분
로션(Lotion)· 에멀전(Emulsion)	· 세안 후, 유·수분 공급, 지성피부, 여름철 정상피부에 적용 · 유분량이 적고 유동성이 있음, 끈적이지 않는 가벼운 사용감, 빠른 흡수 · O/W형 - 수분 60~80%로 점성이 낮음, 유분 30% 이하	-
영양크림	· 세안 후 제거된 천연피지막의 회복, 손실된 NMF를 일시적으로 보충 · 유분감이 많아(유분량 10~30%) 피부 흡수가 더디고 무거운 사용감 · 종류에 따라 - 데이크림: 낮 동안 외부자극(햇빛, 건조한 공기, 공해 등)으로부터 피부보호 - 나이트 크림: 피부재생, 영양·보습효과를 줌, 대부분의 영양크림을 일컬음 - 화이트닝 크림: 피부미백 효과 - 모이스처(에몰리언트)크림: 피부보습 및 유연효과 - 안티링클·아이크림: 눈가주름 완화 및 예방, 피부탄력 증진 효과, 유분량 10~30%(고점도) - 마사지크림: 피부혈행 촉진, 유연, 유분량(50% 이상, 고점도) - 핸드·베이비크림: 피부에 유분과 수분을 공급, 유연, 유분량(10~30%, 고점도)	· 왁스 및 고체유형성분, 오일 (유성원료) 등 · 글리세린, 솔비톨(수성원료) 등 · 계면활성제, 점증제, 보존제 등
에센스(Essence)· 세럼(Serum)· 컨센트레이트 (Concentrate)· 부스터(Booster)	· 화장수나 로션 등의 조절용(기초) 화장품에 특정 목적을 위하는 유효 성분을 첨가한 것 · 흡수가 빠르고 사용감이 가볍다 · 고농축 보습성분 첨가에 따른 촉촉한 피부상태 유지 · 고농축 영양성분을 첨가하여 피부보호와 영양을 공급 · 유분량 3~5%	· 보습제, 알코올, 점증제, 비이온 계면활성제, 유연제, 향료, 기타
팩(Pack) · 마스크(Mask)	· 팩은 얼굴에 딱딱하지 않은 피막을 형성, 흡착작용에 의해 피부표면 의 각질과 오염물을 제거함 · 마스크는 피부를 유연하게 하고 영양성분의 침투를 용이하게 함 - 얼굴에 바른 후 시간이 지나면 딱딱하게 굳어져 외부공기 유입과 수분증발을 차단함	· 정제수, 알코올, 보습제, 피막제, 점증제, 에몰리 엔트제, 계면활성제 등

알아두기!

☑ 화장품 원료의 종류와 특성
• 화장품의 주요성분은 제품의 원료에 따라 배합비율이나 배합방법 등이 달라진다.

주요성분	특징
부형제 (Excipient)	· 유탁액을 만드는 데 사용되고 가장 많은 용량(또는 중량)을 차지함 - 물, 오일, 왁스, 유화제 등
착향제	· 향료의 구성물질로서 방향성 화학물질

주요성분	특징
(Fragrance ingredients)	· 정유, 천연추출물, 증류물, 단리성분, 아로마, 수지성 레진 등
첨가제 (Additive)	· 소량을 첨가함으로써 화장품의 화학반응이나 변질을 막고, 안정성과 물리적 성상 등을 개선시키는 기능 - 보존제, 산화방지제, 자외선 흡수제, 노화방지제, 항벌킹제(Anti bulking agent)
활성성분 (Active components)	· 화장품의 특별한 효능과 제품의 특징을 나타냄 - 미백, 주름개선, 자외선차단 등

* 부형제(賦形劑, Excipient, Vehicle): 원료에 적당한 형태를 주거나 혹은 양을 증가해 사용에 편리하게 하는 목적으로 더해지는 물질을 말한다.
예 물약에서의 물, 가루약의 락토오스와 녹말, 알약의 감초가루, 글루코오스와 같은 것이다.

☑ 기초화장품의 10대 원료(정제수 포함)

원료	특징
정제수① (De-ionized water)	· 정제한 물로서 제품의 10% 이상을 차지, 보통 "전성분"표시에서 '정제수'로 표기됨 · 화장품에 사용되는 물은 품질관리 요건 외에 표준화 측면에서 순도, 전도도(저항), 미생물 규격이 일정해야 됨
유성원료② (Oil based tngredient)	· 피부 내 수분증발을 억제, 사용 감촉을 향상시켜 흡수력을 좋게 함 - 탄화수소류, 고급지방산류, 고급알코올류, 왁스에스터 및 에스터오일류, 트라이글리세라이드류, 실리콘오일 및 실리콘유도체류, 오일겔화제 등
계면활성제③ (Surface Active agent)	· 양친매성(친수기·친유기) 물질로서 물과 유성성분의 계면에 흡착하여 계면에너지를 저하시켜 계면의 성질을 변화시킴 - 유화제, 가용화제, 분산제, 습윤제, 기포제, 소포제, 세정제 등
보습제④ (Moisturizer)	· 피부(또는 모발)의 수분을 향상(공급)시켜주기 위한(항상성 유지) 방법에 따라 다른 이름으로 불리움 - 에몰리언트(Emollient) → 왁스, 오일, 고급지방산, 고급알코올 등: 왁스·오일성분으로서 피부에서 수분이 날아가는 것을 방지(겨울에 바람이 불고 습도가 낮은 상태에서 중요한 보습효과) - 천연보습인자[(Natural moisturizing factor, NMF) 아미노산, Na-PCA, Na-lactate 등]: 원료 자체가 수분을 다량 함유함으로써 피부에 수분을 공급, 하절기 피부에 유효한 제품으로 보습은 필요하나 끈적이는 느낌
고분자⑤ (Polymers)	· 화장품에서 고분자 화합물은 하이알루로닉애씨드나 콜라겐과 같이 피부 보습제로 활용되지만 대부분은 점성을 향상시켜주는 점증제(Thickener)나 피막제(Filmformer) 특히, 유화제품에서 안정성을 향상시켜 주는 안정화제 및 고분자 계면활성제로서의 역할을 함
점증제⑥ (Thickeners, Vicosity builder)	· 점성을 향상시켜주는 점증제는 수용성·유용성 또는 무기·유기 점증제로 구분됨 · 화장품에 사용되는 대부분은 수용성 고분자 물질의 점증제이다. - 카보머(Carbomer), 아크릴레이트, 구아검, 크산티검, 젤라틴, 알긴산염, 벤토나이트, 폴리비닐알코올, 메틸셀룰로오스 등 *카보머: 소량으로 점증효과, 염이 존재하는 환경에서는 불용성 고분자 형성, 점증효과 감소, 사용 후 때처럼 밀리는 형상
보존제⑦ (Preservatives)	· 방부제라고도 하며 품질을 관리하기 위해 첨가되는 성분으로서 균류나 곰팡이에 의한 부패 또는 화학성분의 분해에 의한 품질이 떨어지거나 변질하는 것을 예방 - 파라벤(Paraben), 페녹시에탄올(Phenoxyethanol), 1,2-헥사네다이올(1,2-Hexanediol), 카프릴릭 글리콜(Coprlic glycol) 등
착향제⑧ (Fragrance ingredients)	· 향료의 구성물질로서 무향료와 무향제품으로 구분 · 제품의 향료를 첨가하지 않음에도 원료 자체의 향이 나는 것을 무향료라 하며, 무향제품은 원료의 향을 없애기 위하거나 향을 없앤 제품을 뜻함 - 정유, 천연추출물, 증류물, 단리성분, 아로마, 수지성 레진 등

원료	특징
색소[9] (Colors)	· 화장품에 배합되는 색재는 유기합성색소(타르색소), 천연색소, 무기안료 등으로 구분 - 유기합성색소는 염료, 레이크(유기안료), 타르 등 - 천연색소는 -β카로틴, 시코닌(자초 또는 지치), 홍화(Carthamin), 연지벌레(Cochneal) 등 - 무기안료는 체질(Kaolin, Mica, Talc)·착색(산화철류, 산화크롬)·백색안료(Tio$_2$, ZnO) - 진주광택안료는 물고기비늘, 티타늄옥사이드 등
활성성분[10] (효능원료)	· 미백, 주름개선, 자외선차단 등의 특정 기능을 하는 성분

② 색조화장품

장점을 강조하고 피부결점을 보완함으로써 심리적인 만족감과 자신감을 생기게 하는 색조화장은 **베이스 메이크업**과 **포인트 메이크업**으로 분류된다.

① 베이스 메이크업 화장품 ✎

피부색에 맞는 베이스를 선택하여 피부색을 균일하게 정돈하기 위해 기미, 주근깨 등 피부 결점을 커버하여 아름답게 보이게 한다.

종류	색상 및 종류에 따른 타입	안료 농도(%)
메이크업 베이스	· 파란색: 붉은 얼굴 · 보라색: 노르스름한 얼굴 · 분홍색: 창백한 피부가 바르면 화사해 보임 · 녹색: 잡티 및 여드름 자국, 모세혈관확장 피부에 적합, 일반적으로 많이 사용함 · 흰색: T-zone 하이라이트, 투명피부를 원할 때 효과적	5~7
파운데이션	· (리퀴드·로션타입)크림: 유분을 많이 함유, 피부결점, 커버력 우수 · (케이크타입)트윈케이크, 투웨이케이크: 사용감, 밀착력이 좋음 · 스틱파운데이션(크림타입보다 결점 커버력이 우수)	12~15
파우더	· 페이스 파우더-가루분, 루스 파우더(Loose powder): 유분이 없고 입자가 좋아 사용감이 가볍다 · 콤팩터 파우더-고형분, 프레스 파우더(Pressed powder): 페이스 파우더에 소량이 유분 첨가 후 압축	98~99

② 포인트 메이크업

제품	특징
아이브로우 (Eye brow)	· 눈썹을 그릴 때 목탄을 사용했기 때문에 눈썹먹이라 불리며 펜슬타입과 케이크 타입이 있음
아이섀도 (Eye shadow)	· 눈 주위의 명암과 색채감을 주어 보다 아름다운 눈매나 입체감을 연출 - 크림·펜슬·케이크 타입 아이섀도
아이라이너 (Eye liner)	· 눈의 윤곽을 또렷하게 하고 눈의 모양을 조정 및 수정 - 종류: 리퀴드·펜슬·케이크 타입 아이라이너

제품	특징
마스카라 (Mascara)	· 속눈썹을 길고 짙게 하여 눈매에 표정을 부여 - 종류: 볼륨·컬링·롱래쉬·워터프루프 타입 마스카라
립스틱(Lip stick)· 립틴트(Lip tint)	· 립스틱은 루즈(Rouge)로서 입술에 색을 주어 얼굴을 돋보이게 하는 화장효과가 가장 큼 - 종류: 모이스처·매트·롱래스팅 타입 립스틱, 립글로즈
블러셔 (Blusher)	· 볼터치 또는 치크(Cheek)라고도 하며 얼굴 윤곽에 음영을 주어 입체적으로 보이게 함 - 종류: 케이크·크림 타입

Section 02 판매 가능한 맞춤화장품 구성

1) 맞춤형화장품의 정의

- 고객의 피부타입이나 선호도 등을 반영하여 판매매장에서 즉석으로 제품을 혼합·소분한 제품을 말한다.

- 판매장에서 고객 개인별 피부 특성이나 색·향 등의 기호와 요구를 반영하여 맞춤형화장품 조제관리사자격을 가진 자가 화장품의 내용물을 소분[①]하거나 화장품의 내용물에 다른 화장품 내용물 또는 식약처장이 정하는 원료를 추가하여 혼합한 화장품을 판매[②]한다.

- 맞춤형화장품을 판매하고자 하는 자는 「맞춤형화장품 판매업」으로 식약처 관할 지방청에 조제관리사 자격증 등을 첨부하여 신고해야 한다.

- 맞춤형화장품 판매업자는 판매장마다 혼합·소분을 담당하는 조제관리사 국가자격증을 취득한 조제관리사를 두어야 한다.

- 조제관리사는 맞춤형화장품 판매장에서 맞춤형화장품의 내용물이나 원료의 혼합·소분업무를 담당함

☑ 소분(小分): 제조 또는 수입된 화장품의 내용물을 소분한 화장품
☑ 혼합
- 내용물+내용물: 제조 또는 수입된 화장품의 내용물(완제품, 벌크제품, 반제품)에 다른 화장품의 내용물을 혼합한 화장품
- 내용물+원료: 제조 또는 수입된 화장품의 내용물(완제품, 벌크제품, 반제품)에 식약처장이 정하는 원료를 추가하여 혼합한 화장품

2) 맞춤형화장품 구성

(1) 맞춤형제품 베이스(유상+수상원료 혼합물)

① 구성

정제수 또는 추출물류(플로럴 워터 등) 피부 컨디셔닝제(오일류), 유화제, 점증제, 보습제, 보존제 등

② 화장품 제조업체에서 공급하는 제품(개별포장 및 벌크제품)을 베이스 화장품으로 한다.

(2) 맞춤형 첨가 원료

사용금지 원료

- KFDA고시, 기능성화장품 고시원료(별표4), 사용량제한원료(별표2), 사용금지원료(별표1), 알레르기유발성분(별표2) 등에 기재되어 있다.

- 제형변화에 영향을 주지 않는 선에서 첨가 또는 혼합한다.

- 화장품 제조업 등록업체에서 제공하는 원료사용을 원칙(단, 천연첨가물은 맞춤형화장품 조제관리사가 선정하여 첨가 또는 혼합이 가능함)으로 한다.

(3) 맞춤형 추가원료

향, 가용화·유화 혼합물, 색조원료 외 화장품 제조업 등록업체에서 제공하는 원료를 사용원칙으로 하며, 제형변화에 영향을 주지 않는 선에서 추가 첨가 또는 혼합한다.

(4) 기타품목

벌크제품으로 수입·구매 제조 시 필요(용기·라벨·개별박스 외)하다.

Section 03 내용물 및 원료의 품질성적서 구비

맞춤형화장품 판매업자는 맞춤형화장품의 내용물 및 원료 입고 시 품질관리 여부를 확인하고 책임판매업자가 제공하는 품질성적서를 구비해야 한다.

■ 품질성적서 구비 및 관련절차

- 품질(시험)성적서 및 품질관리에 대해 문서화된 절차를 수립하고 유지하여야 한다.

- 내용물과 원료 입고 시 반드시 해당 품목에 대한 품질성적서를 납품업체로부터 제공받는다.

- 품질(시험)성적서가 구비되지 않는 내용물이나 원료는 절대 입고 처리하지 않는다.

- 내용물 및 원료에 대한 품질성적서의 기재내용 등 품질관리 기준은 "화장품 안전기준 등에 관한 규정" 등 식약처의 관련 고시 내용에 준하여 적용하는 것을 원칙으로 한다.

1) 품질성적서 구비

- **화장품법 시행규칙**에서는 맞춤형화장품 판매업자가 맞춤형화장품의 내용물 및 원료의 입고 시 **품질관리 여부를 확인**하고 책임판매업자가 제공하는 **품질성적서를 구비**하도록 요구하고 있다.

- 내용물 품질관리 여부를 확인 시 제조번호[①], 사용기한(또는 개봉 후 사용기간)[②], 제조일자[③], 시험결과[④]를 확인해야 한다. 이는 맞춤형화장품 식별번호 및 맞춤형화장품 사용기한에 영향을 준다.

- 원료 품질관리 여부를 확인할 때도 제조번호[①], 사용기한(또는 재시험일)[②]을 확인해야 한다. 이는 주의 깊게 검토, 원료의 제조번호, 사용기간도 맞춤형화장품의 식별번호 및 맞춤형화장품 사용기한에 영향을 준다.

2) 품질성적서 관련절차

(1) 화장품원료에 대한 품질(시험)은 "원료공급자의 검사결과 신뢰 기준"(대한화장품협회 자율 규약 참조)을 충족한 경우 원료공급자의 시험성적서를 갈음할 수 있다.

① 내용물 및 원료의 품질성적서 구비

- 원료 품질검사 성적서 인정기준은 아래 해당 경우와 같다(식약처 2016.4.16.발표).
- 제조업체의 원료에 대한 자가품질검사 또는 공인검사기관 성적서
- 제조판매업체의 원료에 대한 자가품질검사 또는 공인검사기관 성적서
- 원료업체의 원료에 대한 공인검사기관 성적서
- 원료업체의 원료에 대한 자가품질검사 시험성적서 중 대한화장품협회와 "원료공급자의 검사결과 신뢰기준 자율규약" 기준에 적합한 것

<품질관리기록서>

(2) 베이스 제품과 완성된 맞춤형화장품 완제품은 품질이 규정된 합격판정기준을 만족할 때에만 물질의 사용을 위해 불출되고, 제품은 출고를 위해 불출된다는 것을 보장한다.

(3) 품질관리부서(또는 맞춤형화장품 조제관리사)는 물질이 불출되기 전 문서화된 검체채취및 시험관리에 책임이 있다.
- 직원, 공장, 설비, 위탁계약, 내부감사 및 문서관리에 대한 원칙은 품질관리에도 역시 적용되어야 함

- 불출과 출고는 유사한 개념이다.
- 불출은 창고에 보관되어 있는 화물을 거래처에 옮기기 위해 창고에서 반출하여 화물을 거래처 직원에게 인도해 주는 것을 말함

2 품질(시험)관리의 업무

업무환경	시험업무
· 자유롭게 사용할 수 있는 시험시설과 설비를 소유한다(통상 제조구역에서 분리함). · 시험의 실시 및 검체와 기록서의 보존에 충분한 공간을 갖춘다. · 업무를 실행할 수 있는 '교육 훈련을 받는 직원'이 있다. · 모든 일의 절차서가 준비되어 있다. · 조직적으로 제조부문에서 독립하고 있다. · 시험설비가 없거나 부족한 경우 전문시험기관과의 위·수탁 계약을 통해 조제관리사 또는 품질관리 담당자가 필요하다고 판단 시 해당부문에 대한 품질관련시험을 의뢰한다.	· 제품품질에 관련된 모든 결정에 관여한다. · 절차서에 따라 검체채취, 분석, 합격여부 판정을 한다. · 시험기록서를 작성하고 보관한다. · 일반데이터, 원자료(Raw data)를 기록하고 보관한다.

3 시험성적서 작성 및 관리

입고 및 제조번호별로 작성한다.

구분	내용	구분	내용
검체	· 명칭, 제조원, 제조번호, 식별코드번호, 채취일, 입고일(또는 제조일), 검체량 등	기준 및 판정	· 판정결과와 고찰
시험방법	· 사용 시험방법 기재(또는 시험방법이 기재되어 있는 근거기재)	날짜 서명	· 담당자, 확인자의 서명·날인 및 책임자에 의한 검토 승인 (기록의 정당성, 완전성, 적합성)
데이터	· 원자료(기록·그래프·차트·스펙트럼 등)		–

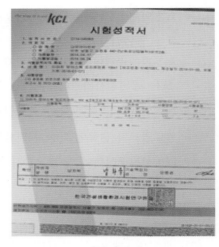

<시험성적서>

4 시험성적서의 관리

- 시험의 결과는 시험성적서에 정리한다.

- 시험성적서에는 뱃치별로 원료, 포장재, 벌크제품, 완제품에 대한 시험의 모든 기록이 있어야 하며, 그 결과를 판정할 수 있어야 한다.

- 시험성적서는 검체데이터, 분석법 관련 기록, 시험데이터와 시험결과로 구성되어 있다.

- 시험의뢰서[1], 검체채취기록[2], 시험근거자료(원자료)[3], 계산결과[4] 등 그 뱃치의 제품시험에 관계된 기록이 모두 기재되어 있거나 또는 기재되어 있는 문서와의 관계를 알 수 있게 되어 있어야 한다.

5 부적합원료 및 제품의 처리

- 기준일탈조사의 시험결과가 기준일탈이라는 것이 확실하다면 제품 품질이 '부적합'이다.

<제품의 부적합이 확정되면>

- 우선 해당 제품에 부적합 라벨을 부착(식별표시)하고 부적합 보관서(필요 시 시건장치를 채울 필요도 있다)에 격리 보관한다. 그리고 부적합의 원인 조사를 시작한다.
- 부적합의 원인 조사는 제조, 원료, 오염, 설비 등 종합적으로 자세하게 조사한다.
- 그 조사 결과를 근거로 부적합품의 처리방법(폐기처분, 재작업, 반품 등)을 결정하고 실행한다.
- 재작업해서 제품으로 되돌리기 위해서는 그 나름의 타당한 이유가 필요하다(단, 위탁제조품으로 특수한 경우에는 반품을 고려할 수 있음).
- 일련의 작업결과는 기록에 남겨야 한다.

【 선다형 】

01 다음 중 내용물 및 원료의 품질 성적서에 관한 설명으로 틀린 것은?

① 맞춤형화장품 판매업자가 맞춤형화장품의 내용물 입고 시 품질관리 여부를 확인하고 책임판매업자가 제공하는 품질성적서를 구비해야 한다.
② 내용물 품질관리 여부 확인 시 제조번호, 사용기한, 제조일자, 시험결과를 검토해야 한다.
③ 내용물의 제조번호, 사용기한, 제조일자는 맞춤형화장품 식별번호와 맞춤형화장품 사용기한에 영향을 줄 수 있다.
④ 시험설비가 없거나 부족한 경우는 전문시험기관과의 위탁 계약을 통해 조제관리사 또는 품질관리 담당자가 필요하다고 판단이 될 때에는 해당 부문에 대한 품질관련시험을 의뢰할 수 있다.
⑤ 품질관리부서는 물질이 불출되기 전 문서화된 검체채취 및 시험 관리에 책임은 없다.

✓ 품질관리부서(또는 맞춤형화장품 조제관리사)는 물질이 불출되기 전 문서화된 검체채취 및 시험 관리에 책임이 있으며, 직원, 공장, 설비, 위탁계약, 내부감사 및 문서관리에 대한 원칙은 품질관리에도 역시 적용되어야 한다.

02 다음 중 내용물 및 원료의 품질관리에 관한 설명으로 틀린 것은?

① 원료의 제조번호는 맞춤형화장품 식별번호에 영향을 준다.
② 품질관리 확인은 내용물의 제조번호, 사용기한, 제조일자는 맞춤형화장품 사용기한에 영향을 준다.
③ 맞춤형화장품 판매업자가 맞춤형화장품의 내용물 및 원료 입고 시 품질관리 여부를 확인하고 책임판매업자가 제공하는 품질성적서를 구비해야 한다.

④ 맞춤형화장품 조제관리사는 물질이 불출되기 전 문서화된 검체채취 및 시험 관리에 책임이 있다.
⑤ 기준일탈 조사의 시험 결과가 일준일탈이라는 것이 확실하다면 제품 품질이 '적합'이다.

✓ 기준일탈 조사의 시험 결과가 일준일탈이라는 것이 확실하다면 제품 품질이 '부적합'이다.

03 수렴화장수에 대한 설명으로 틀린 것은?

① 수렴화장수를 아스트리젠트라고도 한다.
② 약산성 상태로 피부의 pH를 조절해 준다.
③ 수렴화장수는 건성, 노화 피부가 사용하기 좋다.
④ 모공을 수축시키며, 청량감을 준다.
⑤ 보습제와 유연제를 함유하고 있다.

✓ ③ 수렴화장수는 지성, 복합성 피부에 사용된다.

04 다음 중 화장수에 대한 설명으로 틀린 것은?

① 수렴화장수는 피지분비 억제 기능이 있다.
② 세안 후 제거된 천연피지막을 회복시켜 준다.
③ 유연화장수는 유분량이 적어 끈적이지 않고 가벼운 사용감이 있다.
④ 유연화장수는 다음 단계에 사용할 화장품의 흡수를 용이하게 해준다.
⑤ 수렴화장수는 각질층에 수분공급과 모공수축, 피지분비 억제기능이 있다.

✓ ②는 영양크림에 대한 설명이다.

05 클렌징 제품에 대한 설명으로 옳은 것은?

① 밀크(로션) 타입은 친수성으로 모든 피부에 사용 가능하다.

② 오일 타입은 건성피부보다는 지성피부에 적합하다.

③ 크림 타입은 산뜻하고 시원한 느낌의 클렌징 제품이다.

④ 밀크타입은 짙은 화장을 지울 때 적합하다.

⑤ 젤 타입은 이중 세안이 필요하다.

✓
② 오일 타입은 건성, 노화피부에 적합하다.
③ 젤 타입은 사용 시 산뜻함과 청량감이 든다.
④ 크림타입은 짙은 화장을 지울 때 적합하다.
⑤ 크림 타입은 이중 세안이 필요하다.

06 보습성분과 유연성분이 많이 함유되어 있으며, 피부를 촉촉하고 부드럽게 해주는 화장수는?

① 수렴화장수 ② 보습화장수 ③ 수분화장수
④ 유연화장수 ⑤ 유분화장수

✓
④ 유연화장수는 건성, 노화 피부가 사용하기 좋으며 피부를 촉촉하고 부드럽게 해준다.

07 다음 중 화장품에 대한 설명으로 틀린 것은?

① 메이크업 베이스는 피부톤을 균일하게 정돈하기 위해 사용한다.

② 메이크업 베이스의 녹색은 여드름, 모세혈관확장 피부에 적합하다.

③ 파운데이션의 종류는 리퀴드타입, 크림타입, 케이크타입이 있다.

④ 파운데이션의 리퀴드타입은 크림타입보다 피부결점과 커버력이 우수하다.

⑤ 페이스 파우더를 루스 파우더라고도 하며 유분이 없어 사용감이 가볍다.

✓
케이크타입 또는 크림타입은 피부결점과 커버력이 우수하다.

08 다음 중 세정용 화장품에 대한 설명으로 틀린 것은?

① 린스는 세발 후 모발보호 및 트린트먼트용으로 사용된다.

② 샴푸는 모발에 존재하는 피지, 땀, 각질, 먼지, 이물질 등을 세정한다.

③ 트리트먼트제는 농도에 따라 린스, 컨디셔너, 트리트먼트제 등으로 분류된다.

④ 정전기발생 방지 효과와 모발의 알칼리 성분을 중화시켜주는 역할을 한다.

⑤ 샴푸는 모발에 유분을 공급하고 모발에 윤기를 부여하여 빗질이 잘 되도록 한다.

✓
⑤는 트리트먼트제에 대한 설명이다.

09 맞춤형화장품에 관한 설명으로 틀린 것은?

① 수입된 화장품의 내용물을 소분한 화장품을 판매하는 영업을 말한다.

② 조제관리사는 맞춤형화장품 판매장에서 맞춤형화장품의 내용물이나 원료의 혼합·소분 업무를 담당하는 사람을 말한다.

③ 매장에서 고객의 개인별 피부에 따라 색과 향을 배합하여 맞춤형화장품 조제관리사가 판매할 수 있다.

④ 제조된 화장품의 내용물에 식품의약품안전처장이 정하여 고시하는 원료를 추가하여 혼합한 화장품을 판매하는 영업을 말한다.

⑤ 개인의 피부타입에 맞춰 판매매장에서 즉석으로 제품을 혼합·소분한 제품은 판매할 수 없다.

✓
개인의 피부타입이나 선호도 등을 반영하여 판매매장에서 즉석으로 제품을 혼합·소분한 제품을 말한다.

10 다음 화장품의 주요성분이 아닌 것은?

① 부형제(Excipien)
② 착향제(Fragrance Ingredients)
③ 첨가제(Additive)
④ 정제수(De-ionized Water)
⑤ 활성성분(Active Components)

✓
화장품의 주요성분으로는 부형제, 착향제, 첨가제, 활성성분이다.

11 다음 메이크업 베이스 색상에 관한 설명으로 적합하지 <u>않은</u> 것은?

① 파란색 : 검은 얼굴
② 흰색 : T-zone 하이라이트, 투명 피부를 원할 때 효과적
③ 보라색 : 노르스름한 얼굴
④ 분홍색 : 창백한 피부가 바르면 화사해 보임
⑤ 녹색 : 잡티 및 여드름 자국, 모세혈관확장 피부에 적합, 일반적으로 많이 사용함

✓ ① 파란색 베이스는 붉은 얼굴에 사용

12 다음 색조화장품 중 포인트 메이크업에 속하지 <u>않는</u> 제품은?

① 파우더(Powder)
② 마스카라(Mascara)
③ 아이섀도(Eye shadow)
④ 아이라이너(Eye liner)
⑤ 아이브로우(Eye brow)

✓ 파우더는 색조화장품 중 베이스 메이크업에 속한다.

13 다음 화장품 품질시험관리업무에 속하지 <u>않</u>는 것은?

① 시험기록서를 작성하고 보관한다.
② 조직적으로 제조부문에서 독립하고 있다.
③ 제품품질에 관련된 모든 결정에 관여한다.
④ 절차서에 따라 검체채취, 분석, 합격여부 판정을 한다.
⑤ 일반데이터, 원자료(Raw data)를 기록하고 보관한다.

✓ ②는 품질(시험)관리의 업무환경과 시험업무로 구분되며 ①, ③, ④, ⑤는 시험업무에 해당되나 ②는 업무환경에 해당된다.

14 맞춤형화장품의 내용물 품질관리 여부를 확인 시 필요하지 <u>않은</u> 것은?

① 유통과정   ② 시험결과

③ 제조번호   ④ 제조일자
⑤ 사용기한(또는 개봉 후 사용기간)

✓ 내용물 품질관리 여부확인 시 제조번호[1] 사용기한(또는 개봉 후 사용기간)[2], 제조일자[3], 시험결과[4]를 확인해야 한다. 이는 맞춤형 화장품 식별변호 및 사용기한에 영향을 준다.

15 기초 화장품 중 세정(안)용화장품에 해당하지 <u>않는</u> 것은?

① 클렌징 폼   ② 클렌징 로션
③ 클렌징 크림   ④ 클렌징 티슈
⑤ 페이셜 스크럽제

✓ 페이셜 스크럽제는 각질제거용으로 스크럽(미세한 알갱이)을 이용해 모공 속 노폐물과 노화각질 제거하는 기능을 한다.

16 피부 조절용 화장품으로 해당하지 <u>않는</u> 것은?

① 영양크림   ② 스킨로션
③ 유연 화장수   ④ 수렴 화장수
⑤ 아스트린젠트

✓ • ① 영양크림 – 세안 후 제거된 천연피지막의 회복, 손실된 NMF를 일시적으로 보충해 주는 피부보호용 화장품으로 분류된다.
• 피부 조절용 화장품에는 수렴 화장수, 유연 화장수가 있으며 수렴 화장수에는 아스트린젠트(Astringent), 토닝로션(Toning lotion)이라고도 한다. 수렴 화장수는 각질층에 수분공급, 모공수축, 피부결 정리의 역할을 하며 유연 화장수는 스킨로션, 스킨토너, 스킨소프너라고도 한다. 보습제와 유연제를 함유하고 있으며 다음 단계에 사용할 화장품의 흡수를 용이하게 한다.

17 피부보호용 화장품인 영양크림에 대한 설명으로 <u>틀린</u> 것은?

① 세안 후 제거된 천연피지막의 회복, 손실된 NMF를 일시적으로 보충해 준다.
② 데이크림 : 낮 동안 외부자극(햇빛, 건조한 공기, 공해 등)으로부터 피부를 보호해 준다.

정답 11. ① 12. ① 13. ② 14. ① 15. ⑤ 16. ① 17. ④

③ 화이트닝 크림 : 피부미백 효과가 있다.
④ 얼굴에 딱딱하지 않은 피막을 형성, 흡착작용에 의해 피부표면의 각질과 오염물질을 제거한다.
⑤ 안티링클·아이크림 : 눈가주름 완화 및 예방, 피부탄력 증진 효과가 있다.

✓ 팩(Pack)은 얼굴에 딱딱하지 않은 피막을 형성, 흡착작용에 의해 피부표면의 각질과 오염물을 제거한다.

18 화장품의 주요 성분과 알맞게 짝지어 진 것은?

① 부형제(Excipient) - 유탁액을 만드는 데 사용되고 가장 많은 용량(또는 중량)을 차지함
② 활성성분(Active Components) - 소량을 첨가함으로써 화장품의 화학반응이나 변질을 막고, 안정성과 물리적 성상 등을 개선시키는 기능
③ 첨가제(Additive) - 향료의 구성물질로서 방향성 화학물질
④ 착향제(Fragrance Ingredients) - 화장품의 특별한 효능과 제품의 특징을 나타냄
⑤ 유성원료(Oil based Tngredient) - 점성을 향상시켜주는 원료로서 무기와 유기로 구분됨

✓ • ① 부형제(Excipient) - 유탁액을 만드는 데 사용되고 가장 많은 용량(또는 중량)을 차지한다.
• ②는 첨가제에 대한 설명, ③은 착향제에 대한 설명 ④는 활성성분, ⑤는 점증제에 대한 설명이다.

19 보습제의 설명 중 적합한 것은?

① 양친매성 물질로서 물과 유성성분의 계면에 흡착하여 계면에너지를 저하시켜 계면의 성질을 변화시킨다.
② 에몰리엔트는 왁스·오일성분으로서 피부에서 수분이 날아가는 것을 방지해준다.
③ 유화제품에서 안정성을 향상시켜 주는 안정화제 및 고분자 계면활성제로서의 역할을 한다.
④ 카보머(Carbomer), 아크릴레이트, 구아검, 크산티검, 젤라틴, 알긴산엽, 벤토나이트, 폴리비닐알코올, 메틸셀룰로오소 등이 해당된다.
⑤ 균류나 곰팡이에 의한 부패 탈 화학성분의 분해에 의한 품질이 떨어지거나 변질하는 것을 예방하는 것이다.

✓ • ② 에몰리엔트는 왁스·오일성분으로서 피부에서 수분이 날아가는 것을 방지 해준다. 보습제 중 에몰리엔트에 대한 설명이다.
• ①은 계면활성제, ③은 고분자, ④는 점증제, ⑤는 보존제에 대한 설명이다.

20 보기 중 색조화장품에 해당하는 메이크업 베이스 색상 선택 시 올바른 것을 모두 고르시오.

ᄀ 붉은 얼굴-분홍색
ᄂ 노르스름한 얼굴- 보라색
ᄃ 잡티 및 여드름자국-녹색
ᄅ 흰색-붉은 얼굴
ᄆ 창백한 피부-흰색

① ᄀ   ② ᄂ   ③ ᄂ, ᄃ
④ ᄃ, ᄅ   ⑤ ᄃ, ᄅ, ᄆ

✓ • 파란색: 붉은 얼굴
• 보라색: 노르스름한 얼굴
• 분홍색: 창백한 피부가 바르면 화사해 보임
• 녹색: 잡티 및 여드름 자국, 모세혈관확장 피부에 적합, 일반적으로 많이 사용한다.
• 흰색: T-zone 하이라이트, 투명피부를 원할 때 효과적이다.

21 다음 중 시험성적서 작성 시 기재 사항으로 옳지 않은 것은?

① 제품명
② 제조 번호
③ 제조일 또는 입고일
④ 완제품 등 보관용 검체외 관리
⑤ 시험 항목 및 기준

✓ 완제품 등 보관용 검체외 관리는 품질관리기준서 작성 시 포함되어야 할 사항이다.

22 다음 중 시험성적서 관리 중 가장 적절하지 않은 것은?

① 시험의 결과는 시험성적서에 정리하지 않고 방치해 둔다.

② 시험성적서에는 뱃치별로 원료, 포장재, 벌크 제품, 완제품에 대한 시험의 모든 기록이 있어야 하며, 그 결과를 판정할 수 있어야 한다.

③ 시험성적서는 검체데이터, 분석법관련 기록, 시험데이터와 시험결과로 구성되어 있다.

④ 시험성적서에 기재되어 있는 문서와의 관계를 알 수 있게 되어 있어야 한다.

⑤ 시험의뢰서, 검체채취기록, 시험근거자료(원자료), 계산결과 등 그 뱃치의 제품시험에 관계된 기록이 모두 기재되어 있어야 한다.

✓ 시험의 결과는 시험성적서에 정리한다.

23 맞춤형화장품의 내용물 및 원료에 대한 품질검사결과를 확인해 볼 수 있는 서류로 옳은 것은?

① 품질규격서   ② 품질성적서
③ 제조공정   ④ 포장지시서
⑤ 칭량지시서

✓ 화장품법 시행규칙에서는 내용물 및 원료 입고 시 품질관리여부를 확인하고 책임판매업자가 제공하는 ② 품질성적서를 구비하도록 요구하고 있다.

24 다음 중 품질관리 시 시험성적서에 기록하지 않아도 되는 것은?

① 원료   ② 반제품   ③ 완제품
④ 부자재   ⑤ 벌크제품

✓ 시험성적서에는 뱃치별로 원료,포장재(부자재), 벌크 제품, 완제품에 대한 시험의 모든 기록이 있어야 하며, 그 결과를 판정할 수 있어야 한다.

25 다음 중 품질관리기준서에 포함되어야 하는 기록사항으로 맞는 것은?

① 작업 중인 시설 및 기기의 표시 방법
② 입출할 시 승인 판정의 확인 방법
③ 표준품 및 시약의 관리
④ 공정검사의 방법
⑤ 칭량지시서

✓ 작업 중인 시설 및 기기의 표시 방법, 입출할 시 승인 판정의 확인 방법, 공정검사의 방법은 제조관리기준서에 기록되어야 하는 방법이다.

【 단답형 】

01 다음 <보기>에서 ㉠에 적합한 용어를 작성하시오.

기준일탈조사의 시험결과가 기준일탈이라는 것이 확실하다면 제품 품질이 (㉠)이다.

답) _____

02 다음 <보기>에서 ㉠에 적합한 용어를 작성하시오.

맞춤형화장품 판매업자가 맞춤형화장품의 내용물 및 원료 입고 시 품질관리 여부를 확인하고 책임판매업자가 제공하는 (㉠)를 구비해야 한다.

답) _____

03 다음 <보기>에서 적합한 용어를 작성하시오.

유분을 많이 함유하고 피부의 결점과 커버력이 좋은 화장품은?

답) _____

04 다음 <보기>에서 적합한 용어를 작성하시오.

세안 후 제거된 천연피지막의 회복과 손실된 NMF를 일시적으로 보충하여 유분감이 많아 피부 흡수가 더디고 무거운 사용감을 갖는 화장품은?

답) _____

05 다음 <보기>는 기초화장품에 관한 설명이다. 적합한 용어를 작성하시오.

> 보습제와 유연제를 함유하고 있으며 다음 단계에 사용할 화장품의 흡수를 용이하게 하는 화장품은?

답) ＿＿＿＿＿＿＿＿＿＿

06 다음 <보기>에서 ㉠에 적합한 용어를 작성하시오.

> 식물의 꽃·잎·줄기 등에서 추출한 에센셜오일이나 추출물이 착향의 목적으로 사용되었거나 또는 해당 성분이 착향제의 특성이 있는 경우 (㉠)을 표시·기재하여야 한다. 화장품의 효과는 오염물질을 씻어 내는 세정화장품과 피부 청결, 피부보호, 피부 영양에 관여하는 기초화장품과 피부색을 균일하게 정돈하거나 아름답게 표현하는 색조화장품 등으로 구분된다. 화장품의 주요성분은 제품의 원료에 따라 배합비율이나 배합방법 등이 달라진다.

답) ＿＿＿＿＿＿＿＿＿＿

07 다음 <보기>에서 ㉠, ㉡, ㉢에 적합한 용어를 작성하시오.

> 화장품은 오염물질을 씻어내는 (㉠)화장품과 피부청결, 피부보호, 피부영양에 관여하는(㉡)화장품과 피부색을 균일하게 정돈하거나 아름답게 표현하는 (㉢) 화장품으로 구분된다.

답) ＿＿＿＿＿＿＿＿＿＿

✓ 화장품에는 오염물질을 씻어내는 세정화장품과 피부청결, 피부보호, 피부영양에 관여하는 기초화장품, 피부색을 균일하게 정돈하거나 아름답게 표현하는 색조화장품으로 구분된다.

08 다음 <보기>에서 ㉠에 적합한 용어를 작성하시오.

> (㉠)은/는 개인의 피부타입이나 선호도 등을 반영하여 판매매장에서 즉석으로 제품을 혼합·소분한 제품을 말한다.

답) ＿＿＿＿＿＿＿＿＿＿

✓ 맞춤형화장품은 개인의 피부타입이나 선호도 등을 반영하여 판매매장에서 즉석으로 제품을 혼합·소분한 제품을 말한다.

09 다음 <보기>에서 적합한 용어를 작성하시오.

> 두발에 존재하는 피지, 땀, 비듬, 각질, 먼지, 화장품, 이물질 등을 세정하는 기능을 갖고 있는 세정 제품류는?

답) ＿＿＿＿＿＿＿＿＿＿

10 다음 <보기>에서 ㉠에 적합한 용어를 작성하시오.

> 맞춤형화장품을 판매하고자 하는 자는 「맞춤형화장품 판매업」으로 식약처 관할 지방청에 (㉠) 자격증 등을 첨부하여 신고해야 한다.

답) ＿＿＿＿＿＿＿＿＿＿

11 다음 <보기>에서 ㉠에 적합한 용어를 작성하시오.

> 내용물과 원료 입고 시 반드시 해당 품목에 대한 (㉠)를 납품업체로부터 제공받는다.

답) ＿＿＿＿＿＿＿＿＿＿

정답　05. 유연화장수　06. 알레르기 유발성분　07. ㉠ 세정, ㉡ 기초, ㉢ 색조　08. 맞춤형화장품
09. 샴푸　10. 맞춤형화장품조제관리사　11. 품질성적서

12 다음 <보기>에서 ⊙에 적합한 용어를 작성하시오.

> 판매장에서 고객 개인별 피부 특성이나 색
> ·향 등의 기호와 요구를 반영하여 (⊙) 자격
> 을 가진 자가 화장품의 내용물을 소분하거나
> 화장품의 내용물에 다른 화장품 내용물 또는
> 식약처장이 정하는 원료를 추가하여 혼합한
> 화장품을 판매한다.

답) _____

✓ 맞춤형화장품 조제관리사(이하 조제관리사라 칭함)자격을 가진 자가 화장품의 내용물을 소분하거나 화장품의 내용물에 다른 화장품 내용물 또는 식약처장이 정하는 원료를 추가하여 혼합한 화장품을 판매한다.

13 다음 <보기>에서 ⊙에 적합한 용어를 작성하시오.

> 조제관리사는 맞춤형화장품 판매장에서 맞
> 춤형화장품의 내용물이나 원료의 (⊙) 업무
> 를 담당함

답) _____

✓ 조제관리사는 맞춤형화장품 판매장에서 맞춤형화장품의 내용물이나 원료의 혼합 또는 소분된 화장품을 판매하는 업무를 담당한다.

14 다음 <보기> 중 품질성적서 구비 시 품질관리기준서에 포함되는 사항을 모두 고르시오.

> ⊙ 제품명, 제조번호 또는 관리번호, 제조연
> 월일을 포함해야 한다.
> ⓒ 시험지시번호, 지시자 및 지시연월일을 포
> 함해야 한다.
> ⓒ 시험항목 및 시험 기준을 포함해야 한다.
> ⓔ 해당 제품에 부적합 라벨을 부착(식별표
> 시)하고 부적합 보관서에 격리 보관한다.

답) _____

✓ • ⊙, ⓒ, ⓒ은 품질성적서 구비 시 품질관리기준서에 포함되어야 한다.
• ⓔ은 부적합원료 및 제품처리 시 포함 내용이다.

15 다음 <보기> 중 부적합 원료 및 제품처리에 관한 설명 중 옳은 것을 모두 고르시오.

> ⊙ 기준일탈 조사의 시험 결과가 일준일탈이
> 라는 것이 확실하다면 제품 품질이 '부적
> 합'이다.
> ⓒ 부적합의 원인 조사를 제조, 원료, 오염,
> 설비 등 종합적으로 자세하게 조사하지 않
> 아도 된다.
> ⓒ 조사 결과를 근거로 부적합품의 처리방법
> 중 폐기처분이 결정되면 바로 실행한다.
> ⓔ 일련의 작업 결과는 기록에 남기지 않아도
> 된다.

답) _____

✓ • ⊙, ⓒ은 부적합원료 및 제품처리에 관한 설명이다.
• ⓒ 부적합의 원인 조사를 제조, 원료, 오염, 설비 등 종합적으로 자세하게 조사한다.
• ⓔ 일련의 작업 결과는 기록에 남겨야 한다.

16 다음은 CGMP용어에 관한 내용이다. <보기>에서 ⊙에 적합한 용어를 작성하시오.

> (⊙)은 규정된 제조 또는 품질관리 활동
> 등의 기준을 벗어나 이루어진 행위이다.

답) _____

Chapter 3. 화장품 사용제한 원료

화장품 사용제한 원료를 규정하는 관리체계는 사용할 수 없는 원료와 사용한도(가능)원료로 구분된다. 2012년 2월부터는 사용할 수 없는 원료(식약처 고시-별표1)만을 운영하고 있다. 이는 화장품제조사들이 신원료 개발 및 신원료를 자유롭게 사용할 수 있는 제도로서 미국, 유럽, 일본 등의 원료 관리체계와 동일한 관리방식으로 원료사용 규제의 목적을 국제적 공조 유지에 두고 있음이다. **현재는 신(新)원료 심사제도가 폐지되고** 위해 우려가 제기되는 원료의 위해 평가가 신설되어 운영 중이다.

Section 01 화장품에 사용되는 사용제한 원료의 종류 및 사용한도

① 사용할 수 없는(사용금지) 원료

원료(原料, Raw material)는 어떤 제품을 만드는 데 들어가는 재료로서 그 종류와 성분의 특성에 따라 용도 또한 매우 다양하다. 화장품 **안전기준 등에 관한 규정(식약처 고시-별표1)** '사용할 수 없는 원료'는 화장품에 사용(배합)금지 원료로서 규정하고 있다.

1) 사용(배합)할 수 없는 원료

화장품에 사용되는 원료의 종류 및 사용한도 – 화장품 안전기준 등에 관한규정(식약처 고시)

(1) 화장품 시행규칙-별표3

① 화장품의 유형

가. 영유아용 제품류: 영유아 샴푸·린스/ 영유아용 인체세정용 제품/ 영유아용 목욕용 제품

나. 목욕용 제품류

다. 인체세정용 제품류

아. 두발용 제품류: 헤어컨디셔너/샴푸·린스/그 밖의 두발용 제품류(단, 사용 후 씻어내는 제품에 한함)

차. 남성용 탤컴: 세이빙크림/세이빙 폼/그 밖의 면도용 제품류(단, 사용 후 씻어내는 제품에 한함)

카. 팩, 마스크(단, 사용 후 씻어내는 제품에 한함): 손·발의 피부연화 제품(단, 사용 후 씻어내는 제품에 한함)/클렌징 워터·오일·로션·크림 등 메이크업 리무버/ 그 밖의 기초화장용 제품류(단, 사용 후 씻어내는 제품에 한함)

(2) 금지 물질(제한물질·금지 물질의 지정, 환경부 고시-별표4)

화학물질의 등록 및 평가 등에 관한 법률에서 지정하고 있는 금지물질(60개)

① 및 이를 0.005% 이상 함유한 혼합물

· 피시비[PCBs ; 1336-36-3) 단, 치환된 염소수가 3개 미만인 경우는 제외

② 0.1% 이상 함유한 혼합물

- 2-나프틸아민[2-Napthylamine ; 91-58-8]과 그 염산염 및 그 중 하나를
- 1,2-다이브로모-3-클로르프로판[1,2-Dibromo-3-Chloropropane ; 96-12-8] 및 이를
- 4-아미노비페닐[4-Ainobiphenyl ; 92-67-1]과 그 염산염 및 그중 하나를
- 비산납[Lead arsenate ; 7784-40-9] 및 이를
- 비스(2-클로로에틸)에테르 [Bis(2-chloroethyl)ether ; 111-44-4] 및 이를
- 비스(클로로메틸)에테르 [Bis(chloromethyl)ether ; 542-88-1] 및 이를
- 벤지딘(Benzidine ; 92-87-5)과 그 염류 중 그중 하나를
- 알드린(Aldrin ; 309-00-2) 및 이를
- 오산화비소(Arsenic pentoxide ; 1303-28-2) 및 이를
- 옥타브로모다이페닐옥사이드[Octabromodiphenyl oxide ; 32536-52-0] 및 이를
- 트리스(2,3-다이브로모프로필) 포스페이트[Tris(2,3-dibromopropyl) phosphate ; 126-72-7] 및 이를
- 피비비(PBBs ; 59536-65-1) 및 이를
- 캡타폴[Captafol ; 2425-06-1] 및 이를
- 캡탄[Captan ; 133-06-2] 및 이를 / · 니트로펜[Nitrofen ; 1836-75-5]
- 펜타브로모다이페닐 옥사이드[Pentabromodiphenyl oxide ; 32534-81-9] 및 이를

③ 및 이를 1% 이상 함유한 혼합물

- 2,4,5-티[2,4,5-T ; 93-76-5]
- 다이알리포스[Dialifos ; 10311-84-9]
- 디디티[DDT ; 50-29-3]
- 다이메트에이트[Dimethoate ; 60-51-5]
- 다이엘드린[Dieldrin ; 60-57-1]
- 렙토포스[Leptophos ; 21609-90-5]
- 모노크로토포스[Monocrotophos ; 6923-22-4]
- 메타아미도포스[Methamidophos ; 10265-92-6]
- 스트리시닌[Strychnine ; 57-24-9]
- 아세트산 탈륨[Thallium acetate ; 563-68-8]
- 아세트산 페닐수은[Phenylmercury acetate ; 62-38-4]
- 안투[Antu ; 86-88-4]
- 알디캅[Aldicarb ; 116-06-3]
- 이소벤잔[Isobenzan ; 297-78-9]
- 인화알루미늄[Aluminium phosphide ; 20859-73-8]
- 엔도술판[Endosulfan ; 115-29-7]
- 엔드린[Endrin ; 72-20-8]
- 질산탈륨[Thallum nitrate ; 10102-45-1]

- 석면[Tremolite asbestos ; 77536-68-6]
- 석면이 1% 이상 함유된 탈크[Talc ; 14807-96-6]
- 캄페클로르[Camphechlor ; 8001-35-2]
- 클로로 벤질레이트[Chlorrobenzilate; 510-15-6]
- 클로로피크린[Chlorrobicrin ; 76-06-2]
- 클로르단[Chlordan ; 57-74-9]
- 트라이플루라린[Trifluralin ; 1582-09-8]
- 파라콰트 염류[Paraquat salts]
- 파라티온-메틸[Parathion-methyl ; 298-00-0]
- 파라티온[Parathion ; 56-38-2]
- 포스파미돈[Phosphamidon ; 13171-21-6]
- 플루오르아세트아미드[Fluoroacetamide ; 640-19-7]
- 피리미닐[Pyriminil ; 53558-25-1]
- 페닐수은 트라이에탄올 암모늄 붕산[Phenyl mercuric triethanol ammonium borate]
- 펜타클로로페놀[Pentach lorophenol oxide ; 32534-81-9]과 그 염류 및 그중 펜타클로로페놀로서
- 황산탈륨[Thallium sufate ; 7446-18-6]

- 청석면[Crocidolite;12001-28-4], 갈석면[Amosite;12172-73-5], 안소필라이트석면[Anthophyllike asbestos;77536-67-5], 악티놀라이트석면[Actinolite asbestos;77536-66-4], 트레몰라이트 석면[Tremolite asbestos;77536-68-6]

④ 및 이를 1.5 이상 함유한 혼합물	⑤ 3% 이상 함유한 혼합물
· 헥사클로로사이클로헥산[HCH ; 608-73-1]	· 클로르다이페폼[Chlordimeform ; 6164-98-3]과 그 염류 및 그 중 클로르다이메폼으로서

⑥ 5% 이상 함유한 혼합물	⑦ 및 이를 6% 이상 함유한 혼합물
· 다이설포톤[Disulfoton ; 298-04-4]	· 헵타클로르[Heptachlor ; 76-44-8]

⑧ 및 이를 25% 이상 함유한 혼합물

· 플루아지남[Fluazinam ; 79622-59-6]	· 펜피록시메이트[Fempyroximate ; 134098-61-6]
· 피라클로포스[Pyraclofos ; 89784-60-1]	· 아크린아트린[Acrinathrin ; 101007-06-1]

2 사용한도 원료

- 화장품 안전기준 등에 관한 규정(별표2)에서 사용상 제한이 필요한 원료에는 보존제(59종), 염모제(48종), 자외선 차단제(30종), 기타원료(78종) 등이 있다.

원료에서 표현되는 염류와 에스텔류를 정리할 수 있다.

- 염류✎

  - 양이온염: Na(Sodium), Ca(Calcium), NH4(Ammonium), K(Potassium), Mg(Magnesium), Betaine($C_5H_{11}NO_2$), $NH_2(CH_2)_2OH$(Ethanolamine)
  - 음이온염: Sulfate(H_2SO_4-황화물, Acetate), Chloride(염화물), Bromide 등

- 에스텔류

  - Methyl(CH_3-), Ethyl(C_2H_5-), Propyl(C_3H_7-), Isopropyl[$(CH_3)_2CH$-)], Butyl, Isobutyl, Phenyl 등

1) 보존제(방부제)

원료구분	사용한도	비고
메틸클로로아이소티아졸리논 (CMIT, Methyl chloro isothiazolinone) 메틸아이소티아졸리논혼합물 (염화마그네슘과 질산마그네슘 포함)	· 사용 후 씻어내는 제품에 0.0015% · 메틸클로로아이소티아졸리논 : 메틸아이소티아졸리논 = 혼합물(3:1)	기타제품에는 사용금지
메틸아이소티아졸리논 (MIT, Methyl isothiazolinone)	· 사용 후 씻어내는 제품에 0.0015%(메틸클로로아이소티아졸리논 : 메틸아이소티아졸리논 = 혼합물과 병행사용 금지)	-
아이오프로피닐부틸카바메이트 (IPBC, Indopropynyl butylcarbamate)	· 사용 후 씻어내는 제품에 0.02% · 사용 후 씻어내지 않는 제품에 0.01% (단, 데오드란트에 배합할 경우 0.0075%)	입술에 사용되는 에어로졸(스프레이에 한함), 제품
P-클로로-m-크레졸	· 0.04%	점막에 사용되는 제품에는 사용금지
알킬아이소퀴놀리늄브로마이드	· 사용 후 씻어내지 않는 제품에 0.05%	-
클로로펜(2-벤질-4-클로로페놀]	· 0.05%	
폴리(1-헥사메틸렌바이구나니드)HCL	· 0.05%	에어로졸(스프레이에 한함) 제품에는 사용금지
4,4-다이메틸-1,3-옥사졸리딘(다이메틸옥사졸리딘)	· 0.05%(단, 제품의 pH 6을 넘어야 함)	
클로헥시딘다이글루코네이트 (Chlorhexidine digluconate), 다이아세테이트 및 다이하이드로클로라이드	· 점막에 사용하지 않고 씻어내는 제품에 클로헥시딘으로서 0.1% · 기타제품에 클로헥시딘으로서 0.05%	-
세틸피리디늄크롤라이드	· 0.08%	
글루타랄(펜탄-1,5-디알)	· 0.1%	에어로졸(스프레이에 한함) 제품에는 사용금지
벤제토늄클로라이드	· 0.1%	점막에 사용되는 제품에는 사용금지

원료구분	사용한도	비고
5-브로모-5-나이트로-1,3-다이옥산	· 사용 후 씻어내는 제품에 0.1%(단, 아민류나 아마이드류를 함유하고 있는 제품에는 사용금지)	기타제품에는 사용금지
2-브로모-2-나이트로프로판-1. 3-다이올(브로노폴)	· 0.1%	아민류나 아마이드류를 함유하고 있는 제품에는 사용금지
브로모클로로펜(6, 6-다이브로모-4, 4-다이클로로-2, 2'-메틸렌-다이페놀)		-
알킬(C_{122}~$C2_2$)트라이메틸암모늄 브로마이드 및 클로라이드(브롬화세트리모늄 포함)	· 두발용 제품류를 제외한 화장품에 0.1%	
소듐마이오데이트	· 사용 후 씻어내는 제품에 0.1%	기타제품에는 사용금지
소듐라우로일사코시네이트	· 사용 후 씻어내는 제품에 허용	
아이소프로필메틸페놀(아이소프로필 크레졸, 0-시멘-5올)	· 0.1%	-
헥세티딘	· 사용 후 씻어내는 제품에 0.1%	기타제품에는 사용금지
헥사미딘(1,6-다이C_4-아미다이노페녹시-n-헥산) 및 그 염류(아이세티오네이트 및 p-하이드록시벤조산)	· 헥사미딘으로 함량 측정 시 0.1%	
2, 4-다이클로로벤질알코올	· 0.15%	-
3, 4-다이클로로벤질알코올		
비 페닌-2-올(o-페닐페놀) 및 그 염류	· 페놀로 함량 측정 시 0.15%	
벤질헤미포름알	· 사용 후 씻어내는 제품 0.15%	기타제품에는 사용금지
메텐아민(헥사메틸렌테트라아민)	· 0.15%	
무기설파이트 및 하이드로젠 설파이트류	· 유리 SO_2로 0.2%	
벤잘코늄클로라이드, 브로마이드 및 사카리네이트	· 사용 후 씻어내는 제품에 벤잘코늄클로라이드로서 0.1% · 기타 제품에 벤잘코늄클로라이드로서 0.05%	-
엠디엠하이단토인	· 0.2%	
운데실레닉산 및 그 염류 및 모노에탄올아마이드	· 사용 후 씻어내는 제품에 산으로서 0.2%	기타제품에는 사용금지
쿼터늄-15(메텐아민 3-클로로알킬클로라이드)	· 0.2%	
트라이클로카반(트라이클로카바닐라이드)	· 0.2%(단, 원료 중 3, 3', 4, 4'-테트라클로로아조벤젠 1ppm 미만, 3, 3'4, 4'-테트라클로로아족시벤젠 1ppm 미만 함유하여야 함)	
테트라브로모-o-크레졸	· 0.3%	-
클로페네신(3-Cp-클로로페녹시)-프로판-1,2-디올)		
알킬다이아미노에틸글라이신 하이드로 클로라이드 용액(30%)		

원료구분	사용한도	비고
트라이클로산	· 사용 후 씻어내는 인체세정용 제품류, 데오도런트(스프레이 제품 제외), 페이스 파우더, 피부결점을 감추기 위해 국소적으로 사용하는 파운데이션(예 블레쉬미 컨실러)에 0.3%	기타제품에는 사용금지
에틸라우로일 알지네이트 하이드로졸로라이드	· 0.4%	입술에 사용되는 제품 및 에어로졸(스프레이에 한함) 제품에는 사용금지
P-하이드록시벤조이산, 그 염류 및 에스텔류 (단, 에스텔류 중 페닐을 제외)	· 단일성분일 경우 0.4%(산으로서) · 혼합사용일 경우 0.8%(산으로서)	
다이졸리디닐우레마[N-(하이드록시메틸)-N-(다이하이드록시메틸-1, 3-다이옥소-2, 5-아미다졸다이닐-4)-N′-(하이드록시메틸)우레마]	· 0.5%	–
살리실리산 및 그 염류	· 살리실리산으로 함량 측정 시 0.5%	영유아 제품류 또는 만 13세 이하 어린이가 사용할 수 있음을 특정하여 표시하는 제품에는 사용금지(단, 샴푸는 제외)
소듐하이드록시 메틸아미노아세테이트 (소듐하이드록시메틸글리시네이트)	· 0.5%	–
클로로부탄올		에어로졸(스프레이에 한함) 제품에는 사용금지
벤조이산, 그 염류 및 에스텔류	· 산으로서 0.5%(단, 벤조이산 및 소듐염을 사용 후 씻어내는 제품에는 산으로서 2.5%)	
클로로자이레놀	· 0.5%	
포미산 및 소듐포메이트	· 포미산으로 함량 측정 시 0.5%	
피리딘-2-올 1-옥사이드	· 0.5%	–
피록톤올아민(1-하이드록시-4-메틸-6(2, 4, 4-트라이메틸펜틸) 2-피리돈 및 그 모노에탄올아민염)	· 사용 후 씻어내는 제품에 1.0% · 기타제품에는 0.5%	
징크피리티온	· 사용 후 씻어내는 제품에 0.5%	기타 제품에는 사용금지
다이엠다이엠하이단토인[1, 3-비스(하이드록시메틸-2, 5-다이메틸이미다졸리딘-2, 4-다이온)]	· 0.6%	
솔비산[(헥사-2, 4·다이에노익산)] 및 그 염류	· 솔비산으로 함량 측정 시 0.6%	
이미다졸리다이닐우레아[3, 3′-비스(1-하이드록시 메틸-2, 5-다이옥소이미다졸리딘-4-일)]-1, 1′메틸렌다이우레아	· 0.6%	–
데하이드로아세티산[3-아세틸-6-메틸피란-2, 4(3H)-다이온)] 및 그 염류	· 데하이드로아세티산으로서 0.6%	에어로졸(스프레이에 한함) 제품에는 사용금지

원료구분	사용한도	비고
보레이트류[(소듐 보레이트, 테트라 보레이트, 예 Sodium Brotate 붕사)]	· 밀납(Bees wax), 백납의 유화목적으로 사용 시 0.76%(이 경우, 밀납·백납 배합량의 1/2 를 초과할 수 없다).	기타 목적에는 사용금지
프로피오니산 및 그 염류	· 프로피오니산으로 함량 측정 시 0.9%	-
벤질알코올	· 1.0%(단, 염모용 제품류에 용제로 사용할 경우에는 10%)	
페녹시에탄올	· 사용 후 씻어내는 제품에 1.0%	기타제품에는 사용금지
페녹시아이소프로판올(1-페녹시프로판-2-올)		

2) 자외선 차단성분

사용상의 제한이 필요한 원료인 자외선 차단 성분(30종)의 사용한도(m/s)는 0.25~25% 범주로서 분류된다(단, 제품의 변색방지를 목적으로 그 사용농도가 0.5% 미만인 것은 자외선 차단 제품으로 인정되지 않음).

① 원료명	사용한도(0.25~4%)	원료명	사용한도
로우손과 다이하이드록시 아세톤의 혼합물	· 로우손 0.25% · 다이하이드록시 아세톤 3%	4-메틸벤질리덴 캠퍼	4%
드로메트리졸	1%	페닐이미다졸설포닉산	
벤조페논-8(다이옥시벤존)	3%		

② 원료명		사용한도
다이갈로일트라리올리에이드	사이녹세이트	5%
멘틸안트라닐레이트	에틸다이하이드록시 프로필파바	
벤조페논-3(옥시벤존)	에틸헥실 살리실레이트	
벤조페논-4	에틸헥실 트라이아존	
부틸메톡시다이벤조일 메탄		

③ 원료명	사용한도
에틸헥실메톡시신나메이트	7.5%
에틸헥실다이메틸파바	8%

④ 원료명		사용한도
다이에틸헥실부타미도트리아존	옥토크릴렌	10%
다이에틸아미노 하이드록시 벤조일헥실벤조산	아이소아밀-p-메톡시신나메이트	
메틸렌비스-벤조트라이아조릴 테트라메틸부틸페놀	폴리실리콘-15(다이메티코다이에틸렌 벤잘말로네이트)	
비스에틸헥실옥시페놀메톡시페닐트리아진	호모살레이트	
다이소듐페닐다이벤즈이미다졸 테트라설폰산	테레프탈릴리덴디캠퍼 설포닉산 및 그 염류	산으로서 함량 측정 시 10%

⑤ 원료명	사용한도	⑥ 원료명	사용한도
티이에이-살리실리산	12%	징크옥사이드	25%
드로메트라이졸 트라이실록산	15%	티타늄다이옥사이드	

3) 염모제 성분

① 기타제품에는 사용금지 원료이면서 산화염모제에 사용 시 농도상한이 1% 미만인 염모제 성분은 48종 중 13종으로 분류된다.

원료명	사용 시 농도상한	원료명	사용 시 농도상한
염산 하이드록시프로필비스 (N-하이드록시 에틸-p-페닐렌다이아민)	0.4%	· 피크라민산나트륨 · 피크라민산	0.6%
2-메틸-5하이드록시에틸아미노페놀	0.5%	p-메틸아미노페놀 및 그 염류	산화염모제에 황산염으로서 0.68%
염산 2, 4-다이아미노페녹시에탄올			
염산 m-페릴렌다이아민		p-아미노페놀	0.9%
염산 2, 4-다이아미노페놀		5-아미노-6-클로로-o-크레졸	· 산화염모제에 1.0% · 비산화염모제에 0.5%
1,5-다이하이드록시 나프탈렌			
6-하이드록시 인돌			
2-메틸레조시놀			

② 기타제품에는 사용금지 원료이면서 산화염모제에 사용 시 농도상한이 1% 이상~4.5%인 염모제 성분은 48종 중 32종으로 분류된다.

원료명		사용 시 농도상한
2-아미노-3-하이드록시피리딘	m-페닐렌다이아민	1.0%
5-아미노-o-크레졸	하이드록시벤조모르피린	
2, 6-다이아미노피리딘		0.15%
황산-p-아미노페놀		1.3%
p-니트로-o-페닐렌다이아민	2-아미노-5-니트로페놀	1.5%
4-아미노-m-크레졸	황산 2-아미노-5-니트로페놀	
황산 o-클로로-p-페닐렌다이아민	카테콜	
톨루엔-2, 5-다이아민	황산 m-아미노페놀	2.0%
p-페놀렌다이아민	m-아미노페놀	
N-페닐-p-페닐렌다이아민 및 그 염류 (산화염모제에 N-페닐-p-페닐렌다이아민으로서 2.0%)	1-나프톨(α-나프톨)	
황산 p-니트로-o-페닐렌다이아민	피로갈롤(염모제에)	
2-아미노-4-니트로페놀		2.5%

원료명		사용 시 농도상한
N, N-비스(2-하이드록시에틸)-p-페닐렌다이아민설페이트		2.9%
니트로-p-페닐렌다이아민	o-아미노페놀	3.0%
황산 o-아미노페놀	황산 m-페닐렌다이아민	
황산 1-하이드록시에틸-4, 5-다이아미노피나졸		
염산 톨루엔-2, 5-다이아민		3.2%
염산 p-페닐렌다이아민		3.3%
황산 톨루엔-2, 5-다이아민		3.6%
황산 p-페닐렌다이아민		3.8%
황산 5-아미노-o-크레졸		4.5%

③ 기타제품 사용금지 원료가 아니면서 산화염모제 사용 시 농도상한이 2~4%인 염모제 성분은 48종 중 3종으로 분류된다.

원료명	사용 시 농도상한	원료명	사용 시 농도상한
레조시놀	2%	갈릭산(Gallic acid)	4%
과산화수소수	염모제(탈염·탈색 포함), 기능성화장품에서 과산화수소수로서 12%		
과붕산나트륨	농도상한이 없음		
과붕산나트륨(일수화물)			
과탄산나트륨			

4) 기타원료

(1) 기타제품에는 사용금지 성분이 아니면서 사용한도를 갖는 기타성분을 총 78종 중 52종은 다음과 같다.

원료명	사용한도
폴리아크릴 아마이드류	· 사용 후 씻어내지 않는 바디화장품에 잔류 아크릴아마이드로서 0.00001% · 기타 제품에 잔류 아크릴아마이드로서 0.00005%
알에이치(또는 에스에이치) 올리고 펩타이드-1(상피세포 성장인자)	0.001%
감광소 101호(플라토닌), 201호(쿼터늄-73), 301호(쿼터늄-51), 401호(쿼터늄-45)- 합계량	0.002%
기타의 감광소- 건강틴크, 칸타리스틴트, 고추틴크 7- 합계량	1%
메틴 2-욕티노에이트(메틸헵틴 카보네이트)	0.001%(메틸옥틴카보네이트와 병용 시 최종제품에서 두 성분의 합은 0.01%, 메틸옥틴카보네이트는 0.002%)
메틸옥탄카보네이트(메틸논-2-이노에이트)	0.002%(메틸-2-옥티노에이트와 병용 시 최종제품에서 두성분의 합이 0.01%)

원료명	사용한도
메틸헵타다이에논/ 트랜스-2-헥세날	0.002%
글라이옥살/ 프로필리덴프탈라이드	0.01%
α-다마스콘(시스-로즈 케톤-1)/ 로즈케톤-3/ 로즈케톤-4/ 로즈케톤-5	0.02%
시스-로즈케톤-2/ 트랜스-로즈케톤-1/ 트랜스-로즈 케톤-2	
트랜스-로즈케톤3/ 트랜스-로즈케톤-5	
2-헥실리덴사이클로펜타논	0.06%
아밀사이클로펜테논/ 아이소베르가메이트/ 페릴알데하이드	0.1%
레조시놀(산화염모제에 용법·용량에 따른 혼합물의 염모성분으로서 2.0%, 기타제품에 0.1%)	0.2%
p-메틸아이드로신나믹알데하이드/ 3-메틸논-2-엔니트릴/ 클로라민 T	0.2%
아밀비닐카르비닐아세테이트	0.3%
페루발삼(Myroxylon pereirae의 수지)추출물(Extrats), 증류물(Distillates)	0.4%
쿠민(Cuminum cyminum) 열매 오일 및 추출물(사용 후 씻어내지 않는 제품에 쿠민 오일로서)	
아이소사이클로제라니올/ 메톡시다이시클로펜타다이엔 카복스알데하이드	0.5%
소합향나무(Liguidanbar orientalis) 발삼오일 및 추출물	0.6%
4-tert-부틸다이하이드로신남알데하이드	
오포파낙스/ 풍나무 발삼오일 및 추출물	
Commiphora erythrea engler rar, glabrescens 검 추출물 및 오일	
수용성 징크 염류(징크 4-하이드록시벤젠설포네이트와 징크피리치온 제외 -징크로서	1%
알란토인클로로 하이드록시 알루미늄(알클록사)	
징크페놀설포네이트(사용 후 씻어내지 않는 제품에)	2%
라우레스-8, 9 및 10/ 아세틸헥사메틸인단(사용 후 씻어내지 않는 제품에)	3%
트라이알킬아민, 트라이알칸올아민 및 그 염류(사용 후 씻어내지 않는 제품에)	2.5%
알칼리금속의 염소산염	3%
암모니아	6%
우레아	10%
비타민 E(토코페놀)	20%

① 향수류 원료명	사용한도
머스크자일렌	· 향료원액을 8% 초과하여 함유하는 제품에 1.0% · 향료원액을 8% 이하로 함유하는 제품에 0.4% · 기타제품에 0.03%
머스크케톤	· 향료원액을 8% 초과하여 함유하는 제품에 1.4% · 향료원액을 8% 이하로 함유하는 제품에 0.56% · 기타제품에 0.042%

② 두발류 원료명	단일성분 또는 흡합사용의 합으로서	
	사용 후 씻어내지 않는제품	사용 후 씻어내는 제품
세트라이모늄클로라이드, 스테아트라이모늄	2.5%	1.0%
시스테인, 아세틸시스테인 및 그 염류	· 웨이브펌용 제품에 시스테인으로서 3~7.5%(단, 가온2욕식 웨이브펌제의 경우에는 시스테인으로서 1.5~5.5% 안정제로서 티오글리콜릭산 1.0% 배합할 수 있다) · 첨가하는 티오글리콜산의 양을 최대한 1.0%했을 때 주성분인 시스테인의 양은 6.5%를 초과할 수 없다.	

원료명	사용 후 씻어내지 않는 제품	사용 후 씻어내는 제품
아세틸헥사메틸테트린	0.1%(단, 하이드로 알콜성 제품에 배합한 경우 1%, 순수향료 제품에 배합할 경우 2.5%, 방향크림에 배합한 경우 0.5%)	0.2%

(2) 기타제품에는 사용금지원료이면서 사용한도를 갖는 기타성분 15종

① 두발류 원료명	사용한도
퀴닌 및 그 염류	· 샴푸에 퀴닌염으로서 0.5%/ 헤어로션에 퀴닌염으로서 0.2%
에티드론산 및 그 염류	· 1-하이드록시에틸리덴-다이-포스폰산 및 그 염류 · 두발용 제품류 및 두발염색용 제품류에 산으로서 1.5%
무기설파이프 및 하이드로겐 셀파이트류	· 산화염모제에서 용법·용량에 따른 혼합물의 염모성분으로서 유리 SO_2로 0.67%
에틸라우로일 알지네이트 하이드로클로라이드	· 비듬 및 가려움을 덜어주고 씻어내는 제품(샴푸)에 0.8%
징크피리티온	· 비듬 치 가려움을 덜어주고 씻어내는 제품(샴푸·린스) 및 탈모증상의 완화에 도움을 주는 화장품에 총 징크피리티온으로서 1.0%
(다이아미노피리미딘옥사이드)2, 4-다이아미노-피리미딘-3-옥사이드	· 두발용 제품류에 1.5%
1, 3-비스(하이드록시메틸) 이미다졸리딘-2-티온	· 두발용제품류에 2%[단, 에어로졸(스프레이에 한함) 제품에는 사용금지]
과산화수소 및 과산화수소생성물질	· 두발용 제품류(일반화장품)에 과산화수소로서 3% · 손톱경화용 제품에 과산화수소로서 2%
리튬하이드록사이드(LiOH)	· 헤어스트레이트너 제품에 4.5%
칼슘하이드록사이드[Ca(OH)₂]	· 헤어스트레이트너 제품에 7%
티오글리콜산 그 염류 및 에스텔류	· 웨이브펌용 및 헤어스트레이트너 제품에 티오글리콜산 11%(단, 가온2욕식 헤어스트레이트너 제품의 경우에는 티오글리콜산으로서 5%, 티오글리콜산 및 그 염료를 주성분으로 하고 제1제 사용 시 조제하는 발열2욕식 웨이브 펌용 제품의 경우, 티오글리콜산으로서 19%에 해당하는 양) · 염모제에 티오글리콜산으로서 1% · 사용 후 씻어내는 두발용 제품류에 2%
옥살릭산, 그 에스텔류 및 알칼리 염류	· 두발용 제품류에 5%

② 그 외 원료명	사용한도
리튬하이드록사이드	· 제모제에서 pH 조절 목적으로 사용되는 경우 최종 제품의 pH는 12.7 이하
1,3-비스(하이드록시메틸)이미다졸리딘-2-치온	· 손·발톱용 제품류에는 2%
실버나이트레이트	· 속눈썹 및 눈썹 착색용도의 제품에 4%
에티드론산 및 그 염류(1-하이드록시 에틸리덴-다이-포스폰산 및 그 염류)	· 인체세정용 제품류에 산으로서 0.2%
톨루엔	· 손·발톱용 제품류에 25%

(3) 그 외 11종

① 영유아 제품류 또는 만 13세 이하 어린이가 사용할 수 있음을 특정하여 표시하는 제품에는 사용금지(단, 샴푸는 제외)

원료명	사용한도
살리실리산 및 그 염류	· 인체세정용 제품류에 살리실리산으로 함량 측정 시 2% · 사용 후 씻어내는 두발용 제품류에 살리실리산으로 함량 측정 시 3%

② 2·3급 아민 또는 기타 니트로사민 형성물질을 함유하고 있는 제품에는 사용금지

원료명	사용한도
소듐나이트라이트	0.2%

③ 2-알키노익애씨드 에스텔(예 메틸헵틴 카보네이트)을 함유하고 있는 제품에는 사용금지

원료명	사용한도
알릴헵틴카보네이트	0.002%

④ 세트라이모늄 클로라이드 또는 스테아트라이모늄 클로라이드와 혼합 사용하는 경우 세트라이모늄 클로라이드 및 스테아트라이모늄 클로라이드의 합은 사용 후 씻어내지 않는 두발용 제품류에 1.0% 이하, 사용 후 씻어내는 두발용 제품류 및 두발 염색용 제품류에 2.5% 이하여야 함

원료명	단일성분 또는 세트라이모늄 클로라이드, 스테아트라이모늄 클로라이드와 혼합사용 시 합으로서	
	사용 후 씻어내는 두발 및 염색용 제품류	사용 후 씻어내지 않는 두발 및 염색용 제품류
베헨트라이모늄 클로라이드	5%	0.3%

⑤ 기능성화장품의 유효성분으로 사용하는 경우에 한하여 기타 제품에는 사용금지

원료명	사용한도
트라이클로산	사용 후 씻어내는 제품류에 0.3%

원료명	사용한도
트라이클로카반(트라이클로카바닐리드)	사용 후 씻어내는 제품류에 1.5%

⑥ 비누를 만들 때 사용하는 소듐하이드록사이드(NaOH)는 비누화 반응을 거쳐 최종제품에는 남아 있지 않는 것을 의도하기 때문에 화장비누에서는 사용한도 성분이 아닌 것으로 판단됨

*출처: 화장비누 등 화장품 전환물품 관련 다빈도 질의응답집, 식약처, 2018.8.1.

원료명	사용한도
포타슘하이드록사이드(KOH) 또는 소듐하이드록사이드(NaOH)	· 손톱표피 용해 목적일 경우 5% · pH 조정 목적으로 사용되고, 최종 제품이 제5조 제5항에 pH기준이 없는 　경우에도 최종 제품의 pH는 11 이하여야 함 · 제모제로서 pH 조정 목적으로 사용되는 경우 최종제품의 pH는 12.7 이하

⑦ 원료 중 α-테르티에닐(테르티오펜) 함량은 0.35% 이하

- 자외선 차단제품 또는 자외선을 이용한 태닝(천연 또는 인공)을 목적으로 하는 제품에는 사용 금지한다.
- 만수국 또는 아재비 꽃 추출물 또는 오일과 혼합사용 시 초과하지 않아야 한다.

원료명	사용 후 씻어내는 제품	사용 후 씻어내지 않는 제품
만수국 꽃 추출물 또는 오일 만수국아재비 꽃 추출물 또는 오일	0.1%	0.01%

⑧ 하이드롤라이즈드밀 단백질은 원료 중 펩타이드의 최대 평균 분자량은 3.5KDa 이하여야 한다.

⑨ 땅콩오일 추출물 및 유도체는 원료 중 땅콩단백질의 최대농도는 0.5ppm을 초과하지 않아야 한다.

Section 02 착향제(향료) 성분 중 알레르기 유발물질

「화장품 사용 시의 주의사항 및 알레르기 유발성분 표시에 관한 규정」에 의한 화장품 원료로 들어 있는 착향제 구성성분 중 화장품의 포장에 성분의 명칭을 기재·표시하여야 한다.

(1) 착향제(향료) 성분 중 알레르기 유발물질 ★

다만, 사용 후 씻어내는 제품에는 0.01% 초과, 사용 후 씻어내지 않는 제품에는 0.001% 초과 함유하는 경우에 한한다.

연번	성분명	CAS 등록번호	연번	성분명	CAS 등록번호
1	아밀신남알	CAS No 122-40-7	14	벤질신나메이트	CAS No 103-41-3
2	벤질알코올	CAS No 100-51-6	15	파네솔	CAS No 4602-44-0
3	신나밀알코올	CAS No 104-54-1	16	부틸페닐메틸프로피오날	CAS No 80-54-6
4	시트랄	CAS No 5392-40-5	17	리날룰	CAS No 78-70-6
5	유제놀	CAS No 97-54-1	18	벤질벤조에이트	CAS No 120-51-4
6	하이드록시시트로넬알	CAS No 101-85-9	19	시트로넬롤	CAS No 106-22-9
7	이소유제놀	CAS No 118-58-1	20	헥실신남알	CAS No 101-86-0
8	아밀신나밀알코올	CAS No 104-55-2	21	리모넨	CAS No 989-27-5
9	벤질살리실레이트	CAS No 118-58-1	22	메틸2-옥티노에이트	CAS No 111-12-6
10	신남알	CAS No 104-55-2	23	알파-아이소메틸이오논	CAS No 127-51-5
11	쿠마린	CAS No 91-64-5	24	참나무이끼추출물	CAS No 90028-68-5
12	제라니올	CAS No 106-24-1	25	나무이끼추출물	CAS No 90028-67-4
13	아니스에탄올	CAS No 105-13-5		–	

(2) 화장품 사용 시 주의사항 표시 원료 및 문구 ★

번호	화장품의 함유 성분	비고
	<만 3세 이하 어린이에게는 사용하지 말 것>	
4	살리실릭애씨드 및 그 염류 함유제품	샴푸 등 사용 후 바로 씻어내는 제품 제외
6	아이오도프로비닐부틸카바메이트(IPBC) 함유제품	목욕용제품, 샴푸류 및 바디클렌저 제외
	<만 3세 이하 어린이의 기저귀가 닿는 부위에 사용하지 말 것>	
13	부틸파라벤, 프로필파라벤, 아이소부틸파라벤 또는 아이소프로필파라벤 함유제품	만 3세 이하 어린이가 사용하는 제품 중 사용 후 씻어내지 않는 제품에 한함
	<눈에 접촉을 피하고 눈에 들어갔을 때는 즉시 씻어낼 것>	
1	과산화수소 및 과산화수소 생성물질 함유제품	
2	벤잘코늄클로라이드, 벤잘코늄브로마이드 및 벤잘코늄사카리네이트 함유제품	–
5	실버나이트, 레이트 함유제품	
	<사용 시 흡입되지 않도록 주의할 것>	
3	스테아린산아연 함유제품	기초화장용 제품류 중 파우더 제품류에 한함
	<신장질환이 있는 사람은 사용 전에 의사·약사·한의사와 상의할 것>	
7	알루미늄 및 그 염류 함유제품	체취방지용 제품류에 한함
8	알부틴 2% 이상 함유제품	알부틴은 「인체적용시험자료」에서 구진과 경미한 보고된 예가 있음
12	폴리에톡실레이티드레틴아마이드 0.2% 이상 함유제품	폴리에톡실레이티드레틴아마이드는 「인체적용시험」에서 경미한 발적·피부건조·화끈감·가려움·구진이 보고된 예가 있음

	<카민성분에 과민하거나 알레르기가 있는 사람은 신중히 사용할 것>	
9	카민 함유제품	-
	<코치닐추출물 성분에 과민하거나 알레르기가 있는 사람을 신중히 사용할 것>	
10	코치닐추출물 함유제품	-
	<포름알데하이드 성분에 과민한 사람은 신중히 사용할 것>	
11	포름알데하이드 0.05% 이상 검출된 제품	-

실전예상문제

【 선다형 】

01 맞춤형화장품 조제 시 사용할 수 <u>없는</u> 원료는?

① 팔미트산
② 세틸에틸헥사노에이트
③ 세틸팔미테이트
④ 아이소프로필팔미테이터
⑤ 부펙사막

✓ 사용할 수 없는 원료는 납 및 그 화합물, 니켈, 돼지폐 추출물, 두타스테리드, 디옥산, 리도카인, 미세플라스틱, 벤조일퍼옥사이드, 부펙사막, 붕산, 비소 및 그 화합물, 비타민 L1 L2, 석면, 석유, 아트라놀, 안드로겐 효과를 가진 물질, 스테로이드 구조를 갖는 안티안드로겐, 안티몬 그 화합물, 에스트로겐, 인체 세포 조직 및 그 배양액, 인태반, 천수국꽃 추출물 또는 오일, 케토코나졸, 톨루엔-3.4-디아민, 파라메타손, 플루실라졸, 플루아니손, 플루오레손, 비타민K1, 히드로퀴논, HICC, 항생물질, 항히스타민, 헥산, 영국북아일랜드산 소 유래 성분 등이다.

02 맞춤형화장품 조제 시 사용할 수 없는 원료가 <u>아닌</u> 것은?

① 세틸알코올
② 돼지폐추출물
③ 리도카인
④ 두타스테리드
⑤ 미세플라스틱

✓ 세틸알코올은 고급알코올로 에멀젼의 안정화로 사용된다.

03 다음 중 보존제 화장품 중에서 점막에 사용할 수 <u>없는</u> 성분은?

① L-멘톨
② 덱스판테놀
③ 징크피리티온
④ 비오틴
⑤ 벤제토늄클로라이드

✓ ①②③④는 탈모증상 완화에 도움을 주는 성분이다.

04 다음 중 화장품에 사용상의 제한이 필요한 원료에 속하지 <u>않는</u> 것은?

① 인태반
② 알루미늄
③ 비타민K1
④ 비타민 L1
⑤ 안티몬 그 화합물

✓ 알루미늄은 미네랄 유래 원료이다.

05 살리실릭애씨드 및 그 염류는 영유아용 제품류 또는 만13세 이하 어린이가 사용할 수 있음을 특정하여 표시하는 제품에는 사용금지이다. 다만, 어린이용, 영유아용 (   )는 제외한다. 빈칸에 들어갈 제품으로 알맞은 것은?

① 샴푸
② 손세정제
③ 트리트먼트
④ 바디워시
⑤ 목용용 제품

✓ 영유아용 샴푸에는 살리실릭애씨드의 사용한도 함량은 0.5% 이다.

06 사용상의 제한이 필요한 보존제에 대한 설명으로 <u>틀린</u> 것은?

① 메틸클로로아이소티아졸리논의 사용함량은 사용 후 바로 씻어내는 제품은 0.0015%이다.
② 벤조익애씨드의 사용함량은 사용 후 바로 씻어내는 제품은 2.5%이다.
③ 살리실릭애씨드 및 그염류의 사용한도 함량은 0.5%이다.
④ 징크피리치온의 사용함량은 사용 후 바로 씻어내는 제품은 0.5%이다.
⑤ 페녹시에탄올의 사용함량은 0.5%이다.

✓ 페녹시에탄올의 사용함량은 1.0%이다.

정답 01. ⑤ 02. ① 03. ⑤ 04. ② 05. ① 06. ⑤

07 다음 중 화장품 조제 시 사용금지 성분에 해당하지 않는 것은?

① 레티놀　　② 갈란타민　　③ 다이우론
④ 히드로퀴논　　⑤ 글리사이클아미드

✓ 레티놀은 피부 주름개선에 도움을 주는 성분으로서 0.04% 함량

08 화장품에 사용되는 원료의 특성을 설명 한 것으로 옳은 것은?

① 금속이온봉쇄제는 주로 점도증가, 피막형성 등의 목적으로 사용된다.
② 계면활성제는 계면에 흡착하여 계면의 성질을 현저히 변화시키는 물질이다.
③ 고분자화합물은 원료 중에 혼입되어 있는 이온을 제거할 목적으로 사용된다.
④ 산화방지제는 수분의 증발을 억제하고 사용감촉을 향상시키는 등의 목적으로 사용된다.
⑤ 유성원료는 산화되기 쉬운 성분을 함유한 물질에 첨가하여 산패를 막을 목적으로 사용된다.

✓ 계면활성제는 계면에 흡착하여 계면의 성질을 현저히 변화시키는 물질이다.

09 사용상의 제한이 필요한 원료 중 보존제 성분에 해당하지 않는 것은?

① 글루타랄　　② 벤질알코올　　③ 크리콜로산
④ 징크옥사이드　　⑤ 살리살릭애씨드

✓ 징크옥사이드는 자외선 차단성분의 제한이 필요한 원료로서 사용한도는 25%이다.

10 다음 중 화장품 조제 시 사용할 수 없는 원료에 해당하지 않는 것은?

① 메카밀아민　　② 형광증백제
③ 로벨리아 추출물　　④ 징크스테아레이트
⑤ 디메칠설폭사이드

✓ 징크스테아레이트는 합성안료로서 미끄럼조정제, 안티케이징제, 점도증가제, 착색제로 사용된다.

11 화장품 사용상의 제한이 필요한 원료 중 미세플라스틱은 세정, 각질제거 등의 제품에 (　)mm 크기 이하의 고체플라스틱이다.

① 2　　② 3　　③ 5
④ 10　　⑤ 15

✓ 미세플라스틱은 세정, 각질제거 등의 제품에 5mm 크기 이하의 고체플라스틱이다.

12 맞춤형화장품 제조 시 사용상의 제한이 필요한 원료에 속하지 않는 것은?

① 글루타랄　　② 메틸아이소티아졸리논
③ 시스테인　　④ 벤조페논-4
⑤ 트리클로로아세틱애씨드

✓ 트리클로로아세틱애씨드는 사용금지 원료이다.

13 다음 중 보존제(방부제)에 해당하는 원료로서 점막에는 사용할 수 없는 성분을 모두 고른 것은?

> ㉠ 벤질알코올
> ㉡ 징크옥사이드
> ㉢ p-클로로-m-크레졸
> ㉣ 벤제토늄클로라이드

① ㉠, ㉡　　② ㉠, ㉢　　③ ㉡, ㉢
④ ㉡, ㉣　　⑤ ㉢, ㉣

✓ • 벤질알코올은 보존제에 해당하는 원료이지만 점막에 사용할 수 없는 원료는 아니다.
• 징크옥사이드는 자외선 차단성분에 필요한 원료이다.

14 사용상의 제한이 필요한 원료 중 자외선 차단 성분에 해당하지 않는 것은?

① 시녹세이트　　② 벤조페논-8
③ 하이드로퀴논　　④ 호모살레이트
⑤ 티타늄디옥사이드

✓ 하이드로퀴논은 사용할 수 없는 원료이다.

정답　07. ①　08. ②　09. ④　10. ④　11. ③　12. ⑤　13. ⑤　14. ③

01 다음 <보기>에서 ㉠에 적합한 용어를 작성하시오.

> 살리실릭애씨드 및 그 염류의 사용한도 함량은 (㉠)% 이다.

답) _____

02 다음 <보기>에서 ㉠에 적합한 용어를 작성하시오.

> 땅콩오일 추출물 및 유도체의 최대 농도는 (㉠)ppm을 초과할 수 없다.

답) _____

03 다음 <보기>에서 ㉠에 적합한 용어를 작성하시오.

> 화장품 사용제한 원료를 규정하는 관리체계는 사용할 수 없는 원료와 사용한도(가능) 원료로 구분된다. 2012년 2월부터는 사용할 수 없는 원료(식약처 고시-별표1)만을 운영하고 있다. 이는 화장품제조사들이 (㉠) 개발과 이를 자유롭게 사용할 수 있는 제도로서 미국, 유럽, 일본 등의 원료 관리체계와 동일한 관리방식으로 원료사용 규제의 목적을 국제적 공조를 유지함에 두고 있다.

답) _____

✓ 신원료에 대한 내용이다.

04 다음 보기에서 맞춤형화장품 조제에 사용가능한 원료이다. 적합하지 <u>않은</u> 원료를 모두 고르시오.

> ㉠ 천수국꽃추출물
> ㉡ 만수국꽃추출물
> ㉢ 라벤더추출물
> ㉣ 코뿔소 뿔
> ㉤ 살리실릭애씨드

답) _____

✓ 제4조에 따른 심사를 받지 아니하거나 보고서를 제출하지 아니한 기능성화장품
2.전부 또는 일부가 변패된 화장품
3.병원미생물에 오염된 화장품
4.이물이 혼입되었거나 부착된 것
5.제3조에 제1항 또는 제2항에 따른 화장에 사용할 수 없는 원료를 사용하였거나 같은 조 제8항

05 화장품의 향료성분 중 알레르기 유발물질에 해당하지 <u>않은</u> 것을 모두 고르시오.

> ㉠ 아밀신남말, 핵실신남알, 참나무이끼추출물
> ㉡ 톨루엔, 나무이끼추출물
> ㉢ 톨루엔, 만수국아재비꽃 추출물
> ㉣ 만수국아재비꽃 추출물, 시트로네롤, 나무이끼추출물

답) _____

✓ **알레르기 유발성분 표시에 관한 규정**
아밀신남말,벤질알코올,신나밀알코올,유제놀,하이드록시시트로넬말,아밀신나밀알코올,벤질살리실레이트,제라니올,아니스에탄올,벤질신나메이트,벤질벤조에이트,시트로넬롤,핵실신남말,리모넨,메필-2옥티노에이트,알파-이소메칠이오논,참나무이끼추출물,나무이끼추출물

06 보기의 화장품 원료 중에서 화장품 안전기준 등에 관한 규정에서 사용할 수 없는 원료를 <u>모두</u> 고르시오.

> ㉠ 천수국꽃 추출물 또는 오일, 스테로이드, 항생물질, 클로로아트라놀, 톨루엔
> ㉡ 티레티노인, 벤조일퍼옥사이드, 라벤더 오일
> ㉢ 벤조일퍼옥사이드, 미리스틱산, 팔미드산
> ㉣ 땅콩오일, 팔미트산, 스테아릭산, 미리스틱산, 라벤더오일, 톨루엔

답) _____

✓ 천수국꽃 추출물 또는 오일, 스테로이드, 항생물질, 클로로아트라놀, 톨루엔

Chapter 4. 화장품관리

화장품 원료, 포장제, 반제품 및 벌크제품의 취급 및 보관방법에 대하여 우수화장품 제조 및 품질 관리기준(화장품 법, 제5조 2항 및 시행규칙 제12조 제2항-식약처 고시)에 관한 세부사항을 정하고, 이를 이행하도록 권장함으로써 소비자 보호 및 국민보건 향상에 기여함을 목적으로 한다.

Section 01 화장품의 취급방법

(1) 시설기준

화장품 생산시설이란 화장품 생산에 적합한 시설을 구비함으로써 직원이 안전하고 위생적으로 작업에 종사할 수 있게 한다. 화장품을 생산하는 설비와 기기가 들어있는 건물, 작업실, 건물 내의 통로, 강의실, 손을 씻는 시설 등을 포함하여 원료, 포장재, 완제품, 설비, 기기를 외부와 주위환경 변화로부터 보호하는 곳이다.

(2) 안전용기 · 포장 등

책임판매업자 및 맞춤형화장품 판매업자는 화장품을 판매할 때에는 어린이가 화장품을 잘못 사용하여 인체에 위해를 끼치는 사고가 발생하지 않도록 안전용기 · 포장을 사용해야 한다.

Section 02 화장품의 보관방법

(1) 보관관리(우수화장품 제조 및 품질관리 기준 -식약처 고시 제13조)

① 원자재, 반제품 및 벌크제품

- 품질에 나쁜 영향을 미치지 않는 조건에서 보관해야 하며 보관기한을 설정해야 한다.
- 바닥과 벽에 닿지 않도록 보관하고, 선입선출에 의해 출고할 수 있도록 보관해야 한다.

② 원자재, 시험 중인 제품 및 부적합품은

각각 구획된 장소에서 보관해야 한다(단, 서로 혼동을 일으킬 우려가 없는 시스템에 의하여 보관되는 경우에는 구획된 장소에서 보관하지 않아도 됨).

③ 설정된 보관기한이 지나면

사용의 적절성을 결정하기 위해 재평가 시스템을 확립하여야 하며, 동 시스템을 통해 보관기한이 경과한 경우 사용하지 않도록 규정해야 한다.

(2) 보관관리에 대한 세부사항

① 보관조건

- 각각의 원료와 포장재의 세부요건에 따라 적절한 방식(실온, 냉장, 냉동 등)으로 정의되어야 한다.
- 각각의 원료와 포장재에 적합해야하며 과도한 열기, 추위, 햇빛 또는 습기에 노출되어 변질되는 것을 방지할 수 있어야 한다.

② 원료 및 포장재

- 용기는 밀폐되어 청소와 검사가 용이하도록 충분한 간격으로 바닥과 떨어진 곳에 보관되어야 한다.
- 재포장될 때 새로운 용기에는 원래와 동일한 표시(Labeling)가 되어야 한다.
- 특징 및 특성에 맞도록 보관, 취급되어야 한다.
- 용기는 밀폐되어 청소와 검사가 용이하도록 충분한 간격으로 바닥과 떨어진 곳에 보관하여야 한다.
- 관리는 허가되지 않거나 불합격 판정을 받거나 의심스러운 물질의 허가되지 않은 사용을 방지할 수 있어야 한다.
- 물리적 격리나 수동 컴퓨터 위치제어 등의 방법을 취함

③ 원료 및 포장재의 보관환경

·출입제한 원료 및 포장재 보관소의 출입제한[1] ·오염방지[2] - 시설대응, 동선관리	·방충방서[3] ·온도, 습도 등 필요 시 설정[4]

④ 특수한 보관조건

적절하게 준수, 모니터링되어야 한다.

⑤ 재고

·재고의 회전을 보증하기 위한 방법이 확립되어야 한다. - 특별한 경우를 제외하고, 가장 오래된 재고가 제일 먼저 불출되도록 선입선출한다.	·주기적인 재고조사가 시행되어야 한다. ·원료 및 포장재는 정기적으로 재고조사를 실시한다. ·중대한 위반품이 발견되었을 때에는 일괄처리한다. ·장기 재고품의 처분 및 선입선출 규칙의 확인이 재고 조사의 목적이 된다.

(3) 보관 및 출고(식약처 고시 제19조)

① 완제품

- 적절한 조건하의 정해진 장소에서 보관해야 하며, 주기적으로 재고 점검을 수행해야 한다.

- 시험결과 적합으로 판정되고 품질보증부서 책임자가 출고 승인한 것만을 출고해야 한다.

- 관리항목은 보관, 검체 채취, 보관용 검체, 제품 시험, 합격·출하판정, 출하, 재고관리, 반품 등이다.

- 시장출하 전에 모든 완제품은 설정된 시험방법에 따라 관리되어야 하고 합격판정 기준에 부합해야 한다. 뱃치(Batch, 제조단위)에서 취한 검체(검사에 필요한 재료)가 합격 기준에 부합했을 때만 완제품의 뱃치를 불출(출발하여 배송되었다는 뜻)할 수 있다.

- 완제품 재고의 정확성을 보증하고 규정된 합격판정 기준이 만족됨을 확인하기 위해 점검작업이 실시되어야 한다.

- 달리 규정된 경우가 아니라면 재고 회전은 선입선출 방식으로 사용 및 유통되어야 한다.

- 파레트에 적재된 모든 완제품은 **명칭 또는 확인코드**[①], **제조번호**[②], **불출상태**[③], **제품의 품질**[④]을 유지하기 위해 필요할 경우 **보관조건 등과 같이 표시**되어야 한다.

② 제품의 검체채취	③ 보관용 검체를 보관하는 목적
· 제품 시험용 및 보관용 검체를 채취하는 일이며, 완제품 규격(포장 단위)에 따라 충분한 수량이어야 한다. · 제품의 보관환경은 출입제한, 오염방지(시설대응, 동선관리), 방충·방서 대책, 온도, 습도, 필요 시 차광 등이 요구된다.	· 제품의 사용 중에 발생할 수도 있는 "재검토 작업"에 대비용이다. - 재검토작업은 품질 상에 문제가 발생하여 재시험이 필요할 때 - 발생한 불만에 대처하기 위해 품질 이외의 사항에 대한 검토가 필요하게 될 때 · 보관용 검체는 재시험이나 불만 사항의 해결을 위해 사용한다.

④ 출고

- 선입선출 방식으로 하되, 타당한 사유가 있는 경우에는 그렇지 않다.

- 출고할 제품은 원자재, 부적합품 및 반품된 제품과 구획된 장소에서 보관해야 한다(단, 서로 혼동을 일으킬 우려가 없는 시스템에 의해 보관되는 경우 그렇지 않음).

Section 03 화장품의 사용방법

(1) 일반적인 화장품의 사용방법은 다음과 같다.

· 화장품은 서늘한 곳에 보관한다. · 변질된 제품은 사용하지 않는다. · 화장품 사용 시에는 깨끗한 손으로 사용한다. · 사용 후 항상 뚜껑을 바르게 닫는다.	· 여러 사람이 함께 화장품을 사용하면 감염·오염의 위험성이 있다. · 화장에 사용되는 도구는 항상 깨끗하게(중성세제) 사용한다. · 사용기한 내에 화장품을 사용하고 사용기한이 경과한 제품은 사용하지 않는다.

(2) 개봉 후 사용기간은

- 제품을 개봉 후에 <u>사용할 수 있는 최대기간</u>으로 개봉 후 안정성시험을 통해 얻은 결과를 근거로 개봉 후 사용기간을 설정하고 있다.

- <u>"개봉 후 사용기간"이라는 문자</u>와 "○○월" 또는 "○○개월"을 조합하여 기재·표시하거나 개봉 후 사용 기간을 나타내는 <u>심벌과 기간을 기재·표시</u>할 수 있다.

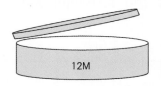 

그림 개봉 후 사용기간이 12개월 이내인 제품

(3) 제품별 개봉 후 사용기간

제품	개봉 후 사용기간	제품	개봉 후 사용기간
· 아이라이너	3~4개월	· 립스틱	18개월
· 마스카라	3~6개월	· 파운데이션	
· 기초화장품	12개월	· 메이크업베이스	
· 네일에나멜		· 파우더(페이스파우더, 콤팩트, 치크, 아이섀도우 등)	12~36개월
· 자외선차단 제품		· 향수	36개월
· 펜슬(립·아이브로우)			

화장품법 시행규칙-별표3 규정의 공통사항은 모든 화장품에 적용되는 주의사항이며, 제품별로 추가되는 주의사항은 개별사항이다.

(1) 공통사항 ✎

· 화장품 사용 시 또는 사용 후 직사광선에 의하여 사용부위가 붉은 반점, 부어오름 또는 가려움증 등의 이상 증상이나 부작용이 있는 경우 전문의 등과 상담해야 한다. · 상처가 있는 부위 등에는 사용을 자제해야 한다.	· 보관 및 취급 시의 주의사항 - 어린이의 손이 닿지 않는 곳에 보관할 것 - 직사광선을 피해서 보관할 것

(2) 개별사항

제품	주의사항
스크럽세안제	· 미세한 알갱이가 함유되어 있어 알갱이가 눈에 들어갔을 때에는 물로 씻어내고, 이상이 있는 경우에는 전문의와 상담
팩	· 눈 주위를 피하여 사용
제품류	· 두발용·두발염색용 및 눈 화장용 제품류가 눈에 들어갔을 때는 <u>즉시 씻어낼 것</u>
모발용 샴푸	· 눈에 들어갔을 때에는 즉시 씻어낼 것 · 사용 후 물로 씻어내지 않으면 탈모 또는 탈색의 원인이 될 수 있으므로 주의할 것
웨이브펌제 헤어스트레이트너 제품	· 두피·얼굴·눈·목·손 등에 약액이 묻지 않도록 유의하고 얼굴 등에 약액이 묻었을 때에는 즉시 물로 씻어낼 것 · 특이체질, 생리 또는 출산 전후이거나 질환이 있는 사람 등은 사용을 피할 것 · 머리카락의 손상 등을 피하기 위하여 용법·용량을 지켜야 하며, 가능하면 일부에 시험적으로 사용하여 볼 것 · <u>섭씨 15° 이하의 어두운 장소에 보존하고</u>, 색이 변하거나 침전될 경우에는 사용하지 말 것 · 개봉한 제품은 <u>7일 이내에 사용할 것</u>(에어로졸 제품이나 사용 중 공기유입이 차단되는 용기는 표시하지 않는다) · 펌제의 제2제인 과산화수소는 검은 머리카락을 갈색으로 변하게 함으로 유의해 사용할 것 ✎
외음부 세정제	· 정해진 용법과 용량을 잘 지켜 사용할 것 · 만 3세 이하 어린이에게는 사용하지 말 것 · 임신 중에는 사용하지 않는 것이 바람직하며, 분만 직전의 외음부 주위에는 사용하지 말 것 · 프로필렌글리콜(Propylene glycol)을 함유하고 있으므로 이 성분에 과민하거나 알레르기 병력이 있는 사람은 신중히 사용할 것(프로필렌글리콜 함유 제품만 표시함)
손·발의 피부연화 제품 (요소제의 핸드크림 및 풋크림)	· 눈, 코 또는 입 등에 닿지 않도록 주의하여 사용할 것 · 프로필렌글리콜을 함유하고 있으므로 이 성분에 과민하거나 알레르기 병력이 있는 사람은 신중히 사용할 것(프로필렌글리콜 함유 제품만 표시함)
체취방지용 제품	· 털을 제거한 직후에는 사용하지 말 것
고압가스를 사용하는 에어로졸 제품	<무스의 경우 제외> • 같은 부위에 연속해서 <u>3초 이상</u> 분사하지 말 것 • 가능하면 인체에서 <u>20cm 이상</u> 떨어져서 사용할 것 • 눈 주위 또는 점막 등에 분사하지 말 것(단, 자외선 차단제의 경우 얼굴에 직접 분사하지 말고 손에 덜어 얼굴에 바를 것) • 분사가스는 <u>직접 흡입</u>하지 않도록 주의할 것

	<무스도 해당됨> • 보관 및 취급상의 주의사항 불꽃길이 시험에 의한 화염이 인지되지 않는 것으로서 가연성 가스를 사용하지 않는 제품 → 섭씨 40° 이상의 장소 또는 밀폐된 장소에 보관하지 말 것 → 사용 후 남은 가스가 없도록 하고 불 속에 버리지 말 것 **<가연성 가스를 사용하는 제품>** → 불꽃을 향하여 사용하지 말 것 → 난로, 풍로 등 화기 부근 또는 화기를 사용하고 있는 실내에서 사용하지 말 것 → 섭씨 40° 이상의 장소 또는 밀폐된 장소에서 보관하지 말 것 → 밀폐된 실내에서 사용한 후에는 반드시 환기를 할 것 → 불속에 버리지 말 것
고압가스를 사용하지 않는 분무형 자외선 차단제	• 얼굴에 직접 분사하지 말고 손에 덜어 얼굴에 바를 것
α-하이드록시애시드 (이하 "AHA"라 함)	* 함유제품(0.5% 이하의 AHA가 함유된 제품은 제외함) • 햇빛에 대한 피부의 감수성을 증가시킬 수 있으므로 자외선 차단제를 함께 사용할 것(씻어내는 제품 및 두발용 제품은 제외함) • 일부에 시험 사용하여 피부 이상을 확인할 것 • 고농도의 AHA 성분이 들어있어 부작용이 발생할 우려가 있으므로 전문의 등에게 상담할 것(AHA 성분이 10%를 초과하여 함유되어 있거나 산도가 3.5 미만인 제품만 표시함)
염모제(산화염모제와 비산화 염모제)	* 사용 후 피부나 신체가 과민상태로 되거나 피부이상반응(부종·염증 등)이 일어나거나 현재의 증상이 악화될 가능성이 있는 사람은 사용하지 않는다. ① 지금까지 이 제품에 배합되어 있는 • '과황산염'이 함유된 탈색제로 몸이 부은 경험이 있는 경우 - 사용 중 또는 사용 직후에 구역, 구토 등 속이 좋지 않았던 사람(이 내용은 과황산염이 배합된 염모제에만 표시함) ② 지금까지 염모제를 사용할 때 • 피부이상반응(부종·염증 등)이 있었거나 염색 과정 또는 직후에 발진·발적·가려움 등이 있거나 구역·구토 등 속이 좋지 않았던 경험이 있었던 사람 ③ 피부시험(패치테스트)의 결과, 이상이 발생한 경험이 있는 사람 ④ 두피, 얼굴, 목덜미에 부스럼, 상처, 피부병이 있는 사람 ⑤ 생리·임신 중 또는 임신할 가능성이 있는 사람 ⑥ 출산·병중 후의 회복중인 사람, 그 밖의 신체에 이상이 있는 사람 ⑦ 특이체질, 신장질환, 혈액질환이 있는 사람 ⑧ 미열, 권태감, 두근거림, 호흡곤란의 증상이 지속되거나 코피 등의 출혈이 잦고 생리, 그 밖에 출혈이 멈추기 어려운 증상이 있는 사람 ⑨ 이 제품에 첨가제로 함유된 프로필렌글리콜에 의해 알레르기를 일으킬 수 있으므로 이 성분에 과민하거나 알레르기 반응을 보였던 적이 있는 사람은 사용 전에 의사 또는 약사와 상한다(단, 프로필렌글리콜 함유 제제에만 표시함). * 염모제 사용 전의 주의 ① 염색 전(2일전-48시간 전)에는 다음의 순서에 따라 매 회 반드시 패치테스트를 실시해야 한다. • 패치테스트는 염모제에 부작용이 있는 체질인지 아닌지를 조사하는 방법이다. • 과거 아무 이상 없이 염색한 경우에도 체질의 변화에 따라 알레르기 등 부작용이 발생할 수 있으므로 매회 반드시 실시해야 한다(패치테스트의 순서①~④를 그림 등을 사용하여 알기 쉽게 표시하며, 필요 시 사용상의 주의사항에 "별첨"으로 첨부할 수 있음).

피부시험(패치 테스트)의 순서

염색 2일전(48시간전)에는 다음의 순서에 따라 반드시 피부시험(패치테스트)를 해주세요.

준비사항

1	2	작은 접시	면봉
1제	2제		

1. 소량의 1제와 2제를 작은 접시에 1:1의 비율로 혼합해서 테스트액(5㎖정도)을 만듭니다.(1제, 2제 모두 뚜껑을 확실히 잠궈주세요.)
2. 테스트액이 만들어 졌으면 겨드랑이 안쪽에 동전크기만 하게 얇게 바르고, 자연스럽게 건조시켜주세요.

3. 그대로 만지지 말고 48시간 방치합니다. 시간을 잘 지켜주세요.
4. 도포부위에 발진, 발적, 가려움, 수포, 자극 등의 피부이상이 있는 경우에는 손등으로 비비지말고 바로 씻어내고 염색을 하지 마세요. 48시간 이내에 이상이 없으면 염색해 주세요.

◎**발송일로 부터 1년 이내 제조, 개봉후 12개월 사용(권장)**
◎**식품의약품안전청 기능성심사필, 제품보증기간 1년**

- 먼저 팔의 안쪽 또는 귀 뒤쪽 머리카락이 난 주변의 피부를 비눗물로 잘 씻고 탈지면으로 가볍게 닦는다.
- 다음에 이 제품 소량을 취해 정해진 용법대로 혼합하여 실험액을 준비한다.
- 실험액을 앞서 세척한 팔의 안쪽이나 귀 뒤쪽에 동전크기로 바르고 자연건조 시킨 후 그대로 8시간 방치한다(시간을 잘 지킨다).
- 테스트 부위의 관찰은
- 테스트 액을 <u>바른 후 30분</u> 그리고 <u>48시간 후 총 2회</u>를 반드시 행한다.
- 이 때 도포 부위에 피부(발진·발적·가려움·수포·자극 등)의 이상이 있을 경우에
→ 바로 테스트를 중지하고 테스트액을 씻어내고 염모는 할 수 없다.
- 48시간 이내에 이상이 발생하지 않는다면 염모해도 된다.
② 눈썹, 속눈썹 등은 위험하므로 사용하지 마라, 염모액이 눈에 들어갈 염려가 있다.
- 그 밖에 두발 이외에도 염색하면 안 된다.
③ 면도 직후에도 염색하면 안 된다.
④ 염모 전 후 1주간은 웨이브펌을 하면 안 된다.
* 염모 시 주의사항
① 염모액 또는 샴푸를 하는 동안 눈에 들어가지 않도록 한다.
- 눈에 들어가면 🖊
- 심한 통증을 발생시키거나 경우에 따라서 눈에 손상(각막의 염증)을 입을 수 있다.
- 만약 눈에 들어갔을 때는
- 절대로 손으로 비비지 말고 바로 미지근한 물로 15분 이상 잘 씻어주고 곧바로 안과 전문의의 진찰을 받아야 한다.
→ 임의로 안약 등을 사용하면 안 된다.
② 염색 중에는 목욕을 하거나 염색 전에 두발을 적시거나 감지(샴푸)말아야 한다.
- 땀이나 물방울 등을 통해 염모액이 눈에 들어갈 염려가 있다.
③ 염모 중에 피부이상(발진·발적·부어오름·가려움·강한 자극감 등)이나 구역·구토 등의 이상을 느꼈을 때는
- 즉시 염색을 중지하고 염모액을 잘 씻어낸다.
→ 그대로 방치 시 증상이 악화될 수 있다.

	④ 염모액이 피부에 묻었을 때는 - 곧바로 물 등으로 씻어낸다. → 손가락이나 손톱을 보호하기 위해 장갑을 끼고 염색한다. ⑤ 환기가 잘 되는 곳에서 염모한다. * 염모 후의 주의 ① 머리, 얼굴, 목덜미 등에 피부이상 반응이 발생한 경우 - 그 부위를 긁거나 문지르지 말고 바로 피부과 전문의의 진찰을 받아야 한다. → 임의로 의약품 등을 사용하는 것은 삼가야 한다. ② 염모 중 또는 염모 후에 속이 안 좋아지는 등 신체이상을 느끼는 사람은 의사에게 상담해야 한다. * 보관 및 취급상의 주의 ① 혼합한 염모액은 밀폐된 용기에 보존하지 않는다. • 혼합액으로부터 발생하는 가스의 압력으로 용기파손 위험이 있다. - 혼합 염모액이 위로 튀거나 주변을 오염시키고 지워지지 않게 된다. - 혼합된 잔액(사용 후 남은)은 효과가 없으므로 반드시 바로 버린다. ② 용기를 버릴 때는 - 반드시 뚜껑을 열어서 버려야 한다. ③ 사용 후 혼합하지 않은 염모제는 - 직사광선을 피하고 공기접촉을 피하여 서늘한 곳에 보관해야 한다.
탈염 · 탈색제	① 아래 사항에 해당하는 사람은 사용을 금한다. • 사용 후 피부나 신체가 과민상태로 되거나 피부이상을 보이거나 현재의 증상이 악화될 가능성이 있다. • 두피 · 얼굴 · 목덜미에 부스럼, 상처, 피부병이 있는 사람 • 생리 · 임신 중 또는 임신할 가능성이 있는 사람 • 출산 · 병 중 또는 회복 중에 있는 사람 • 그 밖에 신체에 이상이 있는 사람 ② 신중히 사용해야 할 경우 • 특이체질, 신장질환, 혈액질환 등의 병력이 있는 사람은 피부과 전문의와 상의하여 사용한다. • 이 제품에 첨가된 프로필렌글리콜에 의해 알레르기를 유발할 수 있으므로 이 성분에 과민하거나 알레르기 반응을 보였던 적이 있는 사람은 사용 전에 의사(또는 약사)와 상의한다. ③ 사용 전의 주의 • 눈썹 · 속눈썹에는 위험하므로 사용하면 안 된다. - 제품이 눈에 들어갈 염려가 있으며 두발 이외의 부분(손 · 발의 털 등)에는 사용하지 않는다. - 피부에 부작용(피부이상반응, 염증 등)이 나타날 수 있다. • 면도 직후에는 사용하지 않는다. • 사용을 전후하여 1주일 사이에는 웨이브펌제품 및 헤어스트레이트너(Straiglitened) 제품을 사용하지 않는다. ④ 사용 시 주의 • 제품 또는 샴푸 시 제품이 눈에 들어가지 않도록 한다. • 만일 눈에 들어갔을 때 - 손으로 절대로 비비지 말고 바로 물로 15분 이상 씻어 흘러내리고 곧바로 안과 전문의의 진찰을 받는다. - 임의로 안약 사용은 삼가한다. • 사용 중에 목욕을 하거나 사용 전에 적시거나 감지 않는다. - 땀이나 물방울 등을 통해 제품이 눈에 들어갈 염려가 있음 · 사용 중에 피부이상을 느끼면 즉시 사용중지하고 잘 씻어낸다. · 제품이 피부에 묻었을 때는 곧바로 물 등으로 씻어낸다. - 손가락이나 손톱을 보호하기 위해 장갑을 끼고 사용한다.

	· 환기가 잘 되는 곳에서 사용해야 한다.
	⑤ 사용 후 주의
	• 머리, 얼굴, 목덜미 등에 피부이상 반응이 발생한 경우
	- 그 부위를 긁거나 문지르지 말고 바로 피부과 전문의의 진찰을 받아야 한다.
	→ 임의로 의약품 등을 사용하는 것은 삼가야 한다.
	• 사용 중 또는 사용 후에 구역, 구토 등 신체이상을 느끼는 사람은 의사에게 상담해야 한다.
	⑥ 보관 및 취급상의 주의
	• 혼합한 염모액을 밀폐된 용기에 보존하지 않는다.
	• 혼합액으로부터 발생하는 가스의 압력으로 용기파손 위험이 있다.
	- 또한 혼합 염모액이 위로 튀거나 주변을 오염시키고 지워지지 않게 된다.
	- 사용 후 혼합된 잔액(사용 후 남은)은 효과가 없으므로 반드시 바로 버린다.
	• 용기를 버릴 때는
	- 반드시 뚜껑을 열어서 버려야 한다.
제모제 (티오글리콜릭산 함유제품에만 표시됨)	① 다음과 같은 사람(부위)에는 사용할 수 없다.
	• 생리 전후, 산전·산후, 병후의 환자
	• 얼굴, 상처, 부스럼, 습진, 짓무름, 기타의 염증, 반점 또는 자극이 있는 피부
	• 유사 제품에 부작용이 나타난 적이 있는 피부
	• 약한 피부 또는 남성의 수염부위
	② 이 제품을 사용하는 동안 다음의 약이나 화장품은 사용할 수 없다.
	• 땀 발생 억제제(Anti perspirant), 향수, 수렴로션(Astringent lotion)은 이 제품 사용 후 24시간 후에 사용할 수 있다.
	③ 부종·홍반·가려움·피부염(발진·알레르기), 광과민 반응, 중증의 화상 및 수포 등의 증상이 나타날 수 있으므로 이러한 경우 이 제품의 사용을 즉각 중지하고 의사(또는 약사)와 상의한다.
	④ 그 밖의 사용 시 주의사항
	• 사용 중 따가운 느낌, 불쾌감, 자극이 발생할 경우
	- 즉시 닦아내어 제거하고 찬물로 씻으며, 불쾌감이나 자극이 지속될 경우 의사(또는 약사)와 상의한다.
	• 자극감이 나타날 수 있으므로 매일 사용하지 않는다.
	• 이 제품의 사용 전후에 비누류를 사용하면 자극감이 나타날 수 있으므로 주의한다.
	• 이 제품은 외용으로만 사용한다.
	• 눈에 들어가지 않도록 하며 눈 또는 점막에 닿았을 경우 미지근한 물로 씻어내고 붕산수 (농도 약 2%)로 헹구어 낸다.
	• 이 제품은 10분 이상 피부에 방치하거나 피부에서 건조시키지 않는다.
	• 제모에 필요한 시간은 모질(毛質)에 따라 차이가 있을 수 있으므로 정해진 시간 내에 털이 깨끗이 제거되지 않은 경우 2~3일의 간격을 두고 사용해야 한다.

그 밖에 화장품의 안정정보와 관련하여 기재·표시하도록 식약처장이 정하여 고시하는 사용 시의 주의사항
→ "화장품 사용 시의 주의사항 및 알레르기 유발성분 표시 등에 관한 규정" 참조

 알아두기!

☑ [프로필렌글리콜(Propylene glycol, PG), $C_3H_6(OH)_2$]
• 보습제(휴멕턴트)로 사용되는 가장 대표적인 글리콜 성분
• 외부균에 의해 화장품의 변질을 막고, 유화제(계면활성제로도 사용)의 역할을 함

실전예상문제

【 선다형 】

01 화장품 취급 및 보관방법에 대한 설명으로 틀린 것은?

① 출고는 반드시 선입선출 방식으로 한다.
② 원자재는 바닥과 벽에 닿지 않도록 보관한다.
③ 책임판매업자 및 맞춤형화장품 판매업자는 화장품을 판매할 때에는 어린이가 화장품을 잘못 사용하여 인체에 위해를 끼치는 사고가 발생하지 않도록 안전용기 · 포장을 사용해야 한다.
④ 부적합품은 각각 구획된 장소에서 보관해야 한다.
⑤ 벌크제품은 품질에 나쁜 영향을 미치지 않도록 보관기한을 설정해야 한다.

✓ 선입선출 방식으로 하되, 타당한 사유가 있는 경우에는 그렇지 않다.

02 화장품 보관방법에 대한 설명으로 틀린 것은?

① 완제품은 시험결과 적합으로 판정되어 품질보증부서 책임자가 승인한 것만 출고해야 한다.
② 용기는 오픈시키고 청소와 검사가 용이하도록 바닥과 떨어진 곳에 보관되어야 한다.
③ 합격판정 기준이 만족되면 점검작업이 실시되어야 한다.
④ 완제품의 관리항목은 보관, 검체 채취, 보관용 검체, 제품 시험, 합격 · 출하판정, 출하, 재고 관리, 반품 등이다.
⑤ 완제품은 명칭, 확인코드, 제조번호, 불출상태, 제품의 품질을 유지하기 위해 필요할 경우 보관조건 등과 같이 표시되어야 한다.

✓ 용기는 밀폐되어 청소와 검사가 용이하도록 충분한 간격으로 바닥과 떨어진 곳에 보관되어야 한다.

03 화장품 관리에 대한 설명으로 틀린 것은?

① 완제품은 적절한 조건의 정해진 장소에서 보관하고, 주기적인 재고 점검은 필요하지 않다.
② 포장재의 보관은 출입제한 원료 보관소의 출입을 제한한다.
③ 오염방지를 위한 동선관리가 필요하다.
④ 제품의 보관 환경은 방충 · 방서 · 대책, 온도, 습도 필요 시 차광 등이 요구된다.
⑤ 시장출하 전에 모든 완제품은 설정된 시험방법에 따라 관리되어야 하고 합격판정 기준에 부합해야 한다.

✓ 적절한 조건하의 정해진 장소에서 보관해야 하며, 주기적으로 재고 점검을 수행해야 한다.

04 화장품의 사용방법으로 올바르지 않은 것은?

① 화장품 사용 시에는 깨끗한 손으로 사용한다.
② 여러 사람이 함께 화장품을 사용하면 감염 · 오염의 위험성이 있다.
③ 화장에 사용되는 도구는 항상 깨끗하게 중성세제를 사용한다.
④ 사용 후에는 항상 뚜껑을 바르게 닫는다.
⑤ 사용기한 내에 화장품을 사용하고 사용기한이 경과한 제품은 최대한 빨리 사용한다.

✓ 사용기한 내에 화장품을 사용하고 사용기한이 경과한 제품은 사용하지 않는다.

05 화장품 사용 시 주의 사항으로 틀린 것은?

① 체취방지용 제품은 털을 제거한 직후에는 사용하지 않는다.
② 웨이브 펌제는 두피 · 얼굴 · 눈 · 목 · 손 등에 약액이 묻지 않도록 유의하고 얼굴 등에 약액이 묻었을 때에는 즉시 물로 씻어낸다.

③ 스크럽 세안제는 미세한 알갱이가 함유되어 있어 알갱이가 눈에 들어갔을 때는 물로 씻어낸다.

④ AHA 성분이 0.5% 이하 함유된 제품은 부작용이 발생할 우려가 있음을 표시한다.

⑤ 염모제 용기를 버릴 때는 반드시 뚜껑을 열어서 버려야 한다.

> • 0.5% 이하의 AHA가 함유된 제품은 제외함
> • AHA 성분이 10% 초과하여 함유되어 있거나 산도가 3.5 미만인 제품만 표시함

06 다음 중 완제품의 출하 시 팔레트에 적재된 모든 재료(또는 기타 용기 형태)에 표시되어야 하는 항목이 <u>아닌</u> 것은?

① 불출 상태   ② 보관 조건
③ 품질관리 확인서   ④ 명칭 또는 확인 코드
⑤ 제품의 품질

> 파레트에 적재된 모든 완제품은 명칭 또는 확인코드, 제조번호, 불출상태, 제품의 품질을 유지하기 위해 필요할 경우 보관조건 등과 같이 표시되어야 한다.

07 화장품의 사용방법으로 적절하지 <u>않은</u> 것은?

① 화장품은 서늘한 곳에 보관한다.
② 변질된 제품은 사용하지 않는다.
③ 사용 후 항상 뚜껑을 바르게 닫는다.
④ 여러 사람이 함께 사용해도 무방하다.
⑤ 사용기한 내에 화장품을 사용하고 사용기한이 경과한 제품은 사용하지 않는다.

> 여러 사람이 함께 화장품을 사용하면 감염, 오염의 위험성이 있다.

08 기초화장품의 개봉 후 사용기간은?

① 6개월   ② 1년   ③ 2년
④ 3년   ⑤ 4년

> **제품별 개봉 후 사용기간**
> 아이라이너(3~4개월), 마스카라(3~6개월), 기초화장품, 네일에나멜, 자외선차단제푸므펜슬(12개월)

09 화장품 사용 시 주의사항으로 적절하지 <u>않</u>은 것은?

① 직사광선을 피해서 보관할 것
② 상처가 있어도 무시하고 사용한다.
③ 어린이의 손이 닿지 않는 곳에 보관할 것
④ 상처가 있는 부위 등에는 사용을 자제해야 한다.
⑤ 화장품 사용 시 또는 사용 후 직사광선에 의하여 사용부위가 붉은 반점, 부어오름 또는 가려움증 등의 이상 증상이나 부작용이 있는 경우 전문의 등과 상담해야 한다.

> • 화장품 사용 시 또는 사용 후 직사광선에 의하여 사용부위가 붉은 반점, 부어오름 또는 가려움증 등의 이상 증상이나 부작용이 있는 경우 전문의 등과 상담해야 한다.
> • 상처가 있는 부위 등에는 사용을 자제해야 한다.
> • 보관 및 취급 시의 주의사항(어린이의 손이 닿지 않는 곳에 보관할 것, 직사광선을 피해서 보관할 것)

10 두발 관련(웨이브펌제, 헤어스트레이트너 등) 제품 사용 시 주의해야 할 사항으로 올바른 것은?

① 두피·얼굴·눈·목·손 등에 약액이 묻지 않도록 유의하고 얼굴 등에 약액이 묻었을 때에는 즉시 물로 씻어낸다.
② 특이체질, 생리 또는 출산 전후이거나 질환이 있어도 사용해도 된다.
③ 머리카락의 손상 등을 피하기 위하여 용법·용량을 지켜야 하며, 패치테스트는 가능하면 하지 않아야 한다.
④ 개봉한 제품은 30일 이내에 사용한다(에어로졸 제품이나 사용 중 공기유입이 차단되는 용기는 표시하지 않는다).
⑤ 펌제의 제1제인 과산화수소는 검은 머리카락을 갈색으로 변하게 함으로 유의해 사용한다.

> • 특이체질, 생리 또는 출산 전후이거나 질환이 있는 사람 등은 사용을 피할 것
> • 머리카락의 손상 등을 피하기 위해 용법·용량을 지켜야 하며, 가능하면 일부에 시험적으로 사용해볼 것
> • 섭씨 15° 이하의 어두운 장소에 보존하고, 색이 변하거나 침전될 경우에는 사용하지 말 것
> • 개봉한 제품은 7일 이내에 사용할 것(에어로졸 제품이나 사용 중 공기유입이 차단되는 용기는 표시하지 않는다)

정답 06. ③ 07. ④ 08. ② 09. ② 10. ①

- 펌제의 제2제인 과산화수소는 검은 머리카락을 갈색으로 변하게 함으로 유의해 사용할 것

11 제모제 사용 시 시술할 수 없는 사람(부위)으로 알맞지 않은 것은?

① 생리 전·후, 산전·산후, 병후의 환자
② 얼굴, 상처, 부스럼, 습진, 짓무름, 기타의 염증, 반점 또는 자극이 있는 피부
③ 강한 피부 또는 남성의 겨드랑이 부위
④ 유사 제품에 부작용이 나타난 적이 있는 피부
⑤ 사용 중 따가운 느낌, 불쾌감, 자극이 발생할 경우

✓ 다음과 같은 사람(부위)에는 사용할 수 없다.
- 생리 전·후, 산전·산후, 병후의 환자
- 얼굴, 상처, 부스럼, 습진, 짓무름, 기타의 염증
- 반점 또는 자극이 있는 피부
- 유사 제품에 부작용이 나타난 적이 있는 피부
- 약한 피부 또는 남성의 수염 부위

12 다음 중 완제품의 사용기한을 개봉 후 사용기간으로 기재하는 경우에는 제조일로부터 몇 년간 완제품 검체를 보관하여야 하는가?

① 1년   ② 2년   ③ 3년
④ 4년   ⑤ 5년

✓ 사용기한 경과 후 1년간 또는 개봉 후 사용기간을 기재하는 경우 제조일로부터 3년간 보관한다.

【 단답형 】

01 다음 <보기>에서 ㉠에 적합한 용어를 작성하시오.

(㉠)가 눈에 들어갔을 때에는 즉시 씻어내고 사용 후 물로 씻어내지 않으면 탈모 또는 탈색의 원인이 될 수 있으므로 주의해야 한다.

답) _____

02 다음 <보기>에서 ㉠에 적합한 용어를 작성하시오.

(㉠)은 적절한 조건하의 정해진 장소에서 보관해야 하며, 주기적으로 재고 점검을 수행해야 한다.

답) _____

03 다음 중 화장품의 보관 방법으로 <보기>에서 ㉠에 적합한 용어를 작성하시오.

- 맞춤원자재, 반제품 및 벌크제품은 품질에 나쁜 영향을 미치지 않는 조건에서 보관해야 하며(㉠)을 설정해야 한다.
- 제13조 원료의 허용 가능한 (㉠)을 결정하기 위한 문서화된 시스템을 확립해야 한다. (㉠)이 규정되어 있지 않은 원료는 품질부문에서 적절한 (㉠)을 정할 수 있다.
- (㉠)이 지나면, 해당 물질을 재평가하여 사용 적합성을 결정하는 단계들을 포함해야 한다. 그러나, 원칙적으로 원료공급처의 사용기한을 준수하여 (㉠)을 설정하여야 하며, 사용기한 내에서 자체적인 재시험 기간과 최대 (㉠)을 설정·준수해야 한다.

답) _____

✓ 원자재, 반제품 및 벌크제품은 품질에 나쁜 영향을 미치지 않는 조건에서 보관해야 하며 보관기한을 설정해야 한다. 바닥과 벽에 닿지 않도록 보관하고, 선입선출에 의해 출고할 수 있도록 보관해야 한다.

04 다음은 화장품 보관관리에 대한 세부사항이다. 빈칸에 적합한 용어를 작성하시오.

> - 각각의 원료와 포장재의 세부요건에 따라 적절한 방식(㉠)으로 정의되어야 한다.
> - 각각의 원료와 포장재에 적합하여야하고 과도한 열기, 추위, 햇빛 또는 습기에 노출되어 변질되는 것을 방지할 수 있어야 한다.

답) _____

05 다음은 검체의 채취 및 보관에 관한 내용이다. <보기>에서 ㉠에 적합한 용어를 작성하시오.

> 적절한 보관조건 하에 지정된 구역 내에서 제조단위별로 사용기한 경과 후 (㉠)년간 보관하여야 한다. 다만, 개봉 후 사용기간을 기재하는 경우에는 제조일로부터 3년간 보관하여야 한다.

답) _____

06 다음은 완제품 보관검체에 주요사항에 관한 내용이다. <보기>에서 ㉠에 적합한 용어를 작성하시오.

> 시장출하 전에 모든 완제품은 설정된 시험방법에 따라 관리되어야 하고 합격판정 기준에 부합해야 한다. (㉠)에서 취한 검체(검사에 필요한 재료)가 합격 기준에 부합했을 때만 완제품의 (㉠)를 불출(출발하여 배송되었다는 뜻)할 수 있다.

답) _____

정답 04. 실온, 냉장, 냉동 05. 1년 06. 뱃치

Chapter 5. 위해사례 판단 및 보고

영업자는 유통 중인 화장품이 안전용기·포장 등, 영업의 금지, 판매 등의 금지에 위반되어 국민 보건에 위해(危害)를 끼칠 우려가 있는 경우에는 지체 없이 해당 화장품을 회수하거나 회수하는 데에 필요한 조치를 하여야 한다(「화장품 법」 제9조, 제15조, 제16조 1항).

Section 01 위해여부 판단

■ 위해여부 판단을 위한 사항

(1) 위해화장품의 회수

- 영업자는 유통 중인 화장품이 국민보건에 위해를 끼칠 우려가 있는 경우, 지체 없이 해당 화장품을 회수하거나 회수하는 데에 필요한 조치를 해야 한다.

- 필요한 조치를 하려는 영업자는 회수계획을 식약처장에게 미리 보고해야 한다.

- 식약처장은 회수 또는 회수에 필요한 조치를 성실하게 이행한 영업자가 해당 화장품으로 인하여 받게 되는 행정처분을 총리령으로 정하는 바에 따라 감점 또는 면제할 수 있다.

- 회수대상 화장품, 회수계획 보고 및 회수절차 등에 필요한 사항은 총리령으로 정한다(법 제5조의2).

☑ **화장품 원료 등의 위해평가(제17조)**✦
① 1항 위해평가는 다음 각 호의 확인·결정·평가 등의 과정을 거쳐 실시한다.

　1호. 위해요소의 인체 내 독성을 확인하는 위험성 확인과정
　2호. 위해요소의 인체 노출 허용량을 산출하는 위험성 결정과정
　3호. 위해요소가 인체에 노출된 양을 산출하는 노출평가과정
　4호. 1~3호까지의 결과를 종합하여 인체에 미치는 위해 영향을 판단하는 위해도 결정과정(법 제8조 제3항)

② 2항 식약처장은 1항에 따른 결과를 근거로 식약처장이 정하는 기준에 따라 위해 여부를 결정한다(단, 해당 화장품 원료 등에 대하여 국내·외의 연구·검사기관에서 이미 위해평가를 실시하였거나 위해요소에 대한 과학적 시험·분석 자료가 있는 경우에는 그 자료를 근거로 위해 여부를 결정할 수 있음).

③ 3항 1~2항에 따른 위해평가 기준, 방법 등에 관한 세부 사항은 식약처장이 정하여 고시한다[개정 2013.3.23. - 식약처와 그 소속기관 직제 시행규칙].

☑ **지정·고시된 원료의 사용기준의 안전성 검토(제17조의2)**
① 1항 지정·고시된 원료의 사용기준의 안전성 검토 주기는 5년으로 한다(법 제8조 5항).
② 2항 식약처장은 1항에 따라 지정·고시된 원료의 사용기준의 안전성을 검토할 때에는 사전에 안전성 검토 대상을 선정하여 실시해야 한다[본조신설 2019.3.14.].

☑ **원료와 사용기준 지정 및 변경 신청 등(제17조의3)**
① 1항 제조업자, 책임판매업자 또는 연구기관 등은 지정·고시되지 않은 원료의 사용기준을 지정·고시하거나 지정·고시된 원료의 사용기준을 변경해 줄 것을 신청하려는 경우에는

- 별지 제13호의2 서식의 원료 사용기준 지정(변경지정) 신청서(전자문서로 된 신청서를 포함함)에 다음 각 호의 서류를 첨부하여 식약처장에게 제출해야 함
  1호. 제출자료 전체의 요약분 / 2호. 원료의 기원, 개발경위, 국내·외 사용기준 및 사용현황 등에 관한 자료 / 3호. 원료의 특성에 관한 자료
  4호. 안전성 및 유효성에 관한 자료(유효성에 관한 자료는 해당하는 경우에만 제출함) / 5호. 원료의 기준 및 시험방법에 관한 시험성적서

② 2항 식약처장은 1항에 따라 제출된 자료가 적합하지 않은 경우
  - 그 내용을 구체적으로 명시하여 신청인에게 보완을 요청할 수 있다.
  → 이 경우 신청은 보완일로부터 60일 이내에 추가 자료를 제출하거나 보완 제출기한의 연장을 요청할 수 있다.

③ 3항 식약처장은 신청인이 1항의 자료를 제출한 날(2항에 따라 자료가 보완 요청된 경우 –신청인이 보완된 자료를 제출한 날)부터 180일 이내에 신청인에게 별지 제13호의3 서식의 원료 사용기준 지정(변경지정) 심사 결과통지서를 보내야 한다.

④ 4항 1~3항까지에서 규정한 사항 외에 원료의 사용기준 지정신청 및 변경지정 신청에 필요한 세부절차와 방법 등은 식약처장이 정한다.

(2) 안전용기 · 포장 등

- 책임판매업자 및 맞춤형화장품 판매업자는 화장품을 판매할 때에는 어린이가 화장품을 잘못 사용하여 인체에 위해를 끼치는 사고가 발생하지 않도록 안전용기 · 포장을 사용해야 한다.

- 안전용기 · 포장을 사용하여야 할 품목 및 용기 · 포장의 기준 등에 관하여는 총리령으로 정한다(법 제9조).

☑ 안전용기 · 포장 대상 품목 및 기준(제18조)

① 1항 안전용기 · 포장을 사용하여야 하는 품목은 다음 각 호와 같다[단, 일회용 제품, 용기 입구 부분이 펌프 또는 방아쇠로 작동되는 분무용기 제품, 압축 분무용기 제품(에어로졸 제품 등)은 제외한다].
  1호. 아세톤을 함유하는 네일 에나멜 리무버 및 네일 폴리시 리무버
  2호. 어린이용 오일 등 개별포장당 탄화수소류를 10퍼센트 이상 함유하고 40℃ 기준 운동점도가 21cst(동점성계수값의 단위, 센티스톡스) 이하인 비에멀젼 타입의 액체상태의 제품
  3호. 개별포장당 메틸 살리실레이트를 5% 이상 함유하는 액체상태의 제품

② 2항 1항에 따른 안전용기 · 포장은 성인이 개봉하기는 어렵지 아니하나 만 5세 미만의 어린이가 개봉하기는 어렵게 된 것이어야 한다.
  → 이 경우 개봉하기 어려운 정도의 구체적인 기준 및 시험방법은 산업통상자원부장관이 정하여 고시하는 바에 따른다(개정 2013.03.23. - 식약처와 그 소속기관 직제시행규칙).

(3) 영업의 금지

- 누구든지 다음 어느 하나에 해당하는 화장품을 판매하거나 판매할 목적으로 제조·수입·보관 또는 진열해서는 안 된다(단, 수입대형 거래를 목적으로 알선·수여를 포함함).

① 기능성화장품의 심사 등에 따라 심사를 받지 않거나 보고서를 제출하지 않은 기능성화장품(법 제4조)

· 전부 또는 일부가 변패된 화장품 · 병원미생물에 오염된 화장품	· 용기나 포장이 불량하여 해당 화장품이 보건 위생상 위해를 발생할 우려가 있는 것

· 이물이 혼입되었거나 부착된 것 · 화장품에 사용할 수 없는 원료를 사용하였거나 유통화장품 안전관리 기준에 적합하지(사용한도가 지정된 원료를 초과하여 사용)않은 화장품 · 코뿔소 뿔 또는 호랑이 뼈와 그 추출물을 사용한 화장품 · 보건 위생상 위해가 발생할 우려가 있는 비위생적인 조건에서 제조되었거나 시설기준에 적합하지 아니한 시설에서 제조된 것	· 사용기한 또는 개봉 후 사용기간(병행 표기된 제조 연월일을 포함)을 위조 변조한 화장품★ · 그 밖에 제조업자 또는 책임판매업자 스스로 국민보건에 위해를 끼칠 우려가 있어 회수가 필요(자진회수)하다고 생각한 화장품(법 제15조).★

② 동물실험을 실시한 화장품의 유통판매 금지

• 동물실험을 실시한 화장품 또는 동물실험을 실시한 화장품 원료를 사용하여 제조 또는 수입한 화장품의 유통·판매를 금지하고 있다(단, 다음의 경우에는 예외적으로 동물실험을 할 수 있도록 인정해 주고 있음).

• 보존제, 색소, 자외선 차단제 등 특별히 사용상의 제한이 필요한 원료에 대하여

- 그 사용기준을 지정하거나 국민보건상 위해 우려가 제기되는 화장품 원료 등에 대한 위해 평가를 하기 위해 필요한 경우

• 동물대체시험법이 존재하지 않아서 동물실험이 필요한 경우 동물을 사용하지 않은 실험방법 및 부득이하게 동물을 사용하더라도 그 사용되는 ①동물의 개체 수를 감소하거나 ②고통을 경감시킬 수 있는 실험방법으로서 식약처장이 인정하는 것을 말한다.

  예 인체피부 모델을 이용한 피부부식 시험법, 장벽막을 이용한 피부부식 시험법

• 화장품 수출을 위하여 수출 상대국이 법령에 따라 동물실험이 필요한 경우

• 수입하려는 상대국의 법령에 따라 제품 개발에 동물실험이 필요한 경우

• 다른 법령에 따라 동물실험을 실시하여 개발된 원료를 화장품의 제조 등에 사용하는 경우

• 그 밖에 동물실험을 대체할 수 있는 실험을 실시하기 곤란한 경우로서 식약처장이 정하는 경우

☑ 동물실험을 실시한 화장품 등의 유통판매금지(제15조의2)

① 1항 책임판매업자는 「실험동물에 관한 법률」 동물실험(제2조 제1호)을 실시한 화장품 또는 동물실험을 실시한 화장품 원료를 사용하여 제조(위탁제조를 포함함) 또는 수입한 화장품을 유통·판매해서는 안 된다(단, 다음 각 호의 어느 하나에 해당하는 경우는 그렇지 않음).

  1호. 보존제, 색소, 자외선차단제 등(제8조 제2항) 특별히 사용상의 제한이 필요한 원료에 대하여 그 사용기준을 지정하거나 같은 조 3항(식약처장은 국내외에서 유해물질이 포함되어 있는 것으로 알려지는 등 국민보건상 위해 우려가 제기되는 화장품 원료 등의 경우에는 총리령으로 정하는 바에 따라 위해요소를 신속히 평가하여 그 위해 여부를 결정해야 한다)에 따라 국민보건상 위해 우려가 제기되는 화장품 원료 등에 대한 위해평가를 하기 위하여 필요한 경우

(4) 판매 등의 금지

① 누구든지 다음 어느 하나에 해당하는 화장품을 판매하거나 판매할 목적으로 보관 또
는 진열해서는 안 된다(단, 소비자에게 판매하는 화장품에 한함).

- 등록을 하지 아니한 자가 제조한 화장품[①] 또는 제조·수입하여 유통·판매한 화장품[②](제3조
제1항-영업의 등록)

- 신고를 하지 않은 자가 판매한 맞춤형화장품[③](제3조의2-맞춤형화장품판매업의 신고)

- 맞춤형화장품 조제관리사를 두지 않고 판매한 맞춤형화장품[④](제3조의2-맞춤형화장품판매업의
신고)

- 위반되는 화장품 또는 의약품으로 잘못 인식할 우려가 있게 기재·표시된 화장품[⑤]

- 판매의 목적이 아닌 제품의 홍보·판매촉진 등을 위해 미리 소비자가 시험·사용하도록 제조
또는 수입된 화장품[⑥]

- 화장품의 포장 및 기재·표시사항을 훼손[⑦](단, 맞춤형화장품 판매를 위하여 필요한 경우는 제
외함) 또는 위조·변조한 것[⑧](법 제16조 1항).

☑ **위해화장품의 회수(제5조의2)** ★
① 1항 영업자는 안전용기·포장 등(제9조[**②]), 영업의 금지(제15조[***③]) 또는 판매 등의 금지(제16조 제1항[****④])에 위
반되어 국민보건에 위해를 끼치거나 끼칠 우려가 있는 화장품이 유통 중인 사실을 알게 된 경우에는 지체 없이
해당 화장품을 회수하거나 회수하는 데에 필요한 조치해야 한다.
② 2항 1항에 따라 해당 화장품을 회수하거나 회수하는 데에 필요한 조치를 하려는 영업자는 회수계획을 식
약처장에게 미리 보고해야 한다.
③ 3항 식약처장은 1항에 따른 회수 또는 회수에 필요한 조치를 성실하게 이행한 영업자가 해당 화장품으로
인하여 받게 되는 등록의 취소(제24조[*****⑤])에 따른 행정처분을 총리령으로 정하는 바에 따라 감경 또는
면제할 수 있다.
④ 4항 1항~2항에 따른 회수대상 화장품, 해당 화장품의 회수에 필요한 위해성 등급 및 그 분류기준, 회수계
획 보고 및 회수절차 등에 필요한 사항은 총리령으로 정한다.

☑ 제9조(안전용기 · 포장)[**②]

① 1항 책임판매업자 및 맞춤형화장품 판매업자는 화장품을 판매할 때에는 어린이가 화장품을 잘못 사용하여 인체에 위해를 끼치는 사고가 발생하지 아니하도록 안전용기 · 포장을 사용해야 한다.

② 2항 1항에 따라 안전용기 · 포장을 사용해야 할 품목 및 용기 · 포장의 기준 등에 관여하는 총리령으로 정한다.

☑ 제15조(영업의 금지)- 제조 · 수입 · 판매 등의 금지[***③]

누구든지 다음 각 호의 어느 하나에 해당하는 화장품을 판매(수입대행형 거래를 목적으로 하는 알선 · 수여를 포함함)하거나 판매할 목적으로 제조 · 수입 · 보관 또는 진열해서는 안 된다.

　　1호. 기능성화장품의 심사 등(제4조)에 따른 심사를 받지 않거나 보고서를 제출하지 않은 기능성화장품
　　2호. 전부 또는 일부가 변패된 화장품 / 3호. 병원 미생물에 오염된 화장품
　　4호. 이물이 혼입되었거나 부착된 것 / 5호. 화장품 안전기준 등(제8조)

① 1항 식약처장은 화장품의 제조 등에 사용할 수 없는 원료를 지정하여 고시해야 한다(제8조 1항).

② 2항 식약처장은 보존제, 색소, 자외선차단제 등과 같이 특별히 사용상의 제한이 필요한 원료에 대하여는 그 사용기준을 지정하여 고시해야 하며, 사용기준이 지정 · 고시된 원료 외의 보존제, 색소, 자외선차단제 등은 사용할 수 없다(제8조 2항).

③ 3항 1항 또는 2항에 따른 화장품에 사용할 수 없는 원료를 사용하였거나 같은 조 제8항(⑧ 식약처장은 그 밖에 유통화장품 안전관리 기준을 정하여 고시할 수 있다)에 따른 유통화장품 안전관리 기준에 적합하지 않은 화장품

　　6호. 코뿔소 뿔 또는 호랑이 뼈와 그 추출물을 사용한 화장품
　　7호. 보건위생상 위해가 발생할 우려가 있는 비위생적인 조건에서 제조되었거나 시설기준에 적합하지 않은 시설(제3조 제2항, 제조업을 등록하려는 자는 총리령으로 정하는 시설기준을 갖추어야 한다)에서 제조된 것
　　8호. 용기나 포장이 불량하여 해당 화장품이 보건위생상 위해를 발생할 우려가 있는 것
　　9호. 사용기한 또는 개봉 후 사용기간(제10조 제1항 제6호- 화장품의 기재사항)을 위조 · 변조한 화장품

☑ 제16조 제1항(판매 등의 금지)[****④]

① 1항 누구든지 다음 각 호의 어느 하나에 해당하는 화장품을 판매하거나 판매할 목적으로 보관 또는 진열해서는 안 된다(단, 제3호의 경우, 소비자에게 판매하는 화장품에 한함).

　　1호. 등록을 하지 않은 자(제3조 제1항)가 제조한 화장품 또는 제조 · 수입하여 유통 · 판매한 화장품
　　1의2호. 신고를 하지 아니한 자(제3조의2 제2항)가 맞춤형화장품 조제관리사를 두지 아니하고 판매한 맞춤형화장품
　　2호. 화장품의 기재사항(제10조), 화장품의 가격표시(제11조), 기재 · 표시상의 주의(제12조)에 위반되는 화장품 또는 의약품으로 잘못 인식할 우려가 있게 기재 · 표시된 화장품
　　3호. 판매의 목적이 아닌 제품의 홍보 · 판매촉진 등을 위하여 미리 소비자가 시험 · 사용하도록 제조 또는 수입된 화장품
　　4호. 화장품의 포장 및 기재 · 표시사항을 훼손(맞춤형화장품 판매를 위하여 필요한 경우는 제외함) 또는 위조 · 변조한 것

② 누구든지(조제관리사를 통하여 판매하는 맞춤형화장품 판매업자는 제외함) 화장품의 용기에 담은 내용물을 나누어 판매해서는 안 된다.

☑ 제14조의4(행정처분의 감격 또는 면제)[*****⑤]

행정처분을 감경 또는 면제하는 경우 그 기준은 다음 각 호의 구분에 따른다.

　　1호. 회수계획에 따른 회수계획량(이하 이 조에서 "회수계획량"이라 한다)의 5분의 4 이상을 회수한 경우: 그 위반 행위에 대한 행정처분을 면제

　　2호. 회수계획량 중 일부를 회수한 경우: 다음 각 목의 어느 하나에 해당하는 기준에 따라 행정처분을 경감

　　가목. 회수계획량의 3분의 1 이상을 회수한 경우(1호의 경우는 제외한다)
　　　　1) 행정처분의 기준(법 제24조 제2항, 이하 이 호에서 "행정처분기준"이라 한다)이 등록취소인 경우에는 업무정지 2개월 이상 6개월 이하의 범위에서 처분
　　　　2) 행정처분기준이 업무정지 또는 품목의 제조 · 수입 · 판매 업무정지인 경우에는 정지처분기간의 3분의 2 이하의 범위에서 경감

　　나목. 회수계획량 4분의1 이상 3분의 1 미만을 회수한 경우
　　　　1) 행정처분기준이 등록취소인 경우에는 업무정지 3개월 이상 6개월 이하의 범위에서 처분
　　　　2) 행정처분기준이 업무정지 또는 품목의 제조 · 수입 · 판매 업무정지인 경우에는 정지처분기간의 2분의 1 이하 범위에서 경감

☑ **화장품의 기재사항(제10조-표시·광고·취급)**

① **1항** 화장품의 1차 포장 또는 2차 포장에는 총리령으로 정하는 바에 따라 다음 각 호의 사항을 기재·표시해야 한다[단, 내용량이 소량인 화장품의 포장 등 총리령으로 정하는 포장에는 화장품의 명칭 책임판매업자 및 맞춤형화장품 판매업자의 상호, 가격, 제조번호와 사용기한 또는 개봉 후 사용기간(개봉 후 사용기간을 기재할 경우에는 제조연월일을 병행 표기해야 한다. 이하 이 조에서 같다)만을 기재·표시할 수 있음].

  1. 화장품의 명칭 / 2. 영업자의 상호 및 주소
  3. 해당 화장품 제조에 사용된 모든 성분(인체에 무해한 소량 함유성분 등 총리령으로 정하는 성분은 제외함)
  4. 내용물의 용량 또는 중량 / 5. 제조번호 / 6. 사용기한 또는 개봉 후 사용기간 / 7. 가격
  8. 기능성화장품일 경우 "기능성화장품"이라는 글자 또는 기능성화장품을 나타내는 도안으로서 식약처장이 정하는 도안
  9. 사용할 때의 주의사항 / 10. 그 밖에 총리령으로 정하는 사항

② **2항** 1항 각 호 외의 부분 본문에도 불구하고 다음 각 호의 사항은 1차 포장에 표시되어야 한다.

  1호. 화장품의 명칭[1] / 2호. 영업자의 상호[2] / 3호. 제조번호[3] / 4호. 사용기한 또는 개봉 후 사용기간[4]

③ **3항** 1항에 따른 기재사항을 화장품의 용기 또는 포장에 표시할 때 제품의 명칭, 영업자의 상호는 시각장애인을 위한 점자 표시를 병행할 수 있다.

④ **4항** 1항 및 2항에 따른 표시기준과 표시방법 등은 총리령으로 정한다.

☑ **화장품의 가격표시(제11조)**

① **1항** 가격(제10조 제1항 제7호)은 소비자에게 화장품을 직접 판매하는 자(이하 "판매자"라 한다)가 판매하려는 가격을 표시해야 한다.

② **2항** 1항에 따른 표시방법과 그 밖에 필요한 사항은 총리령으로 정한다.

☑ **기재·표시상의 주의(제12조)**

  화장품의 기재사항 및 가격표시에 따른 기재·표시는 다른 문자 또는 문장보다 쉽게 볼 수 있는 곳에 해야 하며, 총리령으로 정하는 바에 따라 읽기 쉽고 이해하기 쉬운 한글로 정확히 기재·표시하되, 한자 또는 외국어를 함께 기재할 수 있다.

② 위해화장품의 회수계획 및 회수절차

(1) 위해화장품의 회수계획 및 회수절차 등(제14조의3)

① **1항** 위해화장품의 회수[법 제5조의2 제1항, 안전용기·포장 등(법 제9조), 영업의 금지(법 제15조), 판매 등의 금지(법 제16조 제1항)에 위반되어 국민보건에 위해를 끼치거나 끼칠 우려가 있는 화장품이 유통 중인 사실을 알게 된 경우에는 지체 없이 해당 화장품을 회수하거나 회수하는 데에 필요한 조치를 해야 한다]에 따라 화장품을 회수하거나 회수하는 데에 필요한 조치를 하려는 영업자(이하 "회수의무자"라 한다)는

- 해당 화장품에 대하여 즉시 판매중지 등의 필요한 조치를 해야 한다.

- 회수대상화장품이라는 사실을 안 날부터 5일 이내에 회수계획서(별지 제10호의2 서식)에 다음 각 호의 서류를 첨부하여 지방식약처장에게 제출해야 한다(단, 제출기한까지 회수계획서의 제출이 곤란하다고 판단되는 경우에는 지방식약청장에게 그 사유를 밝히고 제출기한 연장을 요청해야 한다).

  - 1호. 해당품목의 제조·수입기록서 사본[1] / - 2호. 판매처별 판매량·판매일 등의 기록[2]

- 3호. 회수사유를 적은 서류[③]

② **2항** 회수의무자가 1항 본문에 따라 회수계획서를 제출하는 경우에는 <u>다음 각 호</u>의 구분에 따른 범위에서 회수기간을 기재해야 한다(단, 회수기간 이내에 회수하기가 곤란하다고 판단되는 경우에는 지방식약청장에게 그 사유를 밝히고 회수기간 연장을 요청할 수 있다).

- 1호. 위해성 등급이 <u>가등급</u>인 화장품: 회수를 시작한 날부터 15일 이내
- 2호. 위해성 등급이 <u>나등급 또는 다등급</u>인 화장품: 회수를 시작한 날부터 30일 이내

③ **3항** 지방식약청장은 1항에 따라 제출된 회수계획이 미흡하다고 판단되는 경우에는 해당 회수의무자에게 그 회수계획의 보완을 명할 수 있다.

④ **4항** 회수의무자는 회수대상화장품의 판매자[화장품의 가격표시(법 제11조 제1항)에 따른 판매자를 말함], 그 밖에 해당 화장품을 업무상 취급하는 자에게 방문, 우편, 전화, 전보, 전자우편, 팩스 또는 언론매체를 통한 공고 등을 통하여 회수계획을 통보해야 한다.

- 통보 사실을 입증할 수 있는 자료를 회수종료일부터 2년간 보관해야 한다.

⑤ **5항** 4항에 따라 회수계획을 통보받은 자는 회수대상화장품을 회수의무자에게 반품하고 회수확인서(별지 제10호의3 서식)를 작성하여 회수의무자에게 송부해야 한다.

⑥ **6항** 회수의무자는 회수한 화장품을 폐기하려는 경우에는 폐기신청서(별지 제10호의4 서식)에 <u>다음 각 호</u>의 서류를 첨부하여 지방식약청장에게 제출하고, 관계 공무원의 참관 하에 환경관련 법령에서 정하는 바에 따라 폐기해야 한다.

- 1호. 회수계획서 사본(별지 제10호의2 서식)
- 2호. 회수확인서 사본(별지 제10호의3 서식)

⑦ **7항** 6항에 따라 폐기를 한 회수의무자는 폐기확인서(별지 제10호의5 서식)를 작성하여 2년간 보관해야 한다.

⑧ **8항** 회수의무자는 회수대상화장품의 회수를 완료한 경우에는 회수종료신청서(별지 제10호의6 서식)에 <u>다음 각 호</u>의 서류를 첨부하여 지방식약청장에게 제출해야 한다.

- 1호. 회수확인서 사본(별지 제10호의3 서식)
- 2호. 폐기한 경우에만 폐기확인서 사본(별지 제10호의5 서식)
- 평가보고서 사본(별지 제10호의7 서식)

⑨ **9항** 지방식약청장은 8항에 따라 회수종류신고서를 받으면 <u>다음 각 호</u>에서 정하는 바에 따라 조치해야 한다.

- 1호. 회수계획서에 따라 회수대상화장품의 회수를 적절하게 이행하였다고 판단되는 경우에
  → 회수가 종료되었음을 확인하고 회수의무자에게 이를 서면으로 통보할 것
- 2호. 회수가 효과적으로 이루어지지 아니하였다고 판단되는 경우에 회수의무자에게 회수에 필요한 추가 조치를 명할 것

1 위해여부 보고

(1) 회수의무자는

① 위해 등급에 해당하는 화장품에 대하여 회수대상 화장품임을 안 날로부터 <u>5일 이내</u>에 회수계획서에 <u>다음 각 호</u>의 서류를 첨부하여 지방식약청장에게 제출해야 한다.

- 해당 품목의 제조·수입기록서 사본[①] / • 회수 사유를 적은 서류[②]

- 판매처별 판매량·판매일 등의 기록[③](맞춤형화장품의 판매내역)

- 회수의무자가 회수계획서 작성 시 회수종료일을 다음 각 호의 구분에 정해야 한다(단, 해당 등급별 회수기한 이내에 회수종료가 곤란하다고 판단되는 경우에는 지방식약청장에게 그 사유를 밝히고 그 회수기한을 통과하여 정할 수 있음).

위해성 등급	회수 기한	비고
"가"	· 회수를 시작한 날로부터 15일 이내	· 제출기한까지 회수계획서의 제출이 곤란하다고 판단되는 경우, 지방식약청장에게 그 사유를 밝히고 제출기한 연장을 요청해야 함.
"나" 또는 "다"	· 회수를 시작한 날로부터 30일 이내	

② 회수대상화장품의 판매자, 그 밖에 해당 화장품을 업무상 취급하는 자에게

- 회수계획을 통보해야 한다.
- 방문, 우편, 전화, 전보, 전자우편, 팩스 또는 언론매체를 통한 공고 등을 통하여 통보함
- 통보 사실을 입증할 수 있는 자료를 회수 종료일부터 **2년간 보관**해야 한다.

③ 회수한 화장품을 폐기하려는 경우

폐기신청서에 다음 각 호의 서류(회수계획서 사본[①]·회수확인서 사본[②])를 첨부하여 지방식약청장에게 제출하고 관계 공무원의 참관 하에 <u>환경 관련 법령</u>에서 정하는 바에 따라 폐기해야 한다.

④ 회수대상 화장품의 회수를 완료한 경우

회수종료신고서에 서류 회수확인서[①]·폐기 확인서[②](폐기한 경우에만 해당)·평가보고서 사본[③]을 첨부하여 지방식약청장에게 제출해야 한다.

⑤ 회수계획을 보고하기 전에 맞춤형화장품 판매업자가 위해 맞춤형화장품을 구입한 소비자로부터 회수조치를 완료한 경우

회수의무자는 회수계획통보 및 회수대상 화장품의 반품 및 회수확인서 작성에 따른 조치를 생략할 수 있다(제6항·제7항).

⑥ 폐기를 한 회수의무자는 폐기확인서를 작성하여 <u>2년간 보관</u>해야 한다.

(2) **회수계획을 통보받은 자**는 회수대상 화장품을 회수의무자에게 반품하고 회수확인서를 작성하여 <u>회수의무자에게 송부</u>해야 한다.

2 위해화장품의 공표

법 제23조의2 제1항에 따라 공표명령을 받은 영업자는 지체 없이 위해 발생사실 또는 <u>다음 각 호</u>의 사항을 「신문 등의 진흥에 관한 법률」 제9조 제1항에 따라 등록한 전국을 보급지역으로 하는 1개 이상의 일반일간신문[당일인쇄 · 보급되는 해당 신문의 전체 판(版)을 말한다] 및 해당 영업자의 인터넷 홈페이지에 게재하고, 식약처의 인터넷 홈페이지에 게제를 요청해야 한다(단, 제14조의2 제2항 제3호에 따른 위해성 등급이 다등급인 화장품의 경우에는 해당 일반 일간신문에서의 게재를 생략할 수 있다).

(1) 위해화장품의 공표명령을 받은 영업자(화장품법 제23조의2, 총리령)

① 지체 없이 위해 발생사실 또는 다음 각 호의 사항을 공표해야 한다(단, 회수의무자가 회수대상 화장품의 회수를 완료한 경우에는 이를 생략할 수 있음).

* 화장품을 회수한다는 내용의 표재[1]

- "화장품법 제5조의2에 따라 아래의 화장품을 회수합니다."

* 제품명/회수대상 화장품의 제조번호[2](맞춤형화장품의 경우 식별번호)

* 사용기한 또는 개봉 후 사용기한[3](병행 표기된 제조연월일을 표함, 맞춤형화장품의 경우 제조연월일 대신 혼합 · 소분일로 한다).

- 회수 사유④/ 회수 방법⑤/ 회수하는 영업자의 명칭⑥/ 회수하는 영업자의 전화번호 · 주소 · 그 밖에 회수에 필요한 사항⑦

- 그 밖의 사항(위해 화장품 회수관련 협조 요청)

  - 해당 회수화장품을 보관하고 있는 판매자는 판매를 중지하고 회수영업자에게 반품해 주어야 함

(2) 위해화장품의 상세한 공표기준은 다음과 같다.

위해등급성	내용
"가" 또는 "나"	• 전국을 보급지역으로 하는 1개 이상의 일간신문 및 해당 영업자의 인터넷 홈페이지에 게재하고 식약처의 인터넷 홈페이지에 게재요청 ＊ 일간신문은 당일 인쇄 · 보급되는 해당 신문의 전체 판(版)을 말한다.
"다"	• 해당 영업자의 인터넷 홈페이지에 게제하고 식약처의 인터넷 홈페이지에 게재요청

(3) 위해화장품 회수를 공표한 영업자는 공표일① · 공표매체② · 공표횟수③ · 공표문 사본④ 또는 내용⑤을 지방식약처장에게 통보해야 한다.

☑ 위해화장품의 공표(제23조의2)★

① 1항 식약처장은 다음 각 호의 어느 하나에 해당하는 경우에는 해당 영업자에 대하여 그 사실의 공표를 명할 수 있다.

  1호. 화장품을 회수하거나 회수하는 데에 필요한 조치를 하려는 영업자는 회수계획을 식약처장에게 미리 보고해야 한다(제5조의2 제2항)에 따른 회수계획을 보고 받을 때

  2호. 영업자 · 판매자 또는 그 밖에 화장품을 업무상 취급하는 자는 미리 식약처장에게 회수계획을 미리 보고해야 한다(제23조 제3항)에 따른 회수계획을 보고 받을 때

② 2항 1항에 따른 공표의 방법 · 절차 등에 필요한 사항은 총리령으로 정한다.

【 선다형 】

01 위해여부 판단을 위한 위해화장품 회수에에 대한 설명으로 **틀린** 것은?

① 영업자는 유통 중인 화장품이 국민보건에 위해를 끼칠 우려가 있는 경우, 지체 없이 해당 화장품을 회수해야 한다.
② 필요한 조치를 하려는 영업자는 회수계획을 식약처장에게 미리 보고해야 한다.
③ 식약처장은 회수에 필요한 조치를 성실하게 이행한 영업자가 해당 화장품으로 인하여 받게되는 행정처분을 총리령으로 정하는 바에 따라 면제할 수 있다.
④ 회수대상 화장품, 회수계획 보고 및 회수절차 등에 필요한 사항은 총리령으로 정한다.
⑤ 안전용기·포장을 사용하여야 할 품목 및 용기·포장의 기준 등에 관해서는 식약처장이 정한다.

✓ 안전용기·포장을 사용하여야 할 품목 및 용기·포장의 기준 등에 관하여는 총리령으로 정한다(법 제9조).

02 위해화장품 등급 중 가 등급에 대한 설명으로 **옳은** 것은?

① 화장품에 사용할 수 없는 원료를 사용한 화장품
② 안전용기·포장 등에 위반되는 화장품
③ 사용기한을 위조 변조한 화장품
④ 유통화장품 안전관리기준에 적합하지 않는 화장품
⑤ 병원성 미생물에 오염된 화장품

✓ 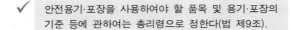 ①과 사용한도가 정해진 원료를 사용한도 이상으로 포함한 화장품은 가등급 위해성 화장품에 해당된다.

03 위해화장품 위해등급 회수절차에 대한 설명이 **아닌** 것은?

① 회수의무자는 위해 등급에 해당하는 화장품임을 안 날로부터 5일 이내에 회수계획서를 지방식약청장에게 제출해야 한다.
② 폐기를 한 회수의무자는 폐기확인서를 작성하여 1년간 보관해야 한다.
③ 회수의무자는 회수대상화장품의 판매자, 그 밖에 해당 화장품을 업무상 취급하는 자에게 방문, 우편, 전화, 전보, 전자우편, 팩스 또는 언론매체를 통한 공고 등을 통하여 회수계획을 통보해야 한다.
④ 회수한 화장품을 폐기하려는 경우 회수계획서·회수확인서를 첨부하여 지방식약청장에게 제출해야 한다.
⑤ 회수계획을 통보받은 자는 회수대상 화장품을 회수의무자에게 반품하고 회수확인서를 작성하여 회수의무자에게 송부해야 한다.

✓ 폐기를 한 회수의무자는 폐기확인서를 작성하여 2년간 보관해야 한다.

04 화장품의 사용방법으로 올바르지 **않은** 것은?

① "가"등급 위해성 화장품은 회수를 시작한 날로부터 15일 이내 회수한다.
② "나" 등급 위해성 화장품은 회수를 시작한 날로부터 30일 이내 회수한다.
③ 회수의무자는 통보 사실을 입증할 수 있는 자료를 회수 종료일부터 2년간 보관한다.
④ 회수계획을 보고하기 전에 맞춤형화장품 판매업자가 위해 맞춤형화장품을 구입한 소비자로부터 회수조치를 완료한 경우 회수의무자는 회수확인서를 생략할 수 있다.
⑤ 해당 등급별 회수기한 내에 회수종료가 곤란하다고 판단되는 경우 담당공무원에게 사유를 밝히고 회수기한을 통과하여 정할 수 있다.

정답 01. ⑤ 02. ① 03. ② 04. ⑤

05 영업자는 유통 중인 화장품에 위해가 있는 경우 영업금지를 할 수 있다 영업금지에 해당되지 않는 경우는?

① 전부 또는 일부가 변패된 화장품

② 코뿔소 뿔 또는 호랑이 뼈와 그 추출물을 사용한 화장품

③ 사용기한 또는 개봉 후 사용기간을 위조한 화장품

④ 맞춤형화장품 조제관리사가 내용물을 소분하여 판매한 화장품

⑤ 기능성화장품의 심사 등에 따라 심사를 받지 않거나 보고서를 제출하지 않은 기능성화장품

06 영업자는 유통 중인 화장품에 위해가 있는 경우 판매 금지를 할 수 있다 판매금지에 해당되지 않는 경우는?

① 등록을 하지 아니한 자가 제조한 화장품 또는 제조·수입하여 유통·판매한 화장품

② 신고를 하지 않은 자가 판매한 맞춤형화장품

③ 맞춤형화장품 조제관리사를 통하여 판매하는 맞춤형화장품

④ 위반되는 화장품 또는 의약품으로 잘못 인식할 우려가 있게 기재·표시된 화장품

⑤ 판매의 목적이 아닌 제품의 홍보·판매촉진 등을 위해 미리 소비자가 시험·사용하도록 제조 또는 수입된 화장품

07 위해화장품의 여부를 판단하기 위한 사항으로 적절하지 않은 것은?

① 영업자는 유통 중인 화장품이 국민보건에 위해를 끼칠 우려가 있는 경우, 지체 없이 해당 화장품을 회수한다.

② 필요한 조치를 하려는 영업자는 회수계획을 총리에게 미리 보고해야 한다.

③ 회수대상 화장품, 회수계획 보고 및 회수절차 등에 필요한 사항은 총리령으로 정한다.

④ 식약처장은 회수 또는 회수에 필요한 조치를 성실하게 이행한 영업자가 해당 화장품으로 인하여 받게 되는 행정처분을 총리령으로 정하는 바에 따라 감점 또는 면제할 수 있다.

⑤ 회수하는 데에 필요한 모든 조치를 해야 한다.

08 회수의무자가 해야 할 일로 해당하지 않는 것은?

① 폐기를 한 회수의무자는 폐기확인서를 작성하여 5년간 보관해야 한다.

② 위해 등급에 해당하는 화장품에 대하여 회수대상 화장품임을 안 날로부터 5일 이내에 회수계획서에 다음 각 호의 서류를 첨부하여 지방식약청장에게 제출해야 한다.

③ 회수대상화장품의 판매자, 그 밖에 해당 화장품을 업무상 취급하는 자에게 방문, 우편, 전화, 전보, 전자우편, 팩스 또는 언론매체를 통한 공고 등을 통하여 회수계획을 통보해야 한다.

④ 회수한 화장품을 폐기하려는 경우 폐기신청서에 다음 각 호의 서류(회수계획서·회수확인서 사본)를 첨부하여 지방식약청장에게 제출하고 관계 공무원의 참관 하에 환경 관련 법령에서 정하는 바에 따라 폐기해야 한다.

⑤ 회수계획을 보고하기 전에 맞춤형화장품 판매업자가 위해 맞춤형화장품을 구입한 소비자로부터 회수조치를 완료한 경우 회수의무자는 회수계획통보 및 회수대상 화장품의 반품 및 회수확인서 작성에 따른 조치를 생략할 수 있다.

정답 05. ④ 06. ③ 07. ② 08. ①

09 위해화장품의 공표명령을 받은 영업자가 해야 할 사항으로 바르지 <u>않은</u> 것은?

① 화장품을 회수한다는 사실을 알리지 않아야 한다.
② 제품명/회수대상 화장품의 제조번호(맞춤형화장품의 경우 식별번호)
③ 회수 사유/ 회수 방법/ 회수하는 영업자의 명칭/ 회수하는 영업자의 전화번호·주소·그 밖에 회수에 필요한 사항
④ 사용기한 또는 개봉 후 사용기한(병행 표기된 제조연월일을 표함, 맞춤형화장품의 경우 제조연월일 대신 혼합·소분일로 한다)
⑤ 그 밖의 위해 화장품 회수관련 협조 요청 시해당 회수화장품을 보관하고 있는 판매자는 판매자는 판매를 중지하고 회수영업자에게 반품요청을 할 수 있다.

✓ 화장품을 회수한다는 내용의 표재
"「화장품법」 제5조의2에 따라 아래의 화장품을 회수합니다."

10 다음 <보기>에서 ㉠에 <u>적합한</u> 것은?

> 안전용기·포장을 사용하여야 할 품목 및 용기·포장의 기준 등에 관하여는 (㉠)으로 정한다(법 제9조).

① 총리령　　　　② 광역시장
③ 대통령령　　　④ 보건복지부령
⑤ 식품의약품안전처장

✓ 화장품법 제9조 2항

11 예외적으로 동물실험을 할 수 있는 경우에 적합하지 <u>않은</u> 것은?

① 동물대체시험법이 존재하지 않은 경우
② 동물실험을 대체할 수 있는 실험을 실시하기 곤란한 경우
③ 큰 고통은 동반하지만 동물의 개체 수를 감소하지 않는 경우
④ 화장품 수출을 위하여 수출 상대국 법령에 따라 동물실험이 필요한 경우

⑤ 다른 법령에 따라 동물실험을 실시하여 개발된 원료를 화장품 제조 등에 사용하는 경우

✓ 고통을 경감시킬 수 있는 실험방법으로서 식약처장이 인정하는 것이어야 한다.

12 회수의무자는 위해등급에 해당하는 화장품에 대하여 회수대상 화장품임을 안 날부터 <u>며칠 이내</u>에 회수계획서를 식약처장에게 제출해야 하는가?

① 3일　　　　② 5일　　　　③ 7일
④ 10일　　　⑤ 15일

✓ 회수의무자는 회수계획서를 작성하여 5일 이내에 지방식약청장에게 제출해야 한다.

13 위해 화장품의 '나'등급에 해당하는 화장품은 회수계획서 작성 시 회수종료일을 몇일 이내로 정해야 하는가?

① 3일　　　　② 7일　　　　③ 15일
④ 30일　　　⑤ 60일

✓ '나' 등급에 해당하는 위해 화장품은 30일 이내로 회수종료일을 정해야 한다. 단, 회수종료가 곤란하다고 판단되는 경우에는 지방식약청장에게 그 사유를 밝히고 그 회수기한을 통과하여 정할 수 있다.

14 위해 화장품에 대하여 회수계획서를 지방식약청에게 제출 시 첨부해야 할 서류로 적합하지 <u>않은</u> 것은?

① 판매금액
② 판매처별 판매일
③ 판매처별 판매량
④ 회수사유를 적은 서류
⑤ 해당 품목의 제조 기록서 사본

✓ 회수의무자는 다음과 같은 서류를 제출해야 한다.
　- 해당품목의 제조·수입 기록서 사본
　- 회수 사유를 적은 서류
　- 판매처별 판매내역(판매일, 판매량)

---

15 위해 화장품의 '가'등급에 해당하는 화장품으로 적절하지 않은 것은?

① 화장품에 사용할 수 없는 원료
② 안전용기위반
③ 안전포장위반
④ 기능성화장품의 주원료 함량 부적합
⑤ 의약품으로 잘못 인식할 우려가 있게 표시된 화장품

✓ 의약품으로 잘못 인식할 우려가 있게 표시된 화장품은 판매 금지에 해당하는 내용이다.

16 위해 화장품의 '가'등급에 해당하는 화장품은 회수계획서 작성 시 회수종료일을 며칠 이내로 정해야 하는가?

① 3일   ② 7일   ③ 15일
④ 30일   ⑤ 60일

✓ '가' 등급에 해당하는 위해 화장품은 15일 이내로 회수 종료일을 정해야 한다. 단, 회수종료가 곤란하다고 판단되는 경우에는 지방식약청장에게 그 사유를 밝히고 그 회수기한을 통과하여 정할 수 있다.

【 단답형 】

01 다음 <보기>에서 ㉠에 적합한 용어를 작성하시오.

> 회수의무자는 위해 등급에 해당하는 화장품임을 안 날로부터 (㉠) 이내에 회수계획서를 지방식약청장에게 제출해야 한다.

답) ＿＿＿＿＿＿＿＿＿＿

02 다음 <보기>에서 ㉠에 적합한 용어를 작성하시오.

> "가" 등급 위해성 화장품은 회수를 시작한 날로부터 (㉠)일 이내 회수한다.

답) ＿＿＿＿＿＿＿＿＿＿

03 다음 <보기>에서 ㉠에 적합한 용어를 작성하시오.

> "나" 등급 위해성 화장품은 회수를 시작한 날로부터 (㉠)일 이내 회수한다.

답) ＿＿＿＿＿＿＿＿＿＿

04 다음은 화장품의 회수에 관한 내용이다. <보기>에서 ㉠에 적합한 용어를 작성하시오.

> 영업자는 유통 중인 화장품이 안전용기·포장 등, 영업의 금지, 판매 등의 금지에 위반되어 국민보건에 (㉠)를 끼칠 우려가 있는 경우에는 지체 없이 해당 화장품을 회수하거나 회수하는 데에 필요한 조치를 하여야 한다 (「화장품 법」 제9조, 제15조, 제16조1항).

답) ＿＿＿＿＿＿＿＿＿＿

정답 15. ⑤ 16. ③

정답 01. 5일 02. 15 03. 30 04. 위해

05 다음은 화장품의 회수에 관한 내용이다. <보기>에서 ㉠에 적합한 용어를 작성하시오.

- 제9조(안전용기, 포장 등)
- 책임판매업자 및 맞춤형화장품 판매업자는 화장품을 판매할 때에는 (㉠)가 화장품을 잘못 사용하여 인체에 위해를 끼치는 사고가 발생하지 않도록 안전용기·포장을 사용해야 한다.
- 안전용기·포장을 사용하여야 할 품목 및 용기·포장의 기준 등에 관하여는 총리령으로 정한다.

답) _____

06 <보기>에서 ㉠에 적합한 용어를 작성하시오.

(㉠)은 인체적용제품에 존재하는 위해요소에 노출되는 경우 인체의 건강을 해칠 수 있는 정도를 말한다.

답) _____

07 <보기>에서 ㉠에 적합한 용어를 작성하시오.

위해성 등급이 가.등급인 화장품은
1) 화장품에 (㉠) 원료를 사용한 화장품
2) 유통화장품 안전관리기준(내용량의 기준에 관한 부분은 제외한다)에 적합하지 아니한 화장품

답) _____

08 다음은 위해화장품의 회수에 관한 내용이다. <보기>에서 ㉠에 적합한 용어를 작성하시오.

법 제15조(영업의 금지) 누구든지 다음 각 호의 어느 하나에 해당하는 화장품을 판매하거나 판매할 목적으로 제조·수입·보관 또는 진열하여서는 아니된다.
1. 심사를 받지 아니하거나 보고서를 제출하지 아니한 기능성화장품
2. 전부 또는 일부가 변패된 화장품
3. 병원미생물에 오염된 화장품
4. 이물이 혼합 되었거나 부착된 것
5. 사용기한 또는 개봉 후 사용기간(병행 표기된 제조연월일을 포함)을 (㉠)한 화장품

답) _____

정답   05. 어린이   06. 위해성   07. 사용할 수 없는   08. 위조, 변조

PART 3
유통화장품
안전관리

Chapter 1. 작업장 위생관리

화장품의 주성분은 물과 기름 그 외 여러 가지 원료에 의해 충진, 포장, 제조된 후 유통과정을 거친다. 이러한 절차와 과정에서 작업장의 오염요소뿐 아니라 미생물에 오염되거나 증식될 수 있는 경로로서 원재료·작업자·작업장환경 등의 환경요소가 있다. <u>CGMP</u>(Cosmetic Good Maunfacturing Practice)는 우수한 품질관리 시스템과 제조시설을 인정, 표준화한 기준으로서 화장품을 제조, 관리하고 있음을 식약처가 인증해 주는 제도이다.

Section 01 작업장 위생기준

화장품을 제조, 충진, 포장하는 작업장에 대한 요구사항은 우수화장품 제조 및 품질관리기준(이하 CGMP라 칭함) 건물, 시설, 작업소의 위생에서 시설기준을 규정하고 있다.

■ 화장품 작업소

(1) 건물(CGMP 제7조)

건물은 다음과 같이 위치, 설계, 건축에 이용되며 제품의 제형, 현재 상황 및 청소 등을 고려하여 설계하여야 한다.

- 제품·원료·자재끼리 구분·구획되어서 교차오염이 되지 않게 보호되도록 한다.
- 청소가 용이하도록 하고 필요한 경우 위생관리 및 유지관리가 가능하도록 한다.
- 제품, 원료 및 포장제 등의 혼동이 없도록 한다.
- 건물은 제품의 체험, 현재 상황 및 청소 등을 고려하여 설계하여야 한다.

(2) 시설(CGMP 제8조)-법령상의 기준량

① 법령상의 기준에 따라 작업소는 다음 각 호에 적합하여야 한다.

- 환기가 잘되고 청결을 유지해야 한다.
- 외부와 연결된 창문은 가능한 열리지 않도록 한다.
- 제품의 품질에 영향을 주지 않는 소모품을 사용한다.
- 수세실과 화장실은 접근이 쉬워야 하나 생산구역과 분리되어 있어야 한다.
- 각 제조구역별 청소 및 위생관리 절차에 따라 효능이 입증될 세척제 및 소독제를 사용해야 한다.

- 제조하는 화장품의 종류·제형에 따라 적절히 구획·구분되어 있어 교차오염 우려가 없어야 한다.
- 작업소 내의 외관 표면은 가능한 매끄럽게 설계하고 청소, 소독제의 부식성에 저항력이 있어야 한다.
- 바닥, 벽, 천장은 가능한 청소하기 쉽게 매끄러운 표면을 지니고 소독제 등의 부식성에 저항력이 있어야 한다.
- 제품의 오염을 방지하고 적절한 청정도, 온도 및 습도, 기류(공기방향)를 유지할 수 있는 공기조화시설 등 적절한 환기시설을 갖춘다.
- 작업소 전체에 적절한 조명을 설치하고 조명이 파손될 경우를 대비한 제품을 보호할 수 있는 처리절차를 마련한다.

② 법령상의 기준으로 제품의 품질에 영향을 주지 않는 소모품을 사용해야 한다.

- 용기는 먼지나 수분으로부터 내용물을 보호할 수 있어야 한다.
- 시설 및 기구에 사용되는 소모품은 제품의 품질에 영향을 주지 않도록 한다.
- 설비 등의 위치는 원자재나 직원의 이동으로 인하여 제품의 품질에 영향을 주지 않도록 한다.
- 제품과 설비가 오염되지 않도록 배관 및 배수관을 설치하며, 배수관은 역류되지 않아야 하고, 청결을 유지해야 한다.
- 설비 등은 제품의 오염을 방지하고 배수가 용이하도록 설계·설치하며, 제품 및 청소 소독제와 화학반응을 일으키지 않아야 한다.
- 사용목적에 적합하고, 청소가 가능하며, 필요한 경우 위생·유지관리가 가능하여야 한다(단, 자동화시스템을 도입한 경우 또한 같다).
- 사용하지 않는 연결 호스와 부속품은 청소 등 위생관리를 하며, 건조한 상태를 유지하고 먼지 얼룩 또는 다른 오염으로부터 보호해야 한다.
- 천정 주위의 대들보, 파이프, 덕트 등은 가급적 노출되지 않도록 설계하고, 파이프는 받침대 등으로 고정하고 벽에 닿지 않게 하여 청소가 용이하도록 설치해야 한다.

(3) 작업소의 위생(CGMP 제9조)

· 곤충·해충이나 쥐를 막을 수 있는 대책을 마련하고 정기적으로 점검·확인해야 한다. · 제조·관리 및 보관구역 내의 바닥·벽·천장 및 창문은 항상 청결하게 유지되어야 한다.	· 제조시설이나 설비의 세척에 사용되는 세제 또는 소독제는 효능이 입증된 것을 사용하고 잔류하거나 적용하는 표면에 이상을 초래하지 말아야 한다.

알아두기!

☑ 작업소의 위생기준

• 곤충·해충 및 먼지 등을 막을 수 있는 시설을 갖추어야 한다.
• 환기가 잘 되고 청소·소독을 철저히 하여 청결하게 유지해야 한다.
• 각 작업소는 불결한 장소로부터 분리되어 위생적인 상태로 유지되어야 한다.
• 각 작업소는 청정도 별로 구분하여 온도·습도 등을 관리하고 이를 기록·유지해야 한다.
• 가루가 날리는 작업소는 비산에 의한 오염을 방지하는 제진 시설을 갖추고 유지 관리하여야 한다.
• 바닥과 벽은 먼지와 오물을 쉽게 제거할 수 있어야 하고 건물의 개·보수 시에도 유지하여야 한다.
• 해당 작업소는 출입관리를 통하여 인원 및 물품의 출입을 제안하고 인원, 물품의 이동통로로 사용되어서는 안 된다.
• 작업소에는 해당 작업에 필요한 물품 이외의 것들은 제거한다. 이는 작업 중 상호간의 혼동 및 교차오염과 자재 상호간의 혼동을 예방하기 위함이다.

☑ 작업장 위생관리 용어의 정의

용어	정의
공기조절	·공기의 온도·습도·공중미립자·풍량·풍향·기류의 전부 또는 일부를 자동적으로 제어하는 일
낙하균	·각 제조장의 공기 중에 서식하면서 제품에 낙하하여 오염을 야기할 수 있는 세균 및 진균류
구분	·선이나 간격을 두어서 혼동되지 않도록 구별하여 관리할 수 있는 상태
구획	·벽·칸막이·에어커튼에 의해 나누어져 교차오염이나 혼입이 방지될 수 있는 상태
분리	·별개의 건물이나 동일 건물일 경우, 벽에 의해 별개의 장소로 구별되어 공기조화장치가 별도로 되어있는 상태
반제품보관소	·제조 작업실에서 제조된 내용물을 보관하는 장소이며, 충전·포장실은 제조된 내용물을 가지고 완제품을 생산하는 장소
원료보관소	·제조하기 위한 원료를 보관하는 장소
제조장	·칭량된 원료를 가지고 제조설비로 포장 전 내용물을 만드는 장소
제품보관소	·충전·포장이 완료된 제품을 보관하는 장소
포장재보관소	·제품충전 및 포장을 위한 포장 재료를 보관하는 장소

Section 02 작업장 위생상태

건물 내부로 들어올 수 있는 문은 가능하면 자동으로 닫힐 수 있게 만들어 건물 내부로의 성충, 방서를 정기적으로 점검한다. 또한 작업장 위생유지를 위하여 적절한 청소와 위생처리 프로그램이 준비되어야 한다.

1 생산구역 위생상태

① 보관구역 위생

· 통로는 적절하게 설계되어야 한다. - 사람과 물건이 이동하는 구역으로서 불편함을 초래하거나 교차오염의 위험이 없어야 된다. · 동물이나 해충이 침입하기 쉬운 환경은 개선되어야 한다.	· 용기(저장조 등) 등은 닫아서 깨끗하고 정돈된 방법으로 보관한다. · 손상된 팔레트는 수거하여 수선 또는 폐기하고 바닥의 폐기물은 매일 정리해야 한다.

② 원료취급구역 위생

· 원료보관소와 칭량실은 구획되어 있어야 한다. · 바닥은 깨끗하고 부스러기가 없는 상태로 유지되어야 한다. · 엎지르거나 흘리는 것을 방지하고 즉각적으로 치우는 시스템과 절차들이 시행되어야 한다. · 원료의 용기들은 실제로 칭량하는 원료인 경우를 제외하고는 적합하게 뚜껑을 덮어 놓아야 한다.	· 모든 드럼의 윗부분은 필요한 경우 이송 전에 또는 칭량 구역에서 개봉 전에 검사하고 깨끗하게 해야 한다. · 원료의 포장이 훼손된 경우에는 봉인하거나 즉시 별도 저장소에 보관한 후에 품질상 처분 결정을 위해 격리해 둔다.

③ 제조구역 위생

· 제조구역에서 흘린 것은 신속히 청소한다. · 탱크의 바깥 면들은 정기적으로 청소되어야 한다. · 표면은 청소하기 용이한 재질로 설계되어야 한다. · 모든 배관이 사용될 수 있도록 설계되어야 하며, 우수한 정비상태로 유지되어야 한다. · 사용하지 않은 설비는 깨끗한 상태로 보관되어야 하고 오염으로부터 보호되어야 한다.	· 페인트를 칠한 지역은 우수한 정비 상태로 유지되어야 하며, 벗겨진 칠은 보수되어야 한다. · 모든 도구와 이동 가능한 기구는 청소 및 위생처리 후 정해진 지역에 정돈 방법에 따라 보관한다. · 폐기물은 주기적으로 버려야 하며, 장기간 모아 놓거나 쌓아 두어서는 안 된다.

④ 포장구역 위생

· 사용하지 않는 기구는 깨끗하게 보관되어야 한다. · 폐기물 저장통은 필요하다면 청소 및 위생처리 되어야 한다. · 포장구역은 제품의 교차오염을 방지할 수 있도록 설계되어야 한다.	· 구역설계는 사용하지 않는 부품·제품 또는 폐기물의 제거를 쉽게 할 수 있어야 한다. · 포장구역은 설비의 팔레트, 포장작업의 다른 재료들의 폐기물, 사용되지 않는 장치, 질서를 무너뜨리는 다른 재료가 있어서는 안 된다.

⑤ 직원서비스와 준수사항

- 개인은 직무를 수행하기 위해 알맞은 복장을 갖춰야 한다.

- 구내식당과 쉼터(휴게실)는 위생적이고 잘 정비된 상태로 유지되어야 한다.

- 음용수를 제공하기 위한 <u>정수기</u>는 정상적으로 작동하는 상태이어야 하고 위생적이어야 한다.

- 편리한 손 세척설비는 냉·온수, 세척제와 일회용 종이 또는 접촉하지 않는 손 건조기를 포함한다.
- 음식물은 생산구역과 분리된 지정된 구역에서만 보관·취급하여야 하고, 작업장 내부로 음식물을 반입하지 않도록 한다.
- 제품·원료 또는 포장재와 직접 접촉하는 사람은 제품안전에 영향을 확실히 미칠 수 있는 건강상태가 되지 않도록 주의사항을 준수해야 한다.
- 개인은 개인위생처리 규정을 준수해야 하고 건강한 습관을 가져야 한다.
- 모든 제품 작업 전 또는 생산라인에서 작업하기 전에 손을 청결히 한다.

> ☑ 작업장 내 직원의 위생상태 판정(부록②. CGMP 실시상황표 참조)
> ① 작업복장 착용상태는 양호한가?
> ② 손과 발의 청결상태는 양호한가?
> ③ 얼굴의 화장은 너무 진하지 않은가?
> ④ 장신구를 너무 과도하게 착용하지 않은가?
> ⑤ 건강상태: 호흡기·전염성 그 외 법정전염성 질환이 있는가?
> ⑥ 기타

② 위생처리 프로그램

- 방충·방서는 작업장, 보관소 및 부속 건물 내외에 해충과 쥐의 침입을 방지 또는 방제한다. 이는 작업원 및 작업장의 위생상태를 유지하고 우수화장품을 제조하는 데 그 목적이 있다.

① 곤충·쥐·해충을 막을 수 있는 대책

대책 및 장치		구체적인 예	비고
방충대책		· 폐수구에 트랩을 단다. · 청소와 정리정돈 · 배기구·흡기구에 필터를 단다. · 문의 하부에는 스커트를 설치한다. · 해충·곤충의 조사와 구제를 실시한다. · 실내압을 실외(외부)보다 높게 한다(공기조화장치). · 개방할 수 있는 창문을 만들지 않는다. · 벽, 천장, 창문, 파이프 구멍에 틈이 없도록 한다. · 창문은 차광하고 야간에 빛이 밖으로 새어나가지 않게 한다. · 골판지, 나무부스러기를 방치(벌레의 집이 됨)하지 않는다.	· 벌레가 좋아하는 것을 제거하며 빛이 밖으로 새어나가지 않게 한다. · 조사(광선이나 방사선 등을 쬠)와 구제(몰아내어 없앰)한다. · 방충(防蟲): 건물 외부로부터 곤충류의 해충 침입을 방지하고 건물 내부의 곤충류를 구제(驅除)를 의미한다. · 방서(防鼠): 건물 외부로부터 쥐의 침입을 방지하고 건물 내부의 쥐를 박멸하는 의미를 갖는다.
시설	방충장치	· 곤충 유인등(포충등), 방충망, 에어커튼, 방제기, 방충제 - 공장 출입구에 설치 해충 또는 벌레 유인등을 설치하는 방법	
	방서장치	· 쥐 덫, 쥐약(살서제), 쥐 끈끈이, 쥐먹이 상자, 초음파퇴서기 - 외부로부터의 침입을 막는 방법	

② 방충·방서 절차

방충은 건물 외부로부터 곤충류의 해충 침입을 방지하고 건물 내부의 곤충류를 구제함을 의미한다. 방서는 건물 외부로부터 쥐의 침입을 방지하고 건물 내부의 쥐를 박멸하는 의미를 갖는다. 현상파악[1] → 제조시설의 방충·방서체계 확립[2] → 방충·방서체제 유지[3] → 모니터링[4] → 방충·방서체제 보완[5] → 모니터링[6] 등의 절차를 통해 방충·방서에 대책을 취한다.

Section 03 작업장의 위생 유지관리 활동

작업장은 동선을 고려하여 제품의 이동·취급·보관 및 원료와 자재의 보관에 따른 청소와 유지 관리가 용이해야 한다.

▌ 작업장 위생유지를 위한 청소

- **작업장을 깨끗하고 정돈된 상태로 유지**하기 위해 필요 시 청소가 수행되어야 한다. 이와 관련하여 **직무를 수행하는 자는 적절하게 교육되어야 한다.**
- 천장, 머리위의 파이프, 기타 작업 지역은 필요 시 모니터링 하에 청소되어야 한다.
- 제품 또는 원료가 노출되는 제조공정, 포장 또는 보관구역에서의 공사 또는 유지관리 보수 활동은 제품 오염을 방지하기 위해 적합하게 처리되어야 한다.
- 제조공장의 한 부분에서 다른 부분으로 먼지, 이물 등을 묻혀가는 것을 방지하기 위해 주의해야 한다.
- 공조시스템에 사용된 필터, 물질 또는 제품 필터들은 규정에 의해 청소되거나 교체되어야 한다.
- 물 또는 제품이 유출되거나 고인 곳 그리고 파손된 용기는 **즉시 청소** 또는 **제거**되어야 한다.
- 제조공정 또는 포장과 관련되는 지역에서의 청소와 관련된 활동이 기류에 의한 오염물 유발이 제품 품질에 위해를 끼칠 것 같은 경우에는 작업동안에 청소를 해서는 안 된다.
- 청소에 사용되는 용구(진공청소기 등)는 정돈된 방법으로 깨끗하게 건조시켜 지정된 장소에 보관되어야 한다.
- 오물이 묻은 걸레는 사용 후에 버리거나 세탁해야 하고, 오물이 묻은 유니폼도 세탁될 때까지 적당한 컨테이너에 보관되어야 한다.
- 제조공정이나 포장에 사용한 설비 그리고 도구들도 세척해야 한다.
- 적절한 때에 도구들은 계획과 절차에 따라 위생처리 되어야 하고 기록되어야 한다.
- 적절한 방법으로 보관되어야 하고, 청결을 보증하기 위해 사용 전 검사되어야 한다(청소완료표시서).

☑ 청소도구의 관리

청소용구	특징	비고
물끌개	· 물기, 이물질 등을 제거	· 청소: 실내 주위환경에 대한 청소와 정리 정돈을 포함한 시설 설비의 청정화작업 · 세척: 설비의 내부, 세척화 작업 · **청소도구함** · 별도로 설치하여 사용되는 청소도구, 소독액 및 세제 등을 보관관리하며 필요 시 수시 소독이 가능하도록 한다.
세척솔	· 바닥의 이물질, 먼지 등을 제거	
브러시	· 기계, 기구류에 붙은 것을 제거	
진공청소기	· 작업소의 바닥 및 작업대, 기계 등의 먼지 등을 제거	
걸레	· 작업소 및 보관소의 바닥, 기타 부속시설 등의 이물 등을 제거	
위생수건(부직포)	· 작업소별 기계, 유리, 작업대, 기타 구조물에 묻어 있는 물기나 먼지 등을 제거	

☑ 청소도구의 세척 및 소독

• 불결한 청소도구는 오히려 작업소를 오염시킬 수 있으므로 청소 후 청결한 상태로 보관하여야 하며 필요 시 건조 또는 소독을 실시하여 다른 오염원이 되지 않도록 관리하여야 한다.

☑ 작업소 위생관리 점검시기 및 방법

• 작업소 및 보관소별 담당자는 다음과 같이 주기적으로 청소 혹은 소독상태를 점검 확인한 후 작업소 위생관리 점검표에 기록하고 해당 부서장에게 보고한다.

① 점검시기	
수시점검	정기점검
작업 중 수시점검을 원칙으로 함	일별 · 주별 점검을 원칙으로 함
② 작업소 위생관리 점검표 작성방법	
작업소별로 요구되는 청정도에 따라 육안검사를 실시한다.	

Section 04 작업장의 위생 유지를 위한 세제의 종류와 사용법

■ 작업장 위생유지를 위한 세제의 종류와 사용법

같은 제품의 연속적인 뱃치의 생산 또는 지속적인 생산에 할당 받은 설비가 있는 곳의 생산 작동을 위해 설비는 적절한 간격을 두고 세척되어야 한다.

(1) 세제(Detergent)

세제 또는 세척제는 오염물질을 제거하기 위해 사용되는 화학물질이다. 이는 세정력이 우수하며[1], 헹굼이 용이[2]하고 기구 및 설비의 재질에 부식성이 없고[3] 안전성이 높아[4]야 한다. 또한 세척의 종류를 잘 이해하고 자사의 설비 세척의 원칙에 따라 세척하고 판정하여 그 기록을 남긴다.

작업장 위생유지를 위한 세제종류와 농도

구분	종류	사용농도(%)	용도
세척제	비누	100%	작업실, 기계 및 작업자 세척용
	가루비누	10%	
	연성세제(액체비누)	원액	
	에탄올	95%	

(2) 세척대책 및 방법

- 설비의 세척은 제조하는 화장품의 종류, 양, 품질에 따라 변한다.
  - 세척 유·무의 판단은 생산책임자의 중요한 책무이다.
  - 제조하는 제품의 전환 시뿐 아니라 연속 제조 시에도 적절한 주기로 제조설비를 세척해야 한다.
- **물 또는 증기만으로 세척**(브러시 등 기구이용)할 수 있으면 가장 좋다.
  - 세제를 사용해야 할 경우 화장품 제조설비 세척용으로 적당한 세제를 사용한다.
  - 부품을 분해할 수 있는 설비는 분해하여 세척한다(특히, 제조품목이 바뀔 때는 반드시 설비마다 정해 놓으면 좋다).
  - 판정 후 설비는 건조시키고 밀폐해서 보존한다.
- 설비 세척의 **유효기간을 설정해 놓고** 유효기간이 지난 설비는 재세척하여 사용한다.
  - 유효기간은 설비의 종류와 보존 상태에 따라 변하므로 설비마다 실적을 토대로 설정한다.
- 세척 후, 반드시 "판정"을 실시하며 우선순위의 방법에는 **육안판정, 닦아내기 판정, 린스정량**이 있다.
  - 각각의 판정방법의 절차를 정해 놓고, 제1 선택지를 육안판정으로 한다(단, 육안판정을 할 수 없는 부분의 판정에는 닦아내기 판정을 실시하고 닦아내기 판정을 실시할 수 없다면 린스정량을 실시).

육안판정	· 판정장소는 미리 정해 놓고 판정결과를 기록서에 기재함 · 판정장소는 말로 표현하는 것보다 그림으로 제시함
닦아내기 판정	· 흰 천이나 검은 천(선택유무는 전회의 제조물 종류로 정함)으로 설비 내부의 표면을 닦아내고 천 표면의 잔유물 유무로 세척결과를 판정 - **천은 무진포가 바람직함** · 천의 크기나 닦아내기 판정의 방법은 대상설비에 따라 다르므로 각 회사에서 결정
린스정량법	· 상대적으로 복잡한 방법이나 수치로서 결과를 확인 - 잔존하는 부용물을 정량할 수 없으므로 신뢰도는 떨어짐 · 호스나 틈새기의 세척방법에는 적합 · 린스액의 최적정량방법은 HPLC법이나 잔존물의 유무를 판정하는 것이면 박층크로마토그래피 (TLC)에 의한 간편 정량으로 될 것이다. · 최근 총유기탄소(TOC) 측정법이 발달, 많은 기종이 발매되고 있음 · TOC측정기를 린스액 중의 총유기탄소를 측정해서 세척 판정하는 것도 좋음 · UV로 확인하는 방법도 있음

• 쉽게 물로 제거하도록 설계된 세제라고 하여도 <u>세제사용 후에는 문질러서 지우거나 세차게</u> <u>흐르는 물로 헹구어야 한다.</u>

	세제(계면활성제를 사용한 설비세척)	세제로 손을 씻었을 때
단점	· 세제는 설비 내벽에 남기 쉽다. · 잔존한 세척제는 제품에 악영향을 미친다. · 세제가 잔존하지 않음을 설명하기에는 <u>고도의 화학분석이</u> 필요하다.	· 손을 충분히 헹구지 않으면 세제의 미끈미끈한 느낌은 제거되지 않는다.

(3) 청소와 세척의 원칙

· 청소 결과를 표시한다.
· 사용기구를 정해 놓는다.
· **구체적인 절차와 판정기준을 정한다**
(예 구체적인 육안판정기준).
· 심한 오염에 대한 대처 방법을 기재해 놓는다.

· 책임(청소담당자, 청소결과 확인자)을 명확하게 한다.
· 세제를 사용할 시 세제명을 정해 놓고 사용하는 세제명을 기록한다.
· 청소에 따른 세척기록으로서 사용한 기구, 세제, 날짜, 시간, 담당자명 등을 <u>청소결과표시로</u> 남긴다.

절차서 작성	판정기준	세제를 사용 시	청소결과 표시	기록 작성/보존
· "책임"을 명확하게 한다. · 사용기구를 정해 놓는다. · 심한 오염에 대한 대처방법을 기재해 놓는다. · 구체적인 절차를 정해 놓는다. - 먼저 쓰레기를 제거한다. - 동쪽에서 서쪽으로 / - 위에서 아래로 - 천으로 닦는 일은 3번 닦으면 교환해야 함	· 구체적인 육안판정 기준을 제시한다.	· 사용하는 세제명을 정해놓는다. · 사용하는 세제명을 기록한다.	· 사용한 기구, 세 제, 날짜, 시간, 담당자명 등	없음

(4) 작업장별 청소방법 및 점검주기

세척과 소독주기는 주어진 환경에서 **수행된 작업의 종류에 따라 결정**되므로 <u>자격을 갖춘 담당자</u>가 각 구역을 정기적으로 점검해야 한다.

구분	청소주기	세제	청소방법	청소 담당	점검 방법
원료실	수시	· 상수	· 작업종료 후 빗자루 또는 진공청소기로 청소하고 물걸레로 닦음	보관 담당자	육 안
	1회/월		· 진공청소기 등으로 바닥 · 벽 · 창 · 받침대(Rack) · 원료통 주위의 먼지를 청소하고 물걸레로 닦음		
칭량실	작업 후	· 상수 · 에탄올 (70%)	· 원료통 · 작업대 · 저울 등을 70% 에탄올에 묻힌 걸레 등으로 닦음. · 바닥은 진공청소기로 청소하고 물걸레로 닦음	계량 담당자	
	1회/월	· 중성세제 · 에탄올 (70%)	· 바닥 · 벽 · 문 · 원료통 · 저울 · 작업대 등을 진공청소기, 걸레 등으로 청소 · 걸레에 전용세제 또는 70% 에탄올을 묻혀 찌든 때를 제거한 후 깨끗한 걸레로 닦음		

구분	청소주기	세제	청소방법	청소 담당	점검 방법
제조실, 충전실, 반제품, 보관실 및 미생물 실험실	수시 (최소 1회/일)	· 중성세제 · 에탄올 (70%)	· 작업종료 후 바닥 작업대와 테이블 등을 진공청소기로 청소하고 물걸레로 깨끗이 닦는다. · 작업 전 작업대와 테이블, 저울을 70% 에탄올로 소독한다. · 클린벤치는 작업 전·후 70% 에탄올을 거즈에 묻혀서 닦아낸다.	각 작업 및 실험 담당자	육안
	1회/월		· 바닥, 벽, 문, 작업대와 테이블 등을 진공청소기로 청소하고, 상수에 중성세제를 섞어 바닥에 뿌린 후 걸레로 세척한다. · 작업대와 테이블은 70% 에탄올을 거즈에 묻혀서 닦아낸다.		

① 청소·소독방법 및 주기

실시 시기	점검주기
· 모든 작업소는 월 1회 이상 전체 소독을 실시 · 모든 작업소 및 보관소는 작업 종료 후 청소를 하여야 하며, 필요 시 소독을 병행 · 제조설비의 반출입, 수리 등을 행한 후에는 수시로 청소 (필요 시 소독)를 실시하며 오염을 예방	· 작업소별 청소방법 및 점점주기는 매일 실시함을 원칙으로 하며 연속 2일 이상 휴무 시 작업 전 간단히 먼지제거 및 청소를 실시하고 확인, 점검 후 작업에 들어감 · 작업방법은 작업소 별로 실시하며 소독 시에는 '소독중'이라는 표지판을 해당 작업실 출입구에 부착함

② 청소·소독 시 유의사항

- 청소 후 그 상태를 필히 재확인하여 이상이 없도록 한다.

- 소독 시에는 기계, 기구류, 내용물 등에 오염이 절대 되지 않도록 한다.

- 청소도구는 사용 후 세척하여 건조 또는 필요 시 소독해 오염원이 되지 않도록 한다.

- 청소 또는 소독 시 눈에 보이지 않는 곳, 하기 힘든 곳 등에 특히 유의하여 세밀하게 진행하며, 물청소 후에는 물기를 완전히 제거한다.

 알아두기!

☑ CGMP 제조 및 품질관리 기준
- 우수화장품 제조 및 품질관리 기준에 관한 세부사항을 정하고, 이를 이행하도록 권장함으로써 우수한 화장품을 제조·공급하여 소비자 보호 및 국민보건향상에 기여함을 목적으로 한다(「화장품법」 제5조 제2항-시행규칙 제12조 제2항).

- 용어의 정의

구분	내용
제조	· 원료 물질의 칭량부터 혼합, 충진(1차 포장), 2차 포장 및 표시 등의 일련의 작업을 말함
품질보증	· 제품의 적합판정기준에 충족될 것이라는 신뢰를 제공하는 데 필수적인 모든 계획되고 체계적인 활동을 말함
일탈	· 제조 또는 품질관리 활동 등의 미리 정해진 기준을 벗어나 이루어진 행위를 말함
기준일탈(Out of specification)	· 규정된 합격판정 기준에 일치하지 않는 검사, 측정 또는 시험결과를 말함

구분	내용
원료	· 벌크제품의 제조에 투입하거나 포함되는 물건을 말함
원자재	· 화장품 원료 및 자재를 말함
불만	· 제품이 규정된 적합판정기준을 충족시키지 못한다고 주장하는 외부정보를 말함
회수	· 판매한 제품 가운데 품질 결함이나 안전성 문제 등으로 나타난 제조번호의 제품(필요 시 여타 제조번호 포함)을 제조소로 거두어들이는 활동을 말함
오염	· 제품에서 화학적·물리적·미생물학적 문제 또는 이들이 조합되어 나타내는 바람직하지 않은 문제의 발생을 말함
청소	· 화학적인 방법, 기계적인 방법, 온도, 적용시간과 이러한 복합 요인에 의해 청정도를 유지하고 일반적으로 표면에서 눈에 보이는 먼지를 분리, 제거하여 외관을 유지하는 모든 작업을 말함
유지관리	· 적절한 작업환경에서 건물과 설비가 유지되도록 정기적·비정기적인 지원 및 검증작업을 말함
주요설비	· 제조 및 품질관련 문서에 명기된 설비로 제품의 품질에 영향을 미치는 필수적인 설비를 말함
교정	· 규정된 조건 하에서 측정기가 측정시스템에 의해 표시되는 값과 표준기기의 참값을 비교하여 이들의 오차값 허용범위 내에 있음을 확인하고, 허용범위를 벗어나는 경우 허용범위 내에 들도록 조정하는 것을 말함
제조번호 또는 뱃치번호	· 일정한 제조단위분에 대하여 제조관리 및 출하에 관한 모든 사항을 확인할 수 있도록 표시된 번호로서 숫자·문자·기호 또는 이들의 특정적인 조합을 말함
반제품	· 제조공정단계에 있는 것으로서 필요한 제조공정을 더 거쳐야 벌크제품이 되는 것을 말함
벌크제품	· 충전(1차 포장) 이전의 제조 단계까지 끝낸 제품을 말함
제조단위 또는 뱃치	· 하나의 공정이나 일련의 공정으로 제조되어 균질성을 갖는 화장품의 일정한 분량을 말함
완제품	· 출하를 위해 제품의 포장 및 첨부문서에 표시공정 등을 포함한 모든 제조공정이 완료된 화장품을 말함
재작업	· 적합판정기준을 벗어난 완제품, 벌크제품 또는 반제품을 재처리하여 품질이 적합한 범위에 들어오도록 하는 작업을 말함
수탁자	· 직원, 회사 또는 조직을 대신하여 작업을 수행하는 사람, 회사 또는 외부조직을 말함
공정관리	· 제조공정 중 적합판정기준의 충족을 보증하기 위하여 공정을 모니터링하거나 조정하는 모든 작업을 말함
감사	· 제조 및 품질과 관련한 결과가 계획된 사항과 일치하는지의 여부와 제조 및 품질관리가 효과적으로 실행되고 목적 달성에 적합한지 여부를 결정하기 위한 체계적이고 독립적인 조사를 말함
변경관리	· 모든 제조, 관리 및 보관된 제품이 규정된 적합판정기준에 일치하도록 보장하기 위하여 CGMP제조 및 품질관리기준이 적용되는 모든 활동을 내부 조직의 책임 하에 계획하여 변경하는 것을 말함
내부감사	· 제조 및 품질과 관련한 결과가 계획된 사항과 일치하는지의 여부와 제조 및 품질관리가 효과적으로 실행되고 목적달성에 적합한지 여부를 결정하기 위한 회사 내 자격이 있는 직원에 의해 행해지는 체계적이고 독립적인 조사를 말함
포장재	· 화장품의 포장에 사용되는 모든 재료를 말하며 운송을 위해 사용되는 외부 포장재는 제외한 것임 · 제품과 직접적으로 접촉하는지 여부에 따라 1차 또는 2차 포장재라고 말함
적합판정기준	· 시험결과의 적합판정을 위한 수적인 제한, 범위 또는 기타 적절한 측정법을 말함
소모품	· 청소, 위생처리 또는 유지 작업 동안에 사용되는 물품(세척제, 윤활제 등)을 말함
관리	· 적합 판정 기준을 충족시키는 검증을 말함
제조소	· 화장품을 제조하기 위한 장소를 말함
건물	· 제품, 원료 및 포장재의 수령, 보관, 제조, 관리 및 출하를 위해 사용되는 물리적 장소, 건축물 및 보조건축물을 말함
위생관리	· 대상물의 표면에 있는 바람직하지 못한 미생물 등 오염물을 감소시키기 위해 시행되는 작업을 말함
출하	· 주문준비와 관련된 일련의 작업과 운송수단에 적재하는 활동으로 제조소 외로 제품을 운반하는 것을 말함

■ 소독제의 종류와 소독조건 및 효과요인

(1) 소독제(Disinfectant)

병원 미생물을 사멸시키기 위해 인체의 피부, 점막의 표면이나 기구, 환경의 <u>소독을 목적으로 사용하는</u> <u>화학물질의 총칭</u>이다. 청소에 따른 세제 또는 소독제는 확인되고 효과적이어야 한다.

① 작업장 소독을 위한 소독제의 종류와 사용법

- 소독제는 각각의 특성에 따라 선택하고 적정한 농도로 희석하며 사용해야 한다.

	종류	농도	용도 및 주의
소독제	아이소프로필 알코올	10%	·작업실 및 작업자 소독
	에탄올	95%	*에탄올도 가연성이므로 화기에 주의
	알코올	70%	

② 소독제의 조건 및 효과

이상적인 소독제의 조건	소독제의 효과에 영향을 미치는 요인
·경제적이어야 함 ·사용기간 동안 활성을 유지해야 함 ·사용농도에서 독성이 없어야 함 ·불쾌한 냄새가 남지 않아야 함 ·쉽게 이용할 수 있어야 함 ·제품이나 설비와 반응하지 않아야 함 ·광범위한 항균스펙트럼을 가져야 함 ·5분 이내의 짧은 처리에도 효과를 보여야 함 ·소독 전에 존재하던 미생물을 최소한 99.9% 이상 사멸시켜야 함	·실내 온도·습도 ·흡착성·분해성 ·작업자의 숙련성 ·미생물의 종류·상태, 균 수 ·미생물의 분포, 부착, 부유상태 ·사용 약제의 종류나 사용농도, 액성(pH) 등 ·균에 대한 접촉시간(작용시간) 및 접촉온도 ·다른 사용 약제와의 병용효과, 화학반응 ·미생물의 성상, 약제에 대한 저항성, 약제 자화성 등의 유무

③ 화학적 소독제의 관리방법

·작업장에서 사용되는 소독제는 <mark>실내에서 분무방법을 취</mark> <mark>하며,</mark> 고정비품이나 천정, 벽면 등에는 **거즈에 묻혀서** **닦아낸다.** 특히 기계, 기구류, 내용물 등에 오염되지 않 도록 해야 한다.	·소독제에 대한 조제대장을 운영한다. ·소독제별로 전용용기를 사용한다. ·소독제 사용기한을 제조(소분)일로부터 1주일 동안 사용한다. ·소독제 기밀용기에는 소독제의 명칭, 제조일자, 사용기한, 제조자를 표시한다.

2 작업장 청소 및 소독 원칙

- 소독 시 기계, 기구류, 내용물 등에 오염되지 않도록 한다.

- 작업장을 **수시로 청소**하여 청결하게 유지하고 적절한 소독제를 사용하여 **수시로 소독**한다.

- 포장 라인 주위에 부득이하게 충전 노즐을 비치할 경우, 보관함에 UV램프를 설치하여 멸균 처리한다.

- 청소와 소독 시 눈에 보이지 않은 곳, 수행하기 힘든 곳 등에 특히 유의하며 세밀하게 시행하도록 한다.

- **이동 설비의 소독**을 위하여 세척실은 **UV램프를 점등**하여 세척실 내부를 멸균하고 이동 설비는 세척 후 세척 사항을 기록한다.

- 세균오염 또는 세균 수 관리의 필요성이 있는 작업실은 정기적인 낙하균 시험을 수행하여 확인한다.
- 각 <u>제조작업실, 칭량실, 반제품 저장실, 포장실</u>이 해당된다.

- 작업장 및 보관소별 관리담당자는 오염발생 시, 오염 분석 후 이에 적절한 시설 또는 설비의 보수 교체나 작업 방법의 개선 조치를 취하고 재발 방지토록 한다.

- 청소도구는 사용 후 세척하여 건조 또는 필요 시 소독하여 오염원이 되지 않도록 한다.
- 물청소 후에는 물기를 제거하여 오염원을 제거한다.
- 대걸레 등은 건조한 상태로 보관하고 건조한 상태로 보관이 어려울 때는 소독제로 세척 후 보관한다.

3 소독 및 소독제의 종류와 사용방법

(1) 물리적 소독의 유형과 사용방법

구분	온도	소독시간	장점	단점
온수	80~100℃	30분(2시간)	· 부식성이 없음 · 제품과의 우수한 적합성 · 사용이 용이하고 효과적 · 긴 파이프에 사용가능 · 출구모니터링이 간단함	· 긴 체류시간 · 고에너지 소비 · 많은 양이 요구됨 · 습기다량 발생됨
스팀	100℃의 물	30분(설비의 가장 먼 곳까지 온도가 유지되어야 함)	· 효과적임 · 사용감 용이 · 바이오필름파괴 가능 · 제품과의 적합성 우수	· 고에너지 소비 · 긴 소독 시간 요구 · 습기다량 발생됨 · 보일러나 파이프에 잔류물
작열	전기가열테이프	다른 방법과 혼용하여 사용	· 다루기 어려운 설비나 파이프에 효과	· 일반적인 사용방법과는 다름

(2) 화학적 소독제

소독제	농도	용도
페놀수(3%)	· 페놀(C_6CH_5OH) 30g에 정제수를 가하여 1,000mL의 용액으로 사용	· 석탄산이라고도 함 · 소독제, 살균제
에탄올(70%)	· 에탄올(CH_3CH_2OH) 735mL+정제수 265mL(에탄올 순도 95%의 경우)를 가하여 1,000mL 용액으로 사용	· 소독제 독성이 낮아 세정제로 사용
크레졸수(3%)	· 크레졸($CH_3C_6H_4OH$, 일명메틸페놀) 30mL에 정제수를 가하여 1,000mL 용액으로 사용	· 살균제, 소독제 · 살균력 페놀의 2~4배
차아염소산나트륨(NaClO)	· 물 1,000mL+락스 5mL로 만든 용액(금속을 부식함)	· 전해 표백액으로서 살균제, 표백제
벤잘코늄클로라이드	· Benzalkonium Chloride($C_{22}H_{40}ClN$) 10%를 20배 희석하여 사용	· 살균보존제, 탈취제, 바닥청소제
글루콘산클로르헥시딘 (0.1~0.5%)	· Chlorhexidine gluconate 5%를 10배 희석하여 사용	· 손 및 피부, 가구·기구(0.05%), 의료용구 소독

실전예상문제

【 선다형 】

01 화장품을 제조, 충전, 포장하는 작업소의 설명으로 바르지 못한 것은?

① 환기가 잘되어야 한다.
② 외부와 연결된 창문은 잘 열려야 한다.
③ 화장실은 생산구역과 분리되어야 한다.
④ 조명이 파손될 경우를 대비해 제품을 보호할 수 있는 처리절차를 마련해야 한다.
⑤ 바닥, 벽, 천장 등은 청소하기 쉽게 매끄러운 표면이어야 한다.

✓ 외부와 연결된 창문은 가능한 열리지 않도록 할 것(우수화장품 제조 및 품질관리기준 제7조 4항)

02 화장품을 제조하는 작업소 위생에 관한 설명으로 적합한 것은?

① 위생관리 프로그램은 사용할 수 없다.
② 벽, 천장, 창문은 매년 3회 미만으로 소독한다.
③ 소독제는 잔류가 남더라도 효능이 뛰어난 것을 선택해야 한다.
④ 곤충·해충이나 쥐를 막을 수 없기 때문에 대책을 마련하지 않아도 된다.
⑤ 시설에 사용되는 세제는 적용하는 표면이상을 초래하지 아니하여야 한다.

✓ <제9조 작업소의 위생>
① 필요한 경우 위생관리 프로그램을 운영하여야 한다.
② 벽, 천장, 창문은 항상 청결하게 유지해야 한다.
③ 소독제는 잔류가 남지 않아야 한다.
④ 곤충, 해충, 쥐를 막을 수 있는 대책을 마련하고 정기적으로 점검 및 확인해야 한다.

03 다음 <보기>의 작업소 방충·방서 절차를 나열한 것으로 옳은 것은?

ㄱ 제조시설의 방충·방서 체계 확립
ㄴ 방충·방서 체제 유지
ㄷ 모니터링
ㄹ 방충·방서 체제 보완
ㅁ 현상파악

① ㄱ → ㄴ → ㅁ → ㄷ → ㄹ
② ㄱ → ㅁ → ㄹ → ㄴ → ㄷ
③ ㄴ → ㄷ → ㄱ → ㄹ → ㅁ
④ ㅁ → ㄱ → ㄴ → ㄷ → ㄹ
⑤ ㅁ → ㄴ → ㄱ → ㄹ → ㄷ

✓ 현상파악 → 제조시설의 방충·방서 체계 확립 → 방충·방서 체제 유지 → 모니터링 → 방충·방서 체제 보완의 절차에 따라 작업소의 방충·방서를 실시한다.

04 작업장 위생유지를 위한 세제 또는 세척제의 선정으로 적합하지 않은 것은?

① 부식성이 없어야 한다.
② 헹굼이 용이해야 한다.
③ 안전성이 높아야 한다.
④ 세정력이 우수해야 한다.
⑤ 항상 희석해서 사용하는 것이 좋다.

✓ 세제의 종류에 따라 적절하게 원액을 그대로 사용하거나 사용 농도를 조절한다.
예) 에탄올 → 95%, 연성세제 → 원액

05 화학적 소독 시 사용되는 크레졸수의 농도로 적합한 것은?

① 1%　　　② 3%　　　③ 10%
④ 15%　　　⑤ 30%

정답 01. ② 02. ⑤ 03. ④ 04. ⑤ 05. ②

✓ 정제수와 크레졸을 97 : 3 으로 희석하여 3% 농도의 크레졸수를 사용한다.

06 다음 <보기>에서 작업소 방충대책으로 적절한 것을 모두 고르면?

> ㉠ 문의 하부에 스커트 설치
> ㉡ 개방할 수 있는 창문은 최대한 많이
> ㉢ 야간에 빛이 밖으로 나가지 않도록
> ㉣ 해충· 곤충의 조사와 구제 실시
> ㉤ 나무부스러기 배치

① ㉠, ㉡, ㉢   ② ㉠, ㉡, ㉣
③ ㉠, ㉢, ㉣   ④ ㉡, ㉢, ㉣
⑤ ㉡, ㉣, ㉤

✓ 개방할 수 있는 창문은 만들지 않는 것이 좋으며, 골판지와 나무부스러기를 방치(벌레의 집이 됨)하지 않는다.

07 작업소의 청소 및 소독에 대한 설명으로 적합한 것은?

① 작업소는 주 1회 청소한다.
② 청소도구는 사용 후 소독하지 않아도 된다.
③ 물은 오염원을 제공하기 때문에 물청소는 하지 않는다.
④ 청소, 소독 시 눈에 보이지 않는 곳은 세밀하게 하지 않아도 된다.
⑤ 세균 오염 또는 세균 수 관리의 필요성이 있을 시에는 낙하균 시험을 수행하여 확인한다.

✓ 제조작업실, 칭량실, 반제품 저장실, 포장실 등은 세균 오염 및 세균 수 관리가 필요한 곳으로서 낙하균 시험을 수행하여 확인한다.

08 화학적 소독제의 관리 및 사용방법으로 적합한 것은?

① 사용기한이 없다.
② 분무방법을 권장하지 않는다.
③ 모든 소독제는 하나의 기밀용기로 사용한다.

④ 소독제는 수시로 조제하여 사용하며, 일회만 사용할 수 있다.
⑤ 소독제 전용용기에는 소독제의 명칭, 제조일자, 사용기한, 제조자를 표시한다.

✓ 소독제별로 전용 용기를 사용하며, 용기에는 소독제의 명칭, 제조일자, 사용기한, 제조자를 반드시 표시하여 보관한다.

09 작업장 위생기준에 대한 내용으로 틀린 것은?

① 제조하는 화장품의 종류, 제형에 따라 구획 구분되어 있어 교차오염이 없어야 한다.
② 바닥 벽 천장은 가능한 청소하기 쉽도록 표면이 매끄러워야 한다.
③ 환기가 잘되며 청결해야 한다.
④ 화장실은 접근이 쉽도록 생산구역 안에 설치한다.
⑤ 외부와 연결된 창문은 가능한 열리지 않도록 해야 한다.

✓ 화장실은 접근이 쉬워야 하나 생산구역과 분리되어야 한다.

10 작업장 위생기준에 대한 내용으로 바르지 않은 것은?

① 제조하는 화장품의 종류, 제형에 따라 구획이 구분되어 있어 교차오염이 없어야 한다.
② 바닥 벽 천장은 가능한 청소가 용이하고 소독제등의 부식성에 저항력이 있어야 한다.
③ 작업소 전체에 적절한 조명을 설치하고 조명이 파손될 경우를 대비해 제품을 보호할 수 있는 처리절차를 마련해야 한다.
④ 적절한 온도 및 습도를 유지할 수 있는 공기조화시설 등 적절한 환기시설을 갖추어야 한다.
⑤ 제조구역별로 청소 및 위생관리 절차에 따라 중성세제를 사용해야 한다.

✓ 제조구역별로 청소 및 위생관리 절차에 따라 효능이 입증된 세척제 및 소독제를 사용해야 한다.

정답 06. ③ 07. ⑤ 08. ⑤ 09. ④ 10. ⑤

11 맞춤형화장품 작업장기준에 대한 내용으로 틀린 것은?

① 천정주위의 파이프 덕트 등은 가급적 노출되도록 설계하고 파이프는 받침대 등으로 고정한다.
② 선이나 줄 그물망 등으로 충분한 간격을 두어 착오나 혼동이 일어나지 않도록 한다.
③ 소분 전·후 작업자의 손 세척 및 장비 세척을 위한 시설을 권장하고 있다.
④ 적절한 환기시설을 갖추어야 한다.
⑤ 방충방서에 대한 대책 마련과 정기적인 점검을 권장하고 있다.

✓ 천정주위의 파이프 덕트 등은 가급적 노출되지 않도록 설계하고 파이프는 받침대 등으로 고정하고 벽에 닿지 않게 하여 청소가 용이하도록 설계한다.

12 맞춤형화장품 작업소의 위생기준에 대한 내용으로 바르지 않은 것은?

① 창문은 차광하고 야간에 빛이 밖으로 새어나가지 않게 한다.
② 개방할 수 있는 창문은 만들지 않도록 한다.
③ 벌레가 좋아하는 것을 제거한다.
④ 제조시설이나 설비는 적절한 방법으로 청소하며 필요한 경우 위생관리 프로그램을 운영한다.
⑤ 방충방서에 대한 대책 마련과 정기적인 점검은 실시하지 않는다.

✓ 방충방서에 대한 대책 마련과 정기적인 점검을 권장하고 있다.

13 맞춤형화장품 작업장의 소독기준에 대한 내용으로 틀린 것은?

① 소독제는 메탄올 알코올 70%를 사용한다.
② 설비 세척의 절차에 따라 세척 후 판정하고 그 기록을 남겨야 한다.
③ 지속적인 생산에 할당받은 설비가 있는 곳의 생산 작동을 위해 설비는 적절한 간격을 두고 세척해야 한다.
④ 소독제는 아이소프로필 알코올 70%를 사용한다.
⑤ 세제와 소독제는 적절한 라벨을 통해 명확하게 확인되어야 한다.

✓ 소독제는 에탄올 알코올 70%를 사용한다.

14 작업장의 소독기준에 대한 내용으로 바르지 않은 것은?

① 천으로 문질러 결과를 판정한다.
② 판정은 육안으로 확인하기 어렵다.
③ 청소와 사용한 기구, 세제, 날짜, 시간, 담당자명을 기록한다.
④ 세제를 사용한다면 세제명을 정해놓고 사용하는 세제명을 기록한다.
⑤ 천의 크기나 닦아내기 판정의 방법은 대상 설비에 따라 다르므로 각 회사에서 결정한다.

✓ 판정은 육안으로 확인한다.

15 맞춤형화장품의 작업장에 대한 설명으로 옳지 않은 것은?

① 작업대, 바닥, 벽, 천장 및 창문은 청결하게 유지되어야 한다.
② 적절한 환기시설은 권장하지 않아도 무관하다.
③ 소분·혼합 전후 작업자의 손 세척 및 장비세척을 위한 세척시설의 설치가 권장된다.
④ 정기적으로 방충, 방서를 점검하는 것이 권장된다.
⑤ 맞춤형화장품의 소분·혼합 장소와 판매, 상담 장소는 구분·구획이 되어야 한다.

✓ 환기시설이 권장된다.

16 화장품 제조 시 작업소의 위생관리에 관한 사항이 아닌 것은?

① 제조하는 화장품의 종류와 제형에 따라 적절히 구분, 구획되어 있어 교차오염 우려가 없어야 한다.
② 외부와 연결된 창문은 열려 있어도 상관없다.
③ 수세실과 화장실은 접근이 쉬워야 하며 생산구역과 분리되어 있어야 한다.
④ 제품의 품질에 영향을 주지 않는 소모품을 사용해야 한다.
⑤ 환기가 잘 되고 청결해야 한다.

정답 11. ① 12. ⑤ 13. ① 14. ② 15. ② 16. ②

17 화장품 제조 시 작업장에서 사용하는 소독제의 설명으로 옳지 않은 것은?

① 사용기간 동안 활성을 유지해야 한다.
② 종업원의 안전성을 고려해야 한다.
③ 쉽게 이용하면 안 된다.
④ 경제적이어야 한다.
⑤ 불쾌한 냄새가 남지 않아야 한다.

✓ 소독제는 쉽게 이용할 수 있어야 한다.

18 작업장 세척확인 방법이 아닌 것은?

① 육안 확인
② 린스액의 화학분석
③ 소독제를 이용한 확인
④ 박층크로마토그래피(TLC)에 의한 간편 정량
⑤ 천으로 문질러 부착물로 확인(닦아내기 판정)

✓ 사람의 손 소독 시 소독제를 이용한다.

19 작업장의 청소와 세척의 원칙이 아닌 것은?

① 청소결과를 표시한다.
② 구체적인 절차를 정해 놓는다.
③ 판정기준과는 무관하다.
④ 청소와 세척기록을 남긴다.
⑤ 세제와 소독제는 적절한 라벨을 통해 명확하게 확인되어야 한다.

✓ 작업장 청소와 세척 시 판정기준을 정한다.

20 맞춤형화장품 작업장 내 직원의 위생으로 옳지 않은 것은?

① 소분·혼합할 때는 위생복과 위생 모자를 착용한다.
② 작업 시 반드시 일회용 마스크를 착용해야 한다.
③ 소분·혼합 전에 손을 세척하고 필요 시 소독한다.
④ 피부외상이나 질병이 있는 직원은 소분·혼합 작업을 하지 않는다.

⑤ 소분·혼합하는 직원은 이물이 발생할 수 있는 포인트 메이크업을 하지 않는 것을 권장한다.

✓ 필요 시 일회용 마스크를 착용해야 한다.

21 화장품 작업장 내 직원의 위생설명 중 옳지 않은 것은?

① 적절한 위생관리 기준 및 절차를 마련하고 제조 소 내의 모든 직원은 이를 준수해야 한다.
② 작업복은 오염여부를 쉽게 확인할 수 있는 어두운 색의 폴리에스터 재질을 권장한다.
③ 신규직원에 대하여 위생교육을 실시하며, 기존 직원에 대해서도 정기적으로 교육을 실시한다.
④ 직원은 작업 중의 위생관리상 문제가 되지 않도록 적절한 작업복, 모자와 신발을 착용하고, 필요한 경우 마스크와 장갑을 착용한다.
⑤ 작업 전에 복장점검을 하고 적절하지 않을 경우는 시정한다.

✓ 작업복은 오염 여부를 쉽게 확인할 수 있는 흰색을 권장한다.

22 다음 <보기>에서 ㉠에 적합한 것은?

(㉠)판정이란 세척 유·무의 판단을 위해 흰 천이나 검은 천을 사용하여 표면의 잔유물 유무로 세척결과를 판정하는 방법이다.

① 기억판정
② 육안판정
③ 촉각판정
④ 닦아내기판정
⑤ 린스 정량법

✓ 세척 유·무를 판단하는 판정법은 육안파정, 닦아내기 판정, 린스정량법이 있다. 닦아내기 판정은 천의 잔유물을 통해 판단하며 천은 무진포를 사용하는 것이 바람직하다.

23 다음 <보기>에서 ㉠에 적합한 것은?

손 세척 후에 작업자의 손을 소독하는데 사용하는 소독제로 에탄올 (㉠)%를 사용한다.

정답 17. ③ 18. ③ 19. ③ 20. ② 21. ② 22. ④ 23. ④

① 5%   ② 10%   ③ 30%
④ 70%   ⑤ 100%

✓ 에탄올은 알코올 소독으로서 피부소독 시 70~80% 농도를 사용한다.

24 다음 <보기>에서 ㉠에 적합한 것은?

> CGMP는 우수한 품질관리 시스템과 제조시설을 인정, 표준화한 기준으로 화장품을 제조, 관리하고 있음을 (㉠)가 인증해주는 제도이다.

① 보건복지부   ② 교육부
③ 행정안전부   ④ 환경부
⑤ 식품의약품안전처(식약처)

✓ ⑤ 식품의약품안전처(식약처)

25 화장품을 제조·충진·포장하는 작업장에 대한 요구사항 중 화장품 작업소의 위생기준이 아닌 것은?

① 곤충·해충 및 먼지 등을 막을 수 있는 시설을 갖추어야 한다.
② 환기가 잘 되고 청소·소독을 철저히 하여 청결하게 유지해야 한다.
③ 각 작업소는 불결한 장소로부터 분리되어 위생적인 상태로 유지되어야 한다.
④ 각 작업소는 청정도별로 구분하여 온도·습도 등을 관리하고 이를 기록·유지해야 한다.
⑤ 가루가 날리는 작업소는 비산에 의한 오염을 방지하기 위해 창문을 열어야 한다.

✓ ⑤ 가루가 날리는 작업소는 비산에 의한 오염을 방지하는 제진시설을 갖추고 유지·관리하여야 한다.

26 화장품을 제조·충진·포장하는 작업장에 대한 시설기준(CGMP) 중 생산구역 위생상태와 관련된 시설기준에 해당하지 않는 것은?

① 보관구역 위생   ② 원료취급구역 위생
③ 제조구역 위생   ④ 판매업구역 위생

⑤ 포장구역 위생

✓ ④ 판매업구역 위생

27 작업장 내 직원의 위생상태 판정기준이 아닌 것은?

① 얼굴에 화장을 하였는가?
② 작업복장 착용상태는 양호한가?
③ 손과 발의 청결상태는 양호한가?
④ 장신구를 너무 과도하게 착용하지 않은가?
⑤ 건강상태 : 호흡기·전염성 그 외 법정전염성 질환이 있는가?

✓ ① 얼굴의 화장은 너무 진하지 않은가?

28 화장품을 제조·충진·포장하는 작업실, 기계 및 작업자를 위한 세척제가 아닌 것은?

① 승홍수   ② 10% 가루비누
③ 100% 비누   ④ 95% 에탄올
⑤ 연성세제(액체비누) 원액

✓ ① 승홍수는 설비를 부식시키고 독성이 강하다.

29 다음 <보기>에서 화장품을 제조·충진·포장하는 설비의 세척대책 및 방법 중 옳은 것을 모두 고르시오.

> ㉠ 세제사용 후에는 문질러서 지우거나 세차게 흐르는 물로 헹구면 안 된다.
> ㉡ 설비의 세척은 제조하는 화장품의 종류·양·품질에 따라 변한다.
> ㉢ 브러시 등 기구 이용 시 물보다는 크레졸수를 이용하여 세균을 사멸시킨다.
> ㉣ 세척 유·무의 판단은 생산책임자의 중요한 책무이다.
> ㉤ 세척 후, 반드시 "판정"을 실시한다.

① ㉠, ㉡, ㉢   ② ㉠, ㉡, ㉣
③ ㉠, ㉢, ㉤   ④ ㉡, ㉣, ㉤
⑤ ㉢, ㉤, ㉣

정답 24. ⑤ 25. ⑤ 26. ④ 27. ① 28. ① 29. ④

✓ ㉠ 쉽게 물로 제거하도록 설계된 세제라고 하여도 세제 사용 후에는 문질러서 지우거나 세차게 흐르는 물로 헹구어야 한다.
㉡ 물 또는 증기만으로 세척(브러시 등 기구 이용)할 수 있으면 가장 좋다.

30 작업장의 위생유지를 위해 설비세척 후 실시하는 '판정' 중 가장 먼저 실시하는 판정은?

① 육안판정   ② 린스정량법
③ 문진판정   ④ 촉진판정
⑤ 닦아내기 판정

✓ 세척 후, 반드시 "판정"을 실시하며 우선순위 방법에는 육안판정, 닦아내기 판정, 린스정량이 있다.

31 작업장의 위생유지를 위해 설비세척 후 실시하는 '판정' 중 흰 천이나 검은 천(선택유무는 전위 제조물 종류로 정함)으로 설비 내부의 표면을 닦아내고 천 표면의 잔유물 유무로 세척결과를 판정하는 것을 무엇이라 하는가?

① 육안판정   ② 린스정량법
③ 문진판정   ④ 촉진판정
⑤ 닦아내기 판정

✓ 흰 천이나 검은 천으로 설비 내부의 표면을 닦아내고 천표면의 잔유물 유무로 세척결과를 판정한다.

32 작업장의 위생유지를 위해 설비세척 후 실시하는 '판정' 중 아래 보기에 해당하는 판정법은?

㉠ 잔존하는 부용물을 정량할 수 없으므로 신뢰도는 떨어짐
㉡ UV로 확인하는 방법도 있음
㉢ 상대적으로 복잡한 방법이나 수치로서 결과가 확인됨
㉣ 호스나 틈새기의 세척방법에는 적합함
㉤ 최근 총유기탄소(TOC)측정법이 발달해서 많은 기종이 발매되어 있음

① 육안판정   ② 린스정량법
③ 문진판정   ④ 촉진판정
⑤ 닦아내기 판정

✓ ② 린스정량법

33 화장품을 제조·충진·포장하는 작업장에서 사용되는 소독제의 조건이 아닌 것은?

① 경제적이어야 함
② 사용농도에서 독성이 없어야 함
③ 사용기간 동안 활성을 유지해야함
④ 광범위한 항균스펙트럼을 만들지 않아야 함
⑤ 소독 전에 존재하던 미생물을 최소한 99.9% 이상 사멸시켜야 함

✓ 광범위한 항균스펙트럼을 가져야 함

정답 30. ① 31. ⑤ 32. ② 33. ④

Chapter 2. 작업자의 위생관리

화장품 제조에 있어서 작업자가 내용물을 다루는 과정에서 각종 미생물들로 인해 제품이 오염되는 주요 원인이 된다. 이에 작업장 내의 모든 직원이 위생관리기준 및 절차를 준수할 수 있도록 대책마련과 함께 교육훈련을 실시해야 한다.

Section 01 작업장 내 직원의 위생기준 설정

작업자의 위생과 관련하여 **우수화장품 제조 및 품질관리기준 제6조(직원의 위생)**에서는 다음과 같이 규정하고 있다.

■ 작업장 내 직원의 위생기준(CGMP 제6조)

① 적절한 위생관리기준 및 절차를 마련하고 제조소 내의 모든 직원은 이를 준수해야 한다.

 - 모든 직원이 위생관리 기준 및 절차를 준수할 수 있도록 교육훈련을 해야 한다.
 - 신규 직원에 대하여 위생교육을 실시하며, 기존 직원에 대해서도 정기적으로 교육을 실시한다.

② 작업소 및 보관소 내의 모든 직원은 화장품의 오염을 방지하기 위해 규정된 작업복을 착용해야 하고 음식물 등을 반입해서는 안 된다.

 - 직원은 작업 중의 위생관리상 문제가 되지 않도록 청정도에 맞는 적절한 작업복, 모자와 신발을 착용하고 필요할 경우는 마스크, 장갑을 착용한다.

③ 피부에 외상이 있거나 질병에 걸린 직원은 건강이 양호해지거나 화장품의 품질에 영향을 주지 않는다는 의사의 소견이 있기 전까지는 화장품과 직접적으로 접촉되지 않도록 격리되어야 한다.

 - 제조 품질과 안전성에 악영향을 미칠지도 모르는 건강 조건을 가진 직원은 원료·포장·제품 또는 제품 표면에 직접 접촉하지 말아야 한다.

④ 제조구역별 접근권한이 있는 작업원 및 방문객은 가급적 제조·관리 및 보관구역 내에 들어가지 않도록 하고, 불가피한 경우 사전에 직원 위생에 대한 교육 및 복장 규정에 따르도록 하고 감독해야 한다.

 - **교육훈련의 내용**은 직원용 안전대책, 작업위생규칙, 작업복 등의 착용, 손 씻는 절차 등이다.
 - 방문객과 훈련 받지 않은 직원은 제조, 관리 및 보관구역에 안내자 없이는 접근이 허용되지 않는다.
 - 직원과 동행하여 들어간 경우 반드시 기록서에 그들의 소속[①], 성명[②], 방문목적[③]과 입·퇴장 시간[④] 및 자사 동행자[⑤]의 기록이 필요하다.

(1) 작업장 내 직원의 복장기준

① 작업장 및 보관소 내의 모든 직원은 화장품의 오염을 방지하기 위해 규정된 작업복을 착용하고 음식물 등을 반입해서는 안 된다.

② 작업자는 작업 중의 위생관리상 문제가 되지 않도록 청정도에 맞는 적절한 작업복(위생복), 모자와 신발을 착용하고 필요한 경우는 마스크, 장갑을 착용한다.

- 작업복 등은 목적과 오염도에 따라 세탁하고 필요에 따라 소독한다.
- 작업복장은 주1회 이상 세탁함을 원칙으로 한다.
- 원료 칭량, 반제품 제조 및 충전 작업자는 수시로 복장의 청결 상태를 점검한다.
- 이상 시 즉시 세탁된 깨끗한 것으로 교환 착용한다.
- 각 부서에서는 주기적으로 소속 인원 작업복을 일괄 회수하여 세탁 의뢰한다.
- 사용한 작업복의 회수를 위해 회수함을 비치한다.
- 세탁 전에는 훼손된 작업복을 확인하여 선별 폐기한다.
- 작업복은 완전 탈수 및 건조시키도록 하며, 세탁된 작업복은 커버를 씌워 보관한다.

③ 작업자는 다음 방법에 따라 작업복을 착용하도록 한다.

- 제조 및 포장 작업에 종사하는 작업자는 남·녀로 구분된 탈의실에서 지정된 작업복으로 갈아입는다.
- 청정도 1·2급지에서 근무하는 작업자는 작업장 입구에 설치된 탈의실에서 지정된 작업복 및 작업화를 착용한 후 작업실로 입장한다.
- 세척, 청소 및 필요한 경우 고무장화와 고무장갑 및 앞치마를 착용한다.

구분	복장형태	작업내용	대상
작업복	· 상·하의가 분리된 것으로 착용 · 머리카락을 완전히 감싸는 형태의 챙 있는 모자 · 손목·발목·허리; 고무줄로 쪼여줌	· 원료·자재·반제품 및 제품의 보관, 입·출고 관련 업무 · 제조작업: 원료칭량작업 · 제조 설비류의 보수유지관리업무	· 제조작업자 · 원료칭량실 인원 · 자재보관관리자 · 제조시설관리자
실험복	· 백색 가운의 전면 양쪽 주머니	· 가운이 필요한 실험실 및 간접 부문	· 실험실·기타 필요인원
방진복	· 전면지퍼, 긴 소매바지, 주머니 없음 · 완전히 감싸는 형태로 손목, 허리, 발목에 고무줄, 모자 또한 챙이 있고 두상을 완전히 감싸는 형태	· 특수화장품 제조실	· 특수화장품의 제조, 충전자

(2) 제조 구역별 접근 권한 기준

접근 권한이 있는 작업자 및 **방문객은 가급적 생산, 관리 및 보관구역 내에 들어가지 않도록** 하고 불가피한 경우 사전에 **직원 위생에 대한 교육 및 복장규정**에 따르도록 하고 감독해야 한다.

- 영업상의 이유, 신입사원 교육 등을 위하여 안전 위생의 교육 훈련을 받지 않은 사람들이 생산,

관리, 보관 구역으로 출입하는 경우에는 안전 위생의 교육훈련자료를 미리 작성 해두고 출입 전에 교육 훈련을 실시한다.

- 교육훈련의 내용은 직원용 안전대책[1], 작업위생규칙[2], 작업복 등의 착용[3], 손 씻는 절차[4] 등이다.

• 방문객과 훈련받지 않은 직원이 생산, 관리 보관 구역으로 들어가면 반드시 안내자가 동행한다.
- 방문객은 적절한 지시에 따라야 하고 필요한 보호 설비를 갖추어야 하며
- 회사는 방문객이 혼자서 돌아다니거나 설비 등을 만지거나 하는 일이 없도록 해야 한다.

• 방문객이 생산, 관리, 보관 구역으로 들어간 것을 반드시 기록서에 기록한다.
- 방문객의 성명과 입·퇴장시간 및 자사 동행자의 성명 등을 남긴다.

❷ 맞춤형화장품 작업장 내 직원의 위생

• 혼합·소분 전에 반드시 손을 세척하고 필요 시 소독한다.

• 혼합·소분하는 직원은 이물이 발생할 수 있는 포인트 메이크업(예 마스카라)을 하지 않는 것을 권장한다.

• 피부 외상이나 질병이 있는 직원을 혼합·소분 작업을 하지 않는다.

• 혼합·소분 시 위생복(방진복)과 위생모자(방진모자, 일회용모자)를 착용하며, 필요 시 일회용 마스크를 착용한다.

Section 02 작업장 내 직원의 위생상태 판정

작업자의 위생상태는 제품의 품질뿐 아니라 작업자의 보건적인 측면에서도 중요하다. 기업은 준수 사항과 청결 및 위생에 대한 기준을 지도하고 사전 교육을 시켜야 한다.

(1) 위생 상태 판정을 위한 주관부서

① 주관부서는 근로기준법에 의거 정기(1회/년 이상) 및 수시(작업시작 전)로 의사에게 진단받도록 한다.

② 신입사원 채용 시 종합병원의 건강진단서를 첨부해야 한다.

③ 주관부서는 정기 및 수시 진단결과 이상이 있는 작업자에 한해 그 결과를 해당부서(팀)장에 통보하여 조치토록 해야 한다.

④ 주관부서는 작업자의 일상적인 건강관리를 위하여 양호실을 설치하고 운영한다.

(2) 위생 상태 판정을 위한 해당 부서

해당 부서는 질병에 걸린 자가 생산에 임함으로 인해 제품의 오염 및 제조 중 안전사고 발생 등의 방지를 위하여 다음과 같이 건강상태를 파악해야 한다.

① 작업자는 제품품질에 영향을 미칠 수 있다고 판단되는 질병에 걸렸거나 외상을 입었을 때 즉시 해당 부서장에게 그 사유를 보고해야 한다.

② 해당 부서장은 신고된 사항(이상이 인정된 작업자)에 대해 종업원 건강관리 신고서에 의거 주관 부서(팀)장의 승인을 받는다.

- 해당 부서(팀)장은 신고된 건강 이상의 증대성에 따라 필요 시
- 주관 부서(팀)장에게 통보한 후 작업금지, 조퇴, 후송, 업무전환 등의 조치를 취한다.
- 작업자의 질병이 법정전염병일 경우, 관계 법령에 의거 의사의 지시에 따라 격리 또는 취업을 중단시킨다.

③ 생산부서장은 매일 작업 개시 전에 작업자의 건강상태를 점검한다.

- 피부에 외상이 있거나 질병에 걸린 직원은 건강이 양호해지거나 화장품의 품질에 영향을 주지 않는다는 의사의 소견이 있기 전까지는 화장품과 직접 접촉되지 않도록 격리시켜야 한다.

④ 건강상 문제가 있는 작업자는 귀가 조치 또는 질병의 종류 및 정도에 따라 화장품과 직접 접촉하지 않는 작업을 수행하도록 조치한다.

건강상의 문제가 있는 작업자	예시
· 전염성 질환의 발생 또는 그 위험이 있는 자	· 감기, 결핵, 트라코마, 세균성 설사, 감염성 결막염
· 콧물 등 분비물이 심하거나 화농성 외상 등에 의하여 화장품을 오염시킬 가능성이 있는 자	
· 과도한 음주로 인한 숙취, 피로 또는 정신적인 고민 등으로 작업 중 과오를 일으킬 가능성이 있는 자	

(3) 위생상태 판정을 위한 해당 부서

① 작업장 출입을 위한 준수사항

<생산관리 및 보관>	
· 구역에 들어가는 모든 직원은 화장품의 오염을 방지하기 위한 규정된 작업복을 착용하고 일상복이 작업복 밖으로 노출되지 않도록 한다. · 구역 또는 제품에 부정적 영향을 미칠 수 있는 기타 구역 내에서는 비위생적 행위를 금지한다. <개인사물> · 지정된 장소에 보관하고 작업실 내로 가지고 들어오지 않는다.	· 반지 · 목걸이 · 귀걸이 등 생산 중 과오 등에 의해 제품 품질에 영향을 줄 수 있는 것은 착용하지 않는다. · 운동 등에 의한 오염(땀 · 먼지)을 제거하기 위해서는 작업장 진입 전 샤워설비가 비치된 장소에서 샤워 및 건조 후 입실한다. · 화장실을 이용한 작업자는 손 세척 또는 손 소독을 실시하고 작업실에 입실한다. · (립스틱, 볼터치, 마스카라, 아이섀도, 아이라이너 등) 포인트 메이크업을 한 작업자는 화장을 지운 후에 입실한다.

② 작업자의 손 세척 및 손 소독

- 화장품 원료의 혼합 전후에는 손 소독 및 세척을 철저히 해야 한다. 잘 씻고 소독한 <u>건강한 손에도 황색포도상구균이 존재할 수 있으므로 맨손으로 제품을 취급하는 것은 금지해야 한다.</u>

③ 교육

손 씻기 방법	손 씻을 때 유의사항
· 1단계: 손바닥과 손바닥을 마주대고 문지른다. · 2단계: 손등과 손바닥을 마주대고 문지른다. · 3단계: 손깍지를 끼고 문지른다. · 4단계: 손가락을 반대쪽 손바닥에 놓고 문지르며 손톱 밑을 깨끗이 한다. · 5단계: 엄지손가락을 다른쪽 손바닥으로 돌려주면서 문지른다. · 6단계: 손바닥에 손톱 끝을 문지른다.	· 비누거품을 충분히 내어 손과 팔목을 꼼꼼히 문질러 닦고, 미지근하고 깨끗한 물로 헹군다. · 손가락 끝, 손가락 사이를 유의해서 깨끗이 씻어야 하며, 손톱용 브러시를 사용하는 것이 바람직하다. · 일회용 종이타월이나 손 건조기를 이용하여 물기를 건조시킨다. · 손 씻기에 따른 세균의 제거 효과 - 흐르는 물로만 씻어도 상당한 제거 효과가 있다. - 비누를 사용하여 흐르는 물로 20초 이상 씻었을 경우 <u>99.8%의</u> 세균제거 효과가 있다.

Section 03 혼합·소분 시 위생관리 규정

(1) 맞춤형화장품 혼합·소분 시 위생관리 규정

- 항상 몸을 청결히 유지
- 손톱은 가급적 짧게 자름
- 사물은 반드시 개인 사물함에 보관하여 <u>작업실 내로 가져가지 않음</u>
- 작업실에 들어가기 전에 개인복장 및 위생상태를 점검 기록
- 작업 시 외부인 등 누구를 막론하고 작업실에 출입할 경우 규정된 복장을 착용
- 내용물과 원료를 혼합·소분 시 사용할 설비 및 기구의 세척·소독 상태를 항시 확인
- 작업자의 건강상태를 항시 파악하고 작업자의 건강상태에 따른 적절한 대책 강구
- 작업복장은 규격 및 작업규정 등에 따라 착용하여 피부가 직접 제품에 닿지 않도록 함
- 작업실 내에서 제조 작업에 직접 관계가 없는 행위(흡연, 낮잠, 개인세탁, 음식물 섭취 등)를 금함
- 작업 전 반드시 손을 씻고 소독을 한 후, 안전위생과 제품의 오염방지를 위하여 지정된 위생기구를 착용

- 작업 중 패물·반지·목걸이·머리핀·라이터·머리빗·넥타이핀·귀걸이 및 담배 등 휴대용품의 착용 및 휴대를 가급적 금함
- 여성 작업자는 작업중 화장을 가급적 금하며, 작업실에 들어가기 전에 과도한 화장으로서 마스카라, 매니큐어 등은 지우고 들어간다.
- 화장품을 혼합·소분하기 전에는 손을 소독·세정하거나 일회용 장갑을 착용
- 혼합·소분 시에는 위생복과 마스크를 착용해야 한다.
- 피부에 외상이나 질병이 있는 경우, 회복되기 전까지 혼합과 소분 행위를 금지
- 작업대나 설비 및 도구(교반봉, 주걱 등)는 소독제(70% 에탄올)를 이용하여 소독
- 대상자에게 혼합방법 및 위생상 주의사항에 대해 충분히 설명
- 혼합 후 층 분리 등 물리적 현상에 대한 이상 유·무 확인 후 판매
- 혼합 시 도구가 작업대에 닿지 않도록 주의
- 작업대나 작업자의 손 등에 용기 안쪽 면이 닿지 않도록 주의하며 교차오염이 발생하지 않도록 주의

(2) 맞춤형화장품 작업소

① 맞춤형화장품의 혼합·소분 장소와 판매

- 적절한 환기시설이 권장된다.

- 작업대·바닥·벽·천장 및 창문은 청결하게 유지되어야 한다.

- 소분·혼합 전·후 작업자의 손 세척 및 장비 세척을 위한 **세척시설의 설치**가 권장된다.

- 방충·방서에 대한 대책이 마련되고 정기적으로 **방충·방서를 점검**하는 것이 권장된다.

- 상담 장소는 **구분·구획**이 권장된다.

분리	구획	구분
· **동분리**: 별개의 건물로서 충분히 떨어져 있음 - 공기의 입·출구가 간섭받지 않은 상태 · **살분리**: 동일건물일 경우에는 벽에 의해 별개의 장소를 나누어져 있어 - 작업원의 출입 및 원자재의 반출입 구역이 별개이고 공기조화장치(Air handling unit, AHU), 공기가 완전히 차단된 상태	· 동일건물 내의 작업소, 작업실의 벽, 칸막이, 에어커튼 등에 의해 나누어져 있어 - 교차오염 또는 외부 오염물질의 혼입이 방지될 수 있도록 되어 있는 상태	· 선이나 줄, 그물망, 칸막이로 충분한 간격을 둠 - 착오나 혼동이 일어나지 않도록 되어 있는 상태

Section 04 작업자 위생 유지를 위한 세제의 종류와 사용법

(1) 작업자의 위생

제품 작업 전 또는 생산 라인에서 작업하기 전에 세척과 함께 적절한 손 소독은 미생물을 제거시킴으로써 위생을 유지한다.

구분	종류	사용농도	용도
세척제	- 비누	100%	작업 전·후 작업자 세척용
	- 연성세제(물비누)	원액	
	- 에탄올	95%	
소독제	- 손 소독제(새니타이저)	100%	작업 전 작업원 세척
	- 에탄올	70%	

① 비누(Soap)

비누는 세척제로 고체 비누, 티슈형태 비누, 액상 비누 등이 있다.

세정력	사용법	단점
- 손에 묻은 지질과 오염물, 유기물을 제거하는 세정제의 성질에 따라 다르다. - 항균력은 없지만 일시적 집락균을 제거시킨다.	- 손에 묻은 지질과 오염물, 유기물을 제거하는 세정제의 성질에 따라 다르다.	- 병원균을 제거하지 못하며 알칼리성으로 피부자극과 건조로 인해 오히려 세균 수를 증가시킨다.

☑ 세제와 소독제 종류와 사용법
- 세제: 비누(고체 · 액체)
- 소독제 에탄올(70%): 아이소프로필 알코올(70%), CHG클로헥시딘, 아이오딘(Iodine), 포비돈요오드

② 알코올(Alcohol)

- 단백질변성기전으로 소독효과를 나타낸다. 알코올 손 위생 제제는 에탄올 · 아이소프로판올 또는 N-프로판올(n-Propanol)로 한 가지나 두 가지가 포함되어 있다.
- 세균에 대한 효과는 좋지만 바이러스에 대해서는 효과가 없다.
- 손 소독 시 보통 10~15초 후 건조되는 정도의 함량이 적당하다.
- 알코올 함유 티슈의 경우 알코올 함량이 적어서 물과 비누보다 효과가 낮다.

(2) 작업자의 복장 착용 기준

① 작업자가 사용한 작업복은 목적과 오염에 따라 세탁하고 필요에 따라 소독한다.

구분	복장기준	작업소	작업복 관리
제조 · 칭량	· 방진복, 위생모, 안전화(필요 시 마스크 및 보호안경)	제조실, 칭량실	· 1인 2벌을 기준으로 지급 · 주 2회 세탁을 원칙으로 하며, 하절기는 횟수를 늘림 · 작업복의 청결상태는 매일 작업 전 생산부서 관리자가 확인함
품질관리	· 상의 흰색가운, 하의 평상복, 슬리퍼	실험실	
관리자	· 상의 및 하의는 평상복, 슬리퍼	사무실	
생산자	· 방진복, 위생모, 작업화(필요 시 마스크)	충진실	
	· 지급된 작업복, 위생모, 작업화	포장실	
방문자 또는 견학자	· 각 출입 작업소의 규정에 따라 착용	-	

② 작업복의 재질은 먼지, 이물 등을 유발시키지 않는 재질로서 작업하기에 편리한 형태로 각 작업장의 제품, 청정도에 따라 용도에 맞게 구분하여 사용되어야 한다. 또한 작업복 세탁을 위한 세정의 종류와 사용방법은 다음과 같다.

③ 작업복의 기준

- 땀의 흡수 및 방출이 용이하고 가벼우며, 작업환경에 적합하고 청결해야 한다.

- 보온성이 적당하여 작업에 불편이 없어야 하며 내구성이 우수해야 한다.

- 작업 시 섬유질의 발생이 적고 먼지의 부착성이 적어야 하며 세탁이 용이해야 한다.

- 착용 시 내의가 노출되지 않아야 하며, 내의는 단추 및 털이 서 있는 경향의 의류는 착용하지 않는다.

작업복	작업모자의 기준	작업화(신발)의 기준
· 땀의 흡수 및 방출이 용이하고 가벼우며, 작업환경에 적합하고 청결해야 한다. · 보온성이 적당하여 작업에 불편이 없어야 하며 내구성이 우수해야 한다. · 작업 시 섬유질의 발생이 적고 먼지의 부착성이 적어야 하며 세탁이 용이해야 한다. · 착용 시 내의가 노출되지 않아야 하며, 내의는 단추 및 털이 서 있는 경향의 의류는 착용하지 않는다.	· 가볍고 착용이 용이하고 착용 후 두상의 형태가 원형을 유지해야 함 · 착용 시 두발 전체를 감싸서 밖으로 나오면 안 됨 · 공기 유통이 원활, 분진 기타 이물이 나오지 않아야 함	· 가볍고 땀의 흡수 및 방출이 용이 · 제조실 근무자는 등산화 형식의 안전화 및 신발 바닥이 우레탄 코팅이 되어 있는 것을 사용

④ 작업 복장의 착용 시기 및 방법

착용 시기	착용 방법
<1~2급지 작업실 상주자는> · 작업실 입실 전 강의실에서 해당 작업복을 착용 후 입실함 · 제조소 이외 구역으로 외출 이동 시 갱의실에서 작업복 탈의 후 외출해야 함 **<임시 작업자 및 외부 방문객이>** · 1~2급지 작업실로 입실 시 갱의실에서 해당 작업복을 착용 후 입실해야 함	· 입실자는 실내화를 작업장 전용 실내(작업)화로 갈아 신어야 함 · 작업장 내 출입할 모든 작업자는 작업현장에 들어가기 전에 개인 사물함에 의복을 보관 후 Clean Locker에서 작업복을 꺼냄 · 작업장 내로 출입한 작업자는 비치된 위생모자를 머리카락이 밖으로 나오지 않도록 위생모자를 착용함 - 위생모자를 쓴 후 2급지 작업실의 상주 작업자는 반드시 방진복을 착용하고 작업장에 들어감 · 제조실 작업자는 에어샤워룸에 들어가 양팔을 들면서 천천히 몸을 1~2회 회전시켜 청정한 공기로 에어샤워를 함

Section 05 작업자 소독을 위한 소독제의 종류와 사용법

작업방법은 작업소별 실시하며 소독 시에는 '소독 중'이라는 표시판을 해당 작업실 출입구에 부착한다. 작업자는 작업 전 에탄올(70%)을 이용하여 손 소독을 한다.

① 작업복 청결 상태 판단

- 직원은 작업 중 위생관리상 문제가 되지 않도록 청정도에 맞는 적절한 작업복, 모자와 신발을 착용하고 필요한 경우는 마스크 또는 장갑을 착용한다.

- 작업복 등은 목적과 오염도에 따라 세탁을 하지 않고 필요에 따라 소독한다.

- 작업 전에 복장 점검을 하고 적절하지 않은 경우 시정한다.

- 직원은 별도의 지역에 의약품을 포함한 개인적인 물품을 보관해야 한다.

- 음식, 음료수 및 흡연구역 등은 제조 및 보관 지역과 분리된 지역에서만 섭취하거나 흡연해야 한다.

청정도	대상	해당 작업실	청정공기 순환	구조조건	관리기준	작업복장
1급	· 청정도 엄격관리	· Clean bench	20회/hr 이상 또는 차압관리	Pre-filter, Med-filter, Hepa-filter, 온도조절 Clean bench/ Booth	낙하균, 10개/hr 또는 부유균 20개/㎥	작업복, 작업모, 작업화
2급	· 작업실(화장품 내용물이 노출)	· 제조실, 성형실, 충전실 · 내용물 보관소 · 원료칭량실 · 미생물 실험실	10회/hr 이상 또는 차압관리	Pre-filter, Med-filter(필요 시 Hepa-filter), 분진발생실, 주변양압, 제진시설	낙하균, 30개/hr 또는 부유균 200개/㎥	
3급	· 화장품 내용물이 노출되지 않는 곳	· 포장실	차압관리	Pre-filter 온도조절	갱의, 포장재의 외부청소 후 반입	
4급	· 일반 작업실(내용물 완전 폐쇄)	· 포장재보관소 · 완제품 보관소 · 갱의실 · 원료보관소 · 일반실험실	환기장치	환기(온도조절)	-	

② 작업소(작업자 · 작업장 내 직원) 위생관리 점검표

부록(Ⅱ.CGMP 실시상황 평가표 pp.571-576 참조바람)

☑ 혼합 · 소분 시 위생관리
· 작업자 - 맞춤형화장품 조제관리사/ · 혼합 전 - 손 세정 · 소독, 일회용 장갑
· 혼합 중 - 위생복, 마스크, 피부외상 질병은 안 됨

· 작업재설비 도구는 소독제를 이용하여 소독/ · 대상자에게 혼합방법 및 위생상 주의사항에 대해 충분히 설명 후 혼합
· 혼합 층분리 등 물리적 현상에 대한 이상 유 · 무 확인 후 판매/ · 혼합 시 도구가 작업대에 닿지 않도록 함
· 작업대나 작업자의 손 등에 용기 안쪽 면이 닿지 않도록 주의하여 교차오염이 발생하지 않도록 주의

실전예상문제

【 선다형 】

01 작업장 내 직원의 위생기준에 대한 설명으로 적합한 것은?

① 작업소 내에서 음식물 섭취는 가능하다.
② 세밀한 작업을 위해 장갑은 착용하지 않는다.
③ 피부에 외상이 있는 직원은 화장품과 직접 접촉해도 상관없다.
④ 모든 직원이 위생관리 기준을 준수할 수 있도록 교육훈련을 실시한다.
⑤ 작업소 및 보관소의 모든 직원은 규정된 작업복을 착용할 필요가 없다.

✓ 모든 직원이 교육훈련을 실시해야 하며 교육훈련의 내용은 안전대책, 작업위생규칙, 작업복 착용, 손 씻는 절차 등이다.

02 제조구역별 접근권한이 있는 방문객의 권한 기준으로 적합하지 않은 것은?

① 보관 구역으로 혼자 들어간다.
② 필요한 보호 설비를 갖춰야 한다.
③ 훈련받지 않은 직원은 들어갈 수 없다.
④ 출입 전에 직원 위생에 대한 교육을 받아야 한다.
⑤ 생산, 관리, 보관 구역으로 들어간 것을 반드시 기록한다.

✓ 불가피한 경우 사전에 직원 위생에 대한 교육 및 복장 규정에 따르도록 하고 안내자(감독관)와 반드시 동행한다.

03 작업자의 손세척 및 손소독에 대한 설명으로 적합한 것은?

① 물기를 건조시키는 것은 좋지 않다.
② 20초 이내로 빨리 세척하는 것이 좋다.
③ 손톱용 브러시를 사용하는 것은 좋지 않다.
④ 비누거품을 충분히 내어 손과 팔목을 꼼꼼히 닦는다.
⑤ 흐르는 물로 세척 시 99% 이상 세균제거 효과가 있다.

✓ 비누거품을 충분히 내어 손바닥, 손등, 손가락 사이 등 충분히 문지르고 손톱용 브러시를 사용하는 것이 바람직하다. 세척 후에는 일회용 종이타월 또는 손 건조기를 이용하여 물기를 건조시키는 것이 좋다.

04 다음 <보기>에서 화장품 혼합·소분 시 위생관리 규정으로 적절한 것을 모두 고르면?

㉠ 손톱 길이 무관
㉡ 규정된 복장을 착용
㉢ 반드시 손을 씻고 소독
㉣ 작업실 내 음식섭취 가능
㉤ 도구가 작업대에 닿지 않도록 주의

① ㉠, ㉡, ㉢
② ㉠, ㉡, ㉣
③ ㉡, ㉢, ㉤
④ ㉡, ㉢, ㉣
⑤ ㉡, ㉣, ㉤

✓ 손톱은 가급적 짧게 자르는 것이 좋으며 작업실 내에서는 제조 작업에 직접 관계가 없는 행위(낮잠, 흡연, 개인세탁, 음식물 섭취 등)는 금한다.

05 화장품 혼합·소분 시 방법으로 적합하지 않은 것은?

① 마스크를 착용한다.
② 규정된 복장을 착용한다.
③ 작업 중 액세서리 착용은 무관하다.
④ 작업자의 손 등에 용기 안쪽 면이 닿지 않도록 주의한다.
⑤ 작업 전 반드시 손을 씻고 소독을 한 후 안전 위생과 제품의 오염방지를 위하여 지정된 위생 기구를 착용한다.

정답 01. ④ 02. ① 03. ④ 04. ③ 05. ③

✓ 작업 중 폐물, 반지, 목걸이, 머리핀 등 휴대용품의 착용 및 휴대를 가급적 금하며 과도한 화장과 매니큐어 등은 지우고 들어간다.

06 다음 <보기>에서 설명하는 소독제의 종류로 적합한 것은?

- 손 소독 시에는 에탄올을 사용한다.
- 단백질 변성기전으로 소독효과를 낸다.
- 주로 70~80% 농도의 수용액을 사용한다.

① 승홍수　　② 생석회　　③ 알코올
④ 크레졸수　　⑤ 포르말린

✓ • 승홍수 : 살균력이 강하며 맹독성이 있다. 피부소독에는 0.1~0.5% 수용액을 사용한다.
• 생석회 : 발생기 산소에 의해 소독되며 생석회분말과 물을 8:2로 혼합하여 사용한다.
• 크레졸 : 페놀화합물로서 3% 수용액을 사용한다.
• 포르말린 : 포름알데하이드의 35% 수용액으로서 단백질 응고 작용을 하며, 강한 살균력으로 0.02~0.1의 수용액을 사용한다.

07 작업자의 복장 착용에 대한 설명으로 적합하지 않은 것은?

① 작업소 내·외부에서 모두 착용한다.
② 작업복은 땀의 흡수 및 배출이 용이한 것이 좋다.
③ 작업화는 신발 바닥이 우레탄 코팅이 되어 있는 것이 좋다.
④ 주 1회 세탁을 원칙으로 하며 하절기는 횟수를 늘린다.
⑤ 작업복의 재질은 먼지, 이물 등을 유발시키지 않는 것이 좋다.

✓ 작업복은 작업소 입실 전에 착용하여 입실하며, 작업소 이외 구역으로 외출 시에는 작업복을 탈의하고 외출해야 한다.

08 작업자의 위생상태 판정을 위한 주관부서의 역할로 적합하지 않은 것은?

① 신입사원 채용 시 키와 몸무게를 확인한다.
② 주관부서는 양호실을 설치하고 운영한다.
③ 작업자의 건강상태를 정기 및 수시로 파악한다.

④ 근로기준법에 의거 정기(연 1회) 및 수시로 의사에게 진단 받도록 한다.
⑤ 건강상 문제가 있는 작업자는 귀가 조치 또는 질병의 종류에 따라 화장품과 접촉하지 않는 작업을 수행하도록 한다.

✓ 신입사원 채용 시 종합 병원의 건강진단서를 첨부한다. 화장품을 오염시킬 수 있는 질병(전염병) 또는 업무 수행을 할 수 없는 질병이 있는지 여부를 알기 위해 받을뿐 키, 몸무게와는 무관하다.

09 다음 <보기>에서 작업장 내 복장기준으로 적절한 것을 모두 고르면?

㉠ 소독은 하지 않음
㉡ 규정된 작업복 착용
㉢ 작업모는 필요 없음
㉣ 주 1회 이상 세탁을 원칙
㉤ 특수화장품 제조실은 방진복을 착용

① ㉠, ㉡, ㉢　　　　② ㉠, ㉡, ㉣
③ ㉡, ㉢, ㉤　　　　④ ㉡, ㉢, ㉣
⑤ ㉡, ㉣, ㉤

✓ 청정도에 맞는 적절한 작업복, 모자, 신발을 착용하며 목적과 오염도에 따라 세탁하고 필요에 따라 소독한다. 또한 작업복은 주 1회 이상 세탁을 원칙으로 하며 수시로 복장의 청결 상태를 점검한다.

10 맞춤형화장품 작업장 내 직원의 위생기준에 대한 내용으로 바르지 않은 것은?

① 소분·혼합할 때에는 위생복, 위생모자를 착용하며 필요시에는 일회용 마스크를 착용한다.
② 방문객과 훈련받지 않은 직원이 제조관리 보관구역으로 방문객을 안내한다.
③ 방문객의 출입기록을 남겨야 한다.
④ 오염된 작업복은 세탁을 하고 필요에 따라 소독한다.
⑤ 출입기록은 소속 이름, 방문목적과 입출시간 동행자 성명을 남겨야 한다.

✓ 방문객과 안전위생의 교육 훈련을 받지 않은 직원이 제조관리 보관구역으로 출입하는 일은 안내자 없이 허용되지 않는다.

정답 06. ③ 07. ① 08. ① 09. ⑤ 10. ②

11 맞춤형화장품 작업장 내 직원의 위생기준에 대한 내용으로 바르지 않은 것은?

① 규정된 작업복을 착용하고 일상복이 작업복 밖으로 노출되지 않도록 한다.
② 개인사물은 지정된 곳에 보관하고 작업실로 가지고 들어온다.
③ 작업 전 지정된 장소에서 손 소독을 실시하고 작업한다.
④ 먼지 땀 등을 제거하기 위해서는 작업장 진입 전 샤워 설비가 비치된 장소에서 샤워 후 입실한다.
⑤ 작업자는 제품품질에 영향을 미칠 수 있다고 판단될 때에는 해당부서장에게 사유를 보고하고 건강 이상에 따라 작업금지, 조퇴, 업무전환 등의 조치를 취한다.

✓ 개인사물은 지정된 곳에 보관하고 작업실내로 가지고 들어오지 않는다.

12 맞춤형화장품 작업장 내 위생 점검기준에 대한 내용으로 바르지 않은 것은?

① 작업자의 건강상태는 정기검진 및 수시로 파악해야 한다.
② 전염성 질환의 발생 또는 그 위험이 있는 자
③ 훼손된 작업복은 세탁·수선한다.
④ 작업복은 먼지가 발생하지 않는 무진 재질의 소재로 되어야 한다.
⑤ 작업자의 손을 세척하는데 사용되는 손세척제로 액체비누가 사용된다.

✓ 훼손된 작업복은 폐기한다.

13 작업자 개인위생 점검 중 옳지 않은 것은?

① 작업자의 건강 상태는 정기 및 수시로 파악된다.
② 포인트 메이크업을 한 작업자는 화장품을 지운 후에 입실한다.
③ 작업 전 지정된 장소에서 손 소독을 실시하고 작업에 임한다.
④ 개인 사물은 지정된 장소에 보관하고, 필요시 작업실 내로 가지고 들어와도 상관없다.

⑤ 피부에 외상이 있거나 질병이 걸린 직원은 건강이 양호해지거나 화장품에 영향을 주지 않는다는 의사의 소견이 있기 전까지는 화장품과 직접 접촉되지 않도록 격리시켜야 한다.

✓ 개인 사물은 지정된 장소에 보관하고, 작업실내로 가지고 들어오면 안 된다.

14 화장품 제조설비의 세척의 원칙이 아닌 것은?

① 세척 후는 반드시 판정한다.
② 증기세척을 권하지 않는다.
③ 브러시 등으로 문질러 지우는 것을 고려한다.
④ 위험성이 없는 용제로 세척한다.
⑤ 판정 후의 설비는 건조, 밀폐해서 보존한다.

✓ 제조설비는 증기세척을 권한다.

15 작업자 작업복 관리에 대한 설명으로 옳지 않은 것은?

① 작업복의 정기 교체주기를 정해야 한다.
② 작업복은 주기적으로 세탁하거나 오염 시에 세탁한다.
③ 작업복을 작업장 내에 세탁기를 설치하여 세탁하거나 외부업체에 의뢰하여 세탁한다.
④ 작업복은 먼지가 발생하는 소재를 사용해도 무관하다.
⑤ 작업자는 작업종류 혹은 청정도에 맞는 적절한 작업복 모자와 작업화를 착용하고 필요 시 마스크와 장갑을 착용한다.

✓ 작업복은 먼지가 발생하지 않는 무진재질의 소재로 되어야 한다.

16 작업장 내 직원의 복장기준으로 적합하지 않은 것은?

① 작업복은 상하의가 하나로 붙은 것이 좋다.
② 머리카락을 완전히 감싸는 형태의 모자를 사용해야 한다.
③ 실험복은 백색가운으로서 전면 양쪽 주머니가 있어야 한다.
④ 방진복은 전면지퍼, 긴 소매바지, 주머니가 없

정답 11. ② 12. ③ 13. ④ 14. ② 15. ④ 16. ①

어야 한다.
⑤ 방진복은 완전히 감싸는 형태로 손목, 허리, 발목에 고무줄, 모자 또한 챙이 있고 두상을 완전히 감싸는 형태

✓ ① 상하의가 분리된 것으로 착용

③ 가볍고 땀의 흡수 및 방출이 용이
④ 작업모자 착용 시 앞머리는 내려와도 됨
⑤ 보온성이 적당하여 작업에 불편이 없어야 함

✓ 작업모자 착용 시 두발 전체를 감싸서 밖으로 나오면 안 된다.

17 작업자의 위생상태 판정을 위한 주관부서의 업무내용에 해당하지 않는 것은?

① 주관부서는 작업자의 건강상태를 정기 및 수시로 파악해야 한다.
② 신입사원 채용 시 종합 병원의 건강진단서를 첨부해야 한다.
③ 주관부서는 정기 및 수시 진단결과 이상이 있는 작업자에 한해 그 결과를 해당부서(팀)장에 통보하여 조치하도록 해야 한다.
④ 생산 부서장은 매일 작업 개시 전에 작업자의 건강상태를 점검한다.
⑤ 주관부서는 작업자의 일상적인 건강관리를 위하여 의료기관을 설치하고 운영한다.

✓ 주관부서는 작업자의 일상적인 건강관리를 위하여 양호실을 설치하고 운영한다.

20 화장품 제조에 있어서 작업모자의 기준이 올바른 것은?

ⓐ 착용 후 두상의 형태가 원형을 유지해야 함
ⓑ 가볍고 착용이 용이
ⓒ 보온성이 적당하여 작업에 불편이 없어야 하며 내구성이 우수해야 함
ⓓ 착용 시 두발 전체를 감싸서 밖으로 나오면 안 됨
ⓔ 공기 유통이 원활, 분진 기타 이물이 나오지 않아야 함

① ⓐ, ⓑ, ⓒ   ② ⓐ, ⓑ, ⓓ
③ ⓐ, ⓒ, ⓔ   ④ ⓑ, ⓓ, ⓔ
⑤ ⓐ, ⓑ, ⓓ, ⓔ

✓ ⓒ 보온성이 적당하여 작업에 불편이 없어야 하며 내구성이 우수해야 한다. ⇨ 작업화(신발)의 기준

18 작업자의 손 세척 및 손 소독에 대하여 적합하지 않은 것은?

① 손 씻을 때 손등과 손바닥을 마주대고 문지른다.
② 흐르는 물로만 씻으면 제거 효과가 없다.
③ 일회용 종이타월이나 손 건조기를 이용하여 물기를 건조시킨다.
④ 손깍지를 끼고 문지른다.
⑤ 비누를 사용하여 흐르는 물로 20초 이상 씻었을 경우 99.8%의 세균제거 효과가 있다.

✓ 흐르는 물로만 씻어도 상당한 제거 효과가 있다.

21 다음 <보기>는 세척제에 관한 설명이다. ⓐ에 적합한 것은?

(ⓐ)은 고체, 티슈형태, 액상 등이 있다. 일시적 집락균을 제거시키는 세척제로서 병원균을 제거하지 못하면 오히려 알칼리성으로 피부자극과 건조로 인해 세균 수를 증가시킨다.

① 승홍   ② 비누   ③ 석탄산
④ 알코올   ⑤ 크레졸

✓ 비누는 향균력은 없지만 일시적 집락균을 제거시키는 세척제로서 작업자의 손을 세척하는 데 액상형 비누가 많이 사용된다.

19 화장품 제조에 있어서 작업복의 기준에 해당하지 않는 것은?

① 내구성이 우수해야 함
② 먼지의 부착성이 적어야 하며 세탁이 용이

정답 17. ⑤ 18. ② 19. ④ 20. ⑤ 21. ②

Chapter 3. 설비 및 기구관리

일정 주기별 생산설비와 기구의 제조 설계 사양을 기준으로 예방점검시기, 항목, 방법, 내용, 후속조치 요건들을 설정하여 지속적인 관리가 필요하다.

Section 01 설비·기구의 위생 기준 설정

1) 화장품의 생산설비

화장품을 생산하기 위해서는 분체 혼합기, 유화기, 혼합기, 충전기·포장기 등의 제조설비와 냉각·가열장치, 분쇄기, 에어로졸 제조장치 등 부대설비와 저울, 온도계, 압력계 등의 계측기기가 사용된다.

> ☑ 설비와 기구의 관리 목적
> - 생산시설에 사용되는 설비 및 기구의 기능향상과 보전관리는 상품의 생산성을 높이고[1] 품질의 균질성을 유지하며[2] 생산원가의 절감에 따른 상품의 경쟁력 향상[3]에 근거를 두고 있다.

(1) 설비·기구 유지관리

화장품에 사용되는 모든 설비 또는 기구는 의도된 목적에 적합하도록 유지·관리되어야 한다. 이를 위해 설비 세척과 소독에 대한 표준 지침을 만들어 작업자가 동일하게 세척과 소독을 할 수 있게 해야 한다.

① 유지·관리의 정의 및 종류

화장품 생산시설에는 화장품을 생산하는 설비와 기기가 들어있는 건물, 작업실, 건물 내의 통로, 갱의실, 손을 씻는 시설 등을 포함한다. 원료, 포장재, 완제품, 설비의 유지·관리란 설비의 기능을 유지하기 위하여 실시하는 정기점검이다.

② 유지·관리의 종류(CGMP 11조 유지관리 알아두기)

구분	특징
예방적 활동 (Preventive activity)	· 제조탱크, 충전 설비, 타정기 등 주요 설비 및 시험장비와 관련하여 실시 · 정기적으로 교체하여야 하는 부속품들에 대하여 연간 계획을 세워서 시정 실시를 하지 않는 것을 원칙으로 함 예 망가지고 나서 수리하는 일로서 속담에 소 잃고 외양간 고치는 것을 미연에 방지하자는 의미임
유지보수 (Maintenance)	· 고장 발생 시의 긴급점검이나 수리를 말함 · 작업을 실시할 시 설비의 갱신·변경으로 기능이 변화해도 좋으나 기능의 변화와 점검작업 그 자체가 제품품질에 영향을 미쳐서는 안 됨 · 설비가 불량해져서 사용할 수 없을 때는 그 설비를 제거하거나 확실하게 사용불능 표시함

구분	특징
정기 검교정 (Calibration)	· 제품의 품질에 영향을 줄 수 있는 계측기(생산설비 및 시험설비)에 대하여 정기적으로 계획을 수립하여 실시해야 한다.
사용 전 검교정	· 여부를 확인하여 제조 및 시험의 정확성을 확보한다.

③ 설비·기구의 유지관리(CGMP 제10조)

· 건물, 시설, 주요 설비는 정기적으로 점검하여 화장품의 제조 및 품질관리에 지장이 없도록 유지·관리·기록해야 한다.
· 결함 발생 및 정비 중인 설비는 적절한 방법으로 표시하고, 고장 등 사용이 불가할 경우 따로 표시해 두어야 한다.
· 세척한 설비는 다음 사용 시까지 오염되지 않도록 관리해야 한다.
· 모든 제조 관련 설비는 승인된 자만이 접근·사용해야 한다.

· 제품의 품질에 영향을 줄 수 있는 검사·측정·시험장비 및 자동화 장치는 계획을 수립하여 정기적으로 교정 및 성능점검을 하고 기록해야 한다.
· 유지관리 작업이 제품의 품질에 영향을 주어서는 안 된다.
· 설비의 제어에 있어 컴퓨터를 사용한 자동시스템을 사용하는 경우
- 액세스 제한 및 고쳐 쓰기 방지에 대한 대책을 시행해야 한다.
- 선의든 악의든 관계없이 제조 조건이나 제조 기록이 마음대로 변경되는 일이 없도록 해야 한다.
· 설비의 가동 조건을 변경했을 때는 충분한 변경 기록을 남겨놔야 한다.

④ 설비·기구에 대한 관리 지침

제조되는 **화장품의 종류·양·품질에 따라** 사용하는 **생산설비는 다양하게 사용**된다.

- 사용목적에 적합하고 청소가 가능하며, 필요 시 위생·유지가 관리가 가능하여야 한다(자동차 시스템을 도입한 경우도 또한 같다).

- 사용하지 않는 연결 호스와 부속품은 청소 등 위생관리를 하며 건조한 상태로 유지하고 먼지나 얼굴 또는 다른 오염으로부터 보호한다.

· 모든 호스는 필요 시 청소 또는 위생처리를 한다.
- 청소 후에 호스는 완전히 비우고 건조시킨다.
- 호스는 정해진 지역에 바닥에 닿지 않도록 정리하여 보관한다.
· 모든 도구와 이동 가능한 기구는 청소 및 위생처리 후 정해진 지역에 정돈 방법으로 보관한다.

· 설비 등은 제품의 오염을 방지하고 배수가 용이하도록 설계·설치하며, 제품 및 청소 소독제와 화학반응을 일으키지 않아야 한다.
· 설비의 표면은 청소하기 용이한 재료를 설계해야 한다.
· 페인트를 칠한 지역은 우수한 정비 상태로 유지한다.
- 벗겨진 칠은 바로 보수해야 한다.

- 설비 등의 위치는 원자재나 직원의 **이동으로 인하여** 제품의 **품질에 영향을 주지 않도록 한다.**

- 용기는 먼지나 수분으로부터 보호한다.

- 제품(반제품 보관)용기들은 환경의 먼지와 습기로부터 보호해야 한다.

- 제품과 설비가 오염되지 않도록 배관 및 배수관을 설치한다.

- 배수관은 역류되지 않아야 하고, 항상 청결을 유지한다.

- 시설 및 기구에 사용되는 소모품[에 개스킷(Gasket, Packing), 보관용기와 봉지의 성분이 화장품에 녹아 흡수 되거나 화학반응을 일으키는 등]은 제품의 품질에 영향을 주지 않도록 한다.

- 소모품을 선택할 때는 그 재질과 표면이 제품과의 상호작용을 검토하여 신중하게 고른다.
- 포장 설비의 선택은 제품의 공정, 점도, 제품의 안정성, pH, 밀도, 용기 재질 및 부품 설계 등과 같은 제품과 용기의 특성에 기초를 두어야 한다.

2) 설비·기구의 세척 절차에 대한 지침

제조에 필요한 설비 등은 설비·기구 세척에 대한 절차서를 수립하여 세척기준과 세척제에 대한 사용을 표준화함으로서 세척절차 문서에는 다음 사항을 포함한다.

세척절차 문서	설비세척의 원칙
· 세척을 실시하는 자의 요건[1](교육 및 훈련사항 등) · 세척주기 설정[2](필요한 경우 소독주기 포함) · 세척용 세척제의 희석을 포함한 세척방법 및 사용 약품에 관한 설명[3] · 적절한 세척을 위한 각 설비의 해체와 조립에 관한 설명[4] · 사용하기 전까지 세척된 설비를 오염으로부터 보호하기 위한 방법[5] · 청소 완료 후, 청소 유효기간(1~2주) 설정[6]	· 위험성이 없는 용제(물이 최적)로 세척한다. · 가능한 한 세제를 사용하지 않으며 세제(계면활성제)를 사용할 경우 다음의 위험성이 있다. - 세제는 설비 내벽에 남기 쉽다. - 잔존한 세척제는 제품에 악영향을 미친다. - 세제가 잔존하고 있지 않은 것을 설명하기에는 고도의 화학분석이 필요하다. · 증기세척을 권장한다. · 브러시 등으로 문질러 지우는 것을 고려한다. · 분해할 수 있는 설비는 분해해서 세척한다. · 세척 후에는 반드시 "판정"한다. · 판정 후의 설비는 건조·밀폐해서 보존한다. · 세척의 유효기간을 정한다(예 세척 후 5일, 세척 후 2주). · 세척 후에는 세척 완료 여부를 확인할 수 있는 표시(육안판정, 점검책임자)를 한다.

알아두기!

☑ **세척(Cleaning):** 제품 잔류물과 흙, 먼지, 기름때 등의 오염물을 제거하는 과정

☑ **소독(Disinfection):** 오염 미생물 수를 허용수준 이하로 감소시키기 위해 수행하는 절차

☑ **세척과 소독**
- 화장품 제조를 위해 제조설비의 세척과 소독은 문서화된 절차(예 표준작업절차서)에 따라 수행하고 세척기록은 잘 보관해야 한다.
- 세척 및 소독된 모든 장비는 건조시켜 보관하는 것이 제조 설비의 오염을 방지할 수 있다.
- 세척과 소독주기는 주어진 환경에서 수행된 작업의 종류에 따라 결정한다.
- 세척완료 후, 세척상태에 대한 평가를 실시하고 세척완료 라벨을 설비에 부착한다. 만약, 세척 유효기간(예 세척 후 14일)이 경과하면 재세척을 실시한다.

안정적인 품질의 청결한 화장품을 제조하기 위해 제조 설비의 세척과 소독은 매우 중요한 과정으로 문서화된 절차에 따라 수행하며 관련 문서는 잘 보관해야 한다.

(1) 세척 대상 및 확인 방법

칭량·제조·포장 공정에서 사용되어 세척이 필요한 설비 및 기구류에 대해 적용한다. 또한 세척 또는 소독된 모든 기구는 건조시켜 보관하는 것이 오염을 방지할 수 있다.

혼합기	충진기	저울	세병기
· 혼합기(Mixer blender) 전체의 세척 및 관리상태 - 혼합기 내 잔류물 또는 이물질의 존재 유·무 · 내용물 및 원료 등과 직접 접촉하는 부위(임펠라와 샤프트 등)에 이물질 존재 유·무	· 충진기(Cam filler) 전체의 세척 및 관리상태 - 충진기 내 잔유물·이물질의 존재 유·무	· 저울(Weighting machine) 전체의 세척 및 관리상태 - 칭량판의 이물질 존재 유·무	· 세병기(Bottle washing machine) 전체의 세척 및 관리상태 - 세병기의 정상 작동 유·무 - 세병부위의 이물질 존재 유·무

☑ **임펠라(Impeller):** 액의 교반에 사용되는 젖은 날개로서 조개형, 프로펠러형, 터빈형 등이 있다.
- 조개형: 천천히하는 교반에 사용/ - 프로펠러형: 저점도 대용량 액의 교반에 사용/ - 터빈형: 빠른 교반에 사용

☑ **샤프트(Shaft):** 축(軸)동력을 전달하는 막대 모양의 기계부품

(2) 세척 대상 물질·설비의 구분

설비의 세척에는 많은 종류가 있다. 세척대상 물질 및 세척대상 성비에 따라 <u>적절한 세척</u>을 실시해야 한다. 세척에는 확인이 요구된다. 제조작업자뿐 아니라 화장품 제조에 관련된 모든 직원이 세척을 잘 이해해야 한다.

① 세척 대상 물질	② 세척대상 설비의 종류 구분
· 동일 또는 이종제품 · 불용 또는 가용물질 · 화학물질(원료·화합물), 미립자, 미생물 · 쉽게 분해되는 물질, 안정된 물질 · 세척이 쉬운 또는 곤란한 물질 · 검출이 쉬운 또는 곤란한 물질	· 큰 또는 작은 설비 · 세척이 용이 또는 곤란한 설비 · 설비·배관·용기·호스·부속품 · 용기내부의 단단한 표면, 호스와 같은 부드러운 표면

(3) 위생상태 판정법

육안 확인	천으로 문질러 부착물로 확인	린스액의 화학분석
· 장소는 미리 정해 놓고 판정 결과를 기록서에 기재한다.	· 흰색 천이나 검은색 천으로 설비 내부의 표면을 닦아내고 천 표면의 잔유물 유·무로 세척 결과를 판정한다.	· 상대적으로 복잡한 방법이나 수치로서 결과 확인이 가능하다. · 고성능액체 크로마토그래피(HPLC법), 박층크로마토그래프(TLC), 총유기탄소(TOC), UV

설비·기구 세척에 대한 절차서(표준작업절차서)를 수집하고 세척기준과 세척제에 대한 사용방법을 직원들이 수월하게 수행할 수 있도록 다음과 같이 진행한다.

1) 제조설비 및 기구 오염물질 제거 및 소독방법

(1) 제조설비·기구 세척 및 소독 관리(표준서1)

적용기계 및 기구류①	· 믹서, 펌프, 필터, 카트리지 필터, 호모지나이저
세척도구②	· 솔, 수세미, 스펀지 · 스팀세척기
세제 및 소독제 종류 및 농도③	· 일반 주방세제(0.5%), 에탄올(70%)
점검방법④	· 점검책임자는 육안으로 세척상태를 점검하고, 그 결과를 점검표에 기록한다. · 품질관리 담당자는 매 분기별로 세척 및 소독 후 마지막 헹굼 수를 채취하여 미생물 유·무를 시험한다.
세척 및 소독주기⑤	· 제품변경 또는 작업완료 후 · 설비 미사용 72시간 경과 후, 밀폐되지 않은 상태로 방치 시 · 오염 발생 또는 시스템 문제 발생 시
세척 방법⑥	· 호모지나이저, 믹서, 필터하우징은 장비 매뉴얼에 따라 분해함 · 제품이 잔류하지 않을 때까지 필터를 온수로 세척함 · 스펀지와 세척제를 이용하여 닦아 낸 다음, 상수와 정제수를 이용하여 헹굼 · 필터를 통과한 깨끗한 공기로 건조시킴 · 잔류하는 제품이 있는지 확인하고 필요에 따라 위의 방법을 반복함
소독 방법⑦	· 세척이 완료된 설비의 기구를 에탄올(70%)에 10분간 담금 · 에탄올에서 꺼내어 필터를 통과한 깨끗한 공기로 건조하거나 UV로 처리한 수건이나 부직포 등을 이용하여 닦아 냄 · 세척된 설비는 다시 조립하고, 비닐 등을 씌워 2차 오염이 발생하지 않도록 보관함

☑ **교반(Agitation):** 물리적 또는 화학적 성질이 다른 2종 이상의 물질을 외부적인 기계 에너지를 사용하여 균일한 혼합 상태로 만드는 일

☑ **호머지나이저(Homogenizer):** 서로 용해되지 않는 두 가지의 액체물질을 강력하게 휘저어 유제로 만드는 기계, 생체 세포를 파쇄하여 액체 속에 유상으로 고르게 분산하는 장치

(2) 제조 설비·기구 세척 및 소독관리(표준서2)

적용기계 및 기구류①	· 제조 탱크, 저장 탱크(일반제품)
세척도구②	· 솔, 수세미, 스펀지 · 스팀세척기
세제 및 소독제 종류 및 농도③	· 일반 주방세제(0.5%), 에탄올(70%)
점검방법④	· 표준서 1과 동일
세척 및 소독주기⑤	· 제품변경 또는 작업완료 후 · 설비 미사용 72시간 경과 후, 밀폐되지 않은 상태로 방치 시 · 오염 발생 또는 시스템 문제 발생 시

세척 방법⑥	· 제조 탱크·저장탱크를 <u>스팀세척기로</u> 깨끗이 세척한다. · 상수를 탱크의 80%까지 채우고 80℃로 가온한다. · 매달 25r/m, 효모 2,000r/m으로 10분간 교반 후 배출한다. · <u>탱크벽과 뚜껑을 스펀지와 세척제로</u> 닦아 잔류하는 반제품이 없도록 제거한 후 UV로 처리한 깨끗한 수건이나 부직포 등을 이용하여 물기를 완전히 제거한다.
소독 방법⑦	· 세척된 탱크의 내부 표면 전체에 에탄올이 접촉되도록 고르게 스프레이한다. · 탱크의 뚜껑을 닫고 30분간 정체해 둔다. · 정제수로 헹군 후 필터된 공기로 완전히 말린다. · 뚜껑은 에탄올을 적신 스펀지로 닦아 소독한 후 자연건조하여 설비에 물이나 소독제가 잔류하지 않도록 한다. · 사용하기 전까지 뚜껑을 닫아서 보관한다.

(3) 작업장 및 제조설비

- 작업장 및 제조설비는 교차오염방지(청소·세척)

- 작업장과 제조설비의 세척제(별표6)에 적합하여야 함

세척제명	비고
· 과산화수소(Hydrogen peroxide) · 과초산(Percetic acid, Peroxyacetic acid) · 젖산(Latic acid)-AHA의 일종(각질제거, 탁월한 보습력) · 알코올(아이소프로판올 및 에탄올) · 계면활성제(Surfactant) · 석회장석유(Lime feld spar-milk) · 탄산나트륨(Sodium carbonate, NaCO₃) · 수산화나트륨(Sodium hydroxide, NaOH) · 구연산(Citric acid, C₆H₈OH) · 식물성비누(Vegetable soap) · 아세트산(Acetic acid, CH₃COOH), 에탄산(신맛이 나는 초산) · 열수와 증기(Hot water and steam) · 정유(Plant essential oil) · 수산화칼륨(Potassium hydroxide, KOH) · 무기산과 알칼리(Mineral acid and alkalis)	* 계면활성제 · 재생기능 · EC50 or IC50 or LC50>10mh/1 · 혐기성 및 호기성 조건하에서 쉽고 빠르게 생분해 되어야 한다. · (OECD 301> 70% in 28days) · 에톡실화계면활성제(Ethoxy lated alkykl amine, 양이온 or 비이온 계면활성제)는 적은 표면에 흡착(접착)하는 능력이 있다. 상기 조건에 추가하여 아래 조건을 만족해야 한다. - 전체 계면활성제의 50% 이하일 것 - 에톡실화가 8번 이하일 것 - 유기농 화장품에 혼합되지 않을 것 * 식초는 약 5%의 아세트산(CH₃COOH, 에탄산이라고도 함)을 함유하는 수용액이다.

Section 04 설비·기구의 구성 재질 구분

(1) 설비 및 기구의 재질

① 제조·충진에 사용되는 혼합교반기(아지믹서), 호모믹서(유화에멀젼 반응기), 혼합기, 디스퍼(고속교반), 충전기 등은 스테인리스 스틸 #304(내열성이 강함) 또는 #316 재질(내식성)을 사용한다.

☑ **내식성(#316)**: 철을 사용하지 않고 녹이 쓸지 않는(철강에 비해 녹슬지 않는다는 의미임), 강한 화학성(강산성·강알칼리성)으로서 내식성이 가장 강한 것은 금(金)이다.

☑ **내열성(#304)**: 호모아지믹서 진공탱크(유화에멀젼 교반탱크)를 유화성(오일) 사용하는 화장품에 진공식 압력 탱크로 제작

② 칭량·혼합·소분 등에 사용되는 기구는 이물이 발생하지 않고 원료 및 내용물과 반응성이 없는 스테인레스 스틸 또는 플라스틱으로 제작된 것을 사용하며 유리재질의 기구는 파손에 의한 이물 발생의 우려가 있어 권장되지 않는다.

(2) 제조설비

① 탱크(Tanks)

* 공정단계 및 완성된 포뮬레이션 과정에서 공정 중인 또는 보관용 원료를 저장하기 위해 사용되는 용기이다.

* 탱크는 가열과 냉각 또는 압력과 진공조작을 할 수 있도록 만들어질 수 있으며, 고정되거나 이동할 수 있게 설계되기도 한다.

* 탱크는 적절한 커버를 갖추어야 하며 청소와 유지관리를 쉽게 할 수 있어야 한다.

☑ **구성재질 요건**
* 세제 및 소독제와 반응해서는 안 된다.
* 제품에 해로운 영향을 미쳐서는 안 된다.
* 온도·압력범위가 조작 전반과 모든 공정 단계의 제품에 적합해야 한다.
* 제품(포뮬레이션·원료·생산 공정 중간생산물)과의 반응으로 부식되거나 분해를 초래하는 반응이 있어서는 안 된다.
* 제품 또는 제품 제조 과정, 설비세척 또는 유지관리에 사용되는 다른 물질이 스며들어서는 안 되며, 세제 및 소독제와 반응해서도 안 된다.
* 탱크의 재질은 기계로 만들고 광을 낸 표면은 제품이 뭉치게 되어 세척이 어려워 미생물 또는 교차오염 문제를 일으킬 수 있다.

☑ **구성 재질**
* 스테인리스 스틸은 탱크의 제품에 접촉하는 표면 물질로 일반적으로 선호된다.
- 등급은 유형번호 304, 부식에 더 강함 316 스테인리스 스틸
* 유리로 안을 댄 강화유리섬유 폴리에스터와 플라스틱으로 안을 댄 탱크
- 미생물학적으로 민감하지 않은 물질 또는 제품에 사용

② 혼합과 교반장치(Mixing and agitation equipment)

- 제품의 균일성과 제형을 만들 때 사용된다.

- 기계 설비는 간단한 회전 날에서 정교한 제분기(Mill)와 균질화기(Homogenizer)까지 있다.

☑ **구성 재질**: 전기화학적인 반응을 피하기 위해서 혼합의 재질이 혼합을 설치할 모든 것은 부분 및 탱크와의 공존이 가능한지를 확인해야 한다. 대부분의 혼합은 봉인(Seal)과 개스킷에 의해서 제품과의 접촉으로부터 분리된 내부 패킹과 윤활제를 사용한다.

③ 펌프(Pumps)

- 펌프는 다양한 점도의 액체를 한 지점에서 다른 지점으로 이동하기 위해 사용된다.

- 펌프는 제품을 혼합(재순환 및 균질화)하기 위해 사용된다.

- 원심력을 이용, 낮은 점도의 액체를 사용: 열린 날개차(임펠러), 닫힌 날개차(임펠러)
  > 예 물, 청소용제

- 양극적인 이동(이용 시 점성이 있는 액체에 사용) : 2중 돌출부-기어, 피스톤
  > 예 미네랄오일, 에멀젼(크림 또는 로션)

☑ **구성 재질**
- 펌프는 많이 움직이는 젖은 부품들로 구성되고 종종 하우징(Housing)과 날개차(Impeller)는 닳는 특성 때문에 다른 재질로 만들어져야 한다.
- 추가적으로 보통 펌핑된 제품으로 젖게 되는 개스킷(Gasket), 패킹(Packing) 그리고 윤활제가 있다.
- 모든 젖은 부품들은 모든 온도 범위에서 제품과의 적합성에 대해 평가되어야 한다.

④ 호스(Hoses)

- 고무재질로서 화장품 생산 작업에 <u>훌륭한 유연성을 제공</u>하기 때문에 한 위치에서 또 다른 위치로 제품을 전달을 위해 **화장품 산업에서 광범위하게 사용**된다. 유형과 구성제재는 다양하며 조심해서 선택, 사용해야 하는 중요한 설비의 하나이다.

☑ **구성 재질- 위생적 측면을 강조**
- 나일론4
- 폴리에틸렌 또는 폴리프로필렌
- 타이곤(폴리염화비닐) 또는 강화된 타이곤(Tygon)
- 강화된 식품등급의 고무 또는 네오프렌(합성고무)
- 내열·내식성(스테인레스 스틸과 플라스틱)이 우수함 또한 내용물과 반응성이 없다.
- 유리는 안정성이 없다.

⑤ 필터, 여과기, 체(Filters, Strainers, Sieves)

화장품 원료와 완제품에서 원하는 입자 크기, 모양을 깨뜨리거나 불순물을 제거 또는 현탁액에서 초과물질 등을 제거하기 위해 사용된다.

☑ **구성 재질:** 스테인리스 스틸(316L)과 비 반응성 섬유

⑥ 이송 파이프(Transport piping)

- 제품을 한 위치에서 다른 위치로 운반하는 밸브와 부속품은 흐름을 전환, 조작, 조절과 정지하기 위해 사용된다.

- 설계 시 제품 점도, 유속 등을 고려하여 교차오염의 가능성을 최소화하고 역류방지 등에 유의해야 한다.

☑ **구성 재질:** 유리, 스테인리스 스틸 #304, #316, 구리, 알루미늄 등

⑦ 칭량 장치(Weighing device)

- 원료나 제조과정의 재료 또는 완제품에서 요구되는 성분표 양과 기준을 만족하는지를 보증하거나 중량적으로 측정하기 위해 사용된다.

☑ **구성 재질:** 계량적 눈금의 노출된 부분들은 칭량작업에 간섭하지 않는다면 보호적인 피복제로 칠할 수 있다.

☑ **유형:** 기계식, 광선타입, 진자타입, 전자식 그리고 로드셀(Load cell)과 같은 몇몇 작동 원리를 갖는 칭량장치의 유형이 있다.

⑧ 게이지와 미터(Gauges and Meters)

- 온도, 압력, 흐름, pH, 점도, 속도, 부피 그리고 다른 화장품의 특성을 측정·기록하기 위해 사용되는 기구

- 제조업자들에게 다양하게 보유되며 정교하고 자세한 전자적 설비와 표준 pH미터와 비수은 온도계 같은 전통적인 장치나 설비를 갖고 있을 수 있다.

☑ **구성 재질:** 여러 가지 측정과 기록에 영향 받지 않게 만들어져야 하며, 대부분의 제조자들은 기구들과 제품, 원료 간·직접 접하지 않도록 분리장치를 함

⑨ 교반기(Mixer)

교반기의 종류		회전 속도	설치
설치 위치	회전 날개	· 240~3,600rpm · 화장품 제조에서 분산 공정의 특성에 맞게 선택해 사용	· 교반의 목적, 액의 비중, 점도의 성질, 혼합 상태, 혼합 시간 등을 고려하여 교반기를 편심 또는 중심 설치한다.
· 아지믹서(Agimixer) · 측면형 믹서(Paddle Mixer) · 저면형 믹서(Bottom Mixer)	· 프로펠러형(또는 디스퍼) · 임펠러형		

⑩ 호모믹서(Homo mixer)

구조	종류		
	진공 유화기	초음파 유화기	기타 유화장치
· 터빈형의 날개를 원통으로 둘러 싼 구조 · 통속에서 대류가 일어나 균일하고 미세한 유화입자 형성 · 고정된 고정자(Stator)와 고속회전이 가능한 운동자(Rotor) 사이의 간격으로 내용물의 대류현상으로 통과되며 강한 전단(Sheer force)력을 받는다. - 즉, 전단력, 충격 및 대류에 의해서 균일하고 미세한 유화입자를 얻음	· 밀폐된 진공상태의 유화 탱크에 용해 탱크원료 (유상원료)가 자동 주입된 후 교반속도, 온도, 시간조절, 탈포, 냉각 등이 컨트롤 패널로 자동 조작이 가능한 장치임 · 호모믹서와 패들믹서로 구성되어 있으며, 현재 가장 많이 사용되는 장치임	· 초음파 발생장치로부터 나오는 초음파를 시료에 조사하는 방법과 진동이 있는 관 내부로 시료를 흘려 보낼 시 초음파가 발생하도록 하는 장치 · 나노 분산, 혼합물 용해 및 추출 등에 사용되며, 균질화 및 유화에 사용됨	· 리포좀이나 나노 에멀전 제조에 사용되는 고압 · 호모지나이저와 콜로이드밀, 초음파유화기 등이 있음

⑪ 혼합기(Dispersing mixer)

• 회전형은 용기 자체가 회전하는 것으로 원통형, 이중 원추형, 정입방형, 피라미드형, V형 등이 있다.

• 고정형은 용기가 고정되어 있으며 내부에서 스크루형, 리본형 등의 교반 장치가 회전한다. 따라서 혼합기의 형은 회전·고정형으로 나뉜다.

리본 믹스(Ribbon Mixer)	원추형 혼합기	V형 혼합기
· 고정 드럼 내부에 이중의 리본 타입 교반날개가 있음 - 외측의 분립체는 중앙으로, - 내측의 리본은 외측 방향으로 이송하는 것에 의해 대류, 확산 및 전단 작용을 반복하여 혼합이 이루어짐	· 드럼 내에 개방된 스크루가 자전 및 공전을 동시에 진행하면서 투입된 원료에 복잡한 혼합 운동이 이루어짐 · 혼합속도는 아래로부터 밀어 올려지는 분체의 양으로 결정되며, 분체의 상승 운동, 나선 운동, 하강 운동으로 분류됨	· 드럼의 회전에 의해 드럼 내부의 혼합물은 ½,¼,⅛…1/n 등과 같이 연속적으로 세분화한 가장 균질한 혼합이 이루어짐 · 드럼 내부에 교반봉이나 노즐을 부착한 혼합기도 있음

⑫ 분쇄기

분쇄공정은 혼합공정에서 예비 혼합된 분체 입자를 분쇄기에 의해 분체의 응집을 풀고, 크기를 완전히 균일하게 분쇄하는 작업 과정이다.

분쇄기 종류에 따른 방식

종류	방식
아토마이저(Atomizer)	· 스윙해머(Swing hammer) 방식의 고속회전 분쇄기
헨셸믹서(Henschel mixer)	· 임펠러가 고속으로 회전함에 따라 분쇄하는 방식의 믹서임 - 색조화장품 제조에 사용됨, 고속회전에 의해 열이 발생하여 파우더의 변색 등을 유발함.
비드 밀(Bead mill)	· 지르콘으로 구성된 비드를 사용하여 이산화티탄(TiO₂)과 산화아연(ZnO)을 처리하는 데 주로 사용함
제트 밀(Jet mill)	· 입자끼리 충돌시켜 분쇄하는 방식으로서 건식형태로 가장 작은 입자를 얻을 수 있는 장치 - 단열 팽창 효과를 이용하여 수 기압 이상의 압축공기 또는 고압증기 및 고압가스를 생성시켜 분사 노즐로 분사시키면 초음속의 속도인 제트기류를 형성

(3) 포장재 설비

- 제품이 닿는 포장설비(Product contact pack equipment)는 직·간접적으로 접촉하는 설비의 기본적인 부분을 고려하는 가이드라인이다.
- 이는 제품 충전기, 뚜껑을 덮는 장치, 봉인장치·충전기(Plugger), 용기공급장치(Container feeder), 용기세척기 및 기타설비 등이다.

① 제품 충전기(Product filler)

· 제품을 1차 용기에 넣기 위해 사용된다. · 제품의 물리적 및 심미적인 성질이 충전기에 의해 영향을 받을 수 있음	· 특별한 용기와 충전제품에 대해 요구되는 정확성과 조절이 용이하도록 설계되어야 함 · 정해진 속도에서 지정된 허용오차 내에서 원하는 수의 제품의 충전이 가능해야 함.

② 뚜껑 덮는 장치 · 봉인장치 · 플러거 · 펌프 주입기

목적

제품 용기를 플라스틱 튜브로 봉인하는 직접적인 봉인 또는 뚜껑, 밸브, 플러그, 펌프와 같은 봉인장치로 봉하는 것이다.

장치

· 조정이 용이해야 하며 처방된 한도 내에서 봉인할 수 있도록 설계되어야 함 · 각각 변경 설계 시 고려되어야 하며, 물리적인 오염, 먼지와 제품이 쌓이는 것을 방지하도록 설계되어야 함	· 사용 중일 때 뚜껑, 봉인, 마개 또는 펌프를 포함하는 호퍼(Hoppers)는 반드시 덮어야 하며 공급 메커니즘은 변경 시 쉽게 비울 수 있고 검사할 수 있어야 함

③ 용기 공급장치

제품용기를 고정하거나 관리하고 그 다음 조작을 위해서 배치한다. 이는 사용 중이거나 사용하지 않을 때 열린 용기를 덮어서 노출을 최소화해야 한다.

장치

· 용기의 부당한 손상으로서 닳음, 펑크, 압력을 가함, 유리 깨짐, 기타 등이 없는 용기를 다루어야 한다.	· 청소·변경이 용이해야 하며 조작과 변경 중에 육안검사가 가능하여야 한다. · 수동조작 시 제품에 접촉되는 표면의 오염을 최소화하도록 유의해야 한다.

④ 용기 세척기

· 충전될 용기 내부로부터 유리된 물질을 제거한다. 수집장치는 쉽고 빈번하게 비울 수 있어야 한다. · 용기세척기의 효율성은 적절한 작동을 하여 평가되어야 한다.	· 세척을 위해 사용되는 공기의 품질을 알아야 한다. · 기름, 물, 미생물함량 및 다른 오염물질을 피하기 위해 주기적으로 평가되어야 한다. · 다 사용한 공기는 다른 부위를 오염시켜서는 안 된다.

Section 05 설비·기구의 폐기 기준

생산설비와 기구는 일정 주기별로 제조 설계사양을 기준으로 예방점검 시기·항목·방법·내용·후속조치 요건들을 설정하여 지속적으로 관리한다.

① 설비·기구의 불용처분 절차

· 불용처분 대상 설비 및 기구를 선정할 심의 위원회(**예** 폐기물관리 담당자, 생산팀장, 품질보증담당자, 대표 등)를 중심으로 구성	· **심의위원회**에서는 설비 불용과 기구 및 부품 불용처분에 대해 심의하고 결정 · 폐기 결정된 설비나 기구가 결정된 처리 방안에 따라 처리되었는지를 확인

② 설비·기구의 불용처분 판단 기준

· 고장이 발생하는 경우 설비의 부품 수급이 가능한지 여부 · 경제적인 판단으로 설비 수리·교체에 따른 비용이 신규 설비 도입하는 비용을 초과하는지 여부	· 내용연수가 경과한 설비에 대하여 정기점검 결과, 작동 및 오작동에 대한 설비의 신뢰성이 지속적인지 여부 · 내용 연수가 도래하지 않은 설비의 경우라도 부품 수급이 불가능하거나 잦은 고장으로 인해 경제적으로 신규 설비 도입을 하는 것이 효율적이라고 판단되는 경우

③ 설비 및 기구의 폐기

폐기기준은 노후화 등으로 인해 정상적인 작업이 불가하다 판정 시, A/S불가판정(치명적 파손, 부속품의 구매불가 등)으로 사용이 더 이상 불가한 경우, 기타 폐기가 불가치한 상황 발생 시 등을 둘 수 있다.

설비의 폐기	기구의 폐기
· 설비점검 시 누유·누수·밸브 미작동 등 발견되면 설비 사용을 금지시키고 <u>점검 중</u> 표시를 함 · 정밀점검 후에 수리가 불가한 경우, 설비를 폐기하고 폐기 전까지 <u>유휴설비</u> 표시를 하여 설비가 사용되는 것을 방지함	· 오염된 기구나 일부가 파손된 기구는 폐기 · 플라스틱 재질의 기구는 <u>주기적으로 교체하는</u> 것이 권장

 알아두기!

☑ 설비관리

① 제조설비는 주기적으로 점검하고 그 기록을 보관하여야 한다.
 - 수리내역 및 부품 등의 교체이력을 설비이력 대장에 기록함
② 직접적인 제조시설과는 무관하지만 제조를 지원하는 시설인 <u>정제수 제조장치</u>, 압축공기장치 및 공기조화장치에 대하여도 주기적으로 점검해야 한다.
③ 설비별 점검할 주요 항목

구분	내용	구분	내용
제조탱크(제조가마)	· 내부의 세척상태 및 건조 상태 등	밸브	· 밸브의 원활한 개폐 유·무
저장탱크(저장도)		공조기	· 필터압력, 송풍기운전상태, 구동밸브의 장력, 베어링오일, 이상소음, 진동 유·무 등
회전기기(교반기, 호모믹서, 혼합기, 분쇄기)	· 세척상태 및 작동 유·무, 윤활오일, 게이지 표시 유·무, 비상정지 스위치 등		
이송펌프(원심펌프)	· 펌프압력 및 가동상태	공조기	· 전도도(비저항), UV램프수명시간, 정제수온도, 필터교체주기, 연수기(Softner), 탈크의 소금량, 순환펌프 압력 및 가동상태 등

실전예상문제

【 선다형 】

01 화장품 생산시설에 사용되는 설비 및 기구의 관리 목적으로 적합하지 않은 것은?

① 설비의 기능을 유지하기 위해
② 상품의 생산성을 높이기 위해
③ 품질의 균질성을 유지하기 위해
④ 생산원가의 절감에 따른 상품의 경쟁력 향상을 위해
⑤ 제품의 품질을 향상시키기 위해

✓ 설비 및 기구를 유지·관리 작업이 제품의 품질에 영향을 주어서는 안 된다.
 – 작업을 실시할 시 설비의 갱신 또는 변경으로 기능이 변화해도 좋으나 기능의 변화와 점검작업 그 자체가 제품품질에 영향을 미쳐서는 안 된다.

02 화장품 생산시설에 사용되는 설비·기구에 대한 관리 지침으로 가장 적합한 것은?

① 설비 · 기구의 위치 이동에 제한이 없다.
② 설비 및 기구는 배수가 용이하도록 설계·설치한다.
③ 사용되는 소모품은 화학반응을 일으키는 것이 좋다.
④ 사용하지 않는 호스는 수분이 있는 상태로 보관한다.
⑤ 사용목적에 적합하다면 청소가 가능하지 않아도 괜찮다.

✓ 설비·기구의 위치 이동은 가능하나 품질에 영향을 주지 않아야 하며, 사용목적에 적합하고 청소가 가능해야 한다. 사용되는 소모품은 화학반응을 일으키거나 화장품에 녹아 흡수되지 아니하며 위생관리를 위해 건조한 상태로 보관한다.

03 믹서, 펌프, 필터, 카트리지 필터와 같은 제조설비 기계 및 기구를 세척·소독 시 적합하지 않은 것은?

① 솔, 수세미, 스펀지 등을 이용하여 세척한다.
② 에탄올 사용 시에는 70% 농도로 희석한다.
③ 에탄올에서 꺼내어 바로 조립한다.
④ 설비 미사용 72시간 경과 후에는 세척 후 사용한다.
⑤ 세척이 끝난 후 점검 책임자는 육안으로 세척상태를 점검하고 그 결과를 점검표에 기록한다.

✓ 소독 후 깨끗한 공기로 건조하거나 UV로 처리한 수건, 부직포 등을 이용하여 수분을 닦아낸 후 조립한다.

04 화장품 칭량·혼합·소분 등에 사용되는 기구의 재질로 적합한 것은?

① 고무   ② 나무   ③ 유리
④ 플라스틱   ⑤ 철

✓ 칭량·혼합·소분 등에 사용되는 기구의 재질로는 이물이 발생하지 않고 원료 및 내용물과 반응성이 없는 스테인레스 스틸 #304(내열성이 강함), #316(내식성이 강함) 또는 플라스틱으로 제작된 것을 상용하며 유리재질은 파손에 의한 이물 발생의 우려가 있어 권장하지 않는다.

05 화장품 제조 설비·기구 중 다음 <보기>에서 ㉠에 적합한 것은?

> (㉠)는(은) 다양한 점도의 액체를 한 지점에서 다른 지점으로 이동하기 위해 사용되거나 제품의 혼합(재순환 및 균질화)을 위해 사용된다.

① 탱크   ② 펌프   ③ 필터
④ 호스   ⑤ 칭량 장치

✓ <보기>에서 설명한 화장품 제조설비 기구는 펌프이다. 이는 많이 움직이는 젖은 부품들로 구성되고 종종 하우징과 날개차는 닳는 특성 때문에 다른 재질로 만들어져야 한다.

06 화장품 제조 설비·기구 중 다음 <보기>에서 ㉠에 적합한 것은?

(㉠)는(은) 터빙의 날개를 원통으로 둘러싼 구조로 통속에서 대류가 일어나 균일하고 미세한 유화입자를 형성한다. 전공 유화기, 초음파 유화기 등이 있다.

① 호스   ② 교반기
③ 여과기   ④ 호모 믹서
⑤ 게이지와 미터

✓ 다음 <보기>에서 설명한 화장품 제조설비 기구는 호모믹서이다. 이는 전단력, 충격 및 대류에 의해서 균일하고 미세한 유화입자를 얻는다.

07 포장재 설비 중 용기 공급장치에 대한 설명으로 적합하지 않은 것은?

① 청소와 변경이 용이해야 한다.
② 조작과 변경 중에 육안검사가 가능해야 한다.
③ 제품용기를 봉인하는 목적으로 사용되는 장치이다.
④ 사용 중이거나 사용하지 않을 때 열린 용기를 덮어서 노출을 최소화 시키는 것이 좋다.
⑤ 수동조작 시 제품에 접촉되는 표면의 오염을 최소화하도록 유의해야 한다.

✓ ③ 에 대한 설명은 뚜껑 덮는 장치·봉인장치에 대한 설명이다. 용기 공급장치는 제품용기를 고정하거나 관리하고 그 다음 목적을 위해 조작 · 배치한다.

08 다음 <보기>에서 설비의 점검할 항목을 바르게 연결한 것을 모두 고르면?

㉠ 공조기 → 구동밸브의 장력, 이상소음
㉡ 저장탱크 → 내부 세척상태
㉢ 이송펌프 → 필터 교체주기
㉣ 회전기기 → 필터 압력

① ㉠, ㉡   ② ㉠, ㉢   ③ ㉠, ㉣
④ ㉡, ㉢   ⑤ ㉡, ㉣

✓ • 이송펌프 : 압력 및 가동상태 점검
• 회전기기 : 세척상태 및 작동 유·무 윤활오일, 게이지표시 유·무 비상정지 스위치 등 점검

09 설비·기구의 불용처분 판단 기준으로 적합하지 않은 것은?

① 부품수급이 불가능한 경우
② 정기점검 결과 설비의 신뢰성이 낮은 경우
③ 5년 이상 된 노후화된 설비·기구인 경우
④ 잦은 고장으로 인해 경제적으로 비효율적이라고 판단되는 경우
⑤ 신규 설비 도입 비용이 수리·교체에 따른 비용보다 초과하는 경우

✓ 심의위원회(폐기물관리 담당자, 생산팀장, 대표 등)를 구성하여 불용처분 대상을 판단한다. 노후화 되었다고 해서 무조건 불용처분하는 것이 아니라 고장 난 설비·기구의 수리·교체비용이 신규 설비도입보다 비용을 초래하는 경우, 부품수급이 불가능한 경우 설비의 신뢰성이 낮은 경우에 해당되며 경제적으로 효율적이어야 한다.

10 맞춤형 화장품 설비세척의 원칙에 대한 내용으로 바르지 않은 것은?

① 위험성이 없는 용제로 세척한다.
② 가능한 세척제를 사용하지 않도록 한다.
③ 세척 후에는 반드시 판정이라고 한다.
④ 세척의 유효기간을 정한다.
⑤ 증기세척은 하지 않도록 한다.

✓ 증기세척을 권장한다.

정답 06. ④ 07. ③ 08. ① 09. ③ 10. ⑤

11 화장품 제조 설비·기구 중 다음 <보기>에서 ㉠에 적합한 것은?

> (㉠)는(은) 생산 작업 시 훌륭한 유연성을 제공하기 때문에 한 위치에서 다른 위치로 제품을 전달하기 위해 화장품 산업에서 광범위하게 사용된다.

① 호스　　② 교반기　　③ 여과기
④ 호모 믹서　　⑤ 게이지와 미터

✓ <보기>에서 설명한 화장품 제조설비 기구는 호스이다. 나일론, 폴리에틸렌 또는 폴리프로필렌 재질로 구성되어 있으며 유형과 구성제재가 다양하기 때문에 조심해서 선택·사용해야 한다.

12 화장품 생산시설 유지관리의 종류 중 아래 보기의 내용에 해당하는 것은?

> • 제조탱크, 충전 설비, 타정기 등 주요 설비 시험장비에 대하여 실시
> • 정기적으로 교체하여야 하는 부속품들에 대하여 연간 계획을 세워서 시정 실시를 하지 않는 것이 원칙이다.
> • 망가지고 나서 수리하는 일

① 예방적 활동　　② 정기 검교정
③ 유지보수　　④ 유지관리 보수
⑤ 사용 전 검교정

✓ 예방적 활동(Preventive Activity)

13 화장품 생산시설 유지관리의 종류 중 아래 보기의 내용에 해당하는 것은?

> • 고장 발생 시의 긴급점검이나 수리를 말함
> • 작업을 실시할 시 설비의 갱신·변경으로 기능이 변화해도 좋으나 기능의 변화와 점검작업 그 자체가 제품품질에 영향을 미쳐서는 안 된다.
> • 설비가 불량해져서 사용할 수 없을 때는 그 설비를 제거하거나 확실하게 사용불능을 표시해야 한다.

① 예방적 활동　　② 정기 검교정
③ 유지보수　　④ 유지관리 보수
⑤ 사용 전 검교정

✓ 유지보수(Maintenance)

14 화장품 생산시설 유지관리의 종류 중 아래 보기의 내용에 해당하는 것은?

> 제품의 품질에 영향을 줄 수 있는 계측기(생산설비 및 시험설비)에 대하여 정기적으로 계획을 수립하여 실시해야 한다.

① 예방적 활동　　② 정기 검교정
③ 유지보수　　④ 유지관리 보수
⑤ 사용 전 검교정

✓ 정기 검교정(Alibration)에 관한 내용이다.

15 화장품 생산시설 유지관리의 종류 중 아래 보기의 내용에 해당하는 것은?

> 여부를 확인하여 제조 및 시험의 정확성을 확보한다.

① 예방적 활동　　② 정기 검교정
③ 유지보수　　④ 유지관리 보수
⑤ 사용 전 검교정

✓ 사용 전 검교정에 관한 내용이다.

16 제품 잔류물과 흙, 먼지, 기름때 등의 오염물을 제거하는 과정을 무엇이라고 정의하는가?

① 세척(Cleaning)
② 소독(Disinfection)
③ 멸균(Sterilization)
④ 화학멸균법(Chemiclaving sterilization)
⑤ 건열멸균법(Dry heat sterilization)

✓ 세척(Cleaning)이라 한다.

정답 11. ① 12. ① 13. ③ 14. ② 15. ⑤ 16. ①

17 오염 미생물 수를 허용 수준 이하로 감소시키기 위해 수행하는 절차를 무엇이라고 정의하는가?

① 세척(Cleaning)
② 소독(Disinfection)
③ 멸균(Sterilization)
④ 화학멸균법(Chemiclaving sterilization)
⑤ 건열멸균법(Dry heat sterilization)

✓ 소독(Disinfection)이라 한다.

18 다음은 세척과 소독에 관한 사항이다 적합하지 않은 것은?

① 화장품 제조를 위해 제조설비의 세척과 소독은 문서화된 절차에 따라 수행하고 세척기록은 잘 보관해야 한다.
② 세척 및 소독된 모든 장비는 건조시켜 보관하는 것이 제조설비의 오염을 방지할 수 있다.
③ 세척과 소독주기는 4주에 한번 실시한다.
④ 세척완료 후, 세척상태에 대한 평가를 실시하고 세척완료 라벨을 설비에 부착한다.
⑤ 세척 유효기간이 경과하면 재세척을 실시한다.

✓ 세척과 소독주기는 주어진 환경에서 수행된 작업의 종류에 따라 결정한다.

19 다음은 화장품에 사용되는 모든 설비 또는 기구의 '설비세척의 원칙'에 관한 사항이다. 적합하지 않은 것은?

① 위험성이 없는 용제(물이 최적)로 세척한다.
② 증기세척을 권장한다.
③ 설비는 분해해서 세척하면 안 된다
④ 세척 후에는 반드시 "판정"한다.
⑤ 판정 후의 설비는 건조·밀폐해서 보존한다.

✓ 분해할 수 있는 설비는 분해해서 세척한다.

20 작업장의 위생유지를 위해 설비 세척 후 실시하는 '판정' 중 흰 천이나 검은 천(선택유무는 전위 제조물 종류로 정함)으로 설비 내부의 표면을 닦아내고 천 표면의 잔유물 유무로 세척결과를 판정하는 것을 무엇이라 하는가?

① 육안판정   ② 촉진판정
③ 문진판정   ④ 린스정량법
⑤ 닦아내기 판정

✓ 흰 천이나 검은 천으로 설비 내부의 표면을 닦아내고 천표면의 잔유물 유무로 세척결과를 판정한다.

21 다음은 화장품에 사용되는 '제조설비·기구의 세척방법'에 관한 사항이다. 옳지 않은 것은?

① 호모지나이저, 믹서, 필터하우징은 장비 매뉴얼에 따라 분해함
② 제품이 잔류하지 않을 때까지 필터를 냉수로 세척함
③ 스펀지와 세척제를 이용하여 닦아 낸 다음, 상수와 정제수를 이용하여 헹굼
④ 필터를 통과한 깨끗한 공기로 건조시킴
⑤ 잔류하는 제품이 있는지 확인하고 필요에 따라 위의 방법을 반복함

✓ 제품이 잔류하지 않을 때까지 필터를 온수로 세척해야 한다.

22 다음은 화장품에 사용되는 '제조설비·기구의 소독방법' 표준서에 있는 관한사항이다. 옳지 않은 것은?

① 에탄올에서 꺼내어 필터를 통과한 깨끗한 공기로 건조함
② 세척이 완료된 설비의 기구를 70% 에탄올에 10분간 담금
③ 세척된 설비는 다시 조립하고, 비닐 등을 씌워 2차 오염이 발생하지 않도록 보관함
④ UV로 처리한 수건이나 부직포 등을 이용하여 닦아 냄
⑤ 세척 및 소독주기는 작업 중간에 틈틈이 해준다.

정답 17. ② 18. ③ 19. ③ 20. ⑤ 21. ② 22. ⑤

✓
- 제조설비·기구 세척 및 소독 관리 표준서에 관한 사항이다.
- 세척 및 소독주기는 제품변경 또는 작업완료 후, 설비 미사용 72시간 경과 후, 밀폐되지 않은 상태로 방치 시, 오염 발생 또는 시스템 문제 발생 시 소독관리 한다.

23 다음은 화장품을 생산하기 위한 제조설비 중 탱크(Tanks)의 구성 재질 요건과 관련된 설명이다. 옳지 <u>않은</u> 것은?

① 스테인리스 스틸은 탱크의 제품에 접촉하는 표면 물질로 사용하지 않는다.
② 세제 및 소독제와 반응하면 안 된다.
③ 제품 또는 제품제조 과정, 설비세척 또는 유지관리에 사용되는 다른 물질이 스며들어서는 안 된다.
④ 탱크의 재질은 기계로 만들고 광을 낸 표면은 제품이 뭉치게 되어 세척이 어려워 미생물 또는 교차 오염 문제를 일으킬 수 있다.
⑤ 제품에 해로운 영향을 미쳐서는 안 된다.

✓ 스테인리스 스틸은 탱크의 제품에 접촉하는 표면 물질로 일반적으로 선호된다.

24 다음은 화장품을 생산하기 위한 설비 및 기구의 재질로 스테인리스 스틸 #304 또는 #316 재질을 사용하는 설비가 <u>아닌</u> 것은?

① 호스   ② 디스퍼   ③ 혼합기
④ 충전기   ⑤ 호모믹서

✓ 호스의 구성재질은 나일론, 폴리에틸렌, 폴리프로필렌, 타이곤, 네오프렌 등을 사용한다.

25 다음은 화장품을 생산하기 위한 설비 및 기구의 폐기와 관련된 시항이다. 옳지 <u>않은</u> 것은?

① 오염된 기구나 일부가 파손된 기구는 폐기한다.
② 플라스틱 재질의 기구는 주기적으로 교체하는 것이 권장된다.

③ 설비점검 시 누유·누수·밸브 미작동 등 발견되면 설비 사용을 금지시키고 "점검 중" 표시를 한다.
④ 정밀점검 후에 수리가 불가한 경우 폐기 전까지 "유휴설비" 표시를 하여 설비가 사용되는 것을 방지한다.
⑤ 제조를 지원하는 시설인 정제수 제조장치, 압축공기장치 및 공기조화장치의 고장 시에는 즉시 폐기한다.

✓ 제조를 지원하는 시설인 정제수 제조장치, 압축공기장치 및 공기조화장치에 대하여도 주기적으로 점검해야 한다.

26 제조설비 중 탱크(Tanks)에 대한 설명 중 틀린 것은?

① 탱크는 꼭 고정되게 설계되어야 한다.
② 탱크는 적절한 커버를 갖추는 것이 좋다.
③ 청소와 유지관리를 쉽게 할 수 있어야 한다.
④ 탱크는 가열과 냉각을 하도록 또는 압력과 진공 조작을 할 수 있도록 만들어질 수도 있다.
⑤ 공정단계 및 완성된 포뮬레이션 과정에서 공정 중인 또는 보관용 원료를 저장하기 위해 사용되는 용기이다.

✓ 탱크는 이동할 수 있도록 설계되기도 한다.

27 설비 및 기구의 재질에 대한 설명 중 틀린 것은?

① 유리재질의 기구는 파손에 의한 이물 발생의 우려가 있어 권장되지 않는다.
② 칭량·혼합·소분 등에 사용되는 기구는 플라스틱으로 제작된 것을 사용한다.
③ 칭량·혼합·소분 등에 사용되는 기구는 이물이 발생하지 않고 원료 및 내용물과 반응성이 없는 재질이 좋다.
④ 칭량·혼합·소분 등에 사용되는 기구에 스테인레스 스틸의 재질은 권장되지 않는다.
⑤ 제조, 충진에 사용되는 교반기(아지믹서), 호모믹서, 혼합기, 디스퍼, 충전기 등은 스테인리스 스틸 #306 또는 #316 재질을 사용한다.

정답 23. ① 24. ① 25. ⑤ 26. ① 27. ④

✓ 스테인리스 스틸 또는 플라스틱으로 된 재질은 이물이 발생하지 않고 원료 및 내용물과 반응성이 없어 칭량, 혼합, 소분 등에 사용되는 기구에 사용된다.

28 제조, 충진에 사용되는 교반기(아지믹서), 호모믹서, 혼합기, 디스퍼, 충전기 등에서 주로 사용하는 재질은?

① 고무   ② 나무   ③ 유리
④ 플라스틱   ⑤ 스테인리스 스틸 #316

✓ 제조·충진에 사용되는 혼합 교반기(아지믹서), 호모믹서(유화에멀전반응기), 혼합기, 디스퍼(고속교반), 충전기 등은 스테인리스 스틸 #304(내열성이 강함) 또는 #316(내실성이 강함→금(金))을 사용

Chapter 4. 내용물 및 원료관리

 하나의 제품(화장품)에는 통상 10~50여 종의 원료들이 적절히 배합됨으로서 생산된다. 화장품 제조 시 사용된 원료, 용기, 포장재, 표시 재료, 첨부문서 등을 원자재라고 한다.

Section 01 내용물 및 원료의 입고기준

 원료 및 자재(포장재)의 입고 및 보관관리에 대한 사항은 CGMP 입·출고 관리에서 규정하고 있다. 또한 내용물(완제품·벌크제품·반제품)에 대한 입·출고 및 보관관리는 보관 및 출고(제19조)에서 규정하고 있다.

1) 내용물 및 원료의 입고관리 기준(CGMP 제11조)

① 제조업자는

- 원자재 공급자에 대한 관리감독을 적절히 수행하여 입고관리가 철저히 이루어지도록 해야 한다.

② 원자재 입고 시

- 구매요구서, 원자재 공급업체 성적서 및 현품이 서로 일치해야 한다.
- 필요한 경우, 운송관련 자료를 추가적으로 확인할 수 있다.

③ 원자재 용기에 제조번호가 없는 경우에는

- 관리번호를 부여하여 보관해야 한다.

④ 원자재 입고 절차 중 육안 확인 시 물품에 결함이 있을 경우

- 입고를 보류하고 격리보관 및 폐기하거나 원자재 공급업자에게 반송해야 한다.

⑤ 입고된 원자재는

- "적합", "부적합", "검사 중" 등으로 상태를 표시해야 한다(단, 동일수준의 보증이 가능한 다른 시스템이 있다면 대체할 수 있다).

⑥ 원자재 <u>용기 및 시험기록서</u>의 필수적인 기재사항은 다음과 같다.

원자재 공급자가 정한 제품명[①] 원자재 공급자명[②]	수령일자[③] 공급자가 부여한 제조번호 또는 관리번호[④]

2) 내용물 및 원료의 관리에 필요한 사항

(1) 입고 관리에 대한 세부적 사항 ⭐

① 화장품의 제조와 포장에 사용되는

- 모든 원료 및 포장재의 부적절하고 위험한 사용 혼합 또는 오염을 방지하기 위하여 해당 물질의 검증, 확인, 보관, 취급 및 사용을 보장할 수 있도록 절차가 수립되어야 한다.

- 외부로부터 공급된 원료 및 포장재는 완제품 품질 합격판정기준을 충족시켜야 한다.

② 원료와 포장재의 관리에 필요한 사항은 다음과 같다.

- 중요도 분류①	- 보관환경 설정④
- 공급자 결정②	- 사용기한 설정⑤
- 발주, 입고, 식별, 표시, 합격·불합격, 판정, 보관, 불출④	- 정기적 재고관리⑥
	- 재평가/재보관⑦

③ 모든 원료와 포장재는

·화장품 제조(판매)업자가 정한 기준에 따름	·보증의 검증은 주기적으로 관리되어야 함
·품질을 입증할 수 있는 검증자료를 공급자로부터 공급받아야 함	·모든 원료와 포장재는 사용 전에 관리되어야 함

④ 입고된 원료와 포장재는

- 검사 중, 적합·부적합에 따라 각각의 구분된 공간에 별도로 보관되어야 한다.

- 필요한 경우, 부적합된 원료와 포장재를 보관하는 공간은 잠금장치를 추가해야 한다(단, 자동화 창고와 같이 확실하게 구분하여 혼동을 방지할 수 있는 경우에는 해당 시스템을 통해 관리할 수 있다).

⑤ 외부로부터 반입되는 모든 원료와 포장재는

- 관리를 위해 표시해야 한다.

- 필요한 경우, 포장외부를 깨끗이 청소한다.

- 한 번에 입고된 원료와 포장재는 제조단위별로 각각 구분하여 관리해야 한다.

- 제품을 정확히 식별하고 혼동의 위험을 없애기 위해 라벨링(Labelling:표지부착)을 해야 한다.

⑥ 원료 및 포장재의 용기는

- 물질과 뱃치(Batch) 정보를 확인할 수 있는 표시를 부착해야 한다.

- 제품의 품질에 영향을 줄 수 있는 결함을 보이는 원료와 포장재는 결점이 완료될 때까지 보류상태로 있어야 한다.

- 원료 및 포장재의 상태는 합격·불합격 검사 중 적절한 방법으로 확인되어야 한다.

- 확인시스템(물리적·전자시스템)은 혼동·오류 또는 혼합을 방지할 수 있도록 설계되어야 한다.

⑦ 원료 및 포장재의 확인은 다음 정보를 포함해야 한다.

· 인도문서와 포장에 표시된 품목·제품명[1] · 만약 공급자가 명명한 제품명과 다르다면[2] - 제조 절차에 따른 품목·제품명 그리고/ 또는 해당 코드번호[3] · 공급자 명[4]	· CAS번호(적용 가능한 경우) · 적절한 경우, 수령일자와 수령확인번호[5] · 공급자가 부여한 뱃치정보(Batch Reference)[6] - 만약 다르다면 수령 시 주어진 뱃치 정보 · 기록된 양[7]

☑ **CAS번호:** CAS Reigsty numerber(CASRN)는 미국화학회에서 운영하는 서비스로서 모든 화학물질을 중복 없이 찾아볼 수 있도록 이제까지 알려진 모든 화합물, 중합체 등을 기록하는 번호이다.

 알아두기!

☑ **출고관리(CGMP 제12조)**
- 원자재는 시험결과 적합 판정된 것만을 선입선출방식으로 출고해야 하고 확인할 수 있는 체계가 확립되어 있어야 한다.

주요성분	특징
부형제 (Excipient)	· 유탁액을 만드는 데 사용되고 가장 많은 용량(또는 중량)을 차지함 - 물, 오일, 왁스, 유화제 등
착향제 (Fragrance Ingredients)	· 향료의 구성물질로서 방향성 화학물질 - 정유, 천연추출물, 증류물, 단리(Isolated: 단일화합물)성분, 아로마, 수지성 레진 등
첨가제 (Additive)	· 소량을 첨가함으로써 화장품의 화학반응이나 변질을 막고, 안정성과 물리적 성상 등을 개선시키는 기능 - 보존제, 산화방지제, 자외선 흡수제, 노화방지제, 항벌킹제(Anti bulking agent)
활성성분 (Active Components omponents)	· 화장품의 특별한 효능과 제품의 특징을 나타냄 - 미백, 주름개선, 자외선차단 등

- 벌킹제: 고체성분을 희석(다 색소의 희석)하기 위하여 사용되는 비활성 고형물질로서 화장품 자체의 양을 늘리는 데도 사용됨)

☑ **보관관리(CGMP 제13조)**
<원자재, 반제품 및 벌크제품은>
- 품질에 나쁜 영향을 미치지 않는 조건에서 보관해야 하며 보관기한을 설정해야 한다.
- 바닥과 벽에 닿지 않도록 보관하고, 선입선출에 의하여 출고할 수 있도록 보관해야 한다.
- 원자재, 시험중인 제품 및 부적합품은 각각 구획된 장소에서 보관해야 한다(단, 서로 혼동을 일으킬 우려가 없는 시스템에 의하여 보관되는 경우에는 그렇지 않다).
- 설정된 보관기한이 지나면 사용의 적절성을 결정하기 위해 재평가 시스템을 확립해야 하며, 동 시스템을 통해 보관기한이 경과한 경우, 사용하지 않도록 규정해야 한다.

3) 내용물 및 원료의 구매 시 고려사항

① 원료의 생산과정

- 요구사항을 만족하는 품목과 서비스
- 지속적으로 공급할 수 있는 능력평가를 근거로 한 공급자의 체계적 선정과 승인
- 합격판정기준, 결함이나 일탈 발생 시 조치 그리고 운송조건에 대한 문서화된 기술 조항의 수립
- 협력이나 감사와 같은 회사와 공급자 간의 관계 및 상호작용의 정립

☑ 공급자(제조원 또는 판매회사) 선정 시 주의사항/ 공급자 승인

공급자 선정 시 주의사항	공급자 승인	
· 충분한 정보를 제공할 수 있는가 - 원료 · 포장재 일반정보 - 안정성 · 사용기한 정보, 시험기록 · 품질계약서를 교환할 수 있는가 - 구입이 결정되면 품질계약서 교환이 필요해진다. · 변경사항을 알려 주는가 · 필요하면 방문감사와 서류감사를 수용할 수 있는가	- 공급자가 "요구 품질의 제품을 계속 공급할 수 있다."는 것을 확인하고 인정할 것 - 일반적으로는 품질보증부(또는 구매부서)가 승인한다. - "조사"+"감사"결과로 승인한다.	
	조사 시 고려할 점	실시할 검사
	- 과거의 실적(일탈의 유 · 무, 서비스의 좋고 나쁨 등) - 세간의 소문, 신뢰도 - 제품이나 회사의 특이성	- 방문감사 - 서류감사(질문서로 실시)

Section 02 유통화장품의 안전관리 기준

1 화장품 안전기준 등에 관한 규정

① 목적(법 제2조 제3호의2)

맞춤형화장품에 사용할 수 있는 원료를 지정하는 한편, 유통화장품 안전관리 기준에 관한 사항을 정함으로써 화장품의 제조 또는 수입 및 안전관리에 적정을 기함을 목적으로 한다.

적용 범위

- 국내에서 제조, 수입 또는 유통되는 모든 화장품에 대하여 적용한다.
- 화장품에 사용할 수 없는 원료 및 사용상의 제한이 필요한 원료에 대하여 그 사용기준을 지정한다.
- 유통화장품 안전관리 기준에 관한 사항을 정함으로써 화장품의 제조 또는 수입 및 안전관리에 적정을 기함을 목적으로 한다.
- 맞춤형화장품 원료는 화장품 안전기준에서 사용 금지된 원료[1], 사용상의 제한이 필요한 원료, 사전 심사를 받거나 보고서를 제출하지 않은[2] 기능성화장품 고시 원료를 제외하고는 사용가능한 원료로 지정[3]되어 있으므로 해당 사항들을 반드시 참고해야 한다.

② 개요

비의도적으로 첨가될 수 있는 유해물질 등에 관한 기준 및 시험방법을 제시하여 화장품 안전성과 품질확보 책임을 강화하고 수거 감정을 통해 시장 유통 중 제품의 감독 및 사후 관리에 집중하도록 한다.

2 안전관리 기준

유통화장품 안전관리에 대한 기준은 화장품 안전기준 등에 관해(식약처 고시-제5조) 규정하고 있다. ★

(1) **유통화장품**은 안전관리 기준(제2항~제5항)에 적합해야 하며 유형별로(제6항~제9항) 안전관리 기준에 추가적으로 적합해야 한다.

• 또한 시험방법은 별표4에 따라 시험하되, 기타 과학적·합리적으로 타당성이 인정되는 경우 자사 기준으로 시험할 수 있다.

(2) 화장품을 제조하면서 비의도적으로 유래된 물질의 검출허용한도(단위μg/g=ppm)

• 다음 각 호의 물질을 인위적으로 첨가하지 않았으나 제조 또는 보관 과정 중 포장재로부터 이행되는 등 비의도적으로 유래된 사실이 객관적인 자료로 확인되고 기술적으로 완전한 제거가 불가능한 경우 해당 물질의 검출허용한도는 다음 각 호와 같다.

검출허용한도 ✏

구분	검출 허용 한도	구분	검출 허용 한도
납 (pb)	· 점토를 원료로 사용한 - 분말제품은 50μg/g 이하 - 그 밖의 제품은 μg/g 이하	· 비소(As)	- 10μg/g 이하
		· 수은(Hg)	- 1μg/g 이하
니켈 (Ni)	· 눈화장용 제품 - 35μg/g 이하 · 색조 화장품 제품 - 30μg/g 이하 · 그 밖의 제품 - 10μg/g 이하	· 안티몬(Sb)	- 10μg/g 이하
		· 카드뮴(Cd)	- 5μg/g 이하
		· 다이옥세인(Dioxane)	- 100μg/g 이하, $C_4H_8O_2$
		· 메탄올(CH_3OH)	- 0.2(v/v)% 이하 - 물휴지는 0.002%(v/v) 이하
		· 포름알데하이드(HCHO)	- 2.000μg/g 이하, - 물휴지는 20μg/g 이하

· 프탈레이트류(다이부틸프탈레이트, 부틸벤질프탈레이트 및 다이에틸헥실프탈레이트에 한함: 총합으로 100μg/g 이하

☑ **프탈레이트(Phthalate)-플라스틱 가소제:**

플라스틱을 부드럽게 하기 위해 사용하는 화학첨가제 → 내분비계 교란물질의 일종 카드뮴(Cd)에 비견될 정도의 특성을 갖고 있다.

(3) 사용할 수 없는 원료(화장품 안전기준 등에 관한 규정-별표 1, 2020.4.18.시행)가 위 (2)의 사유로 검출되었으나 검출허용한도가 설정되지 아니한 경우에는 화장품법 시행규칙 제17조에 따라 위해평가 후 위해 여부를 결정해야 한다.

① 1항 위해평가는 다음 각 호의 확인·결정·평가 등(법 제8조 제3항)의 과정을 거쳐 실시한다.
1호. 위해요소의 인체 내 독성을 확인하는 위험성 확인과정 / 2호. 위해요소의 인체노출 허용량을 산출하는 위험성 결정과정 / 3호. 위해요소가 인체에 노출된 양을 산출하는 노출평가과정 / 4호. 1호~3호까지의 결과를 종합하여 인체에 미치는 위해영향을 판단하는 위해도 결정과정

② 2항 식약처장은 1항에 따른 결과를 근거로 식약처장이 정하는 기준에 따라 위해여부를 결정한다(단, 해당 화장품 원료 등에 대하여 국내외의 연구·검사기관에서 그 자료를 근거로 여부를 결정할 수 있다).

③ 3항 1항 및 2항에 따른 위해평가의 기준, 방법 등에 관한 세부 사항은 식약처장이 정하여 고시한다.

(4) 미생물 총호기성 생균 수 한도는 다음 각 호와 같다.

· 영유아용 제품류 및 눈화장용 제품류의 경우	500개 /g(mL) 이하
· 물휴지의 경우	세균 및 진균 수는 각각 100개 /g(mL) 이하
· 기타 화장품의 경우	1,000개 /g(mL) 이하
· 대장균, 녹농균, 황색포도상구균은 불검출되어야 하는 균류	

(5) 내용량의 기준은 다음 각 호와 같다.

• 제품 3개를 가지고 시험할 때 그 평균 내용량이 표기량에 대하여 97% 이상(단, 화장비누의 경우, 건조중량을 내용량으로 함) 기준치를 벗어날 경우(97% 미만) 6개를 더 취하여 시험할 때 9개의 평균 내용량이 97% 이상이어야 한다.

(6) pH기준

아래 표 중 액·로션·크림 및 이와 유사한 제형의 액상제품은 pH기준이 3~9이어야 한다(단, 물을 포함하지 않는 제품과 사용한 후 곧바로 물로 씻어내는 제품은 제외함).

제품류	제품 제외
영유아용	· 영유아용 샴푸·린스·인체 세정용 제품·목욕용 제품
눈 화장용/색조화장품	-

두발용	· 샴푸 · 린스
면도용	· 셰이빙크림 · 폼
기초화장품	· 클렌징 워터 · 오일 · 로션 · 크림 등 / 메이크업 리무버 제품

(7) 기능성화장품

- 기능성을 나타나게 하는 주원료의 함량이 심사 또는 보고한 기준에 적합해야 한다(법 제4조 및 같은 법 시행규칙 제9조 · 제10조).

- 퍼머넌트웨이브용(이하 웨이브 펌용이라 칭함) 및 헤어스트레이트너 제품은 다음 각 호의 기준에

「기능성화장품」 중 웨이브 펌용 및 헤어스트레이트너 제품✎

① 티오글리콜산(Thioglycolic acid, 이하 TGA라 칭함) 또는 그 염류(Salt)를 주성분으로 하는 콜드 2욕식 웨이브 펌용 제품

- 이 제품은 실온에서 사용하는 것으로서 제1제(환원제)와 제2제(산화제)로 구성한다.

제1제(Thioglycolic acid + Salt), Cold type		제2제(H_2O_2 또는 $HBrO_3$)	
pH 범위	· 4.5~9.6 ✎	① 브롬산나트륨 (NaBrO₃) 함유제제	· 브롬산나트륨에 그 품질을 유지하거나 유용성을 높이기 위해 적당한 용해제, 침투제, 습윤제, 착색제, 유화제, 향료 등을 첨가한 것임
알칼리	· 0.1N염산의 소비량은 검체 1mL에 대하여 7mL 이하	용해상태	· 명확한 불용성 이물이 없는 것
<산성에서 끓인 후의> 환원성 물질 (Thioglycolic acid)	· 2~11%	pH	· 4~10.5
환원성 물질 이외의 환원성 물질(아황산염, 황화물품)	· 검체 1mL 중의 산성에서 끓인 후의 환원성 물질 이외의 환원성 물질에 대한 0.1N 요오드액의 소비량이 0.6mL 이하	중금속	· 20ug/g 이하
환원 후의 환원성 물질 (Dithioglycolic acid)	· 환원 후의 환원성 물질의 함량은 4% 이하	산화력	· 1인 1회 분량의 산화력이 3.5 이상
중금속	· 20ug/g 이하	② 과산화수소수 (H_2O_2) 함유제제	· H_2O_2 또는 그 품질을 유지하거나 유용성을 높이기 위해 적당량 침투제, 안정제, 습윤제, 착색제, 유화제, 향료 등을 첨가함
비소	· 5ug/g 이하	pH	· 2.5~4.5
		중금속	· 20ug/g 이하
철	· 2ug/g 이하	산화력	· 1인 1회 분량의 산화력이 0.8~3

② 시스테인, 시스테인 염류 또는 아세틸 시스테인을 주성분으로 하는 Cold 2욕식 웨이브 펌용 제품(이 제품은 시스테인 염류 또는 아세틸 시스테인을 주성분으로 하고 불휘발성 무기 알칼리는 함유하지 않은 액체로서 이 제품에는 품질을 유지하거나 유용성을 높이기 위하여 적당한 알칼리제, 침투제, 습윤제, 착색제, 유화제, 향료 등을 첨가할 수 있다.)

- 시스테인 또는 그 염류를 주성분으로 하는 콜드 2욕식 웨이프펌 제품(제1제)으로서 실온에서 사용하며 제2제(산화제)로 구성된다.

제1제(Thioglycolic acid + Salt), Cold type		제2제
pH	· 8~9.5	· 티오글리콜릭산 또는 그 염류를 주성분으로 하는 냉2욕식(Cold two step) 웨이브 펌용 제품 제2제의 기준에 준한다.
알칼리	· 0.1N 염산의 소비량은 검체 1mL에 대하여 12mL 이하	
시스테인	· 3~7.5%	
환원 후의 환원성 물질 (Systine)	· 0.65% 이하	
중금속	· 20ug/g 이하	
비소	· 5ug/g 이하	
철	· 2ug/g 이하	

③ TGA 또는 그 염류를 주성분으로 하는 Cold two step Hair straighter용 제품

- 이 제품은 실온에서 사용하는 것으로서 Thioglycolic acid 또는 그 염류를 주성분으로 하는 제1제 및 산화제를 함유하는 제2제로 구성

제1제(Thioglycolic acid + Salt), Cold type				제2제
pH	· 4.5~9.6	중금속	· 20ug/g 이하	앞서 ①의 기준에 준한다.
<산성에서 끓인 후의> 환원성 물질	· 티오글리콜산 2~11%	비소	· 5ug/g 이하	
환원성 물질 이외의 환원성 물질(아황산염, 황화물품)	· 검체 1mL 중의 산성에서 끓인 후의 환원성 물질 이외의 환원성 물질에 대한 0.1N 요오드액의 소비량이 0.6mL 이하	철	· 2ug/g 이하	
환원 후의 환원성 물질	· 다이티오글리콜릭애씨드(DTGA) 4% 이하	알칼리	· 0.1N 염산의 소비량은 검체 1mL에 대하여 5mL 이하	

④ TGA 또는 그 염류를 주성분으로 하는 가온 2욕식(Heat two step) 웨이브 펌용 제품

- 이 제품은 사용 시 약 60℃ 이하로 가온 조작하여 사용하는 것으로서 티오글리콜산 또는 그 염류를 주성분으로 하는 제1제 및 산화제를 함유하는 제2제로 구성된다.

제1제(Thioglycolic acid + Salt), Heat type					제2제
pH	· 4.5~9.3	중금속	· 20ug/g 이하		앞서 ①의 기준에 준한다.
<산성에서 끓인 후의> 환원성 물질	· TGA 1~5%	비소	· 5ug/g 이하		
환원성 물질 이외의 환원성 물질(아황산염, 황화물품)	· 검체 1mL 중의 산성에서 끓인 후의 환원성 물질 이외의 환원성 물질에 대한 0.1N 요오드액의 소비량이 0.6mL 이하	철	· 2ug/g 이하		
환원 후의 환원성 물질	· 다이티오글리콜릭애씨드 (Dithioglycolic acid, 이하 DTGA라 함) 4% 이하	알칼리	· 0.1N 염산의 소비량은 검체 5mL에 대하여 5mL 이하		

⑤ 시스테인, 시스테인 염류 또는 아세틸시스테인은 주성분으로 하는 가온 2욕식 웨이브 펌용 제품

- 이 제품은 사용 시 60℃ 이하로 가온 조작하여 사용, 주성분인 제1제(시스테인 등)와 제2제(산화제)로 구성된다.

제1제(Thioglycolic acid + Salt), Heat type				제2제
pH	· 4.5~9.5	환원 후의 환원성 물질(시스틴)	· 0.65% 이하	앞서 ①의 기준에 준한다.
알칼리	· 9mL 이하	중금속	· 20ug/g 이하	
시스테인	· 1.5~5.5%	비소	· 5ug/g 이하	
		철	· 2ug/g 이하	

⑥ TGA 또는 그 염류를 주성분으로 하는 가온 2욕식(Heat two step) 헤어스트레이트너 제품

- 이 제품은 시험할 때 약 60℃ 이하로 가온 조작하여 사용하는 것으로서 TGA 또는 그 염류를 주성분으로 하는 제1제 및 산화제를 함유하는 제2제로 구성된다.

제1제(Thioglycolic acid + Salt), Heat type				제2제(H₂O₂ 또는 HBrO₃)
pH	· 4.5~9.3	중금속	· 20ug/g 이하	앞서 ①의 기준에 준한다.
<산성에서 끓인 후의> 환원성 물질	· TGA 1~5%	비소	· 5ug/g 이하	
환원성 물질 이외의 환원성 물질(아황산염, 황화물품)	· 0.6mL	철	· 2ug/g 이하	
환원 후의 환원성 물질	· DTGA 4% 이하	알칼리	· 5mL 이하	

⑦ TGA 또는 그 염류를 주성분으로 하는 고온정발용 열기구를 사용하는 가온 2욕식 헤어스트레이트너 제품

- 이 제품은 시험할 때 약 60°C 이하로 가온하여 제1제를 처리한 후 물로 충분히 세척하여 수분을 제거하고 고온 정발용 열기구(180°C 이하)를 사용하는 것으로서 TGA 또는 그 염류를 주성분으로 하는 제1제 및 산화제를 함유하는 제2제로 구성된다.

제1제(Thioglycolic acid + Salt), Heat type				제2제(H_2O_2 또는 $HBrO_3$)
pH	· 4.5~9.3	중금속	· 20mg/g 이하	앞서 ①의 기준에 준한다.
<산성에서 끓인 후의> 환원성 물질	· TGA 1~5%	비소	· 5mg/g 이하	
환원성 물질 이외의 환원성 물질(아황산염, 황화물품)	· 0.6mL	철	· 2ug/g 이하	
환원 후의 환원성 물질	· DTGA 4% 이하	알칼리	· 5mL 이하	

⑧ TGA 또는 그 염류를 주성분으로 하는 콜드 1욕식(Cold one step) 웨이브 펌용 제품

- 이 제품은 실온에서 사용하는 것으로 TGA 또는 그 염류를 주성분으로 하고 불휘발성 무기알칼리의 총량이 TGA의 대용량 이하인 액제이다.

제1제(Thioglycolic acid + Salt), Cold type			
pH	· 9.4~9.6	중금속	· 20ug/g 이하
<산성에서 끓인 후의> 환원성 물질	· TGA 3~3.3%	비소	· 5ug/g 이하
환원성 물질 이외의 환원성 물질(아황산염, 황화물품)	· 0.6mL 이하	철	· 2ug/g 이하
환원 후의 환원성 물질	· DTGA 0.5% 이하	알칼리	· 3.5~4.6mL 이하

⑨ TGA 또는 그 염류를 주성분으로 하는 제1제 사용 시 조제하는 발열 2욕식 웨이브 펌용 제품

- 이 제품은 TGA 또는 그 염류를 주성분으로 하는 제1제의 1과 제1제의 1중의 TGA 또는 그 염류의 대용량 이하의 H_2O_2를 함유한 제1제의 2 H_2O_2를 산화제로 함유하는 제2제로 구성된다.

- 사용 시 제1제의 1 및 제1제의 2를 혼합하면 약 40°C로 발열되어 사용하는 것이다.

- 제2제는 앞서 ①의 기준에 준한다.

가. 제1제의 1(TGA+ salt)-액제	나. 제1제의 2(제1제의 1 중에 함유된 TGA 또는 그 염류의 대용량 이하의 H₂O₂를 함유한 액제가 함유된 TGA 또는 그 염류의 대용량 이하의 H₂O₂를 함유한 액제	다. 제1제의 1 및 제1제의 2의 혼합물
pH - 4.5~9.6	-	· 이 제품은 제1제의 1 및 제1제의 2를 용량비 3:1로 혼합한 액제로서 TGA 또는 그 염류를 주성분으로 하고 불휘발성 무기알칼리의 총량이 TGA의 대용량 이하인 것이다.
알칼리 - 10mL 이하	· pH - 2.5~4.5	· pH - 4.5~9.5
<산성에서 끓인 후> 환원성물질(TGA) - 8~19%		· 알칼리 - 7mL 이하
환원성물질 이외의 환원성물질(아황산염, 황화물 등) - 0.8mL 이하	· 중금속 - 20ug/g 이하	· <산성에서 끓인 후> · 환원성물질(TGA) - 2~11%
환원 후의 환원성 물질(DTGA) - 0.5mL 이하		· 이외의 환원성물질 - 0.6mL 이하
중금속 - 20ug/g 이하		· DTGA - 3.2~4%
비소 - 5ug/g 이하	· H₂O₂ - 2.7~3%	· 온도상승 - 온도차는 14~20℃
철 - 2ug/g 이하		

(8) 유리알칼리 0.1% 이하(화장비누에 한함) ✎

(9) 화장품 유형별 시험항목 정리 ★

공통시험항목	유형별 추가 시험항목		제조사 설정자의 시험항목
· 비의도적 유래물질의 검출허용 한도 - 납, 니켈, 비소, 수은, 안티몬, 카드뮴, 다이옥산, 메탄올, 포름알데하이드, 프탈레이트류 · 미생물한도 · 내용량	· 수분포함 제품	· pH	· 포장상태 · 표시상항
	· 기능성화장품	· 심사받거나 보고서를 제출한 기준 및 시험방법에 있는 시험 항목(주성분 함량)	
	· 웨이브 펌용 및 헤어스트레이트너	· 화장품 안전기준 등에 관한 규정에서 정한 시험항목	
	· 화장비누	· 유리 알칼리	

☑ **화학적 방부제:** 메틸파라벤, 프로필파라벤, 페녹시에탄올, 아미다졸다이닐우레아

☑ **천연방부제:** 자몽씨 추출물

☑ **기타:** 헥산다이올, 에틸헥실글리세린

☑ **천연항산화제:** Vt E, 토코페놀아세테이드, 로즈마리오일 추출물

☑ **금속이온봉쇄제(변색 · 변취를 예방):** EDTA, 인산, 구연산, 아스코르빈산, 폴리인산나트륨, 메타인산나트륨

<그 외>

구분	화장품제품류
· 기초화장품	· 납, 수은, 비소
· 색조화장품	· 안티몬, 카드뮴
· 다이옥산(계면활성제 함유제품)	· 피이지(Polyethylene glycol(PEG)/피오이 포함
· 스킨로션 · 토너 · 향수 · 헤어토닉	· 메탄올(알코올 함유제품)
· 디아졸리디닐우레아(Diazolidinyl urea) - 위험등급 6등급 · 다이엠다이엠하이단토일/ · 쿼너늄-45(DMDM Hydimantoinyl)	· 보존제(알데하이드 함유제품)
· 향수, 두발용 제품	· 손 · 발톱용(프탈레이트류)

☑ 다이메티콘[Dimethicone, $(CH_3)_3SiO$]: 거품형성 방지제, 피부보호제, 피부컨디셔닝제(수분차단제)

③ 유통화장품 안전관리 시험방법✎

일반화장품에 대한 유통화장품 안전관리 시험방법을 규정하고 있다(화장품 안전기준 등에 관한 규정-별표4).

성분	시험방법
(1) 납	· 디티존법, 원자흡광광도법(AAS), 유도결합플라즈마 분광기를 이용하는 방법(ICP), 유도결합 플라즈마 - 질량분석기를 이용한 방법(ICP-MS)
(2) 니켈	· ICP-MS, AAS, ICP
(3) 비소	· 비색법, ICP-MS, AAS, ICP
(4) 수은	· 수은 분해장치를 이용한 방법, 수은 분석기를 이용한 방법
(5) 안티몬	· ICP-MS, AAS, ICP
(6) 카드뮴	· ICP-MS, AAS, ICP
(7) 다이옥산	· 기체 크로마토그래프법의 절대검량선법
(8) 메탄올	· 푹신아황산법, 기체크로마토그래프법, 기체크로마토그래프 - 질량분석기법 * 메탄올 시험법에 사용하는 에탄올은 메탄올이 함유되지 않은 것을 확인하고 사용해야 함
(9) 포름알데하이드	· 액체크로마토그래프법의 절대검량선법
(10) 프탈레이트류	· 기체크로마토그래프 - 수소염이온화 검출기를 이용한 방법 · 기체크로마토그래프 - 질량분석기를 이용한 방법

☑ 프로필렌글리콜(Propylene glycol=Propanediol=probane-1,2, $C_3H_8O_2$):
츄잉껌의 연화제 색소나 향료의 용제로 널리 사용됨

(11) 미생물한도

검체의 전처리

- 검체조작은 무균조건하에서 실시해야 한다.

- 검체는 충분하게 무작위로 선별하여 그 내용물을 혼합하고 검체 제형에 따라 다음의 각 방법으로 검체를 희석·용해·부유 또는 현탁시킨다.

- 아래에 기재한 어느 방법도 만족할 수 없을 때에는 적절한 다른 방법을 확립한다.

액체·로션제	· 검체 1mL(g)에 변형 레틴 액체 또는 검증된 배지나 희석액 9mL를 넣어 10배 희석액을 만든다. · **희석이 더 필요할 때에는 같은 희석액으로 조제한다.**
크림제·오일제	· 검체 1mL(g)에 적당한 분산제 1mL를 넣어 균질화시키고 · 변형 레틴 액체배지 또는 검증된 배지나 희석액 8mL를 넣어 10배 희석액을 만들고 희석을 더 필요할 때에는 같은 희석액으로 조제한다. · 분산제만으로 균질화가 되지 않는 경우 검체에 적당량의 지용성 용매를 첨가하여 용해한 뒤 적당한 분산제 1mL를 넣어 균질화시킨다.
파우더 및 고형제	· 검체 1g에 적당한 분산제를 1mL를 넣고 충분히 균질화시킨 후 변형 레틴 액체배지 또는 검증된 배지 및 희석액 8mL를 넣어 10배 희석액을 만들고 더 필요할 때는 같은 희석액으로 조제한다. · 분산제만으로 균질화가 되지 않는 경우 검체에 적당량의 지용성 용매를 첨가한 상태에 · 멸균된 마쇄기를 이용하여 검체를 잘게 부수어 반죽 형태로 만든 뒤 적당한 분산제 1mL를 넣어 균질화시킨다. · 추가적으로 40℃에서 30분 동안 가온한 후 멸균한 유리구슬(5mm : 5~7개, 3mm : 10~15개)을 넣어 균일화시킨다.

총 호기성 생균 수 시험법

화장품 중 총 호기성 세균(세균 및 진균) 수를 측정하는 시험방법이다.

검액의 조제	배지
· ①항 검체의 전처리 기준으로 이에 따라 검액을 조제한다.	· 총 호기성 세균 수 시험 - 변형레틴 한천배지 또는 변형레틴 한천배지 또는 대두카제인소화 한천배지(TSA) 사용 · 진균 수 시험 - 항생물질 포테이토덱스트로즈 한천배지(Potato dextrose agar, PDA) 또는 사브로프로당 한천배지(Sabouraud dextrose agar, SDA) 첨가

조작

세균 수 시험	진균 수 시험
· 한천평판 도말법 직경 9~10cm 페트리 접시 내에 미리 굳힌 세균시험용 배지 표면에 전처리 검액 0.1mL 이상 도말한다. · 한천평판희석법 검액 1mL를 같은 크기의 페트리 접시에 넣고 그 위에 멸균 후 45℃로 식힌 15mL의 세균시험용 배지를 넣어 잘 혼합한다.	· 세균 수 시험에 따라 시험을 실시하되 · 배지는 진균 수 시험용 배지를 사용하여 배양온도 20~25℃에서 적어도 5일간 배양한 후 100개 이하의 균집락이 나타나는 평판을 세어 총 진균 수를 측정한다.
· 검체당 최소 2개의 평판을 준비하고 30~35℃에서 적어도 48시간 배양하는데 이때, 최대 균집락 수는 갖는 평판을 사용하되 평판당 300개 이하의 균집락을 최대치로 하여 총 세균수를 측정한다.	

배지성능 및 시험별 적합성 시험

- 시판배지는 뱃치마다 시험하며, 조제한 배지는 조제한 뱃치마다 시험한다.

- 검체의 유·무하에서 총 호기성 생균 수 시험법에 따라 제조된 검액·대조액에 표1에 기재된 시험균주로 각각 100cfu 이하가 되도록 접종하여 규정된 총 호기성 생균 수 시험법에 따라 배양할 때 검액에서 회수한 균수가 대조액에서 회수한 균수의 1/2 이상이어야 한다.

특정세균 시험법

구분	시행법
대장균시험	· 유당 액체배지, 맥콘키 한천배지, 에오신 메틸렌 블루 한천배지(EMB한천배지)
녹농균시험	· 카제인 대두소화 액체배지, 세트리마이드 한천배지(Cetrimide agar), 엔에이씨 한천배지(NAC' agar), 플루오레세인 검출용 녹농균 한천배지 F, 피오시아닌 검출용 녹농균 한천배지 P
황색포도상구균시험	· 보겔존슨 한천배지(Vogel-Johnson agar), 베어드파카 한천배지(Baird-Parker agar)
배지성능 및 시험법, 적합성 시험	· 검체의 유·무하에서 각각 규정된 특정세균 시험법에 따라 제조된 검액·대조액에 시험균주 100cfu를 개별적으로 접종하여 시험할 때 접종균 각각에 대하여 양성으로 나타나야 한다.

*본 시험법 외에도 미생물 검출을 위한 자동화 장비와 미생물 동정기기 및 키트 등을 사용할 수도 있다.

☑ CFU(Colont forming unit): 배양접시에 펼쳐 놓을 경우 군락을 형성할 수 있는 미생물의 수 즉, 번식 가능한(visibld) 미생물 수를 의미함.

(12) 내용량

	시행법
용량으로 표시된 제품	· 내용물이 들어있는 용기에 뷰렛(Burette)으로부터 물을 적가하여 용기를 가득 채웠을 때의 소비량을 정확하게 측정한 다음 - 용기의 내용물을 완전히 제거하고 - 물 또는 기타 적당한 유기용매로 용기의 내부를 깨끗이 씻어 말린 다음 - 뷰렛으로부터 물을 적가하여 용기를 가득 채워 - 소비량을 정확히 측정하고 전후의 용량차를 내용으로 한다[단, 150mL 이상의 제품에 대하여는 눈금실린더(Mass cylinder)를 써서 측정한다].
질량으로 표시된 제품	· 내용물이 들어있는 용기의 외면을 깨끗이 닦고 - 무게를 정밀하게 단 다음 내용물을 완전히 제거하고 - 물 또는 적당한 유기용매로 용기의 내부를 깨끗이 씻어 말린 다음 - 용기안의 무게를 정밀히 달아 전후의 무게차를 내용량으로 한다.
길이로 표시된 제품	· 길이를 측정하고 연필류는 연필심지에 대하여 그 지름과 길이를 측정한다.
화장비누	<가> 수분포함 · 상온에서 저울로 측정(g)하여 실중량은 - 전체무게에서 포장무게를 뺀 값으로 하고, 소수점 이하 1자리까지 반올림하여 정수자리까지 구한다. <나> 건조 · 검체를 작은 조각으로 자른 후 약 10g을 0.01g까지 측정하여 접시에 옮긴다. · 이 검체를 103±2℃에서 1시간 건조 후 데시케이터*로 옮긴다. · 실온까지 충분히 냉각 시킨 후 질량도 측정하고 그 ②회의 측정에 있어서 무게의 차이가 0.01g 이내가 될 때까지 1시간 동안의 가열, 냉각 및 측정조각을 반복한 후 마지막 측정결과를 기록한다.

	계산식
	- 내용량(g)=수분포함무게(g) x (100-수분%)/100 - mo: 접시의 무게(g) - mL: 가열 전 접시와 검체의 무게(g) - m2: 가열 후 접시와 검체의 무게(g) * 데시케이터(Desiccator): 　고체 또는 액체의 건조제를 사용하여 고체 또는 액체시료를 건조, 저장하는 데 사용되는 두꺼운 유리제 그릇
침적마스크 (마스크팩, 마스크 시트) 및 클렌징 티슈	· 침적마스크(Soaked mask) 또는 클렌징 티슈의 내용량은 침적한 내용물(액제 또는 로션제)의 양을 시험하는 것으로 - 용기(자재), 지지체, 보호필름을 제외하고 시험해야 한다. · "용기, 지지체 및 보호필름"은 "용기"를 보고 시험하며 · 용량으로 표시된 제품일 경우 비중을 측정하여 용량으로 환산한 값을 내용량으로 한다. · 하이드로겔 마스크의 내용량은 - 겔부분을 녹여 완전히 제거하여 지지체(부직포류), 파우치 및 필름류 등을 깨끗이 닦은 후 완전히 건조시켜 부자재의 총 무게를 측정하여 내용량을 측정한다. · 에어로졸 제품은 용기에 충진된 분사제(액화석유가스 등)를 포함한 양을 내용량 기준으로 하여 시험한다. *출처, 화장품 안전기준 등에 관한 규정 해설서- 식약처 2018 제1개정

(13) pH 시험법

시험방법

• 검체 약 2g 또는 2mL를 취하여 100mL 비커에 넣고 물 30mL를 넣어 수욕상에서 가온하여 지방분을 녹이고 흔들어 섞은 다음 냉장고에서 지방분을 응결시켜 여과한다.

- 이때, 지방층과 물층이 분리되지 않을 때는 그대로 사용한다.

• 여액을 가지고 기능성화장품 기준 및 시험방법(식약처 고시)

• VI. 일반시험법 VI-1. 원료의 "47. pH 측정법"에 따라 시험한다.

pH 측정법 중 조작법

• 유리전극은 미리 물 또는 염기성 완충액에 수 시간 이상 담가 두고

• pH 메터는 전원에 연결하고 10분 이상 두었다가 사용한다.

• 검출부를 물로 잘 씻어 묻어 있는 물은 여과지 같은 것으로 가볍게 닦아낸 다음 사용한다.

• 온도보정 꼭지가 있는 것은

- 그 꼭지를 표준완충액의 온도와 같게 하여 검출부의 검체의 pH 값에 가까운 표준 완충액 중에 담가 2분 이상 지난 다음 pH 메터의 지시가 그 온도에 있어서의 표준완충액의 pH 값이 되도록 제로점 조절꼭지를 조절한다.

• 다시 검출부를 물로 잘 씻어 부착된 물을 여과지와 같은 것으로 가볍게 닦아낸 다음

- 검액에 담가 2분 이상 지난 다음에 측정값을 읽는다.

* 성상에 따라 투명한 액상인 스킨로션, 토너, 헤어토닉 등의 경우에는 그대로 측정한다.

(14) 유리알칼리시험법(화장비누만 해당됨)

시험방법

<가> 에탄올법(나트륨 비누)	계산식
· 플라스크에 에탄올 200mL를 넣고 환류 냉각기를 연결한다. - <CO_2를 제거하기 위하여> 서서히 가열하여 5분 동안 끓인다. - <냉각기에서 분리시키고> 약 70℃로 냉각시킨 후 - <페놀프탈레인 지시약 4방울 넣어 지시약이 분홍색이 될 때까지> - 0.1N KOH·에탄올액으로 중화시킨다. · 중화된 에탄올이 들어있는 플라스크에 검체 약 5g을 정밀하게 달아서 넣고 · 환류냉각기에 연결 후 완전히 용해될 때까지 서서히 끓인다. · 약 70℃로 냉각시키고 · <에탄올을 중화시켰을 때 나타난 것과 동일한 정도의> - 분홍색이 나타날 때까지 0.1N HCl·에탄올 용액으로 적정한다.	· 유리알칼리 함량(%) · $=0.040 \times V \times T \times 100/m$ · m: 시료의 질량(g) · v: 사용된 0.1N 염산·에탄올 용액의 부피(mL) · T: 사용된 0.1N 염산·에탄올 용액의 노르말농도

<나>염화 바륨법(모든 연성 칼륨비누 또는 나트륨과 칼륨이 혼합된 비누)	계산식
· 연성비누 약 4g을 정밀하게 달아 플라스크에 넣은 후 - 60%에탄올 용액 200mL를 넘고 환류 하에서 10분 동안 끓인다. - 중화된 염화바륨 용액 15mL를 끓는 용액에 조금씩 넣고 충분히 섞는다. · <흐르는 물로 실온까지 냉각시키고> 지시약 1mL를 넣은 다음 - 즉시 0.1N 염산 표준용액으로 녹색이 될 때까지 적정한다.	· 유리알칼리 함량(%) · $=0.056 \times V \times T \times 100/m$ · m: 시료의 질량(g) · v: 사용된 0.1N 염산 용액의 부피(mL) · T: 사용된 0.1N 염산 용액의 노르말 농도

① 지시약

- 페놀프탈레인 1g과 티몰블루 0.5g을 뜨거운 95% 에탄올 용액(v/v)에 녹이고 거른 다음 사용한다.

② 페놀프탈레인 지시약

- CO_2가 제거된 증류수 75mL와 CO_2가 제거된 에탄올 용액(v/v)

- 수산화칼륨으로 증류 125mL를 혼합하고 지시약 1mL를 사용하며 0.1N NaOH 용액 또는 KOH 용액으로 보라색이 되도록 중화시킨다.

- 10분 동안 환류하면서 가열한 후 실온에서 냉각시키고 0.1N 염산 표준용액으로 보라색이 사라질 때까지 중화시킨다.

③ 염화바륨용액

- BaCl(2수화물) 10g을 CO_2를 제거한 증류수 90mL에 용해시키고,
  → 지시약을 사용하여 0.1N KOH용액으로 보라색이 나타날 때까지 중화시킨다.

화장품 원료관리를 위하여 담당자는 입고된 원료 및 내용물 관리기준에 따라 품명, 규격, 수량 및 포장의 훼손 여부에 대한 확인방법과 훼손되었을 때 그 처리방법을 숙지하여 적절한 입고처리를 할 수 있어야 한다.

1) 입고된 원료 및 내용물에 대한 처리 순서

(1) 화장품 원료의 흐름을 확인한다.

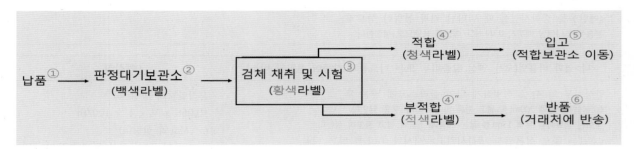

(2) 입고된 원료를 확인한다.

- 납품 시 거래명세서 및 발주 요청서와 일치하는 원료가 납품되었는지 확인한다.
- 화장품원료의 규격, COA, MSDS/GHS(한글판, 영어판)과 화장품 원료의 용기표면 원료명과 일치여부
- 화장품 원료의 용기표면에 주의사항이 있는지 확인한다.
- 화장품원료의 포장이 훼손되어 있는지 확인한다.

알아두기!

☑ 물질안전보건자료(Material safety data sheet, MSDS)

: 화학물질을 안전하게 사용하고 관리하기 위하여 필요한 정보를 기재한 Sheet, 제조자명, 제품명, 성분과 성질, 취급상의 주의, 적용법규, 사고 시의 응급처치방법 등이 기입 즉, 화학물질 등 안전 Date sheet라 함.

☑ GHS(Golbal Harmonized System)

: 화학물질에 대한 분류·표시 국제조화시스템을 말한다. 화학제품의 위험 유해성에 관한 분류 및 표지의 세계 통일화

☑ [처음 원료가 입고되었을 때] 원자재 용기 및 기록서(COA)에 다음 사항이 기재되어야 한다.

- 원자재 공급자가 정한 제품명[1], 원자재 공급자명[2], 수령일자[3], 공급자가 부여한 제조번호(또는 관리번호)[4], 원료취급 시 주의사항[5]

- 화장품 원료의 겉면에 주의사항이 표시되어 있으므로 다음 내용의 경우를 자세히 읽어 보아야 한다. 특히 색조 제품의 파우더는 공기 중으로 날릴 수 있으므로 마스크를 필히 착용해야 한다.

캔의 경우	드럼의 경우	에탄올의 경우
· 뚜껑 개봉 시 - 손에 손상을 입지 않도록 조심해야 함	· 질소 충전이 되어 있는 경우 - 뚜껑을 천천히 개봉하여 질소가 빠져나가도록 해야 함	· 여름에는 기화할 수도 있으므로 보관할 때 주의해야 함

(3) 원료의 시험의뢰를 위해 판정대기보관소에 보관한다.

- 시험의뢰서를 작성하여 품질보증팀에 의뢰한다.

- 화장품 원료의 검체채취 전이라는 <u>백색라벨</u>을 부착한다.

(4) 검체채취 및 시험을 하기 위해 '시험 중'이라는 황색라벨 부착 여부를 확인한다.

 알아두기!

[원료검사]

시험검체채취 및 관리

① 검체채취 절차
- 오염과 변질을 방지하기 위해 필요한 예방 조치를 포함한 검체채취 방법, 검체채취를 위한 설비기구, 채취량, 검체확인 정보, 검체채취 시기 또는 빈도 등을 포함한다.

② 검체채취 방법 및 검사
- 원료에 대한 검체채취 계획을 수립하고, 용기 및 기구를 확보한다.
- 검체채취 지역이 준비되어 있는지 확인하고 대상원료를 그 지역으로 옮긴다.
- 승인된 절차에 따라 검체를 채취하고, 검체용기에 라벨링(Labeling)한다.
- 시험용 검체의 용기에는
 - 명칭 또는 확인 코드[①], 제조번호[②], 검체채취일자[③], 원료제조번호[④], 원료보관조건[⑤] 등을 기재한다.
- 시험용 검체는 오염되거나 변질되지 않도록 채취하고,
- 검체를 채취한 후에는 원상태에 준하는 포장을 하며, 검체가 채취되었음을 표시하는 것이 좋다.
- 검사 결과가 규격에 적합한지 확인하고, 부적합일 때 <u>일탈처리 절차</u>를 진행한다.
- 사용되지 않은 물질은 창고로 반송, 검체는 실험실로 운반하고, 검체채취 지역을 청소 및 소독한다.

검체의 보관

① 적절한 보관을 위한 고려사항
- 재시험에 사용할 수 있을 정도로 <u>충분한 양(전 항목 2~3회 시험량)의 검체</u>를 각각의 원료에 적합한 보관 조건에 따라, 물질의 특징 및 특성에 맞도록 보관한다.
- 과도한 열기, 추위, 햇빛 또는 습기에 노출되어 변질되는 것을 방지하고
- 특수한 보관조건을 요하는 검체의 경우 적절하게 준수하고 모니터링한다.
- 용기는 밀폐하고, 청소와 검사가 용이하도록 충분한 간격으로 바닥과 떨어진 곳에 보관하고, 원료가 재 포장될 경우, 원래의 용기와 동일하게 표시한다.

② 보관기간의 설정
- 허용 가능한 보관기간을 결정하기 위한 문서화된 시스템을 확립하고, 적절한 보관기간을 정한다.

③ 원료의 재평가
- 사용기한의 정해진 원료는 사용기한이 경과하면 화장품 제조에 사용할 수 없다.
- 사용기한이 정해지지 않은 원료(예 펄, 파우더, 색소)는 화장품사 자체적으로 사용기한을 정한다.
- 사용기한 만료 1~2개월 전에 재시험(Retest)하여 규격에 적합하면 사용기한을 연장하여 원료를 사용할 수 있다.
- 사용기한 연장횟수는 1~5회까지는 정해야 하며, 이 모든 절차가 규정되어 있어야 한다.

(5) 시험판정 결과(적합/부적합)에 따라 보관장소별로 보관한다.

- <mark>적합판정 시</mark> 적합라벨을 부착하고, 원료가 적합보관소로 이동한다.
- 원료명칭, 개봉일, 보관조건, 유효기간, 역가, 점검자 실명이 있는 라벨을 부착한다.

- **부적합판정 시** 부적합 라벨을 부착하고, 부적합품 보관 장소로 이동 후 원료거래처에 반송 의뢰를 하였는지 확인한다.

2) 화장품 원료의 적합판정여부 시 체크사항

원료

(1) 원자재 입고 시

- 구매요구서, 시험성적서(COA) 및 입고된 원료인 현품이 서로 일치하는지 확인한다.

(2) 원료 담당자는

- <원료가 입고되면> 입고원료의 발주서 및 거래명세표를 참고하여
- 원료명, 규격, 수량, 납품처 등이 일치하는지 확인
- 포장의 훼손여부를 확인하고, 훼손 시에는 원료 거래처에 반송
- 원료 용기 및 봉합의 파손 여부, 물에 젖었거나 침적된 흔적 여부, 부착라벨여부, 해충이나 쥐 등의 침해를 받은 흔적여부, 표시된 사항의 이상 여부 및 청결 여부 등을 확인
- 용기에 표시된 양을 거래명세표와 대조하고 필요 시 칭량하여, 그 무게를 확인 후 이상이 없으면 용기 및 외포장을 에어건으로 먼지를 제거하고 걸레로 이물질을 제거한 후에 반입
- <입고 정보를 전산에 등록한 후> 업체의 시험성적서를 지참하여 품질부서에 검사를 의뢰한다.

(3) 품질보증팀 담당자는

- <시험을 실시하고 원료 시험기록서를 작성하여> 품질보증팀장의 승인을 득한다.
- <적합일 경우> 해당원료에 적합라벨(청색)을 부착 후, 전산에 적·부 여부를 등록한다.
- <부적합일 경우> 해당원료에 부적합라벨(적색)을 부착하고 해당부서에 기준일탈조치표를 작성하여 통보한다.

(4) 구매부서는

- 부적합원료에 관한 기준일탈조치를 하고, 관련내용을 기록하여 품질보증팀에 회신한다.

(5) 적합 판정된 원료에는

- 원료명칭[①], 개봉일[②], 보관조건[③], 유효기간[④], 역가[⑤], 제조자의 성명 또는 서명[⑥]이 기재되어야 한다.

(6) 입고된 원료의 검사 중인 원료 및 부적합 제품은 각각의 일정한 장소에 따로 보관한다.

반제품

① 제조담당자는

- 제조 완료 후 품질보증팀으로부터 적합판정을 통보받으면, 지정된 저장통에 반제품을 배출한다.
- 반제품은 품질이 변하지 않도록 적당한 용기에 넣어, 지정된 장소에서 보관해야 한다.

- 용기에는 명칭 또는 확인코드[①], 제조일자[②], 제조번호[③], 필요한 경우에는 보관조건[④] 등의 사항을 표시해야 한다.

Section 04 보관 중인 원료 및 내용물 출고기준

원료의 보관장소 및 보관방법을 알고 보관기관 내의 사용과 보관기관 경과 시의 처리 방법은 알아야 한다. 보관 중인 원료 및 내용물의 출고 · 보관관리 기준에 대하여는 CGMP 제12 · 13조에 다음과 같이 규정하고 있다.

■ 보관관리를 위한 기본 지침

1) 보관조건

- 각각의 원료와 포장재의 세부요건에 따라 적절한 방식으로 정의되어야 한다.
- 원료와 포장재가 재포장될 때 새로운 용기에는 원래와 동일한 라벨링이 있어야 한다.

원료의 경우

- 원래 용기와 같은 물질 혹은 적용할 수 있는 다른 대체 물질로 만들어진 용기를 사용하는 것이 중요하다.
- 적절한 보관을 위해 보관조건은
- 원료와 포장재에 적합하여야 하고 과도한 열기, 추위, 햇빛 또는 습기에 노출되어 변질되는 것을 방지할 수 있어야 한다.
- 물질의 특징 및 특성에 맞도록 보관 · 취급되어야 한다.
- 특수한 보관조건을 적절하게 준수, 모니터링 되어야 한다.
- 원료와 포장재의 용기는
- 밀폐되어, 청소와 검사가 용이하게 충분한 간격으로 바닥과 떨어진 곳에 보관되어야 한다.
- 원료와 포장재가 재포장될 경우
- 원래의 용기와 동일하게 표시되어야 한다.
- 원료 및 포장재의 관리는
- 허가되지 않거나 불합격 판정을 받거나 아니면 의심스러운 물질이 허가되지 않은 사용을 방지할 수 있어야 한다.

알아두기!

(1) 원료 보관장소

장소	내용
원료대기보관소	· 원료가 입고되면 판정이 완료되기 전까지 보관한다.
부적합원료보관소	· 시험결과 부적합으로 판정된 원료는 반품, 폐기 등의 조치하기 전까지 보관한다.
적합원료보관소	· 시험결과 적합으로 판정된 원료를 보관한다.
저온원료창고(10℃ 이하)	· 저온에서 보관하여야 하는 원료를 보관한다.

① 보관방법

원료보관창고

<관련 법규에 따라 시설을 갖추어야 하며, 관련 규정에 적합한 보관조건에서 보관되어야 한다.>

• 온도, 습도, 자외선 등에 보관조건 등에 의해 변질이 예상되는 원료 및 내용물들은

- 방습, 보냉, 냉암 등 적절한 설비가 갖추어진 장소에 보관한다.

- 여름에는 고온 · 다습하지 않도록 유지 · 관리해야 한다.

- 바닥 및 내벽과 10cm 이상, 외벽과 30cm 이상 간격을 두고 적재한다.

• 방서 및 방충시설을 갖추어야 한다.

* 지정된 보관소에 원료를 보관하여 누구나 명확히 구분할 수 있게 혼동될 염려가 없도록 보관하여야 함

원료의 출고 시

• 반드시 선입선출 되어야 한다.

- 출고 전 적합라벨의 부착여부 및 원료포장에 표시된 원료명과 적합라벨에 표시된 원료명의 일치 여부를 확인한다.

원료창고 담당자는

• 매월 정기적으로 원료의 입출고 내역 및 재고조사를 통하여 재고관리를 해야 한다.

• 보관장소는 항상 정리 · 정돈되어 있어야 한다.

• 내용물 및 원료보관 관리점검표를 작성하여 수시로 점검한다.

(2) 반제품 보관장소 및 방법

보관장소	· 지정된 장소(벌크보관실)에 해당, 반제품을 보관한다. · 품질보증부서로부터 보류 또는 부적합 판정을 받은 반제품의 경우 - 부적합품 대기소에 보관하여 적합제품과 명확히 구분이 되어져야 한다.
보관방법	· 이물질 또는 미생물 오염으로부터 보호되어 보관되어야 한다. · <u>최대보관기간: 6개월</u> · 보관기관이 <u>1개월 이상 경과</u>되었을 때 - 반드시 사용 전 품질보증부서에 검사 의뢰하여 적합 판정된 반제품만 사용되어야 한다.

 알아두기!

- 모든 보관소에서는 선입선출의 절차가 사용되어야 한다(단, 나중에 입고된 물품이 사용기한이 짧은 경우 먼저 입고된 물품보다 먼저 출고할 수 있다).
- 선입선출을 하지 못하는 특별한 사유가 있을 경우
- **적절하게 문서화된 절차에 따라 나중에 입고된 물품을 먼저 출고할 수 있다.**

2) 원료·포장재의 보관환경

- 출입제한 - 원료 및 포장재 보관소의 출입제한/ • 오염방지 - 시설대응, 동선관리
- 방충·방서 대책/ • 온도·습도 - 필요시 설정
- 원료의 재평가: 평가방법을 확립해 두면 보관기한이 지난 원료를 재평가해서 사용할 수 있다(원료의 최대 보관기한을 설정하는 것이 바람직하다).

- 원료의 허용 가능한 보관기한을 결정하기 위한 문서화된 시스템을 확립해야 한다.
- 이러한 시스템은 물질의 정해진 보관기한이 지나면 해당 물질을 재평가하여 사용 적합성을 결정하는 단계들을 포함해야 한다.

- 보관기한이 규정되어 있지 않은 원료는 품질부문에서 적절한 보관기한을 정할 수 있다.
- 원칙적으로 원료 공급처의 사용기한을 준수하여 보관기한을 설정해야 하며,
- 사용기한 내에서 자체적인 재시험 기간과 최대 보관기한을 설정·준수해야 한다.

- 원료의 사용기한은 사용 시 확인이 가능하도록 라벨에 표시되어야 한다.

- 원료와 포장재, 반제품 및 벌크제품, 완제품, 부적합품 및 반품 등에 도난, 분실, 변질 등의 문제가 발생하지 않도록 <u>작업자 외에 보관소의 출입을 제한하고 관리</u>해야 한다.

② 출고관리를 위한 기본지침

☑ [출고관리]
• 원자재(원료와 내용물)는 시험결과 적합 판정된 것만을 선입선출 방식으로 출고해야 하고 이를 확인할 수 있는 체계가 확립되어야 한다(CGMP 제12조).

• 불출된 원료와 포장재만이 사용되고 있음을 확인하기 위한 적절한 시스템[물리적 또는 그의 대체(전자)시스템 등]이 확립되어야 한다.

• 오직 승인된 자만이 원료 및 포장재의 불출절차를 수행할 수 있다.

• 뱃치(Batch, Lot)에서 취한 검체가 모든 합격 기준에 부합할 때 뱃치가 불출될 수 있다.

• 원료와 포장재는 불출 전까지 사용을 금지하는 격리를 위해 특별한 절차가 이행되어야 한다.

• 마지막으로, 모든 보관소에서는 선입선출의 절차가 사용되어야 한다.

• 원료의 사용기한을 사례별로 결정하기 위해 적절한 시스템이 이행되어야 한다.

*특별한 환경을 제외하고는

• 재고품 순환은 오래된 것이 먼저 사용되도록 보증해야 한다.

• 모든 물품은 원칙적으로 선입선출 방법으로 출고한다(단, 나중에 입고된 물품이 사용 또는 유효기간이 짧은 경우: 먼저 입고된 물품보다 먼저 출고할 수 있다).

• 선입선출을 하지 못하는 특별한 사유가 있을 경우: 적절하게 문서화된 절차에 따라 나중에 입고된 물품을 먼저 출고할 수 있다.

Section 05 내용물 및 원료의 폐기기준

알아두기!

☑ 폐기처분
• 품질에 문제가 있거나 회수·반품[①]된 제품의 폐기[②] 또는 재작업 여부[③]는 품질보증책임자에 의해 승인되어야 한다.
• 재작업을 그 대상이 다음 각 호를 모두 만족한 경우에 할 수 있다.
1호. 변질·변패 또는 병원 미생물에 오염되지 아니한 경우
2호. 제조일로부터 1년이 경과하지 않았거나 사용기한이 1년 이상 남아있는 경우
• 재입고할 수 없는 제품의 폐기처리 규정을 작성하여야 한다.
• 폐기대상은 따로 보관하고 규정에 따라 신속하게 폐기해야 한다(CGMP 제22조).

(1) 원료와 포장재, 벌크제품과 완제품이 적합판정기준을 만족시키지 못할 경우

- "기준일탈제품"으로 지칭한다.

(2) 기준일탈(Out of specification, OOS) 제품이 발생했을 때는

- 폐기하는 것이 가장 바람직하다.
- 미리 정하는 절차를 따라 확실한 처리를 하고 실시한 내용을 모두 문서에 남긴다.
- 그러나 폐기하면 큰 손해가 되므로 재작업을 고려하게 된다(단, 부적합 제품의 재작업을 쉽게 허락할 수는 없다).

<먼저, 권한 소유자에 의한 원인 조사가 필요하다>
- 권한 소유자는 부적합 제품의 제조책임자라고 할 수 있다.
- 그 다음, 재작업을 해도 제품품질에 악영향 주지 않는 것을 예측해야 한다.

(3) 완제품 또는 벌크제품은 기준일탈이 되어도 재작업할 수도 있다.

① 재작업(Reprocessing)이란

뱃치 전체 또는 일부에 추가 처리(한 공정 이상의 작업을 추가하는 일)를 하여 부적합품을 적합품으로 다시 가공하는 일이다.

② 재작업의 정의 및 절차

- 재작업의 정의: 적합판정 기준을 벗어난 완제품 또는 벌크제품을 재처리하여 품질이 적합한 범위에 들어오도록 하는 작업을 말한다.
- 재작업 절차: 재작업은 해당 재작업의 절차를 상세하게 작성한 절차서를 준비해서 실시한다.
- 재작업 실시 시
- 발생한 모든 일들은 재작업 제조기록서에 기록한다.
- 통상적인 제품시험 시보다 많은 시험을 실시한다. → 제품분석, 제품안전성시험 실시
- 제품 품질에 대한 좋지 않은 경시는 안정성에 대한 악영향으로 보일 수 있기 때문이다.

재작업 절차	
· 품질보증책임자가 규격에 부적합이 된 원인조사를 지시한다.	· 승인이 끝난 재작업 절차서 및 기록서에 따라 실시한다.
· 재작업 전의 품질이나 재작업 공정의 적절함 등을 고려하여 제품품질에 악영향을 미치지 않는 것을 재작업 실시 전에 예측한다.	· 재작업한 최종 제품 또는 벌크제품의 제조기록, 시험기록을 충분히 남긴다.
· 재작업 처리실시의 결정은 품질보증책임자가 실시한다.	· 품질이 확인되고 품질보증책임자의 승인을 얻을 수 있을 때까지 재작업품은 다음 공정에 사용할 수 없고 출하할 수 없다.

③ 기준일탈제품의 처리

- 재작업 처리의 실시 및 결과는 품질보증책임자가 결정한다.

- 재작업 실시의 제안은 제조책임자이나 실시·결정은 품질보증책임자가 한다.

④ 금지되는 공정 <별표 5조>

공정명
· 탈색, 탈취(Bleaching-Deodorisation)- 동물유래 · 방사선조사(Irradiation)- 알파선, 감마선 · 설폰화(Sulphonation) · 에틸렌옥사이드, 프로필렌옥사이드 또는 다른 알켄옥사이드 사용 · 수은화합물은 사용한 처리 · 포름알데하이드 사용
· 유전자 변형원료 배합, 니트로스 아민류 배합 및 생성 · 일면 또는 다면의 외형 또는 내부구조를 가지도록 의도적으로 만들어진 불용성 · 생체 지속적인 1~100nm 크기의 물질배합 · 공기, 산소, 질소, 이산화탄소, 아르곤 가스 외의 분사제 사용

(4) 부적합 판정에 대한 사후관리

- 부적합 판정된 품목은 지정된 보관장소에 보관하고 원료 및 자재는 즉시 반품 또는 폐기조치 한다.

(5) 원료와 포장재, 벌크제품과 완제품이 적합판정기준을 만족시키지 못할 경우

- 기준일탈제품이 발생했을 때는 미리정한 절차를 따라 확실한 처리를 하고 실시한 내용을 모두 문서에 남긴다.

① 품질에 문제가 있거나 회수, 반품된 제품의 폐기 또는 재작업 여부는 품질보증책임자에 의해 승인되어야 한다.

② 재작업은 그 대상이 다음 각 호를 모두 만족한 경우에 할 수 있다.

1호. 변질·변패 또는 병원 미생물에 오염되지 않은 경우

2호. 제조일로부터 1년이 경과하지 않았거나 사용기한이 1년 이상 남아 있는 경우

③ 재입고할 수 없는 제품의 폐기처리규정을 작성하여야 하며, 폐기대상은 따로 보관하고 규정에 따라 신속하게 폐기하여야 한다.

Section 06 내용물 및 원료의 사용기한 확정·판정

- **원료의 사용기한은** 사용 시 확인이 가능하도록 라벨에 표시되어야 한다.
- 원료공급처의 사용기한을 준수하여 보관기한을 설정해야 한다.
- 사용기한 내에 자체적인 재시험 기관과 최대보관기한을 설정·준수해야 한다.
- 원료 사용(유효)기간을 넘겼을 경우 품질관리부와 협의하여
- 원료에 문제가 없을 경우 유효기간을 재설정한다.
- 원료에 문제가 있을 경우 폐기한다.
- 만약, 원료 거래처에서 교환해 줄 경우 반송하여 새로운 원료를 받아 관리한다.

내용물 및 원료 사용기한	판정
· 보관 중인 내용물 및 원료에 대해 사용(유효)기한	· 3개월 전 재시험을 의뢰
· 사용(유효)기한이 정해져 있지 않을 경우	· 최종성적 판정일부터 2년이 경과하면 반드시 재시험을 의뢰
· 맞춤형화장품 조제관리사의 요청일 경우	· 1년 이상 사용하지 않는 내용물 및 원료에 대해 재시험 의뢰

Section 07 내용물 및 원료의 개봉 후 사용기한 확인·판정

- 원료는 오염되지 않도록 수시로 청결을 유지하도록 관리되어야 한다.
- 한번 꺼내어(덜어서) 사용된 원료는 오염 우려가 있으므로 원료용기에 다시 넣지 않도록 한다.
- 취급 시 혼동이 되는 원료는 명확히 구분하여 관리한다.
- 원료가 칭량되는 동안, 교차오염을 피하기 위한 적절한 조치가 마련되어야 한다.
- 개봉 후 변질 우려가 있는 경우, 보관조건 및 개봉 후 시간(사용기한)을 명확하게 준수한다.
- **원료개봉 시**
- 원료가 산화되지 않도록 최소한의 공기만 들어갈 수 있도록 관리한다.
- 포대 자체를 개봉할 경우, 포장 용기를 집게로 막거나 비닐봉지에 넣어 밀봉한다.
- 드럼, 캔 등은 뚜껑을 잘 닫아서 관리한다.

개봉 후 사용기한 확인	판정
· 원료 및 내용물을 개봉 후 사용기한(단, 맞춤형화장품조제관리사의 판단 또는 요청 시)	· 3개월(단, 축소하거나 재시험을 거쳐 연장할 수 있음)

Section 08 내용물 및 원료의 변질 상태(변색·변취 등) 확인

 화장품은 분체, 액체원료, 유지, 계면활성제, 고분자화합물 등 여러 가지 원료를 배합하여 만들어지는 제품으로 **원료의 오염은 최종제품의 오염으로** 이어진다.

(1) 원료별 관리기준 설정

- 관리기준은 제품개발 단계에서의 <u>기록 및 제조실적 데이터</u>를 토대로 설정한다.
  - 기준치는 반드시 범위를 만든다.
  - 그 범위를 벗어난 데이터가 나왔을 때 일탈처리한다.

(2) 반제품(Half finished product)

- 품질이 변하지 않도록 적당한 용기에 넣어 **지정된 장소**에서 보관해야 한다.
  - 용기에 명칭 또는 확인코드[1], 제조번호[2], 완료된 공정명[3], 필요한 경우에 보관조건[4]을 기재한다.
- 최대보관기간은 설정하여야 한다.
  - 최대보관기간이 가까워진 반제품은 완제품을 제조하기 전에 품질이상 변질여부 등을 확인한다.

  * 반제품: 제품이 여러 공정을 거쳐 완성되는 경우, 하나의 공정이 끝나서 다음 공정에 인도될 완성품 또는 부분품으로서 완전한 제품이 된 것은 아니지만 가공이 일단 완료됨으로서 저장가능하거나 판매가능한 상태에 있는 제조된 제품을 말함. 이는 전 공정의 제조작업을 끝마친 최종생상품인 제품과는 구별됨.

(3) 완제품(Finished prouct)

- 완전히 제조 공정을 마친 제품, 즉 해당 사업체에서 제조·완료된 제품 또는 위탁생산한 제품을 말함
- 제품의 경시변화를 추적하고 사고 등이 발생했을 때 제품을 시험하는 데 충분한 양을 확보한다.
- 시험에 필요한 양은 제조 단위별로 적절한 보관 조건하에 지정된 구역 내에 따로 보관한다.
  - 사용기한 경과 후 **1년간** 보관해야 한다.
- 안정성이 확립되지 않은 화장품은 장기적으로 경시변화를 추적할 필요가 있다.
  - 이를 위한 시험계획은 세우고 특정 제조단위에 대하여 충분한 양의 검체를 보존한다.

  * 완제품: 완전히 제조 공정을 마친 제품, 즉 해당 사업체에서 제조·완료된 제품 또는 위탁생산한 제품을 말함.

(4) 시험관리

① 시험의뢰 및 시험

- 원료 및 자재보관 담당자는 원료 및 자재에 대하여 품질부서에 시험 의뢰한다.
- 반제품 제조담당자는 제조된 반제품에 대하여 품질부서에 시험 의뢰한다.
- 품질부서 담당자는 의뢰된 품목에 대하여 <u>검체를 채취</u>하여 <u>품질검사를 실시</u>한다.

② 시험지시 및 기록서 작성

· 제품명(원자재명)[1] · 제조번호[2] · 제조일 또는 입고일[3] · 시험항목기준[4]	· 시험지시번호, 지시자 및 지시연월일[5] · 시험일, 검사자, 시험결과, 판정결과[6] · 기타 필요한 사항[7]

③ 시험결과의 판정

- 검사담당자는 시험성적서를 작성한 후 품질보증팀장에게 보고한다.
- 품질보증팀장은 시험결과를 시험기준이나 대조하여 확인 후 적합·부적합 판정을 최종 승인한다.

④ 시험 적합·부적합 판정 적용 범위

적합판정	부적합판정
· 시험결과가 모든 기준에 적합할 경우 "적합"이라고 한다.	· 시험결과 기준에 벗어나는 것으로 완제품의 품질에 직접적인 관련이 있다고 판단되는 시험항목인 경우는 "부적합"으로 한다.

⑤ 시험결과의 전달

- 품질부서는 원자재의 시험결과를 의뢰부서에 통보하고 적합·부적합 라벨을 부착하여 식별 표시를 한다.
- 라벨에는 제품명[1], 제조번호 또는 제조일자[2], 판정결과[3], 판정일[4] 등이 기재되어야 한다.

(5) 검체채취 및 보관

① 검체채취 담당자

검체채취는 품질보증팀의 각 시험담당자가 행하는 것을 원칙으로 하지만 합리적인 이유가 있는 경우 생산담당자가 대행할 수 있다.

검체채취 시	시험완료 후
· 원자재의 경우 - 제조원의 시험성적서 등의 자료를 인수하고 입고된 원자재에 "시험 중" 라벨을 부착한다.	· 시험성적서를 작성하고, 품질보증팀장의 승인을 받은 후 - 원자재의 '적합 또는 부적합' 라벨을 부착하여 식별표시를 하고 해당 부서에 결과를 통보한다.

② 검체채취 장소

원료	반제품
· 원료 검체채취실에서 원료관리 담당자가 입회하에 실시	· 제조실 또는 반제품 보관소에서 담당자 입회하에 실시

③ 검체채취 시기

다음에서 구분되는 기간 내에 검체를 채취한다.

구분	채취시기
원자재	· 시험의뢰 접수 후 가능한 즉시 또는 1일 이내
완제품(반제품)	· 시험의뢰 접수 후 가능한 즉시 또는 1일 이내
재시험 검체	· 원자재, 반제품의 재시험이 필요하다고 판단된 경우 - 즉시 재시험을 위한
장기 보관품(벌크)	· 벌크의 최대보관기간은 6개월 *벌크는 정품과 동일하지만 박스포장이 아닌 비닐포장되어 판매됨 · 1개월 경과 후 충전 시에는 충전 전 반제품 보관 담당자로부터 시험 의뢰 접수 후
회수 및 반품제품	· 담당부서 담당자로부터 시험의뢰 접수 후

④ 검체채취 보관 용기 및 식별

구분	내용	식별
원자재	· 100mL 용량의 플라스틱 용기 - 100mL 채취	· 검체채취 후 검체명(코드)[①], 제조번호(제조일자)[②], 채취일[③] 등을 검체채취 라벨에 기재하여 검체채취 용기에 부착한다.
반제품	· 500mL 플라스틱 비이커로 채취	

⑤ 검체채취 방법

• 모든 시험용 검체의 채취는 제조번호의 품질을 대표할 수 있도록 랜덤으로 실시해야 한다.

- 검체는 랜덤 샘플링을 실시하여 제조단위 또는 입고단위를 대표할 수 있도록 채취한다.

원자재	검체채취방법
원료	· 원료보관소의 검체 채취실 및 계량실에서 검체를 채취함 · 원료가 비산되거나 먼지 등이 혼입되지 않도록 함 · 검체채취 완료 후 원포장에 준하도록 재포장 후 샘플링을 하였다는 식별표시를 해야 함 · 입고된 원료는 제조번호에 따라 구분하고, 제조번호마다 검체채취함
반제품	· 제조 단위마다 제조 믹서에 멸균된 위생용 샘플링 컵으로 검체채취함

⑥ 검체채취 시 주의사항과 보관 및 관리

검체채취 시 주의사항	검체의 보관 및 관리
· 반드시 지정된 장소에서 채취해야 함 · 채취한 검체는 청결 건조한 검체채취용 용기에 넣고 마개를 잘 닫고 봉함 · 제조단위 전체를 대표할 수 있도록 치우침이 없는 검체채취 방법을 사용해야 함 · 검체채취 시 외부로부터 분진, 이물, 습기 및 미생물 오염에 유의함 · 미생물 오염에 특히 주의를 요하며 검체채취 용기 및 기구는 세척·멸균, 건조한 것을 사용해야 함 · 개봉부분은 벌레 등의 혼합, 미생물 오염이 없도록 원포장에 준하여 재포장을 실시해야 함	· 완제품은 적절한 보관 조건 하에 지정된 구역 내에서 제조단위 별로 사용기간 경과 후 **1년간 보관**함 · 개봉 후 사용기한을 기재하는 제품의 경우에는 제조일로부터 **3년간 보관**한다. · 벌크는 보관용기에 담아 **6개월**간 보관한다. · 원자재는 검사가 완료되어 부적합판정이 완료되면 폐기하는 것을 원칙으로 한다. - 필요에 따라 보관기간을 연장할 수 있음

Section 09 내용물 및 원료의 폐기절차

(1) 부적합품인 원료, 자재(포장재), 벌크제품 및 완제품에 대한 폐기관련 사항은 폐기처리 등에서 규정하고 있다(CGMP 제22조).

- 오염된 포장재나 표시사항이 변경된 포장재는 **폐기**한다.

- 폐기처리에 대한 세부적인 사항은 다음과 같다.
- 원료와 자재, 벌크제품과 완제품이 적합판정기준을 만족시키지 못할 경우 '기준일탈제품'이 된다.
- 기준일탈이 된 완제품 또는 벌크제품은 재작업할 수 있다.

  → 기준일탈제품이 발생했을 때는 미리 정한 절차를 따라 확실한 처리를 하고 실시한 내용을 모두 문서에 남긴다.

- 재작업이란 뱃지 전체 또는 일부에 추가적으로 처리(한 공정이상의 작업을 추가하는 일)하여 부적합품을 적합품으로 다시 가공하는 일이다.

· 재작업 처리의 실시는 품질보증책임자가 결정한다. · 재작업은 해당 재작업의 절차를 상세하게 작성한 절차서를 준비해서 실시한다.	· 재작업 실시 시에는 발생한 모든 일들을 재작업 제조기록서에 기록한다. · 제품 안정성시험을 실시하는 것이 바람직하다.

(2) 폐기물

• 폐기원료는 **폐기물처리법에 의거**하여 폐기한다.

구분	처리법
폐기원료	· 생활폐기물과 지정폐기물로 구분하여 처리한다. · 외부 이해관계자가 지정한 배출일에 배출하여 처리될 수 있도록 한다. · 기준일탈로 폐기하게 되는 원료 및 내용물은 벌크제품 및 완제품을 오염시키지 않도록 지정된 폐기물 보관 용기에 보관한다.
폐기원료 보관소	· 항상 청결을 유지하며 누수로 인한 2차 환경오염을 방지한다. · 지정된 장소에는 지정폐기물 표지판을 부착한다.
폐기물 관리 담당자 및 처리 위탁업체	· 보관용기를 폐기물 보관장소로 이동시킨 후 폐기물 전문처리 회사에 위탁하여 처리한다. · 폐기물처리 위탁업체는 위탁하고자 하는 폐기물 처리에 관련된 <u>허가를 소유</u>하고 있는 회사여야 한다.

실전예상문제

【 선다형 】

01 다음 <보기>에서 원자재 입고 시 일치해야 하는 항목을 <u>모두</u> 고르면?

> ㉠ 구매요구서
> ㉡ 원자재 공급업체 성적서
> ㉢ 제품별 안전성 자료
> ㉣ 현품

① ㉠, ㉡　　　② ㉠, ㉢　　　③ ㉠, ㉣
④ ㉠, ㉡, ㉢　　　⑤ ㉠, ㉡, ㉣

> ✓ 원자재 입고 시 구매요구서, 원자재 공급업체 성적서 및 현품이 서로 일치하여야 하며 추가적으로 운송 관련 자료를 확인할 수 있다.

02 원자재 용기 및 시험기록서의 필수적인 기재사항이 <u>아닌</u> 것은?

① 수령일자
② 원자재 공급자명
③ 원자재 수령자명
④ 원자재 공급자가 정한 제품명
⑤ 공급자가 부여한 제조번호 또는 관리번호

> ✓ 원자재 수령자명은 필수적인 기재사항이 아니다(우수화장품 제조 및 품질관리기준 제11조).

03 내용물 및 원료의 관리에 필요한 내용으로 적합하지 <u>않은</u> 것은?

① 결함이 보이는 원료와 포장재는 즉시 폐기한다.
② 사용기한을 설정하고 정기적으로 재고를 관리한다.
③ 입고된 원자재는 적합, 부적합, 검사 중으로 표시해야 한다.
④ 원료와 포장재는 제조단위 별로 각각 구분하여 관리해야 한다.

⑤ 모든 원료와 포장재는 품질을 입증할 수 있는 검증자료를 공급자로부터 공급받아야 한다.

> ✓ 결함이 보이는 원료와 포장재는 결점이 완료될 때까지 보류상태로 있어야 한다.

04 화장품 원료 공급자 선정 시 <u>적합한</u> 것은?

① 방문감사가 불가능한 공급자 선정
② 공급자의 과거의 실적과 상관없다.
③ 원료를 일시적으로만 공급해 준다.
④ 중요한 정보만 간략하게 제공한다.
⑤ 충분한 상호작용으로 변경사항을 알려주는 공급자 선정

> ✓ 공급자는 충분한 정보를 제공해주고 원료를 계속 공급할 수 있어야 한다. 또한 과거의 실적(일탈의 유·무, 서비스의 질) 등을 고려하여 방문감사와 서류감사가 모두 가능한 것이 좋다.

05 다음 <보기>에서 맞춤형화장품 원료로 사용할 수 없는 것을 <u>모두</u> 고르면?

> ㉠ 식물에서 추출한 천연 향료
> ㉡ 사용상의 제한이 필요한 원료
> ㉢ 화장품 안전기준에서 사용 금지된 원료
> ㉣ 사전심사를 받거나 보고서를 제출하지 않은 기능성화장품 고시 원료

① ㉠, ㉡　　　② ㉡, ㉢　　　③ ㉠, ㉡, ㉢
④ ㉠, ㉡, ㉣　　　⑤ ㉡, ㉢, ㉣

> ✓ 화장품 안전기준에서 사용 금지된 원료, 사용상의 제한이 필요한 원료, 사전심사를 받거나 보고서를 제출하지 않은 기능성화장품 고시 원료를 제외하고는 사용 가능 원료로 지정되어 있으므로 해당 사항을 반드시 참고해야 한다.

06 화장품 원자재 용기 및 시험기록서의 필수적인 기재사항이 <u>아닌</u> 것은?

① 원자재 공급자가 정한 제품명
② 원자재 공급자명
③ 제조단위
④ 공급자가 부여한 제조번호 또는 관리번호
⑤ 수령일자

✓ 제조단위는 제조지시서에 해당된다.

07 화장품 원료 시험용 검체의 용기의 기재사항이 <u>아닌</u> 것은?

① 명칭 또는 확인코드 ② 제조번호
③ 검체채취일자 ④ 원료제조번호
⑤ 공급자명

✓ 공급자명은 원료관리에 대한 세부사항이다.

08 화장품 완제품 관리 항목이 <u>아닌</u> 것은?

① 보관 ② 검체채취 ③ 재고관리
④ 반품 ⑤ 밀폐

✓ 밀폐는 벌크제품의 재보관 세부사항이다.

09 벌크제품의 재 보관에 대한 사항이 <u>아닌</u> 것은?

① 남은 벌크를 재보관하고 재사용할 수 있다.
② 원래 보관환경에서 보관한다.
③ 변질 및 오염의 우려가 있으므로 재보관은 신중하게 한다.
④ 여러 번 재보관하는 벌크는 조금씩 나누어서 보관한다.
⑤ 재보관 시에는 내용을 명기하고 재보관임을 표시하는 라벨 부착은 선택사항이다.

✓ 재보관 시에는 내용을 명기하고 재보관임을 표시하는 라벨 부착은 필수이다.

10 화장품 원료의 폐기처리에 대한 사항으로 <u>아닌</u> 것은?

① 원료와 자재, 벌크제품과 완제품이 적합판정기준을 만족시키지 못할 경우 기준일탈제품이 된다.
② 기준일탈제품이 발생했을 때는 미리 정한 절차를 따라 확실한 처리를 하고 실시 한 필요한 내용만 문서에 남긴다.
③ 기준일탈이 된 완제품 또는 벌크제품은 재 작업할 수 있다.
④ 재작업 처리의 실시는 품질보증책임자가 결정한다.
⑤ 제품 안정성시험을 실시하는 것이 바람직하다.

✓ 기준일탈 제품이 발생했을 때는 미리 정한 절차를 따라 확실한 처리를 하고 실시 한 내용을 모두 문서에 남긴다.

11 유통화장품 안전기준에서 검출허용한도를 정하고 있는 성분이 <u>아닌</u> 것은?

① 납 ② 철 ③ 수은
④ 카드뮴 ⑤ 디옥산

✓ 납, 니켈, 수은, 비소, 안티몬, 카드뮴, 디옥산,메탄올, 포름알데하이드,프탈레이트류(BBP, DBP, DEHP) 등이다.

12 유통 화장품 폐기처리에 대한 사항이 <u>아닌</u> 것은?

① 품질에 문제가 있거나 회수, 반품된 제품의 폐기 또는 재작업 여부는 품질보증책임자에 의해 승인된다.
② 재입고할 수 없는 제품의 폐기처리규정은 작성하지 않아도 된다.
③ 오염된 포장재나 표시사항이 변경된 포장재는 폐기한다.
④ 원료와 자재, 벌크제품과 완제품이 적합판정기준을 만족시키지 못할 경우 기준일탈제품이 된다.
⑤ 기준일탈이 된 완제품 또는 벌크제품은 재작업할 수 있다.

13 화장품 내용물 및 원료의 입고관리 기준에 해당하지 않는 것은?

① 판매업자는 원자재 공급자에 대한 관리감독을 적절히 수행하여 입고관리가 철저히 이루어지지 않아도 된다.
② 제조업자는 원자재 입고 시 구매요구서, 원자재 공급업체 성적서 및 현품이 서로 일치해야 한다.
③ 입고된 원자재는 "적합", "부적합", "검사 중" 등으로 상태를 표시해야 한다.
④ 원자재 용기에 제조번호가 없는 경우에는 관리번호를 부여하여 보관해야 한다.
⑤ 원자재 입고 절차 중 육안확인 시 물품에 결함이 있을 경우 입고를 보류하고 격리보관 및 폐기하거나 원자재 공급업자에게 반송해야 한다.

14 화장품 원자재 입고 절차 중 육안확인 시 물품에 결함이 있을 경우 <u>하지 말아야 할</u> 사항은?

① 입고를 보류   ② 격리보관
③ 관리번호 부여   ④ 폐기
⑤ 원자재 공급업자에게 반송

15 화장품 원자재 입고 시 확인해야 할 사항이 <u>아닌</u> 것은?

① 현품   ② 운송관련 자료
③ 공급업체 감시서   ④ 구매요구서
⑤ 원자재 공급업체 성적서

16 원자재 용기 및 시험기록서의 필수적인 기재사항이 <u>아닌</u> 것은?

① 원자재 공급자가 정한 제품명
② 원자재 공급자명
③ 원자재 판매자명
④ 공급자가 부여한 제조번호 또는 관리번호
⑤ 수령일자

17 화장품 원료 및 포장재의 용기에 관한 사항이 <u>아닌</u> 것은?

① 원료 및 포장재의 상태는 합격, 불합격, 검사 중 등 적절한 방법으로 확인되어야 한다.
② 원료 및 포장재의 상태를 확인할 필요는 없다.
③ 물질과 뱃치 정보를 확인할 수 있는 표시를 부착해야 한다.
④ 제품의 품질에 영향을 줄 수 있는 결함을 보이는 원료와 포장재는 결점이 완료될 때까지 보류상태로 있어야 한다.
⑤ 확인시스템(물리적·전자시스템)은 혼동·오류 또는 혼합을 방지할 수 있도록 설계되어야 한다.

정답 13. ① 14. ③ 15. ③ 16. ③ 17. ②

18 화장품 원자재, 반제품 및 벌크제품의 보관관리에 해당하지 않는 것은?

① 바닥과 벽에 닿지 않도록 보관한다.
② 설정된 보관기한이 지나면 사용의 적절성을 결정하기 위해 재평가 시스템을 확립해야 한다.
③ 보관기간이 경과한 경우 최대 3개월까지 보관할 수 있다.
④ 원자재, 시험 중인 제품 및 부적합품은 각각 구획된 장소에서 보관해야 한다.
⑤ 선입선출에 의하여 출고할 수 있도록 보관해야 한다.

✓ 설정된 보관기한이 지나면 사용의 적절성을 결정하기 위해 재평가 시스템을 확립해야 하며, 동시스템을 통해 보관기한이 경과한 경우, 사용하지 않도록 규정해야 한다.

19 화장품 원료 및 포장재의 구매 시 고려해야 할 사항이 아닌 것은?

① 요구사항을 만족하는 품목과 서비스
② 운송조건에 대한 문서화된 기술 조항의 수립
③ 모든 원료와 포장재는 사용 후에 관리되어야 한다.
④ 협력이나 감사와 같은 회사와 공급자 간의 관계 및 상호작용의 정립
⑤ 합격판정기준, 결함이나 일탈 발생 시 조치 그리고 운송조건에 대한 문서화된 기술 조항의 수립

✓ 모든 원료와 포장재는 사용 전에 관리되어야 한다.

20 맞춤형화장품의 적용 범위로 알맞지 않은 것은?

① 사용상의 제한이 필요한 원료는 사용하지 않는다.
② 점토를 원료로 사용한 납의 검출 허용한도는 100㎍/g로 제한한다.
③ 화장품 안전기준에서 사용 금지된 원료는 사용하지 않는다.
④ 사전 심사를 받거나 보고서를 제출하지 않은 원료는 사용하지 않는다.

⑤ 기능성화장품 고시 원료를 제외하고는 사용 가능한 원료로 지정되어 있으므로 반드시 참고한다.

✓ 점토를 원료로 사용한 납의 분말제품 허용한도는 50㎍/g이며, 그 밖의 제품은 20㎍/g이다.

21 유통화장품 안전관리에 대한 기준의 적합을 판정하는 데 기준이 되지 않는 사항은?

① pH기준
② 미생물 한도
③ 내용량의 기준
④ 지속적으로 공급할 수 있는 공급자의 체계적인 선정
⑤ 화장품을 제조하면서 비의도적으로 유래된 물질의 검출허용한도

✓ ④는 원료 및 포장재의 구매 시 고려사항이다.

22 유통화장품 안전관리 시험방법에서 규정한 미생물한도 중 검체의 전처리에 대해 옳지 않는 사항은?

① 검체조작은 무균조건하에서 실시해야 한다.
② 액체·로션제는 검체 5g에 변형 레틴액체 또는 검증된 배지나 희석액 5mL를 넣어 5:5로 희석한다.
③ 검체는 충분하게 무작위로 선별하여 그 내용물을 혼합하고 검체 제형에 따라 다음의 각 방법으로 검체를 희석, 용해, 부유 또는 현탁시킨다.
④ 크림·오일제는 검체 1mg(g)에 적당한 분산제 1mg를 넣어 균질화시킨다.
⑤ 파우더 및 40℃에서 30분 동안 가온한 후 멸균한 유리구슬(5mm : 5~7개, 3mm : 10~15개)을 넣어 균일화시킨다.

✓ 검체 1mL(g)에 변형레틴액체 또는 검증된 배지나 희석액 9mL를 넣어 10배 희석액을 만든다.
– 희석이 더 필요 시 같은 희석액으로 조제한다.

23 일반화장품에 대한 유통화장품 안전관리 시험방법에서 규정한 미생물한도의 특정세균 시험법 중 유당액체배지, 맥콘키한천배지, 에오신메틸렌블루한천 배지(EHB한천 배지)를 사용하는 시험법은?

① 적합성시험
② 녹농균시험
③ 대장균시험
④ 배지성능 및 시험법
⑤ 황색포도상구균시험

✓ 미생물한도의 특정세균 시험법 중 대장균시험에는 유당액체배지, 맥콘키한천배지, 에오신메틸렌블루한천 배지(EHB한천배지)를 사용한다.

24 일반화장품에 대한 유통화장품 안전관리 시험방법에서 규정한 미생물한도의 특정세균 시험법 중 카제인 대두소화액체배지, 세트리미드한천배지(Cetrimide agar), 엔에이씨 한천배지(Nac' agar) 등을 사용하는 시험법은?

① 적합성시험
② 녹농균시험
③ 대장균시험
④ 배지성능 및 시험법
⑤ 황색포도상구균시험

✓ 미생물한도의 특정세균 시험법중 녹농균시험에는 카제인 대두소화액체배지, 세트리미드한천배지 (Cetrimide agar), 엔에이씨 한천배지(Nac' agar), 플루오레세인 검출용 녹농균 한천배지 F, 피오시아닌 검출용 녹농균 한천배지를 사용한다.

25 일반화장품에 대한 유통화장품 안전관리 시험방법에서 규정한 미생물한도의 특정세균 시험법 중 보겔존슨한천배지(Vogel-Johnson agar), 베어뜨파카 한천배지(Baird-Parker agar)를 사용하는 시험법은?

① 적합성시험
② 녹농균시험
③ 대장균시험

④ 배지성능 및 시험법
⑤ 황색포도상구균시험

✓ 황색포도상구균시험에 대한 설명이다.

26 일반화장품에 대한 유통화장품 안전관리 시험방법 중 검체 약 2g 또는 2mL를 취하여 100mL 비커에 넣고 물 30mL를 넣어 수욕상에서 가온하여 지방분을 녹이고 흔들어 섞은 다음 냉장고에서 지방분을 응결시켜 여과한다. 이때 지방층과 물층이 분리되지 않을 때는 그대로 사용한다. 이와 같은 시험방법은 무엇인가?

① pH 시험법
② 녹농균시험
③ 대장균시험
④ 배지성능 및 시험법
⑤ 황색포도상구균시험

✓ pH 시험법에 대한 설명이다.

27 일반화장품에 대한 유통화장품 안전관리 시험방법 중 아래 보기의 시험방법은 무엇인가?

- 플라스크에 에탄올 200mL을 넣고 환류 냉각기를 연결한다.
- 중화된 에탄올이 들어있는 플라스크에 검체 약 5g을 정밀하게 달아서 넣고 환류냉각기에 연결 후 완전히 용해질 때까지 서서히 끓인다.
- 약 70℃로 냉각시키고 에탄올을 중화시켰을 때 나타난 것과 동일한 정도의 분홍색이 나타날 때까지 0.1N HCl · 에탄올용액으로 적정한다.

① 에탄올법   ② 염화 바륨법
③ 대장균시험   ④ pH 시험법
⑤ 배지성능 및 시험법

✓ 에탄올법에 대한 설명이다.

28 일반화장품에 대한 유통화장품 안전관리 시험방법 중 아래 보기의 시험방법은 무엇인가?

> • 연성비누 약 4g을 정밀하게 달아 플라스크에 넣은 후 60% 에탄올 용액 200mL를 넣고 환류 하에서 10분 동안 끓인다.
> • 중화된 염화바륨 용액 15mL를 끓는 용액에 조금씩 넣고 충분히 섞는다.
> • 흐르는 물로 실온까지 냉각시키고 지시약 1mL를 넣은 다음 즉시 0.1N 염산 표준용액으로 녹색이 될 때까지 적정한다.

① 에탄올법 ② 염화 바륨법
③ 대장균시험 ④ 배지성능 및 시험법
⑤ pH 시험법

✓ 염화 바륨법에 대한 설명이다.

29 다음은 입고된 원료를 확인하는 사항이다. 틀린 것은?

① 가격이 있는지 확인한다.
② 화장품원료의 포장이 훼손되어 있는지 확인한다.
③ 화장품 원료의 겉면에 주의사항을 자세히 읽어 보아야 한다.
④ 납품 시 거래명세서 및 발주 요청서와 일치하는 원료가 납품되었는지 확인한다.
⑤ 색조 제품의 파우더는 공기 중으로 날릴 수 있으므로 마스크를 필히 착용해야 한다.

✓ 가격은 확인사항이 아니다.

30 입고된 원료취급 시 주의사항으로 적절하지 않은 것은?

① 드럼의 경우 질소 충전이 되어 있는 경우는 뚜껑을 천천히 개봉하여 질소가 빠져나가도록 해야 한다.
② 에탄올의 경우 여름에는 기화할 수도 있으므로 보관할 때 주의해야 한다.
③ 캔의 경우 뚜껑개봉 시 손에 손상을 입지 않게 조심한다.

④ 색조 제품의 파우더는 공기 중으로 날릴 수 있으므로 마스크를 필히 착용해야 한다.
⑤ 비의도적 유래물질의 검출허용한도를 측정한다.

✓ ⑤ 유통화장품 안전관리 기준의 공통시험항목으로 취급 시 주의사항과는 거리가 멀다.

31 다음 중 화장품이 입고된 원료 및 내용물에 대한 처리를 위한 사항이 아닌 것은?

① 입고된 원료를 확인한다.
② 원료의 시험 의뢰를 위해 판정대기 보관소에 보관한다.
③ 검체채취 및 시험을 하기 위해 '시험 중'이라는 황색 라벨 부착 여부를 확인한다.
④ 화장품 원료의 검체채취 전이라는 흑색 라벨을 부착한다.
⑤ 시험판정결과(적합/부적합)에 따라 보관장소별로 보관한다.

✓ 화장품 원료의 검체채취 전이라는 백색 라벨을 부착한다.

32 화장품 원료의 적합판정여부 시 체크사항으로 적절하지 않은 것은?

① 원자재 입고 시 구매요구서, 시험성적서(COA) 및 입고된 원료인 현품이 서로 일치하는지 확인한다.
② 원료 담당자는 용기에 표시된 양을 거래명세표와 대조하고 필요 시 칭량하여, 그 무게를 확인한다.
③ 원료 담당자는 원료명, 규격, 수량, 납품처 등이 일치하는지 확인한다.
④ 적합 판정원 원료에는 원료명칭, 개봉일, 보관조건, 유효기간, 역가, 제조자의 성명 또는 서명이 기재되어야 한다.
⑤ 품질보증팀 담당자는 부적합일 경우 해당원료에 적합라벨(청색)을 부착 후, 전산에 적합 여부를 등록한다.

✓ 품질보증팀 담당자는 부적합일 경우 해당원료에 '부적합' 라벨(적색 라벨)을 부착 후, 전산에 부적합 여부를 등록한다.

33 화장품 원료의 원자재, 반제품 및 벌크제품의 보관관리 중 잘못된 사항은?

① 원자재, 시험 중인 제품 및 부적합품은 각각 구획된 장소에서 보관해야 한다.
② 품질에 나쁜 영향을 미치지 아니하는 조건에서 보관해야 하며 보관기한을 설정해야 한다.
③ 안전을 위하여 바닥과 벽에 닿도록 보관한다.
④ 설정된 보관기한이 지나면 사용하지 않도록 규정해야 한다.
⑤ 선입선출에 의하여 출고할 수 있도록 보관한다.

✓ 안전을 위하여 바닥과 벽에 닿지 않도록 보관한다.

34 화장품원료의 보관방법과 관련하여 잘못된 사항은?

① 원료 창고 담당자는 매년 정기적으로 원료의 입출고 내역 및 재고조사를 통하여 재고조사를 해야 한다.
② 여름에는 고온·다습하지 않도록 유지·관리해야 한다.
③ 원고의 출고 시 반드시 선입선출 되어야 한다.
④ 원료 보관 창고는 바닥 및 내벽과 10cm 이상, 외벽과 30cm 이상 간격을 두고 적재한다.
⑤ 원료 보관 창고는 방서 및 방충시설을 갖추어야 한다.

✓ 원료 창고 담당자는 매달 정기적으로 원료의 입출고 내역 및 재고조사를 통하여 재고조사를 해야 한다.

35 화장품의 내용물 및 원료의 폐기기준과 관련하여 틀린 사항은?

① 품질에 문제가 있거나 회수·반품된 제품을 폐기한다.
② 재작업 여부는 품질보증 책임자에 의해 승인되어야 한다.
③ 재작업은 변질·변패 또는 병원 미생물에 오염되지 아니한 경우에 할 수 있다
④ 폐기대상은 따로 보관하고 규정에 따라 신속하고 폐기해야 한다.
⑤ 기준일탈 제품이 발생했을 때는 재작업을 해야 한다.

✓ 기준일탈 제품이 발생했을 때는 폐기하는 것이 가장 바람직하다.

36 뱃지 전체 또는 일부에 추가 처리를 하여 부적합품을 적합품으로 다시 가공하는 재작업(Reprocessing)과 관련하여 틀린 사항은?

① 품질보증 책임자가 규격에 부적합이 된 원인조사를 지시한다.
② 적합판정 기준을 벗어난 완제품 또는 벌크제품을 재처리하여 품질이 적합한 범위에 들어오도록 하는 작업을 말한다.
③ 변질 변패 또는 병원 미생물에 오염된 경우 실시한다.
④ 제조일로부터 1년이 경과하지 않았거나 사용기한의 1년 이상 남아 있는 경우 실시한다.
⑤ 재작업 처리실시의 결정은 품질보증 책임자가 실시된다.

✓ 변질 변패 또는 병원 미생물에 오염되지 않은 경우 실시한다.

37 내용물 및 원료의 개봉 후 사용기한 확인·판정과 관련하여 틀린 사항은?

① 드럼, 캔 등은 뚜껑을 잘 닫은 후 바로 버린다.
② 원료 개봉 시 원료가 산화되지 않도록 최소한의 공기만 들어갈 수 있도록 관리한다.
③ 원료는 오염되지 않도록 수시로 청결을 유지하도록 관리되어야 한다.
④ 개봉 후 변질 우려가 있는 경우, 보관 조건 및 개봉 후 시간을 명확하게 준수한다.
⑤ 한번 사용된 원료는 오염 우려가 있으므로 원료용기에 다시 넣지 않도록 한다.

✓ 드럼, 캔 등은 뚜껑을 잘 닫아서 관리한다.

38 내용물 및 원료의 변질 상태 확인과 관련하여 틀린 사항은?

① 최대 보관기간은 설정하여야 한다.
② 최대 보관기간이 가까워진 반제품은 완제품을 제조하기 전에 품질이상 변질 여부 등을 확인

한다.

③ 품질이 변하지 않도록 적당한 용기에 넣어 지정된 장소에서 보관해야 한다.

④ 용기에 명칭 또는 확인코드, 제조번호, 완료된 공정명, 필요한 경우에 보관조건을 기재한다.

⑤ 시험에 필요한 양은 제조 단위별로 적절한 보관 조건하에 지정된 구역 내에 따로 보관하는 사용기한 경과 후 2년간 보관해야 한다.

✓ 시험에 필요한 양은 제조 단위별로 적절한 보관 조건하에 지정된 구역 내에 따로 보관하는 사용기한 경과 후 1년간 보관해야 한다.

39 원료 및 자재보관 담당자는 내용물 및 원료의 변질상태를 확인하기 위해 시험지시 및 기록서 작성 시 기재해야 할 항목이 <u>아닌</u> 것은?

① 제조일 또는 입고일
② 제조번호
③ 폐기예정일
④ 제품명(원자재명)
⑤ 시험지시 번호, 지시자 및 지시연월일

✓ 폐기예정일은 해당 사항이 아님

40 내용물 및 원료의 폐기절차와 관련하여 <u>틀린</u> 사항은?

① 보관용기를 폐기물 보관 장소로 이동시킨 후 폐기물 전물처리 회사에 위탁하여 처리한다.

② 폐기원료는 생활 폐기물과 지정폐기물로 구분하여 처리한다.

③ 폐기원료 보관소는 항상 청결을 유지하며 누수로 인한 2차 환경오염을 방지한다.

④ 기준 일탈이 된 완제품 또는 벌크제품은 재작업할 수 없다.

⑤ 폐기물 처리 위탁업체는 위탁하고자 하는 폐기물 처리에 관련된 허가를 소유하고 있는 회사여야 한다.

✓ 기준 일탈이 된 완제품 또는 벌크제품은 재작업할 수 있다.

Chapter 5. 포장재의 관리

제조된 벌크제품 또는 1차 포장제품을 원활하게 1차 포장 또는 2차 포장을 하기 위해서는 포장에 필요한 용기·포장지 등의 포장재가 생산에 차질 없도록 적절한 시기에 적량이 공급되어야 한다. 이를 위해서는 생산계획 또는 포장계획에 따라 적절한 시기에 포장재가 제조되고 공급되어야 한다.

알아두기!

☑ **포장작업**
- 포장재의 관리에 필요한 사항은 포장작업에서 규정하고 있다(CGMP 제18조).
- 포장작업에 관한 문서화된 절차를 수립하고 유지해야 한다.
- 포장작업은 제품명[1], 포장설비명[2], 포장재리스트[3], 상세한 포장공정[4], 포장생산수량[5] 등을 포함하고 있는 포장지시서에 의해 수행되어야 한다.
- 포장작업은 시작하기 전에 포장 작업 관련문서의 완비 여부[1], 포장설비의 청결 및 작동 여부[2] 등을 점검해야 한다(CGMP 제18조).

Section 01 포장재의 입고 기준

(1) 화장품 포장공정

벌크제품은 용기에 충전하고 포장하는 공정으로서 제조된 반제품 또는 벌크제품을 1차 포장, 2차포장 등을 거쳐 최종 완성품으로 만드는 과정을 말한다.

① 포장재

- 화장품의 포장에서 사용되는 모든 재료를 말한다(단, 운송을 위해 사용되는 외부 포장재는 제외함).
- 제품과 직접적으로 접촉하는지 여부에 따라 1차 또는 2차 포장재라고 한다.
- 2차 포장에는 보호재 및 표시의 목적으로 한 포장(첨부문서) 등이 포함된다.
- 또한 각종라벨, 봉합라벨까지 포장재에 포함된다.
- 라벨에는 제품 제조번호 및 기타 관리번호를 기입하므로 실수 방지가 중요하다.
- 라벨은 포장재에 포함하여 관리하는 것을 권장한다.

② 포장재의 표준품(표준견본)

적정조건에서 제작, 수입 및 생산되고 해당 품질규격을 만족하여 시험검사 시 비교 시험용으로 사용되는 포장재를 말한다.

(2) 포장재의 입고

① 자재 담당자는

- 입고된 자재 발주서와 거래명세표를 참고하여 포장재명, 규격, 수량, 납품처, 해충이나 쥐 등의 침해를 받은 흔적, 청결 여부 등을 확인한다.
- 확인 후 이상이 없으면 업체의 포장재 성적서를 지참하여 품질보증팀에 검사의뢰를 한다.

② 품질보증팀은

- 포장재 입고 검사절차에 따라 검체를 채취하고, 외관검사 및 기능검사를 실시한다.
- 시험결과를 포장재 검사기록서에 기록하여 품질보증팀장의 승인을 득한 후 입고된 포장재에 적합 라벨을 부착하고
- 부적합 시에는 부적합 라벨을 부착한 후 기준일탈조치서를 작성하여 해당부서에 통보한다.
- 구매부서는 부적합 포장재에 관한 기준일탈조치를 하고 관련 내용을 기록하여 품질보증팀에 회신한다.

(3) 포장재 검사

- 포장재의 기본사양 적합성과 청결성을 확보하기 위하여 매 입고 시에 무작위 추출한 검체에 대하여 육안검사를 실시하고 그 기록을 남긴다.
- 포장재의 외관검사는 재질확인, 용량, 치수 및 용기 외관의 상태 검사뿐 아니라 인쇄 내용도 검사한다.
  - 인쇄 내용은 소비자에게 제품에 대한 정확한 정보를 전달하는데 목적이 있으므로 입고 검수 시 반드시 검사해야 한다.
  - 담당자의 실수나 포장재 제조업체의 실수로 치명적인 오타나 제품 정보의 누락으로 법에서 규정하는 표시기준을 위반할 수 있으므로 검사가 필요하다.
- 위생적 측면에서 포장재 외부 및 내부에 먼지, 이물 등의 혼입 여부도 검사한다.

(4) 입고된 포장재의 처리

- 포장재 규격서에 따라 용기 종류 및 재질을 파악한다.
- 입고된 포장재를 무작위로 검체를 채취하여 외관을 육안으로 검사한다.
  - 표준품과 비교하여 색상과 색의 상태가 같은지 비교한다.
  - 흐름, 기포, 얼룩, 스크래치, 균열, 깨짐 등의 외관 성형 상태에 이상이 없는지 확인한다.
- 위생과 관련된 청결상태 점검 시 용기내부 및 표면을 검사한다.
- 내용물 충전 전 용기의 세척 및 건조과정이 충분한지 검사한다.

- 이물질의 잔류로 인해 완제품에서 클레임이 발생할 수 있는 기능성 검사

- 인쇄된 내용의 상태가 양호한지, 방향은 바르게 되었는지, 오타나 인쇄내용의 손실은 없는지 등 인쇄상태를 상세하게 점검한다.

- 표준품과 비교하거나 표준 디자인 문안과 비교하여 표기된 내용의 법규 적합성을 확인한다.

- 용량 및 치수를 확인한다.

- 포장재 규격서에 기재된 용량 또는 중량이 기준에 적합한지 전자저울을 이용하여 측정한다.

알아두기!

☑ 포장재의 입고기준
- 모든 원료와 포장재는 화장품 제조(판매)업자로 정한 기준에 따라서 입증할 수 있는 검증자료를 공급자로부터 공급받아야 한다.
- 이러한 보증의 검증은 주기적으로 관리되어야 하며, 모든 포장재는 사용 전에 관리되어야 한다.
- 입고된 포장재는
  - 검사증, 적·부적합에 따라 각각의 구분된 공간에 별도로 보관되어야 한다.
  - 필요한 경우, 부적합된 포장재를 보관하는 공간은 잠금장치를 추가해야 한다.

(5) 포장·보관(제7조)

- 용기와 포장에 폴리염화비닐(Polyvinyl chloride, PVC), 폴리스티렌폼(Polystyrene foam, PF, 유기단열제)을 사용할 수 없다.

- 유기농화장품을 제조하기 위한 유기농 원료는 다른 원료와 명확히 표시 및 구분하여 보관해야 한다.

- 표시 및 포장 전 상태의 유기농화장품은 다른 화장품과 구분하여 보관하여야 한다.

Section 02 입고된 포장재 관리기준

포장작업은 문서화된 공정에 따라 수행된다. 이는 보통 절차서[①], 작업지시서[②], 또는 규격서[③]로 존재한다. 제품의 각 배치가 규정된 방식으로 제조되어 각 포장 작업마다 균일성을 확보하게 된다.

알아두기!

☑ 입고된 포장재 관리기준
- 보관조건
- 각각의 포장재에 적합해야 함, 과도한 열기·추위·햇빛 또는 습기에 노출되어 변질되는 것을 방지할 수 있어야 함
- 물질의 특징 및 특성에 맞도록 보관, 취급되어야 함
- 특수한 보관조건
- 적절하게 준수, 모니터링 되어야 함
- 원료나 포장재의 용기는 밀폐되어, 청소와 검사가 용이하도록 충분한 간격으로 바닥과 떨어진 곳에 보관되어야 함

- 포장재가 재포장될 경우 원래의 용기와 동일하게 표시되어야 함
- 포장재의 관리
  - 허가되지 않거나 불합격 판정을 받거나 아니면 의심스러운 물질의 허가되지 않은 사용을 방지할 수 있어야 함(물리적 격리나 수동 컴퓨터 위치제어 등의 방법)

1) 일반적인 포장작업 문서

· 제품명①, 확인코드②, 검증되고 사용되는 설비③	· 벌크제품 및 완제품 규격서, 시험방법 및 검체채취 지시서⑥
· 완제품 포장에 필요한 모든 포장재 및 벌크제품을 확인할 수 있는 개요나 체크리스트④	· 포장공정에 적용 가능한 모든 특별 주의사항 및 예방조치(건강 및 안전정보, 보관조건)⑦
· 라인속도, 충전, 표시, 코딩, 상자주입(Cartoning), 케이스 패킹 및 팔레타이징(Palletizing) 등 작업들을 확인할 수 있는 상세 기술된 포장생산 공정⑤	· 완제품이 제조되는 각 단계 및 포장라인의 날짜 및 생산단위⑧
	· 포장작업 완료 후 제조부서 책임자가 서명 및 날짜 기입⑨

2) 포장재의 관리에 따른 지침

(1) 작업시작 전 확인사항 점검을 실시

- 포장작업 전, 이전 작업의 재료들이 혼입될 위험을 제거하기 위해 작업구역 또는 작업라인의 정리가 이루어져야 한다.

(2) 제조될 완제품의 각 단위당 배치에 대한 추적이 가능하도록 특정한 제조번호가 부여되어야 한다.

- 완제품에 사용된 벌크배치 및 양을 명확히 확인할 수 있는 문서가 존재해야 한다.
- 포장라인의 정보 포장라인명 또는 확인코드①, 완제품 또는 확인코드②, 완제품의 배치 또는 제조번호③ 등으로서 확인이 가능해야 한다.

(3) 모든 완제품의 규정 요건을 만족시킨다는 것을 검증하기 위해 평가를 실시한다.

- 미생물 기준①, 충전중량②, 미관적 충전수준③, 뚜껑마개의 토크(Torgue)④, 호퍼(Hopper)온도⑤ 등

☑ 토크(Torgue): 한점의 주위로 회전시키는 짝힘의 양

(4) 포장을 시작하기 전에 포장지시가 이용가능하고 공간이 청소되었는지 확인하는 것이 필요하다.

- 청소는 혼란과 오염을 피하기 위해 적절한 기술을 사용하여 규칙적으로 실시되어야 한다.

(5) 용량관리, 기밀도, 인쇄상태 등 공정 중 관리는 포장하는 동안에 정기적으로 실시한다.

- 공정 중의 공정검사 기록과 합격 기준에 미치지 못한 경우의 처리 내용도 관리자에게 보고하고 기록하여 관리한다.
- 제조번호는 각각의 완제품에 지정되어야 함

(6) 포장의 마지막 단계

- 작업장 청소는 혼란과 오염을 피하기 위해 적절한 절차로 일관되게 실시되어야 한다.

3) 포장재 용기의 종류 및 특성

화장품용 포장재의 종류 중에는 내용물과 접하는 1차 포장재는 제품의 유통경로 및 소비자의 사용 환경으로부터 내용물을 보호하고 품질을 유지하는 기능을 가지고 있다.

☑ 1차 포장재로 사용되는 용기의 청결성 확보에는 자사가 세척할 경우와 용기 공급자에 의존할 경우가 있다.
- 자사에서 세척 시 세척방법은 일반적 절차로 확립한다.
- 용기 공급업자(실제 제조업자) 의존 시
  - 용기 공급업자를 감시하고 신뢰 확인부터 시작하여 계약을 체결한다.
  - 용기는 매번 배치 입고 시에 무작위 추출하여 육안검사와 함께 기록을 남긴다.

(1) 용기 형태에 따른 종류 및 특성

이는 용기 형태에 따른 종류·특성과 소재 등으로 분류하여 살펴볼 수 있다.

용기 형태	재질	특성	포장제품
광구병	유리, PP, AS, PS, PET	· 용기 입구 외경이 비교적 커서 몸체 외경에 가까운 용기 - 나사식 캡	· 크림상, 젤상 내용물 제품
세구병	유리, PE, PET, PP	· 병의 입구 외경이 몸체에 비하여 작은 것 · 나사식 캡이 대부분 원터치식 캡도 사용	· 화장수, 유액, 헤어토닉, 오데콜롱, 네일 에나멜, 샴푸 등 액상 내용물 제품
팩트용기	AS, ABS, PS, 놋쇠, 구리, 알루미늄, 스테인리스 등	· 본체와 뚜껑이 경첩으로 연결된 용기 · 퍼프, 스펀지, 솔, 팁 등 첨부	· 팩트류, 스킨커버 등 고형분, 크림상 내용물 제품
튜브용기	알루미늄, 알루미늄 라미네이트, 폴리에틸렌 또는 적층 플라스틱	· 속이 빈 관 모양으로 몸체를 눌러 내용물을 적량 뽑아내는 기능 · 기체 투과 및 내용물 누출에 주의	· 헤어젤, 파운데이션, 선크림 등(크림상에서 유액상 내용물 제품)
원통상 용기	플라스틱, 금속 또는 이들 혼합, 와이퍼는 고무, PC	· 마스카라 용기에 이용되는 가늘고 긴 용기 · 캡에 브러시나 팁이 달린 가늘고 긴 자루가 있음	· 마스카라, 아이라이너, 립글로스 등에 사용
파우더 용기	용기- PS, AS 퍼프- 면, 아크릴, 폴리에스터, 나일론 등 망은 -나일론	· 광구병에 내용물을 직접 넣거나 종이와 수지제 드럼에 넣어 용기에 세팅하는 타입 - 내용물 조정을 위한 망이 내장됨	· 파우더, 향료분, 베이비 파우더 등에 사용

(2) 포장재 소재별 종류 및 특성

용기에 이용되는 소재의 대표적인 것은 주로 금속, 유리, 플라스틱 등이 사용된다.

① 금속			② 유리	
놋쇠	· 동과 아연의 합금이며, 외관은 금에 가깝고 투명 코팅을 하거나 도금이나 도장을 하며 팩트, 립스틱 용기 등에 이용됨	소다, 석회, 유리	· 투명유리, 산화규소, 산화칼슘 산화나트륨이 대부분이며, 소량의 알루미늄, 마그네슘 등의 산화물 함유 · 착색은 금속 콜로이드, 금속 산화물이 이용됨 · 화장수, 유액용은 병을 이용함	
알루미늄	· 가볍고 가공성이 좋아 에어로졸과 립스틱, 팩트, 마스카라, 펜슬 용기 등에 널리 이용됨	유백유리	· 무색 투명한 유리 속에 무색의 미세한 결점이 분산되어 빛을 흩어지게 하여 유백색으로 보임 · 입자가 매우 조밀한 것은 옥병, 입자가 큰 것을 앨러배스터라함	
철, 스테인리스 스틸	· 철은 녹슬기 쉬우므로 주석 도금과 코팅으로 산화방지 가공을 하여 에어로졸 관의 일부로 이용됨 · 크로뮴(크롬), 니켈의 합금으로 녹슬지 않는 스테인리스로 이용됨	칼리 납 유리	· 산화규소, 산화납, 산화칼륨이 주성분, 산화납 다량 함유 및 투명도가 높고 빛의 굴절률이 큰 것을 크리스탈 유리라 함 · 고급 향수병에 사용	

③ 플라스틱	
저밀도 폴리에틸렌 (Low density polyethylene, LDPE)	· 반투명의 광택성, 유연하며 눌러 짜는 병과 튜브, 마개 패킹에 이용 · 내·외부 응력이 걸린 상태에서 알코올, 계면활성제 등에 접촉하면 균열이 생김
고밀도 폴리에틸렌 (High density polyethylene, HDPE)	· 유백색의 광택 없고, 수분 투과 적음 · 화장수, 유액 샴푸, 린스 용기 및 튜브 등에 사용
폴리프로필렌 (Polypropylene, PP)	· 반투명의 광택성, 내약품성 우수, 상온에서 내충격성 있음 · 반복되는 굽힘에 강하여, 굽혀지는 부위를 얇게 성형하여 일체 경첩으로서 원터치 캡에 이용 · 크림류, 광구병, 캡류에 이용
폴리스티렌 (Polystyrene, PS)	· 딱딱하고 투명, 광택성, 성형 가공성 매우 우수 · 치수 안정성 우수 · 내약품성, 내충격성은 나쁨 · 팩트, 스틱 용기에 이용
폴리염화비닐 (Polyvinyl chloride, PVC)	· 투명, 성형 가공성 우수 · 샴푸, 린스병에 사용 - 소각 시 유해 염화물 생성으로 사용 금지하는 나라도 있음
폴리에틸렌테레프탈레이트 (Poly ethylene terephthalate PET)	· 딱딱하고 유리에 가까운 투명성, 광택성, 내약품성 우수 · PVC보다 고급스러운 이미지의 화장수, 유액, 샴푸, 린스병으로 사용
AS수지 (Poly acrylonitrile atylene, AS)	· 투명, 광택성, 내충격성 우수, 내연성이 있음 · 크림 용기, 팩트, 스틱류 용기, 캡에 사용
ABS수지 (Polyarylonitrile butadiene styrene, ABS)	· AS 수지의 내충격성을 더욱 향상시킨 수지, 팩 등의 내충격성이 필요한 제품에 이용 · 향료, 알코올에 약함 · 금속감을 주기 위한 도금 소재로도 이용

Section 03 보관 중인 포장재 출고기준

포장재의 보관장소 및 보관방법에 따른 보관기간 내의 사용과 보관기관 경과 시의 처리방법을 살펴볼 수 있다.

> ☑ 보관 중인 포장재 출고기준
> • 모든 보관소에서는 선입선출의 절차가 사용되어야 한다.
> • 특별한 환경을 제외하고 재고품 순환은 <u>오래된 것이 먼저 사용되도록 보증</u>해야 한다.
> • 나중에 입고된 물품이 사용기한이 짧은 경우
>   - 먼저 입고된 물품보다 먼저 출고할 수 있다.
> • 선입선출하지 못하는 특별한 사유가 있는 경우
>   - 적절하게 문서화된 절차에 따라 나중에 입고된 물품을 먼저 출고할 수 있다.

(1) 포장재의 출고기준

출고기준	출고 시 유의사항
<포장재> · 기초적인 검토결과를 기재한 GMP 문서, 작업에 관계되는 절차서, 각종 기록서, 관리문서를 비치한다. · 관리는 관리상태를 쉽게 확인할 수 있는 방식으로 수행한다. · 시험결과 적합판정된 것만 선입선출 방식으로 출고하고 이를 확인할 수 있는 체계를 확립한다. **<불출>** · 불출하기 전에 설정된 시험방법에 따라 관리하고, 합격판정 기준에 부합하는 포장재만 불출함 · 불출된 원료와 포장재만 사용되고 있음을 확인하기 위한 적절한 시스템(물리적 시스템 또는 전자 시스템과 같은 대체 시스템 등)을 확립한다. · 불출되기 전까지 사용을 금지하는 격리를 위한 특별한 절차를 이행한다.	· <포장 재료출고의 경우> · 포장 단위의 묶음 단위를 풀어 적격여부와 매수를 확인한다. · <그 외 포장재는> 포장 단위를 출고한다. · <낱개 출고는> 계수 및 계량하여 출고한다. · 시험번호 순으로 출고되는지 확인한다. · 문안변경이나 규격변경 자재인지 확인한다. · 출고자재가 선입선출 순으로 출고되는지 확인한다. · 포장재 수령 시 포장재 출고 의뢰서와 포장재명, 포장재 코드번호, 규격, 수량, '적합'라벨부착여부, 시험번호, 포장상태 등을 확인한다.
· 절차를 보관, 취급 및 유통을 보장하는 절차를 수립한다. · 추적이 용이하도록 한다. · 절차서에는 적당한 조명, 온도, 습도, 정련된 통로 및 보관구역 등 적절한 보관조건을 포함한다. · 오직 승인된 자만이 포장재의 불출절차를 수행한다. · 배치에서 취한 검체가 모든 합격기준에 부합할 때만 해당 배치를 불출한다.	

선입선출
· 반제품 및 완제품을 비롯한 모든 제조공정과 제품의 판매에 있어서 소비하기 위한 과정이다. → 즉, 먼저 만들어진 제품을 먼저 제조공정에 투입되어 더 먼저 변질·변형될 수 있기에 <u>변질·변형된 제품의 사용을 예방하기 위한 과정</u>이다. · 선입선출을 지키지 않을 경우 제품의 품질유지에 치명적인 오류를 범할 가능성이 높다. · 포장 도중에 불량품이 발견되었을 경우 - 품질관리(품질보증) 부서에서 적합 판정된 포장재라도 포장공정이 끝난 후 정상품 환입 시에 포장재 보관관리 담당자에게 정상품과 구분하여 불량품 포장재를 인수인계한다.

Section 04 포장재의 폐기기준

(1) 포장재의 효과 및 폐기

- <포장재 관리 및 출고에 있어> 선입선출에 따랐음에도 보관기관 또는 유효기간이 지났을 경우, 규정에 따라 폐기하여야 한다. 또한 포장재 보관관리 담당자는 불량 포장재에 대해 부적합 처리하여 부적합 창고로 이송한다.

- <이송 이후> 부적합 포장재를 반품 또는 폐기 조치 후 해당 업체에 시정조치를 요구한다.

- <품질부서에서 적합으로 판정될 포장재라도> 생산 중 이상이 발견되거나 작업 중 파손 또는 부적합 포장재에 대해서는 다음과 같이 처리한다.

  <생산됨>
  - 생산 중 발생한 불량 포장재를 정상품과 구분하여 물류팀에 반납한다.

  <물류팀 담당자>
  - 부적합 포장재를 부적합 자재보관소에 이동하여 보관한다.
  - 부적합 포장재로 추후 반품 또는 폐기 조치 후 해당업체에 시정조치를 요구한다.

(2) 보관장소

구분	보관장소
· 포장재 보관소	· 적합 판정된 포장재만을 지정된 장소에 보관
· 부적합 보관소	· 적합 판정된 자재는 선별, 반품, 폐기 등의 조치가 이루어지기 전까지 보관

*Chapter 4의 Section 05 내용물 및 원료의 폐기기준 참조 바람

Section 05 포장재의 사용기한 확인·판정

- 포장재의 허용 가능한 사용기한을 결정하기 위해 문서화된 시스템을 확정해야 한다.
- 사용기한이 규정되어 있지 않은 원료와 포장재는 품질부문에서 적절한 사용기한을 정할 수 있다.
- 문서화된 시스템은 물질의 정해진 사용기한이 지났을 경우, 해당제품을 재평가하여 사용 적합성을 결정하는 단계들을 포함해야 한다.
  → 이때 최대사용기한을 설정하는 것이 바람직하다.

☑ 사용기한 확정·판정으로 표시기재 사항 변경 시
- 1년 이상 사용하지 않는 포장재의 경우 사용 유·무/ – 기타내부규정

(1) 화장품의 포장공정

- 벌크제품을 용기에 충전하고 포장하는 공정이다. 이는 제조번호 지정부터 시작하는 등 많은 작업으로 구성되어 있다.

- 제조지시서 발행 → 포장지시서 발행, 제조기록서 발행 → 포장기록서 발행, 원료 갖추기 → 벌크제품, 포장재 준비, 벌크제품 보관 → 완제품 보관, 제품기록서 완결 → 포장 기록서 완결, 원료 재보관 → 포장재 재보관 등으로 표시함으로써 **새로운 종류의 작업이 추가된 것은 아니다.**

- 포장의 경우 원칙은 제조사와 동일하다.
- 완제품이 기존의 정의된 특성에 부합하는 자를 보증하기 위한 조치가 이루어져야 한다.

- 포장을 시작하기 전에 포장지시가 이용 가능하고 공간이 청소되었는지 확인해야 한다.

(2) 포장문서

- 포장작업은 문서화된 공정에 따라 수행되어야 한다.

- 문서화된 공정은 보통 **절차서, 작업지시서** 또는 **규격서**로 존재한다.

① 포장작업문서 사항

· 제품명 또는 확인코드[1] / 검증되고 사용되는 설비[2] / 라인속도, 충전, 표시, 코딩[3]
· 완제품 포장에 필요한 모든 포장재 및 벌크제품을 확인할 수 있는 개요나 체크리스트[4]
· 상자주입, 케이스 패킹 및 팔레타이징 등의 작업들을 확인할 수 있는 상세 기술된 포장 생산 공정[5]
· 벌크 제품 및 완제품 규격서, 시험방법 및 검체채취 지시서[6]
· 포장공정에 적용 가능한 모든 특별 지시사항 및 예방조치(즉, 건강 및 안정정보, 보관조건)[7]
· 완제품이 제조되는 각 단계 및 포장라인의 날짜 및 생산단위[8]
· 포장작업 완료 후, 제조부서 책임자 서명 및 날짜를 기입[9]해야 한다.

② 사용기한 확인 · 판정

· 최대보관기간을 설정하고 이를 준수한다.[1]
· 사용기한 내에서 자체적인 재시험 기간을 설정하고 준수한다.[2]
· 보관기간이 규정되어 있지 않은 포장재는 적절한 보관기간을 정한다.[3]
· 포장재의 보관기간을 결정하기 위한 문서화된 시스템을 마련한다.[4]
· 정해진 보관기간이 지나면 해당물질을 재평가하여 사용 적합성을 결정하는 단계를 포함시킨다.[5]

Section 06 포장재의 개봉 후 사용기한 확인 · 판정

- 내용물(원료)의 사용기한은 **개봉 후 3개월**로 한다(단, 맞춤형화장품 조제관리사의 판단 · 요청 시 기간을 축소하거나 재시험을 거쳐 연장할 수 있다).

- 시험용 검체는 오염되거나 변질되지 아니하도록 채취하고, 채취한 후에는 원상태에 준하는 포장을 해야 하며, 검체가 채취되었음을 표시해야 한다.

- 시험용 검체의 용기에는 <u>명칭 또는 확인코드[①]</u>, <u>제조번호[②]</u>, <u>검체채취일자[③]</u> 등을 기재해야 한다.
- 완제품의 보관용 검체는 적절한 보관조절 하에 지정된 구역 내에서 제조 단위별로 사용기한 경고 후 1년간 보관해야 한다(단, 개봉 후 사용기간을 기재하는 경우에는 제조일로부터 3년간 보관해야 한다).

*Chapter 4의 Section 07 참조 바람

☑ 개봉 후 사용기한 확인·판정
- <표시재료, 포장재료, 용기> 담당자 또는 맞춤형화장품 조제관리사의 판단요청 시
  - 기초로 축소·연장할 수 있다.

Section 07 포장재의 변질상태 확인

- 포장재는 각각의 성질이 다른 종이, 천·유리, 세라믹, 플라스틱, 금속 등의 다양한 소재가 이용되고 있다.

포장재 담당자는

- 포장재의 품질유지를 위하여 보관방법·조건·환경·기간 등 포장재 관리방법을 숙지해야 한다.
- 원활한 포장작업 및 제품의 품질을 유지하기 위하여 이들 포장재의 종류와 특성을 알아야 한다.
- 포장재의 변질상태를 확인하기 위하여 포장재 소재별 품질 특성을 이해하고 포장재 샘플링 등을 통한 엄격한 관리가 필요하다.
- 포장재의 품질특성을 제품의 품질을 유지하기 위한 품질유지서, 기능성, 적정포장성, 경제성 및 판매 촉진성 등의 특징이 있다.

Section 08 포장재의 폐기절차

(1) 사업장의 폐기물 배출자는 적정하게 처리해야 한다. 또한 배출 운반 또는 처리하는 자는 폐기물 인계서를 작성해야 한다.

(2) 이와 더불어 포장 공정이 끝나면 작업 중 발생된 파손불량 자재는 수량을 파악하여 포장 지시 및 기록서 등에 정리 기록하고 폐기처리한다.

① 폐기물 관리절차(지정폐기물 제외)

사업자 폐기물 관리절차	생산작업장 발생 폐기물 관리 절차
· 음식물 쓰레기는 재활용업자에게 위탁한다. · 고철은 자원 재활용 센터에 보관 후 유상 매각 처리한다. · 공정 오니(폐크림)는 팰릿에 4드럼씩 적재하여 선반에 적재한다. · 불량 부재료는 압축기로 압축한 후 암롤 박스에 적재한다. · 종이류, 파지, 지함통(재활용분)은 재활용 센터에 보관 후 유상 매각 처리한다.	· 작업장 현장 발생 폐기물의 수거는 발생 부서에서 실시한다. · 품질에 문제가 생긴 원료나 내용물은 제품 폐기를 포함하여 신중하게 검토한다. - 제품에 대한 대처를 끝낸 후 　→ 일탈의 원인을 조사하고 재발하지 않도록 조치를 강구한다. · 처리하고자 하는 폐기물 수거함 밖에 분리수거 카드를 부착한다(단, 재활용 비닐의 경우, 분리수거 카드를 부착하지 않고, 비닐 표면에 작업라인 번호와 일자를 기록 후 배출한다). · 폐기물 보관소로 운반하여 보관소 작업자와 분리수거를 확인하고 중량을 측정하여 폐기물 대장에 기록한 후 인계한다. · 결재처리가 완료된 폐기물 처리 의뢰서와 같이 폐기물 처리 담당자에게 인계한다.

② 폐기물 기록서✎

- 폐기물 대장은 확인자가 기록하고, 운반자가 확인 후 각각 사인한다.

- 작성된 폐기물 대장은 매월 주관 부서의 결재를 받는다.

- 폐기 물량의 기록은 <u>1kg 단위</u>로 기록한다.

(3) 폐기물은 구분하여 처리한다.

- 분리수거는 작업장의 활용 중 발생한 폐기물은 성질별, 상태별, 종류별로 구분하여 별도 수거한다.

- 화장품 작업장에서 발생되는 재활용 또는 재활부가용 폐기물은 다음과 같다.

재활가능	· 종이, 캔·병류, 고철, 공드럼, pp밴드, 비닐, 음식물 쓰레기
재활불가	· 폐수처리 오니(Slude), 공정오니, 불량 환입품, 지정폐기물, 불량 부재료(폐합성수지) 등

(4) 폐기물 보관소는 항상 청결을 유지하며 지정된 장소에는 폐기물 표지판을 부착한다. 이와 함께 2차 환경오염을 방지한다.

실전예상문제

【 선다형 】

01 자재 외관검사에 필요사항이 <u>아닌</u> 것은?

① 재질확인, 용량, 치수 및 외관상태 검사를 한다.
② 인쇄내용은 필요 시 검사한다.
③ 위생측면에서 자재외부 및 내부 이물질 혼입
  여부도 검사를 해야 한다.
④ 법에서 규정하는 표시기준을 위반할 수 있으므
  로 검사가 필요하다.
⑤ 대한화장품협회에서 화장품 용기(자재)시험 방
  법에 대한 표준 14개를 제정하였다.

✓ 인쇄내용은 반드시 검사해야 한다.

02 다음 <보기>에서 설명하는 포장용기의 종류
  로 <u>적합한</u> 것은?

> 일상의 취급 또는 보통의 보존 상태에서 외
> 부로부터 고형의 이물질이 들어가는 것을 방
> 지하고 고형의 내용물이 손실되지 않도록 보
> 호할 수 있는 용기를 말한다.

① 기밀용기   ② 밀봉용기
③ 밀폐용기   ④ 일반용기
⑤ 차광용기

✓ 기능성화장품 기준 및 시험방법의 통칙 7

03 다음 <보기>에서 설명하는 포장용기의 종류
  로 <u>적합한</u> 것은?

> 일상의 취급 또는 보통의 보존 상태에서 액
> 상 기체 또는 미생물이 침입할 염려가 없는
> 용기를 말한다.

① 기밀용기   ② 밀봉용기
③ 밀폐용기   ④ 일반용기
⑤ 차광용기

✓ 기능성화장품 기준 및 시험방법의 통칙 9

04 다음 <보기>에서 설명하는 포장용기의 종류
  로 <u>적합한</u> 것은?

> 광선의 투과를 방지하는 용기 또는 투과를
> 방지하는 포장을 한 용기를 말한다.

① 기밀용기   ② 밀봉용기   ③ 밀폐용기
④ 일반용기   ⑤ 차광용기

✓ 기능성화장품 기준 및 시험방법의 통칙 10

05 포장재 용기의 종류에 따른 특성으로 바르
  지 <u>않은</u> 것은?

① 광구병은 용기의 입구가 비교적 커서 몸체 외
  부에 가까운 용기이다.
② 팩트 용기는 뚜껑과 경첩이 연결된 용기이다.
③ 원통상 용기는 마스카라 용기에 이용되는 가
  늘고 긴 용기이다.
④ 튜브 용기는 속이 빈 관 모양을 몸체를 눌러 내
  용물을 적량 뽑아내는 용기이다.
⑤ 세구병 용기는 광구병에 내용물을 직접 넣거나
  종이와 수치제 드럼에 넣어 용기에 세팅하는
  타입의 용기이다.

✓ 세구병 용기란 병의 입구 외경이 몸체에 비하여 작은
  것을 말한다.

정답   01. ② 02. ③ 03. ② 04. ⑤ 05. ⑤

06 용기 형태에 따른 종류 및 특성 중 아래 보기의 용기 형태는 무엇인가?

- 재질은 유리, PP, AS, PS, PET
- 특성은 용기 입구 외경이 비교적 커서 몸체 외경에 가까운 용기
- 나사식 캡

① 광구병   ② 세구병   ③ 팩트용기
④ 튜브용기   ⑤ 파우더 용기

✓ 광구병 용기에 대한 설명이며, 크림상, 젤상 내용물의 제품을 담는 용기 형태이다.

07 다음 <보기>에서 설명하는 용기 형태의 종류로 적합한 것은?

- 재질은 유리, PE, PET, PP
- 특성은 병의 입구 외경이 몸체에 비하여 작은 것, 나사식 캡이 대부분 원터치식 캡도 사용

① 광구병   ② 세구병   ③ 팩트용기
④ 튜브용기   ⑤ 파우더 용기

✓ 세구병 용기에 대한 설명이며, 화장수, 유액, 헤어토닉, 오데콜롱, 네일 에나멜, 샴푸 등 액상 내용물 제품을 담는 용기 형태이다.

08 제조된 벌크제품 또는 1차 포장제품은 1차 포장 또는 2차 포장을 한다. 다음의 포장작업에서 틀린 것은?

① 포장작업은 제품명, 포장설비명, 포장재리스트, 상세한 포장공정, 포장생산수량 등을 포함하고 있는 포장지시서에 의해 수행되어야 한다.
② 포장작업에 관한 문서화된 절차를 수립하고 유지해야 한다.
③ 포장작업을 시작하기 전에 포장작업 관련 문서의 완비 여부, 포장설비의 청결 및 작동여부 등을 점검해야 한다.
④ 포장작업 후에 포장지시와 공간 청소를 확인한다.
⑤ 포장재의 관리에 필요한 사항은 포장작업에서 규정하고 있다.

✓ ④ 포장재의 관리에 따른 지침으로서 포장을 시작하기 전에 포장지시가 이용 가능하고 공간이 청소되었는지 확인하는 것이 필요하다. 청소는 혼란과 오염을 피하기 위해 적절한 기술을 사용하여 규칙적으로 실시되어야 한다.

09 제조된 벌크제품 또는 1차 포장제품은 1차 포장 또는 2차 포장을 한다. 다음의 포장작업에서 틀린 것은?

① 포장작업은 제품명, 포장설비명, 포장재리스트, 상세한 포장공정, 포장생산수량 등을 포함 하고 있는 포장지시서에 의해 수행되어야 한다.
② 포장작업에 관한 문서화된 절차를 수립하고 유지해야 한다.
③ 포장작업을 시작하기 전에 포장작업 관련문서의 완비 여부, 포장설비의 청결 및 작동 여부 등을 점검해야 한다.
④ 제품과 직접적으로 접촉하지 않아도 접촉 정도에 따라 1차 또는 2차 포장재라고 한다.
⑤ 포장재의 관리에 필요한 사항은 포장작업에서 규정하고 있다

✓ 제품과 직접적으로 접촉하는지 여부에 따라 1차 또는 2차 포장재라고 한다.

10 포장재의 입고 기준 중 포장재에 관한 사항이다. 틀린 것은?

① 각종 라벨, 봉합라벨은 포장재에 포함되지 않는다.
② 라벨에는 제품 제조번호 및 기타 관리번호를 기입하므로 실수 방지가 중요하다.
③ 라벨은 포장재에 포함하여 관리하는 것을 권장한다.
④ 제품과 직접적으로 접촉하는지 여부에 따라 1차 또는 2차 포장재라고 한다.
⑤ 화장품의 포장에서 사용되는 모든 재료를 말한다.

✓ 각종 라벨, 봉합라벨까지 포장재에 포함된다.

정답   06. ①   07. ②   08. ④   09. ④   10. ①

11 포장재의 입고기준에 관한 사항이다. 틀린 것은?

① 입고된 자재 발주서와 거래명세표를 참고하여 포장재명, 규격, 수량, 납품처, 해충이나 쥐 등의 침해를 받은 흔적, 청결 여부 등을 확인한다.

② 시험결과를 포장재 검사기록서에 기록하여 식약처의 승인을 득한 후 입고된 포장재에 적합 라벨을 부착한다.

③ 확인 후 이상이 없으면 업체의 포장재 성적서를 지참하여 품질보증팀에 검사의뢰를 한다

④ 부적합 시에는 부적합 라벨을 부착한 후 기준일탈조치서를 작성하여 해당부서에 통보한다.

⑤ 구매부서는 부적합 포장재에 관한 기준일탈조치를 하고 관련 내용을 기록하여 품질보증팀에 회신한다.

✓ 시험결과를 포장재 검사 기록서에 기록하여 품질보증팀장의 승인을 득한 후 입고된 포장재에 적합 라벨을 부착한다.

12 포장재의 입고기준에 관한 사항이다. 틀린 것은?

① 입고된 포장재는 검사증, 적·부적합에 따라 각각의 구분된 공간에 별도로 보관되어야 한다.

② 이러한 보증의 검증은 주기적으로 관리되어야 한다.

③ 모든 원료와 포장재는 화장품 제조(판매)업자로 정한 기준에 따라서 입증할 수 있는 검증자료를 공급자로부터 공급받아야 한다.

④ 입고된 포장재는 필요한 경우, 부적합된 포장재를 보관하는 공간을 잠금장치로 추가해야 한다.

⑤ 모든 포장재는 사용 후에 관리되어야 한다.

✓ 모든 포장재는 사용 전에 관리되어야 한다

13 포장재의 입고 시 품질보증팀은 부적합 시에는 부적합 라벨을 부착한 후 (㉠)를 작성하여 해당부서에 통보한다. (㉠)에 알맞은 것은?

① 시험성적서   ② 품질성적서

③ 기준일탈조치서   ④ 라벨링

⑤ 뱃치

✓ 포장재의 입고 시 품질보증팀은 부적합 시에는 부적합 라벨을 부착한 후 기준일탈조치서를 작성하여 해당부서에 통보한다.

14 다음은 포장재의 입고 시 포장재 검사와 관한 사항이다. 틀린 것은?

① 매 입고 시에 무작위 추출한 검체에 대하여 육안 검사를 실시하고 그 기록을 남긴다.

② 포장재의 외관검사는 재질확인, 용량, 치수 및 용기 외관의 상태를 검사한다.

③ 포장재의 외관검사는 인쇄한 내용은 검사하지 않는다.

④ 인쇄 내용은 소비자에게 제품에 대한 정확한 정보를 전달하는데 목적이 있으므로 입고 검수 시 반드시 검사해야 한다.

⑤ 위생적 측면에서 포장재 외부 및 내부에 먼지, 이물 등의 혼입 여부도 검사한다.

✓ 포장재의 외관검사는 인쇄 내용도 검사한다.

15 다음은 입고된 포장재 보관조건에 관한 사항이다. 틀린 것은?

① 물질의 특징 및 특성에 맞도록 보관, 취급되어야 함

② 특수한 보관조건은 원료나 포장재의 용기는 밀폐되어, 청소와 검사가 용이하도록 충분한 간격으로 바닥과 떨어진 곳에 보관되어야 함

③ 포장재의 관리는 허가되지 않거나 불합격 판정을 받거나 아니면 의심스러운 물질의 허가되지 않은 사용을 방지할 수 있어야 함

④ 과도한 열기 추위 햇빛 또는 습기에 노출되어 변질되는 것을 방지할 수 있어야 함

⑤ 포장재가 재포장될 경우 원래의 용기와 다르게 표시되어야 함

✓ 포장재가 재포장될 경우 원래의 용기와 동일하게 표시되어야 함

정답   11. ② 12. ⑤ 13. ③ 14. ③ 15. ⑤

16 다음은 포장재의 관리에 따른 지침이다. 해당하지 <u>않는</u> 것은?

① 특정한 제조번호가 부여되어야 한다.
② 모든 완제품의 규정요건을 만족시킨다는 것을 검증하기 위해 평가를 실시한다.
③ 용량관리, 기밀도, 인쇄상태 등 공정 중 관리는 포장하는 동안에 정기적으로 실시한다.
④ 작업시작 전 확인사항 점검을 실시
⑤ 포장을 시작하기 전 포장지가 이용 가능한 여부만 확인하고 바로 작업을 실시한다.

✓ 포장을 시작하기 전에 포장지가 이용가능하고 공간이 청소되었는지 확인하는 것이 필요하다.

17 다음 중 포장재로 사용되는 용기 형태가 <u>아닌</u> 것은?

① PT용기   ② 세구병
③ 팩트용기   ④ 튜브용기
⑤ 파우더 용기

✓ 용기 형태로는 광구병, 세구병, 팩트용기, 튜브용기, 원통상용기, 파우더용기가 있다.

18 용기 형태에 따른 종류 및 특성 중 아래 보기의 용기 형태는 무엇인가?

• 재질은 유리, PP, AS, PS, PET
• 특성은 용기 입구 외경이 비교적 커서 몸체 외경에 가까운 용기
• 나사식 캡
• 크림상, 젤상 내용물 제품

① 광구병   ② 세구병   ③ 팩트용기
④ 튜브용기   ⑤ 파우더 용기

✓ • 용기 형태: 광구병
• 재질: 유리, PP, AS, PS, PET
• 특성: 용기 입구 외경이 비교적 커서 몸체 외경에 가까운 용기, 나사식 캡
• 포장제품: 크림상, 젤상 내용물 제품

19 용기 형태에 따른 종류 및 특성 중 아래 보기의 용기 형태는 무엇인가?

• 재질은 유리, PE, PET, PP
• 특성은 병의 입구 외경이 몸체에 비하여 작은 것, 나사식 캡이 대부분 원터치식 캡도 사용
• 화장수, 유액, 헤어토닉, 오데콜롱, 네일 에나멜, 상구층의 액상 내용물 제품

① 광구병   ② 세구병   ③ 팩트용기
④ 튜브용기   ⑤ 파우더 용기

✓ • 용기 형태: 세구병
• 재질: 유리, PE, PET, PP
• 특성: 병의 입구 외경이 몸체에 비하여 작은 것, 나사식 캡이 대부분 원터치식 캡도 사용
• 포장제품: 화장수, 유액, 헤어토닉, 오데콜롱, 네일 에니멜, 상구층의 액상 내용물 제품

20 용기 형태에 따른 종류 및 특성 중 아래 보기의 용기 형태는 무엇인가?

• 재질은 AS, ABS, PS, 놋쇠, 구리, 알루미늄, 스테인리스 등
• 특성은 본체와 뚜껑이 경첩으로 연결된 용기,퍼프, 스펀지, 솔, 팁 등 첨부
• 팩트류, 스킨커버 등 고형분, 크림상 내용물 제품

① 광구병   ② 세구병   ③ 팩트용기
④ 튜브용기   ⑤ 파우더용기

✓ • 용기 형태: 팩트용기
• 재질: AS, ABS, PS, 놋쇠, 구리, 알루미늄, 등
• 특성: 본체와 뚜껑이 경첩으로 연결된 용기,퍼프, 스펀지, 솔, 팁 등 첨부
• 포장 제품: 팩트류, 스킨커버 등 고형분, 크림상 내용물 제품

정답 16. ⑤ 17. ① 18. ① 19. ② 20. ③

21 용기 형태에 따른 종류 및 특성 중 아래 보기의 용기 형태는 무엇인가?

> • 재질은 알루미늄, 알루미늄 라미네이트, 폴리에틸렌 또는 적층 플라스틱
> • 특성은 속이 빈 관 모양으로 몸체를 눌러 내용물을 적량 뽑아내는 기능, 기체 투과 및 내용물 누출에 주의
> • 헤어젤, 파운데이션, 선크림 등(크림상에서 유액상 내용물 제품)

① 광구병 ② 세구병 ③ 팩트용기
④ 튜브용기 ⑤ 파우더용기

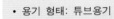

> • 용기 형태: 튜브용기
> • 재질: 알루미늄, 알루미늄 라미네이트, 폴리에틸렌 또는 적층 플라스틱
> • 특성: 속이 빈 관 모양으로 몸체를 눌러 내용물 을 적량 뽑아내는 기능 기체 투과 및 내용물 누출에 주의
> • 포장제품: 헤어젤, 파운데이션, 선크림 등(크림 상에서 유액상 내용물 제품)

22 용기 형태에 따른 종류 및 특성 중 아래 보기의 용기 형태는 무엇인가?

> • 재질은 플라스틱. 금속 또는 이들 혼합, 와이퍼는 고무, PC
> • 특성은 마스카라 용기에 이용되는 가늘고 긴 용기캡에 브러시나 팁이 달린 가늘고 긴 자루가 있음
> • 마스카라, 아이라이너, 립글로스 등에 사용

① 광구병 ② 세구병 ③ 팩트용기
④ 원통상용기 ⑤ 파우더 용기

> • 용기 형태: 원통상 용기
> • 재질: 플라스틱. 금속 또는 이들 혼합, 와이퍼는 고무, PC
> • 특성: 마스카라 용기에 이용되는 가늘고 긴 용기캡에 브러시나 팁이 달린 가늘고 긴 자루가 있음
> • 포장제품: 마스카라, 아이라이너, 립글로스 등에 사용

23 포장재 용기에 이용되는 소재 중 플라스틱의 종류가 아닌 것은?

① 저밀도폴리에틸렌
② 고밀도폴리에틸렌
③ 폴리프로필렌
④ 폴리스티렌
⑤ 스테인리스 스틸

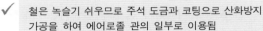

> 철은 녹슬기 쉬우므로 주석 도금과 코팅으로 산화방지 가공을 하여 에어로졸 관의 일부로 이용됨

24 포장재 용기에 이용되는 소재 중 금속에 대한 설명이다. 관련 없는 것은?

① 철, 스테인리스 스틸은 녹슬지 않으므로 주석 도금과 코팅으로 산화방지 가공을 하여 에어로졸 관의 일부로 이용됨
② 알루미늄은 가볍고 가공성이 좋음
③ 철, 스테인리스 스틸은 크로뮴, 니켈의 합금으로 녹슬지 않는 스테인리스로 이용됨
④ 놋쇠는 동과 아연의 합금이며 도금이나 도장을 하며 팩트, 립스틱 용기 등에 이용됨
⑤ 알루미늄은 에어로졸 한 립스틱, 팩트, 마스카라, 펜슬 용기 등에 널리 이용됨

> 철, 스테인리스 스틸은 녹슬기 쉬우므로 주석 도금과 코팅으로 산화방지 가공을 하여 에어로졸 관의 일부로 이용됨

25 다음은 보관중인 포장재 출고기준에 대한 설명이다. 해당하지 않는 것은?

① 합격 판정 기준에 부합하는 포장재만 불출함
② 어떤 경우라도 나중에 입고된 물품을 먼저 출고 할 수 없다.
③ 모든 보관소에서는 선입선출의 절차가 사용되어야 한다.
④ 특별한 환경을 제외하고 재고품 순환은 오래된 것이 먼저 사용되도록 보증해야 한다.
⑤ 나중에 입고된 물품이 사용기한이 짧은 경우 먼저 입고된 물품보다 먼저 출고할 수 있다.

> 특별한 사유가 있는 경우 적절하게 문서화된 절차에 따라 나중에 입고된 물품을 먼저 출고할 수 있다.

정답 21. ④ 22. ④ 23. ⑤ 24. ① 25. ②

26 포장재의 출고기준에서 선입선출에 대한 설명이다. 해당하지 <u>않는</u> 것은?

① 변질·변형된 제품의 사용을 예방하기 위한 출고기준이다.
② 변질·변형된 제품의 사용을 예방하기 위한 과정이다.
③ 반제품 및 완제품을 비롯한 모든 제조공정과 제품의 판매에 있어서 소비하기 위한 과정이다.
④ 선입선출을 지키지 않을 경우 제품의 품질 유지에 치명적인 오류를 범한 가능성이 낮다.
⑤ 포장도중에 불량품이 발견되었을 경우 포장재 보관관리 담당자에게 정상품과 구분하여 불량품 포장재를 인수인계한다.

✓ 선입선출을 지키지 않을 경우 제품의 품질 유지에 치명적인 오류를 범한 가능성이 높다.

27 포장재의 폐기기준에 대한 설명이다. 해당되지 <u>않는</u> 것은?

① 포장재의 관리 및 출고에 있어 선입선출에 따랐을 경우는 보관기관 또는 유효기간이 지나도 폐기하지 않아도 된다.
② 포장재 보관관리 담당자는 불량포장재에 대해 부적합 처리하여 부적합 창고로 이송한다.
③ 생산 중 발생한 불량 포장재를 정상품과 구분하여 물류팀에 반납한다.
④ 부적합 포장재료는 부적합 자재보관소에 이동하여 보관한다.
⑤ 부적합 포장재는 추후 반품 또는 폐기 조치 후 해당업체에 시정 조치 요구한다.

✓ 포장재의 관리 및 출고에 있어 선입선출에 따랐음에도 보관기간 또는 유효기간이 지났을 경우, 규정에 따라 폐기하여야 한다.

28 포장재의 사용기한 확인·판정에 대한 설명이다. 해당하지 <u>않는</u> 것은?

① 보관기간이 규정되어 있지 않은 포장재는 적절한 보관기간이 구입 후 3개월 이내이다.
② 최대보관기간을 설정하고 이를 준수한다.
③ 사용기한 내에서 자체적인 재시험 기간을 설정하고 준수한다.

④ 포장재의 보관기간을 결정하기 위한 문서화 된 시스템을 마련한다.
⑤ 정해진 보관기간이 지나면 해당물질을 재평가하여 사용적합성을 결정하는 단계를 포함시킨다.

✓ 보관기간이 규정되어 있지 않은 포장재는 적절한 보관기간을 정한다.

29 다음은 포장재의 개봉 후 사용기한 확인·판정에 대한 설명이다. 해당하지 <u>않는</u> 것은?

① 내용물(원료)의 사용기한은 개봉 후 1년으로 한다.
② 시험용 검체는 오염되거나 변질되지 아니하도록 채취한다.
③ 시험용 검체의 용기에는 명칭 또는 확인코드, 제조번호, 검체채취 일자 등을 기재해야 한다.
④ 완제품의 보관용 검체는 적절한 보관조절 하고 지정된 구역 내에서 제조단위별로 사용 기한 경고 후 1년간 보관해야 한다.
⑤ 완제품의 보관용 검체는 개봉 후 사용기간을 기재하는 경우에는 제조일로부터 3년간 보관해야 한다.

✓ 내용물(원료)의 사용기한은 개봉 후 3개월로 한다.

30 다음은 포장재의 폐기절차에 대한 설명이다. 해당하지 <u>않는</u> 것은?

① 폐기물 보관소는 항상 청결을 유지하며 지정된 장소에는 폐기물 표지판을 부착한다.
② 포장 공정이 끝나면 작업 중 발생된 파손불량 자재는 수량을 파악하여 포장지시 및 기록서 등에 정리 기록하고 폐기처리한다.
③ 폐기물량의 기록은 10kg 단위로 기록한다.
④ 폐기물 대장은 확인자가 기록하고, 운반자가 확인 후 각각 사인한다.
⑤ 작업장의 활용 중 발생한 폐기물은 성질별, 상태별, 종류별로 구분하여 별도 수거한다.

✓ 폐기 물량의 기록은 1kg 단위로 기록한다.

정답 26. ④ 27. ① 28. ① 29. ① 30. ③

PART 4
맞춤형화장품의 이해

Chapter 1. 맞춤형화장품 개요

이 법의 도입 취지는 개인의 가치가 강조되는 환경 변화에 따라 개인 맞춤형 상품 서비스를 통해 다양한 소비욕구를 충족시킴에 두었다. 당시 화장품 법에서는 판매장에서 혼합·소분을 금지하고 있어 이를 허용하기 위한 별도의 제도신설과 규제개선의 필요성에 따른 맞춤형화장품 제조도입 취지(제9차 무역투자진출회의)를 제안하였다. 이에 맞춤형화장품 제도(식약처, 바이오생약국 화장품정책과) 2019. 12. 10 발표물을 중심으로 다음과 같이 내용을 정리하였다.

Section 01 맞춤형화장품의 정의

(1) 맞춤형화장품의 정의

① 제조 또는 수입된 화장품의 내용물에 다른 화장품의 내용물이나 식약처장이 정하는 원료를 추가 혼합한 화장품

② 제조 또는 수입된 화장품의 내용물을 소분(小分)한 화장품

알아두기!

☑ 맞춤형화장품의 정의

• 판매장에서 고객 개인별 피부특성이나 색·향 등의 기호요구를 반영하여 맞춤형화장품 조제관리사 자격증을 가진 자가

- 화장품의 내용물을 소분하거나

내용물(벌크제품) 맞춤형화장품

- 화장품의 내용물에 다른 화장품의 내용물 또는 식약처장이 정하는 원료를 혼합한 화장품

내용물 내용물 또는 내용물 원료

(2) 맞춤형화장품 업종 신설

맞춤형화장품 판매업을 '신고업'으로 신설하여 맞춤형화장품 판매업을 하려는 자는 지방식약청장(서울청, 경인청, 광주청, 대구청, 대전청, 부산청)에게 신고해야 한다.

(3) 맞춤형화장품 조제관리사 도입

맞춤형화장품 혼합·소분업무에 종사하는 자를 "맞춤형화장품 조제관리사"로 규정하고 식약처장이 정하는 자격시험에 합격해야 한다.

(4) 맞춤형화장품 관련 법령

맞춤형화장품 관련 체계는 화장품법 → 시행령 → 시행규칙 → 고시(화장품 안전기준 등에 관한 규정 → 맞춤형화장품 판매 가이드라인 등의 구성과 체계를 갖는다.

화장품법	화장품법 시행령	고시(화장품 안전기준 등에 관한 규정)
① 맞춤형화장품의 정의 ② 업종신설 ③ 준수사항 ④ 교육 ⑤ 조제관리사 자격시험	① 판매업 신고, 변경신고 요건 절차 ② 판매업자 세부준수사항 ③ 교육명령 대상자 ④ 맞춤형화장품 표시기재 및 회수절차 ⑤ 자격시험 주기·과목·방법 등 세부운영방안 ⑥ 자격시험 운영기관 지정기준 및 준수사항(2020.3.14. 시행)	· 맞춤형화장품에 사용 가능한 원료지정 ① 사용금지원료 ② 사용상의 제한이 필요한 원료 ③ 사전심사를 받지 않거나 보고서를 제출하지 않은 기능성화장품 고시 원료 등 이 외의 원료는 모두 맞춤형화장품에 사용 가능(2020.3.14. 시행)

(5) 기타 규정사항

- 맞춤형화장품 판매업자 준수사항(시행규칙 제12조의2)의 법적 근거 마련
  - 판매장시설·기구 관리방법 및 혼합·소분 안전관리기준 준수 등 법령위반
  - 맞춤형화장품 판매업자 교육명령 부과 및 조제관리사 연간 교육이수

Section 02 맞춤형화장품의 주요 규정

1) 맞춤형화장품 판매업의 신고

(1) 신고

맞춤형화장품을 판매하려는 자는 소재지 별로 신고서 및 구비서류를 갖추어 소재지 관할 지방식약청장에게 신고해야 한다.

(2) 변경신고

변경사항이 발생한 날부터 30일 이내에 소재지 관할 지방식약청장에게 신고한다.

① 맞춤형화장품 판매업자

- 판매업자의 변경(법인일 경우, 대표자의 변경)[①]

- 판매업자의 상호변경(법인일 경우, 법인의 명칭 변경)[②]

- 판매업소의 소재지 변경[③]

- 맞춤형화장품의 조제관리사의 변경[④]

- 맞춤형화장품의 사용계약을 체결한 책임판매업자의 변경[⑤]

② 맞춤형화장품 판매업자는 변경 사유가 발생한 날부터 30일 이내(단, 행정구역 개편에 따른 소재지 변경의 경우, 90일 이내)에 맞춤형화장품 판매업 변경신고서(전자문서로 된 신고서 포함)에 맞춤형화장품 판매업 신고필증과 해당서류(전자문서 포함)를 첨부하여 지방식약청장에게 제출해야 한다.

- 맞춤형화장품 판매업 변경신고 처리기간 -10일
- 맞춤형화장품 조제관리사의 변경신고 처리기간 -7일

2) 맞춤형화장품 판매업 관리

- 소재지 별로 맞춤형화장품 조제관리사(이하 조제관리사라 칭함)를 고용한다.
- 내용물 및 원료를 제공받는 책임판매업자와의 계약 체결 및 계약 사항을 준수해야 한다.

맞춤형화장품 판매업자 준수사항 ✎

- 맞춤형화장품 판매업소마다 맞춤형화장품 조제관리사를 두어야 한다.
- 둘 이상의 책임판매업자와 계약하는 경우
- 사전에 각각의 책임판매업자에게 고지한 후 계약을 체결하여야 하며,
- 맞춤형화장품 혼합·소분 시 책임판매업자와 계약한 사항을 준수할 것
- 다음 각 목을 포함하는 맞춤형화장품 판매내역(전자문서 형식을 포함한다)을 작성·보관한다.

가. 맞춤형화장품 식별번호	나. 일자와 양	다. 사용기한 또는 개봉 후 사용기간
· 식별번호는 맞춤형화장품의 혼합 또는 소분에 사용되는 내용물 및 원료의 제조번호와 혼합·소분 기록을 포함하여 맞춤형화장품 판매업자가 부여한 번호를 말한다.	· 판매일자 · 판매량	· 맞춤형화장품의 사용기한 또는 개봉 후 사용기간은 맞춤형화장품의 혼합 또는 소분에 사용되는 내용물의 사용기한 또는 개봉 후 사용기간을 초과할 수 없다.

3) 맞춤형화장품 판매 시설기준(권장사항) ✎

- 판매장소와 구분, 구획된 제조실[①], 원료, 내용물 보관장소[②], 적절한 환기시설[③], 조제설비 기구·세척시설[④], 작업소의 손 및 맞춤형화장품간 혼입이나 미생물 오염을 방지할 수 있는 시설 또는 설비[⑤] 등을 구비해야 한다.

4) 영업자(맞춤형화장품 판매업자)의 의무

(1) 맞춤형화장품 판매업자는 맞춤형화장품 판매장 시설·기구의 관리방법, 혼합·소분 안전관리기준의 준수 의무, 혼합·소분되는 내용물 및 원료에 대한 설명 의무 등에 관해 총리령으로 정하는 사항을 준수해야 한다.

① 보건위생상 위해가 없도록 맞춤형화장품 혼합·소분에 필요한 장소, 시설 및 기구 상태
- 정기적으로 점검해야 하며, 작업에 지장이 없도록 ★위생적으로 관리·유지해야 함

• 맞춤형화장품 위생관리✎

작업원 위생관리*	작업장 및 시설 · 기구의 위생관리*
· 혼합 · 소분 전 손 소독 과 세정, 일회용 장갑 착용 · 혼합 · 소분 시 위생복 및 마스크 착용 - 피부외상이나 질병이 있는 경우, 회복 전까지 혼합 　· 소분 행위 금지	· 작업장과 시설 · 기구를 정기적으로 점검하여 위생적으로 관리 · 유지 · 혼합 · 소분에 사용되는 시설 · 기구 등은 사용 전 · 후 세척 · 세척한 시설 · 기구는 잘 건조시킨 다음 사용 시까지 오염방지 · 세제 · 세척제는 잔류하거나 표면에 이상을 초래하지 않은 것을 사용

② 혼합 · 소분 시 오염방지를 위하여 다음 각 목의 안전관리 기준을 준수하여야 한다.

가. 혼합 · 소분 전에는	나. 혼합 · 소분에 사용되는 장비 또는 기기 등은	다. 혼합 · 소분된 제품을 담을 용기
- 손을 소독 또는 세정하거나 - 일회용 장갑을 착용할 것	- 사용 전 · 후 세척할 것	- 오염 여부를 사전에 확인할 것

③ 맞춤형화장품의 내용물 및 원료 입고 시 품질관리여부를 확인하고 책임판매업자가 제공하는 품질성적서를 구비해야 한다(단, 책임판매업자와 맞춤형화장품 판매업자가 동일한 경우는 제외).

• 맞춤형화장품 원료보관 및 기재사항 관리

원료 및 내용물 입고 · 보관관리*	맞춤형화장품 표시 · 기재 사항*
· 입고 시 품질관리 여부 및 사용기한 등을 확인하고 품질성적서를 구비한다. · 원료 및 내용물은 가능한 품질에 영향을 미치지 않는 장소에 보관한다. · 사용기한이 경과한 원료 및 내용물은 조제에 사용하지 않도록 관리한다.	· 명칭 　　· 가격 　　· 식별번호 　　· 사용기한 또는 　　　개봉 후 사용기간 　　· 책임판매업 및 　　　맞춤형화장품의 상호

④ 맞춤형화장품 판매 시 해당 맞춤형화장품의 혼합 · 소분에 사용되는 내용물 및 ★원료 사용 시의 주의사항에 대하여 소비자에게 설명해야 한다.

• 맞춤형화장품 판매 및 사후관리

맞춤형화장품 판매관리*	맞춤형화장품 사후관리*
· 판매내역 작성 및 보관을 해야 한다(식별번호, 판매일자 · 판매량, 사용기한 또는 개봉 후 사용기간 포함). · 혼합 또는 소분에 사용되는 내용물 및 원료와 사용 시 주의사항에 대하여 소비자에게 설명해야 한다.	· 안정성 정보(부작용 발생 시 사례포함)를 인지한 경우에는 신속히 책임판매업자에게 보고해야 한다. · 회수 대상임을 인지한 경우 신속히 책임판매업자에게 보고 및 회수대상 맞춤형화장품 구입한 소비자로부터 적극적으로 회수 조치해야 한다.

(2) 조제관리사는 화장품의 안전성 확보 및 품질관리에 관한 교육을 매번(매년 1회 보수교육 의무 이수) 받아야 한다.

☑ 교육기관현황(식약처장 인정한 교육실시기관)
• 대한화장품산업연구회, 대한화장품협회, 한국보건산업진흥원, 한국의약품수출입협회
☑ 시험수행기관
• 한국생산성본부

교육대상자

① 1항 책임판매자 및 맞춤형화장품 조제관리사(2020.3.14. 시행)

- 화장품의 안전성 확보 및 품질관리에 관한 교육을 매년 받아야 한다.
- 4시간 이상 ~ 8시간 이하, 집합교육 또는 온라인 교육을 이수하여야 한다(단, 최초 교육을 받으려는 자는 집합교육과정을 이수해야 함).

② 2항 제조업자, 책임판매업자 및 맞춤형화장품 판매업자(이하 "영업자"라 한다)에게 식약처장이 국민 건강상 위해를 방지하기 위해 필요하다고 인정하면

- 화장품 관련 법령 및 제도(화장품의 안전성 확보 및 품질관리에 관한 내용을 포함)에 관한 교육을 받을 것을 명할 수 있다.
- 교육이수·명령 이후 6개월 이내에 4시간 이상 ~ 8시간 이하, 집합교육 과정을 이수해야 함

③ 3항 위 2항에 따라 교육을 받아야 하는 자가 둘 이상의 장소에서 제조업, 책임판매업 또는 맞춤형화장품 판매업을 하는 경우 종업원 중(지정한 책임자)에서 총리령으로 정하는 자를 지정하여 교육을 받게 할 수 있다. 2항과 동일하게 같은 시간 같은 교육과정임

- 지정된 책임자도 2항과 동일하게 같은 시간 같은 교육과정임

5) 위해화장품의 회수

(1) 영업자는 유통 중인 화장품이 안전용기, 포장 등, 영업의 금지, 판매 등의 금지에 위반되어 국민보건에 위해를 끼칠 우려가 있는 경우

- 지체 없이 해당 화장품을 회수하거나 회수하는 데에 필요한 조치를 해야 한다(단, 식약처장에서 회수계획을 미리 보고해야 함).
- 판매중인 맞춤형화장품이 회수대상 화장품의 기준 및 위해성 등급 등에 해당됨을 알게 된 경우 신속히 책임판매업자에게 보고한다(화장품법 시행규칙 제14조의2).
- 회수대상 맞춤형화장품을 구입한 소비자에게는 적극적으로 회수조치를 취해야 한다.

6) 맞춤형화장품에 사용할 수 있는 원료

화장품 안전기준 등에 관한 규정에서는 아래의 원료를 제외한 원료를 맞춤형화장품에 사용할 수

있다고 규정하고 있다.

(1) 별표 1의 화장품에 사용할 수 없는 원료 *부록 1 참조바람(pp.556-570)

(2) 별표 2의 화장품에 사용상의 제한이 필요없는 원료 *Part 2의 Chapter 3 참조바람 (pp.223-236)

(3) 식약처장이 고시한 기능성화장품의 효능·효과를 나타내는 원료(단, 맞춤형화장품 판매업자에게 원료를 공급하는 화장품책임 판매업자가 기능성화장품의 심사 등(화장품법 제14조)에 따라 해당 원료를 포함하여 기능성화장품에 대한 심사를 받거나 보고서를 제출한 경우 제외함)

Section 03 맞춤형화장품의 안전성

맞춤형화장품의 품질요인에는 안전성, 유효성, 안정성 등을 포함하고 있다.

1) 맞춤형화장품 안전성 평가

안전성을 고려한 제품에도 사용방법, 사용량, 성분, 온도, 습도, 계절, 자외선, 사용대책, 사용빈도 등에 따라 피부에서는 다르게 작용한다.

(1) 화장품 원료 안전성 평가 항목 *Part1의 Chapter1, Section 05 참조바람(pp.44-62)

· 단회투여독성시험   · 피부감작성시험
· 1차 피부자극시험   · 광독성 및 광감작성시험
· 안점막자극 또는 기타 점막자극시험   · 인체사용시험 등

(2) 맞춤형화장품 안전성 평가 항목

• 피부자극성, 알레르기 반응, 경구독성, 이물질혼입, 파손 등 독성이 없어야 하고 조제실에서의 소분이나 미생물의 오염 등 환경에 주의를 요한다.

시험구분	시험내용
감작성	· 피부에 투여했을 때의 접촉 감작(Allergy)성을 검출하는 방법
광독성	· 피부상의 피시험 물질이 자외선에 의해 생기는 자극성을 검출하기 위해 UV램프를 조사하는 방법
급성독성★	· 잘못하여 화장품을 먹었을 때 위험성을 예측하기 위해, 동물에 1회 투여했을 때 LD50값을 산출
광감작성	· 피부상의 피시험물질이 자외선에 폭로 되었을 때 생기는 접촉 감작성을 검출하는 방법으로 감작성시험에 광조사가 가해지는 것
변이원성	· 유전독성을 평가하기 위해 돌연변이나 염색체 이상을 유발하는 지를 조사하는 방법으로 세균, 배양세포 마우스를 이용하여 실행하는 시험
안자극성★	· 화장품이 눈에 들어갔을 때의 위험성을 예측하기 위해 동물시험이나 동물대체시험으로 단백질 구조변화시험 등이 실행

인체패치테스트★	·인체에 대한 피부자극성이나 감작성을 평가하는 시험으로 통상, 등 부위나 팔 안쪽에 폐쇄 첩포를 실행
연속피부자극성	·피부에 반복투여 했을 때의 자극성을 평가하는 시험으로 1차 자극에서는 나타나지 않는 약한 자극이 누적되어 자극을 발생할 가능성을 예측하는 것으로, 동물에 2주간 반복 투여하는 방법을 실행
피부1차자극성	·피부에 1회 투여했을 때 자극성을 평가하는 것

- 위의 9가지 시험 항목 중 급성독성①, 안자극성②, 인체패치테스트③는 맞춤형화장품 안전성 평가에는 필수 시험방법이다.

- 그 밖에 급성독성시험, 만성독성시험, 생식독성시험, 흡수, 분포, 대사, 배설 등이 특히 맞춤형화장품의 원료 가운데 자외선차단제①, 타르색소②, 보존제③, 금속봉쇄제④, 산화방지제⑤ 등은 비교적 독성이 강한 물질들이기 때문에 발암성을 일으킬 수 있으므로 신중하게 취급해야 한다.

 알아두기!

☑ **동물시험법**
- 안정성 평가를 위한 동물시험법의 경우 유럽에서는 2004년부터 동물시험이 금지됨
  - 동물시험 대체법으로 3R(Replacement, Reduction, Refinement)의 개념이 일반화됨
- 동물을 이용하지 않는 방법(Replacement), 이용하는 동물의 수 삭감(Reduction), 동물이 받는 고통의 경감 (Refinement)

2) 맞춤형화장품의 안전성

① 피부에 주로 적용하는 화장품은 피부자극 및 감작이 우선적으로 고려된다.
  - 빛에 의한 광자극에 따른 광감작, 머리(두피와 얼굴)에 적용되는 제품들의 안점막 자극이 없어야 한다.

② 사용방법에 따라 피부흡수 또는 예측 가능한 립스틱에 의한 경구섭취, 스프레이 등에 의한 흡입독성 등에 따른 전신독성에 안전성을 유지해야 한다.

③ 영유아용 제품류(만 3세 이하)와 어린이용 제품(만 4세 이상부터 만 13세 이하까지)임을 특정해서 표시·광고하려는 화장품에 보존제(방부제)★ 함량은 필수로 기재해야 한다.

④ 화장품에 사용하는 향료 성분 중 알레르기 유발물질★은 반드시 표기해야 한다.

⑤★착향제의 구성성분 중 알레르기 유발 성분은 반드시 표기해야 한다.

⑥ 최종제품은 적절한 조건에서 보관할 때 사용기간 또는 유통기한 동안 안전해야 한다.

⑦ 제품의 안전성은 각 성분의 독성학적 특징과 유사한 조성의 제품을 사용한 경험, 신물질의 함유 여부 등을 참고하여 전반적으로 검토해야 한다.

⑧ 보건 위생상 위해가 발생할 우려가 있는 비위생적인 조건에서 제조되었거나 시설 기준에 부적합 시설에서 제조되었는지 검토해야 한다.

화장품의 품질 특성에 있어 안전성과 함께 유용성을 중시하는 시대로서 신소재의 개발로 유용성이 높은 기능성화장품의 개발이 이루어지고 있다.

(1) 맞춤형화장품의 유효성

화장품에서 사용상 제한이 필요한 원료와 사용가능한 원료를 구분하여 사용할 수 있어야 한다. 이는 피부에 적절한 보습, 미백, 세정, 자외선 차단, 노화억제 등의 효과를 부여해야 한다.

> **예 기능성화장품의 유효성분으로 사용하는 경우**
> (1) 사용 후 씻어내는 제품류에 살리실리산(Salicylic acid) 2%
> (2) 사용 후 씻어내는 두발 제품류에 살리실리산(Salicylic acid) 3%

① 화장품의 유효성

세정·보습, 자외선 차단·미백, 육모나 양모, 피부 거칠음 개선, 채취방지효과 등 소비자의 기대를 충분히 만족시키는 상품인지의 여부가 중요하다. 이와 같이 유효성의 종류를 살펴볼 수 있다.

유효성 종류	내용
생리학적	·거친 피부개선(보습), 주름개선·미백, 탈모완화 등
물리화학적	·자외선 차단, 메이크업에 의한 기미·주근깨 커버 효과, 채취방지, 갈라진 모발의 개선 효과 등
심리학적	·향기요법, 메이크업의 색채 심리효과 등

② 화장품의 기호성

화장품은 생활용품이지만 기호품이기도 하다. 기호성에는 색, 냄새, 감촉이라는 관능적인 인자가 주체이다.

• 화장품의 사용성 평가는 종래부터 관능시험에 의해 평가되고 있다.

• 화장품 유효성에서 품질평가의 주요항목

사용감	냄새	색
·퍼짐성, 부착성, 피복성, 지속성	·형상, 성질, 강도, 보유성	·색조, 채도, 명도

화장품의 내용물은 미생물의 유입에 의해 변색, 변취, 퇴색, 오염, 결정석출 등의 화학적 변화나 분리, 침전, 응집, 발분, 발한, 겔화, 휘발, 고화, 연화, 균열 등과 같은 물리적 변화로 인하여 사용성이나 미관이 손상되지 않도록 해야 한다.

(1) 맞춤형화장품의 검증

맞춤형화장품의 안정성시험			
· 온도안정시험	· 광안정성시험	· 특수·가혹보존시험	· 부외품 약제의 안정성시험 등

(2) 일반적인 안정성 평가 시험법

다양한 조건하에서 고객이 사용할 경우를 상정한 안정성 확인이 필요하다. 이는 화학적 열화 및 물리적 열화 등에 대한 외적 관찰과 분석법을 이용하여 평가를 수행하고 안정성을 확인한다.

 알아두기!

☑ **분석법**
• pH, 경도계, 점도계, 적외선 분광(1R), 핵자기공명(NMR), 박충크로마토그래피, 가스크로마토그래피, 액체크로마토그래피, X형 회절, 형광 X선, 주사형 전자현미경, 열분석, 수분량 측정, 원심분리기 등

① 온도안정성시험

온·습도 제어(가속시험), 사이클온도시험을 포함한다. 화장품을 소정의 온도조건에 방치하여 시간에 따른 시료의 화학적 변화나 물리적 변화에 대하여 관찰, 측정한다.

② 광안정성시험

• 진열된 화장품에는 태양광이나 형광등과 같은 빛에 노출되는 경우 화장품이 지닌 기능이 변화하지 않는 가의 여부 확인이 중요하다.

• 빛이 차단된 상자 속에 화장품 용기가 들어 있는 경우를 제외하고 반드시 광안정성을 보증해야 한다.

③ 기능성확인시험

화장품 유형	확인	화장품의 유형	확인
· 기초화장품 · 메이크업 화장품	· 발림, 세정력 등 · 커버력, 지속성, 광택 등	· 모발용화장품 · 의약외품	· 모발물성에 대한 영향 · 유효성

④ 용기의 영향

용기와 내용물의 상용성에 따라

용기내면	내면 재질에 따라	내용물로 인한
· 배합원료의 흡착이나 투과	· 표면활성으로 인한 분해	· 용기변형 등이 발생

⑤ 에어로졸 제품의 안정성시험

- 이 제품은 원액과 분사제로 이루어진다. 법 규제상 제한되는 내압 변화나 인화성은 물론 트러블을 미연에 방지하기 위해 에어로졸 용기의 버블구조나 재질과 원액이나 분사제와의 관계도 충분히 시험할 필요가 있다.

- 분사제로 사용되는 액화가스나 압축가스와 원액, 용기의 상용성이나 사용 시의 분사상태의 변화 등 원액(처방계)뿐 아니라 최종품에 대해서도 확인할 필요가 있다.

알아두기!

☑ 에어로졸 제품의 안정성시험에서 확인할 항목
- 노즐 막힘[1], 거품의 질 변화[2], 캔 부식[3]

⑥ 특수 · 가혹보존시험

- 화장품 품질의 최대조건은 제조 직후에서 다 사용할 때까지 변질되지 않고 본 상태가 유지되는 것이다. 그러므로 경시 안정성을 사전에 단시간 평가하기 위한 가속(또는 가혹)조건에서 화장품의 물리 · 화학적 변화를 관측한다.

- 대표적으로 가속시험은 온도나 진동과 같은 에너지 변화를 아주 짧은 시간으로 농축한 형태로서 시료에 부하를 가한다.

시험법	내용
원심분리법	· 용액 안에 존재하는 크고 작은 알갱이를 회전에 의하여 생겨나는 원심력을 이용하여 분리해 내는 방법
진동법	· 트럭이나 선반 등 운송 과정 중의 진동으로 인한 영향을 예측하는 방법
사용시험	· 사용 시 상황을 재현하여 품질 열화를 예측하는 방법
낙하법	· 사용 시 잘못하여 떨어뜨렸을 때의 영향을 예측하는 방법
하중법	· 립스틱, 펜슬, 스틱타입, 화장품의 부러짐 강도를 예측하는 방법
마찰법	· 네일 에나멜류의 내구성을 예측하는 방법

⑦ 산패에 대한 안정성시험

- 화장품이 장기간 공기나 고온에 노출되면 산패취의 발생, 자극물질 생성, 변색, 증점, 점도 저하 또는 향료의 변질 등이 발생한다.

· 오븐법(60~65℃), AOM을 이용한 가속시험(용액에 온도를 가하면서 산소를 버블링함)
· 과산화물가, 카보닐화, 중량법, 흡광도법 등

⑧ 미생물 오염에 대한 안정성시험

• 화장품은 식품과 마찬가지로 미생물이 생육하기 쉬운 환경이다.

• 따라서 미생물 오염으로 인한 산패, 곰팡이 발생으로 인한 외견변화 등 2차 오염으로 인한 경우가 많아 CTFA(Cosmetic, Toiletry and Fragrance association, 전 세계 규격사전)을 통한 보존력 효과를 평가한다.

실전예상문제

【 선다형 】

01 맞춤형화장품에 관한 설명으로 **틀린** 것은?

① 제조된 화장품의 내용물을 소분한 화장품을 판매하는 영업
② 수입된 화장품의 반제품에 다른 화장품의 내용물을 추가하여 화장품을 판매하는 영업
③ 제조된 화장품의 내용물에 인태반 추출물을 추가 혼합하여 화장품을 판매하는 영업
④ 수입된 화장품의 완제품에 식품의약품안전처장이 정하여 고시하는 원료를 추가하여 혼합한 화장품을 판매하는 영업
⑤ 제조된 화장품의 내용물에 식품의약품안전처장이 정하여 고시하는 원료를 추가하여 혼합한 화장품을 판매하는 영업

✓ ③은 사용할 수 없는 원료에 속한다.

02 맞춤형화장품의 판매업자 준수사항에 관한 설명으로 바르지 **않은** 것은?

① 맞춤형화장품 판매업소마다 맞춤형화장품조제관리사를 두어야 한다.
② 맞춤형화장품의 내용물 및 원료의 입고 시 품질관리 여부를 확인하고 책임판매업자가 제공하는 품질성적서는 필요하지 않다.
③ 보건위생상 위해가 없도록 맞춤형화장품 혼합·소분에 필요한 장소 시설 및 기구를 정기적으로 점검하여 작업에 지장이 없도록 관리한다.
④ 혼합 소분에 사용되는 장비 기기 등은 사용 전·후로 세척한다.
⑤ 맞춤형화장품 식별번호는 맞춤형화장품의 혼합과 소분에 사용되는 내용물 및 원료의 제조번호와 혼합·소분을 기록하여 맞춤형화장품판매업자가 부여한 번호를 말한다.

✓ 맞춤형화장품의 내용물 및 원료의 입고 시 품질관리 여부를 확인하고 책임판매업자가 제공하는 품질성적서를 구비한다.

03 맞춤형화장품의 판매업자 변경신고에 관한 설명으로 바르지 **않은** 것은?

① 맞춤형화장품 판매업자의 변경
② 맞춤형화장품 판매업자의 상호 변경
③ 맞춤형화장품 판매업소의 소재지 변경
④ 맞춤형화장품 조제관리사의 변경
⑤ 맞춤형화장품 사용 계약을 체결한 계약서 변경

✓ 맞춤형화장품 사용 계약을 체결한 책임판매업자의 변경

04 맞춤형화장품의 판매업자 변경신고 시 제출 서류가 **아닌** 것은?

① 맞춤형화장품 판매업자의 변경서류
② 양도·양수의 경우에는 이를 증명하는 서류
③ 상속의 경우에는 가족관계 증명서
④ 책임판매업자와 체결한 계약서 사본 및 소비자 피해보상을 위한 보험계약서 사본
⑤ 법인 대표자의 변경의 경우 법인 등기사항 증명서 제출

✓ 법인 대표자의 변경의 경우 법인 등기사항 증명서를 제출하지 않고 담당공무원이 행정정보의 공동이용을 통하여 확인한다.

05 맞춤형화장품에 대한 설명으로 **틀린** 것은?

① 제조 또는 수입된 화장품의 내용물에 다른 화장품의 내용물 또는 원료를 추가 혼합한 화장품을 말한다.
② 제조 또는 수입된 화장품의 내용물을 소분한 화장품을 말한다.

정답 01. ③ 02. ② 03. ⑤ 04. ⑤ 05. ③

③ 맞춤형화장품 판매업을 허가제로 신설하여 맞춤형화장품 판매업을 하려는 자는 지방식약청장에게 신고해야 한다.
④ 맞춤형화장품 혼합·소분업무에 종사하는 자를 맞춤형화장품 조제관리사라고 한다.
⑤ 맞춤형화장품 조제관리사 자격은 식약처장이 정하는 자격시험에 합격해야 한다.

✓ 맞춤형화장품 판매업을 '신고업'으로 신설하여 맞춤형화장품 판매업을 하려는 자는 지방식약청장에게 신고해야 한다.

06 맞춤형화장품의 판매업자에 대한 내용으로 틀린 것은?

① 맞춤형화장품 판매업은 맞춤형화장품을 판매하려는 자는 소재지별로 신고서 및 구비서류를 갖추어 소재지 관할 지방식약청장에게 신고해야 한다.
② 변경신고는 변경사항이 발생한 날부터 20일 이내에 소재지 관할 지방식약청장에게 신고한다.
③ 맞춤형화장품 판매업 변경신고 처리기간은 10일이다.
④ 맞춤형화장품 조제관리사의 변경신고 처리기간은 7일이다.
⑤ 내용물 및 원료를 제공받는 책임판매업자와의 계약 체결 및 계약 사항을 준수해야 한다.

✓ 변경신고는 변경사항이 발생한 날부터 30일 이내에 소재지 관할 지방식약청장에게 신고한다.

07 맞춤형화장품의 판매업자 준수사항에 대한 내용으로 틀린 것은?

① 맞춤형화장품 판매업소마다 맞춤형화장품 조제관리사를 두어야 한다.
② 맞춤형화장품 혼합·소분 시 책임판매업자와 계약한 사항을 준수해야 한다.
③ 식별번호는 맞춤형화장품의 혼합·소분에 사용되는 내용물 및 원료의 제조번호와 혼합·소분을 기록해야 한다.
④ 식별번호는 맞춤형화장품의 혼합·소분에 사용되는 내용물로 맞춤형화장품 판매업자가 부여한 번호를 말한다.

⑤ 화장품 판매업소마다 맞춤형화장품 조제관리사를 두어야 한다.

✓ 맞춤형화장품으로 혼합·소분을 하는 판매업소마다 맞춤형화장품 조제관리사를 두어야 한다.

08 맞춤형화장품의 판매업자 변경신고에 관한 설명으로 틀린 것은?

① 맞춤형화장품 판매업자의 전화번호 변경 시 변경신고
② 맞춤형화장품 판매업자의 명칭 변경 시 변경신고
③ 맞춤형화장품 판매업소의 소재지 변경 시 변경신고
④ 맞춤형화장품 판매업자의 대표자 변경 시 변경신고
⑤ 맞춤형화장품 사용 계약을 체결한 책임판매업자의 변경 시 변경신고

✓ ① 맞춤형화장품 판매업자의 변경

09 맞춤형화장품의 판매 시설기준에 대한 내용으로 틀린 것은?

① 판매장소와 구분되어야 한다.
② 구획된 제조실이 있어야 한다.
③ 환기시설은 중요하지 않다.
④ 조제설비 기구·세척시설이 갖추어져 한다.
⑤ 작업소의 손 및 맞춤형화장품 간 혼입이나 미생물 오염을 방지할 수 있는 시설을 구비해야 한다.

✓ ③ 적절한 환기시설을 갖추어야 한다.

10 맞춤형화장품의 작업원 위생관리에 대한 설명으로 틀린 것은?

① 혼합·소분 전 손 소독을 해야 한다.
② 혼합·소분 전 일회용 장갑을 착용한다.
③ 혼합·소분 시 위생복을 착용해야 한다.
④ 혼합·소분 시 마스크를 착용해야 한다.
⑤ 질병이 있는 경우 마스크 착용 후 혼합·소분을 해야 한다.

정답 06. ② 07. ⑤ 08. ① 09. ③ 10. ⑤

✓ ⑤ 피부외상이나 질병이 있는 경우 회복 전까지 소분 행위를 금지해야 한다.

11 맞춤형화장품의 작업장 위생관리에 대한 설명으로 **틀린** 것은?

① 혼합·소분에 사용되는 기구는 사용 후에만 깨끗이 세척한다.
② 혼합·소분 전에는 손을 소독하거나 일회용 장갑을 착용한다.
③ 혼합·소분된 제품을 담을 용기의 오염 여부를 사전에 확인한다.
④ 세제·세척제는 잔류하거나 표면에 이상을 초래하지 않은 것을 사용한다.
⑤ 세척한 시설·기구는 잘 건조시킨 후 다음 사용 시까지 오염을 방지한다.

✓ 혼합·소분에 사용되는 기구는 사용 전·후 세척한다.

12 원료 및 내용물 입고 보관관리에 대한 설명으로 **틀린** 것은?

① 입고 시 품질관리 여부를 확인하고 품질성적서는 생략할 수 있다.
② 입고 시 품질관리 사용기한을 확인하고 품질성적서를 구비한다.
③ 사용기한이 경과한 원료 및 내용물은 조제에 사용하지 않도록 관리한다.
④ 원료 및 내용물은 가능한 품질에 영향을 미치지 않는 장소에 보관한다.
⑤ 책임판매업자와 맞춤형화장품 판매업자가 동일한 경우는 제외한다.

✓ 입고 시 품질관리 여부를 확인하고 품질성적서를 구비한다.

13 맞춤형화장품의 표시·기재 사항으로 **틀린** 것은?

① 원료명   ② 제품가격
③ 식별번호   ④ 사용기한
⑤ 개봉 후 사용기간

✓ ① 원료명의 표시·기재 사항은 제조업자의 업무이다.

14 맞춤형화장품의 판매관리 사항으로 **틀린** 것은?

① 판매일자와 판매량을 작성한다.
② 판매내역을 작성하여 보관한다.
③ 원료 사용 시 주의사항에 대해 소비자에게 모두 설명할 필요는 없다.
④ 사용기한 또는 개봉 후 사용기간을 소비자에게 설명한다.
⑤ 혼합 또는 소분에 사용되는 내용물의 주의사항에 대해 소비자에게 설명한다.

✓ ③ 원료 사용 시 주의사항에 대해 소비자에게 설명해야 한다.

15 책임판매업자 및 맞춤형화장품 조제관리사가 매년 받아야 하는 교육은?

① 고객응대 서비스
② 화장품 보수교육
③ 화장품 조제교육
④ 화장품 안정성 교육
⑤ 화장품의 안전성 확보 및 품질관리에 관한 교육

✓ 책임판매자 및 맞춤형화장품 조제관리사는 화장품의 안전성 확보 및 품질관리에 관한 교육이다.

16 책임판매업자 및 맞춤형화장품 조제관리사가 매년 받아야 하는 교육 시간은?

① 3시간 이상 ~ 7시간 이하
② 4시간 이상 ~ 7시간 이하
③ 4시간 이상 ~ 7시간 이하
④ 4시간 이상 ~ 8시간 이하
⑤ 4시간 이상 ~ 9시간 이하

✓ 4시간 이상 ~ 8시간 이하이다.

정답 11. ① 12. ① 13. ① 14. ③ 15. ⑤ 16. ④

17 맞춤형화장품의 안전성에 대한 사항으로 틀린 것은?

① 사용방법에 따라 피부흡수 경구섭취, 흡입독성 등에 따른 전신독성에 안전성을 유지해야 한다.
② 영유아용 제품류 만 3세 이하와 어린이용 제품 만 13세 이하임을 특정해서 표시 · 광고하려는 화장품에 보존제 함량은 필수로 기재해야 한다.
③ 빛에 의한 광자극에 따른 광감작, 머리에 적용되는 제품들의 안점막 자극이 없어야 한다.
④ 화장품에 사용하는 향료 성분 중 알레르기 유발물질은 반드시 표기해야 한다.
⑤ 착향제의 구성성분 중 약간의 알레르기 유발 성분은 표기하지 않아도 된다.

✓ 착향제의 구성성분 중 알레르기 유발 성분은 반드시 표기해야 한다.

18 일반적인 안정성 평가 시험법으로 틀린 것은?

① 온도안정성시험   ② 광안정성시험
③ 기능성 확인 시험   ④ 용량의 변화 시험
⑤ 에어로졸 제품의 안정성시험

✓ ①②③⑤와 특수 · 가혹보존 시험, 산패에 대한 안정성 시험, 미생물 오염에 대한 안정성시험이다.

19 에어로졸 제품의 안정성시험에서 확인할 항목으로 옳은 것은?

① 내용량   ② 거품의 질 변화
③ 캔 사용법   ④ 사용기한
⑤ 개봉 후 사용기간

✓ 에어로졸 제품의 안정성시험에서 확인할 항목은 노즐 막힘, 거품의 질 변화, 캔 부식이다.

20 특수 · 가혹보존 시험 사항에 대한 설명이 아닌 것은?

① 진동법-트럭이나 선반 등 운송 과정 중의 진동으로 인한 영향을 예측하는 방법

② 낙하법-사용 시 잘못하여 떨어뜨렸을 때의 영향을 예측하는 방법
③ 하중법-립스틱, 펜슬, 스틱타입, 화장품의 부러짐 강도를 예측하는 방법
④ 마찰법-사용 시 상황을 재현하여 품질 열화를 예측하는 방법
⑤ 원심분리법-용액 안에 존재하는 크고 작은 알갱이를 회전에 의하여 생겨나는 원심력을 이용하여 분리해 내는 방법

✓ • 마찰법 – 네일 에나멜류의 내구성을 예측하는 방법
• 사용시험 – 사용 시 상황을 재현하여 품질 열화를 예측하는 방법

21 맞춤형화장품 판매업 변경신고 처리기간은?

① 3일   ② 5일   ③ 7일
④ 10일   ⑤ 15일

✓ 맞춤형화장품 판매업 변경신고 처리기간은 10일이다.

22 맞춤형화장품 조제관리사의 변경신고 처리기간은?

① 3일   ② 5일   ③ 7일
④ 10일   ⑤ 15일

✓ 맞춤형화장품 조제관리사의 변경신고 처리기간은 7일이다.

23 맞춤형화장품 판매업자의 신고를 위해 필요한 서류가 아닌 것은?

① 맞춤형화장품 판매업자 신고서
② 맞춤형화장품 조제관리사 자격증
③ 소비자 피해보상을 위한 보험계약서 사본
④ 맞춤형화장품 조제관리사의 전공학위를 증빙하는 서류
⑤ 맞춤형화장품의 혼합 또는 소분에 사용되는 내용물 및 원료를 제공하는 화장품 책임판매업자와 체결한 계약서 사본

✓ 맞춤형화장품 조제관리사의 전공학위를 증빙하는 서류는 필요하지 않다.

정답   17. ⑤   18. ④   19. ②   20. ④   21. ④   22. ③   23. ④

【 단답형 】

01 다음 <보기>에서 적합한 용어를 작성하시오.

> 맞춤형화장품 판매업 변경신고 처리기간은
> (   )이다.

답) _____

02 다음 <보기>에서 적합한 용어를 작성하시오.

> 맞춤형화장품 조제관리사의 변경신고 처리
> 기간 (   )이다.

답) _____

03 다음 <보기>에서 적합한 용어를 작성하시오.

> (㉠)란 맞춤형화장품의 혼합 또는 소분에
> 사용되는 내용물 및 원료의 제조번호와 혼합,
> 소분 기록을 포함하여 맞춤형화장품판매업자
> 가 부여한 번호를 말한다.

답) _____

04 다음 <보기>에서 적합한 용어를 작성하시오.

> 맞춤형화장품과 관련하여 안전성 정보에
> 대하여 신속히 (㉠)에게 보고한다.

답) _____

05 맞춤형화장품 업종신설에 관한 내용이다. 다음 <보기>에 적합한 용어를 작성하시오.

> 맞춤형화장품 판매업을 (㉠)으로 신설하여
> 맞춤형화장품 판매업을 하려는 자는 (㉡)에게
> 신고해야 한다.

답) _____

06 맞춤형화장품 판매업자 변경신고에 관한 내용으로서 다음 <보기>에 적합한 용어를 작성하시오.

> 맞춤형화장품 판매업자는 변경사유가 발생
> 한 날부터 (㉠)일 이내에 맞춤형화장품 판매
> 업 (㉡)과 변경신고서를 첨부하여야 하며, 행
> 정구역 개편에 따른 소재지 변경의 경우 (㉢)
> 일 이내에 제출해야 한다.

답) _____

07 맞춤형화장품 판매업자(영업자)의 의무에 관한 내용으로서 다음 <보기>에 적합한 용어를 작성하시오.

> • 맞춤형화장품 판매업자는 맞춤형화장품 판
>   매장 시설·기구의 관리방법, 혼합·소분 (㉠)
>   의 준수의무, 혼합·소분되는 내용물 및 원료
>   에 대한 (㉡) 등에 관해 총리령으로 정하는
>   사항을 준수해야 한다.
> • 보건위해상 위해가 없도록 맞춤형화장품 혼
>   합·소분에 필요한 장소, 시설 및 기구 상태는
>   (㉢)으로 점검해야 하며, 작업에 지장이 없도
>   록 (㉣) 위생적으로 관리·유지해야 한다.

답) _____

정답   01. 10일   02. 7일   03. 식별번호   04. 책임판매업자   05. ㉠ 신고업, ㉡ 지방식약청장   06. ㉠ 30, ㉡ 신고필증, ㉢ 90
07. ㉠ 안전관리기준, ㉡ 설명의무, ㉢ 정기적, ㉣ 위생적

Chapter 2. 피부 및 모발 생리구조

Section 01 피부의 생리구조

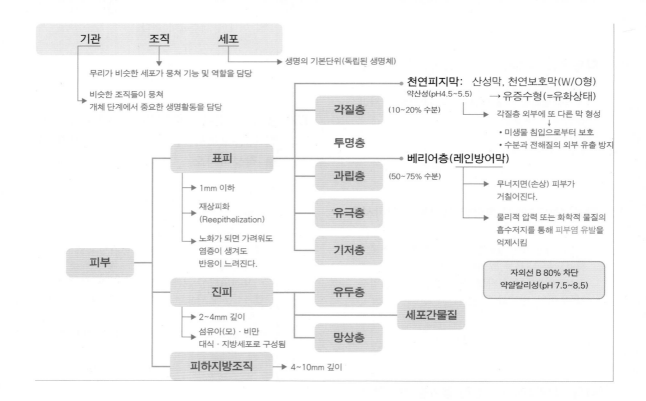

1 피부의 조직 및 기능

• 피부는 표피, 진피, 피하지방조직 등 3층으로 대별되며 표피 및 진피층 구조를 갖는 각각의 세포는 독특한 기능과 특징이 있다.

• 피부는 50~70%가 수분(표피 내 과립층 이하의 수분율)으로 구성된다. 또한 표피표면의 피지(Sebum)는 피부보호막을 형성하며, 피부 내 수분을 가두는 역할을 한다.

1) 두개피부 기관

• 가장 적은 소단위인 세포 → 조직 → 기관 → 계통 → 개체를 통해 인체를 구성한다.

• 피부는 흡수보다 배설기능이 더 강하여 기초화장품은 기저층까지 흡수되지 않는다.

- 리포좀(인지질과 유사한 구조), 세라마이드와 유사한 성분은 흡수가 잘된다.

(1) 표피조직의 특징

- 표피는 얇은 피부로서 4개의 층 구조를 갖는다.
- 두꺼운 피부(5개의 층 구조): 0.8~1.4mm, 얇은 피부: 0.1~2mm 두께(1mm 이하 깊이)를 유지

- 표피는 세포로만 구성됨으로서 관리기법 시 출혈이나 통증이 없다.

- 기저막 경계의 진피 유두층 내 모세혈관(확산작용)에 의해 영양을 공급받아 재상피화로서 유사분열을 갖는다.

- 세포각화과정(Keratinization)이 형성되는 피부조직의 기저층은 배아층(Stem cell)으로서 유사분열을 통해 2개의 생리현상을 갖는다.

- 2개의 생리현상으로 생명유지와 증식[1], 피부외모개선(피부결, 피부색상, 보습력)[2]

- 레인방어막(Reinmembrance, Barrier zone) 즉, 수분증발저지막으로서 투명층 아래 위치하며, 외부로부터 이물질 침입을 막고 물리적 압력과 화학적 물질의 흡수저지를 통해 피부염 유발을 억제한다.

레인방어막의 역할 - 레인방어막의 손상 시		
· 피부가 거칠어진다.	· 피부병	· 피부건조

중층상피세포층

여러 세포층으로 구성, 인체 가장 바깥에 존재하는 상피세포로서 혈관, 신경이 분포되어 있지 않다. 진피 유두 속에 있는 혈관과 물질교환은 확산에 의해 이루어진다.

① 기저층(Basal Layer)

- 발아 · 배아 · 재생층이라고도 부르며, 각질형성세포(피부줄기세포, Keratinocyte)라고도 한다.
- 단층의 원추형 또는 입방형 세포로 구성 표피부속기관이 존재한다.

표피부속기관	특징
각질형성세포 (Keratinocyte)	· 발생학적으로 표피가 하향 발육하여 발생함으로서 외배엽 조직을 갖는다. · 재생피화의 역할을 담당함으로 상처치유가 빠르다. · 중층편평상피로서 두피는 얇은 피부에 속한다.
색소형성세포 (Melanocyte)	· 기저층 세포의 1/4~1/10, 전체 피부의 5% 차지 · 피부색을 결정하고 자외선으로부터 인체를 보호함 · 모든 인종에서 표피에 있는 색소형성세포의 수는 거의 차이가 없으나 색소를 생산하는 활성도에는 차이가 있음 · 모발색을 결정한다. · 색소형성세포의 수, 크기, 멜라닌화의 정도, 각질형성세포의 세포질 내에서의 멜라닌 색소(유 · 페오)분포 및 분해에 의해 결정됨

랑게르한스세포 (Langerhans Cell)	· 항원제시세포로서 피부의 면역학적 반응과 알레르기 반응에 관계하는 유극층인 랑게르한스 세 포 항원이 피부 내 침투 시 림프구(면역담당세포)로 전달하는 역할 · 표피의 2~8%를 차지하며, 골수에서 기원한 세포임 · 림프가 흐르는 유극 · 기저층에 걸쳐 존재함 · 알레르기(두드러기)감각과 비만세포에게 신호를 보내는 역할 · 항원전달세포로서 항원(Antigen)을 제시받으면 T-림프구를 활성화시켜 피부 내에서 국소적 면 역 반응을 일으킴 · 항원전달세포 표면에 MHC-II를 가지면서 외부의 다른 단백항원, 바이러스항원, 종양항원을 T- 림프구에 전달하는 중요세포임
인지세포 (Merkel Cell)	· 기저층 아래 진피 유두층에 위치하는 촉각수용체(Nerve receptor)이다. · 신경수용기가 있는 세포로서 신경섬유의 말단과 연결되어 신경자극을 뇌에 전달한다. · 피부에 분포하는 신경말단과 시냅스와 접촉시킨다. · 피부 및 점막 내에서 물체에 대한 접촉을 느낀다. · 피부감각의 기계적 수용기능을 한다.

⇒ 세포각화과정의 시발세포로서 유사분열을 통해 생리현상(피부결, 피부보습, 피부안색)을 갖는다.

② 유극층(Spinoa layer, Prickle layer)

- 유핵층, 가시층, 극세포층으로서 유극세포와 세포사이에 진피에서 기저층을 통하여 들어온 림프액이 순환한다.

- 림프액 순환에 의해 대식세포가 활성산소(Free Radical)를 원료로 활성화하여 외부로부터의 이물질과 독소를 제거한다.

- 인체에 쌓여 있는 노폐물과 독소를 운반하는 면역작용 역할로서 피부의 피로와 회복을 담당한다.

- 5~10층으로 구성된 가시세포돌기가 교소체로 연결되어 피부 면역학적 반응과 알레르기 반응에 관련된 표피세포이다.

- 랑게르한스세포가 존재하며, 면역학적 반응과 알레르기 반응에 기여한다.

- 항원침투 시 즉시 림프구(T · B-Cell)로 전달하는 역할을 한다.

③ 과립층(Stratum gradulosum)

- 각질화 과정이 실제로 시작되는 층으로서 3~5층의 무핵편평 또는 방추형의 다이아몬드형 세포구근이다.

- 라멜라 바디(Lamella body)안의 조직은 두 가지로 변형되어 각질층에 꼭 필요한 세포간지질[①]과 천연보습인자[②]를 내보낸다.

- 외부로부터 이물질과 물의 침투를 막아주는 방어막 역할과 동시에 피부 내부로부터 수분증발을 막아 피부가 건조해지는 것을 방지해 주는 기능

세포간지질[①]★			천연보습인자[②]★★	
주성분	농도(%)	결핍 시 증상	주성분	농도(%)
세라마이드	41.1	아토피 피부염	아미노산	40
콜레스테롤	26.9	노화피부	무기염	18.5
			젖산염	10
자유지방산	9.1	약산성 유지	피롤리돈 카복실산	12
			요소	7
비고				

· 라멜라바디
 - 층판소체에서 분비 / - 세포간지질을 만들어 내는 모체
· 세포간지질
 - 층판과립으로서 수분과 친수성 물질의 투과를 억제시킨다.

④ 각질층(Basal layer)

• 각질층 내 층상구조인 세라마이드 구조는 라멜라층으로서 몸을 보호하는 역할을 한다.

• 최상부의 각질 구조층으로서 두께 10μm, 10~20층의 무핵편평세포인 각질세포를 형성하며 피탈(Epilated)되는 부분이다.

• 각질층은 10~20% 수분을 함유하며 피부수분 보유와 피부장벽역할을 한다.

• 각질은 세라마이드(땀과 피지) 구조로서 외부로부터 피부를 보호하기 위해 수분(천연보습인자)을 유지시키기 위해 장벽역할을 한다.

피부장벽 손상 시	증상
· 표피의 각질층 손상 · 세균, 바이러스균의 방어층 무너짐은 가려움과 각화를 동반 고통호소 · 습진의 가장 큰 원인	· 건조피부 / · 인설, 각질(과각화증 발생) · 예민, 트러블 피부 · 색소침착, 기미악화

접촉성피부염 —강화→ 아토피 피부염 —연계→ 건선 등 다양한 피부질환 —방치→ 만성피부염

표피의 각화과정(Keratinization)

• 신체로부터 체액이 빠져나가는 것을 막고 병균 및 유해물질이 침투하는 것을 막는 장벽으로서의 역할을 한다.

• 기저세포의 각화현상은 각질세포로 바뀌어 세포의 핵이 없어지는 각편현상이다.

- 기저세포층에서 과립세포층까지 중심에 핵을 가지고 있지만 각질세포가 되면 무핵으로 변함
- 피부 표면에서의 각화과정(노화된 섬유성 단백질 세포로서의) 마지막 단계(각질세포)로서 피탈을 유도함

• 28일 주기로 새로운 상피세포는 생성된다.

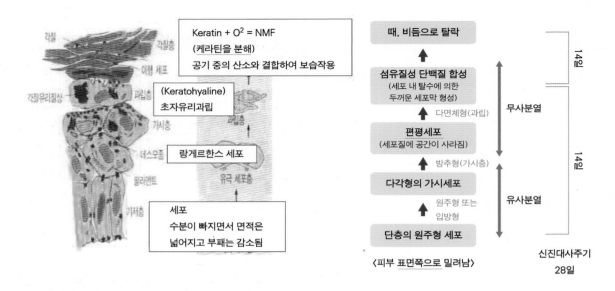

- 스캘프 케어 시 약 56~84일(2~3개월)에 재생된 피부의 효과가 나타난다.
- 각질층에서 각질이 오래 머물수록(50~90일까지 지속) 딱딱해지고, 모공을 막아 여드름, 기미, 노화를 유발한다.
- 즉 과각화로서 죽은 세포가 떨어져 나가지 않고 표피에 달라붙어 있다. 보통 30대 이상부터 재생주기가 점차 느려지며, 과각화의 증상으로서 피부 거칠어짐과 칙칙함을 느낀다.
- 각질층에서 각질이 조기 박리(이상각화증)가 일어날수록 예민해지고, 아토피를 유발한다. 즉 각질 부서짐은 노화를 촉진한다. 즉 표피활동이 너무 빨라져서 천연피지막이 제 기능을 못한다.

피지막과 천연보습인자

피지막	천연보습인자(NMF)	산성막
· 피지선에서 나온 피지와 한선에서 나온 땀으로 이루어짐 · 세균살균효과, 유중수형(W/O), 수분증발을 막아 수분조절 역할을 함	· 각질층에 존재함 · 수분보유량을 조절함 · 성분: 아미노산(40%), 피롤리돈카본산(12%), 젖산염(12%), 염소(7%), 나트륨(5%), 칼륨(4%), 암모니아(15%), 마그네슘(1%), 인산염(0.5%), 기타(9%)로 구성됨	· 박테리아(세균)로부터 피부를 보호함 · 피부산성도 측정 시 pH(수소이온농도)를 사용, 피부의 산성도는 pH 5.2~5.8, 모발은 pH 3.8~4.2로 구성됨

(2) 진피조직의 특징

표피와 피부의 부속기관들의 성장과 분열을 조절하고 안내하는 진피는 탄력·교원·세망섬유와 세포 간물질을 연결하는 조직으로 구성된다. 그 외 섬유아(모)세포, 비만세포, 대식세포, 랑게르한스와 그란스테인세포 등을 갖고 있다.

- 피부 내 진피는 90% 이상, 표피층 두께의 20~40배(2~4mm 깊이와 약 0.5~4mm)로서 결체 조직섬유와 기질세포로 구성되어 있다.
- 표피에 비해 세포의 종류가 적고 주로 교원질(콜라겐) 약 70%, 탄력섬유(엘라스틴) 약 2% 정도의 단백질 섬유로 구성된 결체조직과 그 사이를 채우고 있는 히아루론산(Hyaluronic acid) 등과 같은 무코다당류로 구성된 기질로 이루어져 있다.

- 이 외 모근부 및 피지선, 모세혈관, 림프관, 근육, 신경 등을 포함하면 피부탄력과 유연에 관여하는 유두층과 망상층으로 조직된다.

① 유두층(Papillary layer)

- 유두층의 맨 뒤쪽은 이랑과 유두모양의 돌기들의 형태를 갖는다. 기능은 상처를 회복하고 피부결을 만든다.

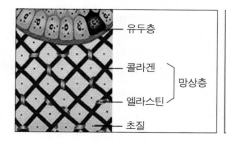

유두진피층

- 혈관유두와 신경유두 분포
  - 표피의 영양공급
  - 체온조절 제공
- 촉각, 통각
- 수분 다량 함유

② 망상층(Reticular layer)

- 피부와 진피의 주요 몸체로서 유두층 바로 아래 형성되어 있다.

- 성긴결합조직으로서 기저막(Basalmen brance) 아래 위치하며, 세포의 바탕질로 불리우며, 젤과 같은 무형질이 콜라겐과 엘라스틴 섬유를 감싸고 있다.

- 충격의 완충 역할 및 고정시키는 역할을 수행함

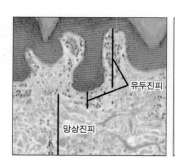

망상진피층

- 그물모양의 불규칙한 연결조직(콜라겐과 엘라스틴)이다.
- 피부를 탄력 있고 탄탄하게 만들어주는 기능(압각, 냉각, 온각)
- 표피보다 15~40배 두껍다. 결합조직(아교섬유다발)으로 서로 엉켜 배열
- 진피는 세 종류의 섬유(교원, 탄력, 세망)성 구조물로서 대부분의 결합조직은 이들 중 1가지 이상 조직이 결합되어 있다.

진피의 구성물질

① 세포간물질

- 반액체로서 모양이 없는 물질이 모든 세포와 섬유 사이에 존재

- 무코다당류 특히 히아루론산, 혈액단백질, 효소 등의 복합체로서 피부압박에 대한 저항력을 준다.

② 진피섬유세포

교원섬유 (Collagen Fiber)	· 자외선으로부터 진피를 보호하고 피부의 주름을 예방하는 수분 보유원 역할을 한다. - 콜라겐은 진피성분의 90% 차지하는 단백질 - 섬유아세포로부터 생성되고 재생 - 진피의 인장정도 - 물리적 화학적 반응에 대한 방어 작용

탄력섬유 (Elastic Fiber)	· 교원섬유의 **빽빽한** 다발들 사이에 무질서하게 분포된 매우 섬세한 조직망을 갖는다. · 피부의 탄력을 결정짓는 요소의 역할을 한다. · 약 1.5배 정도 늘어남

세망세포
(Raticular Tissue)
	· 기질물질로서 교원섬유와 탄력섬유의 사이를 채우고 있다.
	  - 진피의 0.1~0.2% 차지
	· 결체조직대사와 염분 수분의 균형에 관여
	· 두께가 다양한 매우 가는 섬유다발로서 한선주위와 모낭의 연결 덮개 주위 특히, 유두
	  층에 가장 많이 분포되어 있으며 가지를 뻗어 조직망을 형성한다.
	· 콜라겐으로 구성되어 있으며, 면역기전의 일부를 담당
	· 생체 내에 있는 수백 가지의 단백질 중 가장 많다(전체 진피층의 1/4 정도).

(3) 피하지방조직

- 피부조직의 최하층으로 진피와 엄밀한 경계선이 없는 피하조직은 몸을 위한 필수적인 기능으로서 인체 깊숙이 침입하려는 세균을 막는 최종 방어막을 형성한다.

- 물리적인 외상에 대한 중요 방어체 또는 외부충격에 대한 골격을 보호한다.

- 혈관과 신경들은 피부에 공급하는 표피가지들을 형성하기 위해 지방조직을 통과하며, 피하조직은 한선과 통증수용체의 일부를 지지한다.

② 피부의 기능

피부는 흡수보다 배설기능이 더 강하다.

구분	피부의 구성성분(%)	모발의 구성성분(%)
수분	· 표피각질층 10~20%	· 모표피 10~15%
	· 표피과립층 50~75%	
단백질	· 25.2%	· 모피질 80~85%
지방	· 2%	· 지방 1~9%
미량원소	· 0.5%	· 미량원소 0.6%
기타	· 2%	· 멜라닌 색소 3%

① 보호작용

물리·화학적 자극에 대한 보호작용, 광선에 대한 보호작용, 내인성 보호작용 등의 기능을 한다.

② 흡수기능

- 지성피부는 흡수기전이 좋지 않다. CO를 제외한 모든 기체는 1cm당 약 110개 정도의 한선과 피지선을 통해 쉽게 몸 안으로 침투한다. 인지질과 유사한 성분 또는 나노단위의 작은 입자, 저분자 등의 물질이 흡수가 잘된다.

- 경피흡수경로(땀구멍, 모공, 표피의 각질층)와 유기물질(Vt D, A, E, K, 황, 페놀, 살리실리산 등)은 흡수되기 쉬우나 수용성 물질(Vt B, B3, B6, 염화물질 등)은 흡수가 잘 되지 않는다.

③ 호흡기능

인체 호흡 시 산소의 99%는 폐로 호흡하며, 1~3%는 피부호흡을 한다.

④ 폐순환

폐포를 싸고 있는 모세관에서 폐포를 돌면 모세관 내 세포의 박막을 통해 O_2와 CO_2를 교환한다.

⑤ 분비배설기능

- 인체 무게의 약 60%는 액와림프절, 서혜림프절, 경(목)림프절, 턱밑 림프절 등 이하 림프계로 구성되어 있다. 림프드레나쥐 또는 경락 시 몸 쪽에서 독소제거(림프순환)한다.
- 한선이나 피지선을 통해 수분이나 기름 외에도 대사산물의 일부를 몸 밖으로 배출한다.

- **림프드레나쥐**: 림프의 흐름을 잡아주고 혈액순환을 촉진하여 밝은 안색과 면역성을 높여주는 작업

⑥ 체온 유지기능

- 몸의 안팎 기온 변화에 일정한 체온을 유지하는 곳은 혈관과 피하조직, 피부가 중요한 역할을 한다.
- 우리 몸은 36.5~37℃로 유지하려는 항상성을 갖고 이를 유지하기 위해 한선, 입모근, 저장지방, 혈관의 역할이 일정하게 이루어져야 한다.
- 겨울의 찬 기운은 혈액이 진피에 흐르는 것을 방해한다. 그러므로 더 많은 수분증발 현상이 나타난다.

⑦ 감각전달기능(감각 수용기)

- 감각기관을 외부의 자극을 즉각 뇌에 전달하며 촉각, 압각, 통각, 온각, 냉각 소양감을 받아들이는 장치가 있어 감각수용기록서의 역할을 수행한다.
- 감각수용체(말단기관)는 표피 바로 아래 있으며, 지각은 감각신경섬유들을 통해 뇌로 전달된다.

⑧ 저장작용기능

- 고유(치밀)결합조직 중 특수결합조직인 지방조직, 그물조직, 액체결합조직인 혈액과 림프조직으로 구성되어 있다.

③ 피부의 부속기관

진피 내에 존재하는 기관으로서 모피지선 단위(Pilosebaceus unit, PUS)와 한선 단위(Sweet gland)로 구성된다.

1) 각질부속기관

(1) 모낭(Hair follicles)

- 모낭의 개체는 모태 내에서 이미 결정되며, 출생 후 모낭은 재 발아되지 않는다. 모유두가 파괴되면 모낭 또한 재생되지 않는다.
- 상피근초와 진피근초로 구성된 모낭은 성별이나 인종에 관계없이 모낭의 숫자는 기본적으로 존재한다.

(2) 조갑(손·발톱)

① 손·발톱의 구조

- 일반적으로 손톱은 조상으로부터 7~12%의 수분을 공급받고 있다. 또한 주성분인 시스틴을 11%, 칼슘이 0.1%, 지질 0.2~0.8% 정도의 경케라틴으로 구성되어 있다.
- 조갑은 조모에서 형성되며 연령, 성별 등에 따른 차이는 있으나 하루에 약 0.1mm씩 자란다.
- 조갑의 주기는 5~6개월 정도이다.

2) 분비부속기관

(1) 피지

- 신경계통의 통제는 받지 않으나 자율신경계의 영향을 받는다. 또한 성호르몬인 남성호르몬, 황체호르몬 등의 영향을 받으며 식생활, 계절, 연령, 환경, 온도 등에도 영향을 받는다.
- 포유류 손, 발바닥을 제외한 전신에서 볼 수 있으며 그 구조와 기능이 다양한 피지선은 두개 피부와 얼굴에 400~900개/1cm^2 정도로 털의 분포와 관련된다.
- 피지선에서 분비된 피지는 모누두상부와 연결되어 있으며 피부를 윤택하게 하고 외부로부터 수분증발을 막으며 세균, 진균, 바이러스 등의 감염으로부터 피부를 보호한다.
- 피부 표면의 피지막(pH 4.5~5.5)은 땀과 피지가 섞인 상태로서 1일 1~2g 분비하며 살균, 소독, 보습, 중화, 윤기, Vt D 등에 관여한다.
- 피지선을 통해 분비되는 피지는 비중이 0.91~0.93으로 적게 분비되는 곳의 피지막의 두께는 0.05㎛ 이하이고, 많이 분비되는 곳의 피지막의 두께는 4㎛ 이상이다.

3) 한선

- 발한은 콜린성 교감신경에 의해 조절된다. 교감신경은 뇌의 중앙에 의해 조절되며, 시상하부에 있는열 조절 센터의 영향이 가장 중요하다.

- 피부 밑 조직 또는 진피 깊은 곳에 있는 곡관상선으로써 분비관의 배출구인 한선공(땀구멍)은 피부표면의 표피 이랑에 위치하며 땀 분비, 체온조절 기능을 한다.

- 단위 면적당 땀샘 수는 손바닥(400μm/1cm^3), 발바닥(270μm/cm^2), 팔·몸통(175개/cm^2), 다리(130개/1cm^2) 등 부위마다 차이가 많다.

- 땀 부위는 피부 전신에서 동시에 일어나지 않는다. 경우에 따라서는 다른 분비 양상을 보인다.

소한선(Eccrine gland, Sweet gland)	대한선(Apocrine gland)
· 입술, 생식기를 제외 몸 전체에 분포, 손·발바닥 이마 부위에 풍부하게 존재하며 냄새가 거의 없다. · 모공과 분리된 독립적인 땀 분비선 · 99% 수분, Na, Cl, K, I, Ca, P, Fe 등으로 성분구성 · 혈액과 더불어 신체체온조절 기관임 · 운동 시나 온도에 민감하다.	· 분비 전- 무색, 무취, 무균상태이다. · 분비 후- 암모니아, 유색으로 변한다. · 모낭에 부착된 작은 나선형 구조를 갖는다. · 항문주의, 겨드랑이, 생식기 주위, 유두주위에 분포한다. · 감정이 변화될 때, 작용이 활발하다.
· 표피에 직접 땀을 분비하여 주로 열에 의해 분비됨 · 진피하부나 피하지방 경계부위에 위치 2~3백만 개의 땀샘이 존재한다.	· 땀냄새를 일으키는 물질은 2-메틸페놀(2-Methylphenol), 4-메틸페놀(4-Methylphenol) 등으로 알려져 있다.

 알아두기!

☑ 땀과 피지의 구성성분

땀의 구성성분	피지의 구성성분
· 수분(99%), 소금, 요소, 암모니아, 아미노산, 단백질, 젖산, 크레아틴	· 트라이글리세라이드(41%), 지방산(16.4%), 콜레스테롤 에스테르(2.1%), 스쿠알렌(12%), 왁스 에스테르(25%), 콜레스테롤(1.4%), 다이글리세라이드(2.2%) · 지방산은 트라이글리세라이드가 가수분해 되어 생성된 것으로 C_{14}, C_{16}, C_{18} 지방산이 약 95%를 차지한다.

☑ 피부상태에 따른 분석방법

구분	방법	기기
피부탄력	· 피부에 음압을 가했다가 원래상태로 회복되는 정도를 측정	· Cutometer
피지분비조절	· 피부단위 면적당 피지의 양 측정	· Sebumeter
피부보습	· 눈두덩이, 안면, 볼 등에 피부의 붓기 상태를 측정	· 수분측정기
피부혈행	· 피부색 측정	· 색채계

포유류 특유의 부속기관으로 단단하게 밀착된 각화세포로 이루어진 고형의 원추세포로서 털이 난 부위에 따라 두발, 수염, 액와모, 음모·체모 등으로 구분된다.

① 모낭의 발생

전모아기	모아기	모항기	모구성모항기	모낭
배아세포의 세포분열 (진피 내 침투)이 이루어짐	중간층 세포의 배아층 내로 침투	모구형성단계, 입모근 형성초기 단계임	모유두(간엽성세포) 피지선 자리가 형성	모낭하부, 협부, 모누두부가 형성

(1) 모낭 굵기에 따른 모발의 분류

태생기	취모	중간모

· 9~12주 눈썹 처음 형성
· 16주(4개월경) 두발 형성
· 20~24주(5~6개월)
  - 전신 모낭형성 완료
  - 이 시기 이후, 더 이상 모낭이 형성되지 않음
	· 태아시기에 형성
	· 굵기 약 0.02mm
	· 모표피 미완성
	· 임신 8개월 차에 연모화
	· 생후 5~6개월쯤 중간모 형태의 경모
		· 생후 5~6개월쯤 중간모 형태의 경모

경모	연모	세모
· 0.15~0.2mm 정도 · 호르몬의 영향 · 단단한 단백질 결합 · 30대 이후 점차적인 연모화 · 사춘기 이후 2번의 모주기가 되풀이됨	· 0.08mm 이하 · 탈모진행형 모발 · 모수질 미존재 · 연갈색의 색상 · 사춘기 이전의 모발	· 연모에서의 경모화된 이후의 모발 · 경모로서 모낭 축소화

(2) 모낭형태에 따른 모발의 분류

구분	특징	비고
직모 (Straight hair)	· 모모세포간의 동일한 세포분열 · 원형의 모발단면 · 인종 및 발생부위에 따른 차이	
축모 (Kinky hair, Excessively curly hair)	· 유전적요인(상염색체 우성) · 흑인종/ 타원형의 모발형태 · 모발 굵기에 따른 확연한 형태 차이	

파상모 (Wavy, Curly hair)	· 유전적 요인 · 직모와 축모의 중간형태 · 준타원형의 모발단계 · 영구적 변형단계	

(3) 모낭의 구조

모낭의 모근부는 해부학적으로 기모근이 부착된 부위와 피지선 관이 있는 입구를 경계로 크게 모누두상부, 협부, 모낭하부로 나뉜다.

① 모누두상부(제3의 영역) - 모공

- 각질층에서 피지선 위까지 습기 있는 환경영역이다.

- 두개피부 표면으로 뚫고 나가는 제3의 영역으로서 영구적 모발이 형성된다.

② 협부(제2의 영역)

- 피지선 아래에서 입모근 위까지의 영역이다.

- 각화대(Keratogenous zone) 안에서 위로 계속 연장(Elongation)되면서 움직일 때 탈수 (Dehydration)가 시작된다.

- 제2의 영역 성숙모(Mature hair) 구조는 시스틴 결합의 배열을 통해 모발구조가 안정적으로 형성된다.

③ 모낭하부(제1의 영역)

영역	특징	기능
· 기모근 아래에서 모구부 아래까지의 영역 · 생물학적 단백질합성과정 구역으로서 · 모발성장의 1차적 구역임 · 강력한 물질대사 활동에 의해 특성화됨 · 세포분열(모세포 및 모발색소생성)과 분화구역으로 유전자 발현과 연관됨	· 태생 9~12주 생성 · 결합조직성+상피성으로 구성 *결합조직성 - 간엽세포로 구성, 모유두와 연결, 모기질(모모)세포+모구+모유두+모세혈관 *상피성 - 외모근초+내모근초	· 모발을 보호함 · 모발섬유를 생성함

(4) 모구부(Hair bulb)

- 모근의 아랫부분으로 모유두와 모모세포로 이루어져 있어 모발섬유를 생성한다.

- 모기질 상피세포(모모세포)는 모세포(딸세포)를 생산하는 태반인 기저층(Basal layers)이다.

- 모구의 기저에 있는 색소형성세포(Melanocyte)는 멜라닌 색소를 생산한다.

구분	모유두(Hair papilla)	모모세포(Germinal martix cell, GMC)
영역	· 모유두는 모낭성장에 중요한 역할을 한다. · 모발의 성장주기뿐 아니라 모낭자체의 발생을 통제하는 역할 · 모세혈관이 거미줄처럼 망을 형성하고 있으며, 아미노산, 비타민, 미네랄 등의 영양소와 단백질 합성효소, 산소가 공급되고 있다.	· 모아의 모체층인 모유두로부터 영양을 공급받아 모모세포는 모세포(Hair Cell)를 생성한다. · 이는 모낭을 따라 위로 올라간다. · 가늘고 긴 수직의 상태에서 출발하여 모낭 위쪽 부위에서 세포들은 더 커지고 색소를 획득하여 단백질을 합성하고 위로 위로 향하여 밀려나간다.
특징	· 모근의 최하층에 존재한다. · 모주기에 따른 위치변화를 갖는다. · 모세혈관+자율신경이 존재한다.	· Kerationcyte + Melanocyte가 존재한다. · PM10~AM02에 성장호르몬에 의해 성장한다. · 왕성한 세포분열(골수세포 다음)을 한다. · 모발생성 최종단계이다. · 원형의 세포로 구성된다.
기능	· 영양분을 흡수한다. · 모발 생성의 신호를 전달한다. · 모질 및 굵기를 결정한다.	· 손상피부의 복구에 관여한다. · 모발색소를 결정한다.

(5) 모발의 성장주기

성장기, 퇴행기, 휴지기라는 모낭변이에 따른 모주기(Hair cycle)를 갖는다. 이는 형태가 다른 모발에서의 성장 및 휴지기간에 따라 비율 역시 각기 달리한다.

① 성장기(Anagen stage)

전체 두발의 80~90% 차지하는 성장기는 평균 3~8년간 성장하며, 남녀 평균 남성 3~5년, 여성 4~6년 정도, 한 달 평균 1~1.5cm 정도 자란다. 모발의 성장조절은 모발자체의 성장주기를 갖고 성장기 시 발모된 모발에는 상피낭이 감싸고 있다.

내용	특징	성장속도 및 길이
· 모간의 모표피성 층이 되는 내모근초의 세포조직 분화 증식에 의해 모기질 상피세포가 발생된다. · 성장기모는 두껍고 굵은 줄기인 성숙모(Manture hair)를 이루고 선명한 수직 형태를 나타낸다.	· 왕성한 세포분열(모유두 접촉)을 한다. · 한 달에 평균 1~1.5cm 성장 · 모세포 증식에 따른 멜라노프로테인 생성 · 진피층 하부 및 피하지방 상층에 존재한다. · 호르몬, 연령, 건강상태, 성별 등에 따른 차이를 갖는다. · 신체의 털은 두발보다 더 느리게 성장하나 두상 내에서도 경모의 성장은 부위별로 달리 나타난다.	· 0.2~0.4mm/1day(1일 전체 모발 성장길이: 0.4×10만본 = 40μm) · 성장기동안의 모발성장길이 · 1일 성장길이 × 5년(365×5) = 5년 동안의 성장길이 · $0.4 \times (365 \times 5) = 730mm = 73cm$ (성장기 모발길이) · 성장속도변화요인 · 건강상태, 호르몬, 식생활, 계절, 나이, 성별, 신체부위 등

② 퇴화기(Catagen stage)

성장기가 끝나고 모발의 형태를 유지하면서 휴지기로 넘어가는 중간시기이다. 모기질 상피세포분열이 저조해져 서서히 성장하지만 더 이상 모발 케라틴을 합성하지 않는 단계이다.

내용	특징	성장속도 및 기간
· 혈관은 모낭에서 모유두는 멀어지며 휴지기 후 성장기 시 재생(활동)된다. · 신경은 위축되거나 활동은 계속된다. 왜냐하면 외부자극, 통증, 열에 대한 최초의 감시관 역할을 하기 때문이다.	· 성장기가 끝나고 모발의 형태를 유지하면서 휴지기로 넘어가는 전환단계로서 모낭하부는 수축, 모유두와 분리된다. · 모발은 모낭에 둘러싸여 기모근 경계(Top of the bulb, Keratinization)에 머문다. · 모구하부는 세포고사 상태로서 유리층이 매우 두껍게 나타낸다.	· 퇴행이행기간은 전체두발의 1% 정도이며 약 30~40일 정도 기간을 갖는다.

③ 휴지기(Telogen stage)

모유두의 활동이 일시 정지됨으로써 모기질 상피세포 분열의 정지와 함께 성장이 멈춘다.

내용	특징	성장속도 및 기간
· 모구부의 수축과 동시에 곤봉모(Clubbed hair)가 위쪽으로 밀려 올라와 자연 탈모(Shedding)된다. · 휴지기 모발이나 곤봉화된 모발은 - 일반적으로 성장기 모발보다는 가는 줄기를 가지고 있기 때문에 쉽게 식별 가능하다. - 모근 근처는 투명하고 모수가 전혀 없으며 각화를 생산하는 영역으로서 각질성을 가지고 있다.	· 모유두와 분리된다. · 모구부 위치(진피층상부)는 기모근 기저에 있다. · 약한 자극(샴푸, 브러시 등)에도 쉽게 탈락한다. · 자연탈모 시 모근 형태(곤봉모형)는 상피낭이 없다. · 탈피된 모발은 상피낭(Epithelialsac)이 없는 곤봉화된 상태	· 휴지기는 3~4개월로서 전체 두발의 4~14%에 해당 · 분만 후에는 전체 두발의 30~40% 정도가 된다.

④ 탈모기(Exogen stage)

- 휴지기 상태에서 피탈이 유도되는 발모(Epilated)화 과정이다.

- 탈모기 후에는 새로운 성장기가 시작되며, 모유두는 하방으로 내려와 수년 동안 성장을 계속한다.

- 이러한 과정이 사람이 살아가는 동안 각각의 생명력으로 가진 모낭 하나하나에 모발의 주기(Hair cycle)는 10~15차례 반복된다.

2 모발의 형태

(1) 모발의 구조

모발섬유는 축을 따라 몇 개의 뚜렷한 구역으로 나뉜다. 크게는 2개의 영역인 모간과 모근으로 분류된다. 모근부(모근)에서는 단백질 생합성 과정 동안 모발 단백질은 교차결합 없이 생성된다.

(2) 모발의 종류

- 자궁 내(4~5개월)에 전신 발모된 체모는 두발(Scalp hair, Capilus), 눈썹, 속눈썹 등에 있는 털을 제외하고는 모든 모낭들에서 연모(솜털 0.05mm 이하)로 대체된다.

- 두발, 눈썹, 속눈썹의 취모는 출생 후 4개월 동안 거친 경모로 대체된다.

- 이후 10년간 체모가 갖는 패턴에는 전체적으로 변화가 없으나 모발직경이 증가한다.

- 모발섬유 직경은 15~110㎛ 또는 40~120㎛로서 다양하게 측정된다.

 알아두기!

☑ 미용적으로 의미 있는 모발
- Non-Vellus hair, 직경 40㎛ 이상, 길이 0.3cm 이상

(3) 모발의 미세구조

영구적 모발(Permanent hair)은 수분을 빼앗긴 모표피성과 모피질성, 이따금씩 있는 모수질부 세포로 구성되어있으나 이들 세포들은 흐트러지지 않게 묶는 천연적인 접착제로 포함한 세포복합막이 있다.

① 모표피(Cuticle)

모표피	특징	구성형태
· 인모로서 모표피는 일반적으로 5~10장 정도의 비늘 두께를 갖는다. · 모표피층은 모피질에 둘러싸여 있다. - 지질과 섬유모양의 단백질 층을 가지고 있다. - 이들은 대략 25Å 두께이며, 세포막물질이다. · 각질(Keratin): 섬유성단백질 · 각질세포(Keratinizing cell) - 노화된 섬유성 단백질 세포	· 모발 최외측(화학적 저항성 강함)에 존재한다. · 독특한 문리(편평무핵세포, 반투명막)를 형성한다. · 평균 5~15층, 수분함량 10~15%를 차지함 · epi, exo, endo cuticle 3겹이 모표피성 세포로서 한 장이 되며, 두께는 대략 0.5mm(0.5×10장)이며, 약 0.5mm의 노출 표면과 45~60mm 길이를 가진다. · 모발손상의 척도는 깨진 비늘 가장자리의 훼손 정도를 나타낸다.	· 외부자극에 대한 1차적 보호 작용을 한다. · Epicuticle - 친유성(피지막), 화학약제에 강하다. · Exocuticle - 중간적성질 불안정층, 펌제에 약하다. · Endocuticle - 친수성(피질층), 알카리 용제에 약하다.

② 모피질(Cortical)

특징	구조
· 모피질은 섬유축을 따라 일직선으로 정렬된 방추형태의 세포로 구성되어 있다. · 모피질성 세포는 모발의 섬유단백질(주쇄+측쇄)과 색소과립, 핵잔존물을 포함. · 모질(탄력, 강도, 질감, 색상)을 결정한다. · 모발의 85~90%, 친수성의 성질을 갖는다. · 화학적 시술 작용 부위(친수성)에 해당한다.	· 주쇄결합(결정영역, 폴리펩타이드체인)은 - 아미노산(2개) → 펩타이드 → 폴리펩타이드 → α-헬릭스 → 프로토피브릴(원섬유) → 마이크로피브릴(미세섬유) → 매크로 피브릴(거대섬유)을 구성한다. · 측쇄결합(비결정영역) - 간층물질로서 세포가 함께 묶어(Bonds)있거나 붙어(Glues) 있게 하는 세포막복합체이다. - 비 케라틴 성분으로서 섬유 내로 확산되는 주요한 통로이다.

③ 모수질(Medulla)

모수질은 중간 정도로 각질화된 입방세포로서 발달 여부를 결정하는 요인은 잘 알려지지 않고 있다.

모수질	특징	기능
· 모수는 섬유축에 완전히 없거나 계속적으로 존재하거나 또는 계속적이지 않거나 함으로써 어떤 경우에는 이중 모수가 발견되기도 함. · 한랭지 서식 동물 털에서 약 50% 차지 - 보온에 따른 공기를 함유하는 역할	· 벌집모양의 다각형세포로 존재 · 공기를 포함함 · 모발 굵기에 따른 존재 유·무를 갖는다. · 0.09mm 이상의 모발에 존재 · 시스틴 함량이 모피질에 비해 적다.	· 동물(외부온도와 연관성)을 분별할 수 있다. · 모수질 즉, 털이 존재해야 할 이유를 나타냄 · 모수질의 관 구조형상은 모간에서 고립된 곰곰이 메워지지 않는 힘을 발휘함으로써 빈 공동이상의 역할을 한다.

③ 모발의 구성성분, 기능, 특성

(1) 모발구성성분

일반적 구성성분	모발구성성분의 특징	모발의 기능
· 단백질(80~85%) · 멜라닌(3%) · 지질(1~9%) · 수분(10~15%) · 미량원소(0.6%)	· 시스틴을 14~18% 함유 · 모발단백질특유비율 · 히스티딘(1):라이신(3):아르기닌(10) - 염기성아미노산 · 아스파라트산, 글루탐산 - 산성아미노산 · 그 외 13개 아미노산	· 두발은 보호와 미용기능 둘 다 가진다. - 열전열체로서 머리(Head)를 보호 - 화상(Sunbun), 태양광선, 물리적인 찰과상으로부터 두피보호 - 두발보다 다른 신체부위의 모발은 보호와 성적매력(장식품)의 기능과 관련 - 눈썹, 속눈썹은 햇빛이나 땀방울로부터 눈을 보호 - 코털은 외부자극물질을 걸러내는 작용 - 피부가 접히는 부위의 모발은 마찰을 감소시켜주는 기능

(2) 모발의 종류

축모는 직모와 비교했을 때 모발 아미노산의 구성은 비슷하나 모간에 따라서 다양한 직경을 가지고 있으며 한 가닥의 모발에서도 모경지수가 다름을 갖는다.

축모(Curly hair)	직모(Straight hair)
· 주사전자현미경(SEM)의 물리적 모양 검사에서 비틀린 부분의 직경은 비틀리지 않는 부분보다 매우작음을 나타낸다. · 축모의 모표피는 장축의 끝에서 6~8층이고 단층의 끝의 비늘층이 하나에서 둘정도 줄어든 변화되기 쉬운 두께를 가졌다. · 오쏘(Ortho)세포와 파라(Para)세포의 기울기가 원인으로서 모발자체 길이에서 뒤틀림이 일어나기도 한다. · 모발직경에서 변화의 다양성을 가진 축모는 다양한 지점에서 비늘층(Twisted)을 가진다.	· 모표피는 6~8개의 층이 두껍다. · 직모는 오쏘세포(Ortho cortex)와 파라세포(Para cortex)가 전체적으로 섞여 조화된 구조를 갖고 있으며 단면이 원통형에 가깝다.

④ 모발색(Natural hair's color)

• 멜라닌 색소량과 분포에 따라 모발색은 결정된다. 이는 모발의 기본 색료로써 모구부 내 색소형

성세포가 생성하는 멜라닌 소체 분포에 의한다.

- 때에 따라서는 색소형성세포 특히 외모근초의 색소형성세포가 기능 저하에 의해 노화성 백모가 되기도 하나 색조모로서 그러나 노화성 백모는 다시 회복되는 경우가 있다.

- 모발의 색이 멜라닌 과립존재로서 멜라닌 과립은 색소를 생성시키는 세포에서 발견되는 특정효소(Tyrosinase)의 조절에 대해 자연적으로 생성되는 단백질은 상당히 복잡하게 변형시킴으로써 채색된다.

(1) 백모(Gray hair)

- 색소형성세포의 기능저하는 그 원인이 후천적 영향으로서 각 개체 해당 유전인자에 의해 조절된다. 두발이 몸의 부위 모발에 비해 빨리 희게 되는 까닭은 다른 부위보다 상대적으로 성장기 모발의 비율이 높기 때문이다.

- 모발이 피부에 의해 색소형성세포 성장기 증식력이 빨라 모발 색소형성세포는 모발의 성장기 동안 멜라닌을 최대한 증식 생산하므로 쉽게 노화된다.

① 노화성 백모(Poliosis)

· 머리털이 조기 백발화되는 증상 · 색소형성세포 수 감소 · 멜라닌 소체를 만드는 활성도의 기능 저하 · 나이 듦에 따라 멜라닌 색소의 결핍으로 인해 　- 회색(Graying) 모발이 되어 감 · 생화학적으로 도파퀴논에서 타이로시나제 활동저하와 대사산물의 축적물이 백모, 즉 새치를 발생시킴 · 유전적 요인	· 멜라닌 색소의 성장발달 및 소멸에 관한 유전적으로 결정된 내재적 시계(Internal 0'clock)를 가지고 있다. · 개인 또는 인종에 따라 발생시기가 다르다. · 세포소멸(Apotosis) 억제 기능을 담당하는 Bcl-2 유전자가 비활성화된다. · 백모에는 멜라닌 세포 자극호르몬 결합부가 부재되어 있다.

② 병적 백모(Alabino)

머리털이 회색 또는 백색인 백모증(Canities)으로서 알비노는 피부와 모발에 색소가 없다.

백모 발생 및 진행

백모 발생 시기[①]	백모 진행[②]
· 초발 연령 또는 가족력과의 관계로서 초발 연령이 빠른 경우 가족력을 갖는다. · 신체 부위의 모발 중 턱수염에서 가장 먼저 백모가 나타난다. · 액와부, 음부, 흉부의 모발은 연령이 증가하더라도 쉽게 백모가 생기지 않는다.	· 임상적으로 양빈(측두부)에서 시작하고 곡(두정부)과 포(후두부)를 진행된다. · 백모의 초발 부위 및 다발 부위 모두 두개골 측두부에 가장 많이 형성된다.

(2) 색조모(Pigmented hair)

사람마다 모발색의 독특함은 멜라닌 색소의 유형과 분포량에 의한다. 이렇듯 형성된 멜라닌의 유형의 분포량 등의 요인은 사람마다 독특한 모발색을 드러내며 모발의 두께, 색소 과정의 총 개수와 크기를 나타내는 농도, 유멜라닌과 페오멜라닌의 비율 등으로서 모발색의 결정은 3가지 요인으로 작용된다.

① 색조모의 결정요인

유 및 페오멜라닌 외에 모발색의 발현에 있어서 나이 또한 모발색을 결정시키고 결정적 요인이 된다.

모발의 두께	멜라닌 색소의 농도	유와 페오멜라닌의 비율
·멜라닌 색소를 포함하는 모피질이 두꺼우면 모발 두께가 굵어지며 색소 세포가 많아진다.	·색소과립의 총 개수에 따른 크기와 양에 의해 결정된다.	·유멜라닌의 비율이 페오멜라닌의 비율보다 높을 때 모발색은 어두워진다.

② 색원물질(Chromophores)

어두운 모발은 밝은 모발보다 상당히 많은 멜라닌을 함유하고 있다. 그러나 검정모발은 모발 구성물질 중 총 3~4% 정도로서 유멜라닌 색소 입자 크기에 의해 결정된다. 대조적으로 붉은 모발은 색소 분자가 아주 작으며 불규칙한 모양으로 형성되어 있기 때문에 발산되는 색이다.

(3) 모발색 생성(Mechanism of natural hair's color)

모발색의 범주	모발색조의 균형
·모발색은 색조인 명도와 색상을 가진다. - 밝음과 어두움, 차가움과 따뜻함이 갖는 색조와 빨강, 노랑, 파랑이 갖는 색상은 어둡거나 밝거나 중간색을 나타내는 범주를 가진다.	·색조의 균형으로서 노랑 30%, 빨강 20%, 파랑 10% 이루어짐으로써 모발은 색조 비율 농도에 따라 갈색이나 금색 등이 된다. - 모든 자연 모발색은 위와 똑같은 비율에서 기본색 모두를 균형 있게 함유하고 있다.

- 두발 색상은 염색 후 착색력, 색상 보유 기간, 광택, 손상도, 시술 방법 등의 조건을 요구시키기도 한다.

- 흑·적·혼합 멜라닌 색소의 전구체인 타이로신을 타이로시나제 효소가 산화 환원 반응을 통해 유와 페오 색소과립인 멜라닌을 만들어낸다.

유와 페오의 메커니즘

- 색소, 금속 단백질로 구성된 멜라닌은 물에 용해되지 않는 색소 단백질로서 모발에 색상을 부여하며, 모유두에서 생성된 아미노산 중 타이로신은 멜라닌의 전조제로서 방종형을 가진다.

- 멜라닌은 색소를 생성하는 세포에서 발견되는 특정한 효소의 조절을 받는다.

- 색소를 형성해 내는 능력 또한 현존하는 색소에 의해 결정되며 그 사람의 유전정보인자(DNA, Genome)에 의해 나타난다.

① 도파퀴논(DOPA quinone)은 두 가지 경로로 반응이 진행된다.

유·페오멜라닌의 생화학적 기전은 타이로신에서 도파퀴논까지의 반응 경로는 같다.

유멜라닌(Eumelanin pigment)	페오멜라닌(Pheomelanin pigment)
· 도파크롬(DOPA-Chrome)에서 5.6-하이드록시인돌(5.6-Hydroxy indole)이라는 경로를 거쳐 흑갈색의 유멜라닌을 생성하는 경로이다. · SEM상에 나타나는 구조에서는 - 길이 0.821µm, 두께 0.3~0.4µm · 입자형(과립형) 색소는 흑갈색모를 나타낸다. · 모피질이 얇고, 모표피는 두꺼운 형태를 가진 흑색~적갈색 모발에 두드러지는 색상이다.	· 도파퀴논이 케라틴 단백질에 존재하는 시스테인과 결합한 후 적갈색의 페오멜라닌을 생성하는 경로이다. · 분사형색소(Diffuse pigments)는 서양인의 적색~노란색 모발색을 만든다. · 모피질이 두껍고 모표피는 얇은 형태를 가진 브라운에서 금발색까지 다양한 모발색상을 나타낸다.

모발과 피부색의 결정

모발색은 멜라닌 유형과 양에 의해 결정되며, 피부색은 멜라닌색소, 카로틴, 헤모글로빈 등에 영향을 미친다.

모발색의 결정	피부색의 결정
· 모유두와 모근상피세포 사이에 있는 색소형성세포의 활성의 의해서 결정 · 유전 · 모발의 두께 · 색소과립의 크기와 양	· 멜라닌 색소 - 어두운 색소로서 피부를 갈색으로 띄게하며 자외선으로부터 피부를 보호한다. · 카로틴 색소 - 노란 피부톤은 각질층과 피부 바로 아래에 있는 지방층에서 발견된다. · 진피 내 모세혈관 속의 혈액 - 모세관의 혈액은 진피와 표피 사이에 위치해 피부 내 분홍톤과 빨강톤을 더해준다. - 작은 혈관들이 확장해서 혈관을 표면 가까이로 가져올 때 붉어짐이 발생한다.

Section 03 피부, 모발 상태 분석

맞춤형화장품의 조제를 위하여서는 고객의 피부 타입이나 모발 상태를 파악하고 적합한 화장품과 원료를 선택해야 한다.

1 피부상태분석

피부타입이 동일한 사람일지라도 나이, 계절 및 외부 환경에 따라 피부상태가 다르다. 건강한 피부상태를 유지하기 위해서는 화장품을 이용한 올바른 피부 관리가 요구된다.

(1) 피부의 유형

피부 표면의 형태는 주로 실리콘 수지를 이용하여 주형(Replica)을 떠서 외관상으로 볼 수 있다. 피부의 살결이 미세하고 젊고 건강한 피부에는 피문(皮紋)이 명확하고 세밀하여 규칙성이 있다. 잘 나타나지 않는다.

(2) 각질층 수분량

- 정상적인 각질층에는 약 10~20% 수분이 존재하며 수분량이 10% 이하로 감소하면 유연성이 떨어지고 딱딱해지며 잔주름 발생 등의 원인이 된다.

- 수분유지의 주요 요인은 천연보습인자(Natural moisturizing factor, NMF) 내 아미노산과 밀접한 관계가 있다.

(3) 수분손실량(Trans epidermal water loss. TEWL)

- 각질층 장벽기능 지표로서 피부를 통하여 발산되는 수분량을 측정하는 방법이 주로 이용된다.

- 경표피수분손실에서 측정값이 높으면 건성 피부가 된다.

 알아두기!

☑ 수분함량
- 각질층(15%), 과립~각질층(40%), 과립~기저층(65~70%) 등으로서 부족 시 건성피부가 된다.

☑ 피부상태분석

피부상태	분석방법	측정기기
피부보습	· 피부수분함유도 변화율	· Comeometer
피부탄력	· 피부에 음압을 가했다가 원래 상태로 회복되는 정도를 측정	· Cutometer, Dermaflex
피부분비조절	· 피부단위 면적 당 피지의 양(μg/㎠)을 측정	· Sebumeter
셀룰라이트조절	· 셀룰라이트 부위를 사진 촬영 후 평가	· 디지털카메라
다크서클	· 피부의 멜라닌양 평가 · 피부 밝기 평가(피부에서 색소침착부위의 L* 값 측정평가)	· Melanin index Minotla · Chromameter CR-400(Japan)
피부색	-	· 고해상 디지털 카메라 및 이미지분석 프로그램
피부혈행	· 미세혈류량 측정평가 · 색차계(피부의 붉은 정도를 반영하는 a수치 측정평가)	· LDPI(Laser Doppler Perfusion Imager) · Chromamente CR-400(Minolta, Japan)
붓기완화	· 눈두덩이 부피변화 측정평가 · 피부 층별 수분 측정(눈두덩이 및 안면 볼 부위, 종아리·수분측정기 부위 측정평가)	· 3차원 영상이미지 · 수분측정기

(4) 피부와 자외선

- 태양광선(햇빛)에 장시간 노출 시 피부세포 내의 멜라닌과 프로멜라닌의 합성과 생성이 증가하면서 활동이 활발해진다.

- 일반적으로 3월~10월, 오전 10시~오후 2시 사이 자외선 강도가 가장 강하다.

- 햇빛에 대한 신체 보호로서 합성된 멜라닌은 표피를 이동하여 각질층을 보호하는 역할을 하며 이러한

활동으로 인해 각질층은 두꺼워진다.

- 장시간 햇빛에 과다 노출 시 햇빛 속 자외선의 영향으로 진피층의 콜라겐(주름개선 관여)과 엘라스틴(탄력)의 섬유 생성에 영향을 미쳐 피부가 탄력을 잃고 주름이 발생하게 된다.

- 피부 지방의 Vt D를 파괴시켜 스테로이드를 생성하고 자외선으로 인한 DNA변형에 이어 암세포가 생성된다.

- 이와 같이 자외선은 백혈구의 기능을 변화시켜 신체의 면역체계를 약화시킴으로써 암 등의 질병에 대한 저항력을 약화시킨다.

자외선

햇빛은 파장에 따라 자외선(6%), 가시광선(52%), 적외선(42%) 등으로 구분된다. 자외선은 파장 범위에 따라 UVA, UVB, UVC로 구분한다. 이 중 UVA가 대기층을 통과하여 지상까지 도달하면 피부에 영향을 준다.

① 파장범위에 따른 자외선의 구분

구분	자외선 A(UVA) 노화의 주범(Aging)	자외선 B(UVB) 선탠의 주범	자외선 C(UVC) 축적되면 피부암
피부 침투	· 320-400nm의 장파장, 진피층까지 침투(20~30%)	· 290~320nm의 중파장, 진피 상부(10% 정도 진피 유두층)까지 침투 - 대부분 표피까지 도달	· 280~290nm 단파장 자외선 - 각질층에서 대부분 산란 일부는 홍반생성
피부암	· 잠재적 피부암 가능성	· 표피 화상 발생 가능	· DNA 변화로 인한 암유별
홍반	· 약 2~3일 후 지연 홍반	· 6~20시간	· 3시간 이내
멜라닌	· 즉시 색소침투(약 30분 후)	· 지연 색소 침착(2~3일)	· 색소 침착 없음
노화	· 콜라겐 비율감소 · 주름발생 · 색소침착성 반점 생성 · 진피 탄력 감소(*피부가 얇아짐) · 실내에도 위험함	· 피부과증식 및 모세혈관 확장증 · 피부조기 노화 · 바다에 가서 타는 경우에 해당(Sun burn)	· UVB보다 심하고 급격한 피부노화 초래 및 피부암 발생 · 공해가 많으면 지상까지 내려옴

 알아두기!

☑ 피부노화

자연노화	· 나이가 듦에 따라 피부기능저하와 위축성 변화로서 세포 수의 감소·피부두께 감소현상
광노화	· 자외선에 의한 세포노화현상으로 탄력섬유 손상에 따라 피부가 일시적으로 두터워지며 탄력섬유 중(탄력섬유 손상에 따른 덩어리가 측정) 유발에 따른 주름, 건조, 과색소침착, 피부암 등이 유발되는 현상

☑ SPF와 PA차이
- SPF(Sun protection factor)
피부 화상을 일으키는 UVB 차단지수로서 표피층의 홍반 화상(Sun burn) 차단가능지수 있다.

SPF × □ = □ × 20 = 지속시간 **예** SPF 50= 50 × 20 = 1000분

SPF 10= 10 × 20 = 200분(3시간 20분)

→ SPF 수가 높으면 지속시간은 길지만 유기자차(자외선 흡수제, Sun screen)가 많이 첨가되어 피부에 좋지 않음

- PA(Protection grade of UVA)

  피부노화를 일으키는 UVA 차단 등급, 진피층의 광노화(Sun aging) 차단 등급이다.

  예 PA+(낮음) PA++(보통), PA+++(높음), PA++++(매우 높음, 2017년 1월부터 추가됨)

☑ 유기자차 및 무기자차

유기자차(Sun screen)	무기자차(Sun block)
· 유기적 자외선차단제로 화학성분이 자외선을 흡수하여서 열로 방출해 피부를 보호 · 무해한 열로 변화시켜 소멸 · UVA, UVB 분해- 자외선 흡수제 · 장점: 피부흡수에 따른 발림성이 좋으며 백탁현상 없음 · 효과는 도포 후 30분 뒤 · 지속기간이 짧다(약 2~3시간) · 모든 피부 적용 · 성분 - 아보벤존, 옥시벤존, 옥시녹세이트 / 에틸헥실메톡시신나메이트* - 에틸헥실살리실레이트* / 호모살레이트* → *의 성분은 민감성 피부에 피부트러블 유발함	· 자외선을 산란시킴(튕겨냄) · 화학 성분이 없어 피부에 안정적이며 UVA, UVB를 반사시킴 - 민감성 피부 안심하고 사용 · 백탁현상(자외선차단제를 발랐을 때 얼굴이 허옇게 들뜨는 현상) 일어남 · 자외선차단제가 피부에 충분히 스며들기 전에 화장을 하면 얼룩이 생길 수 있으므로 5분 정도 후에 색조화장을 함 · 이중세안(발림성:뻑뻑함) 요함 · 민감성 피부적용 · 효과는 바르고 바로 외출 가능 · 지속기간이 길다 · 성분 - 징크옥사이드, 티타늄옥사이드 파운데이션에 첨부하여 제품화
혼합자차	· 혼합형으로 사용됨(단, 어떤 차단성분이 주 차단성분인지 확인 필수로 요함) · 지속기간(2~3시간)/ · 모든 피부 적용 - 민감성피부는 좋지 않음 · 발림성이 좋음

② 활성산소(Active oxygen)

자외선에 피부가 노출되면 멜라닌형성세포 내 타이로시나제의 촉매 작용으로 산화반응을 일으켜 멜라닌 색소를 생성한다. 이 때 반응성이 높은 활성산소(Free radical)가 존재하면 그 생성이 급격히 증가하게 되어 피부 색소침착뿐 아니라 콜라겐 섬유의 손상에 따른 주름발생의 원인이 되기도 한다.

② 피부 유형에 따른 분석

건성피부(Dry skin)	지성피부(Oily skin)	민감성피부(Sensitive skin)	정상피부(Normal skin)
· 피지와 땀의 분비량이 감소 - 피부 표면이 거칠고 수·유분이 부족 - 모공 축소에 따른 피부결이 섬세하여 잔주름 생성이 쉽다 - 저항력이 약하여 버짐종류가 잘생김 - 미세한 각질생성 - 건조한 피부에 의해 화장이 들뜨고 실핏줄이 생기기 쉬움	· 피지분비량이 많고 모공이 넓다. - T존(이마, 코 주위), 각질에 면포, 구진, 농포 등 여드름성 요소가 동반 · 모세혈관이 확장되어 붉은빛 얼굴 · 화장이 잘 지워지고 검은 여드름이 생긴다 · 피부에 유분이 많아 이물질이 묻기 쉽다	· 여러 가지 외부요인, 피부가 민감하게 반응 - 피부조직이 섬세하고 얇아 모세혈관이 피부표면에 드러나 보임 - 탄력이 없고 혈색이 없는 피부 - 노화와 염증이 쉽게 된다.	· 건강하고 윤기(탄력)에 의해 피부색이 맑다 · 피부결이 부드럽고 모공이 미세 · 정상적인 각화현상 · 유·수분 안정에 의해 각질 수분량 10~20% 유지 · 화장 시 지속력이 길다

(1) 피부상태 측정

- 피부의 수분, 유분, 수분증발량, 멜라닌 양, 홍반량, 색상, 민감도 등을 측정하여 피부상태를 평가한다.

- 정확한 데이터를 얻기 위해서는 측정을 위한 공간은 항온항습(온도 20~24℃, 상대습도 40~60%) 상태에 조도(조명), 공기의 이동이 없고 직사광선이 없는 곳에서 측정한다.

- 측정 전 약 30분간 피부 안정시간을 유지하고, 메이크업은 지운 상태에서 세안 후 멜라닌량, 홍반량, 피부색 등을 측정한다.

- 유 수분, 수분증발량은 피부에 특별한 조치 없이 그대로 측정한 후 측정시간과 측정값을 만든다.

- 3회 이상 반복 측정하여 그 평균값을 사용하는 것을 권장하며 측정 후에 프로브(Probe : 검출기구)는 70% 에탄올로 소독하여 보관한다.

- 얼굴은 주로 T-zone 과 U-zone을 측정하고 손등과 두피 등 필요한 피부 부위를 측정한다.

측정항목	방법
홍반	· 헤모글로빈(Hb) 측정은 피부의 붉은 끼를 측정, 수치로 나타낸다.
피부건조	· 피부로부터 증발하는 수분량인 경피수분손실량(TEWL)을 측정하며, 피부장벽기능을 평가하는 수치로 이용될 수 있다.
피부 pH	· 피부의 산성도를 측정하여 pH로 나타낸다.
두피상태	· 두피의 각질화 정도, 피지분비량, 수분량, 혈색의 정도, 탄력도, 민감도, 모두두(모공) 상태 등을 확인한다.
모발상태	· 모발의 강도, 굵기, 탄력도, 손상정도, 수분함유량, 모단위수, 모량 등을 측정한다.
피부수분	· 전기전도도를 통해 피부의 수분량을 측정(Comeometer)한다.
피부탄력도	· 피부에 음압을 가했다가 원래 상태로 회복되는 정도를 측정한다(측정기기-Cutometer, Dermaflex).
피부유분	· 카트리지 필름을 피부에 일정시간 밀착 시킨 후, 카트리지 필름의 투명도를 통해 피부의 유분량을 측정(측정기기-Sebumeter)한다.
멜라닌	· 피부의 멜라닌 양을 측정하여 수치를 나타낸다.
피부색	· 피부의 색상을 측정하여 L*(밝기), a*(빨강-녹색), b*(노랑-청색)로 나타낸다(측정기기-Chromameter CR400).
피부표면	· 잔주름, 굵은 주름, 거칠기, 각질, 모공상태, 다크써클, 색소침착 등과 함께 두피 상태도 현미경과 비전 프로그램을 통해 확인한다.

(2) 문제성 피부 관리법(미백 화장품)

단, 기능성재료는 책임판매업자가 사전에 기능성 인증을 받은 화장품에 한해서 사전 인증을 받은 재료로서 첨가할 수 있다.

노화피부	색소침착피부	여드름피부 ✏

· 피부생기기능 저하
· 보습, 탄력성 저하
· 규칙적인 마사지와 팩을 이용한 관리
· 보습 및 영양에 중점
  - 콜라겐, NMF, Vt A, Vt C, Vt E 등이 포함된 크림을 사용
	· 피부에 과도한 멜라닌 색소의 침착 원인
	  - 자외선, 스트레스, 여성(황체) 호르몬 등
	· 미백성분 ✏
	  - 아스코빌글루코사이드, 닥나무 추출물, 알부틴, 알파 비사보롤, 비타민유도체, 태반추출물, 아스코르빈산인산, 아르부틴코지산 등
		· 과잉 분비된 피지가 각화된 세포와 함께 모공 내에 축적, 염증반응이 일어나 피부구조 파괴·상해
		· 일시적으로 모공 확장, 피지배출 용이
		  - 벤조일 퍼옥사이드(과산화다이벤조일)
		· 각질박리기능- 설파
		· 노화, 건조한 여드름 피부((BHA 필링제)
		  - 살리실리산
		· 막혀있는 모공 완화- 글리콜릭애씨드

▣ 모발상태 분석

두상 부위는 측정 위치에 따라서 유형의 차이를 갖는다. 두피는 피지막(피지량, 수분량), 두피색 각화주기, 유·무 등에 의해 두피 유형을 분류할 수 있다. 두피유형 결정요인은 선천·후천적 요인으로 구분된다.

구분	요인
선천(유전)적	· 피지분비량, 수분량, 각질화 정도 상태, 혈색의 정도, 탄력도(긴장도), 민감도, 모두두상부의 모공상태
후천적	· 연령, 성별, 식생활, 계절, 화장품사용, 심리적·신체적 상해

(1) 두피유형 분류

탈모진단에 의하면 정상두피는 두피 표면이 맑은 청백색을 띠며, 투명하고 각질이 없는 상태로서 모공은 오목하게 윤곽선이 뚜렷하며 피지막이 고르며 투명하다.
- 모공주변이 깨끗하며, 노화각질 및 이물질이 거의 존재하지 않는 상태, 적당한 피지, 수분(피지막), 윤기 있고 매끄러운 피부상태

	피부색	모공상태	피지막	각화 유·무	비고
정상	청백색	· 윤곽선 뚜렷(오목)	· 피지,수분(10~15%) 적당량	· 투명, 각질 없는 상태 · 윤기 있고, 매끄러운 피부상태	· 적당한 피지, 수분량에 의해 모공주변이 깨끗하며 노화각질 및 이물질이 거의 존재 않음
건성	탁해보임	· 막혀있음	· 피지, 수분량 부족	· 수분과다 증발 현상으로 불규칙하게 갈라져 보이며, 건조화 현상	· 유·수분 균형이 맞지 않아 모낭 주변 건조한 상태로서 두발은 가늘고 거칠게 건조 · 두피 윤기가 없고, 각질이 쌓여 당기는 느낌, 가려움증
지성	약간 황색톤을 띠면서 얼룩현상	· 모낭에 피지가 가득 차 모기질 상피세포의 성장 지연	· 피지 산화물 누적 (수분 20% 내외)	· 한선, 피지선 이상현상으로 노화 각질뿐 아니라 피지산화물이 누적	· 큼직하고 축축한 비듬 형성 · 두피에 지나치게 번들거리는 지질막을 형성하거나 부분으로 붉게 변하는 염증 반응
지루성	황색	· 과다피지에 모공은 막혀있음	· 코티졸, 안드로겐 호르몬 과다 분비에 의해 피지다량 생산(수분 20% 내외)	· 노화각질, 염증 없는 인설을 가진 비듬 · 각질이 엉겨 끈적임 - 비듬생성	· 피지·땀의 분비, 과각화, 모근조직 염증 유발, 세포 간 고착력 둔화

| 민감성 | 전체적으로 붉은톤 | · 붉은반점과 뾰루지 등 염증동반 | · 건조 | · 각화주기 이상현상(주기의 진행이 빠름), 건조함 | · 열을 동반, 과각화, 각질층은 얇은 두께를 유지하며 세균감염, 스트레스, 민감, 불면증 등 노출되기 쉬움 |

4 피부, 두발 질환

두피 아래에서 발달하여 표면으로 돌출된 두피 내 한선, 피지선 모낭은 세균발육에 적합한 환경(병원균 등은 이 모든 침투구들을 이용)한다.

(1) 포도상구균

- 피부 감염을 일으키는 주요 병원균이며, 습진 같은 피부병을 악화시킨다.

- 황색포도상구균은 화농성 감염증의 원인균으로 약한 독력을 가지고 숙주의 건강상태에 따라 기회감염과 원내감염 시 질병을 일으킨다.

① 여드름(Propionibacterium acnes)

- 좌창이라고도 하며 모낭염의 원인균이다. 이는 모피지선의 만성염증성질환으로서 흔한 피부질환이다.

- 남성호르몬 분비 항진에 의해 피지선 기능항진에 따른 과잉피지가 모낭벽의 과각화로 모낭 내에 정체 되면서 생기는 면포가 여드름의 초기 단계이다.

② 염증반응

- 피부 조직이 손상을 입으면 손상된 세포에서 히스타민, 프로스타글라딘과 같은 화학물질은 분비함으로써 염증반응이 시작된다.

- 염증부위는 약간 붉고, 열이 나며, 가렵고, 붓는 특징에 의해 가렵고 아프다.

  → 병원균(항원)을 공격하기 위해 백혈구의 이동통로인 혈관을 확장함은 히스타민(가려움 유발)과 키닌(아픔 유발)을 분비시킨다.

- 염증 부위의 열은 병원균이 분비한 독소 때문인 경우도 있지만 정상적인 면역반응으로서 약간의 미열은 백혈구의 공격능력을 높여 준다.

(2) 진균

- 효모인 균류는 박테리아보다 크며, 사람 세포와 유사한 핵이 있는 진핵세포이다.

- 균류는 손·발톱·피부에 주로 피해를 주기 때문에 조절이 쉽다.

- 효모는 종종 신체 내부로 들어와 허파관련 질병의 원인이 된다.

- 폐포자충은 심한 호흡곤란을 야기하며, 치료제는 우리 몸이 조혈세포들에게 역효과를 낼 수 있다.

① 곰팡이균(Pityrosporum ovale)

- 진균인 이 균은 탈모와 비듬, 지루성 피부염의 원인균으로서 환경적 요인과 스트레스 등 생리적 요인에 의해 과다 증식한다.

- 정상인은 지루 부위에 이 균이 46% 차지하나 비정상적으로 높아질 경우 비듬이 생기고 83%가 넘으면 지루성 피부염(피지분비가 왕성한 부위에 발생하는 습진)이 생긴다.

② 습진(Eczema)

- 아토피성 피부염으로서 발작, 가려움, 소구진, 삼출, 가피 등의 증상 후 낙설하여 태선화되고 색소침착이 된다.

- 각질층이 정상보다 다량으로 하얗게 떨어져 생긴다.

→ 이 때 황색포도상구균 또는 화농연쇄상구균이 피부로 들어가 농가진 감염을 일으킨다.

- 두피에는 때로 홍반의 바탕 위에 습진성 판이 형성되면 가려움이 심해 긁어 딱지가 되기도 한다.

③ 지루성 피부염(Seborrheic dermatitis)

- 진균(Malassezia, Yeast)으로서 지루성 두피에서 발견된다. 유리지방산 생성이 피지에 작용함으로써 두피를 자극하여 각질탈락을 유도한다.

④ 비듬(Dandruff)

- 두부비강진이라고도 하며, 기저층의 과도한 대사작용으로 새로운 표피세포는 끊임없이 각편이 되어 떨어진다. 즉 임상적으로 염증소견이 없고 과도한 인설(Scale) 또는 낙설로서 피탈된다.

(3) 탈모(Hair loss)

생리적 탈모(Shedding)	병적 탈모(Alopecia)	물리적 탈모
· 50~100개/1day 피탈이 생리적으로 발생 · 모구형태는 곤봉모(가지형콜백상)이다.	· 100개 이상/1day 되는 이상현상 · 모구는 위축되거나 변형된다.	· 임의적 강압에 의해 탈모된 모발의 모근에 모낭이 부착된 형태로 상피낭이 보인다.

- 정상적으로 존재해야 할 부위의 모발이 얇아진 상태로서 신체 모든 부위에서 발생된다.

- 즉, 탈모 진행형 두피는 모모세포의 힘이 약해져 모발의 성장기가 짧아진다. 따라서 가렵거나 비듬과 피지분비량이 증가된 상태로서 염증소견이 50% 정도 관찰된다.

- 성인의 두개피 면적은 보통 $700mm^2$로서 10만 개 이상의 두발 수를 갖지만 개인차가 있다.

모단위 발생빈도(밀도)		
저밀도 - 120~130개/1cm^2	중밀도140~160개/1cm^2	고밀도 200~220개/1cm^2

① 일반적인 탈모의 원인

• 대체적으로 탈모가 진행되고 있는 분들은 두피와 얼굴에 기름기의 증상이 있다.

- 이 같은 증상은 두피와 얼굴에 가려운 지루성 피부염으로 발전되기 쉬우며, 긁어 상처를 냄으로써 세균 또는 곰팡이가 잘 자라게 되어 털에 염증(기회감염)이 생기는 모낭염도 발생시킨다.

• 탈모는 갑자기 일어나는 것이 아니라 점진적으로 일어나며 두발 역시 많이 빠지거나 적게 빠지는 시기(주기)가 있다. 보통 봄, 가을에 더욱 악화된다.

【 선다형 】

01 표피의 가장 바깥층으로 10~15층의 라멜라 구조로 이루어진 세포층은?

① 기저층   ② 유극층   ③ 각질층
④ 투명층   ⑤ 유두층

✓ 각질층은 무핵의 죽은 세포들이 싸여진 층으로 피부보호기능을 한다.

02 표피를 구성하고 있는 세포가 <u>아닌</u> 것은?

① 섬유아세포   ② 멜라닌세포
③ 각질형성세포   ④ 머켈세포
⑤ 랑게르한스세포

✓ 섬유아세포(Fibroblast)는 진피의 구성세포이다.

03 표피의 가장아래층에서부터 바깥층의 순서가 옳은 것은?

① 각질층 – 투명층 – 유극층 – 과립층 – 기저층
② 각질층 – 과립층 – 투명층 – 유극층 – 기저층
③ 기저층 – 과립층 – 투명층 – 유극층 – 각질층
④ 기저층 – 유극층 – 과립층 – 투명층 – 각질층
⑤ 유극층 – 투명층 – 각질층 – 과립층 – 기저층

✓ 표피는 기저층, 유극층, 과립층, 투명층, 각질층으로 이루어져 있다.

04 망상층과 유두층으로 구분되며, 혈관, 신경, 림프관, 땀샘 등의 부속기관을 포함하고 있는 곳은?

① 근육층   ② 진피층   ③ 표피층
④ 피하조직   ⑤ 각질층

✓ 진피층은 표피의 영양공급, 피부재생에 관여하며 여러 부속기관이 있다.

05 피부세포가 형성되어 각질이 탈락되기 까지 걸리는 기간은?

① 7일   ② 10일   ③ 28일
④ 40일   ⑤ 50일

✓ 피부세포의 재생주기는 대략 28일 정도이다.

06 다음 중 피부의 기능에 해당되지 <u>않는</u> 것은?

① 보호작용   ② 저장작용
③ 지지작용   ④ 호흡작용
⑤ 각화기능

✓ 피부의 기능은 보호, 비타민D 합성, 저장, 분비, 호흡, 감각, 면역, 체온조절작용이다

07 한선에 대한 설명으로 <u>틀린</u> 것은?

① 땀의 구성성분은 물, 소금, 요소, 암모니아, 아미노산, 단백질, 젖산, 크레아틴 등이다 .
② 한선은 땀을 분비하는 기관으로 체온조절기능을 한다.
③ 소한선은 전신에 분포하며 무색, 무취이다.
④ 대한선은 단백질, 지질 함유량이 많은 땀을 생성하며 특유의 냄새가 난다.
⑤ 소한선은 겨드랑이, 유두, 항문주위, 생식기부위에 분포되어 있다.

✓ 대한선은 겨드랑이, 유두, 항문 주위, 생식기 부위에 분포되어 있다.

08 모발의 성장주기로 맞는 것은?

① 성장기 → 퇴행기 → 휴지기
② 성장기 → 휴지기 → 퇴행기
③ 휴지기 → 퇴행기 → 성장기
④ 퇴행기 → 휴지기 → 성장기
⑤ 퇴행기 → 성장기 → 휴지기

✓ 성장기 → 퇴행기 → 휴지기로 구성된다.

09 모발의 일반적인 성장기간으로 알맞은 것은?

① 2~3년   ② 3~5년   ③ 5~7
④ 7~8년   ⑤ 10년 이상

✓ 모발의 성장주기는 3~5년 정도, 퇴행기(2~3주), 휴지기(2~3개월)이다

10 중성(정상) 피부의 특징으로 올바르지 않은 것은?

① 피부 결이 곱고 촉촉하며, 피부 톤이 맑다.
② 유·수분 밸런스가 좋고 수분이 적당하다.
③ 피부의 수분함유량이 12% 정도이며, 부드럽다.
④ 모공이 크고 넓으며 과각질화 현상으로 피부가 두껍다.
⑤ 피부표면이 매끄럽고 혈색이 좋고 모공도 눈에 띄지 않는다.

✓ ④ 지성 피부의 특징에 대한 설명이다.

11 탈모방지 기능성화장품의 주성분에 포함되지 않는 것은?

① 덱스판테놀   ② 비오틴
③ 엘-멘톨   ④ 징크피리치온
⑤ 파라메타손

✓ ⑤는 사용할 수 없는 원료이다.

12 천연보습인자의 성분에 포함되지 않는 것은?

① 아미노산
② 요소
③ 알칼리금속
④ 케토코나졸
⑤ 피롤리돈카복실릭애씨드

✓ ④는 사용할 수 없는 원료이다.

13 인체의 생태학적 단계로 맞는 것은 맞는 것은?

① 조직 → 세포 → 기관 → 계통 → 인체
② 세포 → 계통 → 기관 → 조직 → 인체
③ 세포 → 조직 → 기관 → 계통 → 인체
④ 세포 → 계통 → 기관 → 조직 → 인체
⑤ 세포 → 기관 → 조직 → 계통 → 인체

✓ 세포 → 조직 → 기관 → 계통 → 인체이다.

14 다음 중 피부 상재균의 증식을 억제하는 항균 기능을 가지고 있고, 발생한 체취를 억제하는 기능을 가진 것은?

① 바디샴푸   ② 데오도란트
③ 샤워코롱   ④ 오데토일렛
⑤ 손 소독제

✓ 데오도란트는 항균기능과 제취를 억제하는 기능을 한다.

15 진피에 대한 설명 중 옳지 않은 것은?

① 진피는 유극층과 망상층으로 분류된다.
② 엘라스틴은 피부의 탄력에 중요한 역할을 한다.
③ 피부의 생리작용과 젊음의 중요한 역할을 한다.
④ 단백질의 일종인 교원섬유와 탄력섬유로 구성되어 있다.
⑤ 콜라겐은 피부내의 자연보습을 담당하는 매우 중요한 요소이다.

✓ 진피는 유두층과 망상층으로 분류된다.

정답   08. ① 09. ② 10. ④ 11. ⑤ 12. ④ 13. ③ 14. ② 15. ①

16 아포크린샘의 설명으로 틀린 것은?

① 대한선이라고 한다.
② 무색, 무취이다.
③ 겨드랑이, 대음순, 배꼽주변에 존재한다.
④ 인종적으로 흑인이 가장 많이 분포하고, 동양
　인과 백인이 가장 적게 분비한다.
⑤ 여성에게 더 분포되어 있다.

✓　아포크린샘은 유색, 유취이다.

17 피지의 기능에 해당되는 것은?

① 피부미백
② 유분분비와 탄력
③ 수분손실억제, 항균효과
④ 수분유지와 색소형성
⑤ 수분손실억제와 피부장력유지

✓　피지는 수분손실 억제, 항균효과를 준다.

18 천연보습인자의 성분이 아닌 것은?

① 유리아미노산　　② 칼륨
③ 철　　　　　　　④ 젖산염
⑤ 염산염

✓　철은 천연보습인자 성분이 아니다.

19 예민 피부가 되기 위한 전조증상은?

① 건조함　　　　　② 큰모공
③ 유분감　　　　　④ 여드름
⑤ 붉음증

✓　예민피부의 전조증상은 붉음증이다.

20 여드름 유발성 물질이 아닌 것은?

① 라놀린
② 큰모공페트롤라툼
③ 큰모공미네랄오일

④ 라우릴알코
⑤ 살리실릭애씨드

✓　살리실릭애씨드는 여드름 치료성분이다.

21 탈모 화장품에 사용되는 성분이 아닌 것은?

① 덱스판테놀　　　② 비오틴
③ 엘-멘톨　　　　　④ 아트라놀
⑤ 징크피리치온

✓　아트라놀은 참나무이끼 추출물이다.

22 피지선이 가장 많이 분포된 곳은?

① 어깨　　　　　　② 등
③ 두부　　　　　　④ 다리
⑤ 팔

✓　피지선은 두부에 가장 많이 분포되어 있다.

23 모발 생성에 신호를 전달해 주는 곳은?

① 모유두　　　　　② 모세혈관
③ 모모세포　　　　④ 자율신경
⑤ 모수질

✓　모유두는 모발 생성에 신호를 전달한다.

**24 모발 성장주기에 나쁜 영향을 미치지 않는
것은?**

① 혈액순환 장애
② 내분비 장애
③ 활발한 모유두 운동
④ 정신적 스트레스
⑤ 불규칙한 식습관

✓　활발한 모유두 운동 모발성장에 도움이 된다.

정답　16. ②　17. ③　18. ③　19. ⑤　20. ⑤　21. ④　22. ③　23. ①　24. ③

25 모발 성장에 저해하는 요인이 <u>아닌</u> 것은?

① 인스턴트 식품
② 단백질이 풍부한 음식
③ 흡연
④ 음주
⑤ 스트레스

✓ 모발성장에는 단백질이 풍부한 음식을 권장한다.

26 모발 구조에서 영양을 관장하는 혈관과 신경이 들어있는 부분은?

① 모근   ② 모유두
③ 모구   ④ 입모근
⑤ 모모세포

✓ 모유두는 모발 구조에서 영양을 관장하는 혈관과 신경이 들어있다.

27 표피 중에서 각화가 완전히 된 세포들로 이루어진 층은?

① 과립층   ② 각질층
③ 유극층   ④ 투명층
⑤ 기저층

✓ 각질층은 각화가 완전히 된 세포들로 이루어져 있다.

28 피부의 구조는?

① 표피, 진피, 피하조직
② 한선, 피지선, 유선
③ 각질층, 투명성, 과립층
④ 결합섬유, 탄력섬유, 평활근
⑤ 유두층, 망상층

✓ 피부의 구조는 표피, 진피, 피하조직으로 구성되어 있다.

29 피부의 생리기능과 거리가 먼 것은?

① 보호작용   ② 체온조절작용
③ 소화작용   ④ 호흡작용
⑤ 비타민 D 형성

✓ 소화작용은 피부의 생리기능이 아니다.

30 표피 중 가장 바깥쪽에 있는 층은?

① 기저층   ② 유극층
③ 과립층   ④ 각질층
⑤ 투명층

✓ 각질층은 표피 중 가장 바깥쪽에 있는 층이다.

31 각질층과 과립층의 경계를 이루는 층으로 손바닥과 발바닥에만 있는 층은?

① 기저층   ② 유극층
③ 투명층   ④ 각질층
⑤ 망상층

✓ 투명층은 손바닥과 발바닥에만 있는 층이다.

32 진피에 대한 설명으로 적합하지 않은 것은?

① 섬유아세포가 존재한다.
② 진피는 유극층과 망상층으로 분류된다.
③ 피부의 생리작용과 젊음의 중요한 역할을 한다.
④ 콜라겐은 피부내의 자연보습을 담당하는 매우 중요한 요소이다.
⑤ 단백질의 일종인 교원섬유와 탄력섬유로 구성되어 있다.

✓ 진피는 유두층과 망상층으로 분류한다.

33 각질화 과정이 실제로 시작되는 층은?

① 표피의 과립층   ② 표피의 투명층
③ 표피의 각질층   ④ 진피의 유두층
⑤ 진피의 망상층

정답 25. ② 26. ② 27. ② 28. ① 29. ③ 30. ④ 31. ③ 32. ② 33. ①

✓ 과립층은 각질화 과정이 실제로 시작되는 층이다.

34 피부의 기능에 대한 설명 중 옳지 못한 것은?

① 신체 제일 겉면에 둘러싸고 있는 막으로 체내의 모든 기관을 외부의 자극으로부터 보호한다.
② 피지선과 한선을 통해 피지와 땀을 분비해 체온조절 및 분비의 기능을 한다.
③ 피부는 대사에 필요한 에너지원인 지방을 피하조직에 저장하는 역할을 가지고 있다.
④ 피부는 자외선을 받으면 비타민 B를 합성하여 칼슘의 흡수를 돕고 결핍 증인 구루병을 예방한다.
⑤ 신경말단 조직과 머켈세포가 감각을 전달한다.

✓ 피부는 자외선을 받으면 비타민 D를 합성하여 칼슘의 흡수를 돕고 결핍증인 구루병을 예방한다.

35 피부에 대한 설명 중 잘못된 것은?

① 진피는 망상층과 유두층으로 나뉜다.
② 피부의 구조 중 가장 아래층은 피하조직이다.
③ 진피는 피부의 생리작용 중 중요한 역할을 한다.
④ 표피는 각화현상이 일어나며 가장 두터운 층이다.
⑤ 표피는 각질층, 투명층, 과립층, 유극층, 기저층 순으로 구성되어 있다.

✓ 피부에서 가장 두터운 층은 진피이다.

36 다음 중 케라틴 세포와 멜라닌 세포를 가지고 있는 층은?

① 진피의 망상층   ② 진피의 유두층
③ 표피의 유극층   ④ 표피의 기저층
⑤ 표피의 각질층

✓ 표피의 기저층은 케라틴 세포와 멜라닌 세포를 가지고 있는 층

37 결합섬유와 탄력섬유로 구성되어 있으며 혈관, 신경세포, 임파액 등 많은 조직이 분포되어있는 곳은?

① 표피   ② 진피
③ 피하조직   ④ 망상층
⑤ 유두층

✓ 진피는 결합섬유와 탄력섬유로 구성되어 있다.

38 아포크린샘의 설명으로 틀린 것은?

① 소한선이라고도 한다.
② 땀의 산도가 붕괴되면 심한 냄새를 동반한다.
③ 겨드랑이, 대음순, 배꼽주변에 존재한다.
④ 인종적으로 흑인이 가장 많이 분비하고, 동양인과 백인이 가장 적게 분비한다.
⑤ 대한선이라고도 한다.

✓ 소한선은 에크린한선이라고도 한다.

39 겨드랑이 냄새는 어떤 분비물이 증가와 이상이 있기 때문인가?

① 소한선   ② 대한선
③ 스테로이드   ④ 피지선
⑤ 박테리아

✓ 겨드랑이 냄새는 대한선<아포크린선>의 증가와 이상이다.

40 피부에 방어 역할을 하며 비늘 층이라 불리며 NMF가 존재하는 부분은 피부구조 중 어디에 속해져 있나?

① 각질층   ② 투명층
③ 기저층   ④ 유두층
⑤ 망상층

✓ 각질층은 피부에 방어 역할을 하며 비늘층이다.

정답 34. ④ 35. ④ 36. ④ 37. ② 38. ① 39. ② 40. ①

41 모근 최하층에 위치하며 모발의 성장물질을 분비하고 모발의 성장 조절 및 모질의 굵기를 조절하는 부분은 어디인가?

① 모모세포   ② 모유두   ③ 모낭
④ 모구   ⑤ 모피질

✓ 모유두는 모발의 성장 조절 및 모질의 굵기를 조절한다.

42 모발의 기원이 되는 세포로 왕성한 세포분열과 모간부 및 모낭을 생성하며 색소를 결정하는 부분은 어느 곳인가?

① 모모세포   ② 모듀우   ③ 모낭
④ 모구   ⑤ 모피질

✓ 모모세포는 왕성한 세포분열과 모간부 및 모낭을 생성하며 색소를 결정한다.

43 모발성장 3단계 중 모모세포분열이 저조해져 아주 천천히 성장이 멈춰지는 시기는?

① 성장기   ② 퇴행기
③ 휴지기   ④ 발생기
⑤ 초기성장기

✓ 퇴행기는 모모세포분열이 저조해져 아주 천천히 성장이 멈춰지는 시기이다.

44 모발을 만들어내는 곳으로 표피세포들이 진피 쪽으로 밀고 내려와 주머니 모양을 하고 있으며 모근을 둘러싸고 있는 곳은?

① 모낭   ② 모구
③ 모모세포   ④ 피지선
⑤ 모간

✓ 모낭은 주머니 모양을 하고 있으며 모근을 둘러싸고 있다.

45 모유두와 접해진 부분으로 모세혈관으로부터 영양과 산소를 받아들여 세포분열하는 이곳은?

① 입모근   ② 모모세포
③ 모피질 세포   ④ 모근
⑤ 모구

✓ 모모세포는 모세혈관으로부터 영양과 산소를 받아들여 세포분열을 한다.

46 벌집모양의 다각형 세포로 존재하며 모발의 굵기에 따라 있기도 하고, 없기도 하다. 대체적으로 동물의 50% 정도의 면적을 차지하여 보온성 역할을 하는 이 부분은?

① 모표피   ② 모피질   ③ 모수질
④ 모근   ⑤ 모간

✓ 모수질은 동물의 50% 정도의 면적을 차지하여 보온성 역할을 한다.

47 모피질에 대한 설명 중 옳은 것은?

① 친수성을 띤다.
② 친유성을 띤다.
③ 중간적 성질을 띤다.
④ 모발 바깥쪽에 위치한다.
⑤ 모세혈관이 있는 모구가 위치한다.

✓ 모피질은 친수성을 띤다.

48 모낭벽에 붙어 있고 수축 시 모발을 수직으로 세우며 피지를 촉진시키는 부위는?

① 입모근   ② 모구   ③ 모낭
④ 모유두   ⑤ 모모세포

✓ 입모근은 수축 시 모발을 수직으로 세우며 피지를 촉진시킨다.

정답   41. ②   42. ①   43. ②   44. ①   45. ②   46. ③   47. ①   48. ①

49 피지의 구성성분으로만 구성된 것은?

> ㉠ 지방산   ㉤ 스쿠알렌
> ㉡ 암모니아   ㉥ 왁스에스테르
> ㉢ 아미노산   ㉦ 트라이글리세라이드
> ㉣ 콜레스테롤에스테르   ㉧ 크레아틴

① ㉠, ㉡, ㉢   ② ㉡, ㉢, ㉣, ㉤
③ ㉢, ㉣, ㉤, ㉥   ④ ㉣, ㉤, ㉥, ㉦
⑤ ㉤, ㉥, ㉦, ㉧

- 땀의 구성성분 – 수분(99%), 소금, 요소, 암모니아, 아미노산, 단백질, 젖산, 크레아틴 등
- 피지의 구성성분 – 트라이글리세라이드, 지방산, 콜레스테롤에스테르, 스쿠알렌, 왁스에스테르, 다이글리세라이드

50 햇빛은 파장에 따라 자외선(6%), 가시광선(52%), 적외선(42%) 등으로서 파장범위에 따라 UVA, UVB, UVC로 구분된다. 이러할 때 연결이 잘못된 것은?

① UVA – 노화의 주범, 장파장으로서 진피층 20~30%까지 침투
② UVB – 선탠의 주범, 중파장, 진피상부 10% 정도까지 침투
③ UVC – 축적 시 피부암 유발, 단파장, 각질층에서 대부분 산란, 일부는 홍반생성
④ 파장범위 – UVA(320~400mm), UVB(290~320mm), UVC(280~290mm)
⑤ UVA –색소침착성 반점생성
UVB-급격한 피부노화 초래 및 피부암 발생
UVC-모세혈관 확장증, 피부조기노화

- UVB – 모세혈관 확장증과 피부조기노화
- UVC – UVB보다 심하고 급격한 피부노화 초래 및 피부암 발생

【 단답형 】

01 다음 <보기>에서 ㉠에 적합한 용어를 작성하시오.

> (㉠)란 피부의 산성도를 측정하여 pH로 나타낸다.

답) _____

02 다음 <보기>에서 ㉠에 적합한 용어를 작성하시오.

> (㉠)는 피부로부터 증발하는 수분량인 경피수분손실량을 측정하며, 피부장벽 기능을 평가하는 수치로 이용될 수 있다.

답) _____

03 다음 <보기>에서 ㉠, ㉡에 적합한 용어를 작성하시오.

> - (㉠)는 모구 아래쪽에 위치하며 작은 말발굽 모양으로 모발성장을 위해 영양분을 공급해 주는 혈관과 신경이 몰려있다.
> - (㉡)는 모유두로부터 영양공급을 받아 세포분열 하여 모발을 만든다.

답) _____

04 다음 <보기>에서 ㉠에 적합한 용어를 작성하시오.

> (㉠)은 표피세포의 각질화에 의해 떨어져 나온 조각으로 피지나 땀, 먼지 등이 붙어있다. 성별이나 계절, 연령 등에 따라 차이를 보이며 피부가 건조해지기 쉬운 겨울에 주로 발생된다.

답) _____

정답 49. ④ 50. ⑤

정답 01. 피부 pH   02. 피부건조   03. ㉠ 모유두, ㉡ 모모세포
04. 비듬

05 다음 <보기>에서 ⊙에 적합한 용어를 작성하시오.

> 비듬이 심해지면 탈모의 원인이 되며, 원인균은 (⊙)진균이다.

답) _____

06 진피조직의 특징과 관련된 내용으로서 다음 <보기>에 적합한 용어를 작성하시오.

> • 피부 내 진피는 90% 이상, 표피층의 20~40배 깊이 (⊙)mm와 두께 약 (ⓒ)mm로서 결체조직섬유와 기질세포로 구성되어 있다.
> • 표피에 비해 세포의 종류가 적고 주로 교원질(콜라겐) 약 70% 탄력섬유(엘라스틴) 약 2% 정도의 (ⓒ) 섬유로 구성된 결체조직과 그 사이를 채우고 있는 (ⓔ) 등과 같은 무코다당류로 구성된 기질로 이루어져 있다.

답) _____

07 피부 표피 내 과립층에 관련된 내용이다. 다음 <보기>에 들어갈 적합한 용어를 쓰시오.

> • 각질화과정이 실제로 시작되는 과립층은 3~5층의 무핵편평 또는 반추형의 다이아몬드형 세포 구근이다.
> • 라멜라바디 안의 조직은 두 가지로 변형되어 각질층에 꼭 필요한 (⊙)과 (ⓒ)를 내보낸다.
> • 외부로부터 이물질과 물의 침투를 막아주는 방어막 역할과 동시에 피부 내부로부터 수분증발을 막아 피부가 건조해지는 것을 방지해 주는 기능을 한다.

답) _____

08 피지막과 천연보습인자에 관한 내용으로서 다음 <보기>에 들어갈 적합한 용어를 쓰시오.

> 피지선에서 나온 피지와 한선에서 나온 땀으로 이루어지는 피지막은 유주수형(w/o)로서 (⊙) 효과, (ⓒ)을 막아 수분조절 역할을 한다.

답) _____

정답   05. 말라세시아   06. ⊙ 2~4mm 깊이, ⓒ 0.5~4mm 두께, ⓒ 단백질, ⓔ 히아루론산(Hyaluronic acid)
07. ⊙ 세포간지질, ⓒ 천연보습인자   08. ⊙ 세균살균, ⓒ 수분증발

Chapter 3. 관능평가 방법과 절차

Section 01 관능평가 방법과 절차

1 화장품의 관능평가

1) 관능검사 평가 방법

- 화장품의 본래 기능은 피부 및 모발에서의 사용성에 두고 있다. 이는 사용 시 온화하게 작용함으로써 사람이 느끼는 오감(시각, 후각, 청각, 미각, 촉각 등)에 의해 평가하는 제품검사를 말한다.

- 관능평가에는 좋고 싫음을 주관적으로 판단하는 기호형과 표준품(기준품) 및 한도품 등 기준과 비교하여 합격품, 불량품을 객관적으로 평가, 선별하거나 사람의 식별력 등을 조사하는 분석형으로 구분된다.

- 화장품의 유효성은 제품을 실제로 사용하였을 때의 관능 평가법과 이를 객관적으로 증명하는 물리광학적 측정법 등이 이용되고 있다.

관능요소	관능평가	평가법	관능요소	관능평가	평가법
물리적	·촉촉함, 보송보송함, 보들보들함, 뽀드득함, 매끄러움, 가볍게 스며듦, 뻑뻑하게 밀림, 단단함, 산뜻함	·마찰감 테스트 ·점탄성 측정	광학적	·투명감, 매트함, 광택(윤기)	·변색 분광측정계 ·클로스메터
	·끈적거림, 매끈거림	·핸디압축 시험법		·지속력 유지, 지워짐 ·균일성, 뭉침, 번짐	·색채측정 ·확대 비디오 관찰
	·탄력, 부드러움	·유연성 측정		·번들번들거림(광택) ·빛나지 않음(무광택)	·광택계

- 관능검사 평가란 인간의 오감을 측정 수단으로 내용물의 품질특성을 수행하는 평가법이다.

- 이는 주관적으로 하는 기호형 평가방법과 표준품이나 한도품 등 기준과 비교하여 합격품 또는 불량품을 객관적으로 선별하고 평가하는 분석형 평가 방법으로 분류할 수 있다.

(1) 관능평가절차

화장품의 표시 성분 수는 대략적으로 10~30개 정도로서 이러한 성분들이 혼합됨으로써 관능적인 화장품이 제조된다. 이는 화장품의 품질요소인 안정성, 유효성, 사용성, 환경성 등의 평가 기반이 된다.

<원자재 및 제품>

- 시험 검체를 체취하고 사용감 시험 방법에 따라 시험하고 있다.
- 시험 검체를 제취하고 향취 시험 방법에 따라 시험한다.

<원자재 시험 검체와 제품>

- 공정단계별 시험 검체를 채취하고 각각의 기준과 평가척도를 고려한다.

① 성상(외관, 색상)

- 이를 검사하기 위한 표준품을 선정한다.
- 시험 방법에 따라 시험하고 적합유무를 판정하여 기록·관리한다.

② 향취

- 이를 검사하기 위한 표준품을 선정하고 보관·관리한다.
- 시험 결과에 따라 적합유무를 판정하고 기록·관리한다.

③ 사용감 검사

- 원자재나 제품을 사용할 때 피부에서 느끼는 감각으로 매끄럽게 발리거나 바른 후 가볍거나 무거운 느낌, 밀착감, 청량감 등을 말한다.

(2) 관능평가에 사용되는 표준품의 종류

육안을 통한 관능평가에 사용되는 표준품은 표준견본의 종류에 따른 표준 내용으로 설명된다.

견본의 종류	표준 내용	견본의 종류	표준 내용
·제품표준	·완성제품의 개별포장에 관한	·원료표준	·원료의 냄새, 성상, 색상 등에 관한
·제품색조표준	·제품 내용물 색조에 관한	·충진위치	·내용물을 제품용기에 충전할 때의 액면 위치에 관한
·제품내용물 및 원료표준	·성상, 냄새, 사용감, 외관에 관한	·벌크제품표준	·성상, 냄새, 사용감에 관한
·레벨부착위치	·완성제품, 레벨부착 위치에 관한	·용기 포장재표준	·용기 포장재의 검사에 관한
·색소원료표준	·색소의 색조에 환한	·용기 포장재 한도	·용기 포장재 외관검사에 사용되는 합격품 한도를 나타내는

(3) 관능평가요소 및 방법

- 화장품의 유효성은 주성분과 관능을 포함한 그 품목의 정보뿐 아니라 사용 초기부터 사용 후까지의 복합 항목은 종합적으로 분석한다. 즉 관능평가 항목의 예시에서 사용 직전의 상태와 사용 중의 감촉, 사용 후의 감촉과 더불어 향기나 색에 대한 기호성 등의 평가를 더 한다면 다양한 요소의 평가방법에 의해 분석되어야 한다.

관능평가항목	기초화장품		메이크업 화장품		사용성 평가
	제품류	핵심품질요소	제품류	핵심품질요소	바르는 느낌이 좋음
사용직전 · 중 · 후	스킨류	탁도, 변취	립스틱류	변취, 분리, 경도 변화	
	로션류	변취, 분리, 점도, 경도 변화	파운데이션류	증발, 변취, 표면 굳음, 점도, 경도 변화	관능표현
· 상태(사용직전): 단단함, 탄력성, 점도, 부착, 윤기 감촉 · 감촉(사용 중): 발림 및 변화 기름진, 스며듦 · 감촉(사용 후): 끈적임 매끄러움, 겉돌음	에센스류	변취, 분리, 점도, 경도 변화	메이크업 베이스류	증발, 변취, 표면 굳음, 점도, 경도변화	잘 발림 촉촉함 끈적이지 않음
	크림류	증발, 표면 굳음, 변취, 분리, 점도, 경도 변화			

알아두기!

① 관능평가 절차(성상 · 색상)

• 크림 · 유액 · 영양액 등의 유화제품은 표준견본과 대조하여 내용물 표면의 매끄러움과 내용물의 흐름성, 내용물의 색이 유백색인지를 육안으로 확인한다.

• 립스틱, 아이섀도, 파운데이션 등 색조제품은 표준견본과 내용물을 슬라이드 글라스(Slide glass)에 각각 소량씩 묻힌 후 슬라이드 글라스(슬라이드)로 눌러서 대조되는 색상을 육안으로 확인한다.

알아두기!

3. 액상의 화장품 원료의 맑은 것을 시험할 때에는 <u>백색의 배경</u>을 써서 안지름의 15mm의 무색시험관에 넣고 백색 위 배경을 써서 액층을 30mm로 하여 관찰함
4. 액상의 화장품 원료의 형광을 관찰할 때에는 <u>흑색의 배경</u>을 써서 안지름 15mm의 무색시험관에 넣고 백색의 배경을 써서 액층을 30mm로 하여 관찰함

② 관능평가 절차(향취)

- 비이커에 일정량의 내용물을 담고 코를 비이커 가까이 대고 향을 맡거나 피부(손등)에 내용물을 바르고 향을 맡는다.

③ 관능평가 절차(사용감)

- 내용물을 손등에 문질러서 느껴지는 사용감(**예** 촉촉함, 보들보들함, 부드럽거나 산뜻함)을 촉각을 통해 확인한다.

2) 인체적용시험 및 효력시험 가이드라인

① 관능시험

품평단인 패널 또는 전문가의 감각을 통한 제품성능에 대한 평가

② 일반 소비자 패널에 의한 평가

소비자평가	맹검 사용시험	비맹검 사용시험
· 소비자들이 관찰하거나 느낄 수 있는 변수들에 기초 - 제품 효능과 화장품 특성에 대한 소비자의 인식을 평가 하는 것	· 소비자의 판단에 영향을 미칠 수 있고 제품의 효능에 대한 인식을 바꿀 수 있는 - 상품명, 디자인, 표시사항 등의 정보를 제공하지 않는 제품사용시험	· 제품의 상품명, 표기사항 등을 알려주고 제품에 대한 인식 및 효능 등이 일치하는지를 조사하는 시험

③ 전문가 패널의 평가

- 정확한 관능기준을 가지고 교육을 받은 전문가 패널의 도움을 얻어 실시한다.

④ 전문가에 의한 평가

- 의사의 감독 하에서 실시하거나 그 외 전문가(준 의료진, 미용사, 직업적 전문가) 관리 하에서 실시하는 평가이다.

알아두기!

☑ 관능평가 방법과 절차

1. 관능검사
• 여러 가지 품질을 인간의 오감에 의하여 평가하는 제품검사
• 화장품 관능검사란? 화장품의 적합한 관능품질을 확보하기 위하여 성상(외관, 색상)검사, 향취검사, 사용감 검사 등의 평가방법

2. 관능검사 평가방법
① 기호형: 좋고 싫음을 주관적으로 판단
② 분석형: 표준품 및 한도품 등 기준과 비교하여 합격품, 불량품을 객관적으로 평가, 선별하거나 사람의 식 별력 등을 조사하는 방법

3. 관능평가에 사용되는 표준품의 종류

견본 구분	표준
제품 표준	· 완성제품의 개별포장에 관한
제품색조 표준	· 제품내용물 색조에 관한
제품내용물 표준	· 외관, 성상, 냄새, 사용감에 관한
레벨부착위치 견본	· 완성제품, 레벨부착 위치에 관한
원료색조 표준견본	· 착색제의 색조에 관한
원료 표준견본	· 외관, 색, 성상, 냄새 등에 관한
향료 표준견본	· 향, 색조, 외관 등에 관한
용기포장재 표준견본	· 용기포장재의 표준에 관한
용기포장재 한도견본	· 용기포장재 외관 검사에 사용하는 합격품 한도를 나타내는

4. 관능평가 시 시험검체 채취 및 절차(GMP 21조-검체의 채취 및 보관)
• 시험용 검체는 오염되거나 변질되지 않도록 채취하고, 채취 후에는 원상태에 준하는 포장을 해야 하며, 채취 후에는 원상태에 준하는 포장을 해야 하며, 검체가 채취되었음을 표시해야 한다.
• 시험용 검체의 용기에는 명칭 또는 확인코드[1], 제조일자[2], 검체 채취일자[3]를 기재해야 한다.
• 완제품의 보관용 검체는 적절한 보관조건 하에 지정된 구역 내에서 제조단위 별로 사용기한 경과 후 1년 간 보관해야 한다(단, 개봉 후 사용기간을 기재하는 경우에는 제조일로부터 3년간 보관해야 함).

【 선다형 】

01 품질관리 측면의 관능평가 방법에 대한 설명이다. 바르지 않은 것은?

① 유화제품은 표준 견본과 대조하여 내용물 표면의 매끄러움과 내용물의 흐름성 내용물의 색이 투명색인지를 육안으로 확인한다.

② 색조 제품은 표준견본과 내용물을 슬라이드 글라스에 각각 소량씩 묻힌 후 슬라이 글라스로 눌러서 대조되는 색상을 육안으로 확인한다.

③ 향취는 비이커에 일정량의 내용물을 담고 코를 비이커에 가까이 대고 향취를 맡는다.

④ 사용감은 내용물을 손등에 문질러서 느껴지는 사용감을 촉각을 통해 확인한다.

⑤ 관능평가는 좋고 싫음을 주관적으로 판단하는 기호형과 표준품 및 한도품 등과 비교하여 합격품 불량품을 객관적으로 평가하는 2종류가 있다.

✓ 유화제품은 표준 견본과 대조하여 내용물 표면의 매끄러움과 내용물의 흐름성 내용물의 색이 유백색인지를 육안으로 확인한다.

02 품질관리 측면의 관능평가 방법에 대한 설명이다. 바르지 않은 것은?

① 관능시험은 패널 또는 전문가의 감각을 통한 제품성능에 대한 평가이다.

② 소비자 패널 평가는 소비자들이 관찰하거나 느낄 수 있는 변수들에 기초하여 제품 효능과 화장품 특성에 대한 소비자의 인식을 평가하는 것이다.

③ 맹검 사용시험이란 소비자의 판단에 영향을 미칠 수 있고 제품 효능에 대한 인식을 바꿀 수 있는 상품명, 디자인, 표시사항 등의 정보를 제공하지 않는 시험이다.

④ 비맹검 사용시험이란 제품 상품명 디자인 표기 사항 등을 알려주고 제품에 대한 인식 및 효능 등이 일치하는지 조사하는 방법이다.

⑤ 전문가 패널평가는 정확한 관능 기준을 가지고 교육을 받은 소비자 패널의 도움을 얻어 실시한다.

✓ 전문가 패널평가는 정확한 관능 기준을 가지고 교육을 받은 전문가 패널의 도움을 얻어 실시한다.

03 화장품의 관능평가 방법으로 적절하지 않은 것은?

① 인간의 오감을 측정 수단으로 내용물의 품질특성을 수행하는 평가법이다.

② 관능평가에는 물리적, 광학적 요소로 분류할 수 있다.

③ 관능평가에는 표준품(기준품) 및 한도품 등 기준과 비교하여 합격품, 불량품을 객관적으로 평가, 선별하거나 사람의 식별력 등을 조사하는 분석형으로 구분된다.

④ 관능평가에는 좋고 싫음을 객관적으로 판단하는 기호형이 있다.

⑤ 화장품의 유효성은 제품을 실제로 사용하였을 때의 관능 평가법과 이를 객관적으로 증명하는 물리화학적 측정법 등이 이용되고 있다.

✓ 관능평가에는 좋고 싫음을 주관적으로 판단하는 기호형과 표준품(기준품) 및 한도품 등 기준과 비교하여 합격품, 불량품을 객관적으로 평가, 선별하거나 사람의 식별력 등을 조사하는 분석형으로 구분된다.

04 화장품의 관능평가 절차로 바르지 않은 것은?

① 향취를 검사하기 위한 벌크를 선정하고 보관·관리한다.

② 원자재 및 제품은 시험 검체를 제취하고 향취 시험 방법에 따라 시험한다.

③ 외관과 색상은 시험 방법에 따라 시험하고 적합유무를 판정하여 기록·관리한다.

④ 원자재 및 제품은 시험 검체를 체취하고 사용감 시험 방법에 따라 시험하고 있다.

⑤ 원자재 시험검체와 제품은 공정단계별 시험검체를 채취하고 각각의 기준과 평가척도를 고려한다.

✓ • 화장품의 품질요소인 안정성, 유효성, 사용성, 환경성 등의 평가 기반이 된다.
  • 향취를 검사하기 위한 표준을 선정하고 보관·관리한다. 또한 시험 결과에 따라 적합유무를 판정하고 기록·관리한다.

05 화장품의 관능평가요소 및 방법으로 적절하지 않은 것은?

① 점도, 경도변화를 관찰한다.
② 변취 시 화장품을 적당량 손등에 펴 바른 후 향료의 냄새를 중점적으로 맡는다.
③ 침전, 탁도: 탁도 측정용 10mL 바이알(Vial)에 액상제품을 담은 후 탁도계를 이용하여 현 탁도를 측정한다.
④ 비이커에 일정량의 내용물을 담고 코를 비이커 가까이 대고 향을 맡거나 피부(손등)에 내용물을 바르고 향을 맡는다.
⑤ 내용물을 손등에 문질러서 느껴지는 사용감(예-촉촉함, 보들보들함, 부드럽거나 산뜻함)을 촉각을 통해 확인한다.

✓ 변취 : 화장품을 적당량 손등에 펴 바른 후 베이스의 냄새를 중점적으로 맡는다. → 표준품(제조 직후)과 비교 하여 변취 여부를 확인한다.

06 화장품의 인체적용시험 중 평가방법으로 적절하지 않은 것은?

① 맹검 사용시험
② 비맹검 사용시험
③ 제조업자에 의한 평가
④ 일반 소비자 패널에 의한 평가
⑤ 정확한 관능기준을 가지고 교육을 받은 전문가 패널의 도움을 얻어 실시

✓ • 일반 소비자 패널에 의한 평가(소비자평가, 맹검사용시험, 비검사용시험)이 있다.
  • 전문가 패널의 평가(정확한 관능기준을 가지고 교육을 받은 전문가 패널의 도움을 얻어 실시)
  • 전문가에 의한 평가(의사의 감독 하에서 실시하거나 그 외 전문가(준 의료진, 미용사, 직업적전문가) 관리 하에서 실시하는 평가)

07 화장품의 본래 기능은 피부 및 모발에서의 사용성에 두고 있다. 이러할 때 화장품의 유효성은 제품을 실제로 사용하였을 때의 관능평가법과 이를 객관적으로 증명하는 물리·광학적 측정법 등을 이용하고 있다. 물리적 관능요소로만 바르게 연결된 것은?

┌─────────────────────────────────┐
│ ㉠ 탄력   ㉡ 촉촉함   │
│ ㉢ 마찰감 테스트 ㉣ 보송보송함   │
│ ㉤ 유연성 측정   ㉥ 번들번들거림 │
│ ㉦ 확대 비디오 관찰   │
└─────────────────────────────────┘

① ㉠, ㉡, ㉢   ② ㉡, ㉢, ㉣
③ ㉢, ㉣, ㉤   ④ ㉣, ㉤, ㉥
⑤ ㉤, ㉥, ㉦

✓ 광학적 관능과 평가법에는 탄력, 부드러움(유연성 측정), 번들번들거림(광택계)로 측정함.

08 다음 <보기>는 관능평가 요소 및 방법에서 제품류에 따른 핵심품질 요소 관련 관능평가 항목이다. 사종 직전, 사용 중, 사용 후의 연결로 올바른 것은?

┌──────────────────────────────────────┐
│ ㉠ 스킨류 - 탁도, 변취   │
│ ㉡ 로션류 - 변취, 분리, 점도, 경도변화 │
│ ㉢ 크림류 - 변취, 표면 굳음, 경도, 분리, 점도 │
│ ㉣ 립스틱류 - 변취, 분리, 점도, 경도변화 │
│ ㉤ 파운데이션류 - 탁도, 변취, 증발, 점도, 경도변화 │
│ ㉥ 에센스류 - 변취, 분리, 점도, 경도변화 │
│ ㉦ 메이크업베이스류 - 탁도, 변취, 점도, 경도변화, 표면 굳음 │
└──────────────────────────────────────┘

① ㉠, ㉡, ㉢   ② ㉡, ㉢, ㉣
③ ㉢, ㉣, ㉤   ④ ㉣, ㉤, ㉥

⑤ ㉤, ㉧, ㉭

✓
- 립스틱류 – 변취, 분리, 경도변화
- 파운데이션류 – 증발, 변취, 표면굳음, 점도, 경도변화
- 메이크업베이스류 – 변취, 증발, 표면굳음, 점도, 경도변화

09 관능평가 요소 및 방법에 따른 시험항목 및 방법이 옳은 것은?

① 변취 – 화장품을 적당량 손등에 펴 바른 후 베이스의 냄새를 중점적으로 맡는다.

② 분리 – 시료를 실온에서 방치한 후 점도 측정 용기에 시료를 넣고 시료의 점도 범위에 적합한 스핀들을 사용하여 점도를 측정한다.

③ 침전·탁도 – 육안과 현미경을 이용하여 응고, 기포, 겔화, 분리현상, 유화입자 크기, 빙결 여부 등을 관찰한다.

④ 증발·굳음현상 – 탁도 측정용 100mL 바이알에 액상제품을 담은 후 탁도계를 이용하여 현탁도를 측정한다.

⑤ 점도·경도변화 – 시료를 실온으로 식힌 후 시료 보관 전후의 무게 차이를 측정, 시험품 표면을 일정량 취하여 장원기 일반시험법에 따른다.

✓
②는 점도·경도변화에 대한 시험방법임
③은 분리에 대한 시험방법임
④는 침전·탁도의 시험방법임
⑤는 증발·굳음현상의 시험방법임

10 다음 <보기>에서 관능평가에 사용되는 표준품의 종류와 관련된 외관, 색, 성상, 냄새 등에 관한 견본 구분으로 맞는 것은?

① 제품표준 ② 제품색조표준
③ 원료표준견본 ④ 향료표준견본
⑤ 원료색조표준견본

✓
①은 완성제품의 개별포장에 관한
②는 제품내용물 색조에 관한
④는 향, 색조, 외관 등에 관한
⑤는 착색제의 색조에 관한

【 단답형 】

01 다음 <보기>에서 ㉠에 적합한 용어를 작성하시오.

(㉠)는 여러 가지 품질을 인간의 오감에 의하여 평가하는 제품검사를 말한다.

답) _____

02 다음 <보기>에서 ㉠에 적합한 용어를 작성하시오.

(㉠)은 패널(품평단) 또는 전문가의 감각을 통한 제품성능에 대한 평가를 말한다.

답) _____

03 다음 <보기>에서 ㉠에 적합한 용어를 작성하시오.

(㉠)은 원자재나 제품을 사용할 때 피부에서 느끼는 감각으로 매끄럽게 발리거나 바른 후 가볍거나 무거운 느낌, 밀착감, 청량감 들을 말한다.

답) _____

04 다음 <보기>에서 ㉠㉡에 적합한 용어를 작성하시오.

화장품의 유효성은 제품을 실제로 사용하였을 때의 (㉠)과 이를 객관적으로 증명하는 물리화학적 측정법 등이 이용되고 있다. (㉡) 평가란 인간의 오감을 측정수단으로 내용물의 품질특성을 수행하는 평가법이다.

답) _____

정답 01. 관능평가 02. 관능시험 03. 사용감
04. ㉠ 관능평가법, ㉡ 관능검사

05 다음 <보기>에서 ㉠에 적합한 용어를 작성하시오.

> 관능검사 평가란 인간의 오감을 측정수단으로 내용물의 (㉠)을 수행하는 평가법이다.

답) _____

06 다음 <보기>는 관능평가 절차에 관한 내용이다. ㉠㉡㉢에 적합한 용어를 넣어서 완성하시오.

> • 크림·유액·영양색 등의 유화제품은 표준견본과 대조하여 내용물 표면의 매끄러움과 내용물의 흐름성, 내용물의 색이 유백색인지를 (㉠)으로 확인한다.
> • 비이커에 일정량의 내용물을 담고 코를 비이커 가까이 대고 (㉡)을 맡거나 피부(손등)에 내용물을 바르고 (㉡)을 맡아 확인한다.
> • 내용물을 손등에 문질러서 느껴지는 (㉢)을 후각을 통해 확인한다.

답) _____

07 다음 <보기>는 관능검사와 평가방법에 대한 내용이다. ㉠㉡에 들어갈 내용을 작성하시오.

> 화장품의 적합한 관능품질을 확보하기 위하여 성상검사, 향취검사, 사용감검사 등의 평가방법에는 (㉠)으로서 좋고 싫음을 주관적으로 판단한다. (㉡)은 표준품 및 한도품 등 기준과 비교하여 합격품, 불량품을 객관적으로 평가, 선별하거나 사람의 식별력 등을 조사하는 방법이다.

답) _____

08 다음 <보기>는 관능평가 시 시험검체 채취 및 절차에 관한 내용이다. ㉠㉡㉢㉣에 들어갈 내용을 작성하시오.

> • 시험용 검체는 오염되거나 변질되지 않도록 (㉠)하고, (㉠) 후에는 원상태에 준하는 포장을 해야 하며, 검체가 (㉠)되었음을 표시해야 한다.
> • 시험용 검체의 (㉡)에는 명칭 또는 확인코드 (㉢), 검체채취일자를 기재해야 한다.
> • 완제품의 보관용 검체는 적절한 보관조건 하에 지정된 구역 내에서 제조단위별로 사용기한 경과 후 (㉣)간 보관해야 한다.

답) _____

09 관능평가요소 및 방법에 관한 내용이다. 다음 <보기>는 관능평가 항목 중 사용직전·중·후의 제품류에 따른 핵심품질요소로서 ( )에 들어갈 내용을 작성하시오.

> • 사용직전·중·후-스킨류-탁도·변취
> • 사용직전·중·후-(㉠)-변취·분리·점도·경도변화
> • 사용직전(상태)-(㉡)-변취·분리·점도·경도변화
> • 사용중(감촉)-크림류-증발·표면굳음·변취·분리·점도·경도변화
> • 사용후(감촉)-(㉢)-증발·표면굳음·변취·분리·점도·경도변화

답) _____

10 인체적용시험 및 효력시험 가이드라인 중에서 일반소비자 패널에 의한 평가로서 다음 <보기>에 들어갈 내용을 적으시오.

> 제품의 상품명, 표기사항 등을 알려주고 제품에 대한 인식 및 효능 등이 일치하는지를 조사하는 시험

답) _____

정답 05. 품질특성 06. ㉠ 육안, ㉡ 향, ㉢ 사용감 07. ㉠ 기호형, ㉡ 분석형 08. ㉠ 채취, ㉡ 용기, ㉢ 제조일자, ㉣ 1년
09. ㉠ 로션류, ㉡ 에센스류, ㉢ 메이크업 베이스류 10. 비맹검 사용시험

Chapter 4. 제품상담

고객정보보호법에 근거한 별도의 고객상담 매뉴얼 및 관리프로그램을 운영해야 한다.

Section 01 맞춤화장품의 효과

고객에게 제품 판매 후 그 제품에 문제나 하자가 생겼을 시 고객과 제품에 대해서 상담할 수 있다.

① 제품 상담일지

상담번호[1], 상담시간[2], 고객명[3], 연락처[4], 주소[5], 이메일[6], 상담내용[7], 결과조치[8] 등의 서식 구성 항목이다.

② 작성 시 주의점

고객정보보호법에 근거하여

· 사실에 대해 진실하게 작성한다.	· 각 항목에 정확한 내용만을 작성한다.
· 상담내용에 대해 구체적으로 작성해야 한다.	· 각 항목에 알맞은 내용을 작성하고, 수정할 부분은 없는지 재검토한다.

③ 맞춤형화장품의 효과

· 피부에 적용되는 화장품의 기능은 미백, 주름개선, 자외선으로부터 피부 보호 및 일반 화장품으로 청정 보습, 유연 등의 효능과 효과를 제공하고 있다. · 고객 개별적인 피부타입에 따라 맞춤형화장품을 적절하게 혼합·소분하여 사용함으로써 더욱 더 많은 효과를 볼 수 있을 것이다. · 피부를 청정하게 하며 pH의 안정감을 갖게 한다.	· 피부에 수분을 공급하여 촉촉함을 조절하며 유연하게 한다. · 피부에 수렴효과를 주어 피부탄력을 증가시킨다. · 피부 거칠음을 방지하고 피부결을 가다듬는다. · 피부노화를 막기 위해 자외선으로부터 피부를 보호한다. · 피부 주름개선을 위해 보습·유연 등의 효능과 효과를 증진시킨다.

화장품 사용 시 또는 사용 후의 공통 유의사항으로서 이상증상(직사광선에 의한 화장품 사용 부위의 붉은 반점, 부어오름 또는 가려움) 등의 부작용이 있는 경우 전문의 등과 상담해야 한다. 일반적으로 염증반응으로서 홍반·부종·가려움 등에 따른 따끔거림과 작열감, 자통 등으로 이어진다.

(1) 자극반응

화장품을 도포 한 후 손상이나 염증이 나타나는 경우로서 화장품 성분 중 하나의 성분 또는 여러 개의 성분이 복합적으로 반응할 수 있는 계면활성제, 방부제, 인공향료, 색소 등이 피부 자극 반응을 야기할 수 있다.

(2) 광 알레르기

자외선흡수제, 살균제, 향료 등의 특정성분을 바르고 자외선에 노출되었을 때 야기될 수 있다.

(3) 따끔거림 또는 홍반

따가운 증상은 예민성 피부에 화장품을 발랐을 때 쉽게 붉어지는 증상이다. 환경 변화나 인체 내부의 변화에 의해 반응하는 자극반응과 함께 피부염을 동반한다.

(4) 접촉두드러기 증후군

가려움, 따끔거림, 작열감, 홍반 같은 가벼운 증상에서 아나필락시스나 사망과 같은 매우 심한 증상까지 다양하다. 특정물질 노출 후 30~60분 이내에 전형적인 두드러기와 발작이 나타나는 것으로 즉각적인 접촉두드러기의 진단은 과거의 병력과 의심되는 물질에 대한 피부검사로 한다.

(5) 방부제는 미생물에 의한 화장품의 오염을 방지하기 위하여 첨가하는 물질이다. 부작용의 발생 때문에 최근에는 무 방부제 화장품도 개발되었다.

(6) 향료에 의한 알레르기는 화장품뿐 아니라 주방용품, 작업장의 세정제, 방향제 등 모든 제품에 있다.

(7) 알레르기성 접촉 피부염은 지연과민 반응이라고도 하여 대부분 향, 방부제 등 몇 가지 기타 원료에 의해서 야기되는 화장품에 의한 알레르기 반응이다.

- **작열감**: 타는 듯한 느낌의 통증 또는 화끈거림
- **자통**: 임신 복통과 같은 뜻으로서 임신 때 명치끝이 아픈 것처럼의 고통
- **지연과민 반응**: 항원에 노출된 후 2~3일이 될 때까지 면역반응이 나타내지 않는 상태, T-Cell에 의한 반응으로 세포·매개성 면역의 한 종류임

Section 03 배합금지 사항 확인·배합

다음은 화장품 안전기준 등에 과한 규정으로서 배합과 관련한 사항을 과거 기준과 비교하여 제시하였다.

- 소비자의 직·간접적인 요구에 의해 기존 화장품이 특정성분과 혼합된다.
- 과거 > 기존 화장품 제조는 공급자의 결정에 따라 일방적으로 생산되었다.
- 기본 제형(또는 유형)이 정해져 있어야 하고, 기본 제형의 변화가 없는 범위 내에서 특정성분이 혼합된다.
- 과거 > 타사 브랜드에 특정 성분을 혼합하여 새로운 브랜드로 판매 금지
- 화장품 법에 따라 등록된 업체에서 공급한 특정성분이 혼합된 것을 원칙으로 하나 화학적인 변화 등 인위적인 공정을 거치지 않는 성분의 혼합도 가능하다.
- 과거 > 원칙적으로는 안전성 및 품질관리에 대해 일차적으로 검증된 성분을 사용해야 함
- 제조판매업자가 특정성분의 혼합범위에 규정하고 있는 경우에만 그 범위 내에서 특정성분의 혼합이 이루어져야 한다.
- 과거 > 사전 조절 범위에 대하여 제품 생산 전에 안전성 및 품질관리 가능
- 기존 표시·광고된 화장품의 효능·효과에 변화가 없는 범위 내에서 특정성분의 혼합이 이루어져야 한다.
- 과거 > 임의적인 효능·효과 변경 불가
- 원료 등만을 혼합하는 경우는 제외한다.

Section 04 내용물 및 원료의 사용제한 사항

1) 유통화장품 안전관리 기준 주요내용

(1) 비의도적 유래물질

구분	
납★	· 20μg/g 이하- 점토를 원료로 사용한 분말 제품(50μg/g 이하) - 사용금지원료에서 비의도적 유래물질로 검출허용 한도
니켈	· 10μg/g 이하(눈 화장용 제품(35μg/g 이하, 색조화장품 제품(30μg/g 이하)
비소	· 10μg/g 이하, 카드뮴(cd): 5μg/g 이하
수은	· 1μg/g 이하
안티몬	· 10μg/g 이하
디옥산	· 100g/g 이하
메탄올	· 0.2%(v/v) 이하 -물휴지(0.002%(v/v) 이하)

포름알데하이드	· 2.000μg/g 이하 -물휴지(20μg/g 이하)
프탈레이트류	· 디부틸프탈레이트, 부틸벤질프탈레이트, 디에틸헥실요탈레이트 총 합으로서 100μg/g 이하

(2) 미생물 한도⭐

- 총 호기성 생균 수
- 영유아용 제품류 및 눈화장용 제품류 500개/g(mL) 이하
- 물휴지
- 세균 및 진균수 각각 100개/g(mL) 이하
- 기타화장품: 1.000개/g(mL) 이하

- 불검출되어야 하는 균류
- 대장균, 녹농균, 황색포도상구균

2) 2017 안전기준 개정

성분명	개정내용
비페닐-2-올(o-페닐페놀) 및 그 염류	· 페놀로서 0.15%
크림바졸	· 두발용 제품에 0.5%, 기타 사용금지
메틸아이소티아졸리논(MIT)	· 사용 후 씻어내는 제품 0.01%, 기타 사용금지(단, CMIT 메틸클로로아이소티아졸리논/MIT 메틸아이소티아졸리논 혼합물과 병행사용금지)
폴리(1-헥사메틸바이구아니드) ACL	· 전유형 0.05%, 에어로졸(스프레이에 한함) 제품에 사용금지
페닐살리실산	· 사용금지
미세플라스틱	· 씻어내는 제품에 사용금지(해당 유형*을 고시에서 세부적으로 명시)

 알아두기!

☑ CMIT/MIT
- 유독화학물질이며 미생물 증식을 방지하거나 지연시켜 제품변질을 방지하기 위해 사용되는 살균보존제 성분
- 물에 쉽게 녹고 휘발성이 높으며 자극성 부식성이 커 일정농도이상 노출 시 피부, 호흡기, 눈에 강한 자극을 준다.
- 1991년 SK케미칼이 개발 이후 가습기 살균제, 치약, 구강청결제, 화장품, 샴푸 등 각종 생활화학제품에 사용되어 왔다.
- 2012년 환경부가 유독물질로 지정하였고 현재 한국과 유럽에서는 의약외품 및 화장품 중 씻어내는 제품에 한하여 0.0015%(15ppm)로 희석하여 사용되고 있다.

☑ 페닐살리실리산(Phenylsalicylate)
- 변성제, 살균보존제, 착향제로 사용된다.

☑ 미세플라스틱(Microplastics)
- 미세플라스틱은 의도적으로 제조되었거나 또는 기존 제품이 조각나서 미세화된 크기 5mm 이하의 합성고분자 화합물로 정의된다(GESMAP, 2015).

- 5mm 이하의 크기[2~5mm 레진펠렛(Resin pellet), 초기 2~5mm의 플라스틱 원료물질]로 세안제와 치약에 들어있는 <u>스크럽제(마이크로 비즈라고 불림)</u>이다.
- 용기 제조 또는 수입한 제품의 유통 경과 조치: 1년(2018.6.30)

(1) 2017 안전기준 개정 중 기능성화장품 확대 관련

☑ **기능성화장품 확대에 따른 2017 안전기준 개정**
- **의약외품에서 전환**: 염모제, 탈염·탈색, 제모제, 탈모, 여드름성 피부완화(2017.5.30)
- **신규**: 아토피성 피부로 인한 건조함 완화에 도움, 튼살로 인한 붉은선 완화(2017.6.13.)

- 사용금지 원료 중 염모제 성분에 대한 단서조항 신설→ **<별표1> 사용할 수 없는 원료**

- 염모제에 한하여 사용가능 성분 37개 단서

- 염모제에 사용되는 원료의 사용기준 신설(별표2)

- 사용상의 제한이 필요한 원료(염모제 성분표 신설)

- 신규 기능성화장품에 사용할 수 있는 성분기준 추가

- 티오글리콜산 그 염류 및 에스텔류 등

- <별표2> 보조제, 기타 성분의 염류기준 명확화

- 소듐(Na), 포타슘(K), 칼슘(Ca), 마그네슘(Mg), 암모늄(NH₄), 에탄올아민(Ethanolamine MEA), 클로라이드(Chloride, 염화물), 브로마이드(Bromide), 설페이트(Sulphate, 황산염), 아세테이트(Acetate), 베타인(Betaine, 베테인이라고도 함) 등

- 퍼머넌트 웨이브(이하 웨이브펌 이라 칭함), 헤어 스트레이트너 제품 환원제 시험법(HPLC) 추가

- <별표1> 사용금지 목록 추가

가. 아토피, 여드름, 탈모치료제 주성분 등: 이부프로펜피코놀(Ibuprofenpycolom), 그 염류 및 유도체 등
나. 위해평가에 따른 안전역 미확보: 클로로아세트마이드(Chloroacetamide, 화학제·보존제·방부제 3등급-주의) 등 사용제한 원료에서 사용금지원료로 추가

- <별표2> <u>사용상 제한이 필요한 원료</u> 목록 추가

- 에티드로닉산 및 그 염류 등 기타 성분목록, 기준 추가

☑ **이부프로펜피코놀**
- 염증성 치료기전
- 해열제로 잘 알려진 성분, 여드름에 활용하는 연고
- 지방분해효소를 억제하고 모낭 내 백혈구 유입을 막아(염증반응) 붉어진 염증성 여드름을 치료하는 기전을 가지고 있다.
- 여드름균 생성을 막는 동시에 염증반응을 차단하는 형태로 피부자극이 상대적으로 적어 도포 횟수의 제한을 덜 받는 것이 특징이다.
- 아이소프로필메틸페놀(항균작용을 함) or 이부프로펜피코놀 성분제제로 여드름 및 뾰루지 적응증을 허가받은 제품

3) 2019 안전기준 개정

구분
<별표1>
· 영유아용 제품에 사용금지 색소 2종에 대해 어린이까지 금지대상 확대
· 개정 후 → 영유아용 제품류 또는 만 13세 이하 어린이가 사용할 수 있음을 특정하여 표시하는 제품에는 사용금지

금지대상	적색 2호 및 적색 102호
시행	2020년 3월 1일

(1) 색소목록 신규지정 - 위해 평가결과, 해외동향 등

성분명 <별표1>		사용제한	시행
피그먼트 적색 5호		화장비누에만 사용	
등색 201호	적색 104호의 (2)		2020.3.1
적색 103호의 (1)	적색 218호	눈 주위 사용 불가	
적색 104호의 (1)	적색 223호		

(2) 맞춤형화장품에 사용 가능한 원료지정(제5조, 시행 2020.3.14.)

• 사용금지, 사용제한 및 사전심사 받지 않은 기능성화장품 고시 원료를 제외하고 모두 맞춤형화장품에 사용가능하다.

별표2

① 사용제한 원료 중 염모제 성분 추가 및 농도 상한 신설(시행 2020.4.18.)

성분명	농도(%)	성분명	농도(%)
2-아미노-3-하이드록시피리딘	1.0	염산 하이드록시 프로빌비스	0.4
하이드록시벤조모르포린		4-아미노-m-크레졸	1.5
5-아미노-6-클로로-o-크레졸	0.5	황산 1-하이드록시에틸-4.5-다이아미노피라졸	3.0
6-하이드록시인돌			

② 사용제한 원료 중 보존제 사용제한 강화(시행 2020.4.18.)

성분명	개정내용
메틸아이소티아졸리논	사용 후 씻어내는 제품 0.0015%
다이메틸옥사졸리딘	0.05%
p-클로로-m-크레졸	0.04%
클로로펜	0.05%
프로피오닉산 및 그 염류	0.9%

☑ 3세 이하에 사용금지 보존제 2종을 어린이까지 사용금지 확대
: 살리실리산 및 그 염류, 아이오도프로피닐부틸카바메이트(Iodopropynyl butylcarbamate, 살균보존제로 강한 피부자극과 알러지 유발)
개정 후→ 영유아용 제품류 또는 만 13세 이하 어린이가 사용할 수 있음을 특정하여 표시하는 제품에는 사용금지

③ 사용제한 원료 추가(시행 2020.4.18.)

성분명	개정내용	근거
· 만수국 꽃 추출물 · 만수국아재비꽃 추출물 또는 오일(향료)	· 사용 후 씻어내는 제품 0.1% · 사용 후 씻어내지 않는 제품 0.01%	· 위해평가 해외 규제 동향 등
· 땅콩오일 추출물 및 유도체(보습제, 용매)	· 땅콩단백질 최대농도 0.5ppm	
· 하이드롤라이즈드, 밀단백질(계면활성제 등)	· 펩타이드 최대평균 분자량 3.5KDa 이하	

(3) 맞춤형화장품에 사용금지원료 신규지정

별표1

① 사용금지 원료 신규지정 시행(2019.10.2.)

성분명	개정내용	근거
· 니트로메탄	· 사용금지	· 위해평가 해외 규제 동향 등
· HICC 아트라놀 클로로아트라놀		
· 메틸렌글라이콜		

*화학물질의 등록 및 평가 등에 관한 법률 제2조 제9호에 따른 금지물질 → 사용금지 목록추가

② 사용금지 원료 신규지정 시행(2020.4.18.)

성분명	개정내용	근거
· 천수국꽃 추출물 또는 오일(향료 포함)	· 사용금지	· 위해평가 해외 규제 동향 등

☑ 용어 및 명칭 정비
• 시행규칙 용어를 반영한 정비(예 산화형 염모제 → 산화염모제)
• 표준명칭수정(예 P-부틸플루지포프 → 플루지포프-p-부틸 등)
• 중복등재원료 삭제(예 에치씨 블루 No.2 등)

별표4

① 사용금지 원료 신규 지정(시행 2019.4.1.)

〔시험방법 개선〕

• 메탄올 시험(물휴지)
- 검사 전처리 방법(압착 후 지자체로부터 분리) 구체적 기술

- 메탄올 검출 시 재확인 위한 질량분석기법 추가

• 미생물 시험

- 배지성능시험, 시험법적합성시험통합(동시수행 가능)
- 검체 전처리법 개선(제형 특성상 균질화 어려운 경우 지용성 용매 사용)

• 용어정비 등

- 화장품법 제8조"살균·보존제"가 →"보존제" 개정(2018.3.13. 개정)
- 법 개정사항 반영하여 안전기준에 용어 정비 및 오기 수정

② 화장비누 시험기준 및 방법 신설(2019.12.31.)

• 화장비누 특성을 고려하여 내용량, 유리알칼리 시험기준, 방법 마련

- 유리알칼리 0.1% 이하(공산품 기준과 동일)
- 내용량 97% 이상(공산품 기준인 98% 이상 기준보다 완화)

(4) 사용할 수 있는 원료 <별표2> (단, 제조에 사용하는 원료는 별표2의 오염물질에 의해 오염되어서는 안 된다.)

① 오염물질

구분	내용
중금속	· 납, 구리, 비소, 아연, 수은, 셀레늄, 카드뮴, 몰리브덴 등
탄화수소	· 벤젠, 자일렌, 톨루엔, 다핵방향족탄화수소(PAHs) 등
농약류	· 살충제, 곰팡이 제거제, 제초제의 잔류물 등
유전자 재조합 농산물	· 유전자 재조합(GMO 부산물)
동물유래품질 중 잔류의약품	· 콕시듐제(Anticoccidials), 합성항생제, 단백동화스테로이드(Amabolic Steroids)
식물 중 오염물질	· 질산염 등
마이코독신	· 곰팡이 독소
그 외 방사선물질, 니트로스아민 등으로 규정	

② 합성원료 사용 예외

<별표4> → 허용합성원료(별표4)는 5% 이내에서 사용 가능

<별표4의2> → 원료 사용 시 석유화학부분(Petrochemical Moiety의 합)은 2%를 초과할 수 없다.

(5) 허용기타원료<별표3>

다음의 원료는 천연원료에서 석유화학 용제를 이용하여 추출할 수 있다.

원료	

· 베타인(Betaine)
· 카라기난(Carrageenan)
· 레시틴 및 그 유도체(Lecithin and Lecithin derivatives)
· 토코페놀, 토코트리에놀(Tocopherol, Tocotrienol)
· 오리자놀(Oryzanol)
· 안나토(Annatto)
· 카로티노이드, 잔토필(Carotenoids, Xanthophylls)
	· 앱솔루트, 콘크리트, 레지노이드
	  (Absolutes, Concretes, Resinoids)
	· 라놀린(Lanolin)
	· 피토스테롤(Phytosterol)
	· 글라이크스핑고리피드 및 글라이코리피드
	  (Glycosphingolipids and Glycolipids)
	· 잔탄검
	· 알킬베타인

: 석유화학용제의 사용 시 반드시 최종적으로 모두 회수되거나 제거되어야 하며 방향족, 알콕실레이트화, 할로겐화, 니트로젠 또는 황(DMSO 예외) 유래 용제는 사용이 불가하다.

(6) 제조공정

<별표5> → 금지되는 공정

공정명	공정명
· 탈색 · 탈취(Bleaching-Deodorisation) · 동물 유래 · 방사선 조사(Irradiation) · 알파선 · 감마선 · 설폰화(Sulphonation)	· 에틸렌옥사이드, 프로필렌옥사이드 또는 다른 알켄옥사이드 사용 · 수은화합물을 사용한 처리 · 포름알데하이드 사용

· 유전자 변경원료 배합, 니트로스 아민류 배합 및 생성
· 일면 또는 다면의 외형 또는 내부 구조를 가지도록 의도적으로 만들어진 불용성이거나 생체 지속성인 1~100nm 크기의 물질 배합
· 공기, 산소, 질소, 이산화탄소, 아르곤 가스 외의 분사제 사용

실전예상문제

【 선다형 】

01 맞춤형화장품의 효과에 대한 설명이다. 바르지 않은 것은?

① 전문가의 조언을 통한 자신의 피부에 적합한 화장품 선택이 가능하다.
② 자신의 피부에 맞는 화장품을 고객이 직접 조제할 수 있다.
③ 고객의 피부에 맞는 화장품 선택으로 심리적 만족감을 얻을 수 있다.
④ 전문가를 통한 자신의 피부에 적합한 화장품 원료를 선택할 수 있다.
⑤ 피부측정 및 문진을 통한 정확한 피부상태 진단을 통해 자신의 피부상태에 적합한 조제된 화장품을 선택할 수 있다.

✓ 고객의 피부에 맞는 화장품을 맞춤형화장품 조제관리사가 직접 조제할 수 있다.

02 맞춤형화장품의 부작용 현상에 대한 설명이다. 바르지 않은 것은?

① 관능시험은 패널 또는 전문가의 감각을 통한 제품성능에 대한 평가이다.
② 소비자 패널 평가는 소비자들이 관찰하거나 느낄 수 있는 변수들에 기초하여 제품 효능과 화장품 특성에 대한 소비자의 인식을 평가하는 것이다.
③ 맹검 사용시험이란 소비자의 판단에 영향을 미칠 수 있고 제품 효능에 대한 인식을 바꿀 수 있는 상품명 디자인 표시사항 등의 정보를 제공하지 않는 시험이다.
④ 비맹검 사용시험이란 제품 상품명 디자인 표기사항 등을 알려주고 제품에 대한 인식 및 효능 등이 일치하는지 조사하는 방법이다.
⑤ 전문가 패널평가는 정확한 관능 기준을 가지고 교육을 받은 소비자 패널의 도움을 얻어 실시한다.

✓ 전문가 패널평가는 정확한 관능 기준을 가지고 교육을 받은 전문가 패널의 도움을 얻어 실시한다.

03 맞춤형화장품 부작용 시 붉은 반점이 생기는 현상을 무엇이라 하는가?

① 부종   ② 홍반   ③ 인설생성
④ 가려움   ⑤ 자통

✓ 붉은 반점이 생기는 현상을 홍반이라 한다.

04 피부 자극에 의한 일시적인 피부염을 무엇이라 하는가?

① 지루성피부염   ② 아토피
③ 건선   ④ 여드름
⑤ 접촉성 피부염

✓ 피부 자극에 의한 일시적인 피부염을 접촉성 피부염이라고 한다.

05 고객제품 상담일지에 기록하지 않아도 되는 것은?

① 고객명   ② 연락처   ③ 이메일
④ 형제관계   ⑤ 결과조치

✓ 상담번호, 상담시간, 고객명, 연락처, 주소, 이메일, 상담내용, 결과조치 등의 서식 구성항목이다. 형제관계는 해당이 없다.

06 맞춤형화장품의 고객상담 내용 작성 시 주의할 점으로 바르지 않은 것은?

① 사실에 대해 조금 과장되게 작성한다.
② 고객정보보호법에 근거하여 작성한다.

정답 01. ② 02. ⑤ 03. ② 04. ⑤ 05. ④ 06. ①

③ 상담내용에 대해 구체적으로 작성해야 한다.

④ 각 항목에 정확한 내용만을 제품상담일지에 작성할 수 있도록 한다.

⑤ 각 항목에 알맞은 내용을 작성하고, 수정할 부분은 없는지 재검토할 수 있게 한다.

✓ 고객정보보호법에 근거하여, 사실에 대해 진실하게 작성한다.

07 부작용의 종류와 특성에 대한 설명으로 바르지 않은 것은?

① 향료에 의한 알레르기는 화장품에만 적용된다.

② 예민성 피부에 화장품을 발랐을 때 쉽게 붉어지고 따끔거림 또는 홍반이 나타날 수 있다.

③ 자외선흡수제, 살균제, 향료 등의 특정성분을 바르고 자외선에 노출되었을 경우 광알레르기 반응이 야기될 수 있다.

④ 특정물질 노출 후 30~60분 이내에 전형적인 두드러기와 발작이 나타나는 것으로 즉각적인 접촉두드러기의 진단은 과거의 병력과 의심되는 물질에 대한 피부검사로 한다.

⑤ 방부제는 미생물에 의한 화장품의 오염을 방지하기 위하여 첨가하는 물질로 부작용을 방지하게 위해 무 방부제 화장품도 개발되었다.

✓ 향료에 의한 알레르기는 화장품뿐만 아니라 주방용품, 작업장의 세정제, 방향제 등 모든 제품에 있다.

08 화장품 안전관리 기준에 관한 규정으로 현재 규정으로 올바른 것은?

① 기존 화장품 제조는 공급자의 결정에 따라 일방적으로 생산되었다.

② 타사 브랜드에 특정 성분을 혼합하여 새로운 브랜드로 판매 금지

③ 소비자의 직·간접적인 요구에 의해 기존 화장품이 특정성분과 혼합된다.

④ 사전 조절 범위에 대하여 제품생산 전에 안정성 및 품질관리 가능

⑤ 원칙적으로는 안정성 및 품질관리에 대해 일차적으로 검증된 성분을 사용해야 한다.

✓
• 소비자의 직·간접적인 요구에 의해 기존 화장품이 특정성분과 혼합된다. 과거 > 기존 화장품 제조는 공급자의 결정에 따라 일방적으로 생산되었다.
• 기본 제형(또는 유형)이 정해져 있어야 하고, 기본 제형의 변화가 없는 범위 내에서 특정성분이 혼합된다. 과거 > 타사 브랜드에 특정 성분을 혼합하여 새로운 브랜드로 판매 금지
• 화장품 법에 따라 등록된 업체에서 공급한 특정성분이 혼합된 것을 원칙으로 하나 화학적인 변화 등 인위적인 공정을 거치지 않는 성분의 혼합도 가능하다. 과거 > 원칙적으로는 안전성 및 품질관리에 대해 일차적으로 검증된 성분을 사용해야 함
• 제조판매업자가 특정성분의 혼합범위에 규정하고 있는 경우에만 그 범위 내에서 특정성분의 혼합이 이루어져야 한다. 과거 > 사전 조절 범위에 대하여 제품 생산 전에 안전성 및 품질관리 가능
• 기존 표시·광고된 화장품의 효능·효과에 변화가 없는 범위 내에서 특정성분의 혼합이 이루어져야 한다. 과거 > 임의적인 효능·효과 변경 불가
• 원료 등만을 혼합하는 경우는 제외한다.

09 유통화장품의 안전관리 기준 중 원료의 사용제한사항으로 옳은 것은?

① 납 - 20㎍/g 이하

② 수은 - 10㎍/g 이하

③ 비소 - 100㎍/g 이하

④ 안티몬 - 100㎍/g 이하

⑤ 니켈 - 20㎍/g 이하(눈 화장용 제품(35㎍/g 이하))

✓ 납 20㎍/g 이하 - 점토를 원료로 사용한 분말 제품(50㎍/g 이하), 수은 1㎍/g 이하, 비소 10㎍/g 이하, 안티몬 10㎍/g 이하, 니켈 10㎍/g 이하

10 유통화장품의 안전관리 기준 중 미생물 한도의 설명으로 옳지 않은 것은?

① 납 - 50㎍/g 이하

② 기타화장품 - 1.000개/g(mL) 이하

③ 물휴지 - 세균 및 진균수 각각 100개/g(mL) 이하

④ 불검출되어야 하는 균류 - 대장균, 녹농균, 황색포도상구균

⑤ 총 호기성 생균 수 - 영유아용 제품류 및 눈화장용 제품류 500개/g(mL) 이하

✓ 납 – 20μg/g 이하로 비의도적 유래물질에 해당된다.

11 안전기준 개정 내용으로 바르지 않은 것은?

① 페닐살리실산 - 사용금지
② 미세플라스틱 - 씻어내는 제품에는 사용가능
③ 비페닐-2-올(0-페닐페놀) 및 그 염류 - 페놀로서 0.15%
④ 폴리(1-헥사메틸바이구아니드) ACL - 전유형 0.05%, 에어로졸(스프레이에 한함) 제품에 사용금지
⑤ 크림바졸 - 두발용 제품에 0.5%, 기타 사용금지 - 사용 후 씻어내는 제품 0.01%, 기타 사용 금지(단, CMIT/MIT 혼합물과 병행사용 금지)

✓ 미세플라스틱(세정, 각질제거 등의 제품에 남아있는 5mm 크기 이하의 고체 플라스틱) – 씻어내는 제품에 사용금지(해당 유형*을 고시에서 세부적으로 명시)

12 사용금지 원료에 해당되는 것을 모두 고르면?

① 니트로메탄
② 베타인(Betaine)
③ 만수국 꽃 추출물
④ HICC 아트라놀 클로로아트라놀
⑤ 땅콩오일 추출물 및 유도체(보습제, 용매)

✓ 만수국 꽃 추출물, 만수국아재비꽃 추출물 또는 오일(향료), 땅콩오일 추출물 및 유도체(보습제, 용매), 하이드롤라이즈드, 밀단백질(계면활성제 등), 니트로메탄, HICC 아트라놀 클로로아트라놀 등이 있다.

13 허용 가능한 원료에 해당되는 것을 모두 고르면?

⊙ 니트로메탄
ⓒ 땅콩오일 추출물
ⓒ 하이드롤라이즈드
ⓔ 오리자놀(Oryzanol)
ⓜ 카라기난(Carrageenan)
ⓗ HICC 아트라놀 클로로아트라놀

① ㄱ, ㄴ   ② ㄴ, ㅂ
③ ㄹ, ㅁ   ④ ㄴ, ㄹ, ㅁ, ㅂ
⑤ ㄱ, ㄴ, ㄷ, ㅁ, ㅂ

✓ 사용 가능한 원료는 오리자놀(Oryzanol), 카라기난(Carrageenan)이다.

14 사용 가능한 원료에 해당되지 않는 것은?

① 베타인(Betaine)
② 라놀린(Lanolin)
③ 토코페놀(Tocopherol)
④ HICC 아트라놀 클로로아트라놀
⑤ 레시틴 및 그 유도체(Lecithin and Lecithin derivatives)

✓ HICC 아트라놀 클로로아트라놀은 사용금지원료이다.

15 사용금지 원료에 해당 되는 것은?

① 니트로메탄   ② 안나토
③ 베타인   ④ 오리자놀
⑤ 땅콩오일 추출물 및 유도체

✓ 땅콩오일 추출물 및 유도체는 사용제한원료(0.5ppm)에 해당된다.

16 사용금지 원료를 모두 고르면?

⊙ 니트로메탄
ⓒ 땅콩오일 추출물
ⓒ 만수국 꽃 추출물
ⓔ 메틸렌글라이콜
ⓜ 카라기난
ⓗ HICC 아트라놀 클로로아트라놀

① ㄱ, ㄴ   ② ㄴ, ㄷ
③ ㄴ, ㄷ, ㅂ   ④ ㄱ, ㄴ, ㄷ
⑤ ㄱ, ㄹ, ㅂ

정답 11. ② 12. ①,④ 13. ③ 14. ④ 15. ① 16. ③

【 단답형 】

01 다음 <보기>에서 ㉠에 적합한 용어를 작성하시오.

> 고객에게 제품 판매 후 그 제품에 문제나 하자가 생겼을 시 고객과 제품에 대해서 (㉠)를 작성해야 한다.

답) _____

02 다음 <보기>는 맞춤형화장품의 부작용의 종류에 대해 설명한 것이다. 이에 적합한 용어를 작성하시오.

> 가려움, 따끔거림, 작열감, 홍반 같은 가벼운 증상에서 아나필락시스나 사망과 같은 매우 심한 증상까지 다양하다. 특정물질 노출 후 30~60분 이내에 전형적인 두드러기와 발작이 나타나는 것으로 즉각적인 접촉두드러기의 진단은 과거의 병력과 의심되는 물질에 대한 피부검사로 한다.

답) _____

03 다음 <보기>에서 ㉠에 적합한 용어를 작성하시오.

> 알레르기성 접촉 피부염은 지연과민 반응이라고도 하여 대부분 (㉠), 방부제 등 몇 가지 기타 원료에 의해서 야기되는 화장품에 의한 알레르기 반응이다.

답) _____

04 다음 <보기>는 맞춤형화장품의 안전관리기준 등에 관한 규정이다. 이는 어떠한 규정사항인가?

> - 소비자의 직·간접적인 요구에 의해 기존 화장품이 특정성분과 혼합된다.
> - 기본 제형(또는 유형)이 정해져 있어야 하고, 기본 제형의 변화가 없는 범위 내에서 특정성분이 혼합된다.
> - 화장품 법에 따라 등록된 업체에서 공급한 특정성분이 혼합된 것을 원칙으로 하나 화학적인 변화 등 인위적인 공정을 거치지 않는 성분의 혼합도 가능하다.
> - 제조판매업자가 특정성분의 혼합범위에 규정하고 있는 경우에만 그 범위 내에서 특정성분의 혼합이 이루어져야 한다.
> - 기존 표시·광고된 화장품의 효능·효과에 변화가 없는 범위 내에서 특정성분의 혼합이 이루어져야 한다.
> - 원료 등만을 혼합하는 경우는 제외한다.

답) _____

05 다음 <보기>에서 설명하는 적합한 용어를 작성하시오.

> - 비의도적 유래물질로 20μg/g 이하로 사용해야 하며 이는 점토를 원료로 사용한 분말제품(50μg/g 이하)로 사용이 제한된다.
> - 사용금지원료에서 비의도적 유래물질로 검출허용 한도를 지정하였다.

답) _____

06 다음 <보기>는 미생물 한도에 대한 설명이다. ㉠에 적합한 용어를 작성하시오.

> • 총 호기성 생균 수 - 영유아용 제품류 및 눈 화장용 제품류 500개/g(mL) 이하
> • 물휴지 - 세균 및 진균수 각각 100개/g(mL) 이하
> • 기타화장품: 1.000개/g(mL) 이하
> • 불검출되어야 하는 균류 - 대장균, 녹농균, (㉠)

답) _____

07 다음 <보기>는 사용제한 성분명에 대한 강화된 규정이다. 어떠한 성분에 대한 강화된 규정인지 쓰시오.

> • 메틸아이소티아졸리논 - 사용 후 씻어내는 제품 0.0015% 이하
> • 다이메틸옥사졸리딘 - 0.05% 이하
> • p-클로로-m-클레졸 - 0.04% 이하
> • 클로로펜 - 0.05%
> • 프로피오닉산 및 그 염류 - 0.9% 이하

답) _____

08 다음은 안전관리 기준에 대한 개정사항이다. <보기>에서 ㉠에 적합한 용어를 작성하시오.

> • 개정 전 - 3세 이하에 보존제 2종을 어린이까지 사용금지 확대(살리실릭산 및 그 염류, 아이오도프로피닐부틸카바메이트)
> • 개정 후 - 영유아용 제품류 또는 만 (㉠) 이하 어린이가 사용할 수 있음을 특정하여 표시하는 제품에는 사용금지

답) _____

09 화장품 제조에 사용할 수 있는 원료는 별표2의 오염물질에 의해 오염되어서는 안 된다. 다음 <보기>에서 ㉠에 적합한 오염물질을 구분하여 작성하시오.

> • 납·구리·비소·아연·수은·셀레늄·카드뮴·몰리브텐 등 - (㉠)
> • 벤젠·자일렌·톨루엔·다행방향족탄화수소 등 - (㉡)
> • 살충제·곰팡이 제거제·제초제의 잔류물 등 - (농약류)
> • 콕시듐제·합성항생제·단백동화스테로이드 등 - (㉢)

답) _____

10 사용금지 목록에 추가된 아토피, 여드름, 탈모치료제 주성분 등으로서 다음 <보기> 내용에서 유추되는 성분을 작성하시오.

> 염증선 치료기전에 사용하며 해열제로 잘 알려진 성분이다. 지방분해효소를 억제하고 모낭 내 백혈구 유입을 막아(염증반응) 붉어진 염증성 여드름을 치료하는 기전을 가지고 있다. 여드름균 생성을 막는 동시에 염증반응을 차단하는 형태로 피부자극이 상대적으로 적어 도포횟수의 제한을 덜 받는 것이 특징이다.

답) _____

11 고객에게 제품판매 후 다음 <보기>에서와 같이 서식구성항목을 통해 작성할 수 있는 것을 무엇이라고 하는가?

> ㉠ 상담번호 ㉡ 상담기간 ㉢ 고객명
> ㉣ 연락처 ㉤ 주소 ㉥ 이메일 ㉦ 상담내용
> ㉧ 결과조치

답) _____

Chapter 5. 제품안내

1 화장품의 표시기재 사항(법 제10조 · 11조)

- 1차 포장: 화장품 제조 시 내용물과 직접 접촉하는 포장용기
- 2차 포장: 1차 포장은 수용하는 <u>1개 또는 그 이상의 포장과 보호재 및 표시의 목적</u>으로 한 포장(첨부문서 포함)

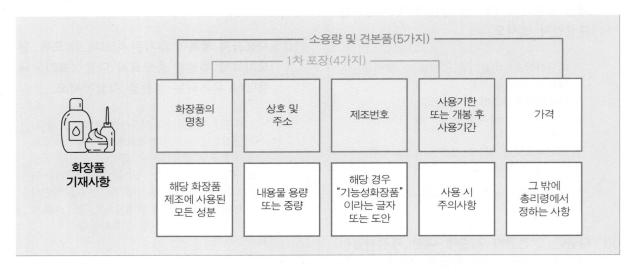

1) 화장품의 기재사용(표시방법 및 표시기준)

화장품의 1차 포장 또는 2차 포장에는 총리령에 의해 다음 각 호의 사항을 기재 · 표시해야 한다. 포장에는 화장품의 명칭, 책임판매업자 및 맞춤형화장품 판매업자의 상호, 가격, 제조번호와 사용기한 또는 개봉 후 사용기간(개봉 후 사용기간을 기재할 경우, 제조 연월일 병행 표기)만을 기재 · 표시할 수 있다.

	각 호(표시방법과 표시기준)	
화장품 기재사용	★1. 화장품의 명칭 ★2. 영업자의 상호 및 주소 3. 해당 화장품 제조에 사용된 모든 성분(인체 무해한 소량 함유 성분 등 총리령으로 정하는 성분 제외) 4. 내용물의 용량 또는 중량 5. 제조번호	6. 사용기한 또는 개봉 후 사용기간 7. 가격 8. 기능성화장품의 경우 "기능성화장품"이라는 글자 또는 기능성화장품을 나타내는 도안으로 식약처장이 정하는 도안 9. 사용할 때의 주의사항 10. 그 밖에 총리령으로 정하는 사항

(1) 화장품 포장의 기재·표시 등

- 1차 포장 또는 2차 포장에는 화장품의 명칭, 책임판매업자 또는 맞춤형화장품 판매업자의 상호, 가격, 제조번호와 사용기한 또는 개봉 후 사용기간(제조 연월일 병행 표기)만을 기재·표기할 수 있다(단, 1차 포장의 경우 가격이란 견본품이나 비매품 등의 표시를 말함).
  - 내용량이 10mL 이하 또는 10g 이하인 화장품의 포장[1]
  - 판매의 목적이 아닌 제품의 선택 등을 위해 미리 소비자가 시험·사용하도록 제조 또는 수입된 화장품의 포장[2]

- 그 밖에 **총리령**으로 정하는 사항
  - 식약처장이 정하는 바코드
  - 기능성화장품의 경우 -심사받거나 보고한 효능·효과, 용법·용량
  - 성분명을 제품 명칭의 일부로 사용한 경우 -그 성분명과 함량(방향용 제품은 제외함)
  - 인체 세포·조직 배양액이 들어있는 경우 -그 함량
  - 화장품에 천연(또는 유기농)으로 표시·광고하려는 경우 -그 원료의 함량
  - 수입화장품인 경우
    : 제조국의 명칭[1], 제조회사명[2] 및 그 소재지[3]
    : 「대외무역법」에 따른 원산지를 표시한 경우(단, 제조국의 명칭-생략할 수 있음)
  - 기능성화장품의 경우→ "질병예방 및 치료를 위한 의약품이 아님"이라는 문구
  - 보존제, 색소, 자외선차단제 등 사용기준이 지정·고시된(법 제8조 2항) 원료 중 보존제의 함량, 영유아용 제품인 경우

- 기능성화장품의 범위
  - 탈모증상의 완화에 도움을 주는 화장품(단, 코팅 등 물리적으로 모발을 굵게 보이게 하는 제품은 제외함)
  - 여드름성 피부를 완화하는 데 도움을 주는 화장품(단, 인체세정용 제품류로 한정함)
  - 아토피성 피부로 인한 건조함(가려움) 등을 완화하는 데 도움을 주는 화장품
  - 튼살로 인한 붉은 선을 엷게 하는 데 도움을 주는 화장품(화장품법 시행규칙 제19조 8.9.10.11호)

(2) 전성분을 표시할 때 기재·표시를 생략할 수 있는 성분

- 제조과정 중에 제거되어 최종제품에는 남아 있지 않은 성분
- 안정화제, 보존제 등 원료 자체에 들어있는 부수성분으로서 그 효과가 나타나게 하는 양보다 적은 양이 들어 있는 성분
- 내용량 10mL 초과 50mL 이하(중량 10g 초과 50g 이하) 화장품의 포장인 경우로서 타르색소[1], 금박[2], 샴푸와 린스에 들어 있는 인산염의 종류[3], 과일산(AHA)[4], 기능성화장품의 경우 그 효능·효과가 나타나게 하는 원료[5], 식약처장이 배합 한도를 고시한 화장품의 원료[6] 등의 성분은 제외한다.

① 1항 화장품 제조에 사용된 성분의 기재·표시를 생략하려는 경우

- 생략된 성분을 확인할 수 있도록 해야 한다.
  - 소비자가 모든 성분을 즉시 확인할 수 있도록 포장에 전화번호나 홈페이지 주소를 적을 것(소비자법

제10조 제1항 3조)

- 모든 성분이 적힌 책자 등의 인쇄물을 판매업소에 늘 갖추어 두어야 함

② 2항 1항의 각 호 외에 다음 각 호의 사항은 1차 포장에 표시해야 한다.

- 화장품의 명칭①, 영업자의 상호②, 제조번호③, 사용기한 또는 개봉 후 사용 기간④

③ 3항 1항에 따른 기재사항을 화장품의 용기 또는 포장에 표시할 때 제품의 명칭, 영업자의 상호는 시각장애인을 위한 점자 표시를 병행할 수 있다.

④ 4항 제1, 2항에 따른 표시기준과 표시방법 등은 총리령으로 정한다(화장품법 제10호 제4항).

알아두기!

☑ 제19조(화장품포장의 기재·표시 등)- 20'03.13. 시행 ★

① 1항*① 화장품의 기재사항(법 제10조 제1항 단서)에 따라 다음 각 호에 해당하는 1차 포장 또는 2차 포장에는 화장품의 명칭, 책임판매업자 또는 맞춤형화장품 판매업자의 상호, 가격, 제조번호와 사용기한 또는 개봉 후 사용기간(개봉 후 사용기간을 기재할 경우에는 제조연월일을 병행 표기해야 한다)만을 기재·표시할 수 있다(단, 2호의 포장일 경우 가격이란 견본품이나 비매품 등의 표시를 말한다).

1호. 내용량이 10mL 이하(또는 10g 이하인) 화장품의 포장

2호. 판매의 목적이 아닌 제품의 선택 등을 위하여 미리 소비자가 시험·사용하도록 제조 또는 수입된 화장품의 포장

② 2항 해당 화장품 제조에 사용된 모든 성분(인체에 무해한 소량 함유성분 등 총리령으로 정하는 성분은 제외한다- 법 제10조 제1항 3호)에 따라 기재·표시를 생략할 수 있는 성분이란 다음 각 호의 성분을 말한다.

1호. 제조과정 중에 제거되어 최종 제품에는 남아 있지 않은 성분

2호. 안정화제, 보존제 등 원료 자체에 들어 있는 부수성분으로서 그 효과가 나타나게 하는 양보다 적은 양이 들어 있는 성분

3호.**② 내용량이 10mL 초과 50mL 이하(또는 중량이 10g 초과 50g 이하) 화장품의 포장인 경우에는 다음 각 목의 성분을 제외한 성분

　　가목. 타르색소① / 나목. 금박② / 다목. 샴푸와 린스에 들어 있는 인산염의 종류③ / 라목. 과일산(AHA)④
　　마목. 기능성화장품의 경우 그 효능·효과가 나타나게 하는 원료⑤
　　바목. 식약처장이 사용한도를 고시한 화장품의 원료⑥

③ 3항 화장품의 기재사항 중 사용할 때의 주의사항(법 제10조 제1항 9호)에 따라 화장품의 포장에 기재·표시해야 하는 사용할 때의 주의사항은 별표3과 같다.

④ 4항 화장품의 기재사항 중 그 밖에 총리령으로 정하는 사항(법 제10조 제1항 10호)에 따라 화장품의 포장에 기재·표시해야 하는 사항은 다음 각 호와 같다(단, 맞춤형화장품의 경우에는 제1호 및 6호를 제외한다).

1호. 식약처장이 정하는 바코드 / 2호. 기능성화장품의 경우 심사받거나 보고한 효능·효과, 용법·용량

3호. 성분명을 제품 명칭의 일부로 사용한 경우 그 성분명과 함량(방향용 제품은 제외한다)

4호. 인체 세포·조직 배양액이 들어있는 경우 그 함량

5호. 화장품에 천연 또는 유기농으로 표시·광고하려는 경우에는 원료의 함량

6호. 수입화장품인 경우에는 제조국의 명칭(「대외무역법」에 따른 원산지를 표시한 경우에는 제조국의 명칭을 생략할

수 있다), 제조회사명 및 그 소재지

7호. 화장품법에서 사용하는 용어의 뜻(정의- 법 제2조 ★ 8~11호까지)에 해당하는 기능성화장품의 경우에는 "질병의 예방 및 치료를 위한 의약품이 아님"이라는 문구

☑ 제2조(정의) ★

- 8호: 표시란 화장품의 용기·포장에 기재하는 문자, 숫자, 도형 또는 그림 등을 말한다.
- 9호: 광고란 라디오, 텔레비전, 신문, 잡지, 음성, 음향, 영상, 인터넷, 인쇄물, 간판 그 밖의 방법에 의해 화장품에 대한 정보를 나타내거나 알리는 행위를 말함
- 10호: 제조업이란 화장품의 전부 또는 일부를 제조(2차 포장 또는 표시만의 공정은 제외)하는 영업을 말한다.
- 11호: 책임판매업이란 취급하는 화장품의 품질 및 안전 등을 관리하면서 이를 유통·판매하거나 수입대행형 거래를 목적으로 알선·수여하는 영업을 말한다.

8호. 다음 각 목의 어느 하나에 해당하는 경우 화장품 안전기준 내 사용기준이 지정·고시된 원료 외의 보존제, 색소, 자외선 차단제 등은 사용할 수 없다(법 제8조 제2항)에 따라 사용기준이 지정 고시된 원료 중 보존제의 함량

　가목. 만 3세 이하의 영유아용 제품인 경우(별표3 제1호 가목)[1]
　나목. 만 4세 이상부터 만 13세 이하까지의 어린이가 사용할 수 있는 제품임을 특정하여 표시·광고하려는 경우[2]

⑤ 5항 1항 및 2항 제3호에 따라 해당 화장품의 제조에 사용된 성분의 기재·표시를 생략하려는 경우에는 다음 각 호의 어느 하나에 해당하는 방법으로 생략된 성분을 확인할 수 있도록 해야 한다.

1호. 소비자가 모든 성분을 즉시 확인(법 제10조 제1항 3호)할 수 있도록 포장에 전화번호나 홈페이지 주소를 적을 것
2호. 모든 성분이 적힌 책자 등(법 제10조 제1항 3호)의 인쇄물을 판매업소에 늘 갖추어 둘 것

⑥ 6항 화장품 포장(법 제10조 제4항)의 표시기준 및 표시방법은 별표4와 같다.

2 화장품포장의 표시기준 및 표시 방법

① 화장품의 명칭

다른 제품과 구별할 수 있도록 표시된 것으로서 같은 책임판매업자의 여러 제품에서 공통으로 사용하는 명칭을 포함한다.

② 제조업자 및 판매업자의 상호 및 주소

- 주소는 등록필증에 적힌 소재지 또는 반품·교환업무를 대표하는 소재지를 기재·표시해야 한다.

- 제조업자와 책임판매업자는 각각 구분하여 기재·표시해야 한다(단, 제조업자와 책임판매업자가 같은 경우 "제조업자 및 책임판매업자"로 한꺼번에 기재·표시할 수 있음).

공정별로 2개 이상의 제조소에서 생산된 화장품의 경우

- 일부 공정을 수탁한 제조업자의 상호 및 주소의 기재·표시를 생략할 수 있음

수입화장품의 경우

- 추가로 기재·표시하는 제조국의 명칭, 제조회사명 및 그 소재지를 국내 "제조업자"와 구분하여 기재·표시해야 함

③ 화장품제조에 사용된 성분

- 글자크기는 5point 이상

- 화장품 제조에 사용된 함량이 많은 것부터 기재·표시한다(단, 1% 이하로 사용된 성분, 착향제 또는 착색제는 순서에 상관없이 기재·표시할 수 있음).

- 혼합원료는 <u>혼합된 개별 성분</u>의 명칭을 기재·표시한다.

- 색조화장용·눈화장용·두발염색용 또는 손발톱용 제품류에서 호수별로 착색제가 다르게 사용된 경우 '±, /+ -'의 표시 다음에 사용된 모든 착색제 성분을 함께 기재·표시할 수 있다.

- 착향제는 "향료"로 표시할 수 있다(단, 식약처장은 착향제의 구성성분 중 알레르기 유발물질로 알려진 성분이 있는 경우, 해당 성분의 명칭을 기재·표시하도록 권장할 수 있음).

- 산성도(pH) 조절 목적으로 사용되는 성분은 그 성분을 표시하는 대신, 중화반응에 따른 생성물질로 기재·표시할 수 있다.

성분을 기재·표시할 경우

- 제조업자 또는 책임판매업자는 정당한 이익을 현저히 침해할 우려가 있을 때는 <u>식약처장에게 그 근거자료를 제출</u>해야 하고, 식약처장을 정당한 이익을 침해받을 우려가 있다고 인정한 경우 "기타성분"으로 기재·표시할 수 있음

④ 내용물의 용량 또는 중량

화장품의 1차(또는 2차) 포장의 무게가 포함되지 않은 용량(또는 중량)을 기재·표시해야 한다.

⑤ 제조번호

- 사용기한(또는 개봉 후 사용기간)과 쉽게 구별되도록 기재·표시해야 한다.

개봉 후 사용기간을 표시하는 경우

- 병행 표기해야 하는 <u>제조 연월일</u>도 각각 구별이 가능하도록 기재·표시해야 한다.

⑥ 사용기한(또는 개봉 후 사용기간)

- 사용기한은 "사용기한" 또는 "까지" 등의 문자와 "연, 월, 일"을 소비자가 알기 쉽도록 기재·표시한다(단, "연, 월"로 표시하는 경우, 사용기한을 넘지 않은 범위에서 기재·표시).

- 개봉 후 사용기간은 문자와 "OO월" 또는 "OO개월"을 조합하여 기재·표시한다.
  예 심벌과 기간 표시, 개봉 후 사용기간이 12개월 이내인 제품

⑦ 기능성화장품의 기재·표시

- 기능성화장품을 나타내는 도안은 다음과 같다.

- 표기기준(로고모형)[①], 표시방법[②]

- 도안의 크기는 용도 및 포장재의 크기에 따라 <u>동일 배율로 조정함</u>

- 도안은 알아보기 쉽도록 인쇄 또는 각인 등의 방법으로 표시해야 함

(1) 화장품의 가격표시

- 표시방법과 그 밖에 필요한 사항은 총리령으로 정한다.

- 가격은 소비자에게 화장품을 직접 판매하는 자(이하 "판매자"라 한다)가 <u>판매하려는 가격을 표시</u>해야 한다.

> - 화장품 판매자는 그 제품의 포장에 판매하려는 가격을 일반소비자가 알기 쉽도록 표기하되 그 세부적인 표시 방법은 식약처장이 정하여 고시한다(화장품법 제11조, 시행규칙 제20조).

(2) 기재 · 표시상의 주의

- 총리령으로 정하는 바에 따라 기재 · 표시는 다른 문자 또는 문장보다 쉽게 볼 수 있는 곳에 표시하여야 한다.

- 읽기 쉽고 이해하기 쉬운 <u>한글로 정확히 기재 · 표시</u>하되, 한자 또는 외국어를 함께 기재할 수 있다(화장품법 제12조, 시행규칙 제21조).

화장품 가격 표시상의 준수사항

- 한글로 읽기 쉽도록 기재 · 표시해야 한다[1](단, 한자 또는 외국어를 함께 적을 수 있고 수출용 제품 등의 경우에는 그 수출 대상국의 언어로 적을 수 있음).

- 화장품의 성분을 표시하는 경우에는 표준화된 일반명을 사용한다.[2]

③ 부당한 표시 · 광고 행위 등의 금지(법 제13조)

① 총리령으로 정하는 바에 따라 영업자(또는 판매자)는 다음 사항을 표시하는 광고를 할 수 없다.

- 의약품으로 잘못 인식할 우려가 있는 표시 또는 광고

- 기능성화장품이 아닌 화장품을 기능성화장품으로 잘못 인식할 우려가 있거나 기능성화장품의 안전성 · 유효성에 관한 심사결과와 다른 내용의 표시 또는 광고

- 천연화장품 또는 유기농화장품이 아닌 화장품을 천연 · 유기농화장품으로 잘못 인식할 수 있는 광고

- 그 밖에 사실과 다르게 소비자를 속이거나 잘못 인식하도록 할 우려가 있는 표시 또는 광고

알아두기!

☑ **화장품 표시 · 광고의 표현 범위 및 기준** – 화장품표시 · 광고 관리 가이드라인⭐

구분	금지표현
질병을 진단 · 치료 · 경감 · 처치 또는 예방 · 의학적 효능 · 효과 관련	· 건선, 이뇨, 항암, 해독 · 모낭충, 아토피, 근육이완, 살균소독, 통증경감, 살균 · 소독 · 항염 · 진통, 소양증, 심신피로회복, 항진균 · 항바이러스, 면역강화, 항알레르기 · 찰과상, 화상치료 · 회복, 관절, 림프선 등 피부 이외 신체 특정부위에 사용하여 의학적 효능 · 효과 표방
	· 여드름, 기미 · 주근깨(과색소침착증), 항균 ＊ 액체비누에 대해 트라이클로카반 또는 트라이클로카반 함유로 인해 항균효과가 '더 뛰어나다, 더 좋다' 등의 비교 표시 · 광고는 금지

피부 관련 표현	· 피부노화, 기저귀 발진, 셀룰라이트, 임신선 · 튼살, 붓기 · 다크서클, 뾰루지를 개선
	· 피부 독소를 제거(Detox), 피부의 손상을 회복 또는 복구, 상처로 인한 반흔을 제거 또는 완화
	  - ○○○의 흔적을 없애준다(예 여드름, 흉터의 흔적을 제거).
	  - 홍조 · 홍반을 개선, 제거한다(단, '메이크업을 통해 홍조 · 홍반을 가려준다'는 제외).
	· 가려움을 완화(단, 피부건조에 기인한 가려움 완화는 제외)

모발관련 표현	· 발모, 탈모방지, 양모, 제모에 사용, 모발의 손상을 회복 또는 복구 · 빠지는 모발을 감소 또는 모발 등의 성장을 촉진 및 억제 · 모발의 두께를 증가시킴 · 속눈썹 · 눈썹이 자람
생리활성 관련	· 혈액순환 · 피부재생 · 세포재생 · 호르몬분비촉진 등 내분비 작용, 땀 발생을 억제함 · 유익균의 균형보호 · 질내 산도유지, 질염 예방 · 세포활력(증가), 세포 성장을 촉진하여 세포 또는 유전자(DNA) 활성화
신체개선 표현	· 체형변화 및 다이어트, 체중감량 · 피하지방 분해 · 얼굴윤곽개선, V라인 · 몸매개선, 신체 일부를 날씬해짐 · 얼굴 크기가 작아짐 · 가슴에 탄력을 주거나 확대
원료관련 표현	· 원료 관련 설명 시 의약품 오인 우려 표현 사용
기타	· 메디슨(Medicine), 드럭(Drug), 코스메슈티컬(Cosmeceutical) 등을 사용한 의약품 오인 우려 표현
특정인 또는 기관의 지정 · 공인 관련	· ○○아토피협회 인증 화장품 · ○○의료기관의 첨단기술의 정수가 탄생시킨 화장품 · ○○대학교 출신 의사가 공동 개발한 화장품 · ○○의사가 개발한 화장품 · ○○의사가 추천하는 안전한 화장품
화장품의 범위를 벗어나는 광고	· 체내 노폐물 제거(피부 · 모공 노폐물제거 관련 표현 제외) · 배합금지 원료를 사용하지 않았다는 표현(무첨가, Free 포함) 예 無스테로이드, 無벤조피렌 등

구분	금지표현
줄기세포관련 표현	· 특정인의 '인체세포 · 조직배양액' 기원 표현 · 줄기세포가 들어 있는 것으로 오인할 수 있는 표현(단, 식물줄기세포 함유 화장품의 경우에는 제외) **예** 줄기세포 화장품, Stem cell * 「화장품 안전기준 등에 관한 규정」-별표3에 적합한 원료를 사용한 경우에만 불특정인의 '인체세포 · 조직배양 약' 표현 가능
저속하거나 혐오감을 줄 수 있는 표현	· 성생활에 도움을 줄 수 있음을 암시하는 표현 **예** 여성크림, 성 윤활작용, 쾌감을 증대시킨다. 질 보습, 질 수축작용 · 저속하거나 혐오감을 주는 표시 및 광고 **예** 성기사진 등의 여과 없는 게시 · 남녀의 성행위를 묘사하는 표시 또는 광고
그 밖의 기타 표현	· 동 제품은 식약처 허가 · 인증을 받은 제품임 * 기능성화장품으로 심사(보고)관련 표현 제외

☑ **화장품 표시 · 광고의 범위 및 준수사항-별표5**

(1) 화장품 표시 · 광고 시 준수사항- 표시 · 광고를 하지 말 것

• 의약품으로 잘못 인식될 우려가 있는 내용, 제품의 명칭 및 효능 · 효과 등에 대한 표시 또는 광고
• 기능성 · 천연 또는 유기농 화장품이 아님에도 불구하고 제품의 명칭, 제조방법, 효능 · 효과 등에 관하여 기능성 · 천연 또는 유기농 화장품으로 잘못 인식할 우려가 있는 광고
• 외국과의 기술제휴를 하지 않고 외국과의 기술제휴 등을 표현하는 외국제품을 국내제품으로 또는 국내제품을 외국제품으로 잘못 인식할 우려가 있는 표시
• 저속하거나 혐오감을 주는 표현 · 도안 · 사진 등을 이용하는 광고
• 사실 유무와 관계없이 다른 제품을 비방하거나 비방한다고 의심이 되는 광고
• 사실과 다르거나 부분적으로 사실이라고 하더라도 전체적으로 보아 소비자가 잘못 인식할 우려가 있는 표시 · 광고 또는 소비자를 속이거나 소비자가 속을 우려가 있는 광고
• 품질 · 효능 등에 관하여 객관적으로 확인될 수 없거나 확인되지 않았는데도 불구하고 이를 광고하거나 화장품의 범위를 벗어나는 광고와 표시
• 경쟁상품과 비교하는 표시 · 광고는 비교대상 및 기준을 분명히 밝히고 객관적으로 확인될 수 있는 사항만을 표시 · 광고하여야 함
  예 배타성을 띤 "최고(또는 최상)" 등의 절대적 표현
• 의사 · 치과의사 · 한의사 · 약사 · 의료기관 · 연구기관 또는 그 밖의 자(한방 · 천연 · 유기농화장품 등을 인증 · 보증하는 기관으로서 식약처장이 정하는 기관은 제외)가 이를 지정 · 공인 · 추천 · 지도 · 연구 · 개발 또는 사용하고 있다는 내용이나 이를 암시하는 등(단, 인체적용시험 결과가 관련학회 발표 등을 통하여 공인된 경우 인용한 문헌의 본래 뜻을 정확히 전달하여야 한다. 그 범위에서 관련문헌을 인용할 수 있으며, 연구자 성명, 문헌명, 발표 연월일을 분명히 밝혀야 함).
• 국제적 멸종위기의 가공품이 함유된 화장품임을 표현하거나 암시하는 표시 · 광고

4 표시 · 광고내용의 실증 등(법 제14조)

① 1항 영업자 및 판매자는 자기가 행한 표시 · 광고 중 사실과 관련한 사항에 대하여 실증할 수 있어야 한다.

② 2항 식약처장은 영업자(또는 판매자)가 해한 표시 · 광고가 '그 밖에 사실과 다르게 소비자를 속이거나 소비자가 잘못 인식하도록 할 우려가 있는 표시 또는 광고'(제13조 제1항 4호)에 판단하기 위하여 실증이 필요하다고 인정하는 경우

- 그 내용을 구체적으로 명시하여 해당 영업자(또는 판매자)에게 <u>관련 자료의 제출을 요청할 수 있음</u>

③ 3항 실증자료의 요청 받은 영업자(또는 판매자)는 요청받은 날부터 15일 이내에 그 실증자료를 식약처장에게 제출해야 한다(단, 식약처장이 정당한 사유가 있다고 인정할 경우 그 제출기간을 연장할 수 있음).

④ 4항 식약처장은 영업자(또는 판매자)가 실증자료의 제출을 요청받고도 제출기간 내에 이를 제출하지 않은 채 계속하여 표시 · 광고를 하는 때에는 제출할 때까지 표시 · 광고 행위의 중지를 명하여야 한다.

⑤ 5항 2, 3항을 식약처장으로부터 실증자료의 제출을 요청받아 제출한 경우 「표시 광고의 공정화에 관한 법률」 등 다른 법률에 따라 다른 기관이 요구하는 자료제출을 거부할 수 있다.

⑥ 6항 식약처장은 제출받은 실증자료에 대하여 다른 법률에 따른 다른 기관의 자료요청이 있는 경우 특별한 사유가 없는 한 이에 응해야 한다.

⑦ 7항 1~4항 규정에 따른 <u>실증의 대상, 실증자료의 범위 및 요건, 제출방법 등</u>에 관하여 필요사항은 총리령으로 정함.

알아두기!

☑ **표시 · 광고 실증의 대상(법 제14조, 시행규칙 제23조)**
① 화장품의 포장 또는 화장품 광고의 매체 또는 수단에 의한 표시 · 광고 중 사실과 다르게 소비자를 속이거나 소비자가 잘못 인식하게 할 우려가 있어 식약처장이 실증이 필요하다고 인정하는 표시 · 광고를 한다.
② 제조업자, 책임판매업자 또는 판매자가 제출하여야 하는 <u>실증자료의 범위 및 요건을 적고</u>, 이를 증명할 수 있는 <u>자료를 첨부</u>하여 식약처장에게 제출해야 한다.
 - 실험결과[1]: 인체적용시험 자료, 인체의 시험자료 또는 같은 수준 이상의 조사자료일 것
 - 조사결과[2]: 표본설정, 질문사항, 질문방법이 그 조사의 목적이나 통계상의 방법과 일치할 것
 - 실증방법[3]: 실증에 사용되는 시험 또는 조사의 방법은 학술적으로 널리 알려져 있거나 관련 산업 분야에서 일반적으로 인정된 방법 등으로서 <u>과학적이고 객관적인 방법</u>일 것

③ 제조업자, 책임판매업자 또는 판매자가 실증자료를 제출할 때,
- 실증방법·시험·조사기관의 명칭, 대표자의 성명, 주소 및 전화번호·실증 내용 및 결과·실증 자료 중 영업상 비밀에 해당되어 공개를 원하지 아니하는 경우에는 그 내용 및 사유

5 천연·유기농화장품에 대한 인증(법 제14조의2)

① 1항 품질제고를 유도하고 소비자에게 보다 정확한 제품정보가 제공될 수 있도록 식약처장이 정하는 기준에 적합한 천연·유기농화장품에 대하여 인증할 수 있다.

② 2항 인증을 받으려는 제조업자·책임판매업자 또는 총리령으로 정하는 대학·연구소 등은 식약처장에게 인증을 신청해야 한다.

③ 3항 식약처장은 1항 인증을 받은 화장품이 <u>거짓이나 그 밖의 부정한 방법</u>[1]으로 <u>인증기준에 적합하지 않을 경우</u>[2] 그 인증을 <u>취소</u>해야 한다.

④ 4항 식약처장은 효과적으로 인증업무를 수행하기 위해 인증기관으로 지정, 인증업무를 위탁할 수 있다(필요한 전문 인력과 시설을 갖춘 기관 및 단체 또한 이에 준한다).

⑤ 5항 1~4항 인증절차, 인증기관의 지정기준, 그 밖에 인증제도 운영에 필요한 사항은 총리령으로 정한다.

알아두기!

☑ **포장·보관(제7조)**
- 용기와 포장에 폴리염화비닐, 폴리스티렌폼을 사용할 수 없다.
- 유기농화장품을 제조하기 위한 유기농 원료는 다른 원료와 명확히 표시 및 구분하여 보관해야 한다.
- 표시 및 포장 전 상태의 유기농화장품은 다른 화장품과 구분하여 보관해야 한다.

☑ **천연화장품과 유기농화장품의 비율기준**

① 천연화장품 원료 조성 비율 기준

② 유기농화장품 원료 조성 비율 기준

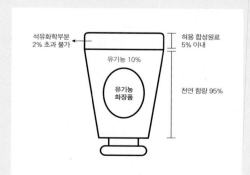

☑ 천연화장품 및 유기농화장품의 인증 등(시행규칙 제23조의2)

① 1항 천연·유기농화장품(법 제14조의2 제1항)에 따라 인증을 받으려는 제조업자, 책임판매업자 또는 연구기관 등은 지정받은 인증기관(법 제14조의2 제4항)에 식약처장이 정하여 고시하는 서류를 갖추어 인증을 신청해야 한다.

② 2항 인증기관은 1항에 따른 신청을 받은 경우 천연·유기농화장품의 인증기준에 적합한지 여부를 심사한 후 그 결과를 신청인에게 통지해야 한다.

③ 3항 1항에 따라 천연·유기농화장품의 인증을 받은 자(이하 "인증사업자"라 한다)는 다음 각 호의 사항이 변경된 경우 식약처장이 정하여 고시하는 바에 따라 그 인증을 한 인증기관에 보고를 해야 한다.

　　1호. 인증제품 명칭의 변경 / 2호. 인증제품을 판매하는 책임판매업자의 변경

④ 4항 인증의 유효기간(법 제14조의3)에 따라 인증사업자가 인증의 유효기간을 연장 받으려는 경우에는 유효기간 만료 90일 전까지 그 인증을 한 인증기관에 식약처장이 정하여 고시하는 서류를 갖추어 제출해야 한다(단, 그 인증을 한 인증기관이 폐업, 업무정지 또는 그 밖의 부득이한 사유로 연장신청이 불가능한 경우에는 다른 인증기관에 신청할 수 있다).

• 인증기관의 유효기간

– 인증을 받은 날부터 3년으로 한다. 인증의 유효기간을 연장 받으려는 자는 유효기간 만료 90일 전에 총리령으로 정하는 바에 따라 연장신청을 해야 한다.

⑤ 5항 인증의 표시(법 제14조의4 제1항)에서 "총리령으로 정하는 인증표시"란 별표5의2의 표시를 말한다.

• 인증의 표시

– 인증을 받은 화장품에 대해서는 총리령으로 정하는 인증표시를 할 수 있다.

- 누구든지 천연·유기농화장품에 대한 인증을 받지 아니한 화장품에 대하여 인증표시나 이와 유사한 표시를 해서는 안 된다.

⑥ 6항 인증기관의 장은 식약처장의 승인을 받아 결정한 수수료를 신청인으로부터 받을 수 있다.

⑦ 7항 1항~6항까지 규정한 사항 외에 인증신청 및 변경보고, 유효기간 연장신청 등 인증의 세부절차와 방법 등은 식약처장이 정하여 고시한다.

☑ 천연화장품 및 유기농화장품의 인증기관의 지정 등(시행규칙 제23조의3)

① 1항 식약처장은 인증업무를 효과적으로 수행하기 위하여 필요한 전문 인력과 시설을 갖춘 기관 또는 단체를 인증기관으로 지정하여 인증업무를 위탁할 수 있다(법 제14조의2 제4항)에 따른 인증기관의 지정기준은 별표5의3과 같다.

② 2항 천연·유기농화장품의 인증기관으로 지정받으려는 자는 식약처장이 정하여 고시하는 서류를 갖추어 인증기관의 지정을 신청해야 한다.

③ 3항 식약처장은 1항에 따른 지정기준에 적합하여 인증기관을 지정하는 경우에는 신청인에게 인증기관 지정서를 발급해야 한다.

④ 4항 3항에 따라 지정된 인증기관은 다음 각 호의 사항이 변경된 경우에는 변경사유가 발생한 날부터 30일 이내에 식약처장이 정하여 고시하는 서류를 갖추어 변경신청을 해야 한다.

　　1호. 인증기관의 대표자 / 2호. 인증기관의 명칭 및 소재지 / 3호. 인증업무의 범위

⑤ 5항 인증기관은 업무를 적절하게 수행하기 위하여 다음 각 호의 사항을 준수해야 한다.

　　1호. 인증신청, 인증심사 및 인증사업자에 관한 자료를 법 제14조의3 제1항(인증의 유효기간은 인증을 받은 날부터 3년으로 한다)에 따른 인증의 유효기간이 끝난 후 2년 동안 보관할 것

　　2호. 식약처장의 요청이 있는 경우에는 인증기관의 사무소 및 시설에 대한 접근을 허용하거나 필요한 정보 및 자료를 제공할 것

⑥ **6항** 법 제14조의5 제3항(지정취소 및 업무정지 등에 필요한 사항은 총리령으로 정한다)에 따른 인증기관에 대한 행정처분의 기준은 별표5의4와 같다.

⑦ **7항** 1항~6항까지에서 규정한 사항 외에 인증기관의 지정절차 및 준수사항 등 인증기관 운영에 필요한 세부절차와 방법 등은 식약처장이 정하여 고시한다.

6 인증의 표시(법 제14조의4)

① 인증을 받은 화장품은 인증표시를 할 수 있다.

② 누구든지 인증을 받지 못한 화장품은 인증표시나 이와 유사한 표시를 해서는 안 된다.

7 인증기관 지정의 취소 등(법 제14조의5)

< 식약처장은 >

① 필요하다고 인정하는 경우 <u>관계 공무원</u>으로 하여금 지정받은 인증기관이 업무를 적절하게 수행하는지를 <u>조사하게 할 수 있다.</u>

② 인증기관이 <u>거짓이나 그 밖의 부정한 방법</u>[①]으로 인증기관의 지정을 받은 경우 · 지정기준에 적합하지 않은 경우[②] 어느 하나라도 해당되면 그 지정을 취소하거나 1년 이내의 기간을 정하여 해당업무의 전부 또는 일부의 정지를 명할 수 있다(단, [①]의 경우 그 지정을 취소해야 함).

③ 지정 취소 및 업무정지 등에 필요한 사항은 총리령으로 정한다.

☑ **관계 공무원의 자격 등(시행규칙 제24조)- 2020.03.13.**

① **1항** 화장품 검사 등(법 제18조 제1항)에 관한 업무를 수행하는 공무원(이하 "화장품 감시 공무원"이라 한다)은 다음 각 호의 어느 하나에 해당하는 사람 중에서 지방식약청장이 임명하는 사람으로 한다.

　1호. 학교에서 약학 또는 화장품 관련 분야의 학사학위 이상을 취득한 사람(법령에서 이와 같은 수준 이상의 학력이 있다고 인정한 사람을 포함한다)

　2호. 화장품에 관한 지식 및 경력이 풍부하다고 지방식약청장이 인정하거나 특별시장 · 광역시장 · 특별자치시장 또는 시장 · 군수 · 구청장(자치구의 구청장을 말함)이 추천한 사람

② **2항** 화장품 감시 공무원의 신분(법 제18조 제4항)을 증명하는 증표는 별지 제14호 서식에 따른다.

• 법 제18조(보고와 검사 등)

－ 식약처장은 필요하다고 인정하면 영업자 · 판매자 또는 그 밖에 화장품을 업무상 취급하는 자에 대하여 필요한 보고를 명하거나 관계 공무원으로 하여금 화장품 제조장소 · 영업소 · 창고 · 판매장소 그 밖에 화장품을 취급하는 장소에 출입하여 그 시설 또는 관계 장부나 서류, 그 밖의 물건검사 또는 관계인에 대한 질문을 할 수 있다(제1항).

－ 식약처장은 화장품의 품질 또는 안전기준, 포장 등의 기재 · 표시사항 등이 적합한지 여부를 검사하기 위하여 필요한 최소 분량을 수거하여 검사할 수 있다(제2항).

－ 식약처장은 총리령으로 정하는 바에 따라 제품의 판매에 대한 모니터링 제도를 운영할 수 있다(제3항).

---

8 부당한 표시광고(법 제13조)

- 의약품으로 잘못 인식 우려[1]

- 기능성화장품의 안전성·유효성에 관한 심사결과와 다른 내용[2]

- 기능성화장품, 천연화장품 또는 유기농화장품이 아닌 화장품을 기능성화장품, 천연화장품 또는 유기농화장품으로 잘못 인식 우려[3]

- 사실과 다르게 소비자를 속이거나 소비자가 잘못 인식 우려[4]

① 1항 표시광고의 실증(법 제14조)

영업자(제조업자, 책임판매업자) 및 판매자	표시·광고가 실증이 필요한 경우
· 자기가 행한 표시·광고 중 사실과 관련한 사항에 대하여는 이를 실증할 수 있어야 한다.	· 표시·광고가 실증이 필요한 경우 - 내용을 구체적으로 명시하여 관련자료 제출을 요청할 수 있음

알아두기!

☑ 표시·광고 내용의 실증 등(법 제14조 제3항)에 따라 영업자 또는 판매자가 실증자료를 제출할 때
- 다음 각 호의 사항을 적고, 이를 증명할 수 있는 자료를 첨부해 식약청장에게 제출해야 한다.
- 1호. 실증방법
- 2호. 시험·조사기관의 명칭 및 대표자의 성명·주소·전화번호
- 3호. 실증내용 및 실증결과
- 4호. 실증자료 중 영업상 비밀에 해당되어 공개를 원하지 않는 경우에는 그 내용 및 사유

② 2항 표시누락 또는 거짓(가격제외)

- 전부누락: 해당품목, 판매업무정지 3개월 법 제12조, 법 제10조 및 11조에 따른 기재표시는 쉽게 볼 수 있는 곳에 한글로, 표준화된 일반명을 사용(위반 시 해당품목 판매업무정지 15일)한다.
- 거짓표시(해당품목, 판매업무정지 1개월)/ - 일부누락: 해당품목, 판매업무정지 15일
- 허위 또는 금지 표시(제13조 1항 위반 - 해당품목, 업무정지 3개월)
- 의약품 오인 표시·광고, 기능성, 유기농 오인 표시·광고, 비방 또는 비방의심 표시·광고
- 허위 또는 금지 표시(제13조 1항 [4]호 위반 - 해당품목, 업무정지 2개월)
- 의사, 약사, 의료기관, 그 밖의 자 등 지정, 추천, 공인, 개발, 사용 등

- 외국제품으로 오인 우려 표시·광고
- 외국과 기술제휴하지 않고 기술제휴 등 표현
- 배타성을 띤 최고, 최상 등 절대적 표현
- 잘못 인식할 우려가 있거나 사실과 다른 표현
- 화장품의 범위를 벗어나는 표시·광고

9 최근 표시 관련 개정사항

① 착향제 성분 중 알레르기 유발 물질 표시 의무화(시행일 2020.1.1)

- 고시된 알레르기 유발 물질 25종 포함 시 기재·표시 및 원료목록 보고

- 식약처 고시 '화장품 사용 시의 주의사항 표시에 관한 규정 일부개정고시(안)

- 사용 후 세척되는 제품 0.01%초과, 이외 제품 0.001% 초과 시 기재

- 경과조치(화장품법 시행규칙 부칙 제5조) 종전의 규정에 따라 기재·표시된 화장품의 포장은 시행일부터 1년 동안 사용가능

② 「화장품 사용 시의 주의사항 표시에 관한 규정」 일부개정고시(안) 행정예고(2019.9.11)

- 화장품 사용 시의 주의사항 및 알레르기 유발성분 표시에 관한 규정

- 25가지 알레르기 유발성분: 아밀신남알, 벤질알코올, 신나밀알코올, 시트랄, 유제놀, 하이드록시시트로넬알, 아이소유제놀, 아밀신나밀알코올, 벤질살리실산, 신남알, 쿠마린, 제라니올, 아니스알코올, 벤질신나메이트, 파네솔, 부틸페닐메틸프로피오날, 리날롤, 벤질벤조에이트, 시트로넬올, 헥실신남알, 리모넨, 메틸2-옥티노에이트, 알파-아이소메틸아이오논, 참나무이끼추출물, 나무이끼추출물

③ 영유아용, 어린이용 제품 보존제 함량 표시 의무화(시행일 2020.1.1)

- 화장품의 유형 중 영유아용 화장품류 및 어린이용 제품(만 13세 이하의 어린이 대상)

- 살리실리산, 아이오도프로피리부틸카보메이트, 적색 2호·102호 사용금지

- 「화장품의 안전기준 등에 관한 규정」 고시 원료 중 보존제

④ 영유아 또는 어린이 대상 화장품의 안전성 자료 작성, 보관 의무화(시행일 2020.1.16)

- 영유아 또는 어린이가 <u>사용할 수 있는 화장품임을 표시·광고</u>하려는 경우

- 제품 및 제조방법에 대한 설명자료[1], 화장품의 안전성 평가 자료[2], 제품의 효능·효과에 대한 증명자료[3]

⑤ 영업자 회수 불이행 시 처분 근거마련(시행일 2019.12.12)

- 벌칙 및 행정처분 규정 신설
- 200만 원 이하의 벌금 및 제조 또는 판매업무 정지 1개월

Section 02 맞춤형화장품의 안전기준의 주요사항

맞춤형화장품의 안전기준은 이에 관한 규정에서 정한 안전기준에 적합해야 하며, 다음 사항을 소비자에서 설명해야 한다.

· 혼합 또는 소분에 사용되는 내용물 및 원료[1]	· 맞춤형화장품에 대한 사용 시 주의사항[3]
· 맞춤형화장품의 사용기한 또는 개봉 후 사용기간[2]	· 맞춤형화장품의 특징과 사용법(용법·용량)[4]

Section 03 맞춤형화장품의 특징

- 맞춤형화장품 생산 및 판매(1:1)에 따른
  - 고객 개인별 피부 특성이나 색·향 등의 기호·요구를 반영하여 조제가 가능하다.
- 소분에 따른 고가의 화장품 혹은 특정 중량만큼 구매할 수 있어 비용소비를 조절할 수 있다.
- 혼합에 의해 화장품에 부가적인 효능을 더 추가하여 사용이 가능하다.

1) 맞춤형화장품 혼합에 사용되는 원료

(1) 맞춤형화장품을 기능성화장품으로 인정받아 판매하려는 경우

맞춤형화장품 판매업에게 원료를 공급하는 화장품 책임전가판매업자가 기능성화장품의 심사 등(화장품 법 제4조에 따라)

- 해당 원료를 포함하여 기능성화장품에 대한 심사를 받거나 보고서를 제출할 경우
- 대학·연구소 등이 품목별 안전성 및 유효성에 관하여 식약처장의 심사를 받을 경우

(2) 내용물의 범위

① 맞춤형화장품의 혼합에 사용할 목적으로 책임판매업자로부터 제공(화장품 법령에 적합)받은 것으로 다음 내용 중 하나에 해당된다.

벌크제품
- 1차 포장(충전) 이전의 제조 단계까지 끝낸 화장품

반제품

- 원료 혼합 등의 제조 공정 단계를 거친 것으로 벌크제품이 되기 위하여 추가 제조공정이 필요한 화장품

② 혼합에 사용되는 내용물은 조제관리자 자격시험 등에 따라 관리한다.

- 유통화장품 안전관리기준에 적합해야 한다.

그 자체를 사용되지 않는 내용물로서 반제품의 경우

- 최종 맞춤형화장품이 '사용제한에 필요한 원료 사용기준'에 따라 사용제한 원료를 함유하지 않고 '유통화장품 안전관리기준'에 적합하면 됨

③ 원료와 원료를 혼합하는 것은 화장품 제조행위로서 맞춤형화장품 원료와 내용물의 관계에 따른 원료는 맞춤형화장품의 내용물의 범위에 해당되지 않는다.

2) 맞춤형화장품 판매 등의 금지

(1) 누구든지 다음 각 호의 어느 하나에 해당하는 화장품을 판매하거나 판매할 목적으로 보관 또는 진열해서는 안 된다(화장품 법 제16조 판매 등의 금지).

☑ 판매 등의 금지(법 제16조)

① 1항 누구든지 다음 각 호의 어느 하나에 해당하는 화장품을 판매하거나 판매할 목적으로 보관 또는 진열해서는 안 된다(단, 3호의 경우 소비자에게 판매하는 화장품에 한한다).

1호. 영업을 하려는 자는 각각 총리령으로 정하는 바에 따라 식약처장에게 등록해야 한다(영업의 등록, 법 제3조 1항)에서 등록을 하지 아니한 자가 제조한 화장품 또는 제조·수입하여 유통·판매한 화장품

1의2호. 맞춤형화장품 판매업의 신고(법 제3조의2 제1항)에서 신고를 하지 아니한 자가 판매한 맞춤형화장품

1의3호. 맞춤형화장품 판매업자는 조제관리사를 두어야 한다(법 제3조의2 제2항)에서 조제관리사를 두지 아니하고 판매한 맞춤형화장품

2호. 화장품의 기재사항(법 제10조), 화장품의 가격표시(법 제11조), 기재·표시상의 주의(법 제12조)에 위반되는 화장품 또는 의약품으로 잘못 인식할 우려가 있게 기재·표시된 화장품

3호. 판매의 목적이 아닌 제품의 홍보·판매촉진 등을 위하여 미리 소비자가 시험·사용하도록 제조 또는 수입된 화장품

4호. 화장품의 포장 및 기재·표시 사항을 훼손(맞춤형화장품 판매를 위하여 필요한 경우는 제외한다) 또는 위조·변조한 것

② 2항 누구든지(조제관리사를 통하여 맞춤형화장품 판매업자는 제외) 화장품의 용기에 담은 내용물을 나누어 판매해서는 안 된다.

(2) 화장품 소분판매의 금지

- 누구든지 화장품의 용기에 담은 내용물을 나누어 판매해서는 안 된다.

- 맞춤형화장품 조제관리사를 통해 판매하는 맞춤형화장품 판매업자는 제외한다.

(3) 맞춤형화장품 판매업의 결격사유

- 전문의가 화장품 제조업자로서 적합하다고 인정하는 사람을 제외한 정신건강증진 및 정신질환자 복지 서비스 지원에 관한 법률 제3조 제1호에 해당하는 정신질환자[①]
- 피성년후견인 또는 파산신고를 받고 복권되지 않은 자[②]
- 마약류·관리에 관한 법률 제2조 제1호에 따른 마약류의 중독자[③]
- 화장품법 또는 보건범죄 단속에 관한 특별조치법을 위반하여 금고 이상의 형을 선고받고 그 집행이 끝나지 않았거나 그 집행을 받지 않는 것이 확정되지 않은 자[④]
- 화장품법에 따라 등록이 취소되거나 영업소가 폐쇄([①~③]호 중 해당하여 등록이 취소되거나 영업소가 폐쇄된 경우 제외)된 날부터 1년이 지나지 않은 자

Section 04 맞춤형화장품의 사용법

▮ 맞춤형화장품의 사용법

① 맞춤형화장품의 사용법

- 조제관리사와 상담 후 개인의 피부특성 및 개인적 선호와 요구에 의해 혼합·소분된 맞춤형화장품의 사용은 유통화장품 사용방법에 따라 적용된다.
- 조제관리사로부터 혼합·소분에 사용되는 내용물 및 원료와 사용 시 주의사항에 대한 충분한 설명을 듣고 제시하는 사용방법을 따른다.

② 맞춤형화장품 사용 시 주의사항

- 화장품 사용 시 또는 사용 후 직사광선에 의하여 붉은 반점, 부어오름, 가려움증 등의 이상 증상이나 부작용이 있는 경우 전문의 등과 상담할 것
- 상처가 있는 부위 등에는 사용을 자제할 것
- 보관 및 취급 시 어린이의 손에 닿지 않는 곳에 보관하고 직사광선을 피해서 보관할 것
- 눈에 들어갔을 시 즉시 씻어낼 것
- 맞춤형화장품의 사용기한을 잘 확인하고 사용기한 내라도 문제가 발생하면 즉시 사용을 중단한 후 조제관리사에게 알린다.
- 조제관리사는 책임판매업자에게 신속히 보고한다.

③ 맞춤형화장품 표시사항

- 맞춤형화장품에 표시·기재하는 사항은 표 예시에서 설명된다.

제품명[①]	식별번호[②]	사용기한[③]	내용물 제조번호[④]	내용물 사용기한[⑤]	원료제 제조번호[⑥]	혼합소분기록[⑦]	판매량[⑧]	판매일[⑨]

- 명칭[①], -가격[②](소비자가 잘 확인할 수 있는 위치에 표시),
- 식별번호[③](맞춤형화장품의 혼합 또는 소분에 사용되는 내용물 및 원료의 제조번호와 혼합·소분 기록을 포함하여 맞춤형화장품 판매업자가 부여한 번호)
- 사용기한[④] 또는 개봉 후 사용기간[⑤], - 책임판매업자 상호[⑥], - 맞춤형화장품 판매업자 상호[⑦]

알아두기!

☑ 원료의 유래 및 생산공정

<원료의 생산과정>

- 원료의 모든 성분의 생산공정은 식약처 고시(별표5)에서 허용되는 공정을 참고하여 다음 표를 기입한다.

성분명	근원물질	제조공정도 (Reactats-Solvents)	반응물 (Origin/Manufacturing pross/Solvents)	%
글리세릴아르산	식물유래원료	에스텔화 (글리세롤 스테아르산)	글리세롤(식물성오일/비누화/난용성)	50
헤몬에센셜오일	식물원료	증류	레몬제스트(Lemon/Grinding)	50

<첨가물(Additives)>

- 방부제, pH 조절제, 산화조절제 등을 사용했다면 다음 표를 기입한다.
- 첨가물(방부제, 산화방부제, pH 조절제 등)을 사용하지 않았으므로 해당 없을 경우 다음 박스를 체크하라.

INCI 첨가물 (Additive INCI)	함유량 (% in the commercial eference)	유래 (Origin)	방사능유래 (Irradiation)	비고 (Remark)

<식물성 유래성분>

- 원료의 유효성분, 배지 또는 용매의 생산과정에서 사용되는 식물은 GMO가 없습니까? ☐ Yes ☐ No
- 옥수수, 콩, 평지씨/카놀라, 아마씨, 목화, 쌀, 사탕무, 파파야, 알팔파, 파프리카, ☐ Yes ☐ No
  토마토 중 사용한 식물이 있습니까? 사용했다면 Non-GMO 레터를 첨부하시길 바랍니다.

<동물 유래성분>

- 동물 유래성분을 위해 동물의 죽음이 필요했습니까? ☐ Yes ☐ No

<미네랄 유래성분>

- 원료의 구성에 ZnO 또는 TiO$_2$ 성분이 포함되어 있습니까? ☐ Yes ☐ No
- 코팅 성분의 입자 크기가 100nm 이상입니까? ☐ Yes ☐ No

<미생물 또는 생물 유래성분>

- 원료는 생물적인 과정(발효, 효소가수분해 등)으로 생산된 성분 또는 시약을 포함합니까? ☐ Yes ☐ No
- 사용되는 생체촉매는 유전자변형을 포함합니까? ☐ Yes ☐ No

실전예상문제

【 선다형 】

01 화장품의 1차, 2차 포장에 기재되는 표시사항이 <u>아닌</u> 것은?

① 화장품의 명
② 영업자의 상호
③ 영업자의 주소
④ 제조기간
⑤ 화장품 제조에 사용된 성분

✓ 1차, 2차 포장에 기재되는 표시사항은 제조기간이다

02 화장품의 1차, 2차 포장에 기재되는 표시사항이 <u>아닌</u> 것은?

① 가격
② 사용 시 주의사항
③ 내용물의 용량 또는 중량
④ 사용기한 도는 개봉 후 사용기간
⑤ 기능성화장품의 경우 기능성화장품을 나타내는 도안으로서 총리령으로 정한 도안

✓ 기능성화장품의 경우 기능성화장품을 나타내는 도안으로서 식품의약품안전처장이 정하는 도안이다.

03 화장품의 1차 포장 필수 기재 항목이 <u>아닌</u> 것은?

① 제조번호
② 영업자의 상호
③ 화장품의 명칭
④ 화장품 제조에 사용된 성분
⑤ 사용기한 도는 개봉 후 사용기간

✓ 1차 포장 필수 기재항목은 제조번호, 영업자의 상호, 화장품의 명칭, 사용기한 또는 개봉 후 사용기간이다.

04 내용량이 10mL 초과 50mL 이하 또는 중량이 10g 초과 50g 이하 화장품의 포장인 경우 성분 표시를 제외할 수 있다. 대상이 <u>아닌</u> 것은?

① 금박
② 비타민 L_1
③ 타르색소
④ 과일산(AHA)
⑤ 샴푸와 린스에 들어있는 인산염

✓ 비타민 L_1은 사용할 수 없는 원료이다.

05 화장품 사용 시 주의사항으로 <u>틀린</u> 것은?

① 화장품제조업자의 주소는 등록필증에 적힌 소재지 반품 교환업무를 대표하는 소재지를 기재한다.
② 화장품 제조에 사용된 함량이 많은 것부터 기재하고 1% 이하로 사용된 성분 착향제, 착색제는 순서에 상관없이 기재할 수 있다.
③ 립스틱 눈화장 염모제 매니큐어용 제품에서 훗수별로 착색제가 다르게 사용된 경우 ± 또는 +/- 의 표시 뒤에 사용된 모든 착색제 성분을 공동으로 기재한다.
④ 수입화장품의 경우에는 제조국의 명칭, 제조회사명을 국내 화장품 제조업자와 동일하게 기재한다.
⑤ 화장품제조업자, 화장품 책임판매업자, 맞춤형화장품 판매업자는 각각 구분하여 기재한다.

✓ 수입화장품의 경우에는 제조국의 명칭, 제조회사명을 국내 화장품 제조업자와 구분하여 기재한다.

06 맞춤형화장품 표시사항이 <u>아닌</u> 것은?

① 책임판매업자 상호
② 소비자가 확인할 수 있는 성분
③ 소비자가 확인할 수 있는 가격

④ 맞춤형화장품 판매업자 상호
⑤ 맞춤형화장품 판매업자가 부여한 식별번호

✓ 맞춤형화장품 표시사항은 ①③④⑤와 사용기한 또는 개봉 후 사용기간, 명칭이다.

07 맞춤형화장품 안전기준 사항 중 소비자에게 설명하지 <u>않아도</u> 되는 것은?

① 맞춤형화장품의 특징과 사용법
② 맞춤형화장품의 개봉 후 사용기간
③ 맞춤형화장품에 대한 사용 시 주의사항
④ 맞춤형화장품의 판매업자가 부여한 식별번호
⑤ 맞춤형화장품의 혼합 소분에 사용되는 내용물 및 원료

✓ ④ 맞춤형화장품 표시사항에 해당된다.

08 1차 포장 필수 기재항목이 <u>아닌</u> 것은?

① 화장품의 명칭
② 영업자의 주소
③ 영업자의 상호
④ 제조번호
⑤ 사용기한 또는 개봉 후 사용기간

✓ 영업자의 주소 필수 기재항목이 아니다.

09 맞춤형화장품의 표시사항이 <u>아닌</u> 것은?

① 명칭
② 가격
③ 책임판매업자상호
④ 맞춤형화장품 판매업자 상호
⑤ 맞춤형화장품에 대한 사용 시 주의사항

✓ 맞춤형화장품에 대한 사용 시 주의사항은 표시사항이 아니다.

10 맞춤형화장품 안전기준 사항이 <u>아닌</u> 것은?

① 혼합 또는 소분에 사용되는 내용물 및 원료
② 맞춤형화장품에 대한 사용 시 주의사항

③ 맞춤형화장품의 사용기한 혹은 개봉 후 사용기간
④ 맞춤형화장품의 특징과 사용법
⑤ 맞춤형화장품 판매업자 상호

✓ 맞춤형화장품 판매업자 상호 안전기준 사항에 해당하지 않는다.

11 다음 <보기>에서 맞춤형화장품 표시 기재사항 중 1차 항목을 <u>모두</u> 고르면?

┌─────────────────────────────┐
│ ㉠ 영업자의 명칭   ㉡ 화장품의 명칭 │
│ ㉢ 가격   ㉣ 현품   │
└─────────────────────────────┘

① ㉠, ㉡   ② ㉠, ㉢   ③ ㉠, ㉣
④ ㉠, ㉡, ㉢   ⑤ ㉠, ㉡, ㉣

✓ 맞춤형화장품 표시 기재사항 중 1차 포장 표시기재사항은 화장품의 명칭, 영업자의 상호 및 주소, 제조번호, 사용기한 또는 개봉 후 사용기간, 가격

12 화장품의 표시방법 및 표시 기준으로 바르지 <u>않은</u> 것은?

① 화장품의 명칭
② 영업자의 상호 및 주소
③ 제조번호
④ 사용기한 또는 개봉 후 사용기간
⑤ 구매요구서

✓ 구매요구서는 화장품 원자재 입고 시 확인해야 하는 사항이다.

13 화장품 포장의 기재, 표시 사항으로 적절하지 <u>않은</u> 것은?

① 성분명을 제품 명칭의 일부로 사용한 경우 그 성분과 함량 방향용 제품은 제외한다.
② 천연 또는 유기농으로 표시광고 하지 않는다.
③ "질병예방 및 치료를 위한 의약품이 아님"이라는 문구를 기재한다.
④ 식약처장이 정하는 바코드를 기재한다.
⑤ 수입화장품인 경우 원산지를 표시한다.

✓ 성분명을 제품 명칭의 일부로 사용할 수 없다.

14 기능성화장품의 범위로 적절하지 **않은** 것은?

① 여드름성 피부를 완화하는 데 도움을 주는 화장품
② 탈모증상을 치료해 주는 화장품
③ 아토피성 피부로 인한 건조함 등을 완화하는 데 도움을 주는 화장품
④ 튼살로 인한 붉은 선을 엷게 하는 데 도움을 주는 화장품
⑤ 물리적으로 모발을 굵게 보이게 하는 제품은 제외한다.

✓ 탈모증상의 완화에 도움을 주는 화장품이지 치료를 목적으로 하는 화장품이라는 기재를 사용하면 안 된다.

15 전성분을 표시할 때 기재·표시를 생략할 수 있는 것을 **모두** 고르면?

┌───┐
│ ㉠ 제조과정 중에 제거되어 최종제품에는 남아 있지 않은 성분 │
│ ㉡ 기능성화장품의 경우 그 효능·효과가 나타나게 하는 원료 │
│ ㉢ 안정화제, 보존제 등 원료 자체에 들어있는 부수성분으로서 그 효과가 나타나게 하는 양보다 적은 양이 들어 있는 성분 │
│ ㉣ 사전심사를 받거나 보고서를 제출하지 않은 기능성화장품 고시 원료 │
└───┘

① ㉠, ㉡   ② ㉡, ㉢
③ ㉠, ㉡, ㉢   ④ ㉠, ㉡, ㉣
⑤ ㉡, ㉢, ㉣

✓ 화장품 안전기준에서 사용 금지된 원료, 사용상의 제한이 필요한 원료, 사전 심사를 받거나 보고서를 제출하지 않은 기능성화장품 고시 원료를 제외하고는 사용 가능 원료로 지정되어 있으므로 해당사항을 반드시 참고해야 한다.

16 화장품포장의 표시기준 및 표시방법으로 적합하지 **않은** 것은?

① 화장품의 명칭
② 원료 공급업자의 상호 및 주소
③ 화장품제조에 사용된 성분
④ 내용물의 용량 또는 중량
⑤ 사용기한(또는 개봉 후 사용기간)

✓ 화장품포장의 표시기준 및 표시방법으로는 화장품의 명칭, 제조업자 및 판매업자의 상호 및 주소, 화장품제조에 사용된 성분, 내용물의 용량 또는 중량, 제조번호, 사용기한(또는 개봉 후 사용기간), 기능성화장품의 기재·표시가 있다.

17 화장품의 가격을 결정하는 사람은 누구인가?

① 공급자   ② 제조업자
③ 원료납품업자   ④ 식약처장
⑤ 판매자

✓ 가격은 소비자에게 화장품을 직접 판매하는 자(이하 "판매자"라 한다)가 판매하려는 가격을 표시해야 한다.

18 화장품의 기재·표시상의 주의방법으로 적합하지 **않은** 것은?

① 한글로 읽기 쉽도록 기재·표시할 것
② 화장품의 성분을 표시하는 경우에는 표준화 된 일반명을 사용할 것
③ 총리령으로 정하는 바에 따라 기재·표시는 다른 문자 또는 문장보다 쉽게 볼 수 있는 곳에 표시하여야 한다.
④ 한자 또는 외국어는 사용할 수 없다.
⑤ 알기 쉽도록 표기하되 그 세부적인 표시 방법은 식약처장이 정하여 고시한다.

✓ 읽기 쉽고 이해하기 쉬운 한글로 정확히 기재·표시 하되, 한자 또는 외국어를 함께 기재할 수 있다(화장품법 제12조).

19 총리령이 정하는 바에 따라 영업자 또는 판매자는 부당한 표시 및 광고행위로 적합한 것은?

① 기능성화장품의 안전성·유효성에 관한 심사결과
② 의약품으로 잘못 인식할 우려가 있는 표시 또는 광고
③ 기능성화장품이 아닌 화장품을 기능성화장품으로 잘못 인식할 우려가 있는 광고
④ 천연화장품 또는 유기농화장품이 아닌 화장품을 천연·유기농화장품으로 잘못 인식할 수 있는 광고
⑤ 그 밖에 사실과 다르게 소비자를 속이거나 잘못 인식하도록 할 우려가 있는 표시 또는 광고

✓ 총리령으로 정하는 바에 따라 영업자 또는 판매자 다음 사항을 표시하는 광고를 할 수 없다.
- 의약품으로 잘못 인식 할 우려가 있는 표시 또는 광고
- 기능성화장품이 아닌 화장품을 기능성화장품으로 잘못 인식할 우려가 있거나, 기능성화장품의 안전성·유효성에 관한 심사결과와 다른 내용의 표시 또는 광고
- 천연화장품 또는 유기농화장품이 아닌 화장품을 천연·유기농화장품으로 잘못 인식할 수 있는 광고
- 그 밖에 사실과 다르게 소비자를 속이거나 잘못 인식하도록 할 우려가 있는 표시 또는 광고

20 피부관련 화장품 표시·광고의 표현 범위 및 기준인 금지표현에 해당되지 <u>않는</u> 것은?

① 가려움을 완화
② 붓기, 다크서클, 뾰루지를 개선
③ 피부 독소를 제거(Detox)
④ 피부건조에 기인한 가려움 완화
⑤ 여드름의 흔적을 없애줌

✓ 피부건조에 기인한 가려움 완화는 제외된다.

21 모발관련 화장품 표시·광고의 표현 범위 및 기준인 금지표현에 해당되지 <u>않는</u> 것은?

① 탈모방지
② 빠지는 모발을 감소
③ 속눈썹·눈썹이 자람
④ 모발의 두께를 증가시킴
⑤ 모발손상 케어

✓ 모발관련화장품의 표시 광고의 금지표현으로는 발모, 탈모방지, 양모, 제모에 사용, 모발의 손상을 회복 또는 복구, 빠지는 모발을 감소 또는 모발 등의 성장을 촉진 및 억제, 모발의 두께를 증가시킴, 속눈썹·눈썹이 자람 등

22 특정인 또는 기관의 지정·공인 관련 광고표현의 기준인 금지표현에 해당되지 <u>않는</u> 것은?

① ○○의사가 추천하는 안전한 화장품
② ○○의사가 개발한 화장품
③ ○○대학교 출신 의사가 공동 개발한 화장품
④ ○○아토피협회 인증 화장품
⑤ 본인이 직접 개발한 화장품

✓ 특정인 또는 기관의 지정·공인 관련 금지표현에 해당하는 것은 ○○아토피협회 인증 화장품, ○○의료기관의 첨단기술의 정수가 탄생시킨 화장품, ○○대학교 출신 의사가 공동 개발한 화장품, ○○의사가 개발한 화장품, ○○의사가 추천하는 안전한 화장품

23 생리활성 관련화장품 표시·광고의 표현 범위 및 기준인 금지표현에 해당되지 <u>않는</u> 것은?

① 혈액순환
② 피부재생·세포재생
③ 유익균의 균형보호
④ 호르몬분비 원활
⑤ 세포 또는 유전자(DNA) 활성화

✓ 생리활성관련 화장품의 표시·광고의 표현 범위 및 기준인 금지표현으로는 혈액순환, 피부재생·세포재생, 호르몬분비촉진 등 내분비 작용, 땀 발생을 억제함, 유익균의 균형보호, 질내 산도유지, 질염 예방, 세포활력(증가), 세포 성장을 촉진하여 세포 또는 유전자(DNA) 활성화가 있다.

24 저속하거나 혐오감을 줄 수 있는 표현으로 금지표현으로 해당하는 것은?

① 피부·모공 노폐물제거 관련 표현
② 성기사진 등의 여과 없는 게시

---

③ 피부건조에 기인한 가려움 완화
④ 식물줄기세포 함유 화장품
⑤ 원자재 공급업자에게 반송

✓ • 성생활에 도움을 줄 수 있음을 암시하는 표현
   ex) 여성크림, 성 윤활작용, 쾌감을 증대시킨다. 질
      보습·질 수축
 • 저속하거나 혐오감을 주는 표시 및 광고
   ex) 성기사진 등의 여과 없이 게시
      남녀의 성행위를 묘사하는 표시 또는 광고

25 화장품 표시광고의 범위 및 준수사항으로 해당하지 않는 것은?

① 외국과의 기술제휴를 하지 않고 외국과의 기술제휴 등을 표현하는 외국제품을 국내제품으로 또는 국내제품을 외국제품으로 잘못 인식할 우려가 있는 표시
② 사실 유무와 관계없이 다른 제품을 비방하거나 비방한다고 의심이 되는 광고
③ 사실과 다르거나 부분적으로 사실이라고 하더라도 전체적으로 보아 소비자가 잘못 인식할 우려가 있는 표시·광고 또는 소비자를 속이거나 소비자가 속을 우려가 있는 광고
④ 경쟁상품과 비교하는 표시·광고는 비교대상 및 기준을 분명히 밝히고 객관적으로 확인될 수 있는 사항만을 표시·광고하여야 함
⑤ 인체적용시험 결과가 관련학회 발표 등을 통하여 공인된 경우 인용한 문헌

✓ 인체적용시험 결과가 관련학회 발표 등을 통하여 공인된 경우 인용한 문헌의 본래 뜻을 정확히 전달하여야 한다. 그 범위에서 관련문헌을 인용할 수 있으며, 연구자 성명, 문헌명, 발표 연월일을 분명히 밝혀야 한다.

26 표시·광고 내용의 실증자료를 요청받은 영업자는 요청받은 날부터 며칠 이내에 식약처장에게 실증자료를 제출해야 하는가?

① 5일   ② 10일   ③ 15일
④ 20일   ⑤ 30일 이내

✓ 실증자료의 요청 받은 영업자(또는 판매자)는 요청받은 날부터 15일 이내에 그 실증자료 를 식약처장에게 제출해야 한다(단, 식약처장이 정당한 사유가 있다고 인정할 경우 그 제출기간을 연장할 수 있다).

27 표시·광고 내용의 실증 등에 관련한 법과 관련이 없는 것은?

① 영업자 및 판매자는 자기가 행한 표시·광고 중 사실과 관련한 사항에 대하여 실증할 수 있어야 한다.
② 실증자료의 요청받은 영업자(또는 판매자)는 요청받은 날부터 15일 이내에 그 실증자료를 식약처장에게 제출해야 한다(단, 식약처장이 정당한 사유가 있다고 인정할 경우 그 제출기간을 연장할 수 있다).
③ 식약처장으로부터 실증자료의 제출을 요청받아 제출한 경우 「표시 광고의 공정화에 관한 법률」 등 다른 법률에 따라 다른 기관이 요구하는 자료제출을 거부하면 안 된다.
④ 식약처장은 영업자(또는 판매자)가 실증자료의 제출을 요청받고도 제출기간 내에 이를 제출하지 않은 채 계속하여 표시·광고를 하는 때에는 제출할 때까지 표시·광고 행위의 중지를 명하여야 한다.
⑤ 식약처장은 제출받은 실증자료에 대하여 다른 법률에 따른 다른 기관의 자료요청이 있는 경우 특별한 사유가 없는 한 이에 응해야 한다.

✓ 식약처장은 영업자(또는 판매자)가 실증자료의 제출을 요청받고도 제출기간 내에 이를 제출하지 않은 채 계속하여 표시·광고를 하는 때에는 제출할 때까지 표시·광고 행위의 중지를 명하여야 한다.

28 제조업자, 책임판매업자 또는 판매자가 실증자료를 제출 할 시 기재해야 할 사항으로 적합하지 않은 것은?

① 실증방법
② 시험·조사기관의 명칭
③ 대표자의 성명
④ 가족관계 증명서

정답 25. ⑤ 26. ③ 27. ③ 28. ④

⑤ 실증 내용 및 결과 · 실증 자료 중 영업상 비밀에 해당되어 공개를 원하지 아니하는 경우에는 그 내용 및 사유기재

✓ 제조업자, 책임판매업자 또는 판매자가 실증자료를 제출 할 때, 실증방법 · 시험 · 조사기관의 명칭, 대표자의 성명, 주소 및 전화번호 · 실증 내용 및 결과 · 실증 자료 중 영업상 비밀에 해당되어 공개를 원하지 아니하는 경우에는 그 내용 및 사유 기재

29 천연 · 유기농화장품에 대한 인정 사항으로 해당되지 않는 것은?

① 품질제고를 유도하고 소비자에게 보다 정확한 제품정보가 제공될 수 있도록 식약처장이 정하는 기준에 적합한 천연 · 유기농화장품에 대하여 인증할 수 있다.

② 식약처장은 효과적으로 인증업무를 수행하기 위해 인증기관으로 지정, 인증업무를 위탁할 수 있다.

③ 인증을 받은 화장품이 ① 거짓이나 그 밖의 부정한 방법으로 ② 인증기준에 적합하지 않을 경우 그 인증을 취소해야 한다.

④ 인증을 받으려는 제조업자 · 책임판매업자 또는 총리령으로 정하는 대학 · 연구소 등은 식약처장에게 인증을 신청해야 한다.

⑤ 식약처장은 효과적으로 인증업무를 수행하기 위해 인증기관으로 지정, 인증업무를 위탁할 수 없다.

✓ 천연 · 유기농화장품에 대한 인정(법 제14조의2)
(1) 품질제고를 유도하고 소비자에게 보다 정확한 제품정보가 제공될 수 있도록 식약처장이 정하는 기준에 적합한 천연 · 유기농화장품에 대하여 인증할 수 있다.
(2) 인증을 받으려는 제조업자 · 책임판매업자 또는 총리령으로 정하는 대학 · 연구소 등은 식약처장에게 인증을 신청해야 한다.
(3) 식약처장은 ①항 인증을 받은 화장품이 ① 거짓이나 그 밖의 부정한 방법으로 ② 인증기준에 적합하지 않을 경우 그 인증을 취소해야 한다.
(4) 식약처장은 효과적으로 인증업무를 수행하기 위해 인증기관으로 지정, 인증업무를 위탁할 수 있다. 필요한 전문 인력과 시설을 갖춘 기관 또는 단체
(5) ①~④항 인증절차, 인증기관의 지정기준, 그 밖에 인증제도 운영에 필요한 사항은 총리령으로 정한다.

30 부당한 표시 · 광고에 해당하지 않는 것은?

① 의약품으로 잘못 인식 우려
② 네티즌들에 의한 진실된 내용
③ 사실과 다르게 소비자를 속이거나 소비자가 잘못 인식 우려
④ 기능성화장품, 천연화장품 또는 유기농화장품이 아닌 화장품을 기능성화장품, 천연화장품 또는 유기농화장품으로 잘못 인식 우려
⑤ 기능성화장품의 안전성 · 유효성에 관한 심사결과와 다른 내용

✓ • 의약품으로 잘못 인식 우려
• 기능성화장품의 안전성 · 유효성에 관한 심사결과와 다른 내용
• 기능성화장품, 천연화장품 또는 유기농화장품이 아닌 화장품을 기능성화장품, 천연화장품 또는 유기농화장품으로 잘못 인식 우려
• 사실과 다르게 소비자를 속이거나 소비자가 잘못 인식 우려

31 최근 표시관련 개정사항으로 해당되지 않는 것은?

① 착향제 성분 중 알레르기 유발 물질 표시 의무화
② 영유아용, 어린이용 제품 보존제 함량 표시 의무화
③ 영유아 또는 어린이 대상 화장품의 안전성 자료 작성, 보관 의무화
④ 10가지 알레르기 유발성분
⑤ 영업자 회수 불이행 시 처분 근거 마련

✓ 「화장품 사용 시의 주의사항 표시에 관한 규정」 일부 개정고시(안) 행정예고(2019.9.11)
화장품 사용 시의 주의사항 및 알레르기 유발성분 표시에 관한 규정 25가지 알레르기 유발성분: 아밀신남알, 벤질알코올, 신나밀알코올, 시트랄, 유제놀, 하이드록시시트로넬알, 아이소유제놀, 아밀신나밀알코올, 벤질살리실산, 신남알, 쿠마린, 제라니올, 아니스알코올, 벤질신나메이트, 파네솔, 부틸페닐메틸프로피오날, 리날롤, 벤질벤조에이트, 시트로넬올, 헥실신남알, 리모넨, 메틸2-옥티노에이트, 알파-아이소메틸아이오논, 참나무이게추출물, 나무이끼추출물

【 단답형 】

01 다음 <보기>에서 ㉠에 적합한 용어를 작성하시오.

> (㉠)는 맞춤형화장품의 혼합 또는 소분에 사용되는 내용물 및 원료의 제조번호와 혼합 소분을 포함하여 맞춤형화장품 판매업자가 부여한 번호를 말한다.

답) _____

02 다음 <보기>에서 ㉠에 적합한 용어를 작성하시오.

> 화장비누의 경우에는 수분을 포함한 중량 과 (㉠) 중량을 기재, 표시해야 한다.

답) _____

03 다음 <보기>에서 ㉠에 적합한 용어를 작성하시오.

> 화장품 제조에 사용된 함량이 많은 것부터 기재 표시한다. 다만 (㉠)% 이하로 사용된 성분, 착향제 또는 착색제는 순서에 상관없이 기재, 표시할 수 있다.

답) _____

04 다음 <보기>에서 ㉠에 적합한 용어를 작성하시오.

> (㉠)는 화장품의 용기, 포장에 기재하는 문자, 숫자, 도형이다.

답) _____

05 다음 <보기>에서 ㉠에 적합한 용어를 작성하시오.

> (㉠)은 영업자(또는 판매자)가 해한 표시·광고가 '그 밖에 사실과 다르게 소비자를 속이거나 소비자가 잘못 인식하도록 할 우려가 있는 표시 또는 광고'(제13조 제1항 4호)에 판단하기 위하여 실증이 필요하다고 인정하는 경우

답) _____

06 다음 <보기>에서 ㉠에 적합한 용어를 작성하시오.

> 표시 광고 내용의 실증의 대상, 실증자료의 범위 및 요건, 제출방법 등에 관하여 필요사항은 (㉠)으로 정함.

답) _____

07 다음 <보기>에서 ㉠, ㉡에 적합한 용어를 작성하시오.

> - (㉠)이 필요하다고 인정하는 경우 관계 공무원으로 하여금 지정받은 인증기관이 업무를 적절하게 수행하는지를 조사하게 할 수 있다.
> - 인증기관이 ① 거짓이나 그 밖의 부정한 방법으로 인증기관의 지정을 받은 경우·지정기준에 적합하지 않은 경우 어느 하나라도 해당되면 그 지정을 취소하거나 1년 이내의 기간을 정하여 해당업무의 전부 또는 일부의 정지를 명할 수 있다(단, ①의 경우 그 지정을 취소해야 함).
> - 지정 취소 및 업무정지 등에 필요한 사항은 (㉡)으로 정함.

답) _____

정답 01. 식별번호 02. 건조 03. 1 04. 표시 05. 식약처장 06. 총리령 07. ㉠ 식약처장, ㉡ 총리령

08 다음 <보기>에서 ㉠에 적합한 용어를 작성하시오.

> 천연화장품 및 유기농화장품의 인증절차, 인증기관의 지정기준, 그 밖에 인증제도 운영에 필요한 사항은 (㉠)으로 정한다.

답) _____

09 다음 <보기>에서 ㉠㉡에 적합한 용어를 작성하시오.

> • 인증을 받은 화장품은 (㉠)를 할 수 있다.
> • 누구든지 인증을 받지 못한 화장품은 (㉠)나 이와 유사한 표시를 해서는 안 된다.

답) _____

10 화장품 포장의 기재·표시 등에 관한 내용으로서 내용량이 10mL(또는 10g) 이하인 화장품의 포장인 경우이다. 다음 <보기>에서 ㉠㉡에 적합한 용어를 작성하시오.

> • 타르색소, 금박, 샴푸와 린스에 들어있는 (㉠)의 종류, 과일산 (㉡), 기능성화장품의 경우 그 효능·효과가 나타나게 하는 원료, 식약처장이 사용한도를 고시한 화장품의 원료

답) _____

11 화장품의 기재사항 중 그 밖에 총리령으로 정하는 사항에 따라 화장품의 포장에 기재·표시해야 한다. 다음 <보기>에 들어갈 용어를 작성하시오.

> • 식약처장이 정하는 바코드
> • 기능성화장품의 경우 심사받거나 보고한 효능·효과, (㉠)
> • 성분명을 제품 명칭의 일부로 사용한 경우 그 성분명과 함량(방향용 제품은 제외한다)
> • 인체 세포·조직 배양액이 들어있는 경우 그 (㉡)
> • 화장품에 천연·유기농으로 표시·광고하려는 경우에는 (㉢)의 함량
> • 수입화장품인 경우에는 (㉣)의 명칭, 제조회사명 및 그 소재지
> • 화장품법에서 사용하는 용어의 뜻에 해당하는 (㉤) 화장품의 경우 "질병의 예방 및 치료를 위한 (㉥)이 아님"이라는 문구

답) _____

12 해당 화장품의 제조에 사용된 성분의 기재·표시를 생략하려는 경우이다. 다음 <보기>에서 생략된 성분을 확인할 수 있는 내용을 삽입하시오.

> • 소비자가 모든 성분을 (㉠) 확인할 수 있도록 (㉡)에 전화번호나 홈페이지 주소를 적을 것
> • 모든 성분이 적힌 책자 등의 (㉢)을 판매업소에 늘 갖추어 둘 것

답) _____

13 화장품 표시·광고 가이드라인에 관련된 내용이다. 다음 <보기>는 화장품 표시·광고의 표현 범위 및 기준과 관련된 금지표현으로서 ㉠은 무엇과 관련된 표현인가?

> • 속눈썹·눈썹이 자람
> • (㉠)의 두께를 증가시킴
> • 빠지는 (㉠)을 감소 또는 (㉠) 등의 성장을 촉진 및 억제
> • (㉠)의 손상을 회복 또는 복구

답) _____

정답 08. 총리령 09. 인증표시 10. ㉠ 인산염, ㉡ AHA 11. ㉠ 용법·용량, ㉡ 함량, ㉢ 원료, ㉣ 제조국, ㉤ 기능성, ㉥ 의약품
12. ㉠ 즉시, ㉡ 포장, ㉢ 인쇄물 13. 모발

Chapter 6. 혼합 및 소분

(1) 제형의 분류

식약처 고시인 기능성화장품 기준 및 시험방법 - 별표1 통칙에서 정하는 제형종류에 따른 정의는 다음과 같다(화장품 법 제2조 제11호 관련 고시).

분류	내용
겔제	· 액체를 침투시킨 분자량이 큰 유기분자로 이루어진 반고형 상을 말함
액제	· 화장품에 사용되는 성분을 용제 등에 녹여서 액상으로 만든 것임
로션제	· 유화제 등을 넣어 유성성분과 수성성분을 균질화하여 점액상으로 만든 것임
크림제	· 유화제 등을 넣어 유성성분과 수성성분을 균질화하여 반고형 상으로 만든 것임
분말제	· 균질하게 분말상 또는 미립상으로 만든 것으로 부형제 등을 사용할 수 있음
에어로졸제	· 원액을 같은 용기 또는 다른 용기에 충전한 분사제(액화기체, 압축기체 등)의 압력을 이용하여 안개모양, 포말상 등으로 분출하도록 만든 것을 말함
침적마스크제	· 액제, 로션제, 크림제, 겔제 등을 부직포 등의 지지체에 침적하여 만든 것임

① 구성원료 및 기능

분류	주기능	대표적 원료
정제수	· 수분공급, 타성분 용해	· 이온교환수
알코올	· 청량감, 정균, 타성분 용해	· 에탄올
보습제	· 보습, 사용감촉, 타성분 용해	· 글리세린, 프로필렌글리콜, 부틸렌글리콜, 폴리에틸렌글리콜, 히아루론산, PCA, 당류, 아미노산류
유연제(유성원료)	· 유연, 보습, 사용감촉, 점토, 경도조절, 유화안정	· 탄화수소, 유지, 왁스, 고급지방산, 고급알코올, 실리콘류
계면활성제	· 세정, 유화, 가용화, 분산	· 음이온, 양이온, 양쪽성, 비이온
완충제	· pH 조절	· 구연산, 구연산나트륨
중화제	· 중화	· Triethanolamine, NaOH, KOH
점증제	· 사용감, 보습, 점도조절	· 카복시비닐폴리머, 셀룰로오스유도체, 잔탄검
향취	· 향료	· 합성 및 천연향
보존제	· 미생물 오염방지	· 파라벤, 페녹시에탄올
금속이온봉쇄제	· 금속이온 불활성화	· EDTA 염류(EDTA-2Na, 3Na, 4Na)
색소	· 색상표현	· 허가색소, 무기안료 등

분류	주기능	대표적 원료
색소	· 색상표현	· 허가색소, 무기안료 등
변색방지제	· 변색 · 퇴색 방지	· 자외선흡수제
효능성분	· 주름개선도움	· 아데노신
	· 미백에 도움	· 나이아신아마이드, 알부틴

② 기술에 따른 제형 분류

분산계(분산상+분산매)	계면활성제의 용도	응용제품
가용화	· 세정제	· 샴푸, 바디클렌저
	· 가용화제	· 향수, 화장수, 에센스, 팩
유화	· 유화제	· 밀크로션, 크림, 에센스, 클렌징크림, 마사지크림
분산	· 분산제	· 립스틱, 마스카라, 아이라이너, 파운데이션, 투웨이케익, 네일에나멜

③ 클렌징 제형 분류

제형	성상	특징
계면활성제형	· 고형비누	· 전신용 세정제의 주류, 사용이 간편함
	· 페이스트	· 얼굴전용으로 사용 시 거품 생성이 우수함
	· 젤	· 두발 · 바디용 세정제의 주류
	· 과립, 분말	· 사용이 간편, 효소 등 배합 가능
	· 에어로졸	· 발포형으로 세이빙폼에 주로 사용
용제형	· 크림	· 오일을 다량 함유한 O/W 에멀전이 주류
	· 유액	· 크림에 비해 산뜻한 사용감
	· 워터	· 가벼운 메이크업 제거용
	· 젤(gel)	· 마이크로 에멀전 타입과 수성 젤타입의 두 종류
	· 오일	· 사용 후 촉촉한 감촉이 남음

- **분산매**: 기체(연기나 안개처럼) 중에 미세한 액체나 고체입자들이 분산되어 있는 부유물
- **페이스트(Paste)**: 고체와 액체의 중간 굳기를 의미
- **겔(젤, 졸)**: 분산상이 고체이며 분산매가 액체인 콜로이드 분산계로서 졸과 같이 유통하지 않고 형태는 유지

④ 에멀전(유화)제형 분류

구분	종류	특징
제형별	· O/W	· 가볍고 산뜻한 사용감을 갖는 제형으로 화장품에서 가장 많이 이용되는 제형
	· W/O	· 보습효과 및 화장 지속력이 우수함
	· W/O/W	· 사용감 및 효능이 우수함 * 공정이 복잡하여 잘 사용하지 않음

구분	종류	특징
제형별	· S/W	· 가볍고 산뜻함, 실리콘에 오일감이 없는 제형
	· W/S	· 오일감이 적고 사용감 및 화장 지속성이 우수함
목적별	· 모이스처 에멀전	· 로션, 크림에 가장 많이 이용됨
	· 클렌징 에멀전	· 피부, 메이크업 잔유물이나 오염을 제거하는 데 사용됨
	· 마사지 에멀전	· 혈액촉진 및 유연효과를 부여함
	· 선블록 에멀전	· 자외선으로부터 피부를 보호
	· 기타(바디핸드용)	· 건조, 주부습진 등 예방

⑤ 분산제형 분류

구분	분산계		화장품 응용(예)
	분산매	분산상	
수계분산	· 물, 알코올 등	· 무기분제	· 카밍로션
	· 유화액(O/W)	· 착색안료, 백색안료	· 파운데이션류, 마스카라, 아이라이너, 선크림
비수계분산	· 유기용매	· 유기안료, 무기안료	· 네일락카(네일에나멜)
	· 오일, 왁스	· 체질안료, 착색안료	· 립스틱, 립라이너, 투웨이케익, 콤팩트

 알아두기!

☑ 화장품원료 규격의 설정단계
· 항목설정(1단계) → 시험법의 설정(2단계) → 기준치 설정(3단계) → 설정된 규격시험 확인검증(4단계)

(2) 제형의 물리적 특성

화장품은 분산, 유화, 가용화, 혼합 등에 의해 제조된다. 이는 제형으로서 유화제·가용화제, 유화분산제, 고형화제, 파우더혼합제, 계면활성제 혼합 등으로 분류할 수 있다.

제형	특징(분산계=분산질/분산매)	제품류	주요제조설비
유화제형	· 크림상·로션상(액체/액체) · 서로 섞이지 않는 두 액체 간에 계면활성제(유화제) 사용 시 미세한 입자 형태의 액체가 다른 액체에 분산되는 상태	· 크림, 유액(로션) · 영양액(에센스, 세럼)	호모믹서
가용화제형	· 액상(기름과 물) · 오일 또는 향수에다 계면활성제(가용화제)를 이용 물에 용해 미세입자로 물에 분산시킨 제형	· 화장수(스킨로션, 토너), 미스트, 향수, 아스트리젠트	아지믹서, 디스퍼
유화분산 제형	· 크림상 · 오일과 왁스에 안료를 분산시켜서 고형화시킨 제형	· 비비크림, 파운데이션, 메이크업베이스 · 마스카라, 아이라이너	호모믹서, 아지믹서

제형	특징(분산계=분산질/분산매)	제품류	주요제조설비
고형화제형	· 고상 · 오일과 왁스에 안료를 분산시켜서 고형화시킨 제형	· 립스틱, 립밤, 컨실러, · 스킨커버	3단 롤러, 아지믹서

파우더
혼합제형
	· 파우더상
	· 안료, 펄, 바인더(실리콘오일, 에스테르오일),
	  향을 혼합한 제형
		· 페이스 파우더, 콤팩트,
		  투웨어 케익, 치크파우더,
		  아이섀도우
			믹서, 아토마이저

계면활성제
혼합제형
	· 음·양·양쪽성·비이온성 계면활성제 등을 혼
	  합하여 제조하는 제형
		· 샴푸·린스, 컨디셔너, 바
		  디워시, 손세척제
			호모믹서, 아지믹서

☑ 아토마이저(Atomizer)
• 물이나 증기를 공기 중에 분출하는 기기(분무기)/ • 가습이나 세정할 때 사용하는 분무노즐

Section 02 화장품 배합한도 및 금지원료

• 맞춤형화장품은 화장품에 사용할 수 없는 금지 원료(별표1)를 사용할 수 없다.
• 맞춤형화장품의 영업 금지는 누구든지 다음 각 호의 어느 하나에 해당하는 화장품을 판매(수입 대행형 거래를 목적으로 하는 알선·수여 포함)하거나 판매할 목적으로 제조·수입·보관 또는 진열하여서는 안 된다.

(1) 맞춤형화장품 배합한도 및 금지원료

* PART 2. Chapter 3. Section 01. 화장품에 사용되는 사용제한 원료의 종류 및 사용한도 참조 바람
* PART 4. Chapter 4. Section 04. 내용물 및 원료의 사용제한 시험 참조바람
* 별표1·2 참조바람
* 식약처 고시 화장품 안전기준 등에 관한 규정 제5조의2 참조바람

맞춤형화장품의 영업금지	
· 병원 미생물에 오염된 화장품[1] · 이물이 혼입되었거나 부착된 것[2] · 전부 또는 일부가 변패된 화장품[3] · 코뿔소 뿔 또는 호랑이 뼈와 그 추출물을 사용한 화장품[4] · 심사를 받지 않았거나 보고서를 제출하지 않은 기능성화장품[5]	· 용기나 포장이 불량하여 해당 화장품이 보건위생상 위해를 발생할 우려가 있는 것[6] · 사용기한 또는 개봉 후 사용기간(병행 표기된 제조 연월일 포함)을 위조·변조한 화장품[7] · 보건 위생상 위해 발생 우려가 있는 비위생적인 조건에서 제조되었거나 시설기준에 적합하지 아니한 시설에서 제조된 것[8] · 화장품에 사용할 수 없는 원료를 사용하였거나 유통화장품 안전관리 기준에 적합하지 아니한 화장품[9]

(2) 물질안전보건(Material Safety Data Sheets, MSDS)

화학물질의 유해 위험성, 응급조치요령, 취급방법 등을 설명해 주는 자료인 MSDS는 산업안전보건법 제41조 개정에 따라 2012. 1. 26부터 시행되고 있다.

* PART 1. Chapter 1. Section 05. 화장품의 품질요소 참조바람
* 기능성화장품 심사에 관한 규정 참조바람

☑ **유효성**
* 일반화장품의 내용물의 일반적으로 가지는 기본 기능
* 피부·모발에 대한 보습 및 탄력, 세정, 피부톤 조절, 결점커버, 일시적 색상변화, 물리적 체모제거, 땀냄새 방지 등 내용물의 인체적용시험을 통해서 그 효능을 광고에 적용할 수 있는 실증 항목

1) 맞춤형화장품의 유효성

* 사용목적에 적합한 효능·효과로서 보습, 미백, 주름개선, 자외선차단, 세정, 색채효과 등과 관련하여 살펴보고자 한다.

심사자료

(1) 자료의 제출범위 - 안전성, 유효성 또는 기능을 입증하는 자료

	안전성에 관한 자료	유효성 또는 기능에 관한 자료
기원 및 개발경위에 관한 자료	·과학적인 타당성이 인정되는 경우, 구체적인 근거자료를 첨부하여 일부 자료를 생략할 수 있다. - 단회투여독성시험 자료[1] - 광독성 및 광감작성시험 자료[2] - 인체누적첩포시험 자료[3](인체적용시험)에서 수포형성, 화상발생 등 안전성 문제가 우려된다고 판단되는 경우에 한함 - 1차 피부자극시험 자료[4] - 인체첩포시험 자료[5] - 안점막자극 또는 기타점막자극시험 자료[6] - 피부감작성시험 자료[7]	·자외선 차단지수(SPF), 내수성 자외선 차단지수 및 자외선A 차단등급(PA) 설정
효력시험 자료	인체적용시험 자료	
	·근거자료(자외선을 차단 또는 산란시켜 자외선으로부터 피부를 보호하는 기능을 가진 화장품의 경우에 한함)	

*2020년부터 사용 안 됨
여드름성 피부 완화(인체 세정용 제품류로 한정) ② 아토피건조함(손상된 피부장벽 회복·가려움 개선)

(2) 유효성 또는 기능에 관한 자료

① 효력시험에 관한 자료✏

심사대상 효능을 포함한 효력을 뒷받침하는 비임상 시험자료로서 효과 발현의 작용기전이 포함되어야 하며, 다음 사항의 하나에 해당되어야 한다.

가. 국내·외 대학 또는 전문연구기관	나. 당해 기능성화장품이 개발국 정부에 제출	다. 과학논문 인용색인 (SCI, SCIE)
· 시험한 것으로서 당해 기관의 장이 발급한 자료 - 시험개설 개요, 주요설비, 연구 인력의 구성 시험자의 연구경력에 관한 사항이 포함되어야 함	· 평가된 모든 효력시험 자료로서 개발국 정부(허가 또는 등록기관)가 제출받았거나 승인하였음을 확인한 것 · 또는 이를 증명한 자료	· 등재된 전문학회지에 게재된 자료

② 인체적용시험 자료

사람에게 적용 시 효능·효과 등 기능을 입증할 수 있는 자료로서 <u>5년 이상 해당 시험경력을</u> 가진 자의 지도 및 감독하에 수행, 평가되고 **가, 나**에 해당된다.

③ 심사기준

제품명(제9조)

- 제품명은 이미 심사를 받은 기능성화장품의 동일한 명칭은 안 된다(단, 수입품목의 경우 서로 다른 제조판매업자가 제조소(원)가 같은 동일 품목을 수입하는 경우 <u>제조판매업자명을 병기하여 구분함</u>).

원료 및 그 분량(제10조)

- 기능성화장품의 원료 및 그 분량은 효능, 효과 등에 관한 자료에 따라 합리적이고 타당해야한다. 또한 각 성분의 배합 의의가 인정되어야 하며 다음 각 호의 사항에 적합해야 한다.
- 기능성화장품의 원료 성분 및 그 분량은 각 성분마다 제제의 특성을 고려한다.

· 배합목적[①]
· 성분명[②]·규격[③]·분량(용량·중량)[④]을 기재해야 한다(단, 착색제, 착향제, 유화제, 현탁화제, 안정제, 분사제, pH 조절제, 점도조절제, 용해보조제, 용제 등 적량으로 기재).
- 착색제 중 식약처장이 지정하는 색소(황색 4호 제외)를 배합하는 경우에는 성분명을 '식약처지정색소'리고 기재할 수 있음.
· 원료 및 그 분량은 "100밀리리터 중" 또는 "100그람 중"(캅셀제의 경우 1캅셀 중)으로 그 분량을 기재함을 원칙으로 한다.
· 분사제는 "100그람 중"(원액과 분사제의 양 구분표기)의 함양을 기재한다.

원료의 성분명과 규격은 다음 각 호에 적합해야 한다.

- 성분명은 규정에 해당하는 원료집에서 정하는 명칭(국제화장품 원료집의 경우 1NC1 명칭)을 별첨 규격의 경우 일반명 또는 그 성분의 본질을 대표하는 표준화된 명칭을 각각 한글로 기재한다.

효능·효과(제13조)

- 기능성화장품의 효능·효과는 화장품법 제2조 제2호 각 목에 적합해야 한다.

- 자외선으로부터 피부에 도움을 주는 제품 자외선 치수(SPF) 또는 자외선 A 차단등급(PA)을 표시한다.

SPF	PA
· 측정결과에 근거, 평균값(소수점이하 절삭)으로부터 - 20% 이하 범위 내 점수(예 SPF 평균값이 '23'일 경우 10~23 범위 점수로 표시, SPF 50 이상은 "SPF 50+"로 표시함)	· 자외선 A 차단 등급은 측정결과에 근거 [별표3] 화장품 유형과 사용 시의 주의사항 2. 별도의 주의사항이 필요한 경우 근거자료를 첨부하여 추가로 기재할 수 있다.

Section 04 원료 및 내용물 규격(pH, 점도, 색상, 냄새 등)

(1) 안정성시험별 시험항목

원료규격(Specification)

- 규격의 설정은 항목설정[①], 시험방법의 설정[②], 기준치 설정[③], 설정된 규격 시험확인 검증[④]의 4단계로 이루어지며, 품질관리에 필요한 기준은 해당 원료의 안전성 등을 고려하여 설정한다.

번호	기재항목	번호	기재항목
1	명칭	6	성상
2	구조식 또는 시성식	7	확인시험
3	분자식 및 분자량	8	순도시험
4	기원	9	시성치
5	함량기준	10	건조함량, 감량 또는 수분

장기보존시험 및 가속시험

- 일반시험
- 균등성, 향취 및 색상, 사용감, 액상, 유화형, 내온성 시험을 수행한다.
- 물리·화학적 시험
- 성상, 향, 사용감, 점도, 질량변화, 분리도, 유화상태, 경도 및 pH 등 제제의 물리·화학적 성질을 평가한다.

각 시험의 예는 다음과 같다.

- 물리적 시험
- 비중, 융점, 경도, pH*, 유화상태, 점도 등
* pH 시험법: H_2O_2 2g(mL)/30mL 희석
* 기능성화장품 규격의 기준 및 시험방법 중 시험항목인 것: 확인시험[①], 성상[②], 함량시험[③]

- 화학적 시험
- 시험물가용성성분, 에테르 불용 및 에탄올가용성 성분, 에테르 및 에탄올 가용성 불검화물, 에테르 가용 및 에탄올 불용성 검화물, 증발잔류물, 에탄올 등

- 미생물학적 시험
- 정상적으로 제품 사용 시 미생물 증식을 억제하는 능력이 있음을 증명하는 미생물학적 시험 및 필요 시 기타 특이적 시험을 통해 미생물에 대한 안정성을 평가한다.

- 용기적합성 시험
- 제품과 용기 사이의 상호작용(용기의 제품 흡수, 부식, 화학적 반응 등)에 대한 적합성을 평가한다.

Section 05 혼합·소분에 필요한 도구·기기 리스트 선택

① 제조장치

원료를 섞어 균일하고 안정된 제품을 제조(벌크제조)하는 장치와 그것을 성형, 충진, 포장하는 장치로 나눈다.

② 공정에 따른 도구 및 기계

가용화공정	분산공정	분쇄공정	유화공정	혼합공정
용해탱크, 아지믹서, 모터, 여과장치	용해탱크, 아지믹서, 모터	분쇄기, 믹서, 모터, 여과장치	용해탱크, 열교환기, 호모믹서, 패들믹서, 모터, 온도기록계, 압력계, 냉각기, 여과장치	혼합기, 믹서, 모터, 여과장치

* Part 3, Chapter 3, Section 04 설비기구의 구성재질 구분 참고바람

Section 06 혼합·소분에 필요한 기구사용

(1) 제품 제조장치

장치	기능	제품	기기
분쇄기	· 2차 응집시킨 분체를 1차 입자로 부수어서 빠르게 혼합이나 분산을 목적으로 함 · 분체(안료)가 주체가 되는 제품에서 약간의 유분을 가하여 균일 분산시킴 · 균일 분산계를 얻기 위해 수행하는 혼합, 분산, 분쇄(1차 입자화)의 제조공정에 이용되는 주요 장치임	· 아이섀도, 파우더 · 파운데이션	헨셀믹서, 해머믹서
분산기	· 립스틱처럼 왁스나 오일의 배합량이 많을 때 사전에 오일에 충분히 분산, 분쇄한 콘크베이스를 만들기 위한 장치 · 분산력이 강하다.	· 립스틱, 왁스, 오일, 안료, 진주광택안료	3개단의 롤러 밀 콜로이드 밀

장치	기능	제품	기기
유화기	· 교반 및 유화에 폭넓게 사용됨 - 액체 제품의 제조에 사용	· 로션, 크림, 리퀴드 파운데이션 · 스킨, 헤어토닉 · 오데코롱 류	프로펠러형 교반기
진공유화기	· 진공 밀폐 상태에서 교반, 유화함 → 기포가 들어가지 않게 함 · 교반 날개의 형상이나 조합, 회전수를 변화시켜 다양한 기능과 함께 응용범위가 넓음 · 가열용해공정에서 유화·냉각공정까지 수행 가능함	· 무균제품 제조	고압 호모게나이저

(2) 화장품 제조용 믹서

① 가용화제 교반기

종류		회전속도	설치
<설치위치에 따라> · 입형 · 측면형 · 저면용	<회전날개에 따라> · 프로펠러형 · 임펠러형	· 240~3.600r/m - 화장품 제조에서 분산공정의 특성에 맞게 선택 사용 · 주로 입형교반 장치의 교반 효율을 높이기 위해 올바른 교반기 설치가 중요	· 교반의 목적, 액의 비중, 점도의 성질, 혼합상태, 혼합시간 등을 고려, 편심 또는 중심설치를 함

② 유화용 호모믹서

• 물의 흐름에 대류가 일어나게 하여 균일한 유화입자를 얻을 수 있게 설계되어 있다.

• 유화기의 임펠러는 터빈형의 회전 날개를 원통으로 둘러싼 구조이다.

- 보존 장치로 스테이터 로드, 모터 등이 있으며, 고점도용과 저점도용이 있다.

③ 분산용 혼합기

회전용과 고정형으로 분류되어 회전형은 용기 자체가 회전하는 것으로 원통형, 이중 원추형, 정입방형, 피라미드형, V형 등이 있다. 용기가 고정된 고정형은 내부에서 스크루형, 리본형 등의 교반장치가 회전한다.

④ 분쇄기

• 공정은 예비 혼합된 분체 입자를 분쇄기에 의해 분체의 응집을 풀고 균일한 크기로 분쇄하는 작업과정이다.

• 분쇄기의 종류는 습식, 건식, 연결식, 배치식, 알갱이, 초미분쇄용 등으로 나뉜다.

• 화장품 제조에서는 건식 분쇄기를 가장 많이 사용하고 있다.

☑ 소분 시 사용되는 도구·기기

- 내용물 또는 원료 칭량 시: #304(내열성)·#316(내식성) 재질의 스파튤란, 시약수저, 나이프(스테인레스 스틸 재질), 스포이드(1회용, 플라스틱 재질) 등
- 무게 측정 시: 전자식 저울
- 부피 측정 시: 눈금실린더(Mass cylinder), 피펫(Pipette), 마이크로 피펫

☑ 혼합 시 사용되는 도구·기기

- 내용물 칭량 시
- 나이프(Knife), 스파튤라(스테인레스 스틸 재질), 교반봉 또는 주걱(헤라- 실리콘 재질)
- 아지믹서·호모믹서(교반기)
- 맞춤형화장품 전용 혼합기(원심분리기를 개조하여 상하로 내용물이 섞이게 하는 장치)

Section 07 맞춤형화장품 판매업 준수사항에 맞는 혼합·소분 활동

(1) 화장품 업계 판매체계의 기본적 분류법은 다음과 같다.

① 일반화장품의 유통경로

구분	유통의 특징
제도품	브랜드(Maker)와 소매점이 직접 마케팅 활동을 함
일반품	브랜드에서 도매점을 경유하는 소매판매의 유통을 뜻함
방문판매(방판)	가정 또는 사업체를 직접 찾아가서 판매하는 활동
통신판매(통판)	소매점을 경유하지 않는 마케팅 활동
보더리스화(Borderless)	브랜드가 복수의 마케팅 활동을 함으로써 유통·판매는 무궁경쟁화 경향이 띰

② 맞춤형화장품의 유통경로

생산유통경로 소비자

- 맞춤형화장품(자가 브랜드) → 판매회사 → 도매점 → 소매점 → 소비자
- 맞춤형화장품(자가 브랜드) → 판매회사(도매점) → 소비자
- 타사 브랜드 → 생산위탁업자(맞춤형화장품) → 판매회사 → 도매점 → 소매점 → 소비자

발매원 업자명의 병기

- 화장품은 제조판매업자의 허가를 취한 제품만 출하, 상시할 수 있다.
- 그 증거로 제품에는 제조판매업자의 명칭, 주소기재가 의무화되어 있다.

- 유통형태의 여부와 관계없이 약사법 상의 책임은 제조판매업자에게 있으나 화장품의 브랜드 업자명이 병기되어 있는 경우 브랜드가 약사법상의 제조판매업자에게 생산을 위탁하였음을 의미함.

- 출하기록, 제조기록, 원재료기록 등으로서 화장품 유통의 출구에 대한 규제를 의미한다.

책임표시	표시구분	표시내용	업자구분
생산자 표시	표시 의무	위탁생산자명	제조판매업(약사법)
유통명책임	임의병기	생산위탁자명	브랜드업(발매원)

(2) 맞춤형화장품 판매업

① 화장품업종 분류

- 화장품 제조업, 책임판매업에서 맞춤형화장품 판매업(2020년 3월 14일 시행)이 신설되어 개편되었다.

- 맞춤형화장품 판매업자의 경우 판매장시설, 기구의 관리방법, 혼합·소분에 대해 총리령으로 정하는 안전관리기준을 준수해야 할 의무를 갖는다(화장품법 제5조-영업자의 의무 등).

- 맞춤형화장품 조제관리사는 혼합·소분되는 내용물과 원료에 대한 설명 의무 등을 준수해야 한다.

② 맞춤형화장품 조제관리사

- 식약처에서는 화장품법 제도개선을 목적으로 맞춤형화장품 조제관리사에 대한 정의와 자격시험제도를 마련하였다.

- 맞춤형화장품 관련 체계는 화장품법·시행령·시행규칙·고시(화장품 안전기준 등에 관한 규정)된다.

- 맞춤형화장품 판매 가이드라인 등의 구성과 체계를 갖춘다.

(3) 원료 및 내용물 혼합·소분 활동

작업원	· 내용물·원료는 품질에 이상을 주지 않도록 한다. · 사용기한이 경과된 원료나 내용물은 사용할 수 없다. · 소분 시 작업원은 손 소독 또는 세정, 일회용 장갑을 착용한다. · 피부외상 또는 질병을 가진 작업원은 회복 전까지 혼합·소분 행위를 할 수 없다.
작업장	· 작업장과 시설·기구는 정기적으로 점검하고 위생적으로 유지·관리한다. · 혼합·소분에 사용되는 시설·기구 등은 사용 전·후에 세척한다. · 세제·세척제는 잔류하거나 표면에 이상을 초래하지 않는 것을 사용한다. · 세척한 시설·기구는 잘 건조시킨 후 다음 사용 시까지 오염을 방지할 수 있도록 보관한다.

(4) 제품 사용 후 문제 발생 시

소비자는 판매자 또는 식약처에 제품사용 후 문제발생 사실을 신고할 수 있다.

① 제품 사용 후 문제 발생 시 판매자의 역할(화장품법 제9조-안전용기·포장 등)

- 식약처가 제품 안정성을 평가할 수 있도록 정보를 제공한다.

- 맞춤형화장품 판매업자는 국민보건에 위해를 끼치거나 끼칠 우려가 있는 화장품이 유통 중인 사실을 알게 된 경우 곧바로 맞춤형화장품의 내용물 등의 계약을 체결한 책임판매업자에게 보고한다.

- 소비자 정보를 활용하여 회수대상 제품을 구입한 소비자에게 회수사실을 알리고 반품조치를 취하는 등 적극적으로 회수활동을 수행한다.

☑ 안전용기·포장 등(법 제9조)

① 1항 책임판매업자 및 맞춤형화장품 판매업자는 화장품을 판매할 때에는 어린이가 화장품을 잘못 사용하여 인체에 위해를 끼치는 사고가 발생하지 아니하도록 안전용기·포장을 사용해야 한다.

② 2항 1항에 따라 안전용기·포장을 사용해야 할 품목 및 용기·포장의 기준 등에 관하여는 총리령으로 정한다.

☑ 안전용기·포장 대상 품목 및 기준(시행규칙 제18조)

① 1항 안전용기·포장(법 제9조 제1항)을 사용하여야 하는 품목은 다음 각 호와 같다[단, 일회용 제품, 용기 입구 부분이 펌프 또는 방아쇠로 작동되는 분무용기 제품, 압축 분무용기 제품(에어로졸 제품 등)은 제외한다].

    1호. 아세톤을 함유하는 네일 에나멜 리무버 및 네일 폴리시 리무버

    2호. 어린이용 오일 등 개별포장당 탄화수소류를 10% 이상 함유하고 운동점도가 21센티스톡스(40℃ 기준) 이하인 비에멀젼 타입의 액체상태의 제품

    3호. 개별포장당 메틸살리실레이트를 5% 이상 함유하는 액체상태의 제품

② 2항 1항에 따른 안전용기·포장은 성인이 개봉하기는 어렵지 않으나 만 5세 미만의 어린이가 개봉하기는 어렵게 된 것이어야 한다. 이 경우 개봉하기 어려운 정도의 구체적인 기준 및 시험방법은 산업통상자원부장관이 정하여 고시하는 바에 따른다.

② 식약처와 판매처 간 정보교환 및 후속조치(판매금지, 폐기 등)에 따라 판매자는 이를 이행해야 하며, 소비자에게 피해보상 등의 사후조치를 취해야 한다.

③ 제품 사용 후 문제발생에 대비하여, 사전관리 문제 발생 시 추적·보고가 용이하도록 판매자는 개인정보수집 동의하에 고객카드 등을 만들어 다음과 같은 관련 정보를 기록·관리해야 한다.

· 판매고객정보(성명, 진단내용 등)[1]

· 혼합정보[2]

· 혼합에 필요한 베이스화장품 및 특정성분의 로트번호[3]

· 기타 관련정보[4]

☑ 맞춤형화장품 관리 및 시설기준-2019.12.10. 발표(식약처)

① 맞춤형화장품 판매업관리

• 소재지별로 맞춤형화장품조제관리사 고용 시 내용물 및 원료를 제공받는 책임판매업자의 계약체결 및 계약사항 준수

② 맞춤형화장품 판매시설기준(권장사항)

• 판매장소와 구분/ • 구획된 조제실 및 원료, 내용물 보관장소

• 적절한 환기시설/ • 작업자의 손 및 조제설비, 기구세척 시설

• 맞춤형화장품간 혼합이나 미생물오염을 방지할 수 있는 시설 또는 설비

(5) 화장품 사용법 · 취급 · 폐기활동

화장품 사용설명서에는 상품의 특징, 사용법, 사용상 주의사항 등이 자세히 수록되어 있다.

화장품 사용방법

① 사용설명서를 반드시 읽어야 한다.

② 적절한 사용방법을 취함으로써 효과를 얻을 수 있도록 한다.

③ 화장품 사용 시 다음과 같은 주의를 해야 한다.

· 피부에 상처 및 습진이 있는 경우 사용하지 않는다.[1] · 화장품에 직접 닿는 손 · 손가락 · 스펀지 등을 청결하게 사용한다.[2] · 눈에 들어가지 않도록 한다.[3]	· 한번 덜어서 사용한 화장품은 용기에 재차 넣어 혼합하지 않는다.[4] · 분체를 성형한 화장품은 충격에 약하므로 떨어뜨리지 않도록 주의한다.[5]

④ 취급방법에 따른 관리 시 주의를 해야 한다.

· 용기 입구는 청결히 하며 개봉 후 뚜껑은 잘 닫는다.[1] · 개봉한 화장품은 빨리 사용해야 하므로 장기 보관하지 않는다.[2] · 유 · 소아의 손이 닿지 않는 곳에 보관한다.[3] · 직사광선 습도 등 변화가 심한 곳은 피하고 상온에서 보관한다.[4]	· 화장대 또는 세면대 등 위에 제품을 직접 올려놓지 않도록 한다.[5] · 화장품을 마시거나 먹지 않도록 한다.[6] · 만일 피부트러블 발생 시 사용을 중지하고 피부과 전문의에게 상담한다.[7]

⑤ 폐기 시 환경에도 주의해야 한다.

사용을 마친 화장품 용기의 폐기는 각 지자체의 분류방식에 따르며, 에어로졸 타입의 제품용기는 남은 가스를 배출하고 각 지자체의 분류방식에 따라야 한다.

실전예상문제

【 선다형 】

01 가용화 제형의 제품에 해당되지 않는 것은?

① 화장수　　　　② 미스트
③ 향수　　　　　④ 아스트리젠트
⑤ 에센스

✓　⑤는 유화제형 제품에 해당된다.

02 화장품 제형에 대한 설명으로 틀린 것은?

① 세럼 로션 크림 등은 유화제형 제품이다.
② 토너 헤어토닉 향수제품은 가용화에 해당된다.
③ 비비크림 선크림 메이크업베이스 마스카라는 분산기법 속한다.
④ 페이스파우더 팩트, 아이쉐도우 등은 고형화 제형에 속한다.
⑤ 수상 유상과 계면활성제를 열에너지와 기계적 에너지를 이용하여 균질하게 에멀전을 만드는 것을 유화라 한다.

✓　• 파우더 혼합제형은 페이스파우더 팩트, 아이쉐도우, 투웨이케익 등이다.
　　• 고형화 제형은 립스틱, 립밤, 컨실러 스킨커버가 있다.

03 화장품 비누에 대한 설명으로 틀린 것은?

① 트리글리세라이드의 지방산과 가성소다를 반응시켜 천연비누를 제조한다.
② 천연비누에는 글리세린을 포함하고 있다.
③ 비누공장에서 비누화 반응을 통해 비누를 제조할 경우 시중에서 구매하는 화장비누에는 글리세린이 포함되어 있지 않다.
④ 비누화 반응에 사용되는 알칼리는 가성소다와 가성가리가 있으며 가성가리로 만들어진 비누는 가성소다에 비하여 덜 단단한 특징이 있다.

⑤ 폼클렌징에는 가성소다를 사용하고 천연비누(고상)에는 가성가리를 사용한다.

✓　폼클렌징에는 가성가리를 사용하고 천연비누(고상)에는 가성소다를 사용하여 비누화 반응을 한다.

04 다음 중 일시적 염모제의 종류가 아닌 것은?

① 컬러 크레용　　　② 컬러크림
③ 산성컬러　　　　④ 컬러 스프레이
⑤ 컬러무스

✓　③은 반영구염모제이다.

05 헤어 블리치에 관한 설명으로 틀린 것은?

① 헤어 블리치는 산화작용으로 두발의 색소를 엷게 한다.
② 과산화수소는 물한분자와 발생기산호를 방출한다.
③ 헤어 블리치제는 과산화수소와 암모니아수를 더하여 사용한다.
④ 멜라닌 색소는 알칼리 약품에 의해서 분해되어 색을 잃는 성질이 있다.
⑤ 과산화수소는 모발의 색소를 분해하여 탈색한다.

✓　암모니아는 모발의 모표피를 열어 주어 탈색제가 모발 내로 침투되도록 도와주고 과산화수소의 발생기 산소를 촉진시켜주는 역할을 한다.

06 퍼머넌트웨이브(환원) 1제의 주성분으로 옳은 것은?

① 티오글리콜산염　　② 과산화수소
③ 브롬산 칼륨　　　　④ 취소산 나트륨
⑤ 브롬산 나트륨

정답　01. ⑤　02. ④　03. ⑤　04. ③　05. ④　06. ①

✓ 환원제의 주성분은 티오클리콜산 염, 시스테인, 암모니아, 모노에탄올아민 등이다.

07 알칼리 산화염모제의 pH로서 가장 적절한 것은?

① pH 5~6   ② pH 6~7
③ pH 7~8   ④ pH 9~10
⑤ pH 10~12

✓ 1제 환원제의 pH 약 9~9.5이다.

08 향수의 조건으로 틀린 것은?

① 향의 특징이 있어야 한다.
② 확산성이 좋아야 한다.
③ 지속력이 있어야 한다.
④ 시대에 부합하는 향이어야 한다.
⑤ 조향사의 느낌으로 만들어져야 한다.

✓ 향수의 구비요건은 ①②③④와 향의 조화가 잘 이루어져야 한다.

09 방향화장품과 부향률이 바르게 연결된 것은?

① 퍼퓸 15~25%   ② 오데퍼퓸 15~20%
③ 오데코롱 5~8%   ④ 샤워코롱 1~10%
⑤ 오데투알렛 10~15%

✓ 오데퍼퓸: 10~15%, 오데투알렛: 5~10%, 오데코롱: 3~5%, 샤워코롱 1~3% 이다.

10 향의 휘발속도에 대한 설명으로 틀린 것은?

① 탑노트는 휘발성이 강하고 지속시간이 가장 짧다.
② 탑노트는 미들노트에 비해 지속시간이 길다.
③ 탑노트는 시트러스계열의 향으로 처음 느껴지는 향이다.
④ 지속시간은 탑노트 〈 미들노트 〈 베이스노트 순이다.

⑤ 머스크 우디계열은 휘발성이 작아 지속시간이 가장 길다.

✓ 지속시간은 탑노트 < 미들노트 < 베이스노트이다.

11 혼합소분에 필요한 도구 및 기기가 아닌 것은?

① 나무 스파츌라
② 식약수저
③ 피펫
④ 눈금실린더
⑤ 플라스틱 재질의 일회용스포이드

✓ 스테인레스 스틸 재질의 스파츌라를 사용한다.

12 원액을 같은 용기 또는 다른 용기에 충전한 분사제의 압력을 이용하여 분출하도록 만든 제형을 무엇이라 하는가?

① 로션제   ② 액제
③ 에어로졸제   ④ 침적마스크제
⑤ 크림제

✓ 에어로졸제는 충전한 분사제의 압력을 이용하여 분출하도록 만들었다.

13 점증제의 원료가 아닌 것은?

① 잔탄검   ② 알진
③ 레시틴   ④ 카보머
⑤ 아크릴레이트

✓ 레시틴은 친유성 유화제이다.

14 산화방지제의 원료가 아닌 것은?

① 토코페릴아세테이트   ② 비에이치티
③ 비에이치에이   ④ 티비에이치
⑤ 카프릴릴글리콜

✓ 카프릴릴글리콜(Caprylylglycol)은 보습제이다.

정답 07. ④ 08. ⑤ 09. ① 10. ② 11. ① 12. ③ 13. ③ 14. ⑤

15 산화방지제의 원료가 아닌 것은?

① 스킨로션   ② 토너
③ 비비크림   ④ 헤어토닉
⑤ 향수

✓ 비비크림은 유화분산제품이다.

16 화장품의 고형화 제형이 아닌 것은?

① 립밤   ② 컨실러
③ 립스틱   ④ 데오도란트
⑤ 파운데이션

✓ 파운데이션은 유화분산제형이다.

17 일시 염모제에 해당하지 않는 제품은?

① 컬러스프레이   ② 컬러무스
③ 헤어매니큐어   ④ 컬러마스카라
⑤ 컬러 젤

✓ 헤어매니큐어는 반영구 염모제이다.

18 향수의 구비조건이 아닌 것은?

① 향에 특징이 있어야한다.
② 향의 확산성이 좋아야 한다.
③ 향의 지속성이 있어야 한다.
④ 향의 강도가 강해야 한다.
⑤ 시대에 맞는 향이어야 하고 향의 조화가 잘 이루어져야 한다.

✓ 향의 강도가 적당해야 한다.

19 작업장에서 혼합·소분 시 시설 기구 관리하는 방법이 아닌 것은?

① 작업장과 시설 기구를 정기적으로 점검한다.
② 혼합·소분에 사용되는 시설 기구 등은 사용 후에만 세척한다.
③ 작업장과 시설 기구를 위생적으로 유지 관리한다.

④ 세척한 시설 기구는 잘 건조하여 다음 사용 시까지 오염을 방지한다.
⑤ 세척제는 잔류하거나 표면에 이상을 초래하지 않는 것을 사용한다.

✓ 혼합·소분에 사용되는 시설 기구 등은 사용 전후에 세척한다.

20 화장품의 제형에 대한 설명으로 틀린 것은?

① 유화제형 - 크림, 로션, 에센스, 세럼
② 가용화제형 - 화장수, 향수, 아스트리젠트
③ 파우더혼합제형 - 립스틱, 립밤, 컨실러
④ 유화분산제형 - 비비크림, 파운데이션, 메이크업 베이스, 마스카라, 아이라이너
⑤ 계면활성제혼합제형 - 샴푸, 린스, 컨디셔너, 바디워시, 손세척제

✓ • 고형화제형 - 립스틱, 립밤, 컨실러, 스킨커버.
   • 파우더혼합제형 - 페이스 파우더, 팩트, 투웨어 케익, 치크브러시, 아이섀도우

21 화장품 제형의 특징에 대한 설명으로 틀린 것은?

① 유화제형 - 서로 섞이지 않는 두 액체 간에 계면활성제 사용 시 미세한 입자 형태의 액체가 다른 액체에 분산되는 상태
② 가용화제형 - 기름과 물에 계면활성제를 이용하여 물에 용해 미세입자로 물에 분산시킨 제형
③ 파우더혼합제형 - 안료 필 바인더 실리콘오일, 에스테르오일 향을 혼합한 제형
④ 유화분산제형 - 오일과 왁스에 안료를 분산시켜서 고형화 시킨 제형
⑤ 계면활성제혼합제형 - 음이온 양이온 양쪽성 비이온성 계면활성제 등을 혼합하여 제조하는 제형

✓ • 유화분산제형-크림상, 오일과 왁스에 안료를 분산시켜 고형화시킨 제형
   • 고형화제형-오일과 왁스에 안료를 분산시켜서 고형화시킨 제형

22 맞춤형화장품에 사용할 수 없는 원료에 대한 설명으로 틀린 것은?

① 병원 미생물에 오염된 화장품은 사용할 수 없다.
② 이물질이 혼입되었거나 부착된 것은 이물질을 걷어내고 사용할 수 있다.
③ 일부가 변패된 화장품은 사용할 수 없다.
④ 코뿔소 뿔, 호랑이 뼈와 그 추출물을 사용한 화장품은 사용할 수 없다.
⑤ 심사를 받지 않았거나 보고서를 제출하지 않은 기능성화장품은 사용할 수 없다.

✓ ②는 이물질이 혼입되었거나 부착된 것은 사용할 수 없다.

23 소분 시 사용되는 도구가 아닌 것은?

① 부피를 측정할 땐 눈금실린더, 피펫, 마이크로피펫을 사용한다.
② 무게를 측정 할 땐 시약수저를 사용한다.
③ 원료 칭량 시 시약수저를 사용한다.
④ 내용물 칭량 시 나이프, 스파튤라 주걱을 사용한다.
⑤ 내용물 칭량 시 스포이드는 유리 재질을 사용한다.

✓ 내용물 칭량 시 스포이드(1회용, 플라스틱 재질)을 사용한다.

24 맞춤형화장품에 대한 설명으로 틀린 것은?

① 화장품, 제조업·화장품, 책임판매업에서 맞춤형화장품 판매업이 신설되어 개편되었다.
② 맞춤형화장품 판매업자의 경우 판매장시설, 기구의 관리방법, 혼합·소분에 대해 식품안전처장령으로 정하는 안전관리기준을 준수해야 할 의무를 갖는다.
③ 맞춤형화장품 조제관리사는 소분되는 내용물과 원료에 대한 설명 의무 등을 준수해야 한다.
④ 맞춤형화장품 조제관리사는 혼합되는 내용물과 원료에 대한 설명 의무 등을 준수해야 한다.
⑤ 맞춤형화장품 판매 가이드라인 등의 구성과 체계를 갖춘다.

✓ 맞춤형화장품 판매업자의 경우 판매장시설, 기구의 관리방법, 혼합·소분에 대해 총리령으로 정하는 안전관리기준을 준수해야 할 의무를 갖는다.

25 내용물 혼합·소분 시 작업원에 대한 설명으로 틀린 것은?

① 내용물 및 원료는 품질에 이상을 주지 않도록 한다.
② 사용기한이 경과된 원료나 내용물은 사용할 수 없다.
③ 소분 시 작업원은 손 소독을 해야 한다.
④ 피부외상 또는 질병을 가진 작업원은 회복 전까지 마스크 착용 후 혼합·소분을 해야 한다.
⑤ 소분 시 작업원은 일회용 장갑을 착용하도록 한다.

✓ 피부외상 또는 질병을 가진 작업원은 회복 전까지 혼합·소분 행위를 할 수 없다.

26 내용물 혼합·소분 시 작업장에 대한 설명으로 틀린 것은?

① 작업장과 시설·기구는 정기적인 점검보다 위생에 신경 쓰도록 한다.
② 혼합·소분에 사용되는 시설·기구 등은 사용 전·후에 세척한다.
③ 세제 세척제는 잔류하거나 표면에 이상을 초래하지 않는 것을 사용한다.
④ 세척한 시설은 잘 건조시킨 후 다음 사용 시까지 오염을 방지할 수 있도록 보관한다.
⑤ 세척한 기구는 잘 건조시킨 후 다음 사용 시까지 오염을 방지할 수 있도록 보관한다.

✓ 작업장과 시설·기구는 정기적으로 점검하고 위생적으로 유지·관리한다.

01 다음 <보기>에서 ㉠에 적합한 용어를 작성하시오.

> (㉠)은 안료가 유화된 에멀전에 분산되는 것을 이용한 제형으로 사용감이 끈적이지 않고 휘발성 실리콘은 화장이 뭉치지 않아 파운데이션 쿠션 비비크림 등에 사용된다.

답) _____

02 다음 <보기>에서 ㉠에 적합한 용어를 작성하시오.

> (㉠)는 은은한 잔향으로 휘발성이 작고 머스크 우디계열의 향취가 해당된다.

답) _____

03 다음 <보기>에서 ㉠에 적합한 용어를 작성하시오.

> (㉠)은 안료를 물이나 오일 등에 고르게 섞는 것을 말한다.

답) _____

04 다음 <보기>에서 설명하고 있는 적합한 용어를 작성하시오.

> 물의 흐름에 대류가 일어나게 하여 균일한 유화입자를 얻을 수 있게 설계되어 있다. 유화기의 임펠러는 터빈형의 회전 날개를 원통으로 둘러싼 구조이다. 보존 장치로 스테이터 로드, 운류판, 모터 등이 있으며, 고점도용과 저점도용이 있다.

답) _____

05 다음 <보기>의 내용에 해당되는 원료의 용어를 적으시오.

> 항산화제의 하나로 백색내지 황갈색의 결정체 또는 백색의 결절성 분말의 제형이다. 특이한 냄새와 자극성을 가지고 있으며 융점은 약 57~65℃이다.
> 산화방지력이 장기간 지속되며, 구연산 및 아스코르빅애씨드 등의 유기산을 병용하면 항산화제로서 상승효과가 크다.

답) _____

06 다음 <보기>의 내용에 해당되는 원료의 용어를 적으시오.

> 다이부틸하이드록시톨루엔이라고도 하며 산화방지제로서 널리 이용된다. 불포화지방산을 함유하는 동·식물유지에 첨가하면 그 자체가 산화되어 산패 발생을 어느 정도 지연시킬 수 있다. 구연산, 포도산, 비타민C, BHA 등의 상승제와 함께 사용 시 산화방지효과를 높일 수 있다.

답) _____

07 다음 <보기>의 내용에 해당되는 원료의 용어를 적으시오.

> 산화방지제 또는 피부컨디셔닝제(기타)로서 지용성화합물로 비타민 E 아세테이트로도 불리운다. 스킨크림 등 피부 관련 제품의 원료로 주로 사용한다. 세포막을 구성하는 불포화지방산의 산화를 억제하는 등 항산화 효과를 가지고 있다.

답) _____

정답   01. 유화분산   02. 베이스노트   03. 분산   04. 호모믹스   05. BHA(Butylated hydroxyanisol 부틸레이티드하이드록시아니솔)
06. BHT(Dibutyl hydroxy toluene)   07. 토코페릴아세테이트(Tocopheryl acetate)

Chapter 7. 충진 및 포장

- 형태나 소재가 다양한 용기는 고기능과 다기능화에 따른 설계가 요구된다. 맞춤형화장품의 용기는 내용물, 약품성, 내부식성, 내광성 등 그 자체의 품질유지에 적합한 재료나 기구를 선택해야 한다.
- 화장품의 품질, 기능제제 개발은 화장품의 제조장치 능력에 따라 달라지며, 벌크제조 공정에 이어 성형공정, 충진공정, 완성공정 과정을 거쳐 제품화된다.

Section 01 제품에 맞는 충진방법

충진 또는 충전(Filling)이라 하며, 빈 공간을 채우거나 집어넣어서 채운다는 의미를 갖는다. 화장품의 경우 액상, 크림상, 겔상 등 다양한 제형에 일정 규격의 내용물을 넣어 채우는 작업과정을 말한다.

- 환경과 안전 등을 고려하여 정해진 법령에 따라야 한다.
- 제품의 제조공정, 점도, 제품의 안전성, pH, 밀도 등 내용물의 특성을 고려한다(내용물의 충전 전·후의 품질특성이 일정하게 유지될 것).
- 포장재질 및 부품설계 등 포장용기의 특성을 고려한다.

☑ 화장품 충전 포장관련 주요 법령 규정
1. 안전용기·포장
- 책임판매업자 및 맞춤형화장품판매업자는 화장품을 판매할 때에는 어린이가 화장품을 잘못 사용하여 인체 위해를 끼치는 사고가 발생하지 않도록 안전용기·포장을 사용해야 한다.
2. 내용량의 기준
- 제품 3개를 가지고 시험할 때 평균내용량이 표기량에 대하여 97%이다(단, 화장비누의 경우 건조중량을 내용량으로 함). 또한 이의 기준에 벗어날 경우 6개를 더 취하여 시험할 때 9개의 평균내용량이 97% 이상
3. 포장공간비율
4. 포장재질 및 분리배출마크
5. 폴리비닐클로라이드를 사용하여 접합(래미네이션*)
- 수축포장 또는 도포(코팅)한 포장재(제품의 용기 등에 붙이는 표지를 포함)을 사용해서는 안 된다.
  *래미네이션: 물체를 얇게 1겹 이상 포장하는 것

(1) 충전기

제형은 유리병이나 플라스틱 용기, 튜브 등에 충진된다. 충진 시 충진기를 사용한다. 충진기는 피스톤 방식, 파우치 방식과 함께 파우더 충전기, 카톤 충전기, 액체 충전기, 튜브 충전기 등이 있다.

충전기 방식	제품타입	비고
피스톤	· 용량이 큰 액상타입 제품의 충진에 사용 - 샴푸, 린스, 컨디셔너 등	· 크림제품을 유리병이나 플라스틱 용기에 충진 시 사용됨 · 피스톤으로 호퍼에서 일정량 흡인하여 용기로 압출하여 정량 충진함
파우치	· 1회용 파우치(Pouch) 포장제품에 충진 - 시공품, 견본품 등	
파우더	· 페이스 파우더와 같은 파우더류 제품 충진	–
액체	· 액상타입제품의 충진에 사용 · 스킨, 로션, 토너 앰플 등	· 액상 화장품인 스킨을 비롯하여 로션이나 샴푸 등을 충진 하는 데 사용됨 - 피스톤 식이나 중량식 에어센서식, 로터리 펌프식 등은 자동정량장치 로 충진시킴
튜브	· 튜브 용기의 제품충진 - 선크림, 폼클렌징 등	· 크림상 제품을 튜브에 충진 시 사용함 - 튜브에는 플라스틱제, 금속제, 라미네이트의 3종류가 사용됨 · 튜브의 바닥부터 충진하여 그 후 실링한다. · 플라스틱은 열판으로 압착실링, 금속을 접어 말고 라미네 이트는 초음파로 가열, 압착하여 실링한다.
카톤	· 박스에 테이프를 붙이는 - 테이핑(Tapping)기	–

*실링(Sealing): 내부로부터의 누설이나 외부로부터의 침입을 방지하는 처치

Section 02 제품에 적합한 포장방법

• 완성공정에 따른 포장기는 다양한 용기에 충진이나 성형된 제품에 라벨을 붙이고 날인, 1차 포장 후 상자에 담는 2차 포장 · 작업이다.

• 다품종 소량 생산되는 화장품은 자동화된 자동포장기(라벨이 접착되고 날인된 후 곤포기 등)에 의해 제품화된다.

• 맞춤형화장품의 포장 시 포장재 출고의뢰서[①]와 포장재명[②], 포장재 코드번호[③], 규격[④], 수량[⑤], '적합'라벨 부착 여부[⑥], 시험번호[⑦], 포장상태[⑧] 등을 확인해야 한다.

☑ 2차 포장
• 제품 포장 시 내용물과 직접 접촉하는 1차 포장용기를 보호하거나 제품 가치를 향상시키는 행위

☑ 화장품 용기에 필요한 특성 5가지
1. 품질유지성
① 내용물 보호기능-광투과성, 투과성, 변취, 변질
• 알칼리용출(소다라임 소재)/ • 자외선차단용기(또는 변색방지제 사용: 투명용기는 투과될 수 있음)
• 수분투과성 주의(폴리스타이렌 PS소재: 수분투과 잘됨. 특히 향수병으로 PEO 사용하지 않음)
• 변취 · 변질-플라스틱 소재
② 재료적성: 내약품성 · 내부식성 · 내광성
③ 소재의 안전성: 식품위생법에 준한 소재사용

2. 기능성
* 사용상의 기능: 인간공학적 기능, 물리적 기능
* 사용상의 안전성: 사용장소에 따른 안전성·사용방법에 따른 안전성
3. 적정포장
* 적정품질수준: 품질과 비용의 균형/ • 적정용량: 표시량의 97% 이상/ • 적정용적: 과대포장금지
4. 경제성: 재료비·물류비용 등
5. 판매촉진성

☑ 화장품 제형에 따른 충전
* 화장수·유액타입: 병 또는 플라스틱 충전/ • 크림타입: 입구가 넓은 병 플라스틱 또는 튜브충전
* 분체타입: 종이상자 또는 자루충전/ • 에어로졸타입: 특수장치충전

☑ 1차 충전 및 포장작업 흐름도

포장설비 및 소모품의 선택
↓
포장할 제품의 1차 포장재 파악
↓
1차 포장 용기세척
↓
충진 및 성형조건을 숙지
↓
충진 및 성형설비의 작동
↓
불량품 선별

☑ 화장품의 제품에 따른 포장 공간 비율
1. 단위비율: 1회 이상 포장한 최소판매단위의 제품
* 10% 이하(포장횟수 2차 이내)/ •15% 이하(포장횟수 2차 이내)-인체 및 두발세정 제품류
2. 종합비율: 같은 종류 또는 다른 종류의 최소판매 단위의 제품을 2개 이상 함께 포장한 제품
* 25% 이하(포장횟수 2차 이내)여야 한다.

(1) 포장 시 주의사항
* 제조와 동일한 원칙을 요구하는 포장에 대한 주의사항은 다음과 같다.

포장시작 전
* 포장지시가 이용 가능하고 공간 환경으로서 청소상태를 확인한다.
- 청소는 혼란과 오염을 줄이기 위해 적절한 기술로서 규칙적으로 실시되어야 함
- 포장라인의 청소는 세심한 주의가 요구되는 작업임(누락의 위험이 발생됨)

  예 병·튜브·캡이나 인쇄물 등을 빠뜨리기 쉽다.

① 체크리스트(List start up)를 작성하여 기록·관리한다.
* 작업 전 위생상태 및 포장재 등 준비상태를 점검한다.

② 제조번호
* 각각의 완제품에 지정되어야 한다.

포장하는 동안

- 용량관리, 기밀도, 인쇄상태 등 공정 중 관리 · 포장하는 동안에 정기적으로 실시되어야 한다.
- 공정 중의 공정검사 기록과 합격기준에 미치지 못한 경우의 처리내용도 관리자에게 보고하고 기록하여 관리되어야 함
- 시정조치가 시행될 때까지 공정을 중지시켜야 함(벌크제품과 포장재의 손실 위험 방지)

포장 마지막 단계

- 위생관리는 일관되게 적절한 절차에 따라 실시되어야 한다.

(2) 포장작업(제18조)

포장작업은 포장지시서에 의해 수행된다.

포장지시서 내용
제품명[1], 포장설비명[2], 포장재리스트[3], 상세한 포장공정[4], 포장생산수량[5]

- 포장재 관련문서
- 화장품 포장공정은 벌크제품을 용기에 충전하고 포장하는 공정이다. 이는 제조번호 지정에서 시작되며 다양한 작업으로 구성된다.

(3) 포장문서

① 포장재 검사

- 포장재의 기본사양 적합성과 청결성을 확보하기 위해 매 입고 시 무작위 추출한 검체에 대하여
- 육안 검사를 실시, 기록을 남김
- 포장재 외관검사
- 재질확인, 용량, 치수 및 용기의 상태검사, 인쇄내용검사
- 인쇄내용은 소비자에게 제품에 대한 정확한 정보전달의 목적으로서 입고 검수 시 반드시 검사해야 함
- 위생적 측면에서 포장재 외부 및 내부에 먼지, 티 등의 이물질 혼입여부도 검사해야 한다.

② 작업동안 제조물 책임(PL법)에 따라 모든 포장라인은 최소 다음의 정보가 확인 가능해야 한다.

· 제조번호 · 포장라인명 또는 확인코드 · 완제품명 또는 확인코드 · 완제품의 배치 또는 제조번호
*제조번호는 제조된 완제품에 축적 가능하도록 특정하게 부여된 번호이다.

---

③ 화장품 전성분 표시제

2008년 10월에 시행된 전성분 표시제는 화장품 속 성분을 모두 한글로 표기하는 제도이다.

- 이는 제조자로 하여금 품질향상을 촉진시킨다.

- 화장품에 보다 안전한 원료를 사용하도록 함

• 소비자가 요구하는 상품을 용이하게 선택할 수 있다.

- 화장품 표시 사항을 살펴 자신의 체질이나 기호에 맞는 상품을 선택하게 함

• 부작용에 대한 원인규명과 대처를 할 수 있다.

- 화장품 사용으로 인한 피부 부작용 발생 시 제품 용기 또는 포장에 기재된 성분을 통해 전문가 상담
  을 거쳐 부작용의 원인 규명을 쉽게 할 수 있게 한다.

• 식약처장이 권장하고 있다.

- 가장 함량이 많은 성분은 성분명 대신 "향료"라고 표시하고 함량 순에서 제일 앞에 표기됨

- 아밀신남알 등 25개의 성분(알레르기 유발 가능성 있는)이 화장품에 첨가될 경우 해당 성분명이 표시
  되어야 함

- 50mL 이하 제품(전성분에 표시하기 어려움): 타르색소, 보존제 등 일부 성분만 표시함

- 업체 전화번호와 홈페이지 주소 등을 제품에 표시함

- 50mL 이하 제품에서 나머지 성분은 소비자가 쉽게 확인해 볼 수 있도록 함

④ 화장품 포장의 표시기준 및 표시방법(화장품법 시행규칙-별표4)

• 사용기한은 "사용기한" 또는 "까지" 등의 문자와 "연월일"을 소비자가 알기 쉽도록 기재·표
  시해야 한다(단, "연월"로 표시하는 경우 사용기한을 넘지 않는 범위에서 기재·표시해야 함).

• 개봉 후 사용기간을 "개봉 후 사용기간"이라는 문자와 "○○월" 또는 "○○개월"을 조합하여 기
  재·표시하거나 개봉 후 사용기간을 나타내는 심벌과 기간을 기재·표시할 수 있다.

Section 03 용기 기재사항

화장품 용기는 생산된 내용물이 담겨짐으로써 운송, 보관, 판매와 함께 고객에게 전달된 후 사용
기간 동안 내용물의 품질을 유지하는 역할을 한다.

* Part 3, Chapter 5, Section 02 포장재 용기의 종류와 특성 참조바람

(1) 맞춤형화장품의 이름표 달기(Labelling)

① 라벨링의 구분

• 맞춤형화장품 혼합 후 새로운 용기에 담는 경우[1]와 베이스 화장품 용기에 성분을 첨가하여
  용기를 그대로 사용할 경우[2] 라벨링으로 구분시킨다.

- 이는 안전사고 발생 시 신고절차 등을 체계화하기 위하여 판매자 상호 및 소재지 정보를 추가할 것을 권고함

①새로운 용기에 제품을 담아 판매할 경우	②베이스 화장품 용기에 성분을 첨가하여 용기를 그대로 사용하는 경우
· 스티커를 새로운 용기에 부착하여 기재사항을 표시	· 기존 라벨과의 혼돈을 방지하기 위해 기존 라벨 제거 후 라벨을 부착하거나 오버 라벨링 방식으로 사용

실전예상문제

【 선다형 】

01 포장용기에 대한 설명으로 틀린 것은?

① 밀폐용기란 보통 보존 상태에서 외부로부터 고형의 이물이 들어가는 것을 방지한다.
② 기밀용기란 기체 상태의 내용물의 증발을 보호하는 용기를 말한다.
③ 밀봉용기란 보통 보존 상태에서 기체 또는 미생물이 침입할 염려가 없는 용기를 말한다.
④ 차광용기란 광선의 투과를 방지하는 용기이다.
⑤ 차광용기란 투과를 방지하는 포장을 한 용기이다.

✓ 기밀용기란 보통 보존 상태에서 액상 또는 고형의 이물이나 수분이 침입하지 않고 내용물을 손실, 풍호, 조해 또는 증발로부터 보호할 수 있는 용기를 말한다.

02 안전용기 기준에 대한 설명으로 틀린 것은?

① 아세톤을 함유하는 네일에나멜 리무버 및 네일 폴리시 리무버 제품
② 어린이용 오일 등 개별포장 당 탄화수소류를 10% 이상 함유한 비에멀젼 타입의 액체상태의 제품
③ 메틸살리실레이트를 5% 이상 함유하는 액체상태의 제품
④ 안전용기·포장은 성인이 개봉하기는 어렵지 아니하나 만 13세 미만의 어린이가 개봉하기는 어렵게 된 것이어야 한다.
⑤ 맞춤형화장품 판매업자는 화장품을 판매할 때에는 어린이가 화장품을 잘못 사용하여 인체에 위해를 끼치는 사고가 발생하지 않도록 안전용기 포장을 사용해야 한다.

✓ 안전용기 포장은 성인이 개봉하기는 어렵지 아니하나 만 5세 미만의 어린이가 개봉하기는 어렵게 된 것이어야 한다.

03 캡에 브러시나 탑이 달린 가늘고 긴 자루가 있으며 마스카라, 아이라이너, 립글로스 등에 사용하는 용기 형태는 무엇인가?

① 튜브용기
② 원통상용기
③ 파우더용기
④ 팩트용기
⑤ 스틱용기

✓ 원통상 용기는 마스카라, 아이라이너, 립글로스 등에 사용한다.

04 용기 기재사항 설명으로 옳지 않은 것은?

① 화장품 내용물을 직접적으로 접촉하는 것을 1차 포장재라고 한다.
② 종이 상자와 같이 외부를 포장하는 재질을 2차 포장재라고 한다.
③ 2차 포장재는 대부분 버리게 되며, 이로 인해 화장품 정보가 남아 있지 않게 된다.
④ 1차 포장재는 쉽고 이해하기 쉬운 한글로 정확이 기재표시 하도록 하고 있다.
⑤ 1차 포장재는 반드시 외국어를 함께 기재할 수 있게 하고 있다.

✓ 1차 포장재는 필요시 외국어를 함께 기재할 수 있게 하고 있다.

05 포장작업의 포장지시서 내용에 해당되지 않는 것은?

① 제품명
② 포장설비명
③ 성분명 표시
④ 상세한 포장공정
⑤ 포장재리스트

✓ 포장지시서 내용은 제품명, 포장설비명, 포장재리스트, 상세한 포장공정, 포장생산수량 이다.

정답 01. ② 02. ④ 03. ② 04. ⑤ 05. ③

06 작업 동안 포장라인은 최소의 정보가 확인 가능해야 한다. 이에 해당되지 <u>않는</u> 것은?

① 제조번호 ② 포장라인명
③ 완제품명 ④ 제품의 배치
⑤ 성분명 표시

✓ 포장라인은 최소 다음의 정보가 확인 가능해야 한다.
제조번호·포장라인명 또는 확인코드·완제품명 또는
확인코드·완제품의 배치 또는 제조번호
*제조번호는 제조된 완제품에 축적 가능하도록 특정
하게 부여된 번호이다.

07 제품에 맞는 충전방식이 바르지 <u>않은</u> 것은?

① 크림상 제품 – 튜브충전기
② 액상타입 제품 – 카톤 충전기
③ 스킨, 로션, 토너 앰플 – 액체충전기
④ 페이스 파우더와 같은 파우더 류 – 파우더충전기
⑤ 용량이 큰 샴푸, 린스, 컨디셔너 – 피스톤방식
충전기

✓ 카톤-박스에 테이프를 붙이는 테이핑(Tapping)기이다.

08 제품에 적합한 포장방법으로 적절하지 <u>않은</u> 것은?

① '적합'라벨 부착 여부와 시험번호, 포장상태 등
을 확인해야 한다.
② 다품종 소량 생산되는 화장품은 라벨이 접착되
고 날인이 없이 제품화할 수 있다.
③ 맞춤형화장품의 포장 시 포장재 출고 의뢰서와
포장재명, 포장재 코드번호, 규격, 수량을 확인
한다.
④ 다품종 소량 생산되는 화장품은 자동화포장기
(라벨이 접착되고 날인된 후 곤포기 등)에 의
해 제품화된다.
⑤ 완성공정에 따른 포장기는 다양한 용기에 충진이
나 성형된 제품에 라벨을 붙이고 날인하고 1차
포장 후 상자에 담는 2차 포장·작업이다.

✓ 다품종 소량 생산이어도 화장품은 자동화된 자동포장
기(라벨이 접착되고 날인된 후 곤포기 등)에 의해 제품
화되어야 한다.

09 화장품의 포장의 표시기준 및 표시 방법으
로 바르지 <u>않은</u> 것은?

① 개봉 전, 개봉 후 사용기간을 모두 기재해야 한다.
② 개봉 후 사용기간을 나타내는 심벌과 기간을 기
재·표시할 수 있다.
③ 개봉 후 사용기간을 "개봉 후 사용기간" 이라는
문자를 기재한다.
④ "연월"로 표시하는 경우 사용기한을 넘지 않는
범위에서 기재·표시해야 한다.
⑤ 사용기한은 "사용기한" 또는 "까지" 등의 문자와
"연월일"을 소비자가 알기 쉽도록 기재·표시해
야 한다.

✓ • 사용기한은 "사용기한" 또는 "까지" 등의 문자와 "연
월일"을 소비자가 알기 쉽도록 기재·표시해야 한다
(단, "연월"로 표시하는 경우 사용기한을 넘지 않는
범위에서 기재·표시해야 한다).
• 개봉 후 사용기간을 "개봉 후 사용기간"이라는 문자
와 "○○월" 또는 "○○개월"을 조합하여 기재·표
시하거나 개봉 후 사용기간을 나타내는 심벌과 기간
을 기재·표시할 수 있다.

10 포장 시 주의사항으로 바르지 <u>않은</u> 것은?

① 포장시작 전 체크리스트(List start up)를 작
성하여 기록·관리한다.
② 포장시작 전 포장지시서가 이용가능하고 공간
환경으로서 청소상태를 확인한다.
③ 포장하는 동안에는 시정조치가 시행될 때까지
기다리지 않아도 된다.
④ 포장 마지막 단계에서는 위생관리는 일관되게
적절한 절차에 따라 실시되어야 한다.
⑤ 포장하는 동안 용량관리, 기밀도, 인쇄상태 등
공정 중 관리·포장하는 동안에 정기적으로 실
시되어야 한다.

✓ 포장하는 동안 용량관리, 기밀도, 인쇄상태 등 공정 중
관리·포장하는 동안에 정기적으로 실시되어야 한다.
공정중의 공정검사 기록과 합격기준에 미치지 못한 경
우의 처리내용도 관리자에게 보고하고 기록하여 관리
되어야 한다. 시정조치가 시행될 때까지 공정을 중지
시켜야 한다(벌크제품과 포장재의 손실 위험 방지).

11 맞춤형화장품의 이름표(Labeling)에 대한 설명으로 바르지 않은 것은?

① 기존 라벨 제거 후에는 오버 라벨링 방식으로 사용한다.

② 새로운 용기에 제품을 담아 판매할 경우 새로운 용기에 스티커를 부착하지 않아도 된다.

③ 베이스 화장품 용기에 성분을 첨가할 때에는 기존라벨링 제거 후 새로운 라벨을 부착한다.

④ 베이스 화장품 용기에 성분을 첨가하여 기존 라벨과의 혼돈을 방지하기 위해 기존라벨은 제거한다.

⑤ 새로운 용기에 제품을 담아 판매할 경우 스티커를 새로운 용기에 부착하여 기재사항을 표시한다.

✓ 베이스 화장품 용기에 성분을 첨가하여 용기를 그대로 사용하는 경우 기존 라벨과의 혼돈을 방지하기 위해 기존 라벨 제거 후 새 라벨을 부착하거나 오버 라벨링 방식으로 사용한다.

12 화장품 전성분 표시제의 설명으로 틀린 것은?

① 50mL 이하 제품은 일부 성분만 표시하면 안 된다.

② 업체 전화번호와 홈페이지 주소 등을 제품에 표시한다.

③ 소비자가 요구하는 상품을 용이하게 선택할 수 있다.

④ 아밀신남알 등 25개의 성분(알레르기 유발 가능성 있는)이 화장품에 첨가될 경우 해당 성분명이 표시되어야 한다.

⑤ 화장품 사용으로 인한 피부 부작용 발생 시 제품 용기 또는 포장에 기재된 성분을 통해 전문가 상담을 거쳐 부작용의 원인 규명을 쉽게 할 수 있게 한다.

✓ 50mL 이하 제품(전성분에 표시하기 어려움): 타르색소, 보존제 등 일부 성분만 표시한다.

【 단답형 】

01 다음 <보기>에서 ㉠에 적합한 용어를 작성하시오.

(㉠)는 보통 보존 상태에서 기체 또는 미생물이 침입할 염려가 없는 용기를 말한다.

답) _____

02 다음 <보기>에서 ㉠에 적합한 용어를 작성하시오.

(㉠)는 보통 보존 상태에서 외부로부터 고형의 이물이 들어가는 것을 방지하고 고형의 내용물이 손실되지 않도록 보호할 수 있는 용기를 말한다.

답) _____

03 다음 <보기>에서 ㉠에 적합한 용어를 작성하시오.

안전용기 포장은 성인이 개봉하기는 어렵지 아니하나 만 (㉠)세 미만의 어린이가 개봉하기는 어렵게 된 것이어야 한다.

답) _____

04 다음 <보기>에서 ㉠에 적합한 용어를 작성하시오.

(㉠)은 빈 공간을 채우거나 빈 곳에 집어넣어서 채운다는 의미로 화장품의 경우 일정한 규격의 용기에 내용물을 넣어 채우는 작업을 말한다.

답) _____

정답 11. ① 12. ①

정답 01. 밀봉용기 02. 밀폐용기 03. 5 04. 충진(충전)

05 다음 <보기>에서 ㉠에 적합한 용어를 작성 하시오.

(㉠)이란 제품 포장 시 내용물과 직접 접 촉하는 1차 포장용기를 보호하거나 제품의 가 치를 향상시키기 위해 행하는 포장을 말한다.

답) _____

06 다음 <보기>에서 ㉠에 적합한 용어를 작성 하시오.

포장재의 기본사양 적합성과 청결성을 확 보하기 위해 매입고 시 무작위 추출한 검체에 대하여 (㉠)를 실시하고 그 기록을 남겨야 한다.

답) _____

07 다음 <보기>에서 설명하는 화장품 충전방식 으로 적합한 용어를 작성하시오.

• 용량이 큰 액상타입 제품의 충진에 사용
  예) 샴푸, 린스, 컨디셔너 등
• 크림제품을 유리병이나 플라스틱 용기에 충 진 시 사용됨
• 호퍼에서 일정량 흡인하여 용기로 압출하여 정량 충진함

답) _____

08 다음 <보기>에서 ㉠에 적합한 용어를 작성 하시오.

• 크림상 제품을 (㉠)에 충진 시 사용한다.
• (㉠)에는 플라스틱제, 금속제, 라미네이트 의 3종류가 사용된다.
• 플라스틱은 열판으로 압착실링, 금속을 접 어 말고 라미네이트는 초음파로 가열, 압착 하여 실링한다.

답) _____

정답 05. 2차 포장 06. 육안 검사 07. 피스톤충전방식 08. 튜브

Chapter 8. 재고관리

재고를 관리한다는 것은 재고수량뿐 아니라 생산, 판매 등을 원활히 하기 위해서이다. 포장재 원료, 내용물 출고 시 선입선출방식(First in first out, FIFD), 선한선출방식(First expired first out, FEFD)을 적용하여 사용기한이 경고한 원료와 내용물, 자재가 없도록 관리하고 발주 시 재고량을 반영하여 필요 이상 발주되지 않도록 관리한다.

- **선입선출방식**: 재고관리품에 대한 출고를 행함에 있어서 먼저 입고된 원자재부터 우선적으로 출고하여 사용
- **선한선출방식**: 먼저 유효기간에 도달하는 원자재를 먼저 사용하는 재고관리의 한 방법

Section 01 원료 및 내용물의 재고파악

 알아두기!

☑ **맞춤형화장품 원료 등의 재보관 및 잔여 원료 재사용**
- 사용 후 남은 원료 및 제품은
- 밀폐를 위한 마개 사용 등 비의도적인 오염을 방지할 수 있도록 해야 한다. /
- 밀폐 후 본래 보관 환경에서 보관하는 경우 우선적으로 사용을 권장한다.
- 원료 등의 재보관 시 품질 열화* 및 오염관리 권장한다.
- 품질 열화하기 쉬운 원료들은 재사용을 지양한다. / - 재보관 횟수가 많은 원료는 조금씩 소분하여 보관한다.
*품질 열화: 온도에 의한 포장식품의 품질 열화는 직·간접으로 미생물의 생육, 효소 등의 반응속도에 영향을 미치고 있다.

* Part 3, Chapter 4, Section 03 내용물 및 원료의 입고기준 참고바람(pp. 338-341)

1) 화장품 원료 코드 기재

다양한 원료관리를 수월하게 하기 위해 코드를 부여한다.

(1) 화장품 원료 제조지시서

- 제조지시서 내에는 제조계획에 파악되는 내용과 총 필요량을 계산할 수 있다.
- 화장품 생산에 필요한 원료 / 원료의 종류가 무엇인지 / 원료가 어느 위치에 있는지 등

제조지시서	제품표준서
사용된 원료명[1], 분량[2], 시험번호[3] 및 단위당 실사용량[4]	원료명[1], 분량[2] 및 제조단위당 기준량을 실제 생산량으로 환산한 수치[3] 등

① 화장품 원료 규격

- 원료의 전반적인 성질에 관한 것으로 성상과 품질에 관련된 시험 항목과 그 시험 방법이 기재되어 있다.

  - 원료의 성상, 색상, 냄새, pH, 굴절률, 중금속, 비소, 미생물 등
  - 보관조건, 유통기한, 포장단위, INCI명 등의 정보기록

- 원료 규격서에 의해 원료에 대한 물리 · 화학적 내용을 알 수 있다.

② 화장품 원료의 분석증명서, 시험성적서(COA, Certificate of analysis)

- 원료 규격에 따라 시험결과를 기록한 것으로 화장품 원료 입고 시 원료의 품질 확인을 위한 자료로 첨부된다.

- COA에는 물리 · 화학적 물성과 외관모양, 중금속, 미생물에 관한 정보가 기재되어 있다.

③ 물질안전보건자료(MSDS)

- 화학물질을 제조, 수입 취급하는 사업주가 해당물질에 대한 유해성 평가결과를 근거로 작성한 자료이다.

  - 화학물질에 대한 제품 취급설명서

☑ 물질안전보건자료(MSDS)
- 화학물질정보로 화학물질에 대하여 유해위험성, 응급조치요령, 취급방법 등 16가지 항목에 대해 상세하게 설명해 주는 자료이다.
- 화학물질을 제조, 수입, 사용, 저장, 운반하고자 하는 자는 MSDS를 작성, 비치 또는 게시하고 화학물질을 양도 또는 제공하는 자는 MSDS를 함께 제공토록 하고 있다.

2) 재고수량관리

① 화장품의 포장재

- 생산계획 또는 포장계획에 따라 적절한 시기에 포장재가 제조 · 공급되어야 한다.

- 포장재 수급담당자는 적절한 시기에 포장재가 입 · 출고될 수 있도록 발주하여야 한다.

  - 생산계획과 포장계획에 따라 포장에 필요한 포장재의 소요량 및 재고량 파악
  - 부족분 또는 소용량에 대한 포장재 생산에 소요되는 기간을 파악

② 화장품 원료의 발주 절차

- 화장품 원료 사용량을 예측한다.

  - 생산계획서(제조지시서) 기준 제품 각각의 원료 사용량 산출함
  - 원료목록장(원료 입고출고 대장)을 작성, 재고관리함

- 원료의 수급기간을 고려하여 <u>최소 발주량</u>을 산정하여 발주한다.
- 발주되어 입고된 원료는 시험 후 <u>적합 판정된 것만은 선입선출 방식으로 출고</u>된다.

③ 화장품 내용물 공급, 관리, 재고량 파악

- 생산계획 또는 포장계획에 따라 적절한 시기에 반제품, 벌크제품이 제조 공급되어야 한다.
- 벌크제품은 설정된 <u>최대 보관기한 내에 충진</u>하여 벌크제품의 재고가 증가하지 않도록 관리한다.
- 재고조사를 통해 기록상의 재고와 실제 보유하고 있는 재고를 대조하여 정확한 완제품 재고량을 파악한다.

Section 02 적정 재고를 유지하기 위한 발주

(1) 화장품 원료의 발주관리

생산계획서에 의거 제품에서 각각의 원료량을 산출하여 적정한 재고를 관리해야 한다.

원료 사용량 예측	· 제조지시서에 의거 각각의 원료 사용량을 산출하고 <u>원료 목록장</u>을 작성하여 재고를 관리한다.
원료 거래처 관리	· 원료의 수급기간을 고려하여 <u>최소</u> 발주량을 산정하여 발주한다.
원료 입출고 관리	· 원료거래처로부터 원료의 <u>구매요청서와 신청서</u>, <u>현품이 일치하는가</u>를 살핀 후에 원료 입출고 관리장에 기록한다. · 원료 <u>출고 시 원료의 수불장</u>에 기록한다.

(2) 화장품의 원료의 발주 시 주의사항

- 원료 규격서의 기록내용을 확인한다.
- 원료의 성상, 색상, 냄새, pH, 굴절률, 중금속, 비소, 미생물, 보관조건, 유통기한, 포장단위, INCI명 등
- 원료의 <u>물질안전보건자료(MSDS)</u>를 확인한다.
- 원료의 <u>COA</u>를 보고 판단한다.
- 물리·화학적 물성과 외관모양, 중금속, 미생물에 관한 정보 파악, 원료 규격서 범위 일치 등
- 생산계획서(제조지시서)를 보고 원료 재고량과 신규 구입량을 파악하여 원료를 구입한다.

· 생산계획서 및 제조지시서 확인[①] · 생산계획서 및 제조지시서에 기존·신규 원료 파악[②] · 원료 구입 시 원료 거래처의 수급기간 확인[③]	· 기존원료의 경우[④] - 재고량 확인 후 부족 시 거래처에서 원료 구입 · 신규원료의 경우[⑤] - 거래처 파악 후에 원료 구입

- 원료거래처에 원료 발주서를 작성한다.
- 발신, 수신, 기안 일시, 납품처와 필요 원료목록, 단위, 발주량, 비고(입고 예정일) 등을 기록한다.

실전예상문제

【 선다형 】

01 원료 및 내용물의 보관관리에 대한 설명으로 틀린 것은?

① 원자재 반제품 및 벌크제품은 품질에 나쁜 영향을 미치지 아니하는 조건에서 보관하여야 하며 보관기한을 설정한다.
② 원자재 반제품 및 벌크제품은 바닥과 벽에 닿지 않도록 보관하고 선입선출에 의하여 출고한다.
③ 원자재 및 부적합품은 각각 구획된 장소에서 보관한다.
④ 설정된 보관기한이 지나면 사용의 적절성을 결정하기 위해 재평가시스템을 확립한다.
⑤ 완제품은 적절한 조건하의 정해진 장소에서 보관하고 주기적인 재고 점검은 필요하지 않다.

✓ 완제품은 적절한 조건하의 정해진 장소에서 보관하고 주기적으로 재고점검을 수행해야 한다.

02 원료의 재평가 관리에 대한 설명으로 틀린 것은?

① 보관기한이 규정되어 있지 않은 원료는 품질부분에서 적절한 보관기한을 정할 수 있다.
② 원료의 사용기한은 확인이 가능하도록 라벨에 표시한다.
③ 원료와 포장재 벌크제품 완제품 등은 변질 등의 문제가 발생하지 않도록 한다.
④ 원료와 포장재 벌크제품 완제품 등은 도난 분실이 발생하지 않도록 작업자 외에 보관소의 출입을 제한한다.
⑤ 보관기한이 규정되어 있지 않은 원료는 보관기한을 정할 수 있다. 해당 물질의 기한이 지난 경우 해당 물질을 즉각 폐기처리 한다.

✓ 보관기한이 규정되어 있지 않은 원료는 보관기한을 정할 수 있다. 해당 물질의 기한이 지난 경우 해당 물질을 재평가하여 사용 적합성을 결정해야 한다.

03 보관 및 출고 관리에 대한 설명으로 틀린 것은?

① 완제품은 시험결과 적합으로 판정되었으면 품질보증부서 책임자가 승인한 것만을 출고하여야 한다.
② 출고는 반드시 선입선출방식으로 한다.
③ 출고할 제품은 원자재 및 부적합품 및 반품된 제품과 구획된 장소에서 보관한다.
④ 완제품은 적절한 조건하의 정해진 장소에서 보관하도록 한다.
⑤ 완제품은 주기적인 재고 점검을 수행해야 한다.

✓ 출고는 선입선출방식으로 하되 타당한 사유가 있는 경우에는 그러지 아니할 수 있다.

04 재고 관리에 대한 설명으로 틀린 것은?

① 불용재고가 없도록 한다.
② 일반적으로 재고수량을 관리하는 것을 의미한다.
③ 넓은 의미로는 생산, 판매 등을 원활히 하기 위한 활동이다.
④ 발주 시에 재고량을 반영하여 필요량 이상이 발주되도록 관리한다.
⑤ 포장재, 원료 및 내용물 출고 시에는 선입선출 방식, 선한선출 방식이 적용한다.

✓ 발주 시에 재고량을 반영하여 필요량 이상이 발주되지 않도록 관리한다.

05 화장품의 원료의 발주 시 주의사항에 대한 설명으로 틀린 것은?

① 원료 규격서의 기록내용을 확인한다.
② 원료의 물질안전보건자료를 확인한다.
③ 물리·화학적 물성과 외관모양, 중금속, 미생물에 관한 정보 파악, 원료 규격서 범위 일치 등을 확인한다.

정답 01. ⑤ 02. ⑤ 03. ② 04. ④ 05. ④

④ 제조지시서를 보고 원료 재고량에 관계없이 신규 구입량을 파악하여 원료를 구입한다.
⑤ 발주서는 발신, 수신, 기안일시, 원료목록, 단위, 발주량, 입고 예정일 등을 기록한다.

✓ 생산계획서(제조지시서)를 보고 원료 재고량과 신규 구입량을 파악하여 원료를 구입한다.

06 화장품의 재고관리의 대한 내용으로 적합하지 않은 것은?

① 사용기한이 경고한 원료와 내용물 및 자재가 없도록 관리한다.
② 재고조사를 통해 기록상의 재고와 실제 보유량을 대조하여 파악한다.
③ 신규 원료 구입 시 부족하지 않도록 최대한으로 발주한다.
④ 재고를 관리한다는 것은 재고수량뿐 아니라 생산, 판매 등을 원활히 하기 위해서이다.
⑤ 포장재 원료, 내용물 출고 시 선입선출방식(First in first out, FIFD), 선한선출방식(First expired first out, FEFD)이 있다.

✓ 원료 수급기간을 고려하여 발주량을 최소한으로 선정한다.

07 맞춤형화장품의 잔여 원료의 재사용 시 주의해야할 사항이 아닌 것은?

① 품질열화하기 쉬운 원료들은 재사용을 지양한다.
② 사용 후 남은 원료 및 제품은 밀폐를 위한 마개 사용한다.
③ 원료 등의 재 보관 시 품질열화 및 오염관리 권장한다.
④ 재보관 횟수가 많은 원료는 조금씩 소분하여 보관한다.
⑤ 사용 후 남은 원료 및 제품은 밀폐 후 본래 보관 환경이 아닌 다른 곳에 배치시킨다.

✓ 사용 후 남은 원료 및 제품은 밀폐를 위한 마개 사용 등 비의도적인 오염을 방지할 수 있도록 해야 한다. 밀폐 후 본래 보관 환경에서 보관하는 경우 우선적으로 사용을 권장한다.

08 화장품의 원료규격서 내용에 포함되지 않아도 되는 것은?

① 뱃치   ② 냄새
③ 보관조건   ④ 유통기한
⑤ 원료의 성상

✓ 원료의 전반적인 성질에 관한 것으로 성상과 품질에 관련된 시험항목과 그 시험 방법이 기재되어 있다. 원료의 성상, 색상, 냄새, pH, 굴절률, 중금속, 비소, 미생물 등 보관조건, 유통기한, 유통기한, INCI명 등의 정보기록

09 화장품의 재고수량관리에 관한 내용으로 틀린 것은?

① 화장품 원료는 수급기간을 고려하여 최대한으로 발주량을 산정한다.
② 포장재 수급담당자는 적절한 시기에 포장재가 입·출고될 수 있도록 발주하여야 한다.
③ 발주되어 입고된 원료는 시험 후 적합 판정된 것만은 선입선출 방식으로 출고된다.
④ 생산계획 또는 포장계획에 따라 적절한 시기에 반제품, 벌크제품이 제조 공급되어야 한다.
⑤ 재고조사를 통해 기록상의 재고와 실제 보유하고 있는 재고를 대조하여 정확한 완제품 재고량을 파악한다.

✓ 화장품 원료는 사용량을 예측하여 수급기간을 고려한 후 최소 발주량을 산정하여 발주한다.

10 화장품의 발주관리를 위한 내용으로 적절하지 않은 것은?

① 원료 사용량 예측
② 원료 거래처 관리
③ 원료 입출고 관리
④ 원료 출고 시 원료의 수불장에 기록한다.
⑤ 원료의 수급기간을 고려하여 최대 발주량을 산정하여 발주한다.

✓ 원료의 수급기간을 고려하여 최소 발주량을 산정하여 발주한다.

11 화장품의 원료 발주 시 주의사항으로 적절하지 <u>않은</u> 것은?

① 원료의 COA를 보고 판단한다.
② 원료 규격서의 기록내용을 확인한다.
③ 원료의 물질안전보건자료를 확인한다.
④ 원료거래처에 판매수량 발주서를 작성한다.
⑤ 생산계획서(제조지시서)를 보고 원료 재고량과 신규 구입량을 파악하여 원료를 구입한다.

✓ 원료거래처에 원료 발주서를 작성한다.

【 단답형 】

01 다음 <보기>에서 ㉠에 적합한 용어를 작성하시오.

(㉠)는 선입선출방식으로 하되 타당한 사유가 있는 경우에는 그러지 아니할 수 있다.

답) _____

02 다음 <보기>에서 ㉠에 적합한 용어를 작성하시오.

생산 계획 또는 포장 계획에 따라 적절한 시기에 (㉠)가 제조되어 있어야 한다. (㉠) 수급 담당자는 생산계획과 포장계획에 따라 포장에 필요한 (㉠)의 소요량 및 재고량을 파악해야 한다.

답) _____

03 다음 <보기>에서 ㉠에 적합한 용어를 작성하시오.

발주되어 입고된 원료는 시험 후 적합 판정된 것만 (㉠) 방식으로 출고된다.

답) _____

04 다음 <보기>에서 ㉠에 적합한 용어를 작성하시오.

• 원료 규격에 따라 시험결과를 기록한 것으로 화장품 원료 입고 시 원료의 품질 확인을 위한 자료로 첨부된다.
• (㉠)에는 물리·화학적 물성과 외관모양, 중금속, 미생물에 관한 정보가 기재되어 있다.

답) _____

정답 11. ④

정답 01. 출고 02. 포장재 03. 선입선출 04. COA